全国中等职业技术学校电工类专业一体化精品教材

电气控制线路安装与检修

人力资源和社会保障部教材办公室组织编写

中国劳动社会保障出版社

简介

本书是全国中等职业技术学校电工类专业一体化精品教材，主要内容包括三相异步电动机基本控制线路的安装与检修、直流电动机基本控制线路的安装与检修、常用生产机械电气控制线路的识读及故障检修。

本书由冯志坚、刘井彬、顾玉娟、董宁、姚坚编写，冯志坚主编。

图书在版编目(CIP)数据

电气控制线路安装与检修/人力资源和社会保障部教材办公室组织编写. —北京：中国劳动社会保障出版社，2010

全国中等职业技术学校电工类专业一体化精品教材

ISBN 978-7-5045-8588-2

Ⅰ.①电… Ⅱ.①人… Ⅲ.①电气控制-控制电路-安装-专业学校-教材②电气控制-控制电路-维修-专业学校-教材 Ⅳ.①TM571.2

中国版本图书馆 CIP 数据核字(2010)第 164745 号

中国劳动社会保障出版社出版发行

（北京市惠新东街 1 号 邮政编码：100029）

出 版 人：张梦欣

*

北京市科星印刷有限责任公司印刷装订 新华书店经销

787 毫米 ×1092 毫米 16 开本 27 印张 639 千字

2010 年 9 月第 1 版 2024 年 11 月第 19 次印刷

定价：44.00 元

营销中心电话：400-606-6496

出版社网址：http://www.class.com.cn

http://jg.class.com.cn

前　言

为了更好地适应全国中等职业技术学校电工类专业的教学要求，全面提升教学质量，人力资源和社会保障部教材办公室组织全国有关学校的一线教师和行业、企业专家，在充分调研企业生产和学校教学情况的基础上，研发、出版了全国中等职业技术学校电工类专业一体化精品教材。本套教材充分吸收国内外职业教育教学的先进理念，借鉴一体化教学改革的最新成果，在体系构建和内容设置上具有突出特点。

一是教材体系完整，为教和学提供有力支持。

从电工类专业教学实际需求出发，构建既有通用基础平台又有不同专业方向平台的完整的一体化教材体系。其中，通用基础平台的教材包括《电工基础》《电子技术基础》《电工电子基本技能》《电子小制作》；专业方向平台的教材包括《电机变压器设备安装与维护》《电气控制线路安装与检修》《PLC 基础与实训》《楼宇智能化技术》《电气运行》《视频监控与安防技术》《楼宇综合布线》《继电保护装置及二次回路》等，适用于电气自动化设备安装与维修、楼宇自动控制设备安装与维护、变配电设备运行与维护等专业方向的教学。

从“助教”和“助学”的角度构建每门课程对应的教学资源，结构如下：

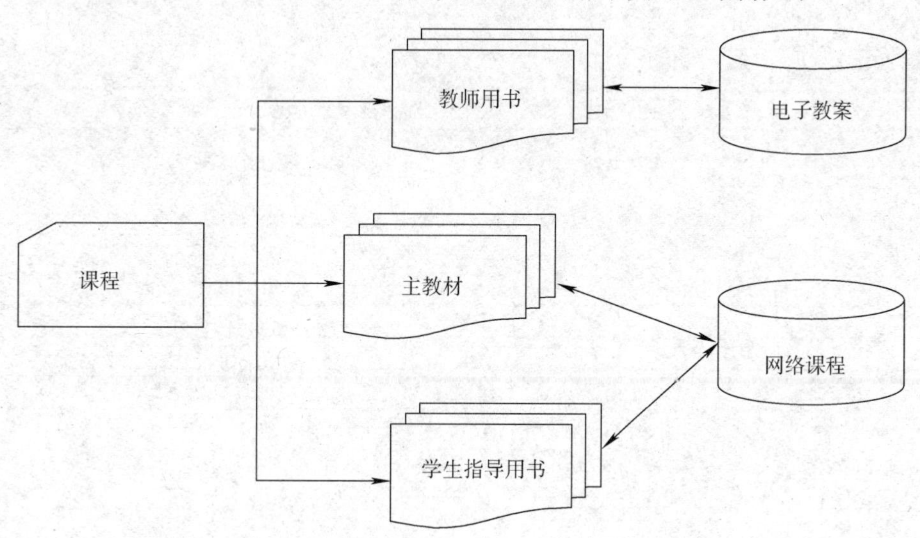

其中，主教材讲授各门课程的主要知识和技能，内容准确、针对性强，并通过课题的设置和栏目的设计，突出教学的互动性，启发学生自主学习。教师用书涵盖教材内容分析、教学过程建议、课堂活动设计等多个方面的内容，为教师提供全面的教学指导服务。在教师用书之后还附有教学用电子教案等多媒体教学素材光盘。学生指导用书除包含课后习题外，还设置了与教师用书配套的课堂活动设计内容，注重学生综合素质培养、知识面拓展和能力强化，成为贯穿学生整个学习过程的学习指导材料。网络课程根据主教材和学生指导用书开发，用于学生通过网络进行远程自学。

二是教材内容精良，为能力培养打造坚实平台。

在内容的选择和组织上，坚持以能力为本位，重视实践能力的培养。力求使教材内容涵盖《国家职业标准·维修电工》（中级）、《国家职业标准·智能楼宇管理师》（智能楼宇管理员）和《国家职业标准·变配电室值班电工》（中级）的知识和技能要求。结合一体化教学理念，以典型工作任务为载体，整合相应的知识和技能，实现理论与操作技能的统一，使学生在一个个贴近企业的具体职业情境中学习，既符合职业教育的基本规律，又有利于培养学生分析问题和解决问题的综合职业能力。

在内容的呈现方式上，尽可能使用图片、实物照片或表格等形式将各个知识点和操作过程生动地展示出来，力求给学生营造一个更加直观的认知环境。同时，设计了很多贴近生活的导入和小栏目，以期激发学生的学习兴趣。

本套教材的开发得到了河北、江苏、陕西、河南、广西、广东等省、自治区人力资源和社会保障厅及有关学校的大力支持，在此我们表示诚挚的谢意。

人力资源和社会保障部教材办公室

2010 年 6 月

目　录

模块一　三相异步电动机基本控制线路的安装与检修

＊模块二　直流电动机基本控制线路的安装与检修

模块三　常用生产机械电气控制线路的识读及故障检修

*部分可作为选修内容

模块一　三相异步电动机基本控制线路的安装与检修

项目一

三相异步电动机正转控制电路的安装与检修

任务 1　手动正转控制电路的安装与检修

1. 正确理解三相异步电动机手动正转控制电路的工作原理。
2. 能正确识读手动正转控制电路的原理图、接线图和布置图。
3. 会按照工艺要求正确安装三相异步电动机手动正转控制电路。
4. 初步掌握三相异步电动机手动正转控制电路中低压电器的选用方法与简单检修。
5. 能根据故障现象检修三相异步电动机正转控制电路。

生产实践中，由于生产机械的工作性质不同、对三相异步电动机正转的控制要求不同，从而所需要的低压电器类型和数量不同，所构成的控制线路也就不同。工厂中常被用来控制三相电风扇和砂轮机等设备的控制电路，就是一种最简单的三相异步电动机手动正转控制线路。本次工作任务就是要完成通过开启式负荷开关、封闭式负荷开关、组合开关或低压断路器控制电动机启动和停止正转控制线路的安装及检修。图 1—1—1 所示为开启式负荷开关控制的实例，图 1—1—2 所示为组合开关控制的实例。

图 1—1—1　开启式负荷开关控制

图 1—1—2　组合开关控制

一、控制电路的组成

要完成由开启式负荷开关、封闭式负荷开关、组合开关或低压断路器控制三相异步电动机手动正转控制线路的安装，需对控制电路的组成进行了解与分析。手动正转控制电路如图 1—1—3 所示，其中图 1—1—3a 中的 QS 为开启式负荷开关，FU 为熔断器；图 1—1—3b 中的 QS—FU 为封闭式负荷开关；图 1—1—3c 中的 FU 为熔断器，QS 为组合开关；图 1—1—3d 中的 FU 为熔断器，QF 为低压断路器；它们统称为低压电器，作用如下：

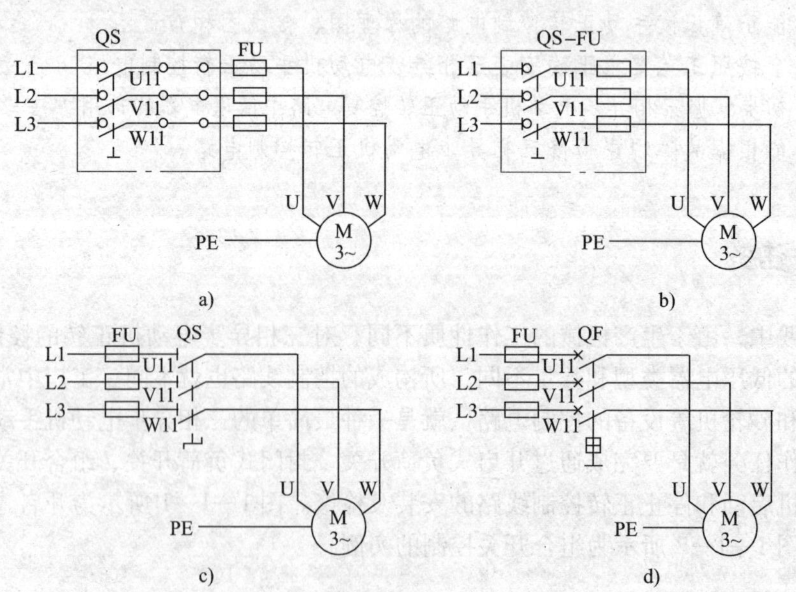

图 1—1—3　手动正转控制电路

a）用开启式负荷开关控制　b）用封闭式负荷开关控制　c）用组合开关控制　d）用低压断路器控制

(1) 低压开关（负荷开关、组合开关、低压断路器）：电源控制开关。

(2) 熔断器：作短路保护。

(3) 低压断路器：集控制、过载、短路、欠压保护于一身。

所谓电器就是一种能根据外界的信号和要求，手动或自动地接通或断开电路，实现对电路或非电对象的切换、控制、保护、检测和调节的元件或设备。

根据工作电压的高低，电器可分为高压电器和低压电器。工作在交流额定电压 1 200 V 及以下、直流额定电压 1 500 V 及以下的电器称为低压电器。低压电器作为基本器件，广泛应用于输配电系统和电力拖动系统中，在实际生产中起着非常重要的作用。

低压电器的种类繁多，分类方法也很多，常见的分类方法见表 1—1—1。

表 1—1 —1　　低压电器常见的分类方法

分类方法	类别	说明及用途
按低压电器的用途和所控制的对象分	低压配电电器	包括低压开关、低压熔断器等，主要用于低压配电系统及动力设备中
	低压控制电器	包括接触器、继电器、电磁铁等，主要用于电力拖动与自动控制系统中
按低压电器的动作方式分	自动切换电器	依靠电器本身参数的变化或外来信号的作用，自动完成接通或分断等动作的电器，如接触器、继电器等
	非自动切换电器	主要依靠外力（如手控）直接操作来进行切换的电器，如按钮、低压开关等
按低压电器的执行机构分	有触点电器	具有可分离的动触点和静触点，利用触点的接触和分离以实现电路的接通和断开控制，如接触器、继电器等
	无触点电器	没有可分离的触点，主要利用半导体元器件的开关效应来实现电路的通断控制，如接近开关、固态继电器等

二、低压开关

低压开关主要用作隔离、转换及接通和分断电路，多数用作机床电路的电源开关和局部照明电路的开关，有时也可用来直接控制小容量电动机的启动、停止和正反转。低压开关一般为非自动切换电器，常用的有开启式负荷开关、封闭式负荷开关、组合开关和低压断路器。

1. 开启式负荷开关

(1) 结构符号

开启式负荷开关又称为瓷底胶盖刀开关，简称刀开关。生产中常用的是 HK 系列开启式负荷开关，适用于照明、电热设备及小容量电动机控制电路中，供手动和不频繁接通和分断电路，并起短路保护作用。HK 系列负荷开关由刀开关和熔断器组合而成，其结构和电路符号如图 1—1—4 所示。

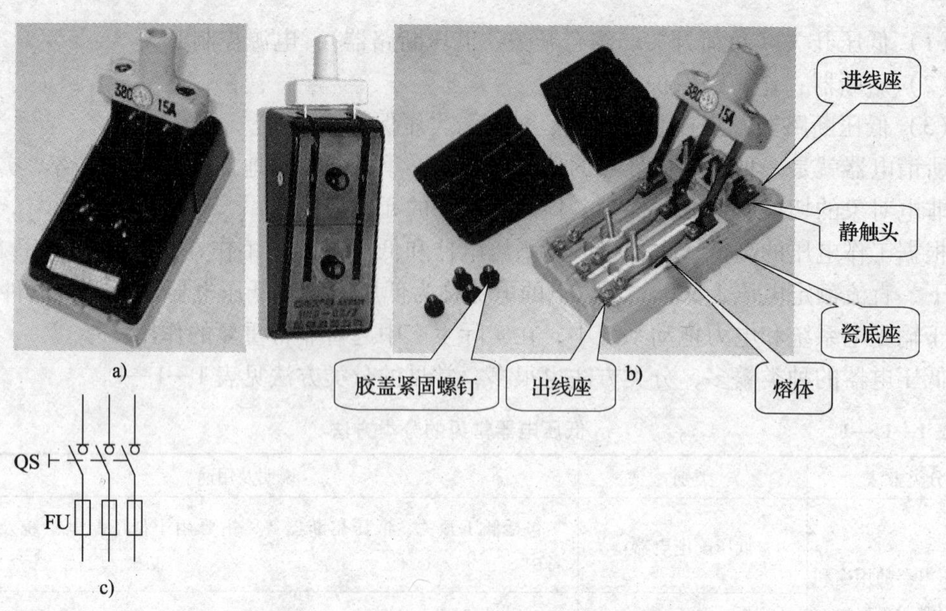

图 1—1—4　HK 系列开启式负荷开关

a）外形　b）结构　c）符号

开启式负荷开关的型号及含义如下：

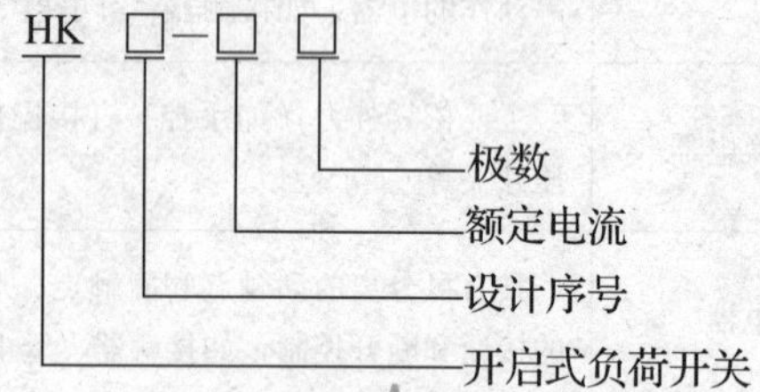

HK 系列开启式负荷开关的主要技术参数见表 1—1—2。

表 1—1—2　　HK 系列开启式负荷开关的主要技术数据

型号	极数	额定电流（A）	额定电压（V）	可控制电动机最大容量（kW）		配用熔丝规格			
				220 V	380 V	熔丝成分（%）			熔丝线径（mm）
						铅	锡	锑	
HK1 - 15	2	15	220	—	—				1. 45 ~ 1. 59
HK1 - 30	2	30	220	—	—				2. 30 ~ 2. 52
HK1 - 60	2	60	220	—	—	98	1	1	3. 36 ~ 4. 00
HK1 - 15	3	15	380	1. 5	2. 2				1. 45 ~ 1. 59
HK1 - 30	3	30	380	3. 0	4. 0				2. 30 ~ 2. 52
HK1 - 60	3	60	380	4. 5	5. 5				3. 36 ~ 4. 00

（2）选用

1）用于照明和电热负载时，选用额定电压 220 V 或 250 V、额定电流不小于电路所有负载额定电流之和的两极开关。

2）用于控制电动机的直接启动和停止时，选用额定电压 380 V 或 500 V、额定电流不小于电动机额定电流 3 倍的三极开关。

如本任务需控制的电动机（Y112M－4，4 kW，380 V，8.8 A，△形接法），根据表1—1—2 查得，满足额定电压 380 V，可控制电动机最大容量大于 4 kW 的，需用型号为 HK1－30 的开启式负荷开关。

HK 开启式负荷开关用于一般的照明电路和功率小于5.5kW 的电动机控制线路。但这种开关没有专门的灭弧装置，其刀式动触头和静夹座易被电弧灼伤引起接触不良，因此不宜用于操作频繁的电路。

2. 封闭式负荷开关

（1）结构符号

封闭大负荷开关又称铁壳开关，如图 1—1—5 所示。它是在开启式负荷开关基础上改进设计的一种开关。其灭弧性能、操作性能、通断能力、安全防护性能等都优于刀开关。因外壳为铸铁或用薄钢板冲压而成，故称为铁壳开关。

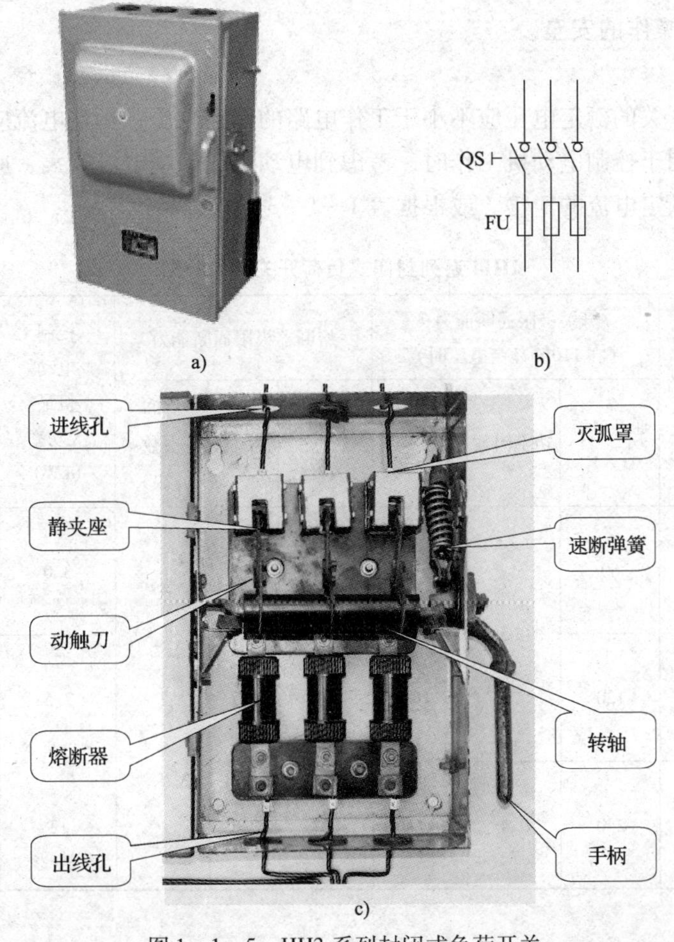

图 1—1—5　HH3 系列封闭式负荷开关

a）外形　b）符号　c）结构

铁壳开关主要由触头系统（包括动触刀和静夹座）、操作机构（包括子柄、转轴、速断弹簧）、熔断器、灭弧装置和外壳构成。

HH 系列铁壳开关的触头和灭弧装置有两种形式，一种是双断点楔形转动式触头，其动触刀为 U 形双刀片固定在方形绝缘转轴上，静夹座固定在瓷质 E 形灭弧室上，两断口间还隔有瓷板；另一种是单断点楔形触头，其结构与一般刀开关相仿，灭弧室是由钢纸板夹上去离子栅片构成的。

铁壳开关的操作机构具有以下两个特点：第一是采用储能分合闸方式，这种储能操作机构是一根一端装在外壳上，另一端扣在操作手柄转轴的弹簧上。当转动操作手柄使开关合闸或分闸时，在开始阶段，闸刀不移动、只使弹簧被拉伸，从而储存一定的能量，一旦转轴转过了一定角度，弹簧力就使动触刀迅速地插入或离开静夹座，其分合速度与手柄操作速度无关。这样一来，大大地提高了开关的合闸和分闸速度，缩短了开关的通断时间，因而也提高了开关的通断能力并降低了触头系统的电气磨损，延长了开关的使用寿命。第二是设有联锁装置，保证在合闸状态开关盖不能开启，而当开关盖开启时又不能合闸。联锁装置的采用，既有助于充分发挥外壳的防护作用，又保证更换熔丝等操作的安全。

（2）选用

封闭式负荷开关的额定电压应不小于工作电路的额定电压；额定电流应等于或稍大于电路的工作电流。用于控制电动机工作时，考虑到电动机的启动电流较大，应使开关的额定电流不小于电动机额定电流的 3 倍，或根据表 1—1—3 选择。

表 1—1—3　　　HH4 系列封闭式负荷开关技术数据

<table>
<tr><th rowspan="2">型号</th><th rowspan="2">额定电流（A）</th><th colspan="3">开关极限通断能力（在 110% 额定电压时）</th><th colspan="3">熔断器极限通断能力</th><th rowspan="2">控制电动机最大功率（kW）</th><th rowspan="2">熔体额定电流（A）</th><th rowspan="2">熔体（紫铜丝）直径（mm）</th></tr>
<tr><th>通断电流（A）</th><th>功率因数</th><th>通断次数（次）</th><th>分断电流（A）</th><th>功率因数</th><th>分断次数（次）</th></tr>
<tr><td>HH4 - 15/3Z</td><td>15</td><td>60</td><td rowspan="2">0.5</td><td rowspan="3">10</td><td>750</td><td>0.8</td><td rowspan="3">2</td><td>3.0</td><td>6
10
15</td><td>0.26
0.35
0.46</td></tr>
<tr><td>HH4 - 30/3Z</td><td>30</td><td>120</td><td>1500</td><td>0.7</td><td>7.5</td><td>20
25
30</td><td>0.65
0.71
0.81</td></tr>
<tr><td>HH4 - 60/3Z</td><td>60</td><td>240</td><td>0.4</td><td>3 000</td><td>0.6</td><td>13</td><td>40
50
60</td><td>0.92
1.07
1.20</td></tr>
</table>

如本任务需控制的电动机（Y112M - 4、4 kW、380 V、△形接法），根据表 1—1—3查得，满足额定电流（8.8A）3 倍，可控制电动机最大容量大于 4kW 的，需

用型号为 HH4－30/3Z 的封闭式负荷开关，熔体额定电流 25A，熔体（紫铜丝）直径 0.71 mm。

目前，由于封闭式负荷开关的体积大，操作费力，有逐步减少使用的趋势，取而代之的是低压断路器的大量使用。

3. 组合开关

(1) 结构和符号

组合开关又称转换开关，它的操作手柄是在平行于其安装面的平面内向左或向转动。它具有多触头、多位置、体积小、性能可靠、操作方便、安装灵活等特点，如图 1—1—6 所示。组合开关的种类很多，常用的有 HZ5、HZ10、HZ15 等系列。

组合开关按操作机构可分为无限位型和有限位型两种，其结构略有不同。

组合开关的型号及含义：

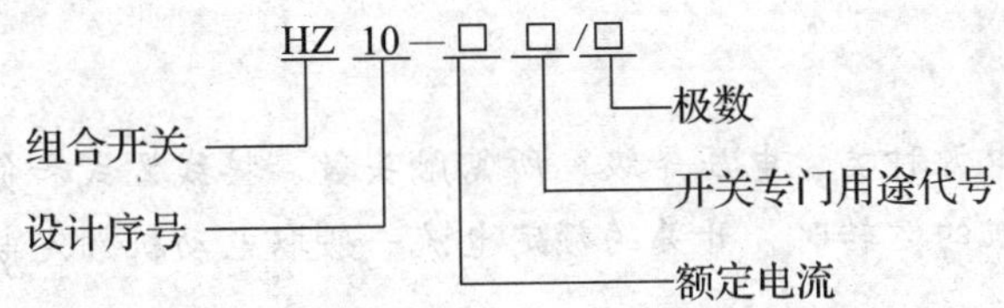

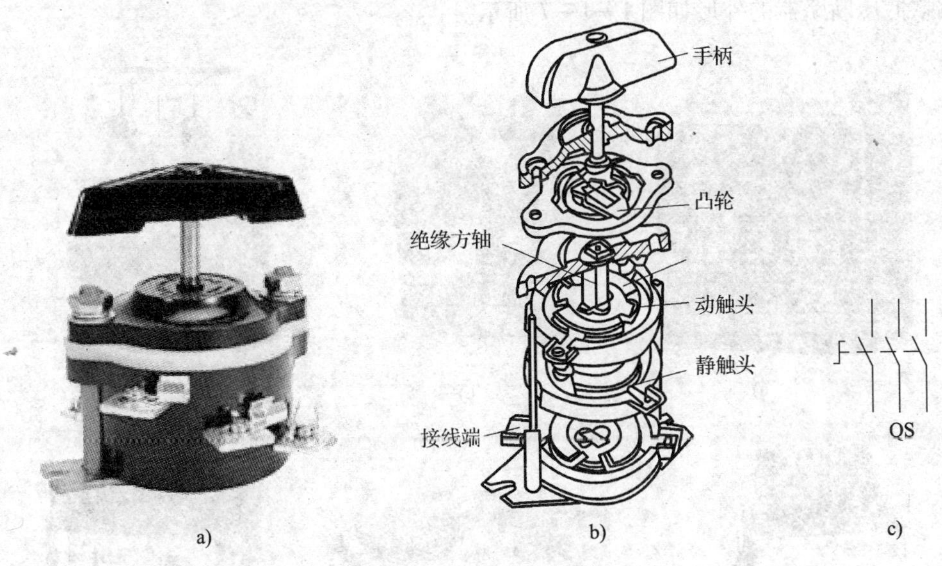

图 1—1—6 HZ10—10/3 型组合开关

a) 外形 b) 结构 c) 符号

(2) 组合开关的主要技术数据及选用

组合开关可分为单极、双极和多极三类，主要参数有额定电压、额定电流和极数等，额定电流有 10 A、20 A、40 A、60 A 等几个等级。HZ10 系列组合开关主要技术数据见表 1—1—4。

表 1—1—4　　　　　　　　　**HZ10 系列组合开关主要技术数据**

型号	额定电压（V）	额定电流（A）		380 V 时可控制电动机的功率（kW）
		单极	三极	
HZ10－10	直流 220 V 或交流 380 V	6	10	1
HZ10－25		—	25	3.3
HZ10－60		—	60	5.5
HZ10－100		—	100	—

如本任务需控制的电动机（Y112M－4，4 kW，380 V，8.8A，△形接法），根据表 1—1—4 查得，满足额定 380 V，可控制电动机最大容量大于 4kW 的，需用型号为 HZ10－60 的组合开关。

组合开关应根据电源种类、电压等级、所需触头数、接线方式和负载容量进行选用。用于控制小型异步电动机的运转时，开关的额定电流一般取电动机额定电流的 1.5～2.5 倍。

4. 低压断路器

（1）低压断路器的结构、符号

几款低压断路器的外形如图 1—1—7 所示。

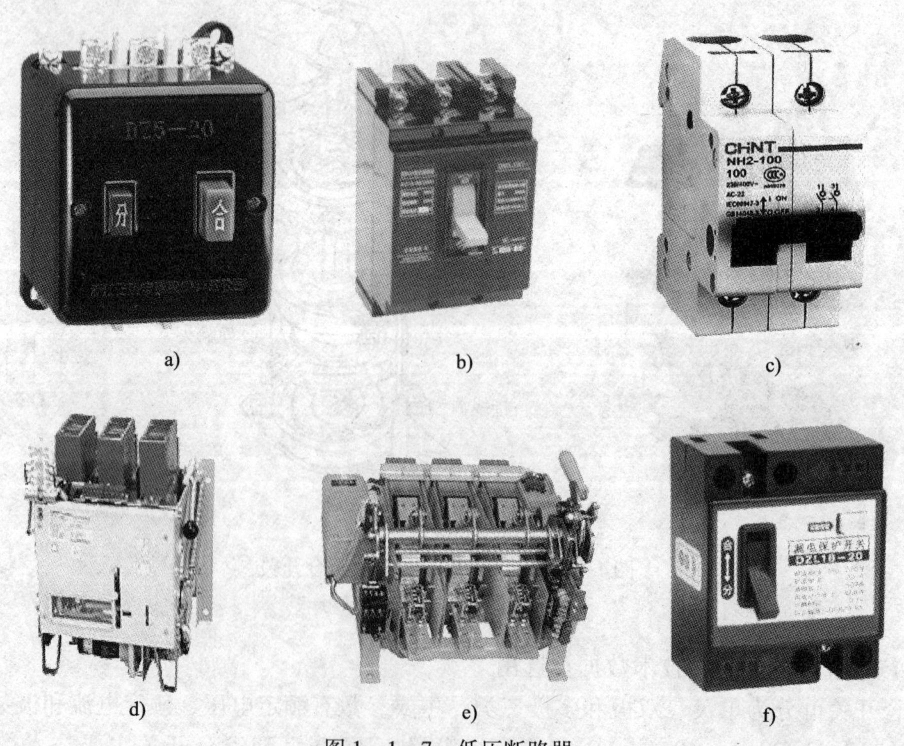

a)　b)　c)

d)　e)　f)

图 1—1—7　低压断路器

a）DZ5 系列塑壳式　b）DZ15 系列塑壳式　c）NH2—100 隔离开关　d）DW15 系列万能式　e）DW16 系列万能式　f）DZL18 漏电断路器

低压断路器主要由触头系统、灭弧装置、操作机构、热脱扣器、电磁脱扣器及绝缘外壳等部分组成。低压断路器的结构和符号，如图 1—1—8a、图 1—1—8b 所示。

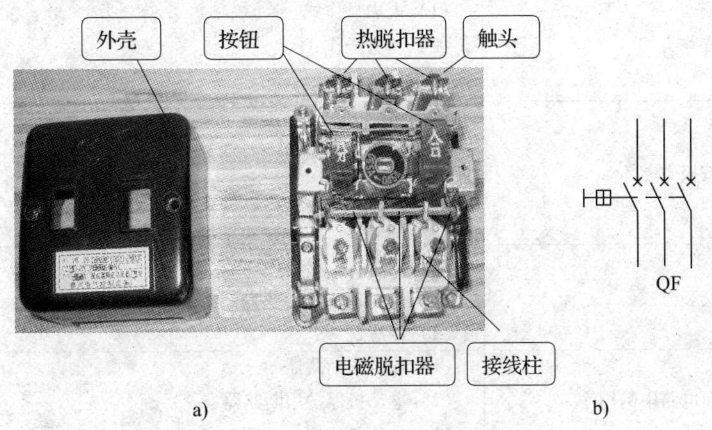

图 1—1—8　低压断路器的结构和符号

a）结构　b）符号

DZ5 系列低压断路器的型号及含义如下：

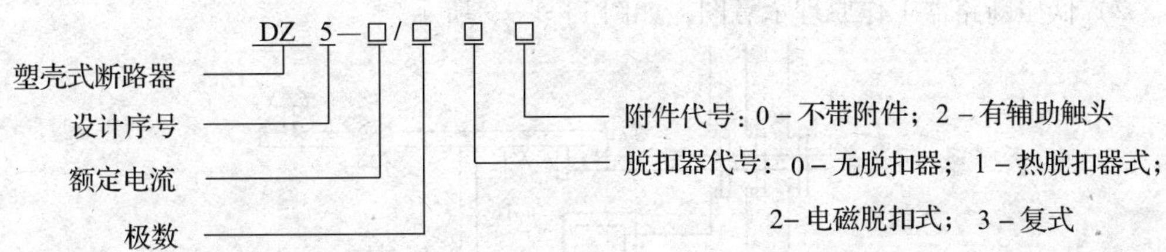

（2）功能和工作原理

1）低压断路器的功能及分类。低压断路器又叫自动空气开关或自动空气断路器，简称断路器。它集控制和多种保护功能于一体，在线路工作正常时，它作为电源开关不频繁地接通和分断电路；当电路中发生短路、过载和失压等故障时，它能自动跳闸切断故障电路，保护线路和电气设备。

低压断路器具有操作安全、安装使用方便、工作可靠、动作值可调、分断能力较高、兼作多种保护、动作后不需要更换元件等优点，因此得到广泛应用。分类见表 1—1—5。

表 1—1—5　　低压断路器的分类

分类方法	常见形式
按结构型式	（1）塑壳式（又称装置式） （2）万能式（又称框架式） （3）限流式 （4）直流快速式 （5）灭磁式 （6）漏电保护式

续表

分类方法	常见形式
按操作方式	（1）人力操作式 （2）动力操作式 （3）储能操作式
按极数	（1）单极式 （2）二极式 （3）三极式 （4）四极式
按安装方式	（1）固定式 （2）插入式 （3）抽屉式
按断路器在电路中的用途	（1）配电用断路器 （2）电动机保护用断路器 （3）其他负载（如照明）用断路器

通常用得比较多的断路器是按结构型式划分，几种塑壳式和万能式低压断路器的外形如图 1—1—8 所示。在电力拖动系统中常用的是 DZ 系列塑壳式低压断路器，下面以 DZ5—20 型低压断路器为例进行介绍。

2）低压断路器工作原理示意图，如图 1—1—9 所示。

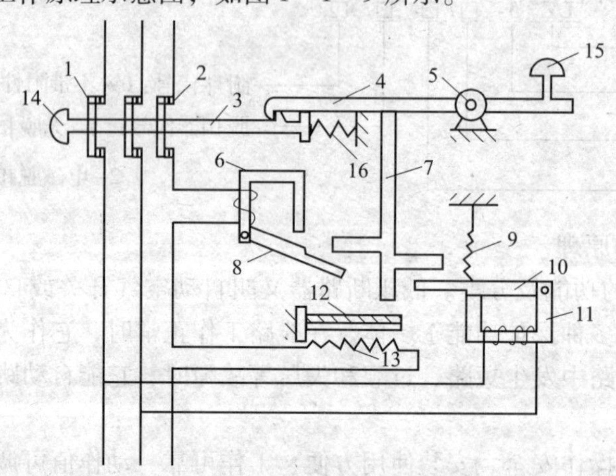

图 1—1—9　低压断路器工作原理示意图

1—动触头　2—静触头　3—锁扣　4—搭钩　5—转轴座　6—电磁脱扣器　7—杠杆　8—电磁脱扣器衔铁　9—拉力弹簧　10—欠压脱扣器衔铁　11—欠压脱扣器　12—双金属片　13—热元件　14—接通按钮　15—停止按钮　16—压力弹簧

按下接通按钮时，外力使锁扣克服反作用弹簧的力，将固定在锁扣上面的静触头与动触头闭合，并由锁扣锁住搭扣使静触头与动触头保持闭合，开关处于接通状态。

当线路发生过载时，过载电流流过热元件，电流的热效应使双金属片受热向上弯曲，通过杠杆推动搭扣与锁扣脱扣，在弹簧力的作用下，动、静触头分断，切断电路，完成过流保护。

当电路发生短路故障时，短路电流使电磁脱扣器产生很大的磁力吸引衔铁，衔铁撞击杠杆推动搭扣与锁扣脱扣，切断电路，完成短路保护。一般电磁脱扣的整定电流，低压断路器出厂时定为 $10I_N$（I_N为断路器的额定电流）。

当电路欠压时，欠压脱扣器上产生的电磁力小于拉力弹簧上的力，在弹簧力的作用下，衔铁松脱，衔铁撞击杠杆推动搭扣与锁扣脱扣，切断电路，完成欠压保护。

DZ5 系列低压断路器适用于交流 50 Hz、额定电压 380 V、额定电流至 50 A 的电路中。保护电动机用断路器用于电动机的短路和过载保护；配电用断路器在配电网络中用来分配电能和作为线路及电源设备的短路和过载保护之用，也可分别作为电动机不频繁启动及线路的不频繁转换之用。

（3）低压断路器的选用

1）低压断路器的额定电压和额定电流应不小于线路、设备的正常工作电压和工作电流。

2）热脱扣器的整定电流应等于所控制负载的额定电流。

3）电磁脱扣器的瞬时脱扣整定电流应大于负载电路正常工作时的峰值电流。用于控制电动机的断路器，其瞬时脱扣整定电流可按下式选取：

$$I_z \geqslant KI_{st}$$

式中，K 为安全系数，可取 1.5～1.7；

I_{st}为电动机的启动电流。

4）欠压脱扣器的额定电压应等于线路的额定电压。

5）断路器的极限通断能力应不小于电路的最大短路电流。

DZ5—20 型低压断路器的技术数据见表 1—1—6。

表 1—1—6　　DZ5—20 型低压断路器技术数据

型号	额定电压（V）	主触头额定电流（A）	极数	脱扣器形式	热脱扣器额定电流（括号内为整定电流调节范围）（A）	电磁脱扣器瞬时动作整定值（A）
DZ5—20/330 DZ5—20/230	AC380 DC220	20	3 2	复式	0.15（0.10～0.15） 0.20（0.15～0.20） 0.30（0.20～0.30） 0.45（0.30～0.45）	为电磁脱扣器额定电流的 8～12 倍（出厂时整定于 10 倍）
DZ5—20/320 DZ5—20/220	AC380 DC220	20	3 2	电磁式	0.65（0.45～0.65） 1（0.65～1） 1.5（1～1.5） 2（1.5～2）	
DZ5—20/310 DZ5—20/210	AC380 DC220	20	3 2	热脱扣器式	3（2～3） 4.5（3～4.5） 6.5（4.5～6.5） 10（6.5～10） 15（10～15） 20（15～20）	
DZ5—20/300 DZ5—20/200	AC380 DC220	20	3 2	无脱扣器式		

根据本次任务中所需控制的电动机（Y112M—4，4 kW，380 V，8.8 A，△形接法），选择 DZ5—20/330，热脱扣器额定电流为 10 A。

三、低压熔断器

低压熔断器是低压配电系统和电力拖动系统中的保护电器。几种低压熔断器外形如图 1—1—10 所示。在使用时，熔断器串接在所保护的电路中，当该电路发生过载或短路故障时，通过熔断器的电流达到或超过了某一规定值，以其自身产生的热量使熔体熔断而自动切断电路，起到保护作用。电气设备的电流保护有过载延时保护和短路瞬时保护两种主要形式。

过载一般是指 10 倍额定电流以下的过电流，短路则是指 10 倍额定电流以上的过电流。但应注意，过载保护和短路保护决不仅是电流倍数的不同，实际上无论从特性方面、参数方面还是工作原理方面来看，差异都很大。

1. 熔断器的结构和符号

熔断器主要由熔体、安装熔体的熔管和熔座三部分组成，如图 1—1—11a 所示。

熔体是熔断器的核心，常做成丝状、片状或栅状，制作熔体的材料一般有铅锡合金、锌、铜、银等，根据保护的要求而定。熔管是熔体的保护外壳，用耐热绝缘材料制成，在熔体熔断时兼有灭弧作用。熔座是熔断器的底座，作用是固定熔管和外接引线。

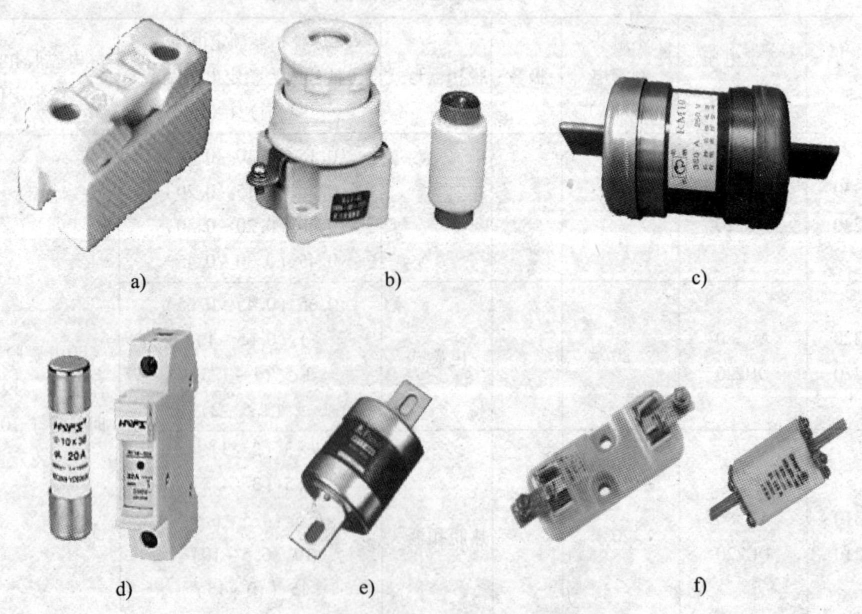

图 1—1—10　几种低压熔断器

a）瓷插式　b）RL1、RLS 系列螺旋式　c）RM10 系列无填料封闭管式　d）RT18 系列圆筒帽形　e）RT15 系列螺栓连接　f）RT0 系列有填料封闭管式

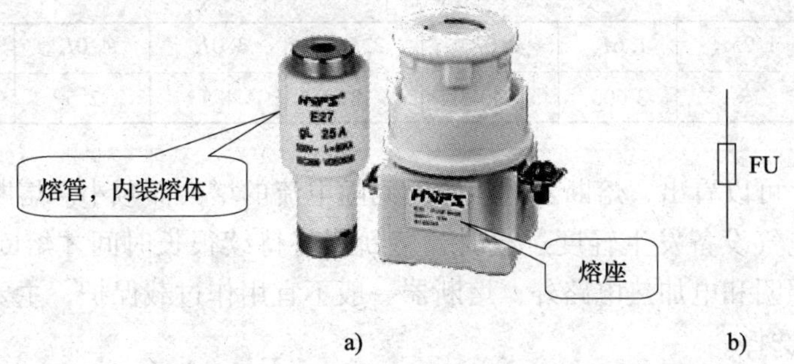

图 1—1—11　低压熔断器

a）RL6 系列螺旋式熔断器　b）符号

2. 型号含义

熔断器型号及含义如下：

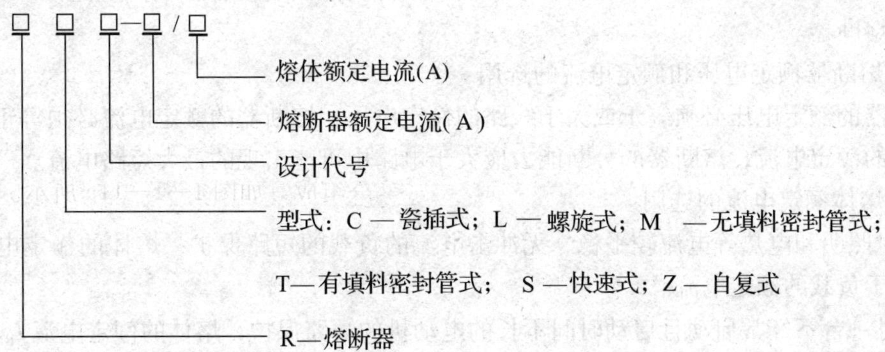

如型号 RCIA—15/10 中，R 表示熔断器，C 表示瓷插式，设计代号为 IA，熔断器额定电流是 15 A，熔体额定电流是 10 A。

3. 熔断器的主要技术参数

（1）额定电压

额定电压是指熔断器长期工作所能承受的电压。如果熔断器的实际工作电压大于其额定电压，熔体熔断时可能会发生电弧不能熄灭的危险。

（2）额定电流

额定电流是指保证熔断器能长期正常工作的电流，是由熔断器各部分长期工作时的允许温升决定的。

（3）分断能力

指在规定的使用和性能条件及规定的电压下熔断器能分断的预期分断电流值。常用极限分断电流值来表示。

（4）时间—电流特性

也称为安—秒特性或保护特性，是指在规定的条件下，表征流过熔体的电流与熔体熔断时间的关系曲线。一般熔断器的熔断电流与熔断时间的关系见表 1—1—7。

表 1—1—7 熔断器的熔断电流与熔断时间的关系

熔断电流 I_S（A）	$1.25I_N$	$1.6I_N$	$2.0I_N$	$2.5I_N$	$3.0I_N$	$4.0I_N$	$8.0I_N$	$10.0I_N$
熔断时间（s）	∞	3 600	40	8	4.5	2.5	1	0.4

由表 1—1—7 可以看出，熔断器的熔断时间随电流的增大而减小。熔断器对过载反应是很不灵敏的，当电气设备发生轻度过载时，熔断器将持续很长时间才熔断，有时甚至不熔断。因此，除在照明和电加热电路外，熔断器一般不宜用作过载保护，主要用作短路保护。

4. 熔断器的选择

（1）熔断器类型的选用

根据使用环境、负载性质和短路电流的大小选用适当类型的熔断器。例如，对于容量较小的照明电路，可选用 RT 系列圆筒帽形熔断器或 RC1A 系列瓷插式熔断器；对于短路电流相当大或有易燃气体的地方，应选用 RT 系列有填料封闭管式熔断器；在机床控制线路中，多选用 RL 系列螺旋式熔断器；用于半导体功率元件及晶闸管的保护时，应选用 RS 或 RLS 系列快速熔断器。

（2）熔断器额定电压和额定电流的选用

熔断器的额定电压必须等于或大于线路的额定电压；熔断器的额定电流必须等于或大于所装熔体的额定电流；熔断器的分断能力应大于电路中可能出现的最大短路电流。

（3）熔体额定电流的选用

1）对照明和电热等电流较平稳、无冲击电流的负载的短路保护，熔体的额定电流应等于或稍大于负载的额定电流。

2）对一台不经常启动且启动时间不长的电动机的短路保护，熔体的额定电流 I_{RN} 应大于或等于 1.5～2.5 倍电动机额定电流 I_N，即：

$$I_{RN} \geqslant (1.5 \sim 2.5)\ I_N$$

3）对一台启动频繁且连续运行的电动机的短路保护，熔体的额定电流 I_{RN} 应大于或等于 3～3.5 倍电动机额定电流 I_N，即：

$$I_{RN} \geqslant (3 \sim 3.5)\ I_N$$

4）对多台电动机的短路保护，熔体的额定电流应大于或等于其中最大容量电动机的额定电流 I_{Nmax} 的 1.5～2.5 倍，加上其余电动机额定电流的总和 $\sum I_N$，即：

$$I_{RN} \geqslant (1.5 \sim 2.5)\ I_{Nmax} + \sum I_N$$

（4）本次任务的熔断器选择

1）类型的选用。一般电动机的控制线路中，多选用 RL 系列螺旋式熔断器。本任务即选用此型号。

2）选择熔体额定电流。电动机（Y112M－4，4 kW，380 V，8.8 A，△形接法）的额定电压为 380V，额定电流为 8.8 A，单台电动机手动不频繁启动控制，根据公式 $I_{RN} \geqslant (1.5 \sim 2.5)\ I_N = (1.5 \sim 2.5) \times 8.8 \approx 13.2 \sim 22$ A。查表 1—1—9 得熔体额定电流为 $I_{RN} = 20$ A。

3）选择熔断器的额定电流和电压。查表 1—1—9，可选取 RL1—60/20 型熔断器，其额定电流为 60 A，额定电压为 500 V。

5. 几种常用的熔断器简介

（1）几种常用熔断器的名称、结构示意图、特点和应用场合，见表1—1—8。

表1—1—8　　常用熔断器的特点和应用场合

名称	结构示意图	特点	应用场合
RC1A系列瓷插式熔断器		结构简单，价格低廉，更换方便，使用时将瓷盖插入瓷座，拔下瓷盖便可更换熔丝 但极限分断能力较差，由于为半封闭结构，熔丝熔断时有声光现象，对易燃易爆的工作场合应禁止使用	交流50 Hz、额定电压380 V及以下、额定电流为5 ~ 200 A的低压线路末端或分支电路中，作线路和用电设备的短路保护，在照明线路中还可起过载保护作用
RL1系列螺旋式熔断器	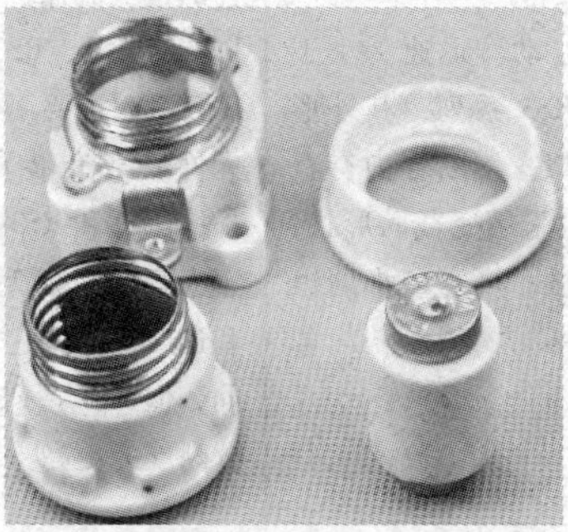	分断能力较高，结构紧凑，体积小，安装面积小，更换熔体方便，工作安全可靠，熔丝熔断后有明显指示（带小红点的熔断指示器自动脱落表示熔丝已经熔断）	控制箱、配电屏、机床设备及振动较大的场合，在交流额定电压500 V、额定电流200 A及以下的电路中，作为短路保护器件
RM10系列封闭管式熔断器	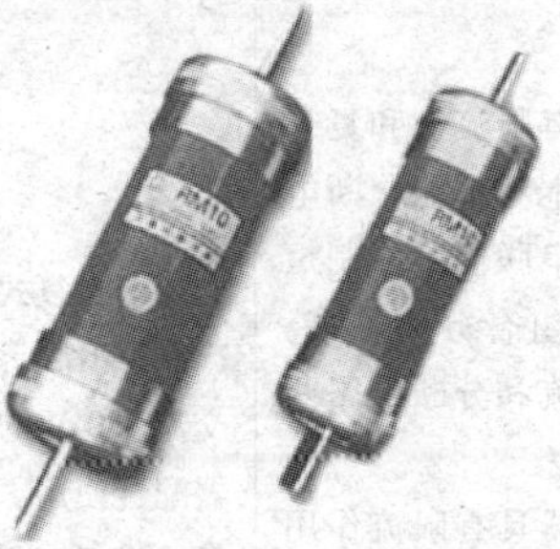	熔断管由钢纸制成，两端为黄铜制成的可拆式管帽，管内熔体为变截面的熔片，更换熔体较方便。RM10系列的极限分断能力比RC1A系列熔断器有提高	主要用于交流额定电压380 V及以下、直流440 V及以下、电流在600 A以下的电力线路中，作导线、电缆及电气设备的短路和连续过载保护
RT0系列有填料封闭管式熔断器	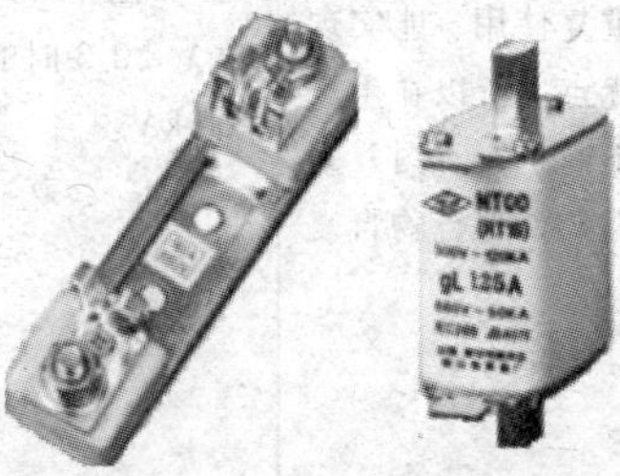	该熔断器的分断能力比同容量的RM10型大2.5 ~ 4倍。该系列熔断器配有熔断指示装置，熔体熔断后，显示出醒目的红色熔断信号，并可用配备的专用绝缘手柄，在带电的情况下更换熔管，装取方便，安全可靠	广泛用于交流380 V及以下、短路电流较大的电力输配电系统中，作为线路及电气设备的短路保护及过载保护

续表

名称	结构示意图	特点	应用场合
NG30系列有填料封闭管式圆筒帽形熔断器		该系列熔断器为半封闭式结构，且带有熔断指示灯。熔体熔断时指示灯即亮	用于交流 50 Hz、额定电压 380 V、额定电流 63 A 及以下工业电气装置的配电线路中，作为线路的短路保护及过载保护
RS0、RS3 系列有填料快速熔断器（又叫半导体器件保护用熔断器）		熔断时间短，动作迅速（小于 5 ms）。RS0、RS3 系列，其外形与 RT0 系列相似，熔断管内有石英填料，熔体也采用变截面形状，但用导热性能强、热容量小的银片，熔化速度快	主要用于半导体硅整流元件的过电流保护。常用的有 RLS、RSO、RS3 等系列。RLS 系列主要用于小容量硅元件及成套装置的短路保护；RSO 和 RS3 系列主要用于大容量晶闸管元件的短路和过载保护，它们的结构相同，但 RS3 系列的动作更快分断能力更高
自复式熔断器	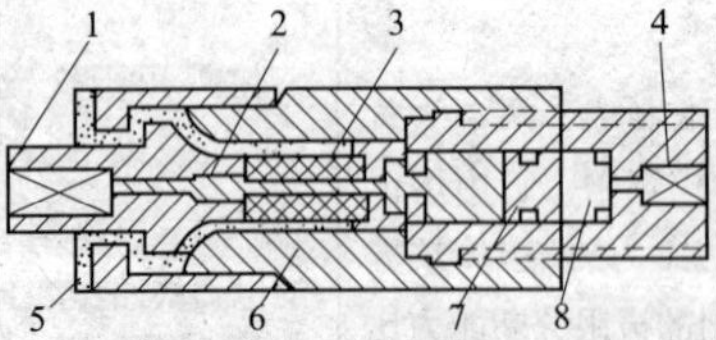 1 2 3 4 5 6 7 8 a）采用液态金属钠作熔体自复式熔断器 1、4—端子　2—熔体　3—绝缘管 5—填充剂　6—钢套　7—活塞　8—氮气 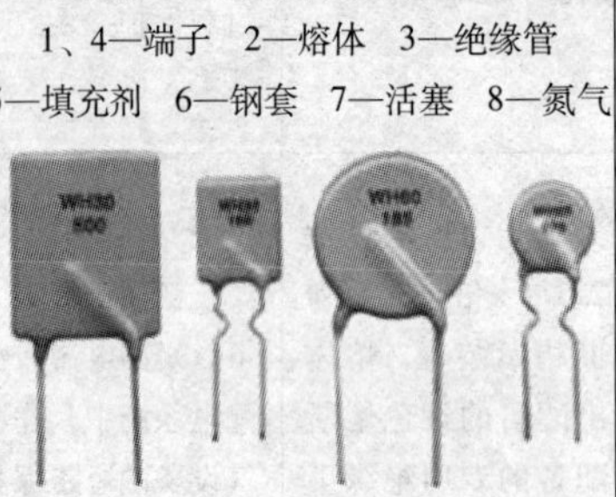 b）PTC 聚合物自复熔丝	自复式熔断器有限流型和复合型两种，限流型本身不能分断电路，常与断路器串联使用限制短路电流，以提高组合分断性能。复合型的具有限流和分断电路两种功能。 自复式熔断器具有限流作用显著、动作时间短、动作后不必更换熔体、能重复使用、能实现自动重合闸等优点，所以在生产中的应用范围不断扩大。图 b 为目前应用较多的 PTC 聚合物自复熔丝	目前自复式熔断器的工业产品有 RZ1 系列，它适用于交流 380 V 的电路中与断路器配合使用。熔断器的电流有 100 A、200 A、400 A、600 A 四个等级，在功率因数 $\lambda \leqslant 0.3$ 时的分断能力为 100 kA

（2）常见低压熔断器的主要技术参数见表 1—1—9。

表 1—1—9　　　　常见低压熔断器的主要技术参数

类别	型号	额定电压（V）	额定电流（A）	熔体额定电流等级（A）	极限分断能力（kA）	功率因数
瓷插式熔断器	RC1A	380	5	2、5	0.25	0.8
			10 15	2、4、6、10 6、10、15	0.5	
			30	20、25、30	1.5	0.7
			60 100 200	40、50、60 80、100 120、150、200	3	0.6
螺旋式熔断器	RL1	500	15 60	2、4、6、10、15 20、25、30、35、40、50、60	2 3.5	≥0.3
			100 200	60、80、100 100、125、150、200	20 50	
	RL2	500	25 60 100	2、4、6、10、15、20、25 25、35、50、60 80、100	1 2 3.5	
无填料封闭管式熔断器	RM10	380	15	6、10、15	1.2	0.8
			60	15、20、25、35、45、60	3.5	0.7
			100 200 350	60、80、100 100、125、160、200 200、225、260、300、350	10	0.35
			600	350、430、500、600	12	0.35
有填料封闭管式熔断器	RT0	AC380 DC440	100 200 400 600	30、40、50、60、100 120、150、200、250 300、350、400、450 500、550、600	AC50 DC25	>0.3
有填料封闭管式圆筒帽形熔断器	RT18	380	32 63	2、4、6、8、10、12、16、20、25、32 2、4、6、8、10、16、20、25、32、40、50、63	100	0.1～0.2
快速熔断器	RLS2	500	30	16、20、25、30	50	0.1～0.2
			63	35、（45）、50、63		
			100	（75）、80、（90）、100		

线路安装与调试

一、任务实施步骤

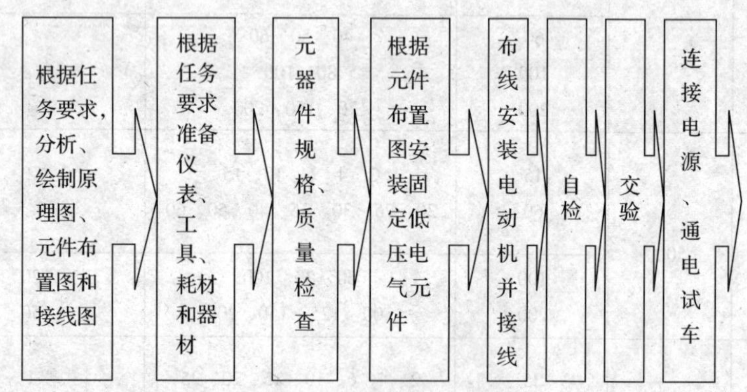

二、分析工作原理、绘制元件布置图和接线图

1. 工作原理分析

如图 1—1—3 所示，手动三相交流异步电动机正转电路是由三相电源 L1、L2、L3，开启式负荷开关（或封闭式负荷开关、组合开关、低压断路器），熔断器和三相交流异步电动机构成的。当开启式负荷开关（或封闭式负荷开关、组合开关、低压断路器）QS 闭合，三相电源经开启式负荷开关（或封闭式负荷开关、组合开关、低压断路器）、熔断器流入电动机，电动机运转；打开 QS，三相电源断开，电动机停转。

2. 绘制元件布置图

（1）布置图

布置图是根据电气元件在控制板上的实际安装位置，采用简化的外形符号（如正方形、矩形、圆形等）而绘制的一种简图。它不表达各电器的具体结构、作用、接线情况以及工作原理，主要用于电气元件的布置和安装。图中各电器的文字符号必须与电路图和接线图的标注相一致。

在实际工作中，电路图、接线图和布置图要结合起来使用。

（2）画布置图

如图 1—1—12、图 1—1—13、图 1—1—14、图 1—1—15 所示。

3. 绘制接线图

（1）接线图

接线图是根据电气设备和电气元件的实际位置和安装情况绘制的，只用来表示电气设备

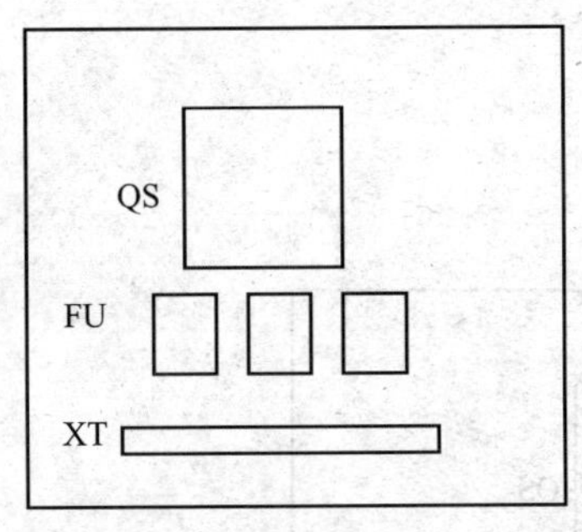

图 1—1—12 开启式负荷开关控制电路元件布置图

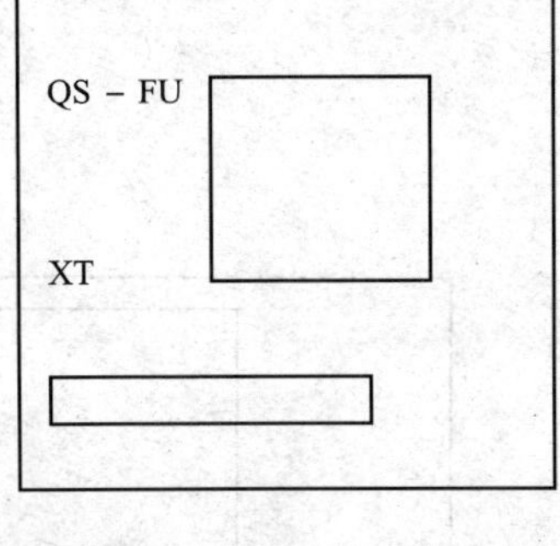

图 1—1—13 封闭式负荷开关控制电路元件布置图

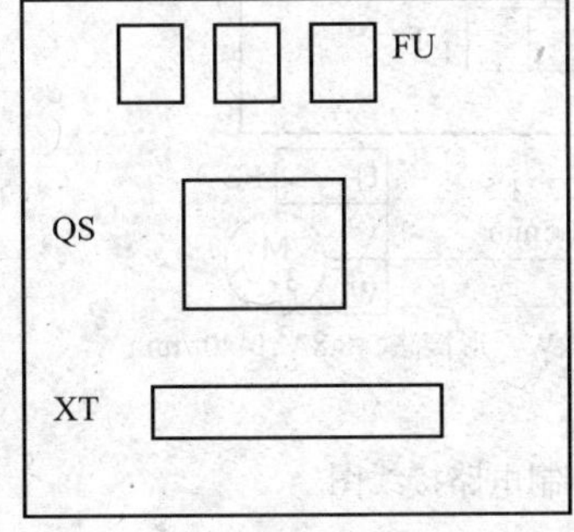

图 1—1—14 组合开关控制电路元件布置图

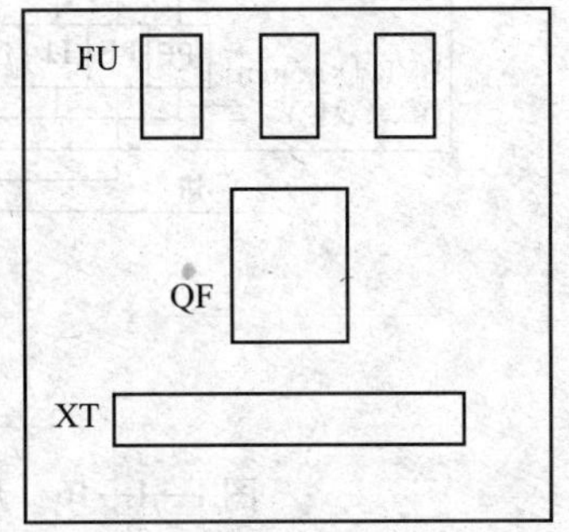

图 1—1—15 低压断路器控制电路元件布置图

和电气元件的位置、配线方式和接线方式，而不明显表示电气动作原理。主要用于安装接线、线路的检查维修和故障处理。

绘制、识读接线图应遵循以下原则。

1）接线图中一般示出如下内容：电气设备和电气元件的相对位置、文字符号、端子号、导线号、导线类型、导线截面积、屏蔽和导线绞合等。

2）所有的电气设备和电气元件都按其所在的实际位置绘制在图纸上，且同一电器的各元件根据其实际结构，使用与电路图相同的图形符号画在一起，并用点画线框上，其文字符号以及接线端子的编号应与电路图中的标注一致，以便对照检查接线。

3）接线图中的导线有单根导线、导线组（或线扎）、电缆等之分，可用连续线和中断线来表示。凡导线走向相同的可以合并，用线束来表示，到达接线端子板或电气元件的连接点时再分别画出。在用线束来表示导线组、电缆等时可用加粗的线条表示，在不引起误解的情况下也可采用部分加粗。另外，导线及管子的型号、根数和规格应标注清楚。

（2）绘制接线图

如图 1—1—16、图 1—1—17、图 1—1—18、图 1—1—19 所示。

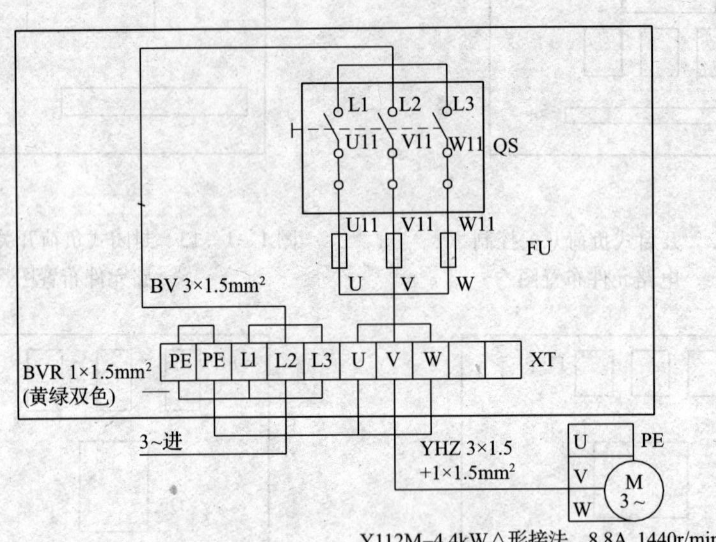

图 1—1—16　开启式负荷开关控制电路接线图

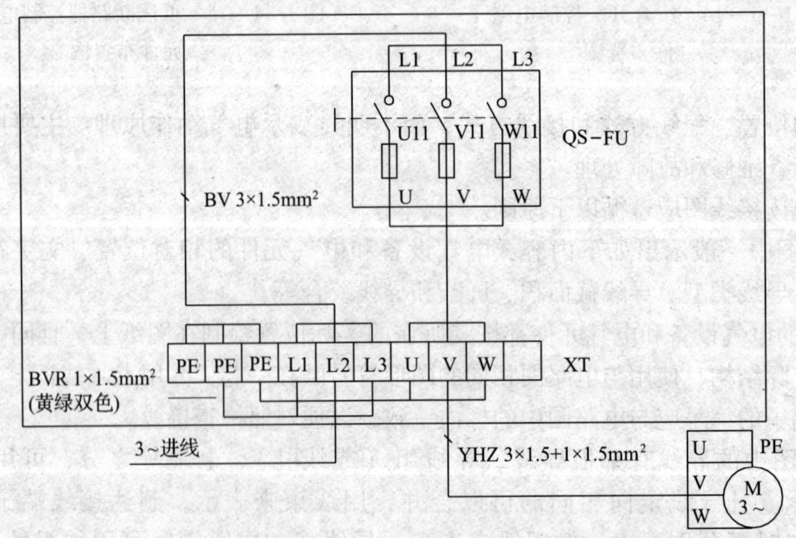

图 1—1—17　封闭式负荷开关控制电路接线图

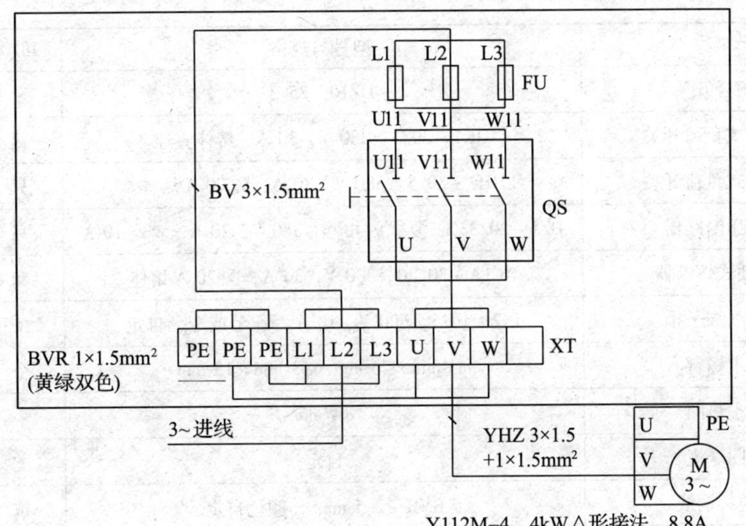

图 1—1—18　组合开关控制电路接线图

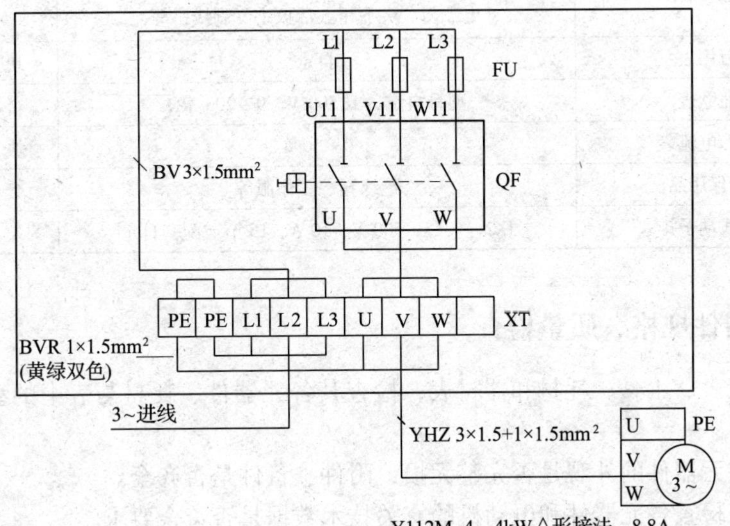

图 1—1—19　低压断路器控制电路接线图

三、仪表、工具、耗材和器材准备

根据任务要求，选用工具、仪表、耗材及器材，见表 1—1—10。

表 1—1—10　　　　**仪表、工具、耗材和器材选用表**

序号	名称	型号与规格	单位	数量	备 注
1	三相四线电源	AC3 × 380/220 V、20 A	个	1	
2	三相电动机	Y112M－4，4 kW、380 V、△形接法，或自定	台	1	
3	配线板	500 mm × 600 mm × 20 mm	块	1	

续表

序号	名称	型号与规格	单位	数量	备 注
4	组合开关	HZ10 - 25/3	个	1	
5	开启式负荷开关	HK1 - 30/3，380 V，30 A，熔体直连	只	1	
6	封闭式负荷开关	HH4 - 30/3，380 V，30 A，配 20 A 熔体	只	1	
7	低压断路器	DZ5 - 20/330，复式脱扣器，380 V，20 A，整定 10 A	只	1	
8	瓷插式熔断器	RC1A - 30/20，380 V，30 A，配 20 A 熔体	套	3	
9	接线端子排	JX2 - 1015，500 V、10 A、15 节或配套自定	条	1	
10	木螺钉	ϕ3 mm×20 mm；ϕ3 mm×15 mm	个	30	
11	平垫圈	ϕ4 mm	个	30	
12	圆珠笔	自定	支	1	
13	塑料铜线	BVR - 2.5 mm^2，颜色自定	m	20	
14	穿线管及配套管夹	ϕ16	m	5	
15	电工通用工具	验电笔、钢丝钳、螺钉旋具（一字形和十字形）、电工刀、尖嘴钳、活扳手、剥线钳等	套	1	
16	万用表	自定	块	1	
17	兆欧表	型号自定，或 500 V、0～200 MΩ	台	1	
18	钳形电流表	0～50 A	块	1	
19	劳保用品	绝缘鞋、工作服等	套	1	
20	接线端子排	JX2 - 1015，500 V、10 A、15 节或配套自定	条	1	

四、元器件规格、质量检查

1．根据仪表、工具、耗材和器材表，检查其各元器件、耗材与表中的型号、规格是否一致。

2．检查各元器件的外观是否完整无损，附件、备件是否齐全。

3．用仪表检查各元器件和电动机的有关技术数据是否符合要求。

五、根据元件布置图安装固定低压电气元件

1．低压电气元件的安装与使用要求

（1）开启式负荷开关安装与使用要求

1）开启式负荷开关必须垂直安装在控制屏或开关板上（见图 1—1—1），且合闸状态时手柄应朝上。不允许倒装或平装，以防发生误合闸事故。

2）开启式负荷开关控制照明和电热负载使用时，要装接熔断器作短路保护和过载保护。接线时应把电源进线接在静触头一边的进线座，负载接在动触头一边的出线座。

3）开启式负荷开关用作电动机的控制开关时，应将开关的熔体部分用铜导线直连，并在出线端另外加装熔断器作短路保护，如图 1—1—20 所示。

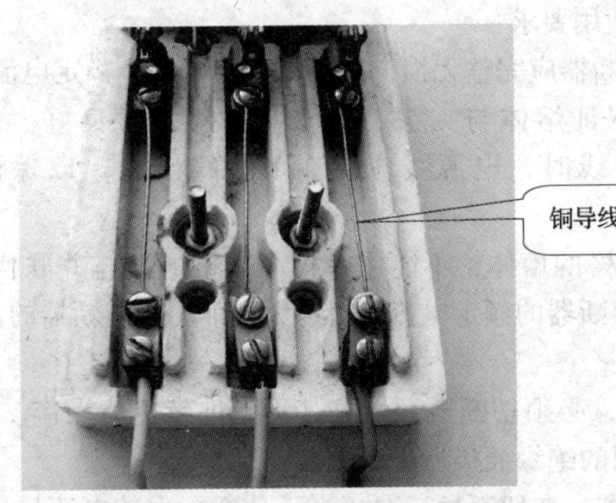

图 1—1—20　铜导线直连

4）在分闸和合闸操作时，应动作迅速，使电弧尽快熄灭。更换熔体时，必须在闸刀断开的情况下按原规格更换。

（2）封闭式负荷开关安装与使用要求

1）封闭式负荷开关必须垂直安装于无强烈震动和冲击的场合，安装高度一般离地不低于 1.3 m，外壳必须可靠接地，并以操作方便和安全为原则。

2）接线时，应将电源进线接在静夹座一边的接线端子上，负载引线接在熔断器一边的接线端子上，且进出线都必须穿过开关的进出线孔。

3）在进行分合闸操作时，要站在开关的手柄侧，不准面对开关，以免因意外故障电流使开关爆炸，铁壳飞出伤人。

（3）组合开关的安装与使用要求

1）HZ10 系列组合开关应安装在控制箱（或壳体）内，其操作手柄最好伸出在控制箱的前面或侧面。开关为断开状态时应使手柄在水平旋转位置。倒顺开关外壳上的接地螺钉应可靠接地。

2）若需在箱内操作，开关最好装在箱内右上方，并且在它的上方不要安装其他电器，否则应采取隔离或绝缘措施。

3）组合开关的通断能力较低，不能用来分断故障电流。

4）当操作频率过高或负载功率因数较低时，应降低开关的容量使用，以延长其使用寿命。

（4）低压断路器的安装与使用要求

1）低压断路器应垂直安装，电源线应接在上端，负载线应接在下端。

2）低压断路器用作电源总开关或电动机的控制开关时，在电源进线侧必须加装刀开关或熔断器等，以形成明显的断开点。

3）低压断路器使用前应将脱扣器工作面上的防锈油脂擦净，以免影响其正常工作。同时应定期检修，清除断路器上的积尘，给操作机构添加润滑剂。

4）各脱扣器的动作值一经调整好，不允许随意变动，并应定期检查各脱扣器的动作值是否满足要求。

5）断路器的触头使用一定次数或分断短路电流后，应及时检查触头系统，如果触头表面有毛刺、颗粒等，应及时维修或更换。

(5) 熔断器的安装与使用要求

1) 用于安装使用的熔断器应完整无损，并标有额定电压、额定电流值。

2) 熔断器安装时应保证熔体与夹头、夹头与夹座接触良好。瓷插式熔断器应垂直安装。螺旋式熔断器接线时，电源线应接在下接线座上，以保证能安全地更换熔管。

3) 熔断器内要安装合格的熔体，不能用多根小规格的熔体并联代替一根大规格的熔体。多级保护时，上一级熔断器的额定电流等级以大于下一级熔断器的额定电流等级两级为宜。

4) 更换熔体或熔管时，必须切断电源，尤其不允许带负荷操作，以免发生电弧灼伤。管式熔断器的熔体应用专用的绝缘插拔器进行更换。

5) 对 RM10 系列熔断器，在切断过三次相当于分断能力的电流后，必须更换熔管，以保证能可靠地切断所规定分断能力的电流。

6) 遇熔体熔断，应分析原因排除故障后，再更换熔体。更换熔体时不能轻易改变熔体规格，更不能用其他导体替代。

7) 熔断器兼作隔离器件使用时，应安装在控制开关的电源进线端；若仅作短路保护，应装在控制开关的出线端。

2. 安装固定工艺

(1) 各元件的安装位置应整齐、匀称，间距合理，便于元件的更换。

(2) 紧固各元件时，用力要均匀，紧固程度适当。在紧固熔断器、断路器等易碎元件时，应该用手按住元件一边轻轻摇动，一边用旋具轮换旋紧对角线上的螺钉，直到手旋不动后，再适当加固旋紧即可。

(3) 断路器、熔断器的受电端子应安装在控制板的外侧，并使熔断器的受电端为底座的中心端。

3. 安装固定

以开启式负荷开关控制为例，操作过程如图 1—1—21 所示。

(1) 根据元件布置图和元件外形尺寸在控制板上画线，确定安装位置。

(2) 固定安装并贴上醒目的文字符号。

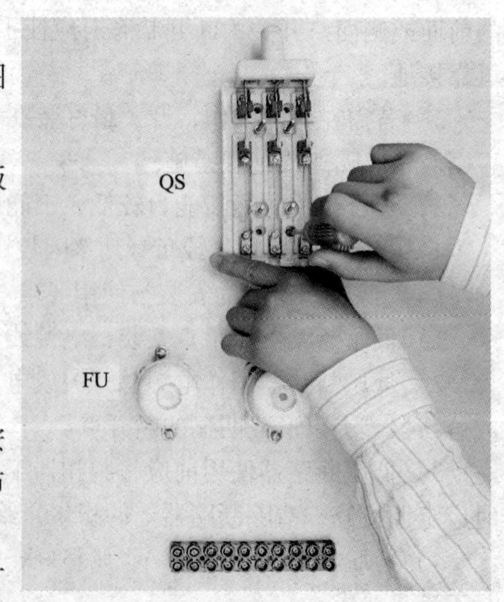

图 1—1—21　开启式负荷开关的安装固定

六、布线

1. 工艺要求

(1) 布线通道要尽可能少，同路并行导线按主、控电路分类集中，单层密排，紧贴安装面布线。

(2) 同一平面的导线应高低一致或前后一致，不能交叉。非交叉不可时，该根导线应在接线端子引出时，就水平架空跨越，但必须走线合理。

（3）布线应横平竖直，分布均匀。变换走向时应垂直转向。

（4）布线时严禁损伤线芯和导线绝缘层。

（5）布线顺序一般以接触器为中心，由里向外、由低至高，先控制电路、后主电路的顺序进行，以不妨碍后续布线为原则。

（6）在每根剥去绝缘层导线的两端套上编码套管。所有从一个接线端子（或接线桩）到另一个接线端子（或接线桩）的导线必须连续，中间无接头。

（7）导线与接线端子或接线桩连接时，不得压绝缘层、不反圈及不露铜过长。

（8）同一元件、同一回路的不同接点的导线间距离应保持一致。

（9）一个电器元件接线端子上的连接导线不得多于两根，每节接线端子板上的连接导线一般只允许连接一根。

2. 布线操作

根据由里向外，由低至高原则，以开启式负荷开关控制为例。

（1）开启式负荷开关的熔体部分用铜导线直连，如图 1—1—20 所示。

（2）开启式负荷开关控制线路的接线，如图 1—1—22、图 1—1—23、图 1—1—24 所示。

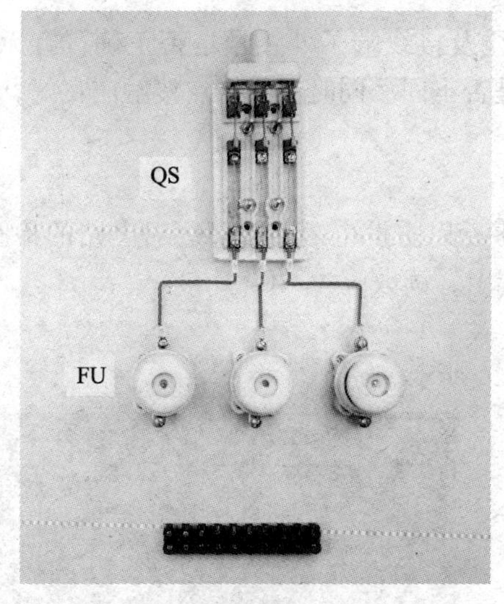

图 1—1—22　开启式负荷开关控制线路的接线（1）

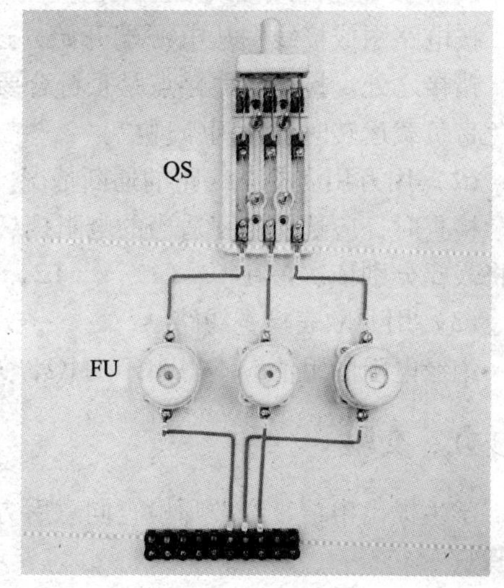

图 1—1—23　开启式负荷开关控制线路的接线（2）

接线时注意，螺钉旋紧后稍稍加力即可，要防止螺钉滑丝。不要忘记在导线的两端套上编码套管。

七、安装电动机并接线

电动机的金属外壳必须可靠接地。接至电动机的导线，必须穿在导线套管内加以保护，或采用坚韧的四芯橡胶线或塑料护套线进行临时通电校验，如图 1—1—25 所示。

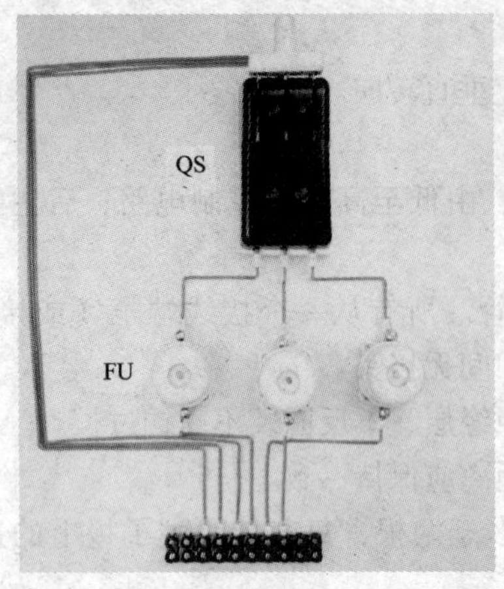

图 1—1—24 开启式负荷开关控制线路的接线（3）

图 1—1—25 电动机的接线（4）

八、自检

自检操作及工艺要求

以开启式负荷开关控制为例。

（1）按电路图或接线图逐段检查

按电路图或接线图从电源端开始，逐段核对接线及接线端子处线号是否正确，有无漏接、错接之处。检查导线接点是否符合要求，压接是否牢固。同时注意接点接触应良好，以避免带负载运转时产生闪弧现象。

（2）用万用表检查线路的通断情况

检查时，应选用倍率适当的电阻挡，并进行校零，以防发生短路故障。对电路的检查，可将表棒分别依次搭在 U、L1，V、L2，W、L3 线端上，读数应为“0”。

（3）用兆欧表检查线路

绝缘电阻的阻值应不得小于 1MΩ，如图 1—1—26 所示。

九、交验

学生提出申请，经教师检查同意后方可进行下个步骤。

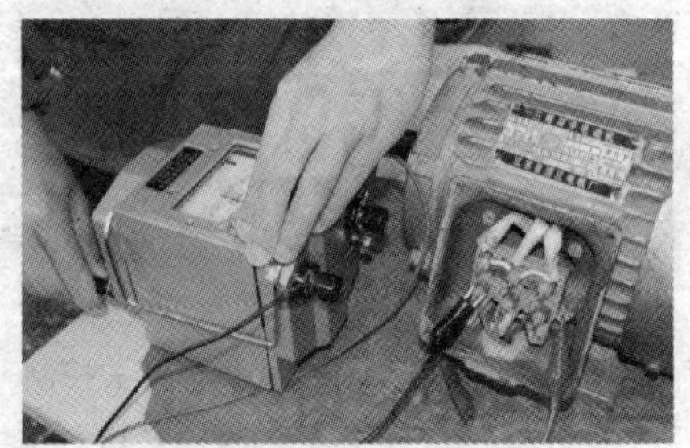

图 1—1—26 用兆欧表测量绝缘电阻

十、连接电源、通电试车

工艺要求如下。

（1）为保证人身安全，在通电试车时，要认真执行安全操作规程的有关规定，一人监护、一人操作。试车前，应检查与通电试车有关的电气设备是否有不安全的因素存在，若查出应立即整改，然后方能试车。

（2）通电试车前，必须征得教师的同意，并由指导教师接通三相电源 L1、L2、L3，同时在现场监护。学生合上电源开关 QF 后，用测电笔检查开启式负荷开关的上端头，氖管亮说明电源接通。如图 1—1—27 所示，合上开启式负荷开关后观察电动机运行情况是否正常，但不得对线路接线是否正确进行带电检查。观察过程中，若发现有异常现象，应立即停车。当电动机运转平稳后，用钳形电流表测量三相电流是否平衡。如图 1—1—28 所示。

（3）试车成功率以通电后第一次按下按钮时计算。

（4）出现故障后，学生应独立进行检修。若需带电检查时，教师必须在现场监护。检修完毕后，如需要再次试车，教师也应该在现场监护，并做好时间记录。

（5）通电试车完毕，停转，切断电源。先拆除三相电源线，再拆除电动机线。

图 1—1—27　使用测电笔检查

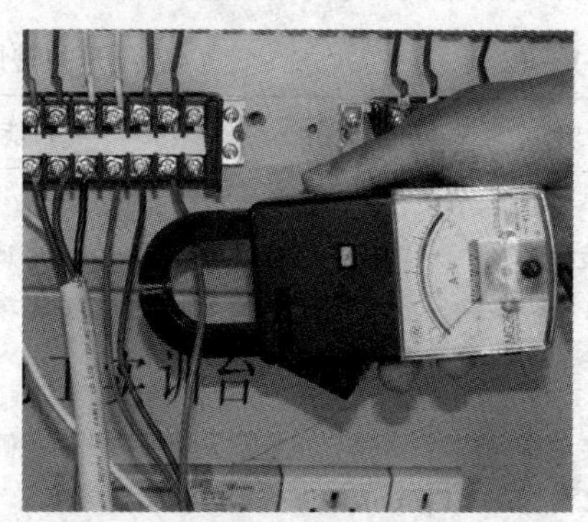

图 1—1—28　使用钳形电流表测量三相电流是否平衡

故障检修

对在检测中发现的各种故障进行分析找出故障原因，是低压电器故障的，通过更换低压电器或修理低压电器的方法排除故障；是线路接线问题的，通过对照原理图和接线图，找出接线错误。

在完成试车的基础上，教师或同组学生按照表 1—1—11 至表 1—1—15 中故障原因分析的元器件或路径，人为地设定一两个故障点进行排故练习。

设定故障一定要在断开电源的情况下进行。如果需要通电观察故障现象，必须有教师在场的情况下进行。

一、低压电器故障及维修

1. 开启式负荷开关常见故障及处理方法

开启式负荷开关最常见的故障是触头接触不良，造成电路开路或触头发热，可根据情况整修或更换触头。

2. 封闭式负荷开关常见故障及处理方法

封闭式负荷开关常见故障及处理方法见表 1—1—11。

表 1—1—11　　封闭式负荷开关常见故障及处理方法

故障现象	可能原因	处理方法
操作手柄带电	（1）外壳未接地或接地线松脱 （2）电源进出线绝缘损坏碰壳	（1）检查后，加固接地导线 （2）更换导线或恢复绝缘
夹座（静触头）过热或烧坏	（1）夹座表面烧损 （2）闸刀与夹座压力不足 （3）负载过大	（1）用细锉修整夹座 （2）调整夹座压力 （3）减轻负载或更换大容量开关

3. 组合开关的常见故障及处理方法

组合开关的常见故障及处理方法见表 1—1—12。

表 1—1—12　　组合开关常见故障及处理方法

故障现象	可能原因	处理方法
手柄转动后，内部触头未动	（1）手柄上的轴孔磨损变形 （2）绝缘杆变形（由方形磨成圆形） （3）手柄与方轴，或轴与绝缘杆配合松动 （4）操作机构损坏	（1）调换手柄 （2）更换绝缘杆 （3）紧固松动部件 （4）修理更换
手柄转动后，动静触头不能按要求动作	（1）组合开关型号选用不正确 （2）触头角度装配不正确 （3）触头失去弹性或接触不良	（1）更换开关 （2）重新装配 （3）更换触头或清除氧化层或尘污
接线柱间短路	因铁屑或油污附着在接线柱间，形成导电层，将胶木烧焦，绝缘损坏而形成短路	更换开关

4. 低压断路器的常见故障及处理

低压断路器的常见故障及处理方法见表 1—1—13。

表 1—1—13　　低压断路器的常见故障及处理方法

故障现象	可能原因	处理方法
不能合闸	（1）欠压脱扣器无电压或线圈损坏 （2）储能弹簧变形 （3）反作用弹簧力过大 （4）操作机构不能复位再扣	（1）检查施加电压或更换线圈 （2）更换储能弹簧 （3）重新调整 （4）调整再扣接触面至规定值
电流达到整定值，断路器不动作	（1）热脱扣器双金属片损坏 （2）电磁脱扣器的衔铁与铁心距离太大或电磁线圈损坏 （3）主触头熔焊	（1）更换双金属片 （2）调整衔铁与铁心的距离或更换断路器 （3）检查原因并更换主触头
启动电动机时断路器立即分断	（1）电磁脱扣器瞬时整定值过小 （2）电磁脱扣器的某些零件损坏	（1）调高整定值至规定值 （2）更换脱扣器
断路器闭合后一定时间自行分断	热脱扣器整定值过小	调高整定值至规定值
断路器温升过高	（1）触头压力过小 （2）触头表面过分磨损或接触不良 （3）两个导电零件连接螺钉松动	（1）调整触头压力或更换弹簧 （2）更换触头或修整接触面 （3）重新拧紧

5．熔断器的常见故障及处理方法见表1—1—14。

表1—1—14　　　　熔断器的常见故障及处理方法

故障现象	可能原因	处理方法
电路接通瞬间，熔体熔断	（1）熔体电流等级选择过小 （2）负载侧短路或接地 （3）熔体安装时受机械损伤	（1）更换熔体 （2）排除负载故障 （3）更换熔体
熔体未熔断，但电路不通	熔体或接线座接触不良	重新连接

二、手动正转控制线路常见故障及维修方法

见表1—1—15。

表1—1—15　　　　手动正转控制线路常见故障及维修方法

故障现象	原因分析	检查方法
电动机不能启动。送电后，电动机不能启动，也没有“嗡，嗡”声	电动机缺两相或三相电。 可能故障点： （1）电源问题 （2）连接导线问题 （3）元器件问题 （4）电动机损坏	方法1：测电笔法 用测电笔，从三相电源端，逐相逐点检查，观察验电笔是否有电，故障点在有电与没有电之间。 方法2：电阻测量法（如下图所示） 断开电源后，用万用表的电阻挡逐条测量每一条电路的通路情况。在不通的电路上逐点检查，找出故障点 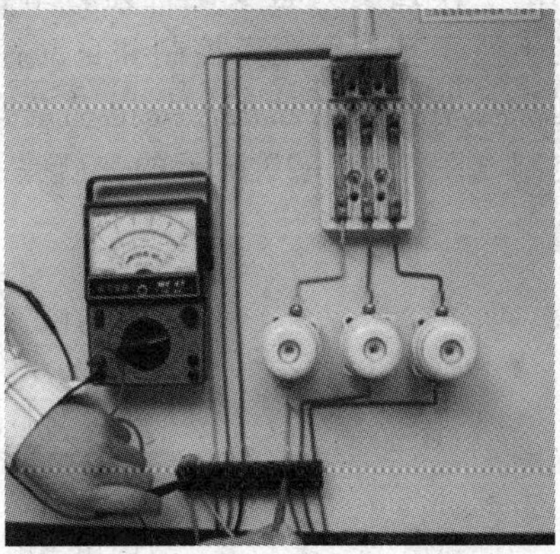
电动机不能启动。送电时，电动机有“嗡，嗡”声	电动机缺一相电。 可能故障点： （1）熔断器熔体熔断 （2）组合开关或断路器操作失控 （3）负荷开关或组合开关动、静触头接触不良	方法： （1）用万用表的500 V交流电压挡，测三相线路的两两间电压，找出故障线路； （2）断开电源，用万用表的电阻挡逐点检查，找出故障点

任务完成后，如需要拆卸，注意不要损坏元件；将工具、仪表和配线板放回工具箱，清理工作台，搞好场地卫生。

任务 2 点动正转控制电路的安装与检修

学习目标

1. 正确理解三相异步电动机点动正转控制电路的工作原理。
2. 能正确识读点动正转控制电路的原理图、接线图和布置图。
3. 会按照工艺要求正确安装三相异步电动机点动正转控制电路。
4. 初步掌握按钮、接触器的选用方法与简单检修。
5. 能根据故障现象，检修三相异步电动机点动正转控制电路。

工作任务

任务 1 中完成的手动控制线路，其特点是结构简单，使用的控制设备少，但使用负荷开关控制的工作强度大且安全性差；组合开关的通断能力低，且不能频繁通断；低压断路器又不便于实现远距离控制和自动控制。而生产机械中常常需要这种频繁通断、远距离控制和自动控制的功能。如电动葫芦中的起重电动机控制，车床拖板箱快速移动电动机控制。图 1—1—29 所示的，就是 CA6140 型车床中刀架快速移动的电动机控制线路。

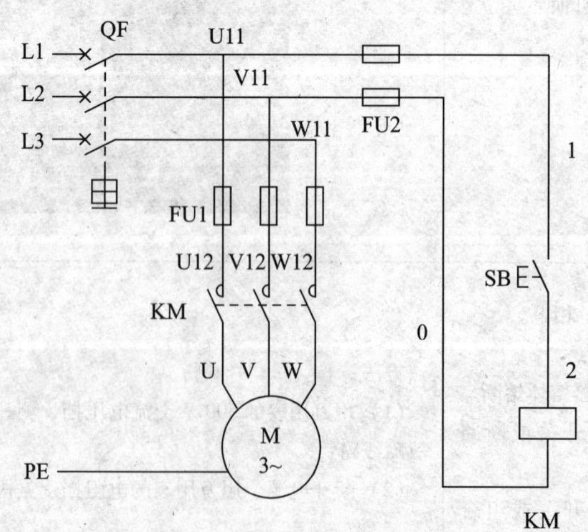

图 1—1—29 CA6140 型车床中刀架快速移动的电动机控制线路

本次任务将会完成通过按钮控制一台电动机正转的控制电路的安装及检修。

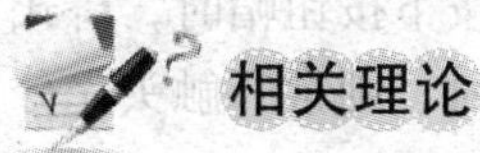

一、按钮

按钮开关是一种手动操作接通或分断小电流控制电路的主令电器。一般情况下按钮不直接控制主电路的通断，主要利用按钮开关远距离发出手动指令或信号去控制接触器、继电器等电磁装置，实现主电路的分合、功能转换或电气联锁。图 1—1—30 所示的是几款按钮的外形。

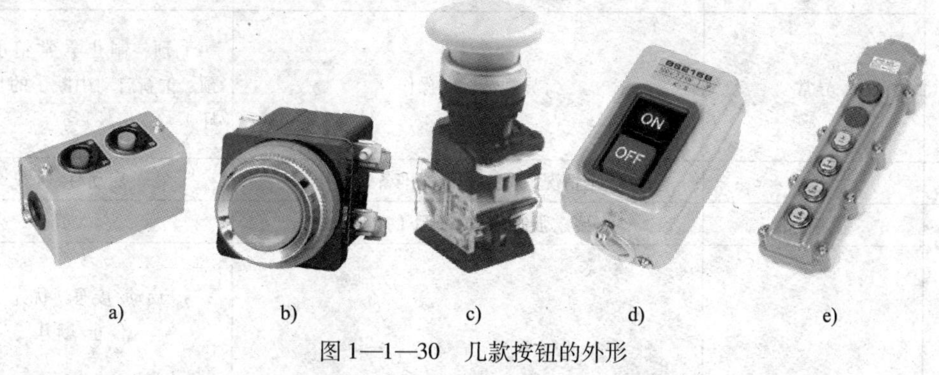

图 1—1—30　几款按钮的外形

a）LA18 系列　b）LA19 系列　c）LA13 系列　d）BS 系列　e）COB 系列

1．按钮的结构符号

按钮开关的结构一般都是由按钮帽、复位弹簧、桥式动触头、外壳及支柱连杆等组成。按钮开关按静态时触头分合状况，可分为常开按钮（启动按钮）、常闭按钮（停止按钮）及复合按钮（常开、常闭组合为一体的按钮）。如图 1—1—31 所示。

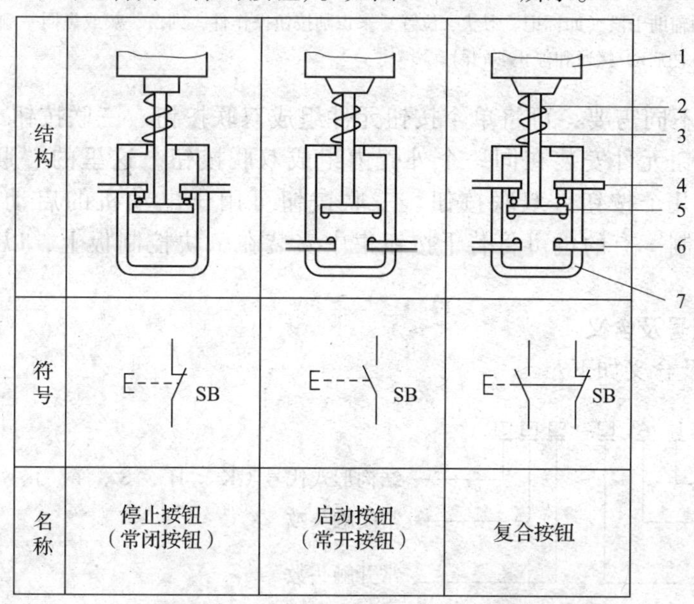

图 1—1—31　按钮开关的结构与符号

1—按钮　2—复位按钮　3—支柱连杆　4—常闭静触头　5—桥式动触头　6—常开静触头　7—外壳

对启动按钮而言，按下按钮帽时触头闭合，松开后触头自动断开复位；停止按钮则相反，按下按钮帽时触头分断，松开后触头自动闭合复位；复合按钮是当按下按钮帽时，桥式动触头向下运动，使常闭触头先断开，常开触头才闭合；当松开按钮帽时，则常开触头先分断复位，常闭触头再闭合复位。

为了便于识别各个按钮的作用，避免误操作，通常用不同的颜色和符号标志来区分按钮的作用。按钮颜色的含义见表1—1—16。

表1—1—16　　按钮颜色的含义

颜色	含义	说明	应用举例
红	紧急	危险或紧急情况时操作	急停
黄	异常	异常情况时操作	干预、制止异常情况，干预、重新启动中断了的自动循环
绿	安全	安全情况或为正常情况准备时操作	启动/接通
蓝	强制性的	要求强制动作情况下的操作	复位功能
白	未赋予特定含义	除急停以外的一般功能的启动（见注）	启动/接通（优先） 停止/断开
灰			启动/接通 停止/断开
黑			启动/接通 停止/断开（优先）

注：如果用代码的辅助手段（如标记、形状、位置）来识别按钮操作件，则白、灰或黑同一颜色可用于标注各种不同功能（如白色用于标注启动/接通和停止/断开）。

另外，根据不同需要，可将单个按钮元件组成双联按钮、三联按钮或多联按钮，如将两个独立的按钮元件安装在同一个外壳内组成双联按钮，这里的“联”指的是同一个开关面板上有几个按钮。双联按钮、三联按钮可用于电动机的启动、停止及正转、反转、制动的控制。有的也可将若干按钮集中安装在一块控制板上，以实现集中控制，称为按钮站。

2．按钮的型号及含义

按钮的型号及含义如下：

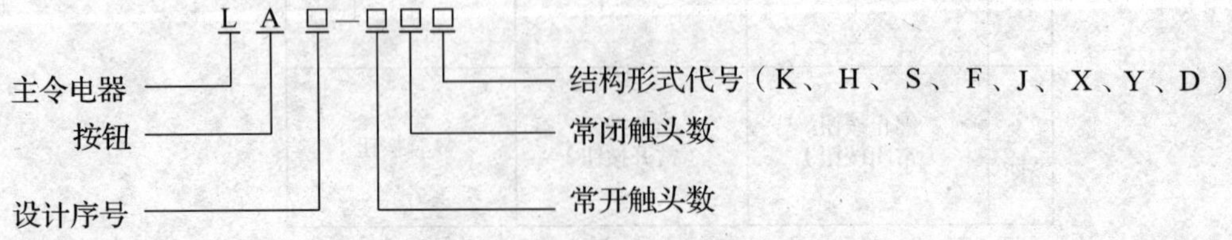

其中结构形式代号的含义如下：

K——开启式，适用于嵌装在操作面板上；

H——保护式，带保护外壳，可防止内部零件受机械损伤或人偶然触及带电部分；

S——防水式，具有密封外壳，可防止雨水侵入；

F——防腐式，能防止腐蚀性气体进入；

J——紧急式，带有红色大蘑菇钮头（突出在外），作紧急切断电源用；

X——旋钮式，用旋钮旋转进行操作，有通和断两个位置；

Y——钥匙操作式，用钥匙插入进行操作，可防止误操作或供专人操作；

D——光标按钮，按钮内装有信号灯，兼作信号指示。

3. 按钮的选用

（1）根据使用场合和具体用途选择按钮的种类

例如，嵌装在操作面板上的按钮可选用开启式；需显示工作状态的选用光标式；需防止无关人员误操作的重要场合宜用钥匙操作式；在有腐蚀性气体处要用防腐式。

（2）根据工作状态指示和工作情况要求，选择按钮或指示灯的颜色

例如，启动按钮可选用白、灰或黑色，优先选用白色，也允许选用绿色。急停按钮应选用红色。停止按钮可选用黑、灰或白色，优先用黑色，也允许选用红色。

（3）根据控制回路的需要选择按钮的数量

如单联钮、双联钮和三联钮等。

LA10 系列按钮的主要技术数据见表 1—1—17。

表 1—1—17　　LA10 系列按钮的主要技术数据

型号	形式	触头数量		额定电压、电流和控制容量	按钮	
		常开	常闭		钮数	颜色
LA10—1K	开启式	1	1	电压：AC380 V　DC220 V 电流：5 A 容量：AC300VA　DC60W	1	或黑、或绿、或红
LA10—2K	开启式	2	2		2	黑、红或绿、红
LA10—3K	开启式	3	3		3	黑、绿、红
LA10—1H	保护式	1	1		1	或黑、或绿、或红
LA10—2H	保护式	2	2		2	黑、红或绿、红
LA10—3H	保护式	3	3		3	黑、绿、红
LA10—1S	防水式	1	1		1	或黑、或绿、或红
LA10—2S	防水式	2	2		2	黑、红或绿、红
LA10—3S	防水式	3	3		3	黑、绿、红
LA10—1F	防腐式	1	1		1	或黑、或绿、或红
LA10—2F	防腐式	2	2		2	黑、红或绿、红
LA10—3F	防腐式	3	3		3	黑、绿、红

4. 本次任务按钮的选择

需要控制的按钮数为一个，安装位置在控制板上，需要保护，用作点动控制，因此，选择 LA10—1H、绿色或黑色的按钮符合需要。

二、接触器

接触器是一种用来接通或切断交、直流主电路和控制电路，并且能够实现远距离控制的电器。大多数情况下其控制对象是电动机，也可以用于其他电力负载，如电阻炉、电焊机等，接触器不仅能自动地接通和断开电路，还具有控制容量大、欠电压释放保护、零压保护、频繁操作、工作可靠、寿命长等优点。接触器实际上是一种自动的电磁式开关。触头的通断不是由手来控制，而是电动操作，属于自动切换电器。接触器按主触头通过电流的种类，分为交流接触器和直流接触器两类。

图 1—1—32 所示为几款常用交流接触器的外形。

图 1—1—32　常用交流接触器

a）CJ10（CJT1）系列　b）CJ20 系列　c）CJ40 系列　d）CJX1（3TB、3TF）系列

1．交流接触器

（1）交流接触器的结构符号

交流接触器主要由电磁系统、触头系统、灭弧装置和辅助部件等组成。交流接触器的结构如图 1—1—33 所示。

1）电磁系统。电磁系统主要由线圈、静铁心和动铁心（衔铁）三部分组成。静铁心在下、动铁心在上，线圈装在静铁心上。静、动铁心一般用 E 形硅钢片叠压而成，以减少铁心的磁滞和涡流损耗；铁心的两个端面上嵌有短路环，如图 1—1—34 所示，用以消除电磁系统的振动和噪声；线圈做成粗而短的圆筒形，且在线圈和铁心之间留有空隙，以增强铁心的散热效果。交流接触器利用电磁系统中线圈的通电或断电，使静铁心吸合或释放衔铁，从而带动动触头与静触头闭合或分断，实现电路的接通或断开。

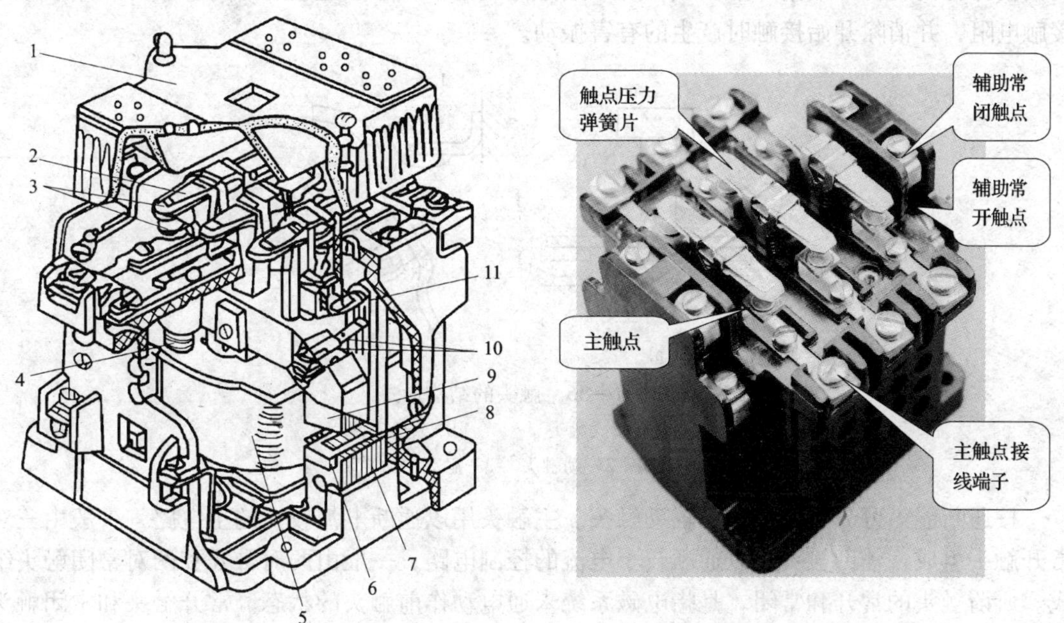

图 1—1—33　交流接触器的结构

1—灭弧罩　2—触点压力弹簧片　3—主触点　4—反作用弹簧　5—线圈　6—短路环
7—静铁心　8—弹簧　9—动铁心　10—辅助常开触点　11—辅助常闭触点

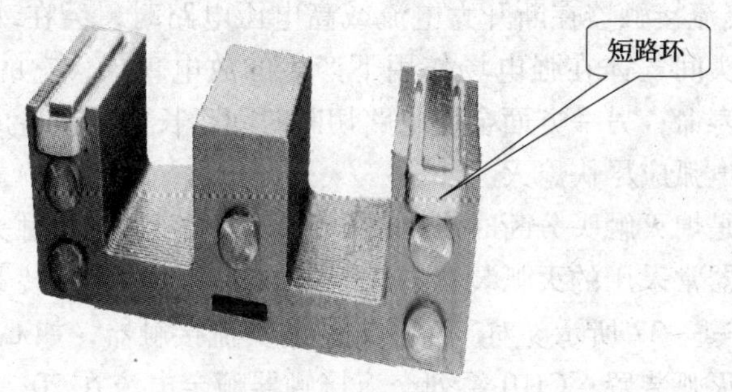

图 1—1—34　短路环

2）触头系统。交流接触器的触头按接触情况可分为点接触式、线接触式和面接触式三种，如图 1—1—35 所示。

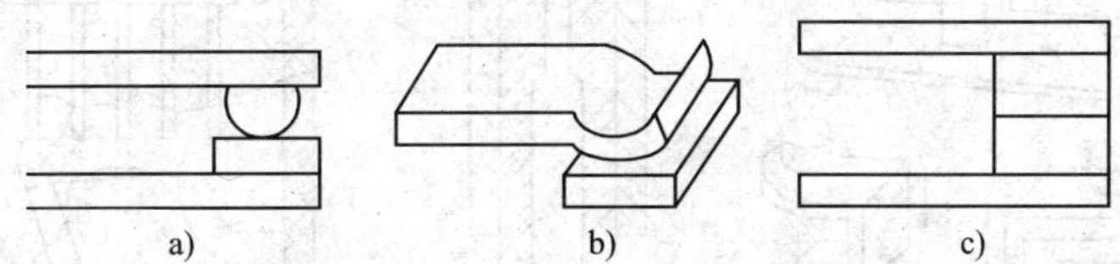

图 1—1—35　触头的三种接触形式

a）点接触　b）线接触　c）面接触

按触头的结构形式可分为桥式触头和指形触头两种，如图 1—1—36 所示。CJ10 系列交流接触器的触头一般采用双断点桥式触头，其动触头用紫铜片冲压而成，在触头桥的两端镶有银基合金制成的触头块，以避免接触点由于氧化铜的产生影响其导电性能。静触头一般用黄铜板冲压而成，一端镶焊触头块，另一端为接线柱。在触头上装有压力弹簧片，用以减小接触电阻，并消除开始接触时产生的有害振动。

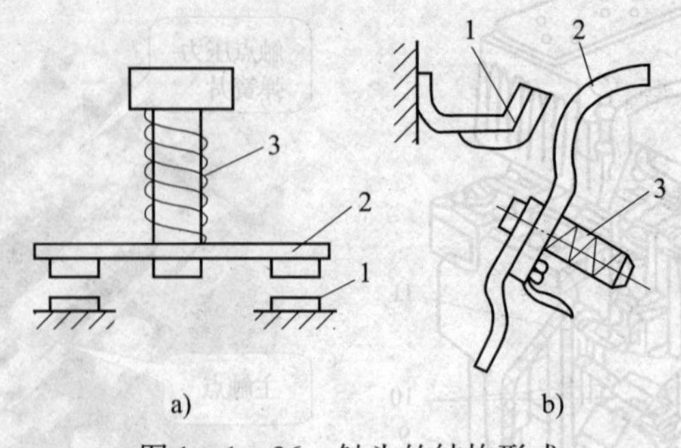

图 1—1—36　触头的结构形式

a）双断点桥式触头　　b）指形触头

1—静触头　2—动触头　3—触头压力弹簧

按通断能力可分为主触头和辅助触头。主触头用以通断电流较大的主电路，一般由三对常开触头组成。辅助触头用以通断较小电流的控制电路，一般由两对常开和两对常闭触头组成。所谓触头的常开和常闭，是指电磁系统未通电动作前触头的状态。常开触头和常闭触头是联动的。当线圈通电时，常闭触头先断开，常开触头随后闭合，中间有一个很短的时间差。当线圈断电后，常开触头先恢复断开，随后常闭触头恢复闭合，中间也存在一个很短的时间差。这个时间差虽短，但对分析线路的控制原理却很重要。

3）灭弧装置。交流接触器在断开大电流或高电压电路时，会在动、静触头之间产生很强的电弧。电弧是触头间气体在强电场作用下产生的放电现象，它的产生一方面会灼伤触头，减少触头的使用寿命；另一方面会使电路切断时间延长，甚至造成弧光短路或引起火灾事故。因此触头间的电弧应尽快熄灭。

灭弧装置的作用是熄灭触头分断时产生的电弧，以减轻电弧对触头的灼伤，保证可靠地分断电路。交流接触器常采用的灭弧装置有双断口结构电动力灭弧装置、纵缝灭弧装置和栅片灭弧装置，如图 1—1—37 所示。对于容量较小的交流接触器，如 CJ10—10 型，一般采用双断口结构的电动力灭弧装置；CJ10 系列交流接触器额定电流在 20 A 及以上的，常采用纵缝灭弧装置灭弧；对于容量较大的交流接触器，多采用栅片来灭弧。

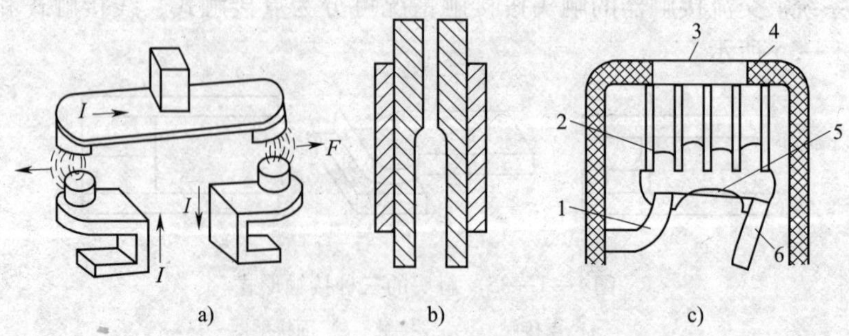

图 1—1—37　常用的灭弧装置

a）双断口结构电动力灭弧装置　b）纵缝灭弧装置　c）栅片灭弧装置

1—静触头　2—短电弧　3—灭弧栅片　4—灭弧罩　5—电弧　6—动触头

4）辅助部件。交流接触器的辅助部件有反作用弹簧、缓冲弹簧、触头压力弹簧、传动机构及底座、接线柱等，如图 1—1—33 所示。反作用弹簧安装在衔铁和线圈之间，其作用是线圈断电后，推动衔铁释放，带动触头复位；缓冲弹簧安装在静铁心和线圈之间，其作用是缓冲衔铁在吸合时对静铁心和外壳的冲击力，保护外壳；触头压力弹簧安装在动触头上面，其作用是增加动、静触头间的压力，从而增大接触面积，以减少接触电阻的阻值，防止触头过热损伤；传动机构的作用是在衔铁或反作用弹簧的作用下，带动动触头实现与静触头的接通或分断。

交流接触器在电路图中的符号如图 1—1—38 所示。

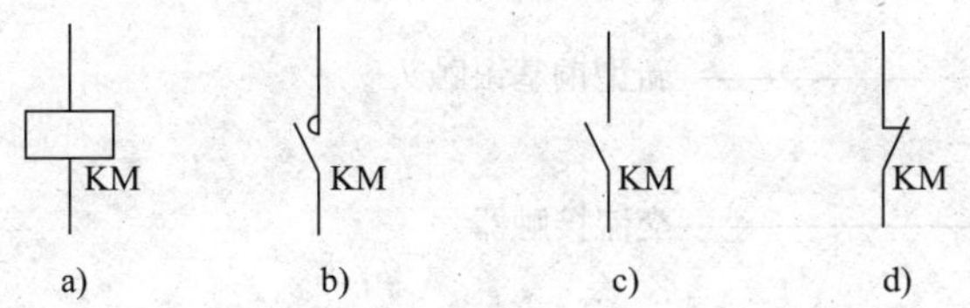

图 1—1—38　接触器的符号

a）线圈　b）主触头　c）辅助常开触头　d）辅助常闭触头

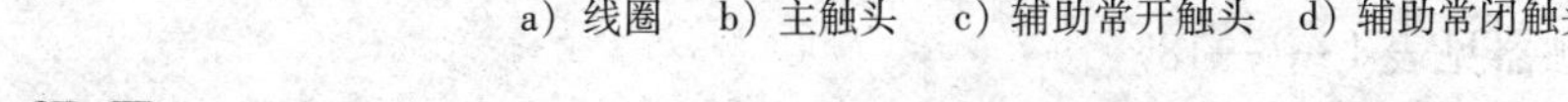

如果控制线路中的接触器大于 1 个，则通过在 KM 后加数字来区别。如 KM1、KM2。

（2）交流接触器的工作原理

交流接触器的工作原理示意图如图 1—1—39 所示，当接触器的线圈通电后，线圈中的电流产生磁场，使静铁心磁化产生足够大的电磁吸力，克服反作用弹簧的反作用力将衔铁吸合，衔铁通过传动机构带动辅助常闭触头先断开，三对常开主触头和辅助常开触头后闭合；当接触器线圈断电或电压显著下降时，由于铁心的电磁吸力消失或过小，衔铁在反作用弹簧力的作用下复位，并带动各触头恢复到原始状态。

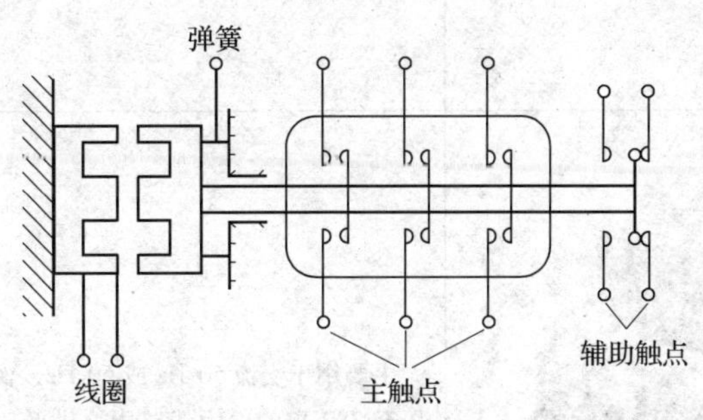

图 1—1—39　交流接触器的工作原理示意图

交流接触器线圈在其额定电压的 85% ~105% 时，能可靠地工作。电压过高，则磁路趋于饱和，线圈电流将显著增大，线圈有被烧坏的危险；电压过低，则吸不牢衔铁，触头跳动，不但影响电路正常工作，而且线圈电流会达到额定电流的十几倍，使线圈过热而烧坏。因此，电压过高或过低都会造成线圈发热而烧毁。

(3）型号及含义

交流接触器的型号及含义如下：

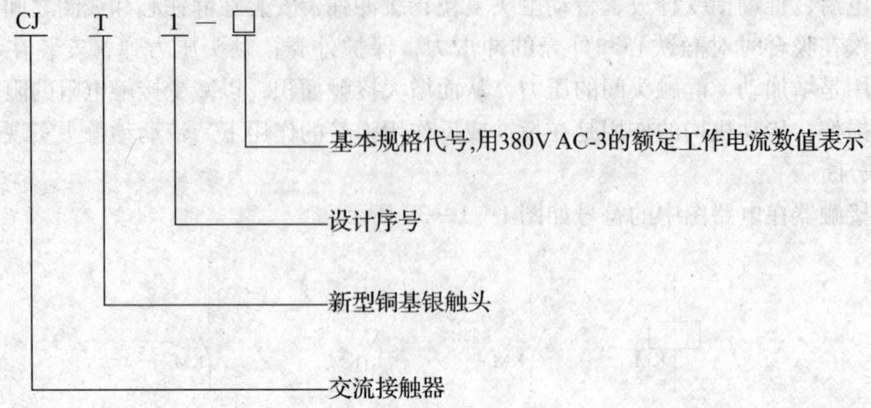

(4）几种特定用途的交流接触器简介

特定用途的交流接触器见表1—1—18。

表1—1—18　　特定用途的交流接触器

名称	外形图	应用条件	主要特点
CJX2—N（LC2—D）系列联锁可逆交流接触器		主要用于交流50 Hz或60 Hz，额定工作电压至660 V，额定工作电流至95 A以下的电路中，作电动机可逆控制用	它的联锁机构，保证了两台可逆接触器转换的工作可靠性
CJ19(16 C）系列切换电容器接触器		主要用于交流50 Hz或60 Hz、额定工作电压至380 V的电力线路中，供低压无功功率补偿设备投入或切除低压并联电容器之用	接触器带有抑制涌流装置，能有效地减小合闸涌流对电容的冲击和抑制开断时的过电压

续表

名称	外形图	应用条件	主要特点
GSC2—J建筑用交流接触器		主要用于家用及类似用途，用于主电路为交流 50 Hz（或 60 Hz），额定绝缘电压为 440 V，额定工作电压至 415 V，使用类别 AC—7a 下额定工作电流至 63 A，使用类别 AC—7b 下额定工作电流至 30 A，额定限制短路电流小于或等于 6 kA 的电路中	操作机构为转动式，触头为双断点；低音操作、无噪声；低功耗，高可靠性；具有触头状态指示器
空调专用型接触器		用于交流 50 Hz 或 60 Hz，额定工作电压 220 V，额定工作电流 25 A，使用类别为 AC—7b 的电路中接通和分断电路。广泛用于空调等家用电器的压缩机或者电动机控制，也可用于电加热器等其他负载	噪声低；接线方便，提供了插线端子、锁线、压着端子等多种接线方式；采用国际通用的底板设计，安装方便，互换性高
CJC20系列自保持节能型交流接触器		CJC20 系列自保持节能接触器，主要适用于交流 50 Hz、额定电压到 660 V、额定工作电流到 630 A 的电力系统中接通和分断电路。在电网停电时不要求接触器断开，在来电时允许自送电。类似于低压断路器	节能接触器在吸合运行中不通励磁电流，因而达到节能、无噪声、不烧励磁线圈的目的

2. 直流接触器简介

直流接触器主要供远距离接通和分断额定电压 440 V、额定电流 1 600 A 以下的直流电力线路之用。并适宜于直流电动机的频繁启动、停止、换向及反接制动。目前常用的直流接触器有 CZ0、CZ17、CZ18、CZ21 等系列。图 1—1—40 所示的是 CZ0 系列直流接触器。

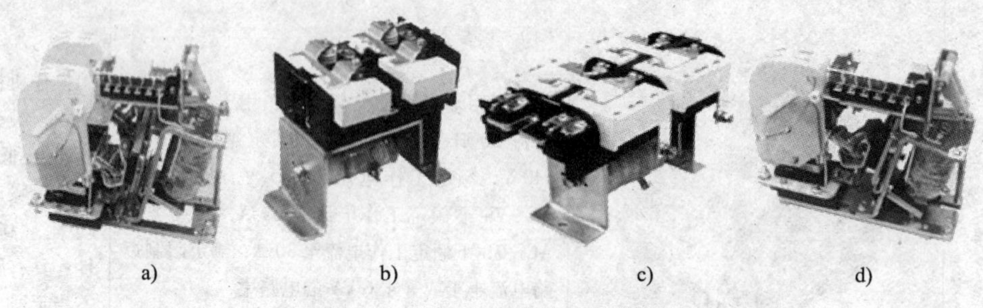

a)　　b)　　c)　　d)

图 1—1—40　CZ0 系列直流接触器

a）CZ0—20　b）CZ0—40　c）CZ0—150　d）CZ0—250

直流接触器的结构和工作原理与交流接触器基本相同，主要的区别有：

（1）电磁系统的区别

直流接触器的电磁系统由线圈、铁心和衔铁组成。由于线圈中通过的是直流电，铁心中不会产生涡流和磁滞损耗而发热，因此铁心可用整块铸钢或铸铁制成，铁心端面也不需要嵌装短路环。但在磁路中常垫有非磁性垫片，以减少剩磁影响，保证线圈断电后衔铁能可靠释放。另外，直流接触器线圈的匝数比交流接触器多，电阻值大，铜损大，所以接触器发热以线圈本身发热为主。为了使线圈散热良好，常常将线圈做成长而且薄的圆筒形。

（2）触头系统的区别

直流接触器触头也有主、辅之分。由于主触头接通和断开的电流较大，多采用滚动接触的指形触头，以延长触头使用寿命。辅助触头的通断电流小，多采用双断点桥式触头，可有若干对。

（3）灭弧装置的区别

直流接触器的主触头在分断较大直流电流时，会产生强烈的电弧，直流接触器一般采用磁吹式灭弧装置结合其他灭弧方法灭弧。磁吹式灭弧装置是利用磁场对电流的作用，在电弧产生时，在其上方有一个强磁场作用于电弧，使电弧受力变形，拉长拉断，达到灭弧目的。

3. 接触器的选择

选择接触器时应从其工作条件出发，主要考虑下列因素。

（1）控制交流负载选用交流接触器，控制直流负载选用直流接触器。

（2）主触头的额定工作电流应大于或等于负载电路的电流；还要注意的是接触器主触头的额定工作电流是在规定的条件下（额定工作电压、使用类别、操作频率等）能够正常工作的电流值，当实际使用条件不同时，这个电流值也将随之改变。

（3）主触头的额定工作电流应大于或等于负载电路的电压。

（4）吸引线圈的额定电压应与控制回路电压相一致，接触器在线圈额定电压 85% 及以上时应能可靠地吸合。

4. 接触器选择的具体步骤

（1）选择接触器的类型

需根据负荷种类选择接触器的类型，见表 1—1—19。

表 1—1—19　根据负荷种类选择接触器的类型

负荷种类	一类	二类	三类	四类
记为	AC1	AC2	AC3	AC4
控制对象	无感或微感负荷，如白炽灯，电阻炉等	用于绕线式异步电动机的启动和停止	典型用途是笼型异步电动机的运转和运行中分断	用于笼型异步电动机的启动、反接制动、反转和点动

（2）选择接触器的额定参数

根据被控对象和工作参数如电压、电流、功率、频率及工作制等确定接触器的额定参数。

1）接触器的线圈电压，一般应低一些为好，这样对接触器的绝缘要求可以降低，使用时也较安全。当控制线路简单、使用电器较少时，可直接选用 380 V 或 220 V 的电压。若线路较复杂、使用电器的个数超过 5 只时，可选用 36 V 或 110 V 电压的线圈，以保证安全。但为了方便和减少设备，常按实际电网电压选取。接触器主触头的额定电压应大于或等于所控制线路的额定电压。

2）电动机的操作频率不高，如压缩机、水泵、风机、空调、冲床等，接触器额定电流大于负荷额定电流即可。控制电动机时，可按下列经验公式计算，仅适用于 CJT1（CJ10）系列：

$$I_C = \frac{P_N \times 10^3}{KU_N}$$

式中：K —— 经验系数，一般取 1 ~ 1.4；

P_N —— 被控制电动机的额定功率（kW）；

U_N —— 被控制电动机的额定电压（V）；

I_C —— 接触器主触头电流（A）。

接触器类型可选用 CJT1（CJ10）、CJ20 等。

3）对重任务型电动机，如机床主电动机、升降设备、绞盘、破碎机等，其平均操作频率超过 100 次/min，运行于启动、点动、正反向制动、反接制动等状态，可选用 CJ10Z、CJ12 型的接触器。为了保证电寿命，可使接触器降容使用。选用时，接触器额定电流大于电动机额定电流。

4）对特种任务电动机，如印刷机、镗床等，操作频率很高，可达 600 ~ 12 000 次/h，经常运行于启动、反接制动、反向等状态，接触器大致可按电寿命及启动电流选用，接触器型号选 CJ10Z、CJ12 等。

5）交流回路中的电容器投入电网或从电网中切除时，接触器选择应考虑电容器的合闸冲击电流。一般地，接触器的额定电流可按电容器额定电流的 1.5 倍选取，型号选 CJT1（CJ10）、CJ20 等。

6）用接触器对变压器进行控制时，应考虑浪涌电流的大小。例如交流电弧焊机、电阻焊机等，一般可按变压器额定电流的 2 倍选取接触器，型号选 CJT1（CJ10）、CJ20 等。

7）对于电热设备，如电阻炉、电热器等，负荷的冷态电阻较小，因此启动电流相应要大一些。选用接触器时可不用考虑（启动电流），直接按负荷额定电流选取。型号可选用 CJT1（CJ10）、CJ20 等。

8）由于气体放电灯启动电流大、启动时间长，对于照明设备的控制，可按额定电流 1.1 ~ 1.4 倍选取交流接触器，型号可选 CJT1（CJ10）、CJ20 等。

9）接触器额定电流是指接触器在长期工作下的最大允许电流，持续时间≤8 h，且安装于敞开的控制板上，如果冷却条件较差，选用接触器时，接触器的额定电流按负荷额定电流的 110% ~ 120% 选取。对于长时间工作的电动机，由于其氧化膜没有机会得到清除，使接触电阻增大，导致触点发热超过允许温升。实际选用时，可将接触器的额定电流减小 30% 使用。

10）选择接触器触头的数量和种类。接触器的触头数量和种类应满足控制线路的要求。常用 CJT1 系列和 CJ20 系列交流接触器的技术数据分别见表 1—1—20 和表 1—1—21。常用 CZ0 系列直流接触器技术数据见表 1—1—22。

表 1—1—20　　CJT1 系列交流接触器的技术数据

型号		CJT1—10	CJT1—20	CJT1—40	CJT1—60	CJT1—100	CJT1—150
基本规格代码		10	20	40	60	100	150
额定绝缘电压（U_i）V		380					
约定发热电流（I_{th}）A		10	20	40	60	100	150
额定控制电源电压		交流 50 Hz：AC110 V、AC127 V、AC220 V、AC380 V					
AC—1 额定工作电流（I_e）A	AC220 V	10	20	40	60	100	150
	AC380 V	10	20	40	60	100	150
AC—2 额定工作电流（I_e）A	AC220 V	10	20	40	60	100	150
	AC380 V	10	20	40	60	100	150
AC—3 额定工作电流（I_e）A	AC220 V	10	20	40	60	100	150
	AC380 V	10	20	40	60	100	150
AC—4 额定工作电流（I_e）A	AC220 V	10	20	40	60	100	150
	AC380 V	10	20	40	60	100	150
AC—3 额定工作功率（P_e）kW	AC220 V	2.2	5.8	11	17	28	43
	AC380 V	4	10	20	30	50	75

表 1—1—21　　　　　　　　**CJ20 系列交流接触器的技术数据**

型号	额定频率（Hz）	额定绝缘电压（V）	额定工作电压（V）	约定发热电流（A）	断续周期工作制下的额定工作电流（A）				380VAC—3 类工作制下的控制功率（kW）	不间断工作制下的额定工作电流（A）
					AC—1	AC—2	AC—3	AC—4		
CJ20—10	50	660	220	10	10	—	10	10	2.2	10
			380			—				
			660			—	5.2	5.2	4	
CJ20—16			220	16	16	—	16	16	4.5	16
			380			—			7.5	
			660			—	13	13	11	
CJ20—25			220	32	32	—	25	25	5.5	32
			380			—			11	
			660			—	14.5	14.5	13	
CJ20—40			220	55	55	—	40	40	11	55
			380			—			22	
			660			—	25	25		
CJ20—63			220	80	80	63	63	63	18	80
			380						30	
			660			40	40	40	35	
CJ20—100			220	125	125	100	100	100	28	125
			380						50	
			660			63	63	63		
CJ20—160			220	200	200	160	160	160	48	200
			380							
			660			100	100	100	85	
CJ20—160/11		1 140	1 140			80	80	80		
CJ20—250		660	220	315	315	250	250	250	80	315
			380						132	
CJ20—250/06			660			200	200	200	190	
CJ20—400			220	400	400	400	400	400	115	400
			380						200	
			660			250	250	250	220	
CJ20—630			220	630	630	630	630	630	175	630
			380						300	
CJ20—630/06			660	400	400	400	400	400	350	400
CJ20—630/11		1 140	1 140						400	

表 1—1—22　　　　　　　　　　　**CZ0 系列直流接触器技术数据**

型号	额定电压（V）	额定电流（A）	额定操作频率（次/h）	主触头形式及数目		辅助触头形式及数目		最大分断电流（A）	吸引线圈电压（V）	吸引线圈消耗功率（W）
				常开	常闭	常开	常闭			
CZ0—40/20		40	1 200	2	0		2	160		22
CZ0—40/02		40	600	0	2		2	100		24
CZ0—100/10		100	1 200	1	0		2	400		24
CZ0—100/01		100	600	0	1	2	1	250		180/24
CZ0—100/20		100	1 200	2	0		2	400	24	30
CZ0—150/10		150	1 200	1	0		2	600	48	30
CZ0—150/01	440	150	600	0	1		1	375	110	300/25
CZ0—150/20		150	1 200	2	0		2	600	220	40
CZ0—250/10		250	600	1	0	可以在 5 常开、1 常闭与 5 常闭、1 常开之间任意组合		1 000	440	230/31
CZ0—250/20		250	600	2	0			1 000		290/40
CZ0—400/10		400	600	1	0			1 600		350/28
CZ0—400/20		400	600	2	0			1 600		430/43
CZ0—600/10		600	600	1	0			2 400		320/50

5. 本次任务接触器的选择

本次任务是三相异步电动机点动正转控制，由于是点动控制，属于 AC4 类负荷，若每小时操作次数小于 300 次，查表得，CJT1—10 的主要技术数据满足任务电动机的工作要求。

三、点动正转控制电路工作原理分析

图 1—1—29 所示电路由三个部分组成。

1. 电源电路

电源电路画成水平线，三相交流电源相序 L1、L2、L3 自上而下依次画出，中线 N 和保护地线 PE 集中画在相线之下。直流电源的“+”端画在上边，“-”端在下边画出。电源开关要水平画出。该电路中低压断路器 QF 作为电源的隔离开关。

2. 主电路

是指受电的动力装置及控制、保护电器的支路等。该主电路由熔断器 FU1、接触器主触头 KM 和电动机 M 组成。线号用大写字母表示，如 U、V、W、U1、U11 等。

3. 辅助电路

一般包括控制主电路工作状态的控制电路；显示主电路工作状态的指示电路；提供机床设备局部照明的照明电路等。该辅助电路由熔断器 FU2、按钮 SB 和接触器线圈 KM 组成。线号用数字表示，如 1、2、3 等。

工作原理如下：

当电动机 M 需要点动时，先合上组合开关 QS，此时电动机 M 尚未接通电源。按下启动按钮 SB，接触器 KM 的线圈得电，使衔铁吸合，同时带动接触器 KM 的三对主触头闭合，电动机 M 便接通电源启动运转。当电动机 M 需要停车时，只要松开启动按钮 SB，使接触器 KM 的线圈失电，衔铁在复位弹簧的作用下复位，带动接触器 KM 的三对主触头复位分断，电动机 M 失电停转。

这种用手指按下按钮，电动机得电运转，松开按钮，电动机失电停转，控制线路是用按钮、接触器来控制电动机运转的正转控制电路，就是点动控制电路；这种控制方式称为点动控制。

线路安装与调试

一、实施步骤

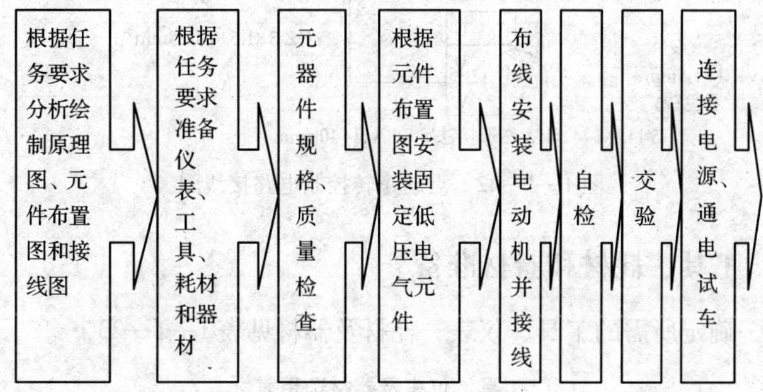

二、分析绘制元件布置图和接线图

1. 绘制元件布置图

如图 1—1—41 所示。

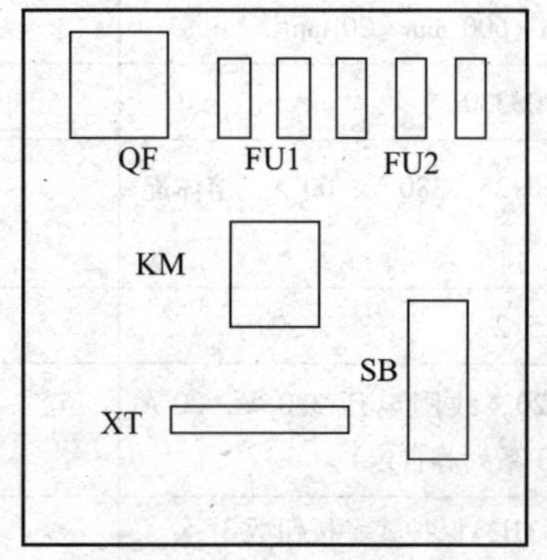

图 1—1—41　点动正转控制电路布置图

2. 绘制元件接线图

如图 1—1—42 所示。

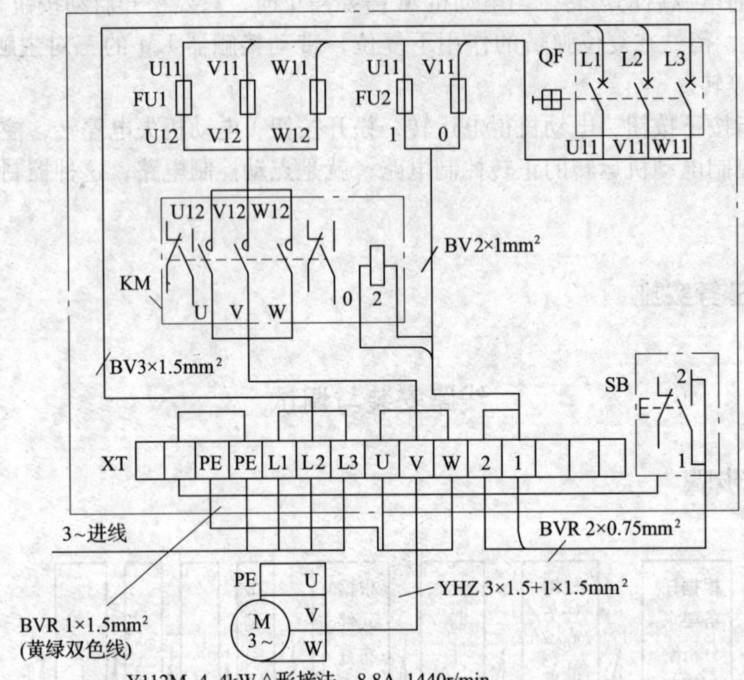

图 1—1—42 点动正转控制电路接线图

三、仪表、工具、耗材和器材准备

根据电路图，确定所需的工具、仪表、耗材及器材见表 1—1—23。

表 1—1—23 工具、仪表及器材选用表

序号	名称	型号与规格	单位	数量	备 注
1	三相四线电源	AC3 ×380/220 V、20 A	个	1	
2	三相电动机	Y112M—4，4 kW、380 V、△形接法；或自定	台	1	
3	配线板	500 mm × 600 mm × 20 mm	块	1	
4	断路器 QF	DZ5—20/330	个	1	
5	熔断器 FU1	RL1—60/25，380 V，60 A，熔体配 25 A	套	3	
6	熔断器 FU2	RL1—15/2	套	2	
7	接触器 KM	CJ10—20，线圈电压 380 V，20 A（CJX2、B 系列等自定）	只	1	
8	按钮 SB1 ~ SB3	LA10—3H，保护式、按钮数 3	只	1	

续表

序号	名称	型号与规格	单位	数量	备注
9	木螺钉	$\phi3\times20$ mm；$\phi3\times15$ mm	个	30	
10	平垫圈	$\phi4$ mm	个	30	
11	圆珠笔	自定	支	1	
12	主电路导线	BVR—1.5，1.5 mm^2（7×0.52 mm）（黑色）	m	若干	
13	控制电路导线	BV—1.0，1.0 mm^2（7×0.43 mm）	m	若干	
14	按钮线	BV—0.75，0.75 mm^2	m	若干	
15	接地线	BVR—1.5，1.5 mm^2（黄绿双色）	m	若干	
16	劳保用品	绝缘鞋、工作服等	套	1	
17	接线端子排	JX2—1015，500 V、10 A、15 节或配套自定	条	1	

四、元器件规格、质量检查

（1）根据仪表、工具、耗材和器材表，检查其各元器件、耗材与表中的型号与规格是否一致。

（2）检查各元器件的外观是否完整无损，附件、备件是否齐全。

（3）用仪表检查各元器件和电动机的有关技术数据是否符合要求。

（4）接触器、按钮安装前的检查。

1）检查接触器铭牌与线圈的技术数据（如额定电压、电流、操作频率等）是否符合实际使用要求。

2）检查接触器外观，应无机械损伤；用手推动接触器可动部分时，接触器应动作灵活，无卡阻现象；灭弧罩应完整无损，固定牢固。

3）将铁心极面上的防锈油脂或粘在极面上的铁垢用煤油擦净，以免多次使用后衔铁被粘住，造成断电后不能释放。

4）测量接触器的线圈电阻和绝缘电阻。绝缘电阻要大于 0.5 MΩ，线圈电阻不同的接触器有差异，但一般为 1.5 kΩ。

5）检查按钮外观，应无机械损伤；用手按动按钮钮帽时，按钮应动作灵活，无卡阻现象。

6）按动按钮，测量检查按钮常开、常闭的通断情况。

五、根据元件布置图安装固定低压电器元件

1. 低压电气元件的安装与使用要求

（1）按钮的安装与使用维护要求

1）按钮安装在面板上时，应布置整齐，排列合理，如根据电动机启动的先后顺序，从上到下或从左到右排列。

2）同一机床运动部件有几种不同的工作状态时（如上、下；前、后；松、紧等），应使每一对相反状态的按钮安装在一组。

3）按钮的安装应牢固，安装按钮的金属板或金属按钮盒必须可靠接地。

4）由于按钮的触头间距较小，如有油污等极易发生短路故障，所以应注意保持触头间的清洁。

5）光标按钮一般不宜用于需长期通电显示处，以免塑料外壳过度受热而变形，使更换灯泡困难。

（2）接触器的安装与使用维护要求

1）接触器的安装

①交流接触器一般应安装在垂直面上，倾斜度不得超过5°；若有散热孔，则应将有孔的一面放在垂直方向上，以利散热，并按规定留有适当的飞弧空间，以免飞弧烧坏相邻电器。

②安装和接线时，注意不要将零件失落或掉入接触器内部。安装孔的螺钉应装有弹簧垫圈和平垫圈，并拧紧螺钉以防振动松脱。

③安装完毕，检查接线正确无误后，在主触头不带电的情况下操作几次，然后测量产品的动作值和释放值，所测数值应符合产品的规定要求。

2）日常维护

①应对接触器作定期检查，观察螺钉有无松动，可动部分是否灵活等。

②接触器的触头应定期清扫，保持清洁，但不允许涂油。当触头表面因电灼作用形成金属小颗粒时，应及时清除。

③拆装时注意不要损坏灭弧罩。带灭弧罩的接触器绝不允许不带灭弧罩或带破损的灭弧罩运行，以免发生电弧短路故障。

2. 安装元件

按图1—1—41所示布置图在控制板上安装电气元件，并贴上醒目的文字符号，如图1—1—43所示。

工艺要求：见任务1。

六、布线

按图1—1—42所示接线图的走线方法，进行板前明线布线和套编码套管。

（1）按钮内接线

如图1—1—44所示。

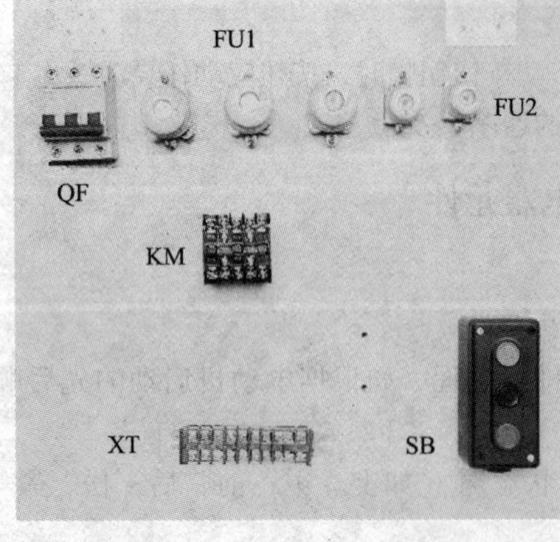

图1—1—43　元件布置图

图1—1—44　按钮内接线图

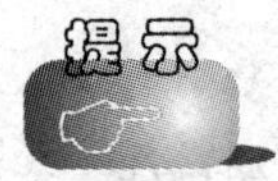

按钮内接线时，用力不可过猛，以防螺钉打滑。

（2）控制线路布线

如图 1—1—45 所示。

（3）主线路布线

如图 1—1—46 所示。

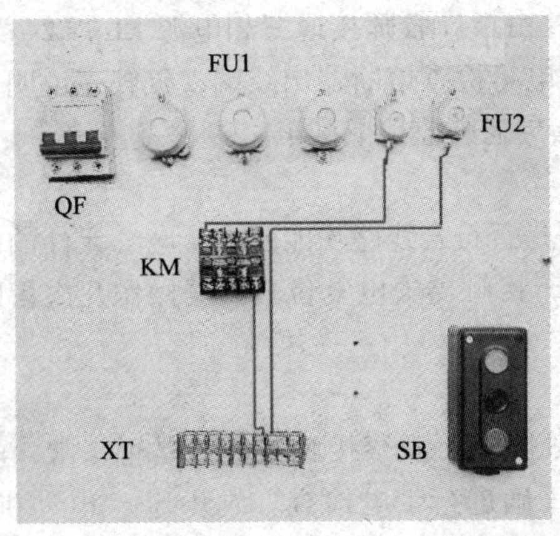

图 1—1—45　控制线路布线图

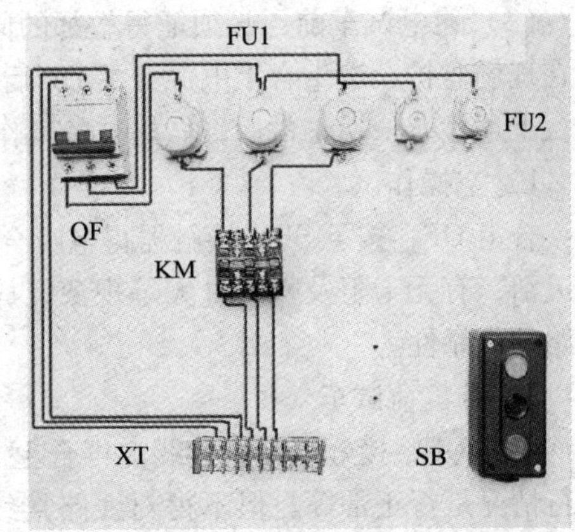

图 1—1—46　主线路布线图

电源进线应接在螺旋式熔断器的下接线座上，出线应接在上接线座上。

工艺要求：见任务 1。

七、自检

自检步骤及工艺要求：

（1）按电路图或接线图从电源端开始，逐段核对接线及接线端子处线号是否正确，有无漏接、错接之处。检查导线接点是否符合要求，压接是否牢固。同时注意接点接触应良好，以避免带负载运转时产生闪弧现象。

（2）用万用表检查线路的通断情况。检查时，应选用倍率适当的电阻挡，并进行校零，以防发生短路故障。对控制电路的检查（可断开主电路），可将表棒分别搭在 U11、V11 线端上，读数应为“∞”。按下 SB 时，读数应为接触器线圈的直流电阻值。然后断开控制电路，再检查主电路有无开路或短路现象，此时，可用手动来代替接触器通电进行检查。

（3）用兆欧表检查线路绝缘电阻的阻值，应不得小于 1 MΩ。

八、交验

学生提出申请，经教师检查同意后方可进行下个步骤。

九、连接电源

连接电动机和按钮金属外壳的保护接地线，以及电源、电动机等控制板外部的导线。

十、通电试车

（1）为保证人身安全，在通电试车时，要认真执行安全操作规程的有关规定，一人监护，一人操作。试车前，应检查与通电试车有关的电气设备是否有不安全的因素存在，若查出应立即整改，然后方能试车。

（2）通电试车前，必须征得教师的同意，并由指导教师接通三相电源 L1、L2、L3，同时在现场监护。学生合上电源开关 QF 后，用测电笔检查熔断器出线端，氖管亮说明电源接通。上述检查一切正常后，做好准备工作，在指导老师监护下试车。

1）空操作试验

合上 QF，按下 SB，接触器得电吸合，观察是否符合线路功能要求，电气元件的动作是否灵活，有无卡阻及噪声过大等现象。放开 SB，接触器失电复位。反复操作几次，以观察线路的可靠性。

2）带负荷试车

断开 QF，接好电动机接线。再合上 QF，按下 SB，观察接触器情况是否正常，电动机运行情况是否正常等。但不得对线路接线是否正确进行带电检查。放开 SB，电动机停转。观察过程中，若发现有异常现象，应立即停车。当电动机运转平稳后，用钳形电流表测量三相电流是否平衡。

接至电动机的导线，必须穿在导线通道内加以保护，或采用坚韧的四芯橡胶线或塑料护套线进行临时通电校验。

（3）出现故障后，若需带电检查时，必须在教师现场监护的情况下进行。检修完毕后，如需要再次试车，也应该在教师现场监护下进行，并做好时间记录。

检查电路故障，不能用试电笔代替电压表，因为从试电笔氖灯的亮度不易查出电压的高低，有时甚至会得出错误的结论。例如，电源熔断器一相熔断后，由于电感和其他并联电路的影响，试电笔接触其输出端时仍有较高的亮度，所以往往会作出错误的判断。

（4）试车成功后，记录下完成时间及通电试车次数。

（5）通电试车完毕，停转，切断电源。先拆除三相电源线，再拆除电动机线。

故 障 检 修

在完成试车的基础上，教师或同组学生按照表 1—1—24 ~ 表 1—1—26 中故障原因分析的元器件或路径，人为地设定一两个故障点进行排故练习。

在故障设定时一定要在断开电源的情况下进行。检查过程中，如果需要通电观察故障现象，必须是在有教师在场的情况下进行。

一、元件常见故障及维修

1. 接触器常见故障及处理方法

见表1—1—24。

表1—1—24　　接触器常见故障及处理方法

故障现象	可能原因	处理方法
吸不上或吸不足（即触头已闭合而铁心尚未完全吸合）	（1）电源电压太低或波动过大 （2）操作回路电源容量不足或发生断线、配线错误及触头接触不良 （3）线圈技术参数与使用条件不符 （4）产品本身受损 （5）触头弹簧压力过大	（1）调高电源电压 （2）增加电源容量，更换线路，修理控制触头 （3）更换线圈 （4）更换新品 （5）按要求调整触头参数
不释放或释放缓慢	（1）触头弹簧压力过小 （2）触头熔焊 （3）机械可动部分被卡住，转轴生锈或歪斜 （4）反力弹簧损坏 （5）铁心极面有油垢或尘埃黏着 （6）铁心磨损过大	（1）调整触头参数 （2）排除熔焊故障，更换触头 （3）排除卡住现象，修理受损零件 （4）更换反力弹簧 （5）清理铁心极面 （6）更换铁心
电磁铁（交流）噪声大	（1）电源的电压过低 （2）触头弹簧压力过大 （3）短路环断裂 （4）铁心极面有污垢 （5）磁系统歪斜或机械上卡住，使铁心不能吸平 （6）铁心极面过度磨损而不平	（1）提高操作回路电压 （2）调整触头弹簧压力 （3）更换短路环 （4）清除铁心极面 （5）排除机械卡住的故障 （6）更换铁心
线圈过热或烧坏	（1）电源电压过高或过低 （2）线圈技术参数与实际使用条件不符 （3）操作频率过高 （4）线圈匝间短路	（1）调整电源电压 （2）调换线圈或接触器 （3）选择其他合适的接触器 （4）排除短路故障，更换线圈

续表

故障现象	可能原因	处理方法
触头灼伤或熔焊	（1）触头压力过小 （2）触头表面有金属颗粒异物 （3）操作频率过高，或工作电流过大，断开容量不够 （4）长期过载使用 （5）负载侧短路	（1）调高触头弹簧压力 （2）清理触头表面 （3）调换容量较大的接触器 （4）调换合适的接触器 （5）排除短路故障，更换触头

2．按钮的常见故障及处理方法

见表1—1—25。

表1—1—25　　按钮的常见故障及处理方法

故障现象	可能原因	处理方法
触头接触不良	（1）触头烧损 （2）触头表面有尘垢 （3）触头弹簧失效	（1）修整触头或更换产品 （2）清洁触头表面 （3）重绕弹簧或更换产品
触头间短路	（1）塑料受热变形，导致接线螺钉相碰短路 （2）杂物或油污在触头间形成通路	（1）查明发热原因排除并更换产品 （2）清洁按钮内部

二、点动正转控制电路常见故障及处理方法

见表1—1—26。

表1—1—26　　点动正转控制电路常见故障及处理方法

故障现象	原因分析	检查方法
1．按下按钮后，接触器不吸合，电动机不能启动	（1）电源电路故障 可能故障点： 断路器故障、电源连接导线故障； 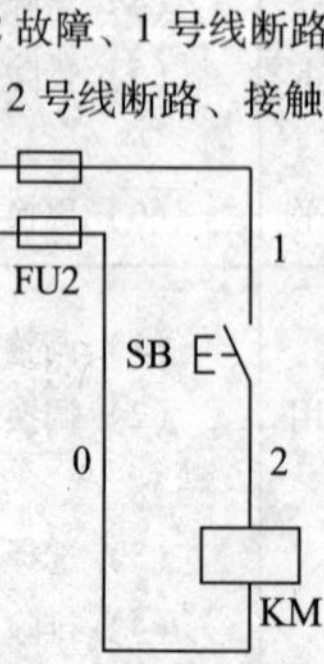 （2）控制电路故障 可能故障点： 熔断器FU2故障、1号线断路、按钮SB常开触头故障、2号线断路、接触器线圈故障	（1）电源电路检查 方法1：测量电压法 用万用表500 V交流电压挡分别测量U11—V11、V11—W11、U11—W11间的电压，观察是否正常。若正常，故障在控制电路；若不正常则检查电源的输入端电压，若电压正常，故障点在断路器，若电压不正常，故障在电源 方法2：测电笔法 用测电笔，从三相电源端逐相逐点检查，观察验电笔是否有电。若都有电，则故障在控制电路；若某点没电，则故障点在该线路的有电和没电两点之间 （2）控制电路检查 方法1：电阻测量法 断开电源，用万用表的电阻挡，将一支表笔固定在FU2的下端头，按下SB，另一支表笔逐点顺序检查通路情况，当检查到电路不通的情况时，则故障在该点与上一点之间 方法2：测电笔法 合上电源，用测电笔逐点顺序检查是否有电，故障点在有电点和没有电点之间

续表

故障现象	原因分析	检查方法
2. 按下按钮后，接触器吸合，但电动机不能启动	接触器吸合，说明控制电路没有故障，故障在主电路中 可能故障点： 熔断器 FU1 故障、接触器主触头故障、连接导线故障、电动机故障 	电动机单向转动主电路检查方法： 合上 QF，接触器主触头上端头以上部分用测电笔逐点检查是否有电，故障点在有电点和没有电点之间；也可用万用表的 500 V 交流电压挡，通过两两间的电压测量进行故障相线判断。因为电动机不能长时间缺相运行，因此接触器主触头下端头以下部分，不能用按下 SB 后，用测电笔检查每一相的有电的方法；因此检查时要断开电源，用万用表的电阻挡逐相逐点检测通路情况，找出故障点。若主电路正常，电动机仍不能启动，则判断是电动机故障

故障处理方法：

找出故障点后，切断电源，是低压电气元件故障的，参照元件常见故障及维修方法，更换或修理元件；连接导线故障的，更换或重新连接导线。

任务 3　接触器自锁正转控制电路的安装与检修

学习目标

1. 正确理解三相异步电动机接触器自锁正转控制电路的工作原理。
2. 能正确识读接触器自锁正转控制电路的原理图、接线图和布置图。
3. 会按照工艺要求正确安装三相异步电动机接触器自锁正转控制电路。
4. 初步掌握热继电器选用方法与简单检修。
5. 能根据故障现象，检修三相异步电动机接触器自锁正转控制电路。

任务 2 的控制线路中，手必须按在按钮上电动机才能运转，手松开按钮后，电动机则停转。这种控制电路对于生产机械中电动机的短时间控制十分有效，如果生产机械中电动机需要控制时间较长，手必须始终按在按钮上，操作人员的一只手被固定，不方便其他操作，劳动强度大。而现实中的许多生产机械都需要这种控制方式，即按下按钮启动电动机后，即使松开手，电动机仍要继续运行。生产机械中的 CA6140 型车床主轴电动机就是采用的这种控制方式。如图 1—1—47 和图 1—1—48 所示。

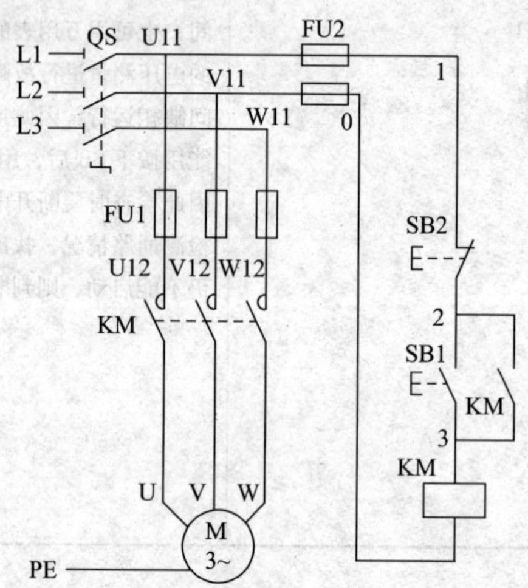

图 1—1—47　不带过载保护的 CA6140 型车床主轴电动机控制电路

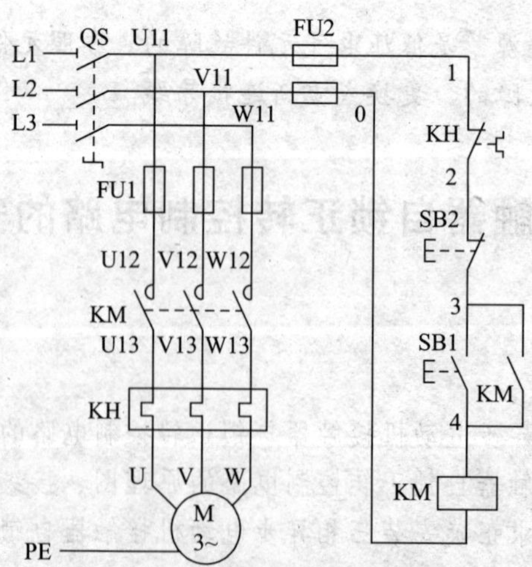

图 1—1—48　带过载保护的 CA6140 型车床主轴电动机控制电路

本次任务就是要完成这种具有过载保护的接触器自锁正转控制电路安装及该线路的检修。

相关理论

一、热继电器

热继电器是利用流过继电器的电流所产生的热效应而反时限动作的自动保护电器。所谓反时限动作，是指电器的延时动作时间随通过电路电流的增加而缩短。热继电器主要与接触器配合使用，用作电动机的过载保护、断相保护、电流不平衡运行的保护及其他电气设备发热状态的控制。

热继电器的形式有多种，主要有双金属片式和电子式，其中双金属片式应用最多。

按极数划分有单极、两极和三极三种，其中三极的又包括带断相保护装置的和不带断相保护装置的；按复位方式分有自动复位式和手动复位式。常见双金属片式热继电器的外形如图 1—1—49 所示。

图 1—1—49　常见双金属片式热继电器

1. 双金属片式热继电器的结构及工作原理

（1）结构

图 1—1—50 所示的为两极双金属片热继电器的结构，它主要由热元件、传动机构、常闭触头、电流整定装置和复位按钮组成。热继电器的热元件由主双金属片和绕在外面的电阻丝组成。主双金属片是由两种热膨胀系数不同的金属片复合而成。

（2）工作原理

热继电器使用时，需要将热元件串联在主电路中，常闭触头串联在控制电路中，如图 1—1—50 所示。当电动机过载时，流过电阻丝的电流超过热继电器的整定电流，电阻丝发热增多，温度升高，由于三块金属片的热膨胀程度不同而使主双金属片向右弯曲，通过传动机构推动常闭触头断开，分断控制电路，再通过接触器切断主电路，实现对电动机的过载保护。

电源切除后，主双金属片逐渐冷却恢复原位。热继电器的复位机构有手动复位和自动复位两种形式，可根据使用要求通过复位调节螺钉来自由调整选择。一般自动复位时间不大于 5 min，手动复位时间不大于 2 min。

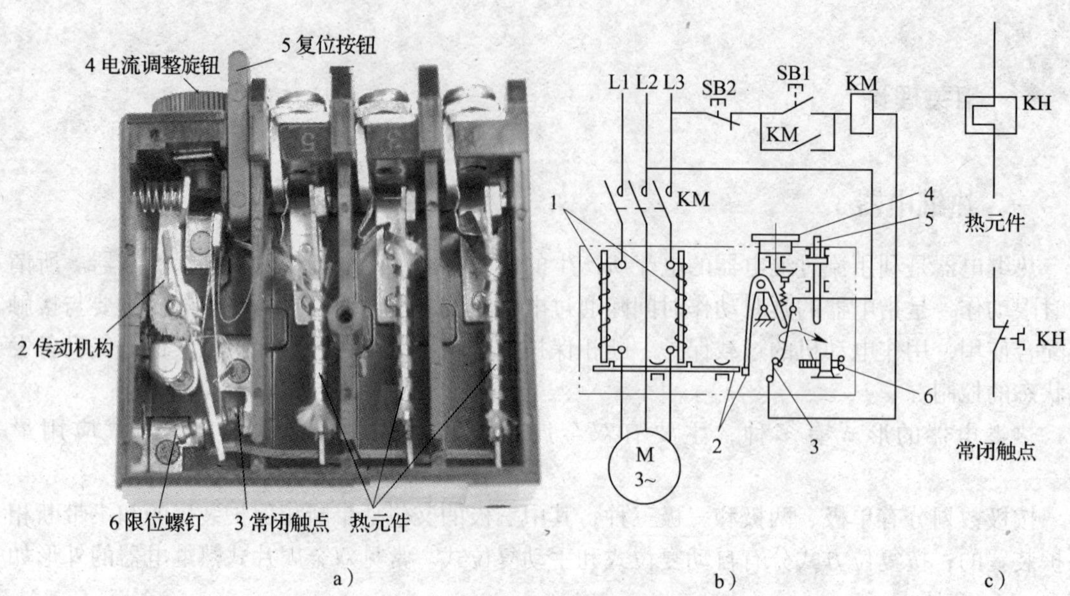

图 1—1—50　三极双金属片热继电器

a）结构　b）原理图　c）符号

1—热元件　2—传动机构　3—常闭触头　4—电流整定按钮

5—复位按钮　6—限位螺钉

热继电器的整定电流大小可通过旋转电流整定旋钮来调节。热继电器的整定电流是指热继电器连续工作而不动作的最大电流。超过整定电流，热继电器将在负载未达到其允许的过载极限之前动作。

热继电器在电路图中的符号如图 1—1—50c 所示。

由于热继电器主双金属片受热膨胀的热惯性及传动机构传递信号的惰性原因，热继电器从电动机过载到触头动作需要一定的时间，也就是说，即使电动机严重过载甚至短路，热继电器也不会瞬时动作，因此热继电器不能作短路保护。但也正是这个热惯性和机械惰性，保证了热继电器在电动机启动或短时过载时不会动作，从而满足了电动机的运行要求。

这种双金属片式热继电器是通过发热元件来控制动作的，能耗高，将逐步被电子热继电器所取代。

2. JL 系列电子热继电器简介

JL 系列电子热继电器是以金属电阻电压效应原理实现电动机各种保护的，区别于双金属片式热继电器的金属电阻热效应原理。

（1）优点

1）体积小，方便实现与双金属片式热继电器互换。

2）不存在双金属片式热继电器容易出现热疲劳及技术参数难以恢复初始状态的缺点，保护参数稳定，重复性好。

3）具有多种保护功能与寿命长等多种优点。

(2) 特点

1) 无须外接工作电源，节能环保（较被淘汰的热继电器节能 98%）。

2) 保护功能全面，动作准确，安全可靠，使用寿命长。

3) 电流整定由刻度盘和发光管双重指示，整定精度高，调整方便。

4) 安装尺寸与 JR 系列热继电器（国家明令淘汰）相同，安装方便。

5) 无需改变原有的电动机控制系统，就能直接替换热继电器。

6) 单个产品的电流可调整范围宽、配套性好。

常见电子热继电器外形如图 1—1—51 所示。

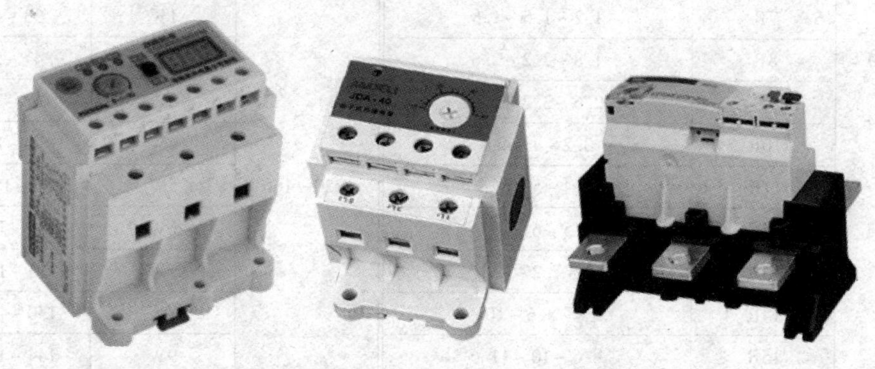

图 1—1—51　电子热继电器外形

3. 热继电器的型号含义及主要技术数据

常用 JR20 系列热继电器的型号含义如下：

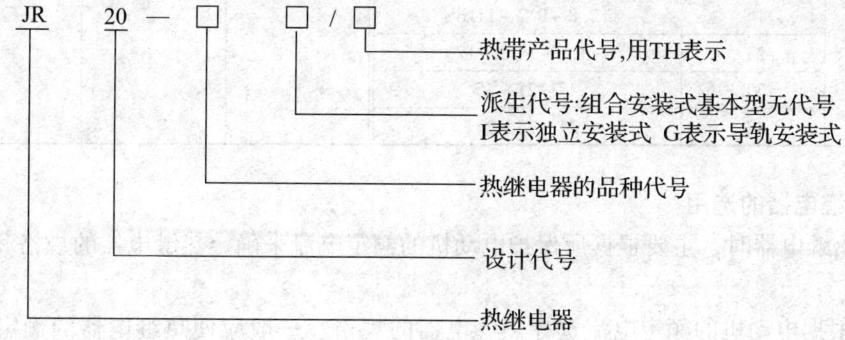

JR20 系列热继电器是一种双金属片式热继电器，在电力线路中用于长期或间断工作的一般交流电动机的过载保护，并且能在三相电流严重不平衡时起保护作用。

JR20 系列热继电器的结构为立体布置，一层为结构，另一层为主电路。前者包括整定电流调节凸轮、动作脱扣指示、复位按钮及断开检查按钮。

JR20 系列热继电器的主要技术数据见表 1—1—27。

表 1—1—27　　　　　　　　　　JR20 系列热继电器的主要技术数据

型号	热元件号	整定电流范围（A）	型号	热元件号	整定电流范围（A）
JR20—10	1R	0.1～0.13～0.15	JR20—63	1U	16～20～24
	2R	0.15～0.19～0.23		2U	24～30～36
	3R	0.23～0.29～0.35		3U	32～40～47
	4R	0.35～0.44～0.53		4U	40～47～55
	5R	0.53～0.67～0.8		5U	47～55～62
	6R	0.8～1～1.2		6U	55～62～71
	7R	1.2～1.5～1.8	JR20—160	1W	33～40～47
	8R	1.8～2.2～2.6		2W	47～55～63
	9R	2.6～3.2～3.8		3W	63～74～84
	10R	3.2～4～4.8		4W	74～86～98
	11R	4～5～6		5W	85～100～115
	12R	5～6～7		6W	100～115～130
	13R	6～7.2～8.4		7W	115～132～150
	14R	7～8.6～10		8W	130～150～170
	15R	8.6～10～11.6		9W	144～160～176
JR20—16	1S	3.6～4.5～5.4	JR20—250	1X	130～160～195
	2S	5.4～6.7～8		2X	167～200～250
	3S	8～10～12	JR20—400	1Y	200～250～300
	4S	10～12～14		2Y	267～335～400
	5S	12～14～16	JR20—630	1Z	320～400～480
	6S	14～16～18		2Z	420～525～680
JR20—25	1T	7.8～9.7～11.6			
	2T	11.6～14.3～17			
	3T	17～21～25			
	4T	21～25～29			

4．热继电器的选用

选择热继电器时，主要根据所保护电动机的额定电流来确定热继电器的规格和热元件的电流等级。

（1）根据电动机的额定电流选择热继电器的规格。一般应使热继电器的额定电流略大于电动机的额定电流。

（2）根据需要的整定电流值选择热元件的编号和电流等级。一般情况下，热元件的整定电流为电动机额定电流的 0.95～1.05 倍。

（3）根据电动机定子绕组的连接方式选择热继电器的结构型式，即定子绕组作 Y 形联结的电动机选用普通三相结构的热继电器，而作△形联结的电动机应选用三相结构带断相保护装置的热继电器。

5．本次任务热继电器的选用

电动机的主要参数是：Y112M—4，4 kW，380 V，8.8 A，△形接法。电动机的定子绕组采用△形接法，应选用带断相保护装置的热继电器。根据电动机的额定电流值 8.8 A，选择额定电流为 10 A 的热继电器，其整定电流可取电动机的额定电流 8.8 A，热元件号为 14 R 的调节范围为（7～8.6～10）A；应选择型号为 JR20—10 的热继电器，热元件号选 14 R。

二、工作原理分析

1. 三相异步电动机的接触器自锁正转控制电路工作原理分析

图 1—1—47 所示电路的主电路和点动控制线路的主电路相同，但在控制线路中又串接了一个停止按钮 SB2，在启动按钮 SB1 的两端并接了接触器 KM 的一对常开触头。接触器自锁正转控制线路不但能使电动机连续运转，而且还具有欠压和失压（或零压）保护作用。

（1）工作原理如下：先合上电源开关 QS。

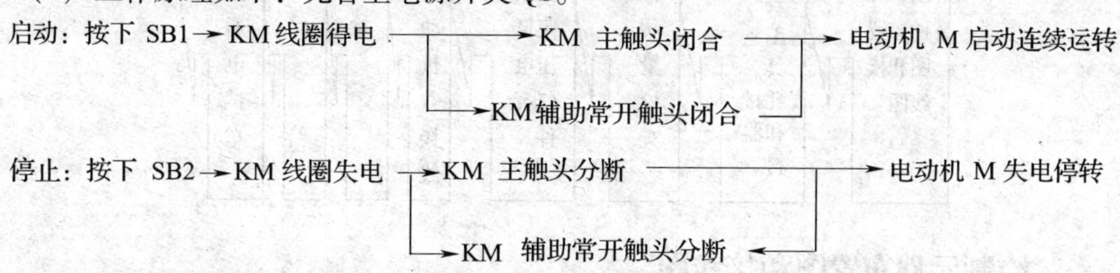

这种当松开启动按钮后，接触器通过自身的辅助常开触头使其线圈保持得电的作用叫做自锁。与启动按钮并联起自锁作用的辅助常开触头叫做自锁触头。

（2）保护分析

1）欠压保护："欠压"是指线路电压低于电动机应加的额定电压。"欠压保护"是指当线路电压下降到低于某一数值时，电动机能自动切断电源停转，避免电动机在欠压下运行的一种保护。采用接触器自锁控制线路就可避免电动机欠压运行。因为当线路电压下降到低于额定电压的 85% 时，接触器线圈两端的电压也同样下降到此值，从而使接触器线圈磁通减弱，产生的电磁吸力减少，当电磁吸力减少到小于反作用弹簧的拉力时，动铁心被迫释放，主触头、自锁触头同时分断，自动切断主电路和控制电路，电动机失电停转，达到欠压保护。

2）失压保护：失压保护是指电动机在正常运行中，由于外界某种原因引起突然断电时，能自动切断电动机电源；当重新供电时，保证电动机不能自动启动的一种保护。接触器自锁控制线路也可实现失压保护。因为接触器自锁触头和主触头在电源断电时已经断开，使主电路和控制电路都不能接通，所以在电源恢复供电时，电动机就不会自动启动运转，保证了人身和设备的安全。

3）短路保护：FU1 起主电路的短路保护作用，FU2 起控制电路的短路保护作用。

4）过载保护：没有过载保护。

2. 具有过载保护的接触器自锁正转控制电路工作原理分析

如图 1—1—48 所示，电路的主电路是在接触器自锁正转控制电路的主电路上串联了热继电器的热元件 KH，又在控制线路中又串接了一个热继电器的常闭触头 KH。具有过载保护的接触器自锁正转控制线路不但能使电动机连续运转，而且还具有欠压和失压（或零压）保护和过载保护作用。

工作原理分析：工作原理、欠压保护、失压保护、短路保护与接触器自锁正转控制电路相同。

过载保护分析：电动机运行过程中出现了过载后，串联在主电路上的热继电器热元件 KH 感受到过载电流，触发串接在控制线路中的热继电器常闭触头 KH 断开，接触器线圈失电，接触器主触头复位，电动机停转，实现过载保护。

线路安装与调试

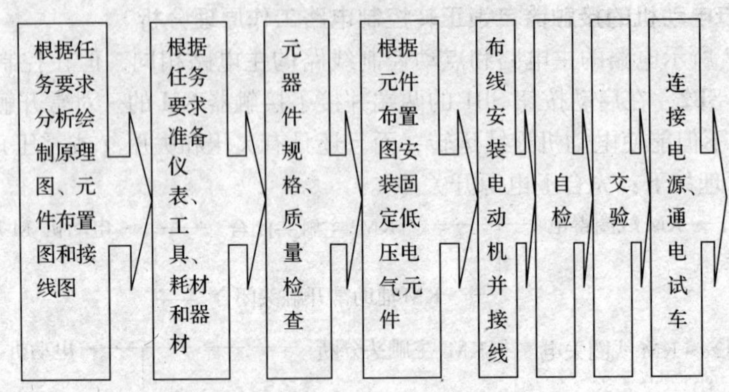

一、绘制元件布置图和接线图

1．绘制元件布置图

（1）接触器自锁控制电路元件布置图

从原理图分析得知，接触器自锁控制电路与点动控制电路所用的低压电气元件相同，所以元件布置图相同，如图 1—1—52 所示。

（2）具有过载保护的接触器自锁正转控制电路

从原理图分析得知，具有过载保护的接触器自锁正转控制电路比接触器自锁正转控制电路多了一个热继电器，热继电器安装在接触器的下方，如图 1—1—53 所示。

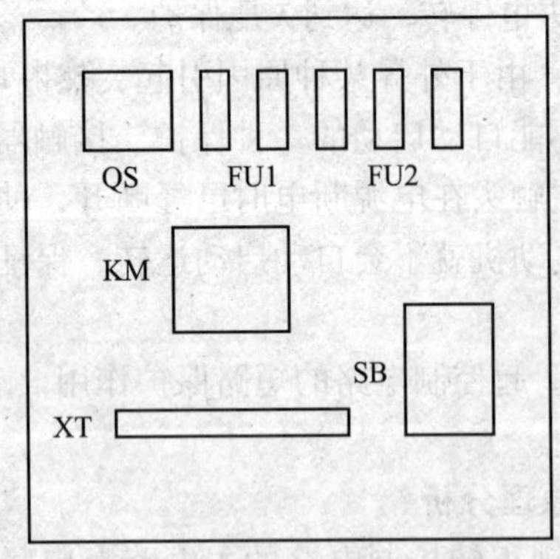

图 1—1—52　接触器自锁正转控制电路元件布置图

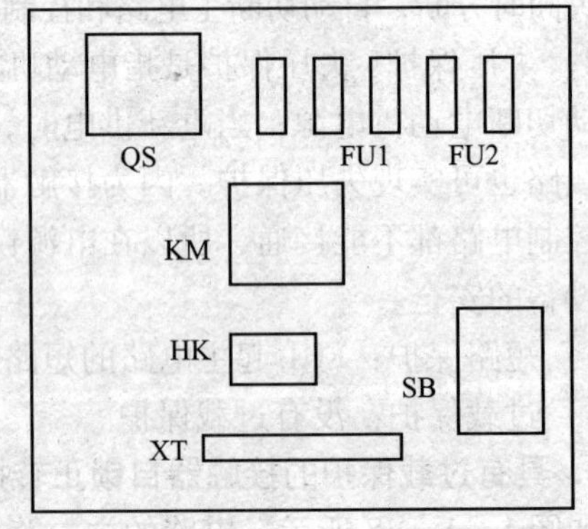

图 1—1—53　具有过载保护的接触器自锁正转控制电路元件布置图

2．绘制接线图

（1）接触器自锁正转控制电路接线图

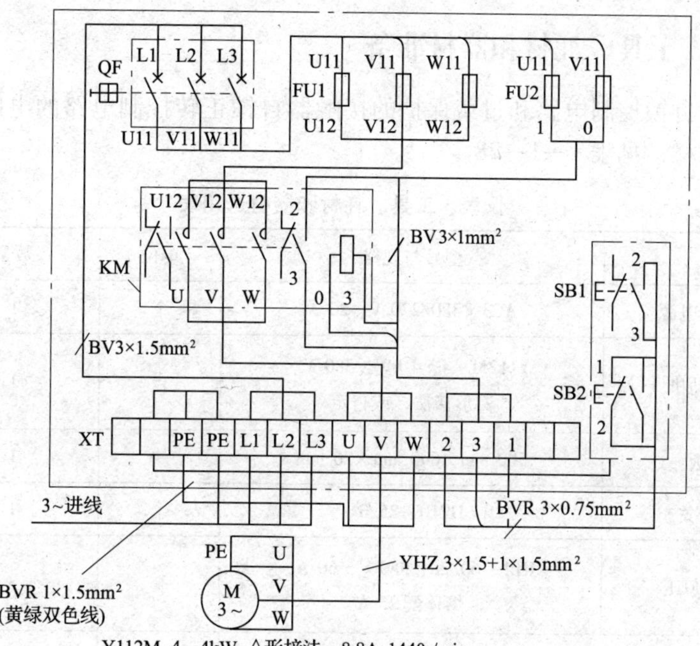

图 1—1—54　接触器自锁正转控制电路接线图

（2）具有过载保护的接触器自锁正转控制电路接线图

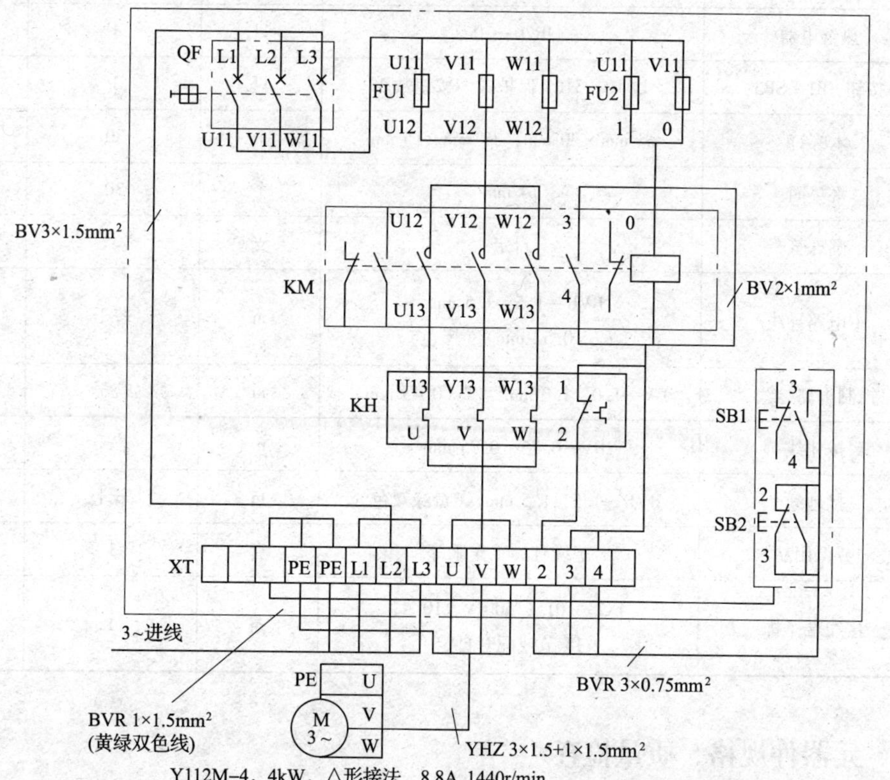

图 1—1—55　具有过载保护的接触器自锁正转控制电路接线图

二、仪表、工具、耗材和器材准备

根据接触器自锁控制电路和过载保护的接触器自锁正转控制电路的电路图，选用工具、仪表、耗材及器材，见表1—1—28。

表1—1—28　　仪表、工具、耗材和器材选用表

序号	名称	型号与规格	单位	数量	备注
1	三相四线电源	AC3×380/220 V、20 A	个	1	
2	三相电动机	Y112M—4，4 kW、380 V、△形接法；或自定	台	1	
3	配线板	500 mm×600 mm×20 mm	块	1	
4	组合开关	HZ10—25/3	个	1	
5	熔断器 FU1	RL1—60/25，380 V，60 A，熔体配25 A	套	3	
6	熔断器 FU2	RL1—15/2	套	2	
7	接触器 KM1	CJ10—20，线圈电压380V，20 A（CJX2、B系列等自定）	只	1	
8	热继电器	JR20—10	只	1	
9	按钮 SB1～SB3	LA10—3H，保护式、按钮数3	只	1	
10	木螺钉	ϕ3 mm×20 mm；ϕ3 mm×15 mm	个	30	
11	平垫圈	ϕ4 mm	个	30	
12	圆珠笔	自定	支	1	
13	主电路导线	BVR—1.5，1.5 mm^2（7×0.52 mm）（黑色）	m	若干	
14	控制电路导线	BV—1.0，1.0 mm^2（7×0.43 mm）	m	若干	
15	按钮线	BV—0.75，0.75 mm^2	m	若干	
16	接地线	BVR—1.5，1.5 mm^2（黄绿双色）	m	若干	
17	劳保用品	绝缘鞋、工作服等	套	1	
18	接线端子排	JX2—1015，500 V、10 A、15节或配套自定	条	1	

三、元器件规格、质量检查

（1）根据仪表、工具、耗材和器材表，检查其各元器件、耗材与表中的型号与规格是否一致。

（2）检查各元器件的外观是否完整无损，附件、备件是否齐全。

（3）用仪表检查各元器件和电动机的有关技术数据是否符合要求。

四、根据元件布置图安装固定低压电气元件

1. 热继电器的安装与使用要求

（1）热继电器必须按照产品说明书中规定的方式安装。安装处的环境温度应与电动机所处环境温度基本相同。当与其他电器安装在一起时，应注意将热继电器安装在其他电器的下方，以免其动作特性受到其他电器发热的影响。

（2）安装时，应清除触头表面尘污，以免因接触电阻过大或电路不通而影响热继电器的动作性能。

（3）热继电器出线端的连接导线，应按表1—1—29的规定选用。这是因为导线的粗细和材料将影响到热元件端接点传导到外部热量的多少。导线过细，轴向导热性差，热继电器可能提前动作；反之，导线过粗，轴向导热快，热继电器可能滞后动作。

（4）使用中的热继电器应定期通电校验。此外，当发生短路事故后，应检查热元件是否已发生永久变形。若已变形，则需通电校验。若因热元件变形或其他原因致使动作不准确时，只能调整其可调部件，而绝不能弯折热元件。

（5）热继电器在出厂时均调整为手动复位方式，如果需要自动复位，只要将复位螺钉沿顺时针方向旋转3~4圈，并稍微拧紧即可。

（6）热继电器在使用中，应定期用布擦净尘埃和污垢，若发现双金属片上有锈斑，应用清洁棉布蘸汽油轻轻擦除，切忌用砂纸打磨。

（7）热继电器因电动机过载动作后，若需再次启动电动机，必须待热元件冷却后，才能使热继电器复位。一般自动复位时间不大于5 min；手动复位时间不大于2 min。

表1—1—29　　热继电器连接导线选用表

热继电器额定电流（A）	连接导线截面积（mm^2）	连接导线种类
10	2.5	单股铜芯塑料线
20	4	单股铜芯塑料线
60	16	多股铜芯橡胶线

2. 元件安装固定

按图1—1—52、图1—1—53所示的布置图在控制板上安装电气元件，并贴上醒目的文字符号，如图1—1—56所示。

工艺要求与任务2基本相同。

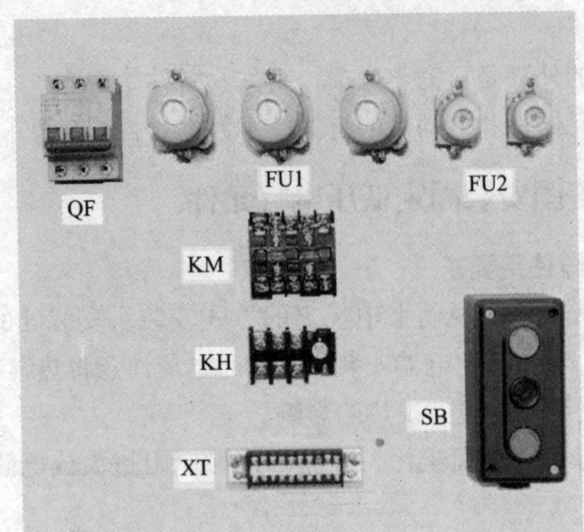

图 1—1—56　具有过载保护的接触器自锁控制电路元件安装位置图

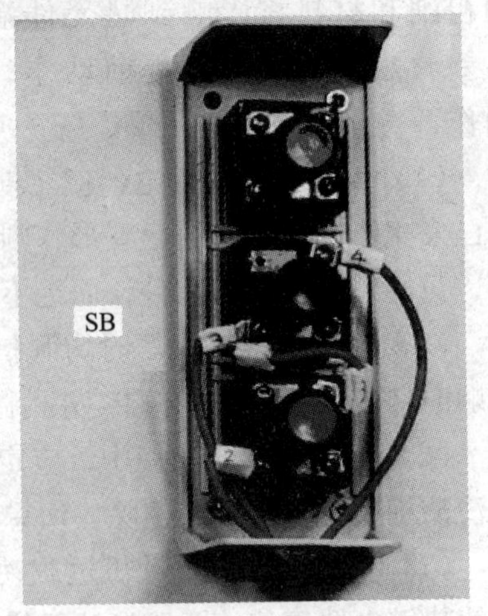

图 1—1—57　按钮内接线

五、布线

1. 接触器自锁控制电路

按图 1—1—54 所示接线图的走线方法，进行板前明线布线和套编码套管。按钮内接线如图 1—1—57 所示。控制线路布线如图 1—1—58 所示。主线路布线与点动正转控制线路基本相同。

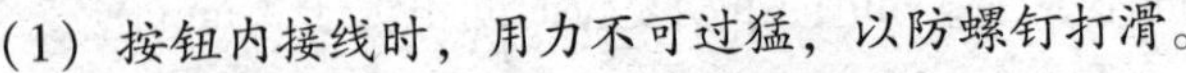

（1）按钮内接线时，用力不可过猛，以防螺钉打滑。

（2）停止按钮 SB2 应串接在控制电路中。

（3）接触器 KM 的自锁触头应并接在启动按钮 SB1 的两端。

（4）编码套装要正确。如图 1—1—59 所示。

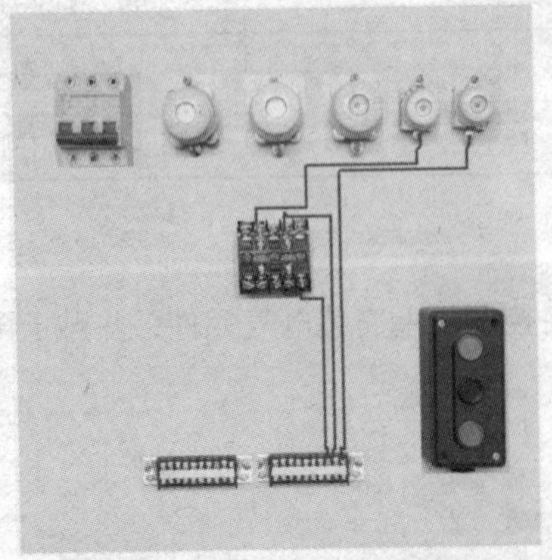

图 1—1—58　接触器自锁正转控制电路的布线

图 1—1—59　编码套装

2. 具有过载保护的接触器自锁正转控制电路

按图 1—1—55 所示接线图的走线方法，进行板前明线布线和套编码套管，如图 1—1—60所示。需要注意的是热继电器的常闭触点应串接在控制电路中，热元件应串接在主电路中。

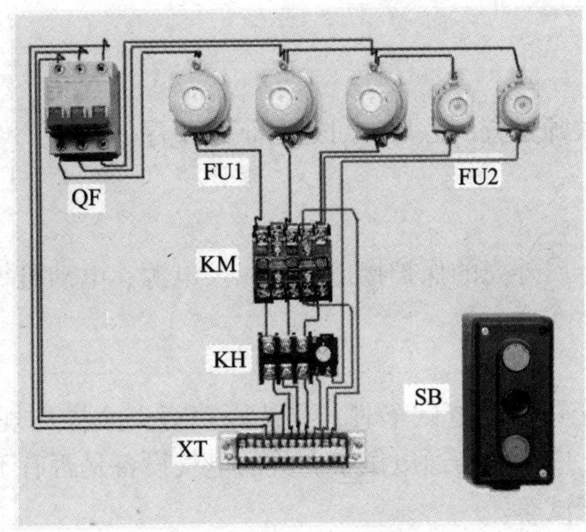

图 1—1—60　布线概况

六、自检

自检步骤及工艺要求。

1. 按电路图或接线图逐段检查

从电源端开始，逐段核对接线及接线端子处线号是否正确，有无漏接、错接之处。检查导线接点是否符合要求，压接是否牢固。同时注意接点接触应良好，以避免带负载运转时产生闪弧现象。

2. 用万用表检查线路的通断情况

用万用表电阻挡（R ×1）检查，断开 QF，摘下接触器灭弧罩。

（1）按点动控制线路的步骤、方法检查主电路。

（2）检查辅助电路。接好 FU2，作以下几项检查。

1）检查启动控制。将万用表笔跨接在 QF 下端子 U11 和 W11 处，应测得断路，按下 SB1，应测得 KM 线圈的电阻值。

2）检查自锁线路。松开 SB1 后，按下 KM 触头架，使其常开辅助触点也闭合，应测得 KM 线圈的电阻值。

如操作 SB1 或按下 KM 触头架后，测得结果为断路，应检查按钮及 KM 自锁触点是否正常，检查它们上、下端子连接线是否正确、有无虚接及脱落。必要时用移动表缩小故障范围的方法探查断路点。如上述测量中测得短路，则重点检查单号、双号导线是否错接到同一端子上。

3）检查停车控制。在按下 SB1 或按下 KM 触头架测得 KM 线圈电阻值后，同时按下停车按钮 SB2，则应测出辅助电路由通而断。否则检查按钮内接线，并排除错接。

4）检查过载保护环节。摘下热继电器盖板后，按下 SB1 测得 KM 线圈阻值，同时用旋具缓慢向右拨动热元件自由端，在听到热继电器常闭触点分断动作声音的同时，万用表应显示辅助电路由通而断。否则应检查热继电器的动作及连接线情况，并排除故障。

3. 用兆欧表检查线路

绝缘电阻的阻值应不得小于 1 MΩ。

七、交验

学生提出申请，经教师检查同意后方可进行下道工序。

八、连接电源

连接电动机和按钮金属外壳的保护接地线，以及电源、电动机等控制板外部的导线。

九、通电试车

（1）为保证人身安全，在通电试车时，要认真执行安全操作规程的有关规定，一人监护，一人操作。试车前，应检查与通电试车有关的电气设备是否有不安全的因素存在，若查出应立即整改，然后方能试车。

（2）通电试车前，必须征得教师的同意，并由指导教师接通三相电源 L1、L2、L3，同时在现场监护。学生合上电源开关 QF 后，用测电笔检查熔断器出线端，氖管亮说明电源接通。上述检查一切正常后，做好准备工作，在指导老师监护下试车。

1）空操作试验

合上 QF 作以下试验。

①按下 SB1，接触器得电吸合，观察是否符合线路功能要求，电气元件的动作是否灵活，有无卡阻及噪声过大等现象。放开 SB1，接触器应处于吸合的自锁状态；按下 SB2，接触器应失电复位。

②用绝缘棒按下 KM 触点架，当其自锁触点闭合时，KM 线圈立即得电，触头保持闭合。按下 SB2，接触器应失电复位。

2）带负荷试车

断开 QF，接好电动机接线，再合上 QF，先操作 SB1 启动电动机，待电动机达到额定转速后，再操作 SB2，电动机应失电停转。反复操作几次，以观察线路自锁作用的可靠性。

试车过程中，随时观察电动机运行情况是否正常等。但不得对线路接线是否正确进行带电检查。观察过程中，若发现有异常现象，应立即停车。当电动机运转平稳后，用钳形电流表测量三相电流是否平衡。

（3）出现故障后，若需带电检查，必须在教师现场监护的情况下进行。检修完毕后，如需要再次试车，也应该在教师现场监护下进行，并做好时间记录。

（4）试车成功后记录下完成时间及通电试车次数。

（5）通电试车完毕，停转，切断电源。先拆除三相电源线，再拆除电动机线。

故障检修

在完成试车的基础上，教师或同组学生按照表 1—1—30 中故障原因分析的元器件或路径，人为地设定一两个故障点进行排故练习。

故障设定一定要在断开电源的情况下进行，一般设定元器件故障和线路的断路故障，而不将正确的线路改错。如果需要通电观察故障现象，必须在有教师监护的情况下进行。

1. 热继电器常见故障及处理方法

热继电器的常见故障及处理方法见表1—1—30。

表1—1—30　　热继电器的常见故障及处理方法

故障现象	故障原因	维修方法
热元件烧断	（1）负载侧短路，电流过大 （2）操作频率过高	（1）排除故障，更换热继电器 （2）更换合适参数的热继电器
热继电器不动作	（1）热继电器的额定电流值选用不合适 （2）整定值偏大 （3）动作触头接触不良 （4）热元件烧断或脱焊 （5）动作机构卡阻 （6）导板脱出	（1）按保护容量合理选用 （2）合理调整整定电流值 （3）消除触头接触不良因素 （4）更换热继电器 （5）消除卡阻因素 （6）重新放入导板并调试
热继电器动作不稳定，时快时慢	（1）热继电器内部机构某些部件松动 （2）在检修中弯折了双金属片 （3）通电电流波动太大，或接线螺钉松动	（1）紧固松动部件 （2）用两倍电流预试几次或将双金属片拆下来热处理（一般约240℃）以去除内应力 （3）检查电源电压或拧紧接线螺钉
热继电器动作太快	（1）整定值偏小 （2）电动机启动时间过长 （3）连接导线太细 （4）操作频率过高 （5）使用场合有强烈冲击和振动 （6）可逆转换频繁 （7）安装热继电器处与电动机处环境温差太大	（1）合理调整整定值 （2）按启动时间要求，选择具有合适的可返回时间的热继电器或在启动过程中将热继电器短接 （3）选用标准导线 （4）更换合适型号的热继电器 （5）采取防振动措施或选用带防冲击振动的热继电器 （6）改用其他保护方式 （7）按两地温差情况配置适当的热继电器
主电路不通	（1）热元件烧断 （2）接线螺钉松动或脱落	（1）更换热元件或热继电器 （2）紧固接线螺钉
控制电路不通	（1）触头烧坏或动触头片弹性消失 （2）可调整式旋钮转到不合适的位置 （3）热继电器动作后未复位	（1）更换触头或簧片 （2）调整旋钮或螺钉 （3）按动复位按钮

2. 电动机基本控制线路故障检修的一般步骤和方法

（1）用试验法观察故障现象，初步判定故障范围

在不扩大故障范围、不损坏电气设备和机械设备的前提下，对线路进行通电试验，通过观察电气设备和电气元件的动作是否正常，各控制环节的动作程序是否符合要求，初步确定故障发生的大概部位或回路。

（2）用逻辑分析法缩小故障范围

根据电气控制线路的工作原理、控制环节的动作程序以及它们之间的联系，结合故障现象做具体的分析，缩小故障范围，特别适用于对复杂线路的故障检查。

（3）用测量法确定故障点

利用电工工具和仪表对线路进行带电或断电测量，常用的方法有电压测量法、电阻测量法、测电笔法和校验灯法。

1）电压测量法。测量检查时，首先把万用表的转换开关置于交流电压500 V的挡位上，然后按图1—1—61所示的方法进行测量。

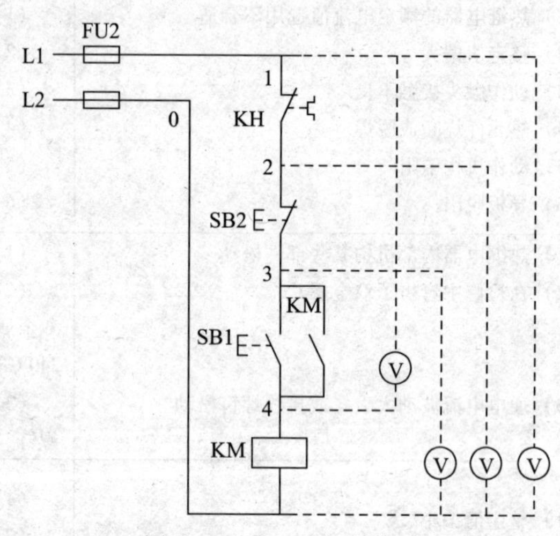

图1—1—61 电压测量法

接通电源，若按下启动按钮SB1时，接触器KM不吸合，则说明控制电路有故障。

检测时，在松开按钮SB1的条件下，先用万用表测量0和1两点之间的电压，若电压为380 V，则说明控制电路的电源电压正常。然后把黑表棒接到0点上，红表棒依次接到2、3各点上，分别测量出0—2、0—3两点间的电压，若电压均为380 V，再把黑表棒接到1点上，红表棒接到4点上，测量出1—4两点间的电压。根据其测量结果即可找出故障点，见表1—1—31。表中符号“×”表示不需再测量。

表1—1—31　电压测量法查找故障点

故障现象	0—2	0—3	1—4	故障点
按下SB1时，接触器KM不吸合	0	×	×	KH常闭触头接触不良
	380 V	0	×	SB2常闭触头接触不良
	380 V	380 V	0	KM线圈断路
	380 V	380 V	380 V	SB1接触不良

2）电阻测量法。测量检查时，首先把万用表的转换开关置于倍率适当的电阻挡位上（一般选 R × 100 以上的挡位），然后按图1—1—62所示的方法进行测量。

接通电源，若按下启动按钮 SB1，接触器 KM 不吸合，则说明控制电路有故障。

检测时，首先切断电路的电源（这点与电压测量法不同），用万用表依次测量出1—2、1—3、0—4 各点间的电阻值。根据其测量结果可找出故障点，见表 1—1—32。

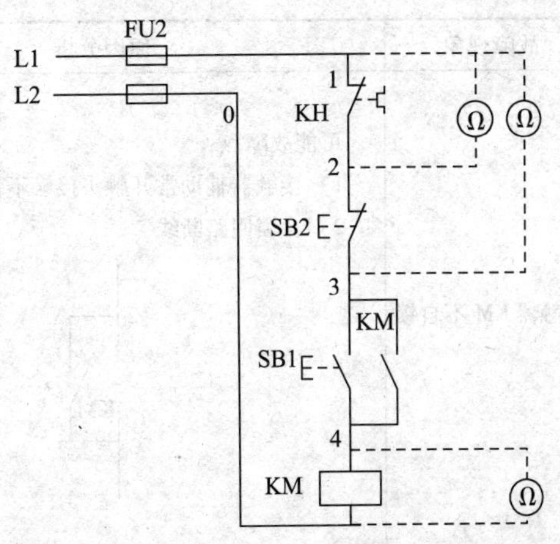

图 1—1—62　电阻测量法

表 1—1—32　　电阻测量法查找故障点

故障现象	1—2	1—3	0—4	故障点
按下 SB1 时，KM 不吸合	∞	×	×	KH 常闭触头接触不良
	0	∞	×	SB2 常闭触头接触不良
	0	0	∞	KM 线圈断路
	0	0	R	SB1 接触不良

注：R 为接触器 KM 线圈的电阻值。

3. 接触器自锁控制电路的故障检修

见表 1—1—33。

表 1—1—33　　接触器自锁控制电路的故障检修

故障现象	原因分析	检查方法
按下按钮 SB1，接触器 KM 不吸合	1. 电源电路故障 可能故障点： 电源开关 QF 接触不良或损坏。 2. 控制电路故障 可能故障点： 1）熔断器 FU2 熔断； 2）热继电器 KH 触点接触不良或动作后未复位； 3）停止按钮 SB2 常闭触头、启动按钮 SB1 常开触头接触不良； 4）接触器线圈断线或损坏 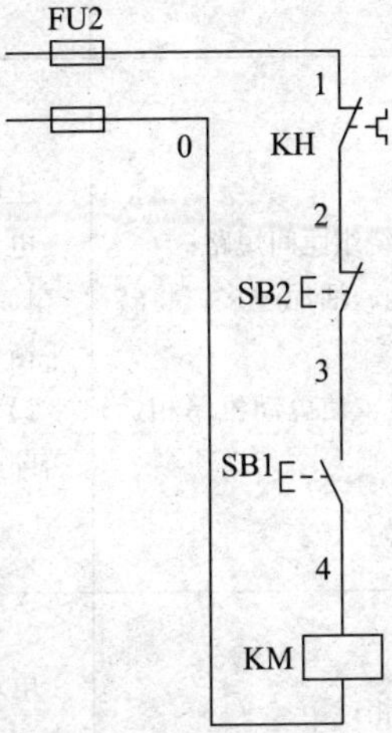	电源电路检查：参照点动电路； 控制电路检查：参照点动电路； 热继电器故障时应检查电动机是否过载

续表

故障现象	原因分析	检查方法
接触器 KM 不自锁	可能故障点： 1）接触器辅助常开触头接触不良； 2）自锁回路断线 2 KM 3	自锁回路检查。 方法：电阻测量法。 断开电源，用万用表的电阻挡，将一支表笔固定在 SB2 的下端头，按下 KM 的触头架，另一支表笔逐点顺序检查通路情况，当检查到电路不通的情况时，则故障在该点与上一点之间
按下停止按钮 SB2，接触器不释放	可能故障点： 1）停止按钮 SB2 触头焊住或卡住； 2）接触器 KM 已断电，但可动部分被卡住； 3）接触器铁心接触面上有油污，上下粘住； 4）接触器主触头烧焊住 SB2 U12 V12 W12 KM	方法：电阻测量法。 停止按钮 SB2 检查： 断开 QF，用万用表的电阻挡，将两支表笔固定在 SB2 的上、下端头，按下 SB2，检查通断情况。 接触器主触头检查： 断开 QF，用万用表的电阻挡，将两支表笔分别固定在 KM 的上、下端头，检查通断情况
接触器吸合后响声较大	可能故障点： 1）电源电压过低； 2）接触器铁心接触面有异物，使铁心接触不严密； 3）接触器铁心的短路环断裂环	方法：测量电压法。 用万用表 500 V 交流电压挡测量 FU2 的电压，观察是否正常。电压正常，则接触器故障，检修方法参看任务 2
控制线路正常，电动机不能启动并有嗡嗡声	可能故障点： 1）电源缺相； 2）电动机定子绕组断线或绕组匝间短路； 3）定子、转子气隙中灰尘、油泥过多，将转子抱住； 4）接触器主触头接触不良，使电动机单相运行； 5）轴承损坏、转子扫膛	主电路的检查方法参看任务 2。 电动机的检查： 1）用钳形电流表测量电动机三相电流是否平衡； 2）断开 QF，可用万用表电阻挡测量绕组是否断路
电动机加负载后转速明显下降	可能故障点： 1）电动机运行中电路缺一相； 2）转子笼条断裂	电动机运行中电路是否缺一相点，可用钳形电流表测量电动机三相电流是否平衡

任务 4　连续与点动混合正转控制电路的安装与检修

学习目标

1. 正确理解三相异步电动机连续与点动混合正转控制电路的工作原理。
2. 能正确识读连续与点动混合正转控制电路的原理图、接线图和布置图。
3. 会按照工艺要求正确安装三相异步电动机连续与点动混合正转控制电路。
4. 掌握三相异步电动机连续与点动混合正转控制电路检测方法。
5. 能根据故障现象，检修三相异步电动机正转控制电路。

工作任务

生产实际中，常常需要对一台电动机的控制既要点动控制，又要能自锁控制，如在T610 型镗床主轴电动机的控制电路中，当主轴在调整或对刀时，需要点动控制，在正常运行时，又需要能保持连续运行的自锁控制。这种电路称为异步电动机连续与点动混合正转控制电路。能实现上述功能的常见电路如图 1—1—63 和图 1—1—64 所示。

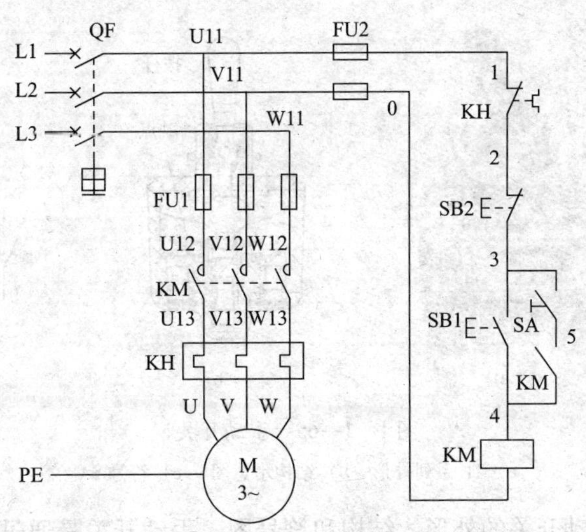

图 1—1—63　手动开关控制连续与点动混合正转控制电路

图 1—1—63 和图 1—1—64 所示的主电路相同，控制电路中，在自锁电路上有所不同。图 1—1—63 所示的是在自锁电路上加装手动开关来控制自锁电路的通和断的；而图 1—1—64 中则是采用复合按钮 SB3 来控制自锁电路的通和断的。

本次任务要完成这种能实现上述控制，通过复合按钮控制的连续与点动混合正转控制电路安装及该线路的检修。

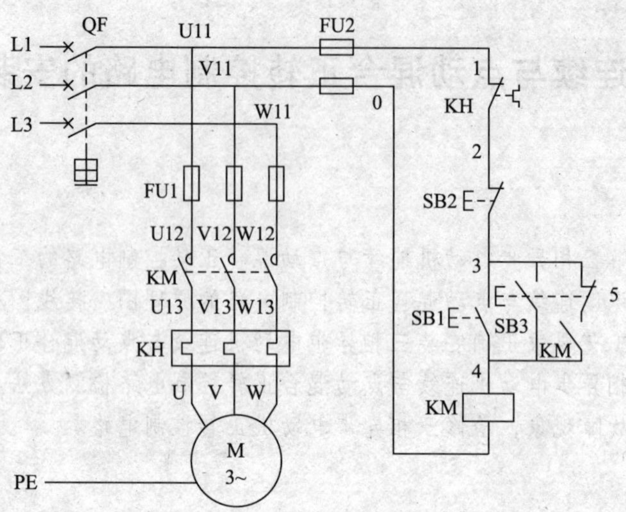

图 1—1—64　复合按钮控制连续与点动混合正转控制电路

一、手动开关

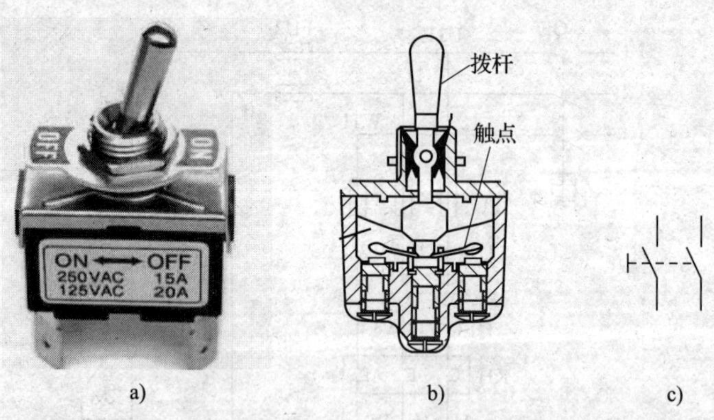

图 1—1—65　手动开关

a）TL 系列外形　b）结构示意图　c）符号 SA

图 1—1—65 是手动开关的外形、结构和符号图。手动开关是通过手动拨动拨杆来控制开关内的触点通断的一种低压电器。

二、三相异步电动机连续与点动混合正转控制电路工作原理分析

连续与点动混合正转控制电路常见的有两种电路：一是手动开关控制的连续与点动混合正转控制线路；二是复合按钮控制的连续与点动混合正转控制线路。

1．手动开关控制的连续与点动混合正转控制线路工作原理分析

手动开关控制的连续与点动混合正转控制线路如图 1—1—63 所示。线路的工作原理如下：

先合上电源开关 QF。

（1）点动控制

SA 打开：

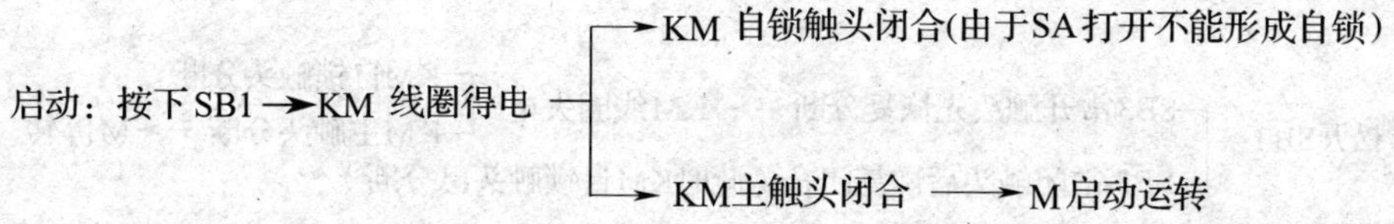

（2）连续控制

SA 闭合：

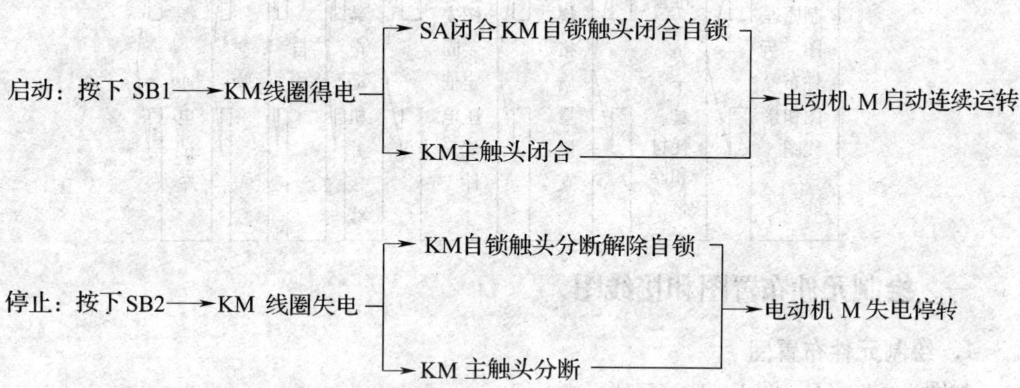

2. 复合按钮控制的连续与点动混合正转控制线路

如图 1—1—64 所示，线路的工作原理如下：

（1）连续控制

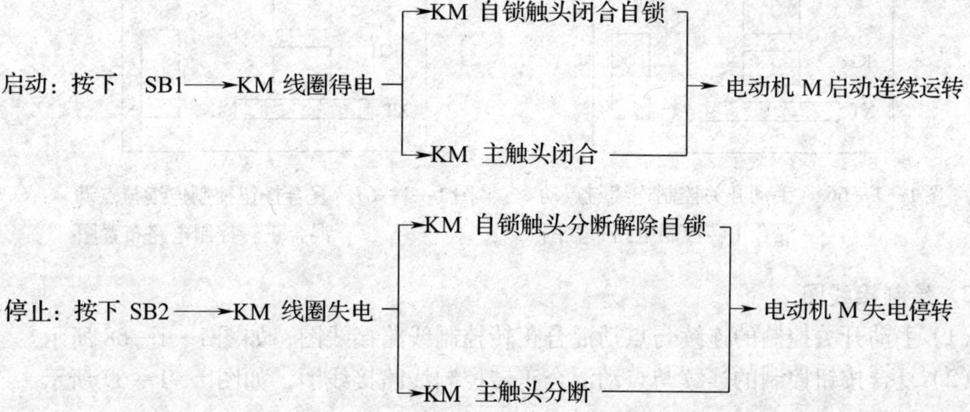

（2）点动控制

启动：按下SB3 → SB3 常闭触头先分断切断自锁电路
　　　　　　　→ SB3 常开触头后闭合 → KM线圈得电 → 自锁触头闭合
　　　　　　　　　　　　　　　　　　　　　　　　→ KM主触头闭合 → M启动运转

停止：松开SB3 — SB3常开触头先恢复分断 → KM线圈失电 — KM自锁触头分断
　　　　　　　　　　　　　　　　　　　　　　　　　　— KM主触头分断 → M停转
　　　　　　　— SB3 常闭触头后恢复闭合（此时KM自锁触头已分断）

任务实施

线路安装与调试

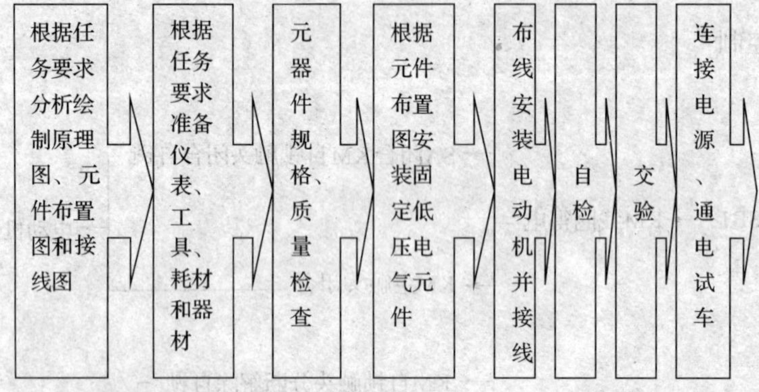

一、绘制元件布置图和接线图

1. 绘制元件布置图

如图 1—1—66、图 1—1—67 所示。

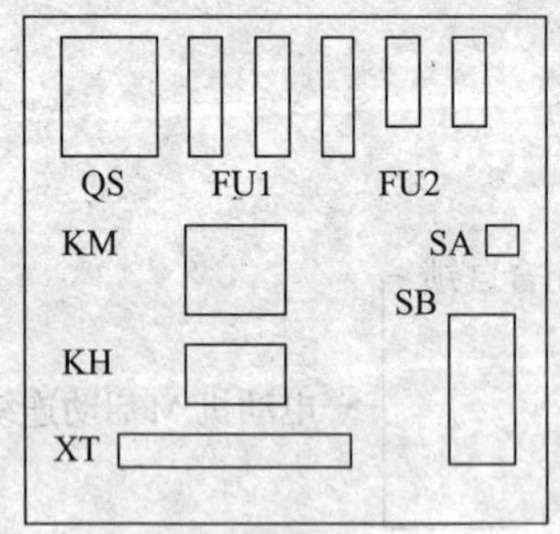

图 1—1—66　手动开关控制连续与点动混合正转控制电路布置图

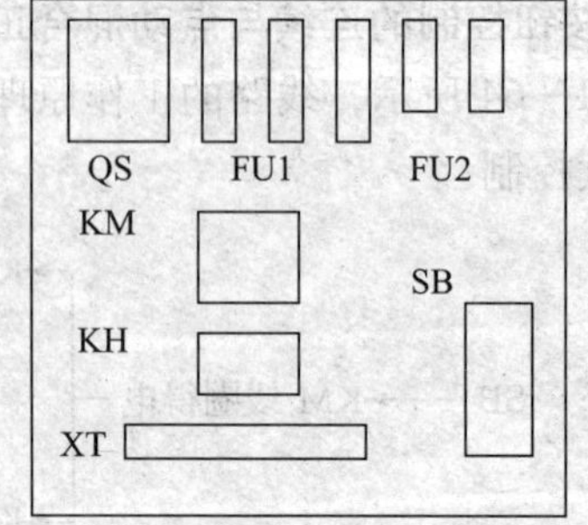

图 1—1—67　复合按钮控制连续与点动混合正转控制电路布置图

2. 绘制接线图

（1）手动开关控制的连续与点动混合正转控制线路接线图，如图 1—1—68 所示。

（2）复合按钮控制的连续与点动混合正转控制线路接线图，如图 1—1—69 所示。

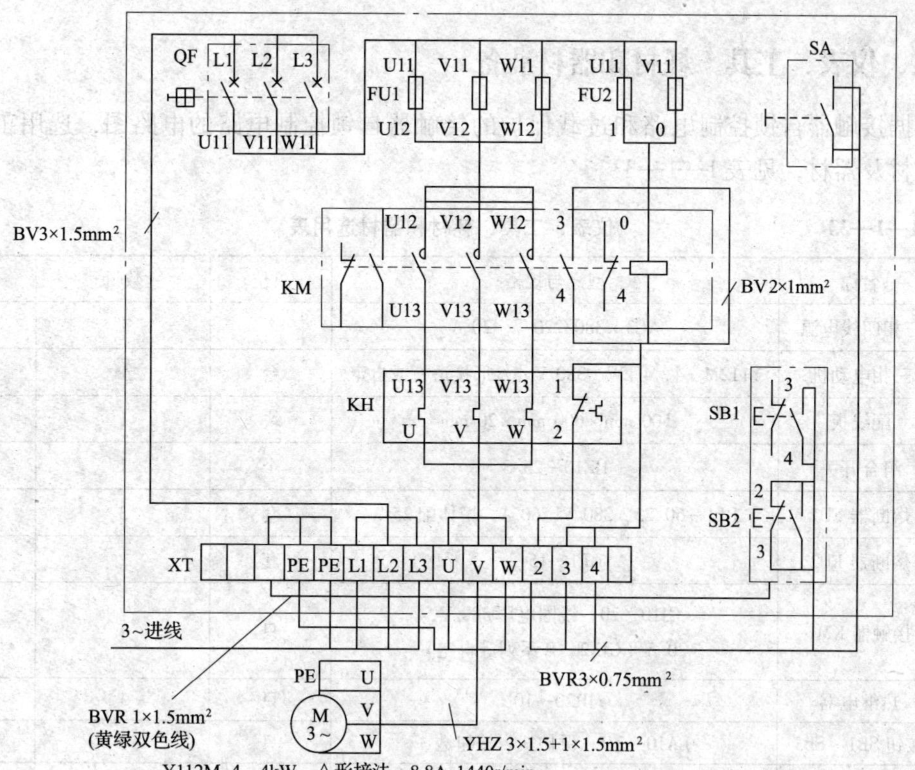

图 1—1—68　手动开关控制的连续与点动混合正转控制线路接线图

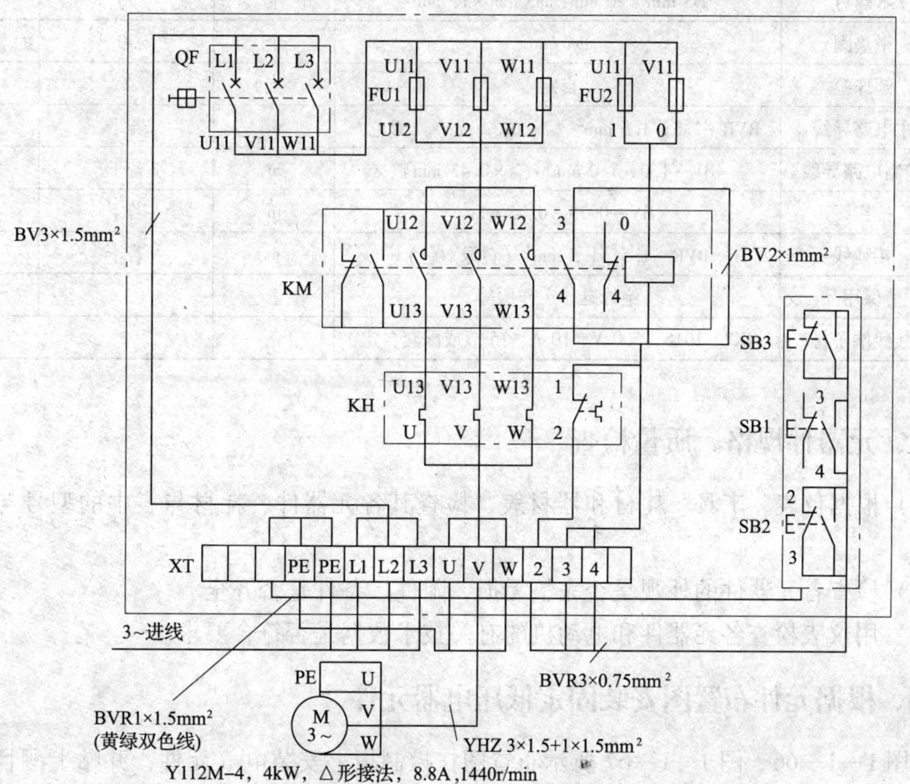

图 1—1—69　复合按钮控制的连续与点动混合正转控制线路接线图

二、仪表、工具、耗材和器材准备

根据接触器自锁控制电路和过载保护的接触器自锁控制电路的电路图，选用工具、仪表、耗材及器材，见表1—1—33。

表1—1—33　　仪表、工具、耗材和器材选用表

序号	名称	型号与规格	单位	数量	备　注
1	三相四线电源	AC3×380/220 V、20 A	个	1	
2	三相电动机	Y112M—4，4 kW、380 V、△形接法；或自定	台	1	
3	配线板	500 mm×600 mm×20 mm	块	1	
4	组合开关	HZ10—25/3	个	1	
5	熔断器 FU1	RL1—60/25，380 V，60 A，熔体配 25 A	套	3	
6	熔断器 FU2	RL1—15/2	套	2	
7	接触器 KM1	CJ10—20，线圈电压 380 V，20 A（CJX2、B 系列等自定）	只	1	
8	热继电器	JR20—10	只	1	
9	按钮 SB1～SB3	LA10—3H，保护式、按钮数 3	只	1	
10	手动开关	1TL1—2	只	1	
11	木螺钉	ϕ3 mm×20 mm；ϕ3 mm×15 mm	个	30	
12	平垫圈	ϕ4 mm	个	30	
13	圆珠笔	自定	支	1	
14	主电路导线	BVR—1.5，1.5 mm^2（7×0.52 mm）（黑色）	m	若干	
15	控制电路导线	BV—1.0，1.0 mm^2（7×0.43 mm）	m	若干	
16	按钮线	BV—0.75，0.75 mm^2	m	若干	
17	接地线	BVR—1.5，1.5 mm^2（黄绿双色）	m	若干	
18	劳保用品	绝缘鞋、工作服等	套	1	
19	接线端子排	JX2—1015，500 V、10 A、15 节或配套自定	条	1	

三、元器件规格、质量检查

（1）根据仪表、工具、耗材和器材表，检查其各元器件、耗材与表中的型号与规格是否一致。

（2）检查各元器件的外观是否完整无损，附件、备件是否齐全。

（3）用仪表检查各元器件和电动机的有关技术数据是否符合要求。

四、根据元件布置图安装固定低压电器元件

按图1—1—66、图1—1—67所示布置图在控制板上安装电气元件，并贴上醒目的文字符号。工艺要求与任务2基本相同。

五、布线

（1）手动开关控制的连续与点动混合正转控制线路布线

布线方法、工艺与具有过载保护的接触器自锁控制电路基本相同，只是在自锁线上串接了手动开关。

（2）复合按钮控制的连续与点动混合正转控制线路布线

布线方法、工艺与具有过载保护的接触器自锁控制电路基本相同，按钮内的接线差别较大，按钮内的接线如图 1—1—70 所示。

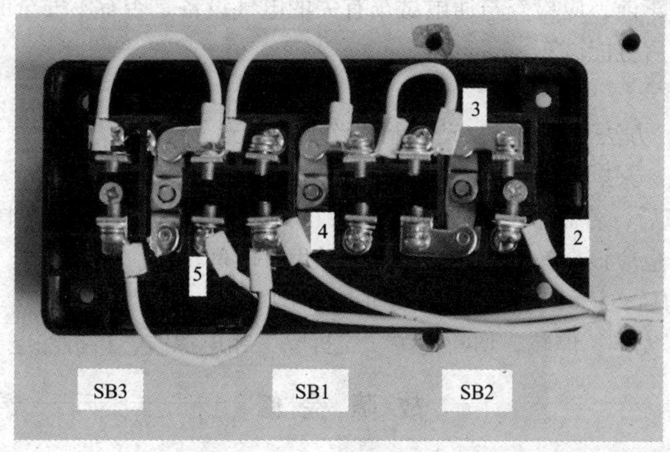

图 1—1—70 按钮内的接线

六、自检

自检步骤及工艺要求：

1. 按电路图或接线图逐段检查

从电源端开始，逐段核对接线及接线端子处线号是否正确，有无漏接、错接之处。检查导线接点是否符合要求，压接是否牢固。同时注意接点接触应良好，以避免带负载运转时产生闪弧现象。

2. 用万用表检查线路的通断情况

（1）手动开关控制的连续与点动混合正转控制线路检查

SA 打开时，按照点动控制线路的检查方法进行检查。

SA 闭合时，按照具有过载保护的接触器自锁控制电路的检查方法进行检查。

（2）复合按钮控制的连续与点动混合正转控制线路检查

控制电路的检查：将控制电路与主电路断开，万用表应选用倍率适当的电阻挡，并进行校零，以防发生短路故障。将表棒分别搭在 U11、V11 线端上，读数应为“∞”。按下 SB1 时，读数应为接触器线圈的直流电阻值。松开 SB1，按下 SB3 时，读数应为接触器线圈的直流电阻值。松开 SB3，手动按动接触器，使接触器触头吸合，读数应为接触器线圈的直流电阻值。然后断开控制电路，再检查主电路有无开路或短路现象，此时，可用手动来代替接触器通电进行检查。

3. 用兆欧表检查线路

绝缘电阻的阻值应不得小于1 MΩ。

七、交验

学生提出申请，经教师检查同意后方可进行下道工序。

八、连接电源、通电试车

（1）为保证人身安全，在通电试车时，要认真执行安全操作规程的有关规定，一人监护，一人操作。试车前，应检查与通电试车有关的电气设备是否有不安全的因素存在，若查出应立即整改，然后方能试车。

（2）通电试车

1）点动试车。方法与前面的点动控制线路方法一致。

2）自锁试车。方法与前面的自锁控制线路方法一致。

（3）出现故障后，若需带电检查时，必须在教师现场监护的情况下进行。检修完毕后，如需要再次试车，也应该在教师现场监护下，并做好时间记录。

（4）试车成功后，记录下完成时间及通电试车次数。

（5）通电试车完毕，停转，切断电源。先拆除三相电源线，再拆除电动机线。

故 障 检 修

参照点动和自锁控制线路。

项目二

三相异步电动机正反转控制电路的安装与检修

任务1　倒顺开关控制正反转控制电路的安装与检修

1. 正确理解三相异步电动机倒顺开关控制正反转电路的工作原理。
2. 能正确识读倒顺开关控制正反转电路的原理图、接线图和布置图。
3. 会按照工艺要求正确安装三相异步电动机倒顺开关控制正反转控制电路。
4. 初步掌握倒顺开关的结构、选用方法与简单检修。
5. 能根据故障现象，检修倒顺开关控制正反转电路。

工作任务

在生产实践中，有许多生产机械，对电动机不仅需要正转控制，同时还需要反转控制，正转控制线路只能使电动机朝一个方向旋转，带动生产机械的运动部件朝一个方向运动。要满足生产机械运动部件能向止、反两个方向运动，就要求电动机能实现正、反转控制。

当改变通入电动机定子绕组的三相电源相序，即把接入电动机三相电源进线中的任意两相对调接线时，电动机就可以反转。生产实际中，人们为了方便控制三相电源相序的改变，专门设计出一种开关，用来改变三相电源的相序，这种开关就叫倒顺开关。如X62W型万能铣床主轴电动机的正反转控制就是采用倒顺开关来实现的。

本次工作任务就是要完成利用倒顺开关控制电动机正反转电路的安装及该线路的检修。

一、倒顺开关

1. 结构及符号

倒顺开关是组合开关的一种，也称可逆转换开关，是专为控制小容量三相异步电动机的正反转而设计生产的。外形、结构和符号如图1—2—1所示。开关的手柄有“倒”“停”“顺”三个位置，手柄只能从“停”的位置左转45°或右转45°。

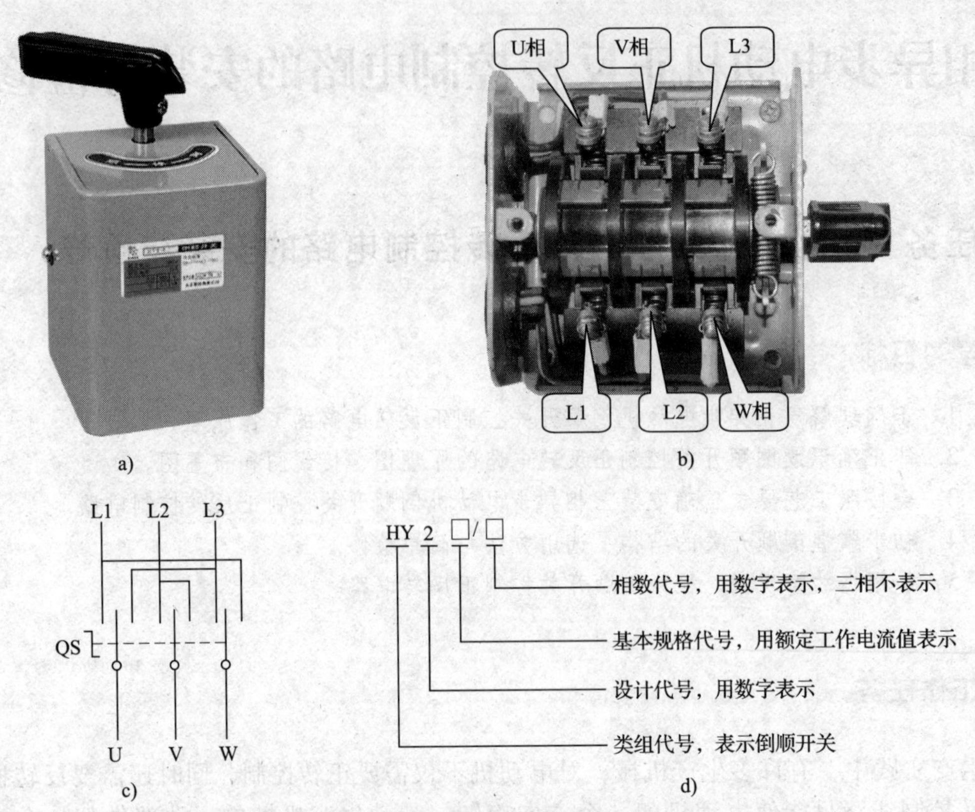

图 1—2—1 倒顺开关

a）外形 b）结构 c）符号 d）型号含义

2. 主要技术参数及选用

HY2 系列的主要参数见表 1—2—1。

表 1—2—1 **HY2 系列的主要参数**

<table>
<tr><th rowspan="2">型号</th><th rowspan="2">约定发热（A）</th><th rowspan="2">额定工作电流（A）</th><th colspan="2">额定控制功率（kW）</th><th rowspan="2">机械寿命（万次）</th><th colspan="4">电寿命（次）</th></tr>
<tr><th>330 V</th><th>220 V</th><th>接通</th><th>分断</th><th>AC—3</th><th>AC—4</th></tr>
<tr><td>HY2 - 15</td><td>15</td><td>7</td><td>3</td><td>1. 8</td><td rowspan="3">10</td><td rowspan="3">$I/I_e=6$
$U/U_e=1$
$\cos\phi=0.65\pm0.35$</td><td rowspan="3">AC - 3$I/I_e=1$
$U/U_e=0.17$
AC - 3$I/I_e=0.17$
$U/U_e=1$
$\cos\phi=0.65\pm0.05$</td><td rowspan="3">1 200</td><td rowspan="3">240</td></tr>
<tr><td>HY2 - 30</td><td>30</td><td>12</td><td>5. 5</td><td>3</td></tr>
<tr><td>HY2 - 60</td><td>60</td><td>20</td><td>10</td><td>5. 5</td></tr>
</table>

选用：

选择的主要参数有额定电压、额定电流、负荷的类别。本次任务控制电动机的主要参数是：Y112M - 4，4kW，380V，8. 8A，△形接法。若选择 HY2 系列，查表可知 HY2 - 30 满足使用。

二、原理分析

倒顺开关控制电动机正反转的电路如图 1—2—2 所示，其工作原理见表 1—2—2。

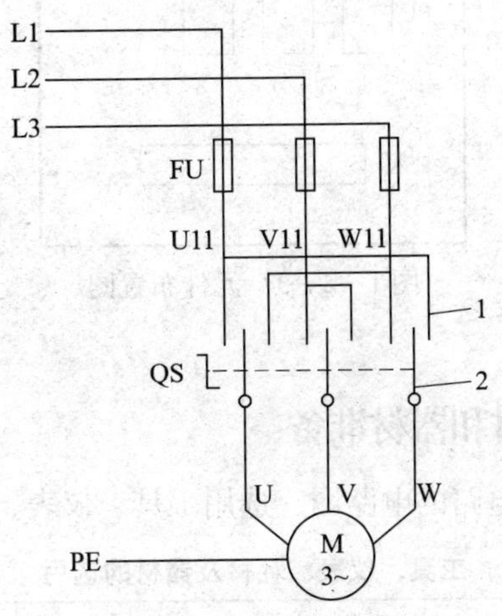

图 1—2—2　倒顺开关正反转控制电路

表 1—2—2　　工作原理

手柄位置	QS 状态	电路状态	电动机状态
停	QS 的动、静触头不接触	电路不通	电动机不转
顺	QS 的动触头和左边的静触头相接触	电路按 L1 – U，L2 – V，L3 – W 接通	电动机正转
倒	QS 的动触头和右边的静触头相接触	电路按 L1 – W，L2 – V，L3 – U 接通	电动机反转

任务实施

线路安装与调试

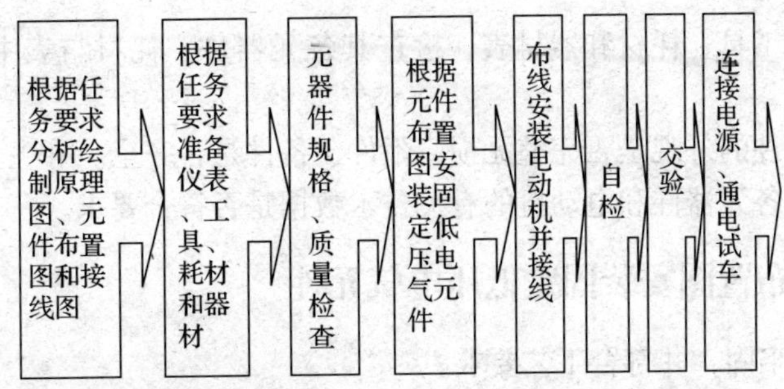

一、绘制元件布置图和接线图

元件布置如图 1—2—3 所示。

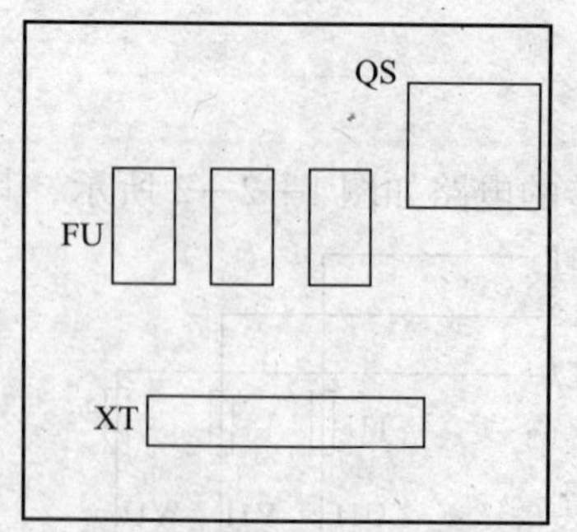

图 1—2—3　元件布置图

接线图由读者自行绘制。

二、仪表、工具、耗材和器材准备

根据倒顺开关正反转控制电路的电路图，选用工具、仪表、耗材及器材，见表 1—2—3。

表 1—2—3　　工具、仪表、耗材及器材的选用

序号	名称	型号与规格	单位	数量	备注
1	三相四线电源	AC3×380/220 V、20 A	个	1	
2	三相电动机	Y112M－4，4 kW、380 V、△形接法；或自定	台	1	
3	配线板	500 mm×600 mm×20 mm	块	1	
4	倒顺开关	HY2－30	个	1	
5	熔断器 FU1	RL1－60/25，380 V，60 A，熔体配 25 A	套	3	
6	木螺钉	ϕ3 mm×20 mm；ϕ3 mm×15 mm	个	30	
7	平垫圈	ϕ4 mm	个	30	
8	圆珠笔	自定	支	1	
9	主电路导线	BVR－1.5，1.5 mm^2（7×0.52 mm）（黑色）	m	若干	
10	接地线	BVR－1.5，1.5 mm^2（黄绿双色）	m	若干	
11	劳保用品	绝缘鞋、工作服等	套	1	
12	接线端子排	JX2－1015，500 V、10 A、15 节或配套自定	条	1	

三、元器件规格、质量检查

（1）根据仪表、工具、耗材和器材表，检查其各元器件、耗材与表中的型号与规格是否一致。

（2）检查各元器件的外观是否完整无损，附件、备件是否齐全。

（3）用仪表检查各元器件和电动机的有关技术数据是否符合要求。

四、根据元件布置图安装固定低压电气元件

电气元件安装应牢固，并符合工艺要求。

五、布线

1. 倒顺开关接线

如图 1—2—4 所示。

图 1—2—4　倒顺开关布线

（1）倒顺开关的外壳必须可靠接地，且必须将接地线接到倒顺开关的接地螺钉上，切忌接在开关的罩壳上。

（2）倒顺开关的进出线接线切忌接错。接线时，应看清开关线端标记，并保证标记为 L1、L2、L3 接电源，标记为 U、V、W 接电动机。否则，难免造成两相电源短路。

（3）若作为临时性装置安装，如将倒顺开关安装在墙上（属于半移动形式）时，接到电动机的引线可采用 BVR1.5 mm^2（黑色）塑铜线或 YHZ4×1.5 mm^2 橡胶电缆线，并采用金属软管保护；若将开关与电动机一起安装在同一金属结构件或支架上（属移动形式）时，开关的电源进线必须采用四脚插头和插座连接，并在插座前装熔断器或再加装隔离开关。可移动的引线必须完整无损，不得有接头，引线的长度一般不超过 2 m。

2. 接线图

如图 1—2—5 所示。

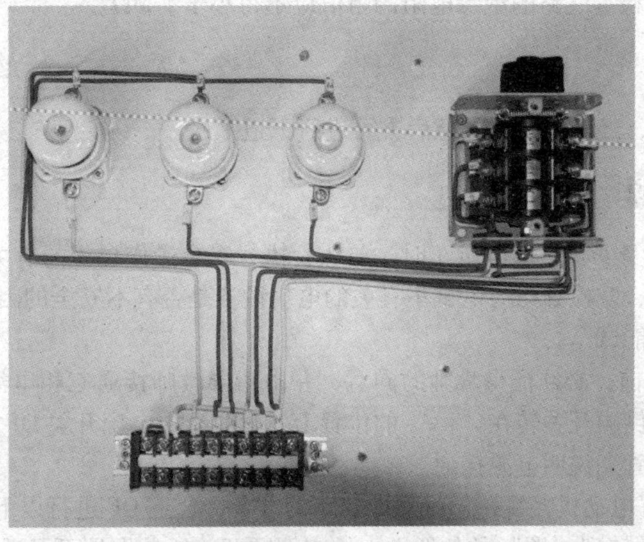

图 1—2—5　接线图

六、安装电动机并接线

图 1—2—6　连接接地线

（1）倒顺开关要装设在操作时能看到电动机的地方，以保证操作安全。

（2）电动机的安装必须牢固。在紧固地脚螺栓时，必须按对角线均匀受力，依次交错逐步拧紧。

（3）连接倒顺开关至电动机的导线。

（4）连接接地线。电动机和倒顺开关的金属外壳以及连成一体的线管，按规定要求必须接到保护接地专用端子上。如图 1—2—6 所示。

（5）检查安装质量，并进行绝缘电阻测量。

七、自检

（1）按电路图或接线图逐段检查

从电源端开始，逐段核对接线及接线端子处线号是否正确，有无漏接、错接之处。检查导线接点是否符合要求，压接是否牢固。同时注意接点接触应良好，以避免带负载运转时产生闪弧现象。

（2）用万用表检查线路的通断情况

万用表选用倍率适当的电阻挡，并进行校零。

1）倒顺开关位于中间“停”的位置：将两表棒分别搭在 U、L1，V、L2，W、L3 线端上，读数应为“∞”。

2）倒顺开关手柄位于“顺”的位置：将两表棒分别搭在 U、L1，V、L2，W、L3 线端上，读数应为“0”。

3）倒顺开关手柄位于“倒”的位置：将两表棒分别搭在 U、L3，V、L2，W、L1 线端上，读数应为“0”。

（3）用兆欧表检查线路的绝缘电阻的阻值应不得小于 1 MΩ。

八、交验

学生提出申请，经教师检查同意后方可进行下道工序。

九、连接电源、通电试车

（1）为保证人身安全，通电试车时，要认真执行安全操作规程的有关规定，一人监护，一人操作。试车前，应检查与通电试车有关的电气设备是否有不安全的因素存在，若查出应立即整改，然后方能试车。

（2）通电试车前，必须征得教师的同意，并由指导教师接通三相电源 L1、L2、L3，同时在现场监护。将倒顺开关转在“停”的位置上，学生合上电源开关 QF 后，用测电笔检查熔断器出线端，氖管亮说明电源接通。

断开 QF，接好电动机接线，做好立即停车的准备，合上 QF 进行以下几项试验。

1）将倒顺开关转到“顺”的位置上，检查倒顺开关的动作是否灵活，有无卡阻及噪声过大等现象，电动机正转运行情况是否正常等。

2）将倒顺开关转到“停”的位置上，电动机是否能正常停转。

3）将倒顺开关转到“倒”的位置上，电动机反转运行情况是否正常。

观察过程中，若发现有异常现象，应立即停车，不得对线路接线是否正确进行带电检查。当电动机运转平稳后，用钳形电流表测量三相电流是否平衡。

(3) 出现故障后，若需带电检查时，必须在教师现场监护的情况下进行。检修完毕后，如需要再次试车，也应该在教师现场监护下，并做好时间记录。

(4) 试车成功后，记录下完成时间及通电试车次数。

(5) 通电试车完毕，停转，切断电源。先拆除三相电源线，再拆除电动机线。

故障检修

在完成试车的基础上，教师或同组学生按照下表中故障原因分析的元器件或路径，人为地设定一两个故障点进行排故练习。

故障设定时一定要在断开电源的情况下进行，一般设定元器件故障和线路的断路故障，而不将正确的线路改错。如果需要通电观察故障现象，必须有教师在场的情况下进行。

倒顺开关正反转控制线路常见故障分析及检查方法见表 1—2—4。

表 1—2—4　倒顺开关正反转控制线路常见故障分析及检查方法

故障现象	原因分析	检查方法
“倒”和“顺”电动机都不启动或电动机缺相	可能导致电动机不启动或电动机缺相故障点有： (1) 熔断器熔体熔断； (2) 倒顺开关操作失控； (3) 倒顺开关动、静触头接触不良； (4) 电动机故障（绕组断路）； (5) 连接导线断路	先查看有没有装熔丝，再查看熔丝的小红点有没有脱落，脱落了说明熔丝熔断，若没有，检查熔断器的连接导线是否有松脱、断裂。若没有，再用测电笔检查熔断器 FU 的上下端头是否有电；若有电，断开电源，拆掉电动机，用万用表的电阻挡检查倒顺开关的好坏，分别将倒顺开关转到“顺”和“倒”的位置，万用表的两支表笔分别连在 L1 和 U、L2 和 V、L3 和 W 或 L1 和 W、L2 和 V、L3 和 U 上检查通断情况，若不通，说明倒顺开关操作失常或倒顺开关动、静触头接触不良；若导通正常，则是电动机故障
电动机正转正常反转不启动或缺相或反转正常正转不启动或缺相	电动机有一个方向正常，说明电源、熔断器、电动机是好的，因此可能故障是： (1) 倒顺开关操作失控； (2) 倒顺开关动、静触头接触不良	断开电源，拆下倒顺开关，检查其内部结构是否有较严重的机械损坏，能否修复，若损坏较严重则更换，否则，进行修复

倒顺开关的常见故障及维修方法与组合开关的常见故障及维修方法基本一致。

任务 2　接触器联锁正反转控制电路的安装与检修

学习目标

1. 正确理解三相异步电动机接触器联锁正反转电路的工作原理。
2. 能正确识读接触器联锁正反转电路的原理图、接线图和布置图。
3. 会按照工艺要求正确安装三相异步电动机接触器联锁正反转控制电路。
4. 能根据故障现象，检修接触器联锁正反转电路。

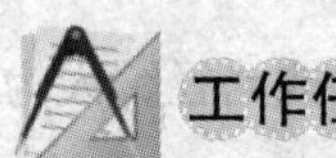

工作任务

在任务 1 中，倒顺开关正反转控制线路虽然所用电器较少，线路比较简单，但它是一种手动控制线路，在频繁换向时，操作人员劳动强度大，操作安全性差，所以这种线路一般用于控制额定电流 10 A、功率在 3 kW 及以下的小容量电动机。在实际生产中，常使用按钮、接触器控制电动机的正反转。如图 1—2—7 所示。

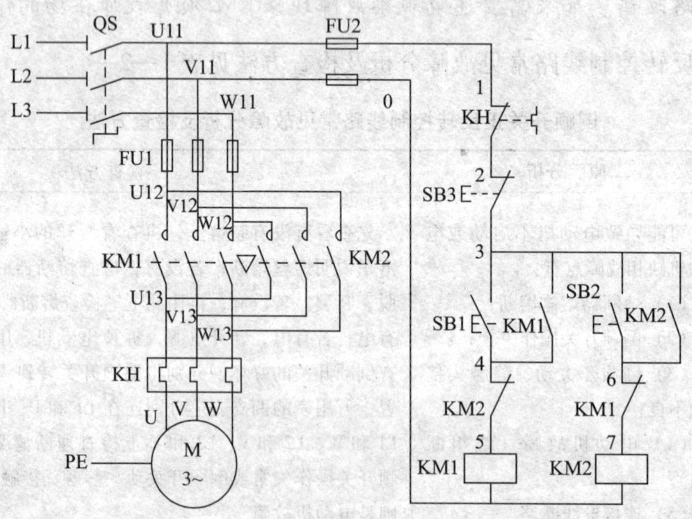

图 1—2—7　接触器联锁正反转控制电路

线路中采用了两个接触器，即正转用的接触器 KM1 和反转用的接触器 KM2，它们分别由正转按钮 SB1 和反转按钮 SB2 控制。从主电路中可以看出，这两个接触器的主触头所接通的电源相序不同，KM1 按 L1—L2—L3 相序接线，KM2 则按 L3—L2—L1 相序接线。相应地控制电路有两条，一条是由按钮 SB1 和接触器 KM1 线圈等组成的正转控制电路；另一条是由按钮 SB2 和接触器 KM2 线圈等组成的反转控制电路。

本次工作任务的目的是掌握接触器联锁正反转控制电路安装及该线路的检修。

工作原理分析

接触器 KM1 和 KM2 的主触头绝不允许同时闭合，否则将造成两相电源（L1 相和 L3 相）短路事故。为了避免两个接触器 KM1 和 KM2 同时得电动作，在正、反转控制电路中分别串接了对方接触器的一对辅助常闭触头。工作过程如下：

1. 正转控制

2. 反转控制

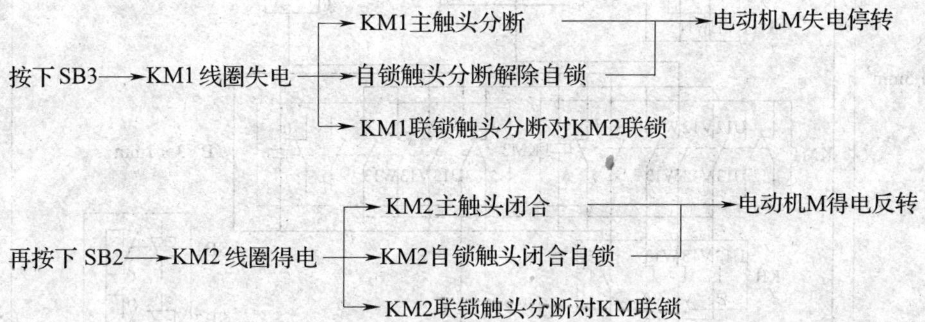

当一个接触器得电动作时，通过其辅助常闭触头使另一个接触器不能得电动作，接触器之间这种相互制约的作用叫做接触器联锁（或互锁）。实现联锁作用的辅助常闭触头称为联锁触头（或互锁触头），联锁符号用“▽”表示。

线路安装与调试

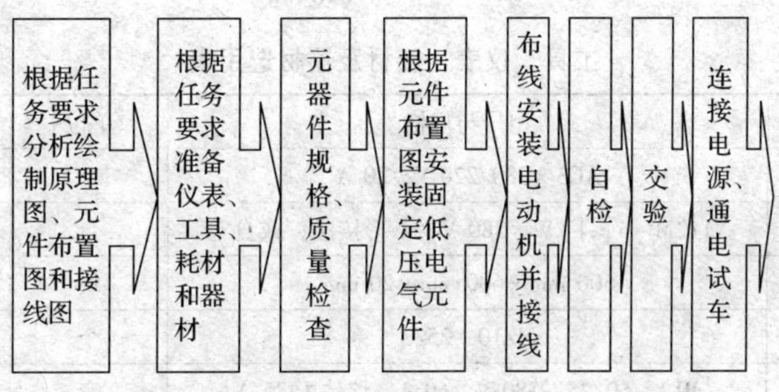

一、绘制元件布置图和接线图

1. 绘制元件布置图

绘制元件布置图如图 1—2—8 所示。

2. 绘制接线图

绘制接线图如图 1—2—9 所示。

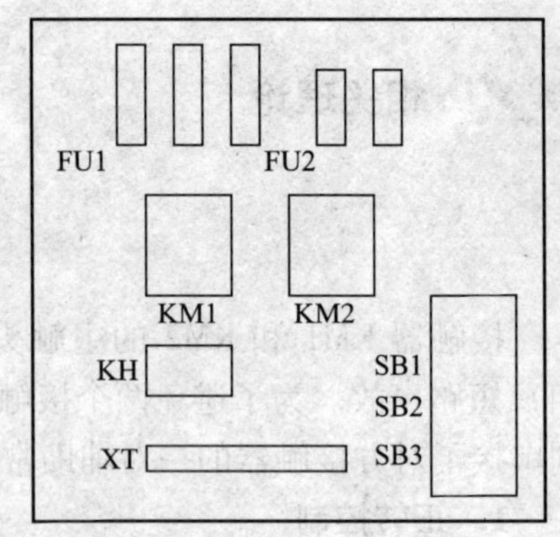

图 1—2—8 布置图

二、仪表、工具、耗材和器材准备

根据接触器联锁正反转控制电路图，选用工具、仪表、耗材及器材，见表 1—2—5。

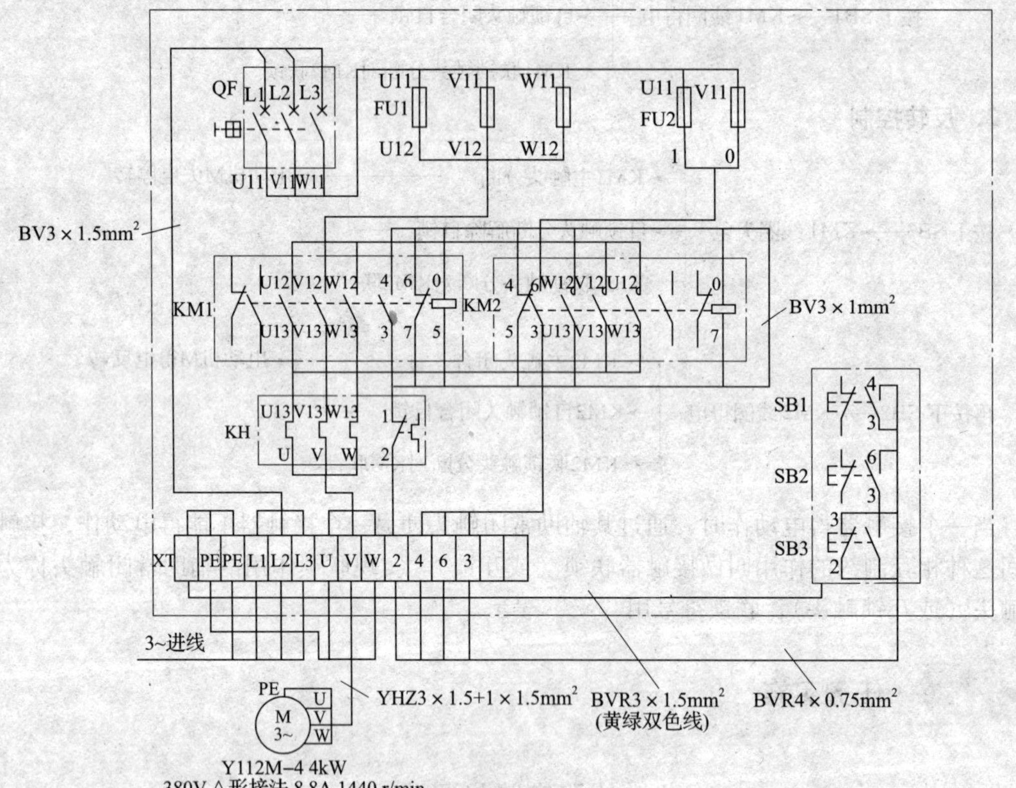

图 1—2—9 接线图

表 1—2—5 **工具、仪表、耗材及器材选用表**

序号	名称	型号与规格	单位	数量	备注
1	三相四线电源	AC3 ×380/220 V、20 A	个	1	
2	三相电动机	Y112M－4，4 kW、380 V、△形接法；或自定	台	1	
3	配线板	500 mm ×600 mm ×20 mm	块	1	
4	组合开关	HZ10－25/3	个	1	
5	熔断器 FU1	RL1－60/25，380 V，60 A，熔体配 25 A	套	3	

续表

序号	名称	型号与规格	单位	数量	备注
6	熔断器 FU2	RL1－15/2，380 V，15 A，熔体配 2 A	套	2	
7	接触器 KM1，KM2	CJ10－20，线圈电压 380 V，20 A	只	2	
8	热继电器 KH	JR16B－20/3，三极、20 A、整定电流 8.8 A	只	1	
9	按钮	LA10－3H，保护式、按钮数 3	只	2	
10	木螺钉	ϕ3×20 mm；ϕ3×15 mm	个	30	
11	平垫圈	ϕ4 mm	个	30	
12	圆珠笔	自定	支	1	
13	主电路导线	BVR－1.5，1.5 mm^2（7×0.52 mm）（黑色）	m	若干	
14	控制电路导线	BV－1.0，1.0 mm^2（7×0.43 mm）	m	若干	
15	按钮线	BV－0.75，0.75 mm^2	m	若干	
16	接地线	BVR－1.5，1.5 mm^2（黄绿双色）	m	若干	
17	行线槽	18 mm×25 mm	m	若干	
18	编码套管	自定	m	若干	
19	劳保用品	绝缘鞋、工作服等	套	1	

三、元器件规格、质量检查

认真检查两只交流接触器的主触头、辅助触头的接触情况，按下触头架检查各极触点的分合动作，必要时用万用表检查触点动作后的通断以保证自锁和联锁线路正常工作。检查其他电器及其动作情况并进行必要的测量、记录，排除发现的电器故障。

（1）根据仪表、工具、耗材和器材表，检查其各元器件、耗材与表中的型号与规格是否一致。

（2）检查各元器件的外观是否完整无损，附件、备件是否齐全。

（3）用仪表检查各元器件和电动机的有关技术数据是否符合要求。

四、根据元件布置图安装固定低压电器元件

按图 1—2—8 所示布置图在控制板上安装电器元件，并贴上醒目的文字符号，如图 1—2—10 所示。

五、布线

接线的顺序、要求与单向启动线路基本相同，并应注意以下几个问题。

（1）主电路从 QF 到接线端子板 XT 之间走线方式与单向启动线路完全相同。两只接触器主触点端子之间的连线可以直接在主触点高度的平面内走线，不必向下贴近安装底板，以减少导线的弯折。

（2）做辅助电路接线时，可先接好两只接触器的自锁线路，核查无误后再做联锁线路。这两部分线路应反复核对，不可接错。

1）按钮内的接线图如图 1—2—11 所示。

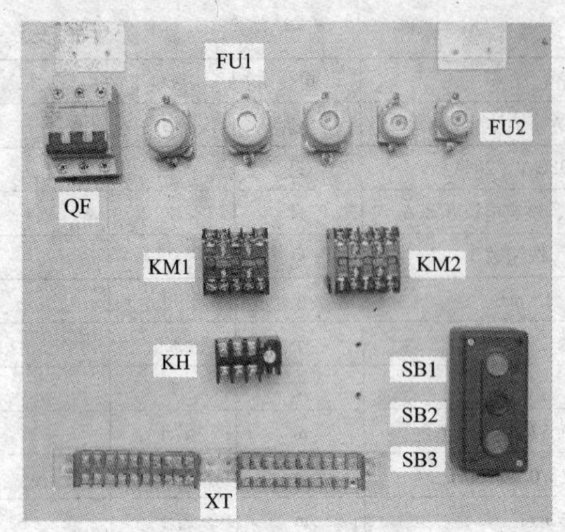

图 1—2—10　电器元件安装位置

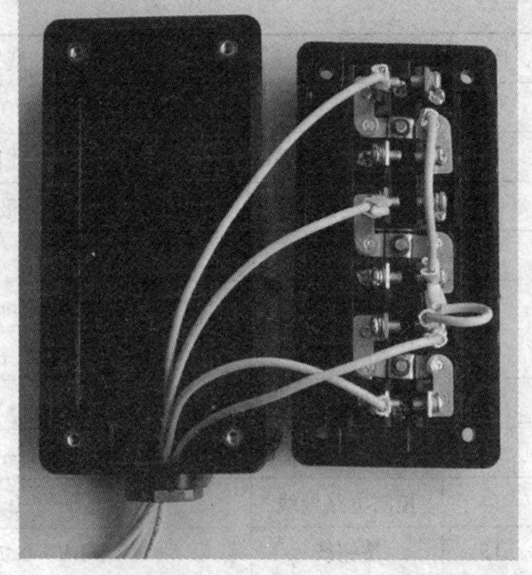
图 1—2—11　按钮内的接线图

按钮内的接线，用力不可过猛，以防螺钉打滑。

2）自锁、联锁线接线如图 1—2—12 所示。

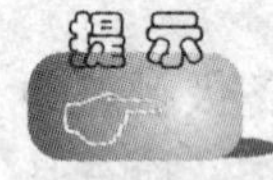

联锁线接线要注意的是，起联锁作用的 KM1 常闭触头与 KM2 线圈是串联的，起联锁作用的 KM2 常闭触头与 KM1 线圈是串联的，接线中不能将其接反。

3）主线路接线如图 1—2—13 所示（两个接触器主触头的接线图）。

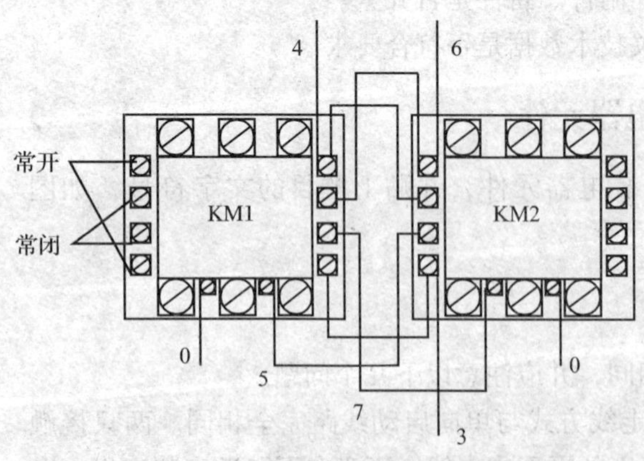

图 1—2—12　自锁、联锁线接线

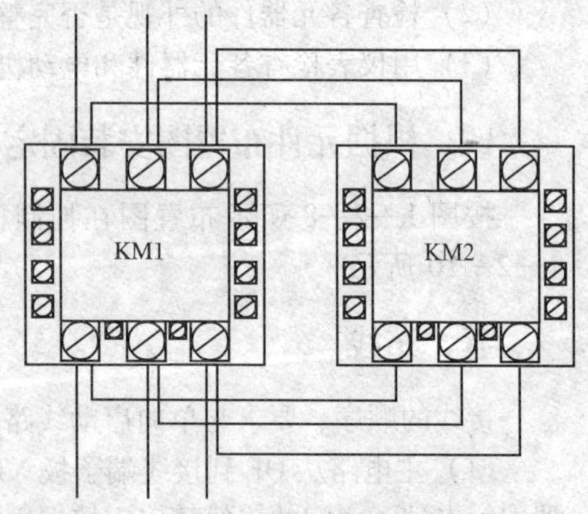

图 1—2—13　主线路接线

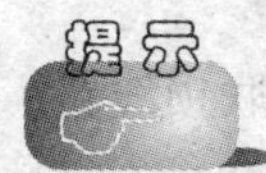

电动机正反转的改变，是通过两个接触器主触头的接线变化来改变相序的，接触器主触

头的接线必须正确，否则将会造成主电路中两相电源短路事故。

六、自检

1. 按电路图或接线图逐段检查

从电源端开始，逐段核对接线及接线端子处线号是否正确，有无漏接、错接之处。检查导线接点是否符合要求，压接是否牢固。同时注意接点接触应良好，以避免带负载运转时产生闪弧现象。

2. 用万用表检查线路的通断情况

万用表选用倍率适当的电阻挡，并进行校零。

断开 QF 摘下 KM1、KM2 的灭弧罩，用万用表 R×1 挡测量检查以下各项。

（1）检查主电路

断开 FU2 以切除辅助电路。

1）检查各相通路。两支表笔分别接 U11—V11、V11—W11 和 W11—U11 端子测量相间电阻值。未操作前测得断路；分别按下 KM1、KM2 的触头架，均应测得电动机一相绕组的直流电阻值。

2）检查电源换相通路。两支表笔分别接 U11 端子和接线端子板上的 U 端子，按下 KM1 的触头架时应测得 $R \to 0$。松开 KM1 而按下 KM2 触头架时，应测得电动机一相绕组的电阻值。用同样的方法测量 W11—W 之间通路。

（2）检查辅助电路

拆下电动机接线，接通 FU2 将万用表笔接于 QF 下端 U11、V11 端子作以下几项检查。

1）检查正反转启动及停车控制。操作按钮前应测得断路；分别按下 SB1 和 SB2 时，各应测得 KM1 和 KM2 的线圈电阻值；如同时再按下 SB3，万用表应显示线路由通而断。

2）检查自锁线路。分别按下 KM1 及 KM2 触头架，应分别测得 KM1、KM2 的线圈电阻值。

3）检查联锁线路。按下 SB1（或 KM1 触头架），测得 KM1 线圈电阻值后，再同时轻轻按下 KM2 触头架使常闭触点分断，万用表应显示线路由通而断；用同样方法检查 KM1 对 KM2 的联锁作用。

4）按前两节所述的方法检查 KH 的过载保护作用，然后使 KH 触点复位。

3. 检查安装质量，并进行绝缘电阻测量

用兆欧表检查线路的绝缘电阻的阻值应不得小于 1 MΩ。

七、交验

学生提出申请，经教师检查同意后方可进行下道工序。

八、连接电源、通电试车

（1）为保证人身安全，在通电试车时，要认真执行安全操作规程的有关规定，一人监护、一人操作。试车前，应检查与通电试车有关的电气设备是否有不安全的因素存在，若查出应立即整改，然后方能试车。

（2）通电试车前，必须征得教师的同意，并由指导教师接通三相电源 L1、L2、L3，同时在现场监护。学生合上电源开关 QF 后，用测电笔检查熔断器出线端，氖管亮说明电源接通。上述检查一切正常后，做好准备工作，在指导老师监护下试车。

1）空操作试验

合上 QF，进行以下几项试验。

①正、反向启动、停车。按下 SB1，KM1 应立即动作并能保持吸合状态；按下 SB3 使 KM1 释放；按下 SB2，则 KM2 应立即动作并保持吸合状态；再按下 SB3，KM2 应释放。

②联锁作用试验。按下 SB1 使 KM1 得电动作；再按下 SB2，KM1 不释放且 KM2 不动作；按 SB3 使 KM1 释放，再按下 SB2 使 KM2 得电吸合；按下 SB1 则 KM2 不释放且 KM1 不动作。反复操作几次检查联锁线路的可靠性。

③用绝缘棒按下 KM1 的触头架，KM1 应得电并保持吸合状态；再用绝缘棒缓慢地按下 KM2 触头架，KM1 应释放，随后 KM2 得电再吸合；再按下 KM1 触头架，则 KM2 释放而 KM1 吸合。

作此项试验时应注意：为保证安全，一定要用绝缘棒操作接触器的触头架。

2）带负荷试车

切断电源后，连接好电动机接线，装好接触器灭弧罩，合上 QF 停车。

试验正、反向启动、停车、操作 SB1 使电动机正向启动；操作 SB1 停车后再操作 SB3 使电动机反向启动。注意观察电动机启动时的转向和运行声音，如有异常则立即停车检查。

(3) 出现故障后，学生应独立进行检修。若需带电检查时，教师必须在现场监护。检修完毕后，如需要再次试车，教师也应该在现场监护，并做好时间记录。

(4) 试车成功后记录下完成时间及通电试车次数。

(5) 通电试车完毕，停转，切断电源。先拆除三相电源线，再拆除电动机线。

故障检修

在完成试车的基础上，教师或同组学生按照表 1—2—6 中故障原因分析的元器件或路径，人为地设定一两个故障点进行排故练习。

一定要在断开电源的情况下进行故障设定，一般设定元器件故障和线路的断路故障，而不将正确的线路改错。如果需要通电观察故障现象，必须在有教师监护的情况下进行。

表 1—2—6　　接触器联锁正反转控制电路的故障检修

故障现象	原因分析	检查方法
按 SB1、SB2 正、反转，接触器 KM1、KM2 动作，但电动机都不启动	按 SB1、SB2 正、反转，接触器 KM1、KM2 动作，说明控制电路正常，故障在主电路上，可能故障是： (1) 熔断器 FU1 熔体熔断； (2) 热继电器的热元件损坏； (3) 电动机故障； (4) 连接导线故障	(1) 用测电笔检查熔断器的上下端头是否有电，有电说明熔断器正常，没有电，则检查熔断器上端头接线和熔丝 (2) 用测电笔检查接触器的上端头是否有电，若没有电，则断开电源用万用表的电阻挡检查接触器上端头的连接导线；若都有电，则断开电源，用万用表的电阻挡检查热继电器的热元件，若导通不正常，则故障在热继电器的热元件上；若导通正常，则检查电动机是否正常

续表

故障现象	原因分析	检查方法
按 SB1、SB2 正、反转，接触器 KM1、KM2 动作，但电动机都不启动	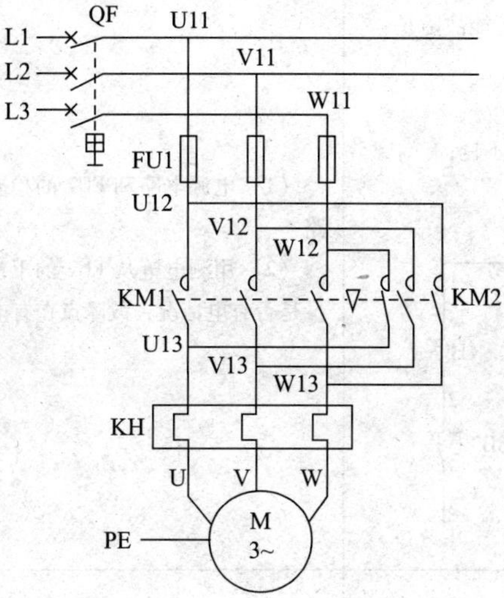	（3）因为两个继电器的主触头同时损坏的可能性较小，所以将主触头的检查放在最后进行。若上述检查中没有问题，则断开电源，用万用表的电阻挡，将万用表的两表笔连接在主触头的上下两端，按下触头架，检查通断情况
正转正常，反转接触器不动作电动机不启动	正转正常，说明 FU1 正常，热继电器正常，电动机正常，电源电路正常，FU2、热继电器的常闭触头、SB3 正常；可能故障路径如图： 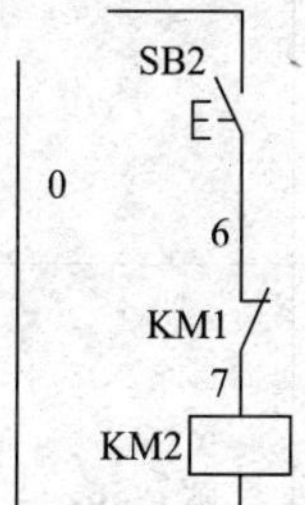 	方法 1：用测电笔检查 SB2 的上端头是否有电，没有电，则断开电源检查按钮 SB2 上端头的连接导线；有电，用测电笔检查 SB2 的下端头是否有电，有电，按钮 SB2 损坏；没有电，则测接触器 KM1 常闭触头的上端头，有电，6 号导线断路；没有电，则测接触器 KM1 常闭触头的下端头，有电，接触器 KM1 常闭触头接触不良或损坏；没有电，则测量 KM2 线圈的上端头，有电，7 号线断路，没有电，测量 KM2 线圈的下端头，没有电，0 号线断路，有电，KM2 线圈断路 方法 2：断开电源，万用表位于电阻挡，固定一表笔接 FU2 的下端头，按下 SB2，另一表笔依次测量 SB2 的上下端头，接触器 KM1 常闭触头的上下端头，KM2 线圈的上下端头和 FU2 的另一下端头，正常为通路，故障点在不通点和其上一点之间
正转正常，反转缺相	正转正常，反转缺相，说明控制电路正常，正转正常，说明电源电路正常，FU1 正常，热继电器的热元件正常，电动机正常，可能故障是： （1）接触器主触头的某一相接触不良； （2）连接 KM2 主触头某一相的连接导线松脱或断路 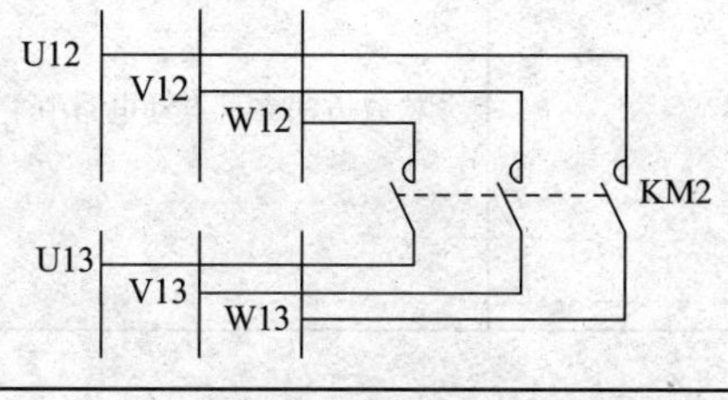 	用测电笔检查 KM2 主触头的上端头是否有电，若某点没电，则该相连接导线断路；都有电，断开电源，按下触头架，用万用表的电阻挡，分别测量 KM2 主触头的上下端头，检查导通情况。若不通，则为故障点；若全部导通，检查 KM2 主触头的下端头的连接导线导通情况。万用表的两表笔，分别在 KM2 主触头的下端头进行两相间测量导通情况，与其他两相都不通的，则为故障相

续表

故障现象	原因分析	检查方法
按 SB1、SB2 正、反转，接触器 KM1、KM2 都不动作，电动机都不启动	接触器 KM1、KM2 都不动作，可能故障是： （1）电源电路故障； （2）熔断器 FU2 熔体熔断； （3）热继电器的常闭触头接触不良； （4）0 号线断路 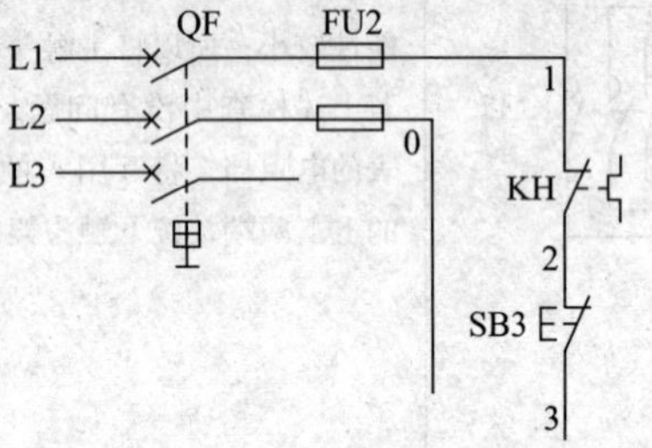 QF FU2 L1 L2 L3 1 0 KH 2 SB3 3	（1）电源电路和 FU2 的检查参见点动控制电路 （2）用测电笔从 FU2 的下端头开始，逐点测量是否有电情况，故障点在有电点与无电点之间
按 SB1 电动机正常转动，松开按钮后，电动机停转	松开按钮后，电动机停转，说明控制电路没有形成自锁，可能故障是在图中虚线部分： （1）接触器的自锁触头接触不良； （2）自锁线路断路  3 KM1 4	检查方法参见接触器自锁控制电路
按 SB1 电动机正常转动，按 SB3 电动机不能停止	按 SB3 电动机不能停止，可能故障是： （1）按 SB3 不能分断控制电路； （2）接触器的主触头烧结融合不能正常分断 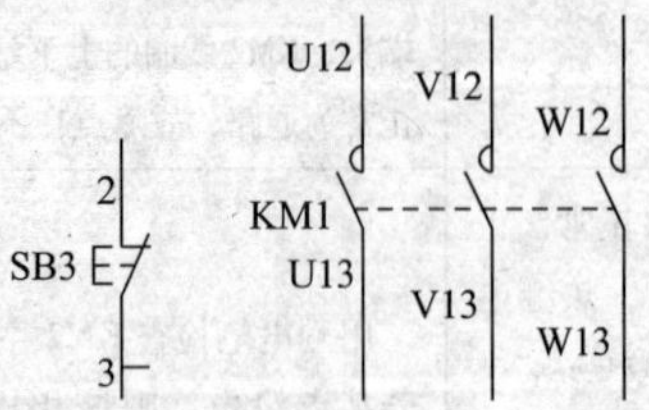 U12 V12 W12 2 KM1 SB3 U13 V13 W13 3	按下 SB3 后，用测电笔测量 SB3 的下端头，有电，则按钮 SB3 不能分断；没有电，则控制电路正常，故障在 KM1 的主触头上。接触器的检修参见点动控制电路
按 SB1、SB2 正、反转电动机都有“嗡嗡”声，不能正常启动	正、反转同时缺相，一般是接触器故障较少，可能故障是： （1）熔断器 FU1 故障； （2）连接导线故障； （3）电动机故障； （4）接触器主触头故障	检查方法参见点动电路中主电路检查法

任务 3　按钮、接触器双重联锁正反转控制电路的安装与检修

学习目标

1. 正确理解三相异步电动机按钮、接触器双重联锁正反转电路的工作原理。
2. 能正确识读按钮、接触器双重联锁正反转电路的原理图、接线图和布置图。
3. 会按照工艺要求正确安装三相异步电动机按钮、接触器双重联锁正反转控制电路。
4. 能根据故障现象检修按钮、接触器双重联锁正反转电路。

工作任务

在任务 2 中完成的接触器联锁正反转控制电路，其优点是安全可靠，缺点是操作不便。因电动机从正转变为反转时，必须先按下停止按钮后，才能按反转启动按钮，否则由于接触器的联锁作用，不能实现反转。为克服接触器联锁正反转控制电路的不足，可采用按钮、接触器双重联锁的正反转控制线路。该线路兼有两种联锁电路的优点。如 Z35 型摇臂钻床的立柱夹紧和松开电动机 M4 的控制就是采用的这种控制。如图 1—2—14 所示。

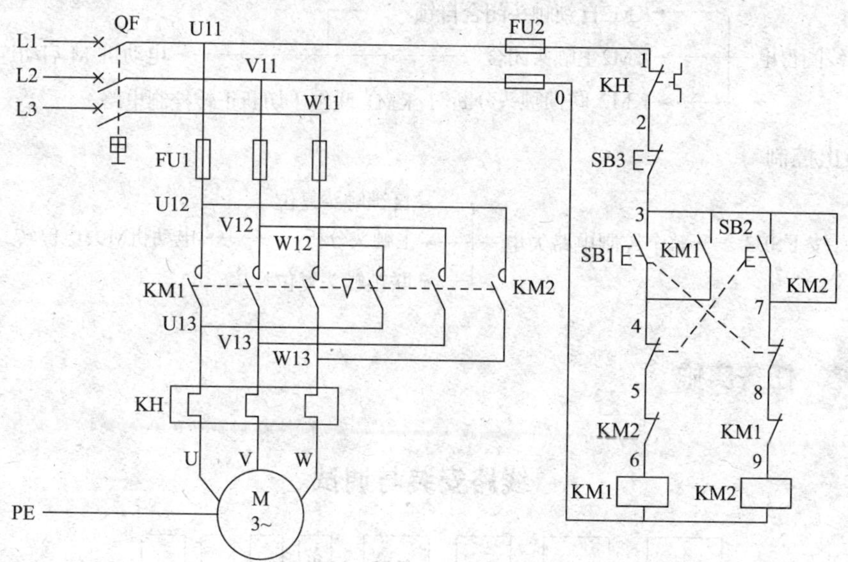

图 1—2—14　按钮、接触器双重联锁的正反转控制线路

线路中采用了两个接触器，即正转用的接触器 KM1 和反转用的接触器 KM2，它们分别由正转按钮 SB1 和反转按钮 SB2 控制。从主电路中可以看出，这两个接触器的主触头所接通的电源相序不同，KM1 按 L1—L2—L3 相序接线，KM2 则按 L3—L2—L1 相序接线。相应的控制电路有两条，一条是由按钮 SB1 和接触器 KM1 线圈等组成的正转控制电路；另一条是由按钮 SB2 和接触器 KM2 线圈等组成的反转控制电路。

本次工作任务就是要完成按钮、接触器双重联锁的正反转控制线路的安装及该线路的检修。

相关理论

图 1—2—14 线路的工作原理如下，先合上电源开关 QF。

1. 正转控制

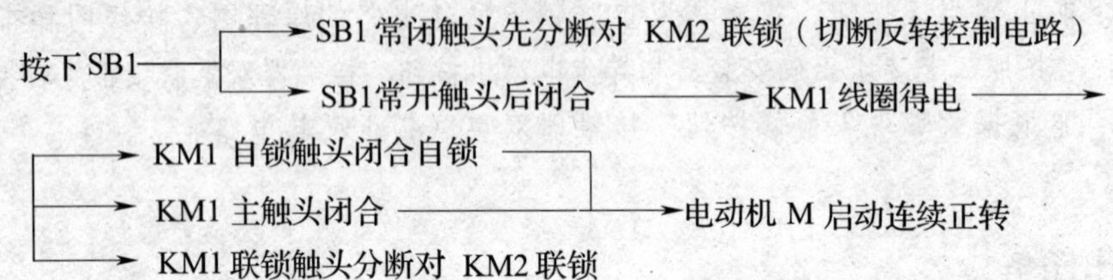

2. 反转控制

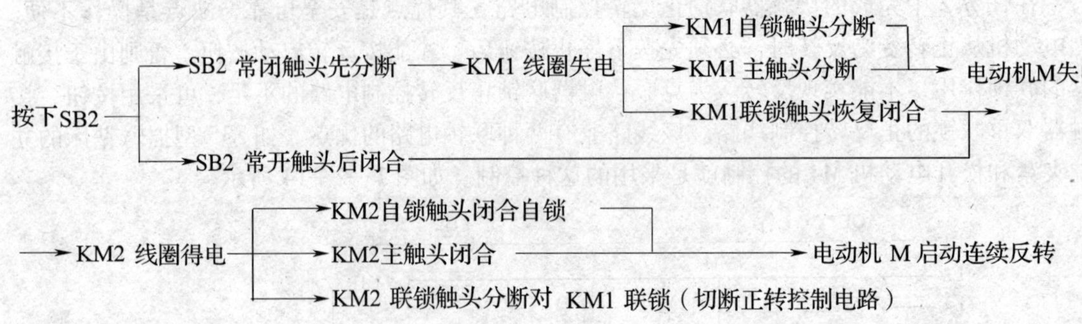

3. 停止控制

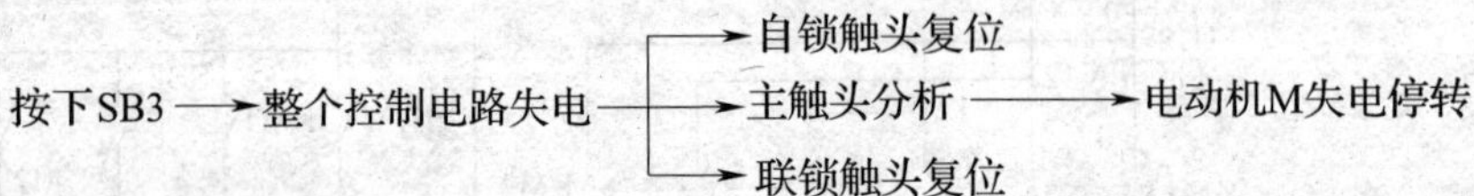

任务实施

线路安装与调试

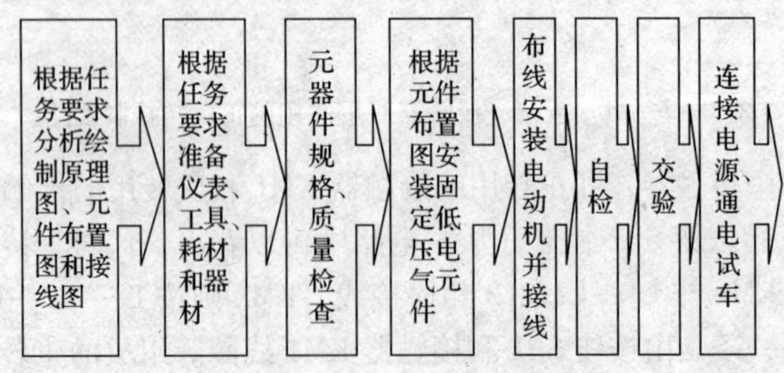

一、绘制元件布置图和接线图

1. 绘制元件布置图

与接触器联锁相同。

2. 绘制接线图

如图 1—2—15 所示。

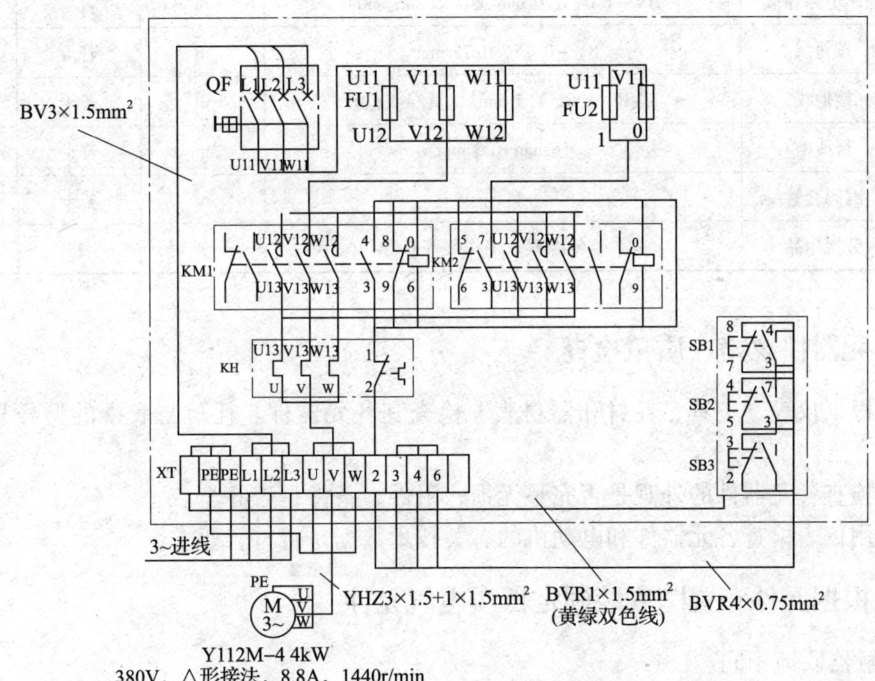

图 1—2—15 接线图

二、仪表、工具、耗材和器材准备

根据接触器联锁正反转控制电路图，选用工具、仪表、耗材及器材，见表 1—2—7。

表 1—2—7 **工具、仪表、耗材及器材**

序号	名称	型号与规格	单位	数量	备注
1	三相四线电源	AC3×380/220 V、20 A	个	1	
2	三相电动机	Y112M－4，4 kW、380 V、△形接法；或自定	台	1	
3	配线板	500 mm×600 mm×20 mm	块	1	
4	断路器 QF	DZ5－20/330	个	1	
5	熔断器 FU1	RL1－60/25，380 V，60 A，熔体配 25 A	套	3	
6	熔断器 FU2	RL1－15/2，380 V，15 A，熔体配 2 A	套	2	
7	接触器 KM1，KM2	CJ10－20，线圈电压 380 V，20 A	只	2	
8	热继电器 KH	JR16B－20/3，三极、20 A、整定电流 8.8 A	只	1	
9	按钮	LA10－3H，保护式、按钮数 3	只	2	
10	木螺钉	ϕ3 mm×20 mm；ϕ3 mm×15 mm	个	30	

续表

序号	名称	型号与规格	单位	数量	备注
11	平垫圈	ϕ4 mm	个	30	
12	圆珠笔	自定	支	1	
13	主电路导线	BVR-1.5，1.5 mm^2（7×0.52 mm）（黑色）	m	若干	
14	控制电路导线	BV-1.0，1.0 mm^2（7×0.43 mm）	m	若干	
15	按钮线	BV-0.75，0.75 mm^2	m	若干	
16	接地线	BVR-1.5，1.5 mm^2（黄绿双色）	m	若干	
17	行线槽	18 mm×25 mm	m	若干	
18	编码套管	自定	m	若干	
19	劳保用品	绝缘鞋、工作服等	套	1	

三、元器件规格、质量检查

（1）根据仪表、工具、耗材和器材表，检查其各元器件、耗材与表中的型号与规格是否一致。

（2）检查各元器件的外观是否完整无损，附件、备件是否齐全。

（3）用仪表检查各元器件和电动机的有关技术数据是否符合要求。

四、根据元件布置图安装固定低压电气元件

与接触器联锁相同。

五、布线

按接触器联锁线路的要求先接好主电路。辅助电路接线时，可先做各接触器的自锁线，然后做按钮联锁线，最后做辅助触头联锁线。由于辅助电路线号多，应随做线随核查。可以采用每做一条线，就在接线图上标一个记号的办法，这样可以避免漏接、错接和重复接线。

1. 按钮内接线

如图1—2—16所示。

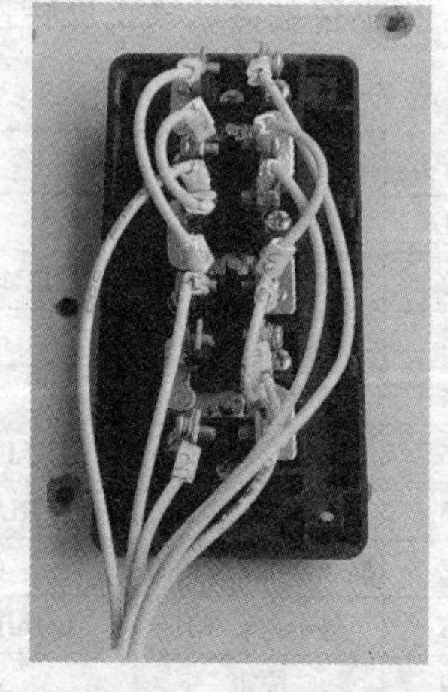

图1—2—16　按钮内接线

按钮内的接线，用力不可过猛，以防螺钉打滑。

2. 控制线路接线

如图1—2—17所示。

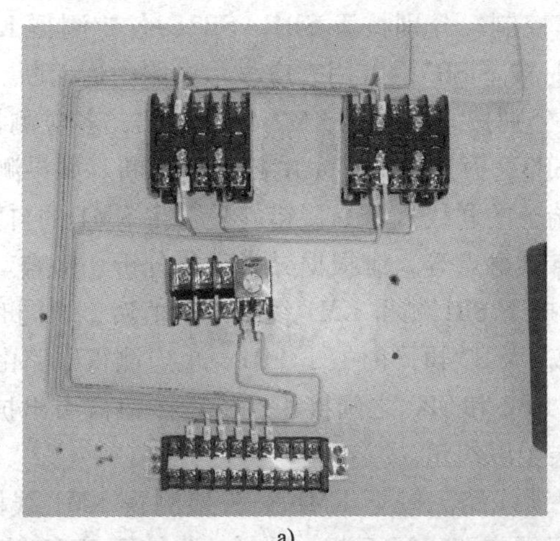

a)

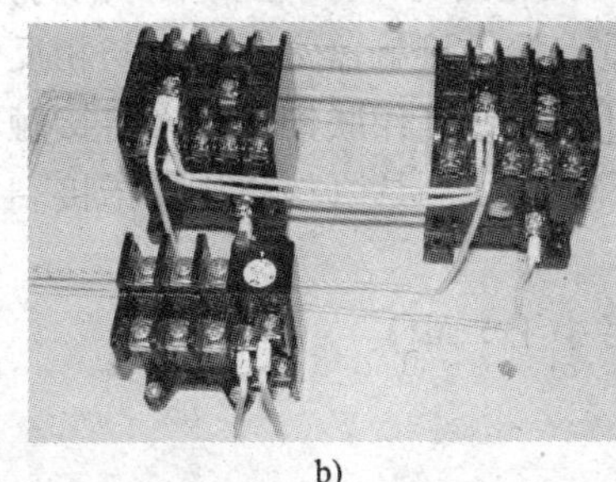

b)

c)

图 1—2—17　控制线路接线

联锁线接线要注意的是，起联锁作用的 KM1 常闭触头与 KM2 线圈是串联的，起联锁作用的 KM2 常闭触头与 KM1 线圈是串联的，不能接反。

六、自检

1. 按电路图或接线图逐段检查

从电源端开始，逐段核对接线及接线端子处线号是否正确，有无漏接、错接之处。检查导线接点是否符合要求，压接是否牢固。同时注意接点接触应良好，以避免带负载运转时产生闪弧现象。

2. 用万用表检查线路的通断情况

选用万用表倍率 R×1 挡，并进行校零。断开 QF，摘下 KM1 和 KM2 的灭弧罩，进行以下几项检查。

(1) 检查主电路

断开 FU2 切除辅助电路，按照接触器联锁正反转控制线路的要求检查主电路。

(2) 检查辅助电路

拆下电动机接线，接通 FU2。万用表笔接 QF 下端的 L11、L31 端子，进行以下几项检查。

1）检查启动和停车控制。分别按下 SB1、SB2，各应测得 KM1、KM2 的线圈电阻值；在操作 SB1 和 SB2 的同时按下 SB3，万用表应显示电路由通而断。

2）检查自保线路。分别按下 KM1、KM2 的触头架，各应测得 KM1、KM2 的线圈电阻值；如操作的同时按下 SB3，万用表应显示电路由通而断。如果测量时发现异常，则重点检查接触器自锁触点上下端子的联线。容易接错处是：将 KM1 的自锁线错接到 KM2 的自锁触点上；将常闭触点用作自锁触点等，应根据异常现象分析、检查。

3）检查按钮联锁。按下 SB1 测得 KM1 线圈电阻值后，再同时按下 SB2，万用表显示电路由通而断；同样，先按下 SB2 再同时按下 SB1，也应测得电路由通而断。发现异常时，应重点检查按钮盒内 SB1、SB2 和 SB3 之间接线；检查按钮盒引出护套线与接线端子板 XT 的连接是否正确，发现错误予以纠正。

4）检查辅助触点联锁线路。按下 KM1 触头架测得 KM1 线圈电阻值后，再同时按下 KM2 触头架，万用表应显示电路由通而断；同样，先按下 KM2 触头架再同时按下 KM1 触头架，也应测得电路由通而断。如发现异常，应重点检查接触器常闭触点与相反转向接触器线圈端子之间的连线。常见的错误接线是：将常开触点错当作联锁触点；将接触器的联锁线错接到同一接触器的线圈端子上等，应对照原理图、接线图认真核查排除错接。

3. 检查安装质量，并进行绝缘电阻测量

用兆欧表检查线路的绝缘电阻的阻值应不得小于 1 MΩ。

七、交验

学生提出申请，经教师检查同意后方可进行下道工序。

八、连接电源及通电试车

（1）为保证人身安全，在通电试车时，要认真执行安全操作规程的有关规定，一人监护、一人操作。试车前，应检查与通电试车有关的电气设备是否有不安全的因素存在，若查出应立即整改，然后方能试车。

（2）通电试车前，必须征得教师的同意，并由指导教师接通三相电源 L1、L2、L3，同时在现场监护。学生合上电源开关 QF 后，用测电笔检查熔断器出线端，氖管亮说明电源接通。上述检查一切正常后，做好准备工作，在指导老师监护下试车。

空操作试验。

合上 QF 进行以下试验。

1）检查正反向启动、自锁线路和按钮联锁线路，交替按下 SB1、SB2，观察 KM1 和 KM2 受其控制的动作情况，细听它们运行的声音，观察按钮联锁作用是否可靠。

2）检查辅助触点联锁动作。用绝缘棒按下 KM1 触点架，当其自锁触点闭合时，KM1 线圈立即得电，触头保持闭合；再用绝缘棒轻轻按下 KM2 触头架，使其联锁触点分断，则 KM1 应立即释放；继续将 KM2 的触头架按到底则 KM2 得电动作。再用同样的办法检查 KM1 对 KM2 的联锁作用。反复操作几次，以观察线路联锁作用的可靠性。

带负荷试车。

断开 QF，接好电动机接线，再合上 QF，先操作 SB1 启动电动机，待电动机达到额定转速后，再操作 SB2，注意观察电动机转向是否改变。交替操作 SB1 和 SB2 的次数不可太多，动作应慢，防止电动机过载。

线路故障与前两节所述单联锁线路常见故障基本相同，分析、检查及处理方法请参照前两节内容。

（3）出现故障后，若需带电检查时，必须在教师现场监护的情况下进行。检修完毕后，如需要再次试车，也应该在教师现场监护下，并做好时间记录。

（4）试车成功后，记录下完成时间及通电试车次数。

（5）通电试车完毕，停转，切断电源。先拆除三相电源线，再拆除电动机线。

故 障 检 修

在完成试车的基础上，教师或同组学生按照表1—2—8中故障原因分析的元器件或路径，人为地设定一两个故障点进行排故练习。

故障设定时一定要在断开电源的情况下进行，一般设定元器件故障和线路的断路故障，而不将正确的线路改错。如果需要通电观察故障现象，必须有教师在场的情况下进行。

线路故障与前两节所述接触器联锁线路常见故障基本相同，分析、检查及处理方法请参照前两节内容。不同的见表1—2—8。

表1—2—8　　线路故障分析、检查及处理方法

故障现象	原因分析	检查方法
正转正常，按反向按钮SB2，KM1能释放，但KM2不吸合，电动机不能反转	可能故障是： （1）接触器KM1辅助常闭触头接触不良或断线； （2）反向按钮SB2常开触头接触不良； （3）正向按钮SB1常闭触头接触不良； （4）接触器KM2线圈断路； （5）接触器KM2触头卡阻 （附图：SB2 E 7 8 KM1 9 KM2）	按下SB2，用测电笔依次测量SB2常开的上下端头，SB1常闭的上下端头，KM1常闭的上下端头故障点在有电和无电之间。若上述正常，断开电源，用万用表的电阻挡测量接触器KM2线圈的上下端头，检查其通断情况。若线圈也正常，则是接触器触头卡阻
其他故障分析方法参见与接触器联锁		

项目三

三相异步电动机位置控制与自动循环控制电路的安装与检修

任务1　位置控制电路的安装与检修

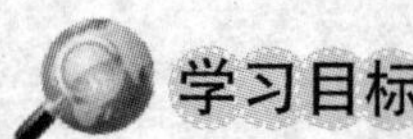

学习目标

1. 正确理解三相异步电动机位置控制电路的工作原理。
2. 能正确识读位置控制电路的原理图、接线图和布置图。
3. 会按照工艺要求正确安装三相异步电动机位置控制电路。
4. 初步掌握行程开关和接近开关的选用方法与简单检修。
5. 能根据故障现象，检修三相异步电动机位置控制电路。

工作任务

在生产过程中，一些生产机械运动部件的行程或位置要受到限制，若仅仅依靠设备的操作人员进行控制，不仅劳动强度大，而且生产的安全性也得不到保证。如在M7475B平面磨床工作台的左右移动和磨头上升控制中设有位置控制，还有如万能铣床、镗床、桥式起重机及各种自动或半自动控制机床设备中也用到这种控制。

图1—3—1所示的是工厂车间里行车常采用的位置控制电路。

图的右下角是行车运动示意图，在行车运行路线的两头终点处各安装一个行程开关SQ1和SQ2，它们的常闭触头分别串接在正转控制电路和反转控制电路中。当安装在行车前后的挡铁1或挡铁2撞击行程开关的滚轮时，行程开关的常闭触头分断，切断控制电路，使行车自动停止。

这种利用生产机械运动部件上的挡铁与行程开关碰撞，使其触头动作，来接通或断开电路，以实现对生产机械运动部件的位置或行程的自动控制，称为位置控制，又称行程控制或限位控制。

而实现这种控制要求所依靠的主要电器是行程开关或接近开关。

本次工作任务就是要完成，用行程开关控制行车极限位置的三相异步电动机位置控制电路的安装及该线路的检修。

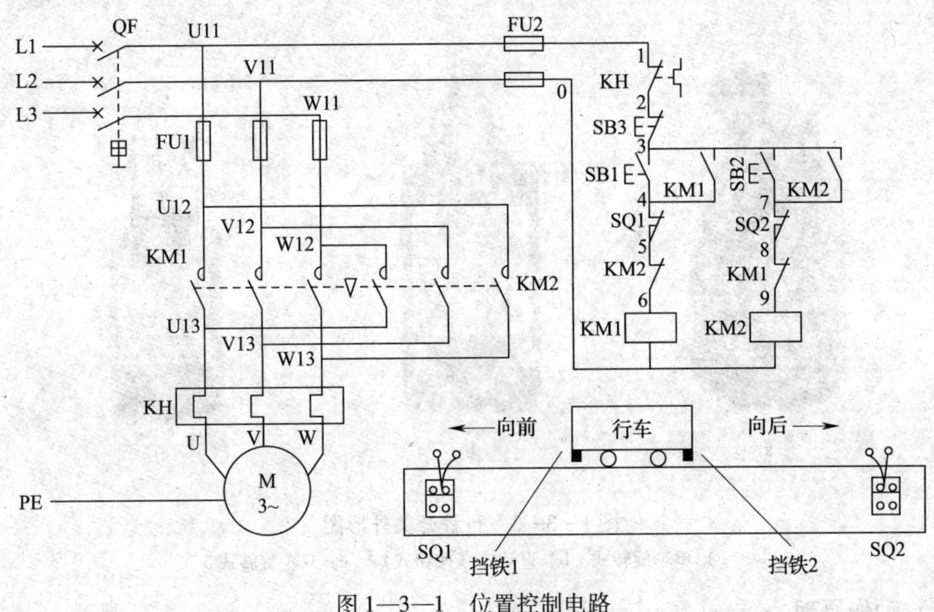

图 1—3—1　位置控制电路

相关理论

一、行程开关

行程开关是一种利用生产机械某些运动部件的碰撞来发出控制指令的主令电器。主要用于控制生产机械的运动方向、速度、行程大小或位置，是一种自动控制电器。

行程开关的作用原理与按钮相同，区别在于它不是靠手指的按压使其触头动作，而是利用生产机械运动部件的碰压使其触头动作，从而将机械信号转变为电信号，使运动机械按一定的位置或行程实现自动停止、反向运动、变速运动或自动往返运动等。

1. 行程开关的结构原理、符号及型号含义

机床中常用的行程开关有 LX19 和 JLXK1 等系列，各系列行程开关的基本结构大体相同，都是由操作机构、触头系统和外壳组成，如图 1—3—2a 所示，行程开关在电路图中的符号如图 1—3—2b 所示。

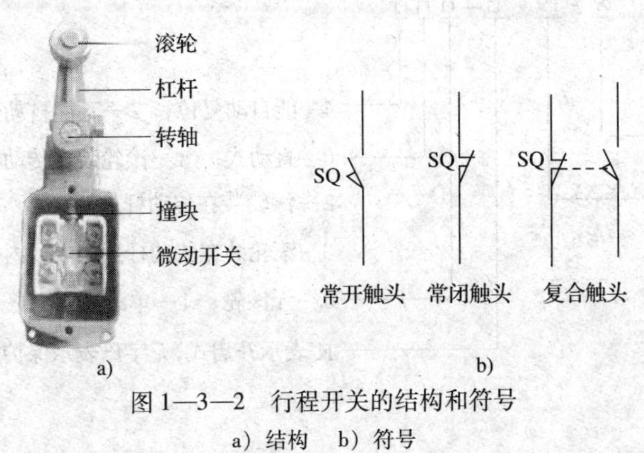

图 1—3—2　行程开关的结构和符号

a）结构　b）符号

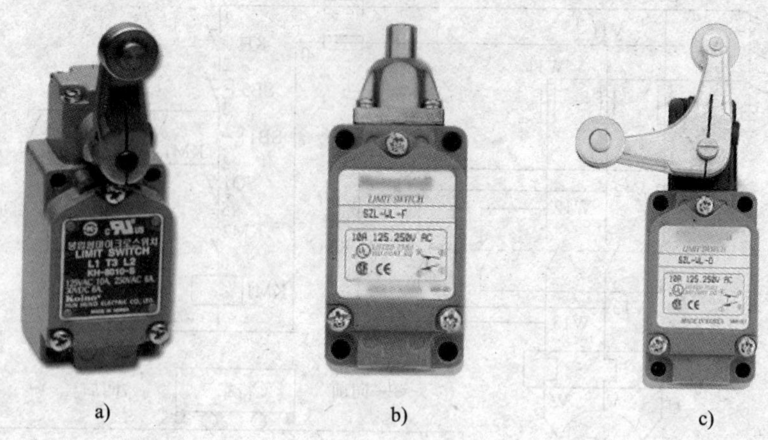

图 1—3—3　行程开关外形图

a）单轮旋转式　b）直动式（按钮式）　c）双轮旋转式

（1）动作原理

当运动机械的挡铁撞到行程开关的滚轮上时，传动杠杆边同转轴一起转动，使轮撞动撞块，当撞块被压到一定位置时，推动微动开关快速动作，其常闭触头断开、常开触头闭合；滚轮上的挡铁移开后，复位弹簧就使行程开关各部分复位。这种单轮旋转式行程开关能自动复位，还有一种直动式（按钮式）也是依靠复位弹簧复位的。双轮旋转式行程开关不能自动复位，依靠运动机械反向移动时，挡铁碰触另一侧滚轮时将其复位。

行程开关一般都具有快速换接动作机构，它的触头瞬时动作，这样可以保证动作的可靠性和准确性，还可以减少电弧对触头的烧灼。

行程开关的触头类型有一常开一常闭、一常开二常闭、二常开一常闭、二常开二常闭等形式。动作方式可分为瞬动、蠕动和交叉从动式三种。动作后的复位方式有自动复位和非自动复位两种。

（2）型号含义

LX19 系列和 JLXK1 系列行程开关的型号及含义如下：

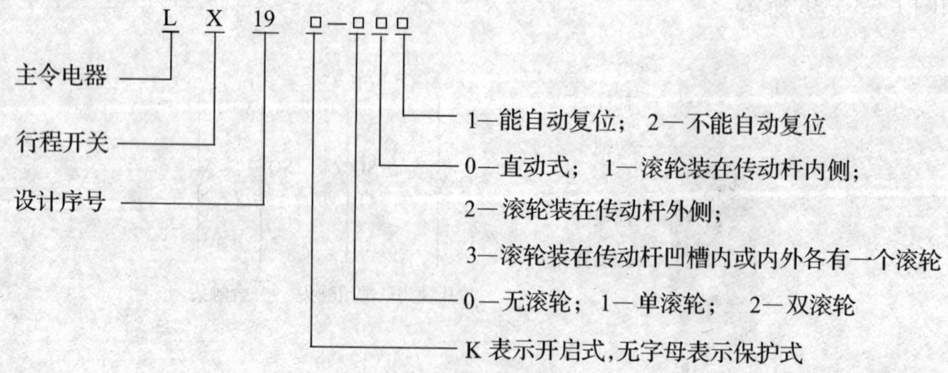

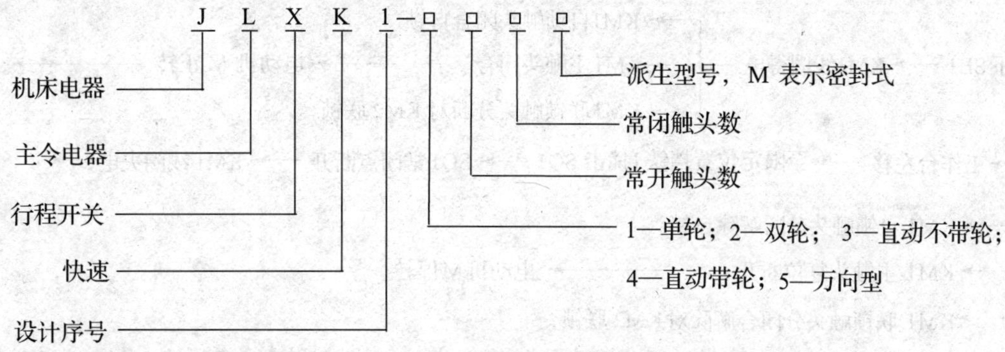

2. 行程开关的选用

行程开关的主要参数有型式、工作行程、额定电压及触头的电流容量，在产品说明书中都有详细说明。主要根据动作要求、安装位置及触头数量选择。LX19 和 JLXK1 系列行程开关的主要技术数据见表 1—3—1。

表 1—3—1　　LX19 和 JLXK1 系列行程开关的主要技术数据

型号	额定电压额定电流	结构特点	触头对数		工作行程	超行程	触头转换时间
			常开	常闭			
LX19		元件	1	1	3 mm	1 mm	
LX19－111		单轮，滚轮装在传动杆内侧，能自动复位	1	1	约 30°	约 20°	
LX19－121		单轮，滚轮装在传动杆外侧，能自动复位	1	1	约 30°	约 20°	
LX19－131	380 V	单轮，滚轮装在传动杆凹槽内，能自动复位	1	1	约 30°	约 20°	
LX19－212	5 A	双轮，滚轮装在 U 形传动杆内侧，不能自动复位	1	1	约 30°	约 15°	≤0.04 s
LX19－222		双轮，滚轮装在 U 形传动杆外侧，不能自动复位	1	1	约 30°	约 15°	
LX19－232		双轮，滚轮装在 U 形传动杆内外侧各一个，不能自动复位	1	1	约 30°	约 15°	
LX19－001		无滚轮，仅有径向传动杆，能自动复位	1	1	<4 mm	3 mm	
JLXK1－111		单轮防护式	1	1	12°～15°	≤30°	
JLXK1－211	500 V	双轮防护式	1	1	约 45°	≤45°	
JLXK1－311	5 A	直动防护式	1	1	1～3 mm	2～4 mm	
JLXK1－411		直动滚轮防护式	1	1	1～3 mm	2～4 mm	

在本次任务中，对行程开关的要求是起停止作用，因此，查表可选择 LX19－111 或 JLXK1－111。行程开关的控制机构是机械的，工作中需要与工作机械进行频繁的接触，如果在室外或环境较差的地方较容易损坏，如在户外工作门吊上的吊钩上行程限位控制，行程开关在日晒雨淋的环境中容易损坏，而行程开关的损坏又导致一些设备事故的发生。随着技术的发展，在这些场合使用的行程开关，逐步被一种不需要接触、密封较好的接近开关取代。

二、工作原理分析

图 1—3—1 的工作原理：

先合上电源开关 QF。

按下 SB1 → KM1线圈得电 →
- → KM1自锁触头闭合自锁
- → KM1 主触头闭合 → 电动机 M 正转 →
- → KM1联锁触头分断对 KM2 联锁

→ 工作台左移 → 至限定位置挡铁 1 撞击 SQ1 → SQ1 常闭点断开 → KM1 线圈失电 →
- → KM1 自锁触头分断解除自锁
- → KM1 主触头复位断开 → 电动机 M 停转
- → KM1 联锁触头分闭合解除对 KM2 联锁

按下 SB2 → KM2线圈得电 →
- → KM2 自锁触头闭合自锁
- → KM2 主触头闭合 → 电动机 M 正转 →
- → KM2联锁触头分断对 KM2 联锁

→ 工作台右移 → 至限定位置挡铁 1 撞击 SQ2 → SQ2 常闭点断开 → KM2 线圈失电 →
- → KM2 自锁触头分断解除自锁
- → KM2 主触头复位断开 → 电动机 M 停转
- → KM2 联锁触头分闭合解除对 KM1 联锁

在按下SB1(SB2)后，按下SB3 → 整个控制电路失电 → KM1(或KM2)主触头分断 →
→ 电动机M失电停转

任务实施

线路安装与调试

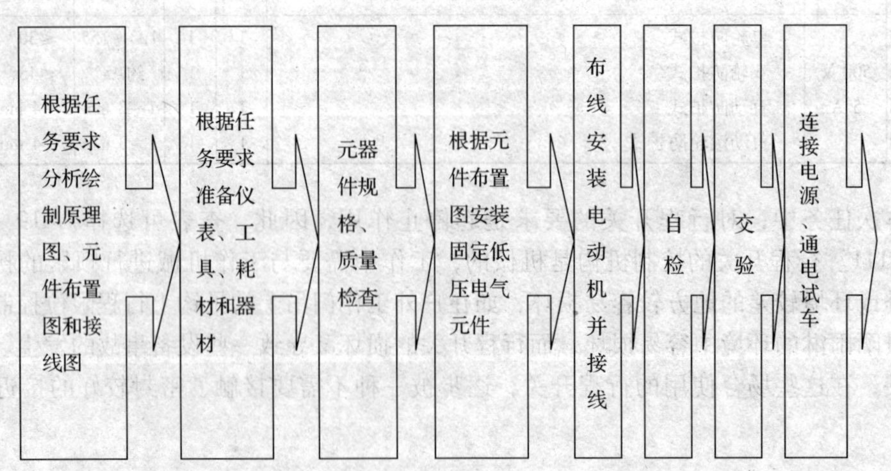

一、绘制元件布置图和接线图

读者自己绘制元件布置图和接线图。

二、仪表、工具、耗材和器材准备

根据接触器联锁正反转控制电路图，选用工具、仪表、耗材及器材，见表1—3—2。

表1—3—2　　工具、仪表、耗材及器材选用表

序号	名称	型号与规格	单位	数量	备注
1	三相四线电源	AC3×380/220 V、20 A	个	1	
2	三相电动机	Y112M－4，4 kW、380 V、△形接法；或自定	台	1	
3	配线板	500 mm×600 mm×20 mm	块	1	
4	断路器 QF	DZ5－20/330	个	1	
5	熔断器 FU1	RL1－60/25，380 V，60 A，熔体配25 A	套	3	
6	熔断器 FU2	RL1－15/2，380 V，15 A，熔体配2 A	套	2	
7	接触器 KM1，KM2	CJ10－20，线圈电压380 V，20 A	只	2	
8	热继电器 KH	JR16－20/3，三极、20 A、整定电流8.8 A	只	1	
9	按钮	LA10－3H，保护式、按钮数3	只	2	
10	位置开关	JLXK1－111，单轮旋转式	只	2	
11	木螺钉	ϕ3 mm×20 mm；ϕ3 mm×15 mm	个	30	
12	平垫圈	ϕ4 mm	个	30	
13	圆珠笔	自定	支	1	
14	主电路导线	BVR－1.5，1.5 mm^2（7×0.52 mm）（黑色）	m	若干	
15	控制电路导线	BVR－1.0，1.0 mm^2（7×0.43 mm）	m	若干	
16	按钮线	BVR－0.75，0.75 mm^2	m	若干	
17	接地线	BVR－1.5，1.5 mm^2（黄绿双色）	m	若干	
18	行线槽	18 mm×25 mm	m	若干	
19	编码套管	自定	m	若干	
20	劳保用品	绝缘鞋、工作服等	套	1	

三、元器件规格、质量检查

（1）根据仪表、工具、耗材和器材表，检查其各元器件、耗材与表中的型号与规格是否一致。

（2）检查各元器件的外观是否完整无损，附件、备件是否齐全。

（3）用仪表检查各元器件和电动机的有关技术数据是否符合要求。

四、根据元件布置图安装固定低压电气元件

按布置图在控制板上安装电气元件，按双重联锁正反向控制线路的安装要求固定好安装在底板上的电气元件；在设备规定位置上安装行程开关，检查、调整挡块与行程开关滚轮的相对位置，保证控制动作准确可靠。并贴上醒目的文字符号，如图1—3—4所示。

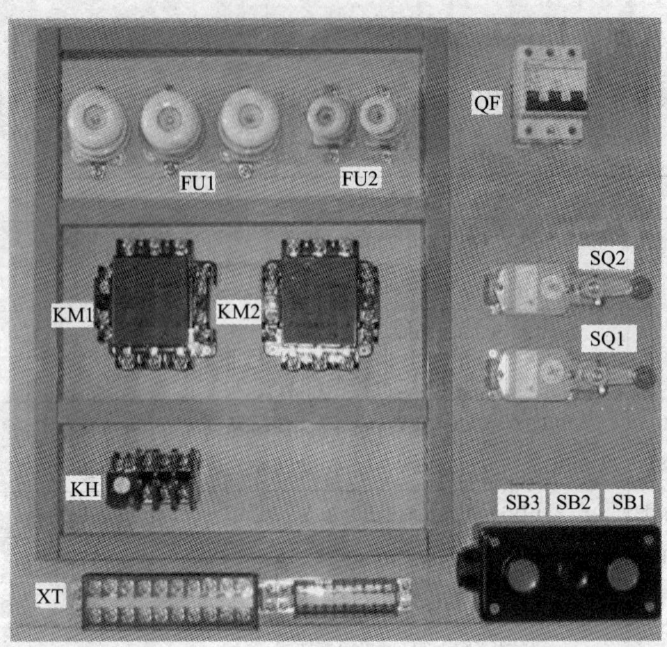

图 1—3—4　布置图

五、布线

采用板前线槽布线。

1．走线槽安装工艺要求

安装走线槽时，应做到横平竖直、排列整齐匀称、安装牢固和便于走线等。

2．板前线槽配线工艺要求

（1）所有导线的截面积在等于或大于 0.5 mm^2 时，必须采用软线。考虑机械强度的原因，所用导线的最小截面积，在控制箱外为 1 mm^2，在控制箱内为 0.75 mm^2。但对控制箱内通过很小电流的电路连线，如电子逻辑电路，可用 0.2 mm^2，并且可以采用硬线，但只能用于不移动又无振动的场合。

（2）布线时，严禁损伤线芯和导线绝缘。

（3）各电气元件接线端子引出导线的走向，以元件的水平中心线为界限，在水平中心线以上接线端子引出的导线，必须进入元件上面的走线槽；在水平中心线以下接线端子引出的导线，必须进入元件下面的走线槽。任何导线都不允许从水平方向进入走线槽内。

（4）各电气元件接线端子上引出或引入的导线，除间距很小和元件机械强度很差允许直接架空敷设外，其他导线必须经过走线槽进行连接。

（5）进入走线槽内的导线要完全置于走线槽内，并应尽可能避免交叉，装线不要超过其容量的 70%，以便于能盖上线槽盖和以后的装配及维修。

（6）各电气元件与走线槽之间的外露导线，应走线合理，并尽可能做到横平竖直，变换走向要垂直。同一个元件上位置一致的端子和同型号电气元件中位置一致的端子上，引出或引入的导线，要敷设在同一平面上，并应做到高低一致或前后一致，不得交叉。

（7）所有接线端子、导线线头上，都应套有与电路图上相应接点线号一致的编码套管，并按线号进行连接，连接必须牢靠，不得松动。

（8）在任何情况下，接线端子都必须与导线截面积和材料性质相适应。当接线端子不适合连接软线或较小截面积的软线时，可以在导线端头穿上针形或叉形轧头并压紧。

（9）一般一个接线端子只能连接一根导线，如果采用专门设计的端子，可以连接两根或多根导线，但导线的连接方式，必须是公认的、在工艺上成熟的各种方式，如夹紧、压接、焊接、绕接等，并应严格按照连接工艺的工序要求进行。

1. 按钮内接线

与接触器联锁线路基本相同。

2. 行程开关接线

如图 1—3—5 所示。

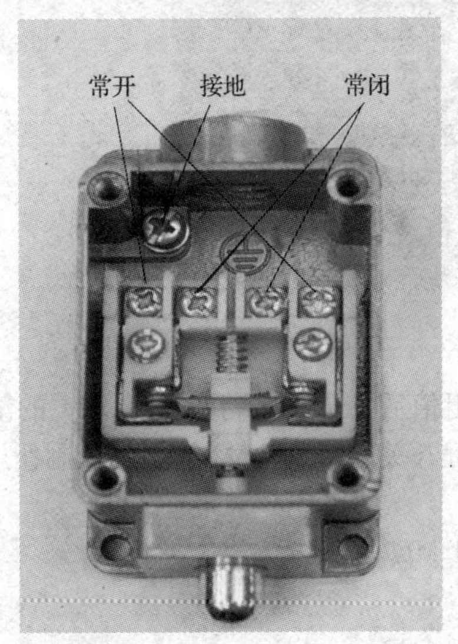

图 1—3—5　行程开关接线图

3. 接线整体效果

如图 1—3—6 所示。

六、自检

1. 按电路图或接线图逐段检查

从电源端开始，逐段核对接线及接线端子处线号是否正确，有无漏接、错接之处。检查导线接点是否符合要求，压接是否牢固。同时注意接点接触应良好，以避免带负载运转时产生闪弧现象。

2. 用万用表检查线路的通断情况

万用表选用倍率适当的电阻挡，并进行校零。

断开 QF，按双重联锁正反转控制线路的规定步骤，先检查主电路；再拆下电动机接线，检查辅助电路的正、反向启动、自保、按钮及辅助触点联锁等的控制和保护作用。排除发现的故障。以上的控制、保护动作均正常后，再做以下检查。

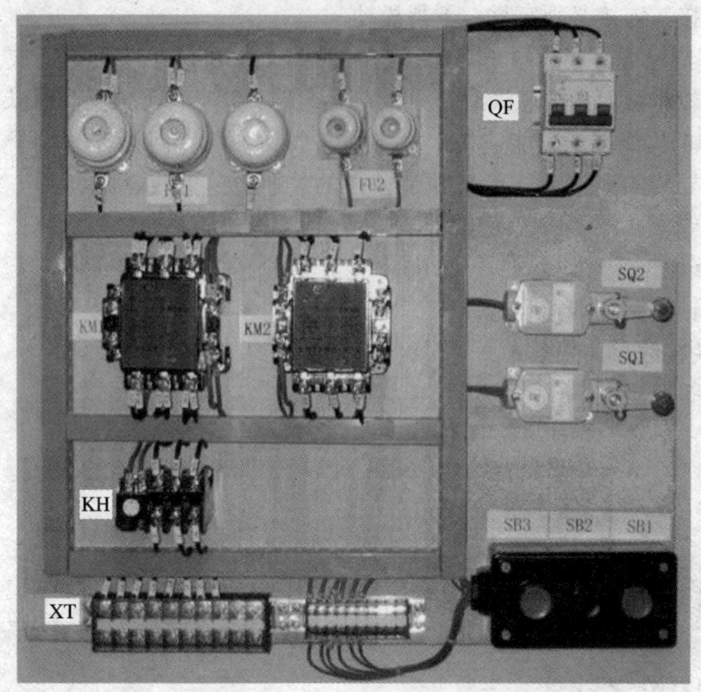

图 1—3—6　接线整体效果

先按下 SB1（或 KM1 触头架）测得 KM1 线圈电阻值后，再按下行程开关 SQ1 的滚轮，万用表应显示线路由通而断。再用同样的办法检查行程开关 SQ2 对 KM2 线圈的控制作用。

3. 查安装质量，并进行绝缘电阻测量

用兆欧表检查线路的绝缘电阻的阻值应不得小于 1 MΩ。

七、交验

学生提出申请，经教师检查同意后方可进行下道工序。

八、连接电源及通电试车

（1）为保证人身安全，在通电试车时，要认真执行安全操作规程的有关规定，一人监护，一人操作。试车前，应检查与通电试车有关的电气设备是否有不安全的因素存在，若查出应立即整改，然后方能试车。

（2）通电试车前，必须征得教师的同意，并由指导教师接通三相电源 L1、L2、L3，同时在现场监护。学生合上电源开关 QF 后，用测电笔检查熔断器出线端，氖管亮说明电源接通。

1）空操作试验

合上电源开关 QF，按照双重联锁的正反转控制线路的试验步骤检查各控制、保护环节的动作。试验结果一切正常后，再操作按下 SB1 使 KM1 得电动作，然后用绝缘棒按下 SQ1 的滚轮，使其触点分断，则 KM1 应失电释放。用同样的方法检查 SQ2 对 KM2 的控制作用。反复操作几次，检查限位控制线路动作的可靠性。

2）带负荷试车

断开 QF，接好电动机接线，上好接触器的灭弧罩。合上刀开关 QF，做好立即停车的准备，进行下述几项试验。

①检查电动机转向。按下 SB1，电动机启动拖带设备上的运动部件开始移动，如移动方向为正方向则符合要求；如果运动部件向反方向移动，则应立即断电停车。否则限位控制线路不起作用，运动部件越过规定位置后继续移动，可能造成机械故障。将 QF 上端子处的任意两相电源线交换后，再接通电源试车。电动机的转向符合要求后，操作 SB2 使电动机施带部件反向运动，检查 KM2 的改换相序作用。

②检查行程开关的限位控制作用。做好停车的准备，启动电动机拖带设备正向运动，当部件移动到规定位置附近时，要注意观察挡块与行程开关 SQ1 滚轮的相对位置。SQ1 被挡块操作后，电动机应立即停车。按动反向启动按钮（SB2）时，电动机应能反向拖带部件返回。如有挡块过高、过低或行程开关动作后不能控制电动机等异常情况，应立即断电停车进行检查。

③反复操作几次，观察线路的动作和限位控制动作的可靠性。在部件的运动中可以随时操作按钮改变电动机的转向，以检查按钮的控制作用。

线路常见的故障与双重联锁正反转控制线路类似。限位控制部分故障主要有挡块、行程开关的固定螺钉松动造成动作失灵等，分析、检查不难，这里不再举例。

当电动机运转平稳后，用钳形电流表测量三相电流是否平衡。

（3）出现故障后，若需带电检查，必须在教师现场监护的情况下进行。检修完毕后，如需要再次试车，也应该在教师现场监护下进行，并做好时间记录。

（4）试车成功后，记录下完成时间及通电试车次数。

（5）通电试车完毕，停转，切断电源。先拆除三相电源线，再拆除电动机线。

故障检修

在完成试车的基础上，教师或同组学生按照表 1—3—3 中故障原因分析的元器件或路径，人为地设定一两个故障点进行排故练习。

故障设定时一定要在断开电源的情况下进行，一般设定元器件故障和线路的断路故障，而不将正确的线路改错。如果需要通电观察故障现象，必须在有教师在场的情况下进行。

表 1—3—3　　线路故障的现象、原因及检查方法

故障现象	原因分析	检查方法
挡铁碰到 SQ1 后电动机不能停止	可能故障点： 行程开关不动作。 行程开关不动作的原因多为行程开关未压合，行程开关固定螺钉松动，使传动机构松动或发生位移，行程开关被撞坏，机构动作失灵，杂质进入开关内部，使机械被卡住等 4 SQ1 5	（1）外观检查行程开关固定螺钉是否松动；按压并放开行程开关，查看行程开关机构动作是否失灵 （2）断开电源，用万用表的电阻挡，将两支表笔连接在 SQ1 的两端，按压并放开行程开关，检查通断情况

续表

故障现象	原因分析	检查方法
挡铁碰到SQ1电动机停止后，按SB2电动机启动，挡铁碰到SQ2停止后，再按SB1电动机不启动	可能故障点： 行程开关不复位。 （1）行程开关不复位的原因多为运动部件或撞块超行程太多，机械失灵、开关被撞块、杂质进入开关内部，使机械部分被卡住，开关复位弹簧失效，弹力不足使触头不能复位闭合等 （2）触点表面不清洁、有油垢	（1）检查外观，是否因为运动部件或撞块超行程太多，造成行程开关机械损坏 （2）断开电源，打开行程开关检查触点表面是否清洁 （3）断开电源，用万用表的电阻挡，将两支表笔连接在SQ1的两端，检查通断情况
其他故障参见接触器联锁正反转控制电路		

任务2　自动循环控制电路的安装与检修

学习目标

1. 正确理解三相异步电动机自动循环控制电路的工作原理。
2. 能正确识读自动循环控制电路的原理图、接线图和布置图。
3. 会按照工艺要求正确安装三相异步电动机自动循环控制电路。
4. 能根据故障现象，检修三相异步电动机自动循环控制电路。

工作任务

在生产实际中，如B2012A型刨床工作台要求在一定行程内自动往返循环运动，X62W型铣床工作台在纵向进给中自动循环工作，以便实现对工件的连续加工，提高生产效率。这就需要电气控制线路能对电动机实现自动换接正反转控制。而这种利用机械运动触碰行程开关实现电动机自动换接正反转控制的电路，就是电动机自动循环控制电路。如图1—3—7所示。

为了使电动机的正反转控制与工作台的左右运动相配合，在控制线路中设置了四个行程开关SQ1、SQ2、SQ3和SQ4，并把它们安装在工作台需限位的地方。其中SQ1、SQ2被用来自动换接电动机正反转控制电路，实现工作台的自动往返行程控制；SQ3和SQ4被用来作终端保护，以防止SQ1、SQ2失灵，工作台越过限定位置而造成事故。在工作台边的T形槽中装有两块挡铁，挡铁1只能和SQ1、SQ3相碰撞，挡铁2只能和SQ2、SQ4相碰撞。当工作台运动到所限位置时，挡铁碰撞行程开关，使其触头动作，自动换接电动机正反转控制电路，通过机械传动机构使工作台自动往返运动。工作台行程可通过移动挡铁位置来调节，拉开两块挡铁间的距离，行程就短，反之则长。

本次工作任务就是要完成用行程开关控制的三相异步电动机自动循环控制电路的安装及该线路的检修。

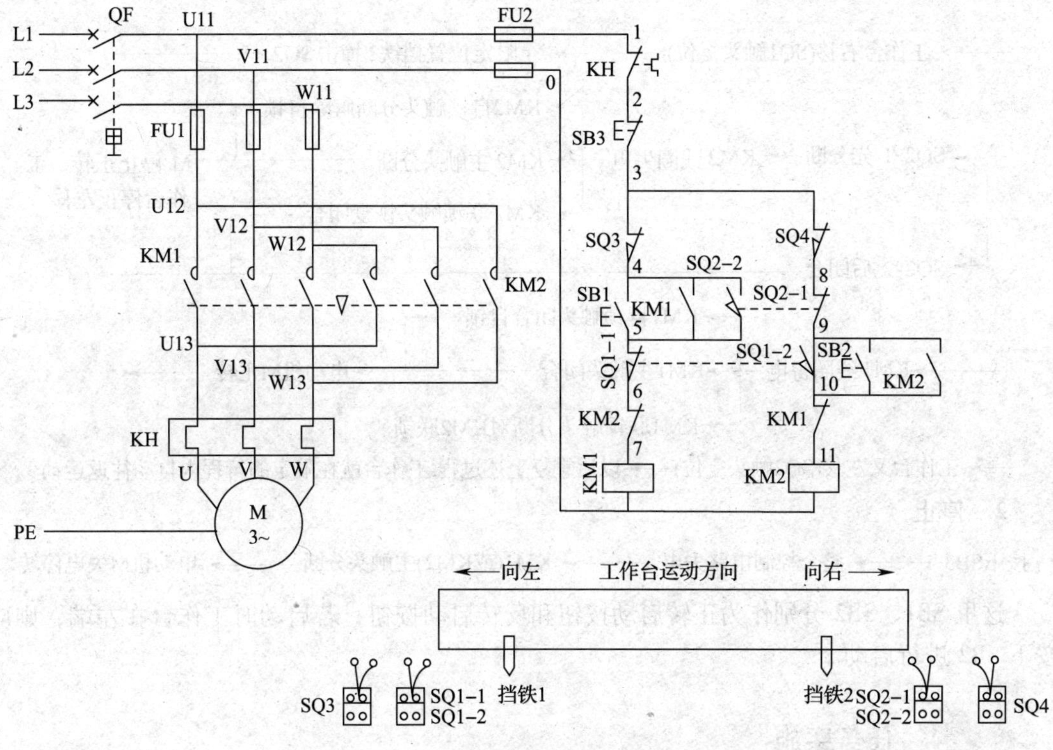

图 1—3—7　工作台自动循环控制电路

相关理论

工作台自动循环控制电路工作原理分析。

先合上电源开关 QF。

1. 自动往返运动

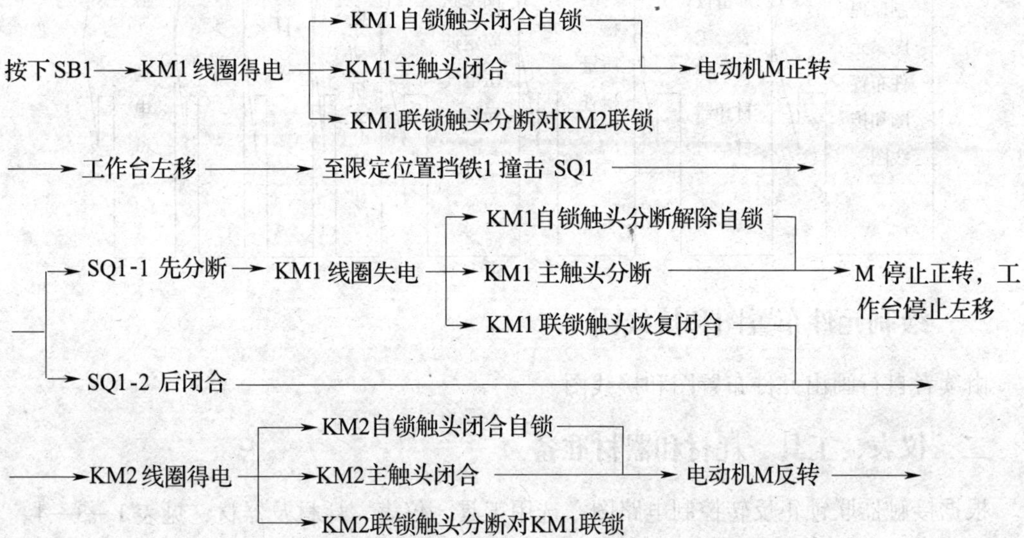

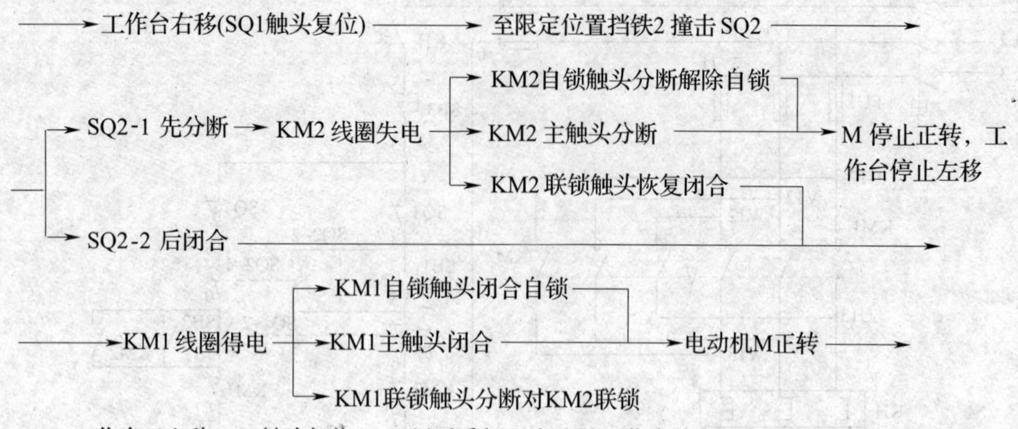

→工作台又左移(SQ2触头复位)→以后重复上述过程,工作台就在限定的行程内自动往返运动

2．停止

按下SB3→整个控制电路失电→KM1(或KM2)主触头分断→电动机M失电停转

这里 SB1、SB2 分别作为正转启动按钮和反转启动按钮，若启动时工作台在左端，则应按下 SB2 进行启动。

任务实施

线路安装与调试

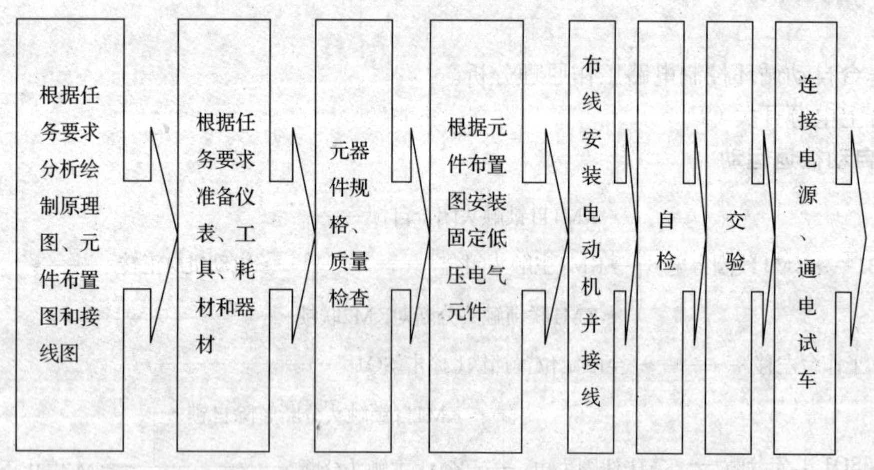

一、绘制元件布置图和接线图

由读者自行画出元件布置图和接线图。

二、仪表、工具、耗材和器材准备

根据接触器联锁正反转控制电路图，选用工具、仪表、耗材及器材，见表 1—3—4。

表 1—3—4　　工具、仪表、耗材及器材选用表

序号	名称	型号与规格	单位	数量	备注
1	三相四线电源	AC3×380/220 V、20 A	个	1	
2	三相电动机	Y112M－4，4 kW、380 V、△形接法；或自定	台	1	
3	配线板	500 mm×600 mm×20 mm	块	1	
4	断路器 QF	DZ5－20/330	个	1	
5	熔断器 FU1	RL1－60/25，380 V，60 A，熔体配 25 A	套	3	
6	熔断器 FU2	RL1－15/2，380 V，15 A，熔体配 2 A	套	2	
7	接触器 KM1，KM2	CJ10－20，线圈电压 380 V，20 A	只	2	
8	热继电器 KH	JR16－20/3，三极、20 A、整定电流 8.8 A	只	1	
9	按钮	LA10－3H，保护式、按钮数 3	只	2	
10	位置开关	JLXK1－111，单轮旋转式	只	2	
11	木螺钉	ϕ3 mm×20 mm；ϕ3 mm×15 mm	个	30	
12	平垫圈	ϕ4 mm	个	30	
13	圆珠笔	自定	支	1	
14	主电路导线	BVR－1.5，1.5 mm^2（7×0.52 mm）（黑色）	m	若干	
15	控制电路导线	BVR－1.0，1.0 mm^2（7×0.43 mm）	m	若干	
16	按钮线	BVR－0.75，0.75 mm^2	m	若干	
17	接地线	BVR－1.5，1.5 mm^2（黄绿双色）	m	若干	
18	行线槽	18 mm×25 mm	m	若干	
19	编码套管	自定	m	若干	
20	劳保用品	绝缘鞋、工作服等	套	1	

三、元器件规格、质量检查

（1）根据仪表、工具、耗材和器材表，检查其各元器件、耗材与表中的型号与规格是否一致。

（2）检查各元器件的外观是否完整无损，附件、备件是否齐全。

（3）用仪表检查各元器件和电动机的有关技术数据是否符合要求。

四、根据元件布置图安装固定低压电气元件

按布置图在控制板上安装电气元件，按双重联锁正反向控制线路的安装要求固定好安装底板上的电气元件；在设备规定位置上安装行程开关，检查、调整挡块与行程开关滚轮的相对位置，保证控制动作准确可靠。并贴上醒目的文字符号，如图 1—3—8 所示。

SQ1 和 SQ2 的作用是行程控制，而 SQ3 和 SQ4 的作用是限位控制，这两组开关不可装反，否则会引起错误动作。

五、布线

按接线图进行板前线槽配线，并在导线端部套编码套管和冷压接线头。如图 1—3—9 所示。

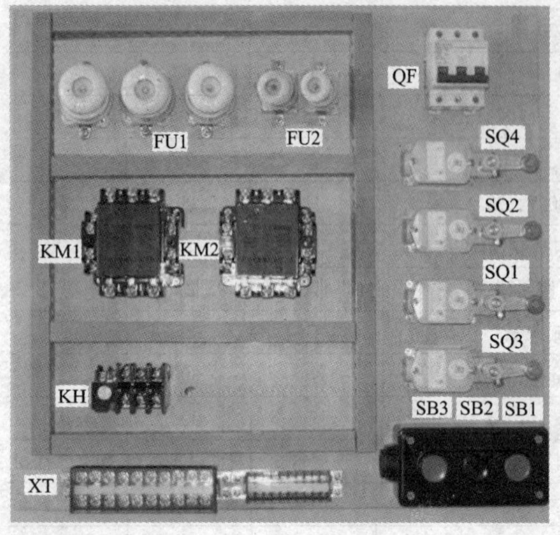

图 1—3—8　布置图

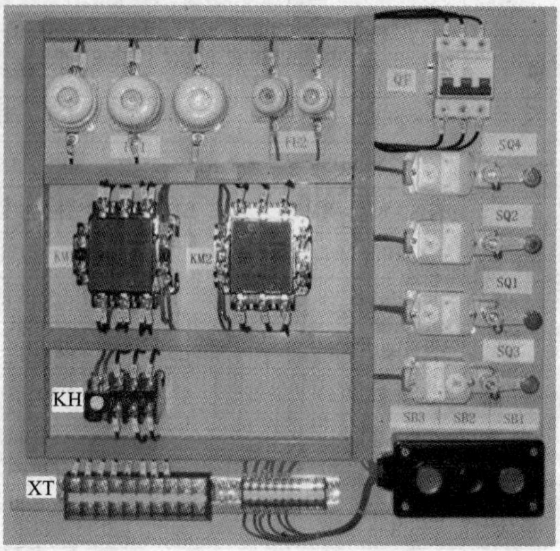

图 1—3—9　接线图

六、自检

1. 按电路图或接线图逐段检查

从电源端开始，逐段核对接线及接线端子处线号是否正确，有无漏接、错接之处。检查导线接点是否符合要求，压接是否牢固。同时注意接点接触应良好，以避免带负载运转时产生闪弧现象。

2. 用万用表检查线路的通断情况

万用表选用倍率适当的电阻挡，并进行校零。

断开 QF，按正反转控制线路的步骤、方法检查主电路；拆下电动机接线，按辅助触头联锁正反向控制线路的步骤、方法检查辅助电路的正反向启动控制作用、自保及联锁作用。以上各项正常无误再做下述各项检查。

（1）检查正向行程控制

按下 SB1 不要放开，应测得 KM1 线圈电阻值，再轻轻按下 SQ1 的滚轮，使其常闭触点分断，万用表应显示电路由通而断：将 SQ1 的滚轮按到底，则应测得 KM2 线圈的电阻值。

（2）检查反向行程控制

按下 SB2 不放，应测得 KM2 线圈的电阻值；再轻轻按下 SB2 的滚轮，使其常闭触点分断，万用表应显示电路由通而断；将 SB2 的滚轮按到底，则应测得 KM1 线圈的电阻值。

（3）检查正、反向限位控制

按下 SB2 测得 KM1 线圈的直流电阻值后，再按下 SB3 的滚轮，也应测出电路由通而断。

（4）检查行程开关的联锁作用

同时按下 SQ1 和 SQ2 的滚轮，测量结果应为断路。

3. 查安装质量，并进行绝缘电阻测量

用兆欧表检查线路绝缘电阻的阻值，应不得小于 1 MΩ。

七、交验

学生提出申请，经教师检查同意后方可进行下道工序。

八、连接电源、通电试车

（1）为保证人身安全，在通电试车时，要认真执行安全操作规程的有关规定，一人监护，一人操作。试车前，应检查与通电试车有关的电气设备是否有不安全的因素存在，若查出应立即整改，然后方能试车。

（2）通电试车前，必须征得教师的同意，并由指导教师接通三相电源 L1、L2、L3，同时在现场监护。学生合上电源开关 QF 后，用测电笔检查熔断器出线端，氖管亮说明电源接通。

1）空操作试验

检查 SB1、SB2 及 SB3 对 KM1、KM2 的启动及停止控制作用，检查接触器的自锁、联锁线路的作用。反复操作几次检查线路动作的可靠性。上述各项操作试验正常后，再做以下检查。

①行程控制试验：按下 SB1 使 KM1 得电动作后，用绝缘棒轻按 SQ1 滚轮，使其常闭触点分断，KM1 应释放，将 SQ1 滚轮继续按到底，KM2 得电动作；再用绝缘棒缓慢按下 SQ2 滚轮，应先后看到 KM2 释放、KM1 得电动作（总之，SQ1 及 SQ2 对线路的控制作用与正反转控制线路中的 SB1 及 SB2 类似）。反复试验几次以后检查行程控制动作的可靠性。

②限位保护试验：按下 SB1 使 KM1 得电动作后，用绝缘棒按下 SQ3 滚轮，KM1 应失电释放；再按下 SB2 使 KM2 得电动作，按下 SB4 滚轮，KM2 应失电释放。反复试验几次，检查限位保护动作的可靠性。

2）带负荷试车

断开 QF，接好电动机接线，装好接触器的灭弧罩，做好立即停车的准备，合上 QF 进行以下几项试验。

①检查电动机转动方向。操作 SB1 启动电动机，若所拖动的部件向 SQ1 的方向移动，则电动机转向符合要求。如果电动机转向不符合要求，应断电后将 QF 下端的电源相线任意两根交换位置后接好，重新试车检查电动机转向。

②正反向控制试验。交替操作 SB1、SB3 和 SB2、SB3，检查电动机转向是否受控制。

③行程控制试验。做好立即停车的准备。启动电动机，观察设备上运动部件在正、反两个方向规定位置之间往返的情况，试验行程开关及线路动作的可靠性。如果部件到达行程开关，挡块已将开关滚轮压下而电动机不能停车，应立即断电停车进行检查。重点检查这个方向上行程开关的接线、触点及有关接触器的触点动作，排除故障后重新试车。

④限位控制试验。启动电动机，在设备运行中用绝缘棒按压该方向上的限位保护行程开关，电动机应断电停车。否则应检查限位行程开关的接线及其触点动作情况，排除故障后重新试车。

当电动机运转平稳后，用钳形电流表测量三相电流是否平衡。

（3）出现故障后，若需带电检查，必须在教师现场监护的情况下进行。检修完毕后，如需要再次试车，也应该在教师现场监护下进行，并做好时间记录。

（4）试车成功率以通电后第一次按下按钮时计算。

（5）通电试车完毕，停转，切断电源。先拆除三相电源线，再拆除电动机线。

故障检修

在完成试车的基础上，教师或同组学生按照表 1—3—5 中故障原因分析的元器件或路径，人为地设定一两个故障点进行排故练习。

故障设定时一定要在断开电源的情况下进行，一般设定元器件故障和线路的断路故障，而不将正确的线路改错。如果需要通电观察故障现象，必须有教师在场的情况下进行。

表 1—3—5　　线路故障的现象、原因及检查方法

故障现象	原因分析	检查方法
挡铁 1 碰到 SQ1 就停车，工作台左右运动不往返	可能故障点： SQ1 的开关损坏，SQ1－2 不能闭合；接触器 KM1 的常闭触点接触不良，或者是接触器 KM2 线圈或机械部分有故障 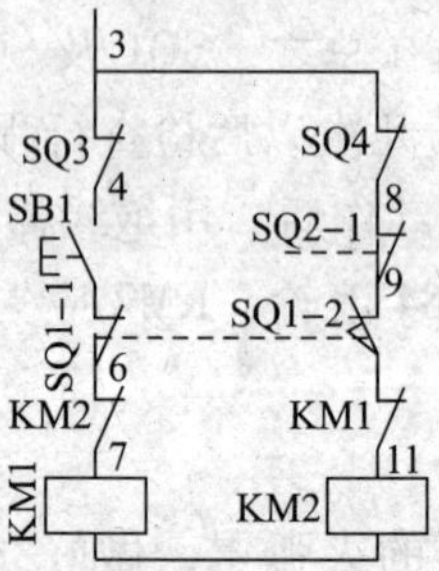	断开电源，按下 SQ1，用万用表的电阻挡，一支表笔固定在 SB3 的下端头，另一支表笔依次检查 SQ4、SQ2－1、SQ1－2、KM1、KM2 上下端头的通断情况
挡铁 1 一直碰到 SQ3 才停车，工作台左右运动不往返	可能故障点： SQ1 安装位置不对，或使用时其位置位移，挡铁碰不到位置开关的滚轮；SQ1－1 的开关损坏，不能分断；SQ1－2 不能闭合 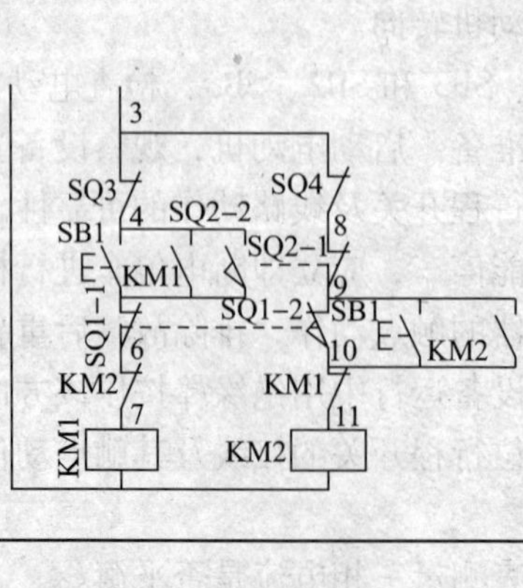	（1）检查 SQ1 安装位置，检查挡铁是否能碰到 SQ1 （2）断开电源，按下 SQ1，用万用表的电阻挡检查 SQ1－2 的上下端头的通断情况

续表

故障现象	原因分析	检查方法
工作台刚开始返回工作台就停车	可能故障点： （1）接触器辅助常开触头接触不良； （2）自锁回路断线 SQ4 8 SQ2−1 9 SQ1−2 SB2 10 KM2 KM1 11 KM2	参照接触器联锁正反转电路故障检查方法
其他故障参见接触器联锁正反转控制电路		

项目四

三相异步电动机顺序控制与多地控制电路的安装与检修

任务1　三相笼型异步电动机顺序控制电路的安装与检修

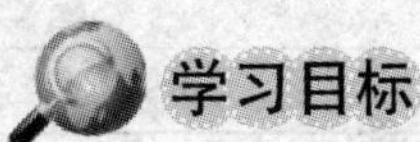

学习目标

1. 正确理解三相异步电动机顺序控制电路的工作原理。
2. 能正确识读顺序控制电路的原理图、接线图和布置图。
3. 会按照工艺要求正确安装三相异步电动机顺序控制电路。
4. 能根据故障现象，检修三相异步电动机顺序控制电路。

工作任务

在生产实际中，有些生产机械上有多台电动机，而每一台电动机的工作任务又是不同的，有时需要按一定的顺序启动或停止，才能保证操作过程的合理和工作的安全可靠。如在X62W型万能铣床上，主轴电动机和冷却泵电动机采用的就是顺序控制，即只有在主轴电动机启动后冷却泵电动机才能启动。

这种要求几台电动机的启动和停止必须按一定的先后顺序来完成的控制方式，称为电动机的顺序控制。

能实现这种顺序控制的方法很多，常见的主要有两大类：一种是通过在主电路上的控制来实现，如图1—4—1所示。另一种是通过控制电路来实现，如图1—4—2所示。

图1—4—1线路的特点是电动机M2的主电路接在KM（或KM1）主触头的下面。电动机M2是通过接插器X接在接触器KM主触头的下面，因此，只有当KM主触头闭合，电动机M1启动运转后，电动机M2才可能接通电源运转。

图1—4—2控制电路中M1、M2的顺序控制是通过控制线路控制KM1、KM2的闭合顺序来实现的。

本次工作任务就是要完成利用控制线路实现两台电动机顺序启动逆序停止电路的安装与检修。

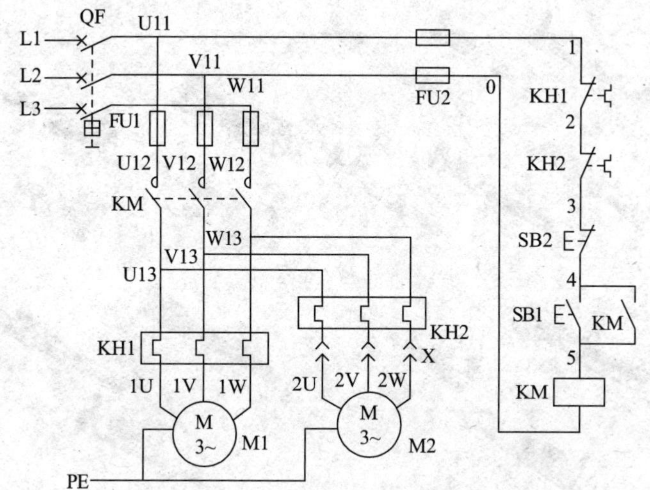

图 1—4—1　主电路实现顺序控制的电路图

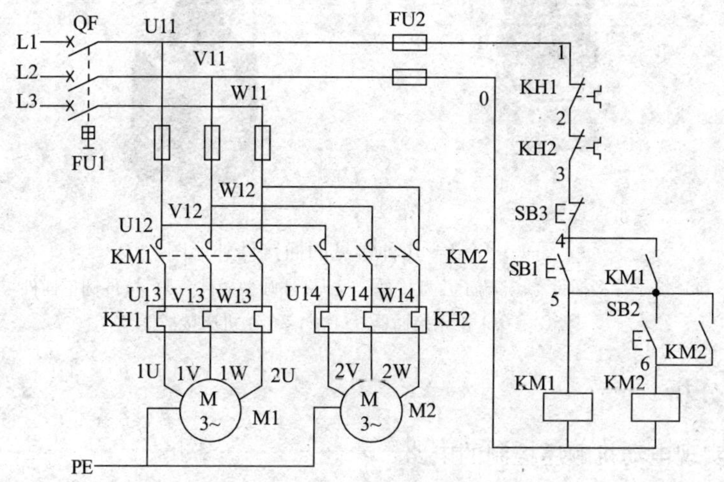

图 1—4—2　控制电路实现顺序控制的电路图

一、接插器

图 1—4—1 中的“X”称为接插器，在机床中用于连接电动机的接插器也称为机床销。接插件由插件和接件构成，一般状态下是可以完全分离的，开关和插接件的相同处在于通过其接触对的接触状态的改变，实现其所连电路的转换，而其本质区别在于开关可以在其本体上实现电路的转换，而插接件不能够实现在本体上的转换，只有插入、拔除两种状态，插接件的接触对存在固定的对应关系。因此，插接件也可以叫做连接器。如图 1—4—3 所示。

插接件的技术指标一部分与开关类似，如接触电阻、绝缘电阻、耐压、力矩以及寿命等。接插件的寿命一般远低于开关，但其接触可靠性则远高于开关。

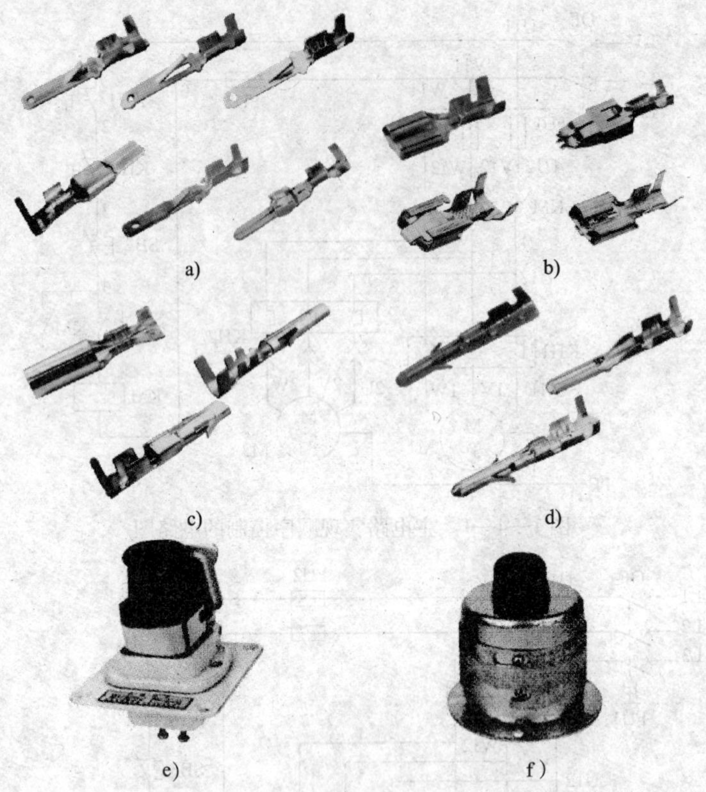

图 1—4—3　几种常见的插接件外形图

a）端子片型插件　b）端子片型接件　c）接件圆型插件　d）接件圆型插件

e）C1 -6/4 机床接插器　f）C4 -6/4 机床接插器

二、电路分析

1．主电路实现电动机顺序控制的电路

图 1—4—1 和图 1—4—4 是主电路实现电动机顺序控制的常见电路。线路的特点是电动机 M2 的主电路接在 M1 的主线路中 KM（或 KM1）的主触头下面。M7130 型平面磨床的砂轮电动机和冷却泵电动机，就采用了这种顺序控制线路。

图 1—4—1 主电路实现顺序控制工作原理分析如下。

先合上电源开关 QF：

M1 启动后 M2 才能启动：

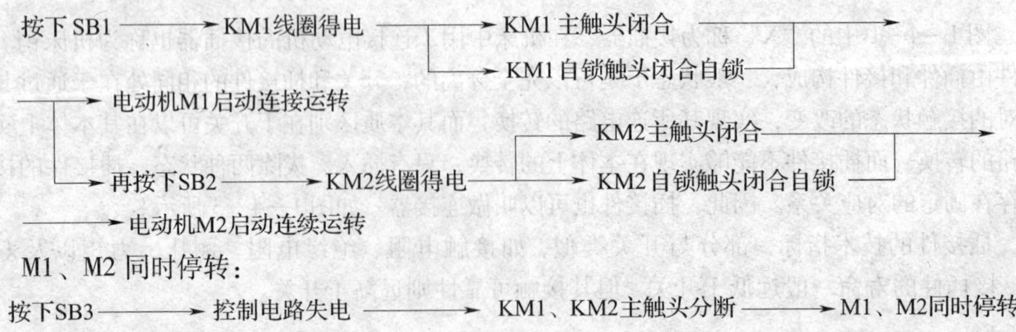

M1 、M2 同时停转：

按下SB3 → 控制电路失电 → KM1、KM2主触头分断 → M1、M2同时停转

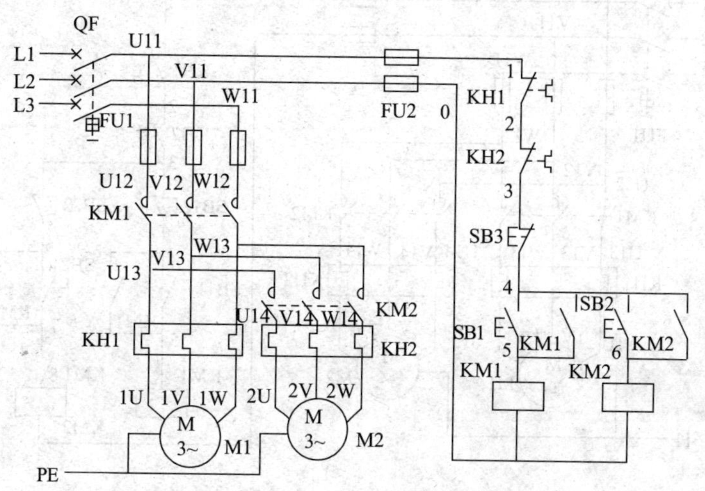

图 1—4—4　主电路实现顺序控制的电路图

在图 1—4—4 所示的控制线路中，电动机 M1 和 M2 分别通过接触器 KM1 和 KM2 来控制，接触器 KM2 的主触头接在接触器 KM1 主触头的下面，这样就保证了当 KM1 主触头闭合，电动机 M1 启动运转后，电动机 M2 才可能接通电源运转。

工作原理分析由读者自行练习。

2. 控制电路实现顺序控制的电路

控制电路实现顺序控制的常用电路有如图 1—4—2 和图 1—4—5 所示的几种。主电路中的 M1 和 M2 处于相同的状态。

（1）图 1—4—2 所示的控制线路的特点是：电动机 M2 的控制电路的启动是在 M1 的启动按钮下面，显然，只要 M1 不启动，即使按下 SB21，由于 KM1 的辅助常开触头未闭合，KM2 线圈也不能得电，从而保证了 M1 启动后，M2 才能启动的控制要求。线路中停止按钮 SB3 控制两台电动机同时停止，而不能控制 M2 的单独停止或逆序停止。

图 1—4—2 工作原理分析：

M1、M2 的顺序启动：

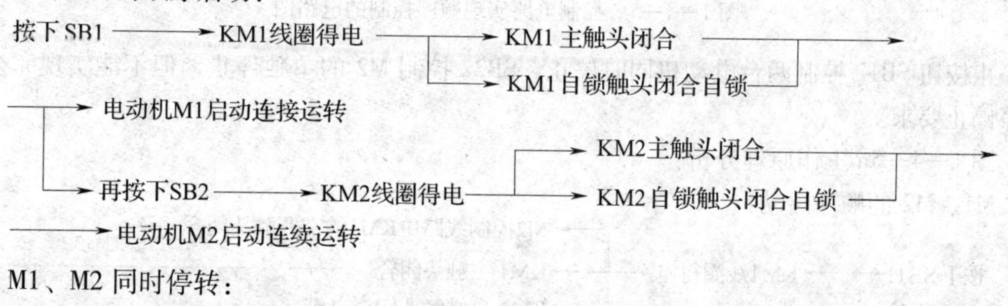

M1、M2 同时停转：

按下SB3 ——→ 控制电路失电 ——→ KM1、KM2主触头分断 ——→ M1、M2同时停转

（2）图 1—4—5a 所示的控制线路的特点是：在电动机 M2 的控制电路中，串接了接触器 KM1 的辅助常开触头。显然，只要 M1 不启动，即使按下 SB21，由于 KM1 的辅助常开触头未闭合，KM2 线圈也不能得电，从而保证了 M1 启动后，M2 才能启动的控制要求。线路

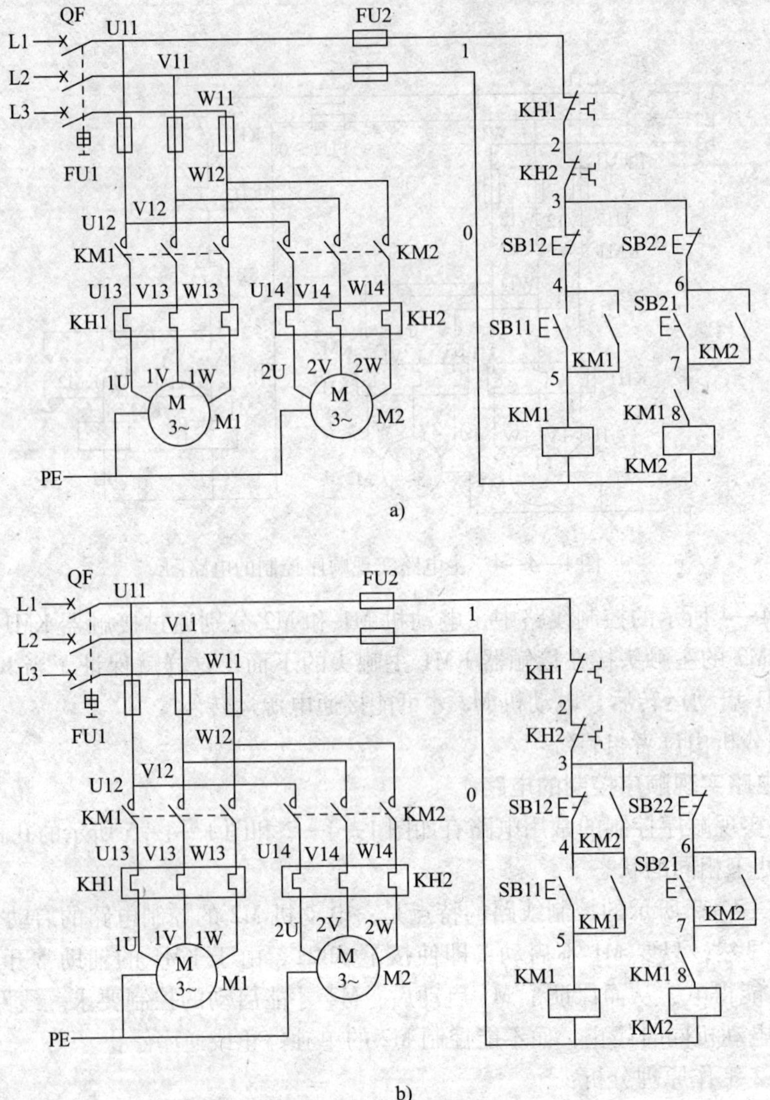

图 1—4—5　控制电路实现顺序控制的电路图

中停止按钮 SB12 控制两台电动机同时停止，SB22 控制 M2 的单独停止，但不能实现完全的逆序停止要求。

图 1—4—5a 工作原理分析：

M1、M2 的顺序启动：

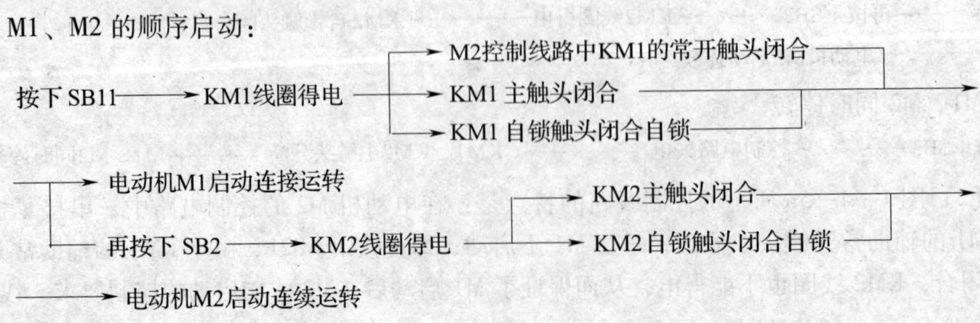

M1、M2 的停转：

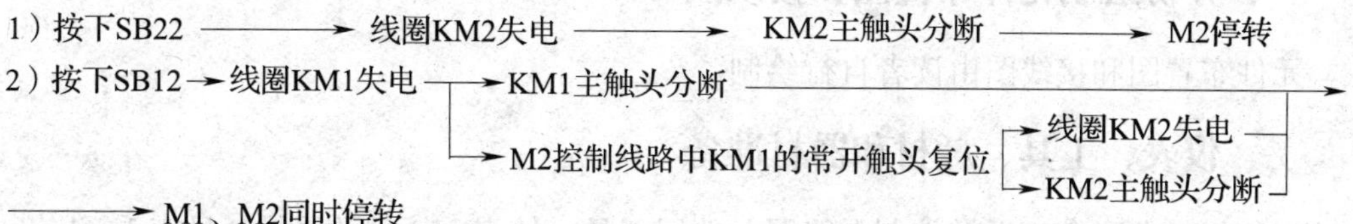

（3）图 1—4—5b 所示的控制线路，是在图 1—4—5a 所示线路中 SB12 的两端并接了接触器 KM2 的辅助常开触头，从而实现了 M1 启动后，M2 才能启动；而 M2 停止后，M1 才能停止的控制要求，即 M1、M2 是顺序启动、逆序停止。

图 1—4—5b 工作原理分析：

M1、M2 的顺序启动：

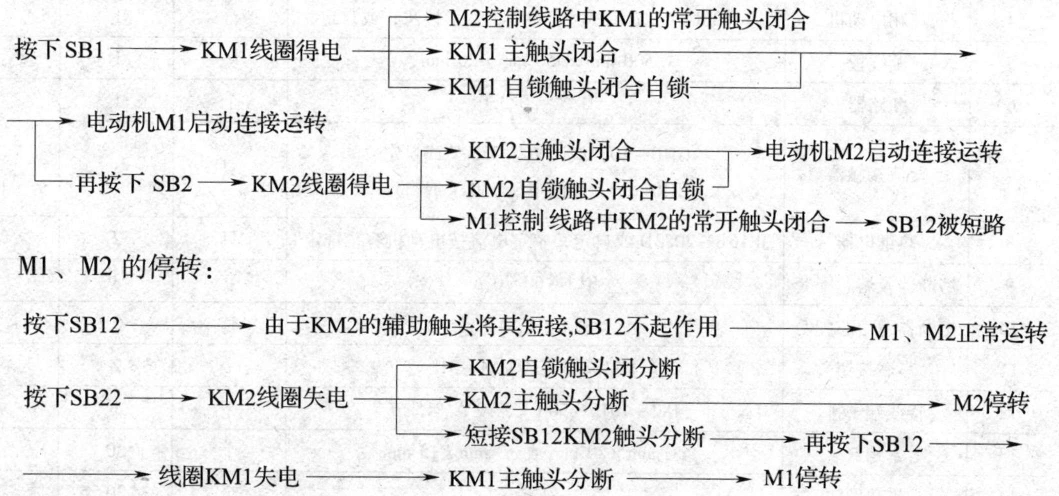

通过分析电路得知图 1—4—5b 是符合本任务要求的线路。

任务实施

线路安装与调试

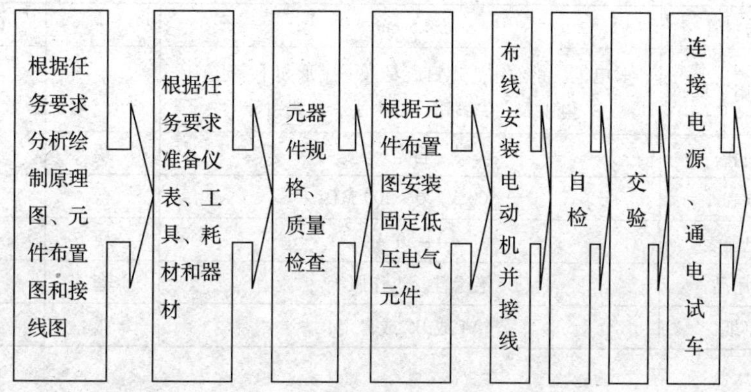

一、分析绘制元件布置图和接线图

元件布置图和接线图由读者自行绘制。

二、仪表、工具、耗材和器材准备

根据接触器联锁正反转控制电路图，选用工具、仪表、耗材及器材，见表1—4—1。

表1—4—1 工具、仪表、耗材及器材选用表

序号	名称	型号与规格	单位	数量	备注
1	三相四线电源	AC3×380/220 V、20 A	个	1	
2	单相交流电源	AC220 V、36 V、5 A	处	1	
3	三相电动机	Y112M－6，2.2 kW、380 V、Y形接法；或自定	台	1	
4	三相电动机	Y132M－4，7.5 kW、380 V、△形接法；或自定	台	1	
5	配线板	500 mm×450 mm×20 mm	块	1	
6	断路器	DZ5－20/330	个	1	
7	交流接触器	CJ10－10，线圈电压380 V或自定 CJ10－20，线圈电压380 V或自定	只	3	
8	热继电器	JR16B－20/3D或自定，整定电流按电动机容量选定	只	2	
9	熔断器及熔芯配套	RL1－60/20 A	套	3	
10	熔断器及熔芯配套	RL1－15/4 A	套	2	
11	三联按钮	LA10－3H或LA4－3H	个	2	
12	接线端子排	JX2－1015，500 V、10 A、15节	条	1	
13	木螺钉	ϕ3 mm×20 mm或ϕ3 mm×15 mm	个	30	
14	平垫圈	ϕ4 mm	个	30	
15	圆珠笔	自定	支	1	
16	塑料软铜线	BVR－2.5 mm^2，颜色自定	m	20	
17	塑料软铜线	BVR－1.5 mm^2，颜色自定	m	20	
18	塑料软铜线	BVR－0.75 mm^2，颜色自定	m	5	
19	别径压端子	UT2.5－4，UT1－4	个	20	
20	行线槽	TC3025，长34 cm，两边打ϕ3.5 mm孔	条	5	
21	异型塑料管	ϕ3.5 mm	m	0.3	
22	电工通用工具	验电笔、钢丝钳、螺钉旋具（一字形和十字形）、 电工刀、尖嘴钳、活扳手、剥线钳等	套	1	
23	万用表	自定	块	1	
24	兆欧表	500 V、0～200 MΩ	台	1	
25	钳形电流表	0～50 A	块	1	
26	劳保用品	绝缘鞋、工作服等	套	1	
27	演草纸	A4或B5或自定	张	2	

三、元器件规格、质量检查

（1）根据仪表、工具、耗材和器材表，检查其各元器件、耗材与表中的型号与规格是否一致。

（2）检查各元器件的外观是否完整无损，附件、备件是否齐全。

（3）用仪表检查各元器件和电动机的有关技术数据是否符合要求。

四、根据元件布置图安装固定低压电气元件

按布置图在控制板上安装电气元件，按两台电动机顺序启动逆序停止控制线路的安装要求，固定好安装底板上的电气元件；并贴上醒目的文字符号。

五、布线

采用板前线槽布线。要求同前。

操作中，易错误的将 KM1 的常闭辅助触头，而不是将 KM1 的常开辅助触头用作顺序控制。要注意的是电路中所用的辅助触头，全部是常开的。

控制电路板如图 1—4—6 所示。

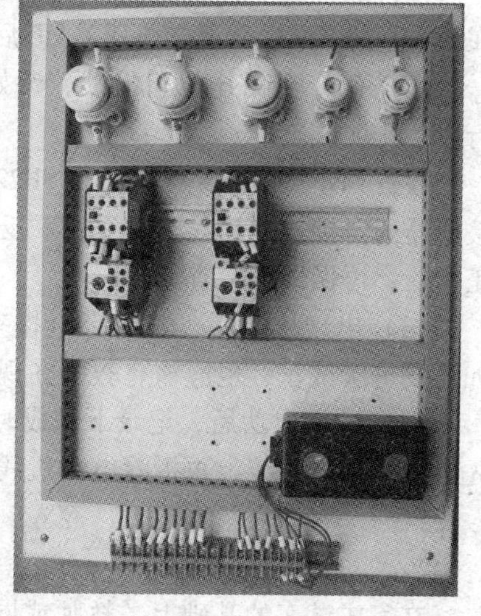

图 1—4—6　顺序控制电路

六、自检

1. 按电路图或接线图逐段检查

从电源端开始，逐段核对接线及接线端子处线号是否正确，有无漏接、错接之处。检查导线接点是否符合要求，压接是否牢固。同时注意接点接触应良好，以避免带负载运转时产生闪弧现象。

2. 用万用表检查线路的通断情况

万用表选用倍率适当的电阻挡，并进行校零。

断开 QF，按接触器自锁控制线路的步骤、方法检查主电路；正常无误再做下述各项检查。

（1）检查 M1 启动控制：按下 SB11 不要放开，应测得 KM1 线圈电阻值，再按下 SB12，万用表应显示电路由通而断。

（2）检查 M2 启动控制：按下 SB21，万用表应显示电路是断开的，再按下 KM1 的触头架和 SB12 不要放开，应测得 KM2 线圈电阻值，同时再按下 SB22，万用表应显示电路由通而断，松开 SB22 后，再放开 KM1 的触头架，万用表应显示电路由通而断。

（3）M1、M2 自锁检查：按下 KM1 的触头架，应测得 KM1 线圈电阻值；再按下 KM2 的触头架，阻值减半（KM1、KM2 线圈并联）。

3. 查安装质量，并进行绝缘电阻测量

用兆欧表检查线路绝缘电阻的阻值，应不小于 1 MΩ。

七、交验

学生提出申请，经教师检查同意后方可进行下道工序。

八、连接电源及通电试车

（1）为保证人身安全，在通电试车时，要认真执行安全操作规程的有关规定，一人监护，一人操作。试车前，应检查与通电试车有关的电气设备是否有不安全的因素存在，若查出应立即整改，然后方能试车。

（2）通电试车前，必须征得教师的同意，并由指导教师接通三相电源 L1、L2、L3，同时在现场监护。学生合上电源开关 QF 后，用测电笔检查熔断器出线端，氖管亮说明电源接通。

断开 QF，接好电动机接线，装好接触器的灭弧罩，做好立即停车的准备，合上 QF 进行以下几项试验。

检查 SB11、SB22 及 SB21、SB22 对 KM1、KM2 的顺序启动及逆向停止控制作用，检查接触器的自锁、联锁线路的作用。反复操作几次检查线路动作的可靠性。上述各项操作试验正常后，再做以下检查。

（3）出现故障后，若需带电检查，必须在教师现场监护的情况下进行。检修完毕后，如需要再次试车，也应该有教师在现场监护，并做好时间记录。

（4）试车成功后，记录下完成时间及通电试车次数。通电试车完毕，停转，切断电源。先拆除三相电源线，再拆除电动机线。

故障检修

在完成试车的基础上，教师或同组学生按照表 1—4—2 中故障原因分析的元器件或路径，人为地设定一两个故障点进行排故练习。

故障设定时一定要在断开电源的情况下进行，一般设定元器件故障和线路的断路故障，而不将正确的线路改错。如果需要通电观察故障现象，必须有教师在场的情况下进行。

表 1—4—2　　线路故障的现象、原因及检查方法

故障现象	原因分析	检查方法
在 M1 顺利启动后，M2 不能启动	（1）按 SB21 后 KM2 不动作。可能故障是： （1）SB22 接触不良； （2）6 号线断路； （3）SB21 接触不良； （4）7 号线断路； （5）KM1 常开触头接触不良； （6）8 号线断路； （7）KM2 线圈断路； 2. 按 SB21 后 KM2 动作，但电动机不能启动，可能故障是：	1. 按 SB21 后 KM2 不动作的检查方法是：按下 SB21 后，用测电笔逐点测量 SB22、SB21、KM1、KM2 的上下端头，故障点在有电点与无电点之间

续表

故障现象	原因分析	检查方法
在 M1 顺利启动后，M2 不能启动	（1）KM2 主触头故障； （2）KH2 热元件故障； （3）连接导线断路故障； （4）M2 电动机故障 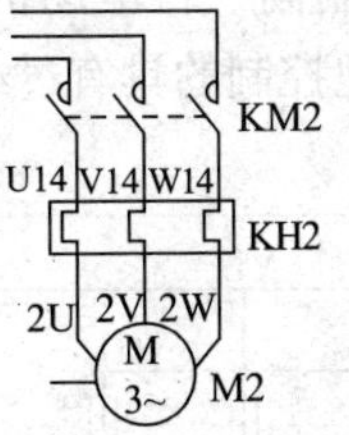	2. 按 SB21 后 KM2 动作，但电动机不能启动的检查方法如同自锁控制电路中的主电路检查方法
在 M1 没有启动的情况下，按 SB22，M2 启动	可能故障是： 如图虚线框中的 KM1 常开触头短接 	断开电源，万用表位于电阻挡，按下 KM1 的触头架，两表笔接 KM1 常开触头的上下端头，检查其通断情况
在 M1、M2 两台电动机启动后，按 SB12，两台电动机同时停止，即没有逆向停止控制	可能故障是： 如图虚线框中的 KM2 常开辅助触头接触不良 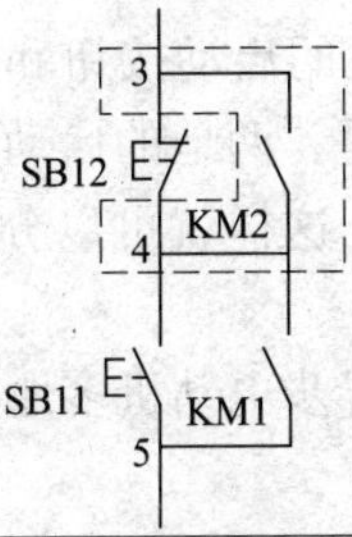	断开电源，万用表位于电阻挡，按下 SB12，其余检查方法与自锁控制回路的检查方法一致
其他检查方法参见前面内容		

任务 2　三相异步电动机多地控制电路的安装与检修

学习目标

1. 正确理解三相异步电动机多地控制电路的工作原理。
2. 能正确识读多地控制电路的原理图、接线图和布置图。
3. 会按照工艺要求正确安装三相异步电动机多地控制电路。
4. 能根据故障现象，检修三相异步电动机多地控制电路。

工作任务

在生产实际中，有些生产机械上，为了操作控制的方便，在对一台电动机的控制方式上，采用两个或两个以上的地点进行控制。如 X62W 型铣床的主轴电动机 M1 的控制，为了方便操作，采用两地控制方式，一组安装在工作台上；另一组安装在床身上。

能在两地或两地以上的地点控制同一台电动机的控制方式，称为电动机的多地控制。

图 1—4—7 所示的就是一个两地控制的具有过载保护接触器自锁正转控制线路的电路图。

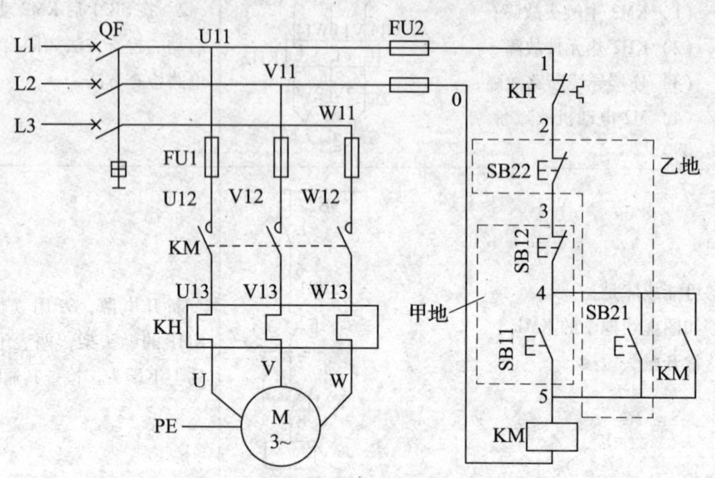

图 1—4—7　两地控制电路图

其中 SB11、SB12 为安装在甲地的启动按钮和停止按钮；SB21、SB22 为安装在乙地的启动按钮和停止按钮。线路的特点是：两地的启动按钮 SB11、SB21 要并联接在一起；停止按钮 SB12、SB22 要串联接在一起。这样就可以分别在甲、乙两地启动和停止同一台电动机，达到操作方便的目的。

本次工作任务就是要完成三相异步电动机多地控制电路的安装与检修。

相关理论

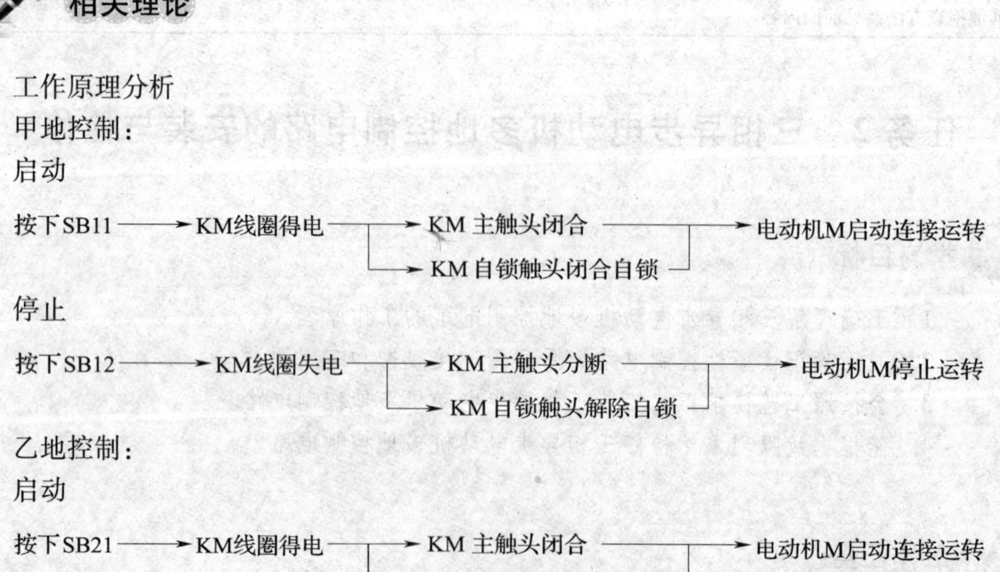

停止

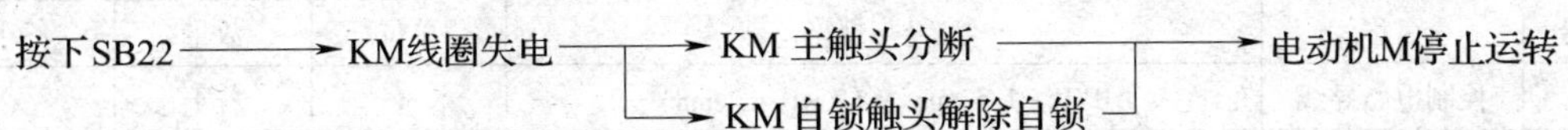

线路安装

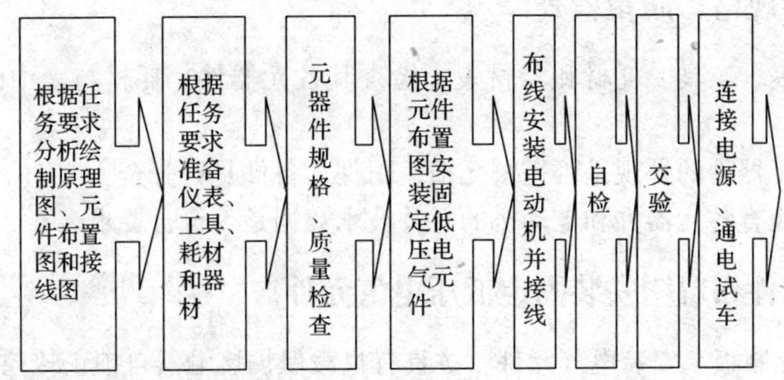

一、分析绘制元件布置图和接线图

元件布置图和接线图由读者自行绘制。

二、仪表、工具、耗材和器材准备

根据接触器联锁正反转控制电路图，选用工具、仪表、耗材及器材，见表1—4—3。

表1—4—3　　工具、仪表、耗材及器材的选用

序号	名称	型号与规格	单位	数量	备注
1	三相四线电源	AC3×380/220 V、20 A	处	1	
2	三相电动机	Y112M－4，4 kW、380 V、△形接法；或自定	台	1	
3	配线板	500 mm×600 mm×20 mm	块	1	
4	组合开关	HZ10－25/3	个	1	
5	熔断器 FU1	RL1－60/25，380 V，60 A，熔体配25 A	套	3	
6	熔断器 FU2	RL1－15/2	套	2	
7	接触器 KM1	CJ10－20，线圈电压380 V，20 A（CJX2、B系列等自定）	只	1	
8	热继电器	JR20－10	只	1	
9	按钮 SB1～SB3	LA10－3H，保护式、按钮数3	只	2	
10	木螺钉	ϕ3 mm×20 mm；ϕ3 mm×15 mm	个	30	
11	平垫圈	ϕ4 mm	个	30	
12	圆珠笔	自定	支	1	
13	主电路导线	BVR－1.5，1.5 mm^2（7×0.52 mm）（黑色）	m	若干	

续表

序号	名称	型号与规格	单位	数量	备注
14	控制电路导线	BVR－1.5 mm^2，（7×0.43 mm）	m	若干	
15	按钮线	BVR－0.75 mm^2，0.75 mm^2	m	若干	
16	接地线	BVR－1.5，1.5 mm^2（黄绿双色）	m	若干	
17	劳保用品	绝缘鞋、工作服等	套	1	
18	接线端子排	JX2－1015，500 V、10 A、15 节或配套自定	条	1	

三、元器件规格、质量检查

（1）根据仪表、工具、耗材和器材表，检查其各元器件、耗材与表中的型号与规格是否一致。

（2）检查各元器件的外观是否完整无损，附件、备件是否齐全。

（3）用仪表检查各元器件和电动机的有关技术数据是否符合要求。

四、根据元件布置图安装固定低压电气元件

按布置图在控制板上安装电气元件，按具有过载保护接触器自锁正转控制线路的安装要求固定好安装底板上的电气元件；并贴上醒目的文字符号。

五、布线

按具有过载保护接触器自锁正转控制线路的布线要求布线。

各个按钮的关系是，启动按钮并联；停止按钮串联。

按钮内接线，如图 1—4—8 所示。

图 1—4—8　按钮内接线

六、自检

(1) 从电源端开始核对接线

按电路图或接线图从电源端开始，逐段核对接线及接线端子处线号是否正确，有无漏接、错接之处。检查导线接点是否符合要求，压接是否牢固。同时注意接点接触应良好，以避免带负载运转时产生闪弧现象。

(2) 用万用表检查线路的通断情况

万用表选用倍率适当的电阻挡（R×1），并进行校零。断开 QF，按具有过载保护接触器自锁控制线路的步骤、方法检查主电路；控制电路的检查也与具有过载保护接触器自锁控制线路的检查方法基本相同，不同点在于按钮分两处，检查也要分两次进行。

(3) 查安装质量，并进行绝缘电阻测量

用兆欧表检查线路绝缘电阻的阻值，应不小于 1 MΩ。

七、交验

学生提出申请，经教师检查同意后方可进行下道工序。

八、连接电源及通电试车

(1) 为保证人身安全，在通电试车时，要认真执行安全操作规程的有关规定，一人监护、一人操作。试车前，应检查与通电试车有关的电气设备是否有不安全的因素存在，若查出应立即整改，然后方能试车。

(2) 通电试车前，必须征得教师的同意，并由指导教师接通三相电源 L1、L2、L3，同时在现场监护。学生合上电源开关 QF 后，用测电笔检查熔断器出线端，氖管亮说明电源接通。按具有过载保护接触器自锁控制线路的方法进行通电试车。

(3) 出现故障后，若需带电检查时，必须在教师现场监护的情况下进行。检修完毕后，如需要再次试车，也应该有教师在现场监护，并做好时间记录。

(4) 试车成功后，记录下完成时间及通电试车次数。

(5) 通电试车完毕，停转，切断电源。先拆除三相电源线，再拆除电动机线。

故 障 检 修

在完成试车的基础上，教师或同组学生按照表 1—4—4 中故障原因分析的元器件或路径，人为地设定一两个故障点进行排故练习。

故障设定时一定要在断开电源的情况下进行，一般设定元器件故障和线路的断路故障，而不将正确的线路改错。如果需要通电观察故障现象，必须在有教师在场的情况下进行。

表 1—4—4　　线路故障的现象、原因及检查方法

故障现象	原因分析	检查方法
按 SB11 能正常启动，按 SB21 不能正常启动	如右图所示虚线所圈的部分，就是故障部分。 可能故障点是： （1）4 号或 5 号线松脱或断线； （2）SB21 接触不良 4 SB11　SB21 5	断开电源后，打开按钮盖，用电阻测量法找出故障点
按 SB12 能正常停止，按 SB22 不能正常停止	如右图所示虚线所圈的部分，就是故障部分。可能故障是：按钮 SB22 内短路 SB22 SB12	参见按钮故障检修
其他故障参见具有过载保护接触器自锁正转控制线路		

项目五

三相笼型异步电动机降压启动控制电路的安装与检修

什么是三相异步电动机降压启动？为什么要三相异步电动机降压启动？前面介绍的各种三相异步电动机控制电路中，电动机在启动时，加在电动机绕组上的电压为电动机的额定电压，这种启动方式称为全压启动，也称为直接启动。全压启动的优点是所用电气设备少，线路简单，维修量较小。但全压启动时的启动电流较大，一般为额定电流的 4 ~7 倍。在电源变压器容量不够大，而电动机功率较大的情况下，全压启动将导致电源变压器输出电压下降，不仅减小电动机本身的启动转矩，而且会影响同一供电线路中其他电气设备的正常工作。因此，较大容量的电动机启动时，需要采用降压启动。

降压启动是指利用启动设备将电压适当降低后，加到电动机的定子绕组上进行启动，待电动机启动运转后，再使其电压恢复到额定电压正常运转。

在什么情况下需要进行三相异步电动机降压启动？通常规定：电源容量在 180 kV · A 以上，电动机容量在 7 kW 以下的三相异步电动机可采用全压启动。否则，则需要进行降压启动。对于判断一台电动机能否直接启动，也可通过经验公式来确定：

$$\frac{I_{st}}{I_N} \leqslant \frac{3}{4} + \frac{S}{4P}$$

式中：I_{st}——电动机全压启动电流（A）；

I_N——电动机额定电流（A）；

S——电源变压器容量（kV · A）；

P——电动机功率（kW）。

凡不满足直接启动条件的，均须采用降压启动。

由电动机工作原理可知，电动机的电流随电压的降低而减小，所以降压启动达到了减小启动电流的目的。但是，由于电动机转矩与电压的平方成正比，所以降压启动也将导致电动机的启动转矩大为降低。因此，降压启动需要在空载或轻载下进行。

常见的降压启动方法有以下几种：定子绕组串接电阻降压启动、自耦变压器降压启动、Y 形 - △形降压启动、延边三角形降压启动等。

任务1　定子绕组串接电阻降压启动控制电路的安装与检修

学习目标

1. 正确理解三相异步电动机定子绕组串接电阻降压启动的工作原理。
2. 能正确识读定子绕组串接电阻降压启动控制电路的原理图、接线图和布置图。
3. 会按照工艺要求正确安装三相异步电动机定子绕组串接电阻降压启动控制电路。
4. 初步掌握时间继电器的选用方法与简单检修。
5. 能根据故障现象，检修三相异步电动机定子绕组串接电阻降压启动控制电路。

工作任务

定子绕组串接电阻降压启动是指在电动机启动时，把电阻串接在电动机定子绕组与电源之间，通过电阻的分压作用来降低定子绕组上的启动电压，待电动机启动后，再将电阻短接，使电动机在额定电压下正常运行。要实现定子绕组串接电阻降压启动，常见的控制电路有手动控制、按钮与接触器控制和时间继电器自动控制等几种形式。图1—5—1、图1—5—2所示的是手动控制和按钮与接触器控制。

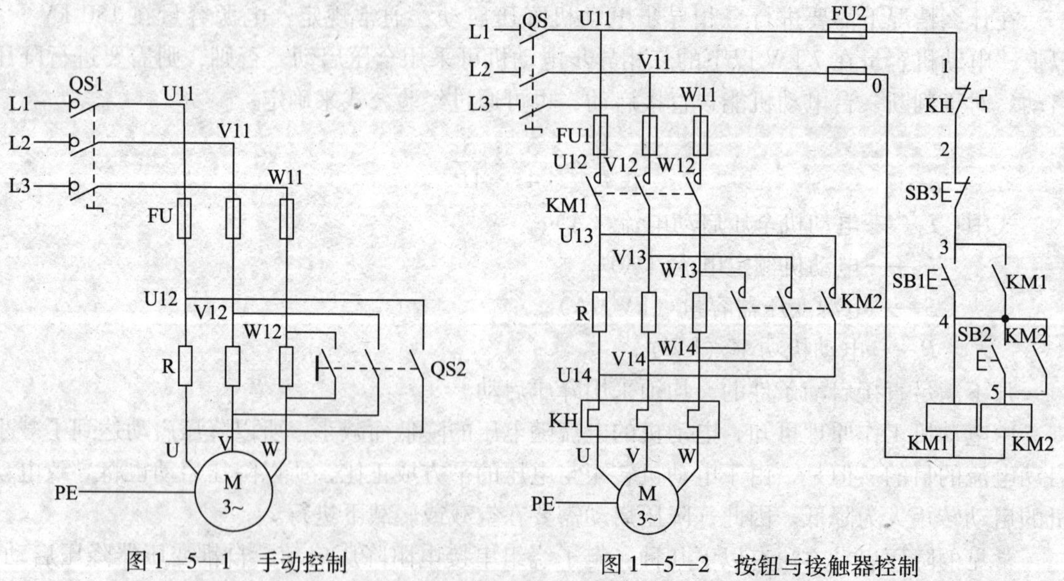

图1—5—1　手动控制　　　　图1—5—2　按钮与接触器控制

由于手动控制、按钮与接触器控制电路，电动机从降压启动到全压运行是由操作人员转换操作转换开关或按钮来实现的，工作既不方便也不可靠，一般很少采用，因此，本次任务对手动控制、按钮与接触器控制电路只进行简单的介绍，不进行实际的安装练习。

如在C650型卧式车床的主轴电动机的降压启动控制线路中，就采用了图1—5—3所示的时间继电器自动控制定子绕组串接电阻降压启动控制电路。

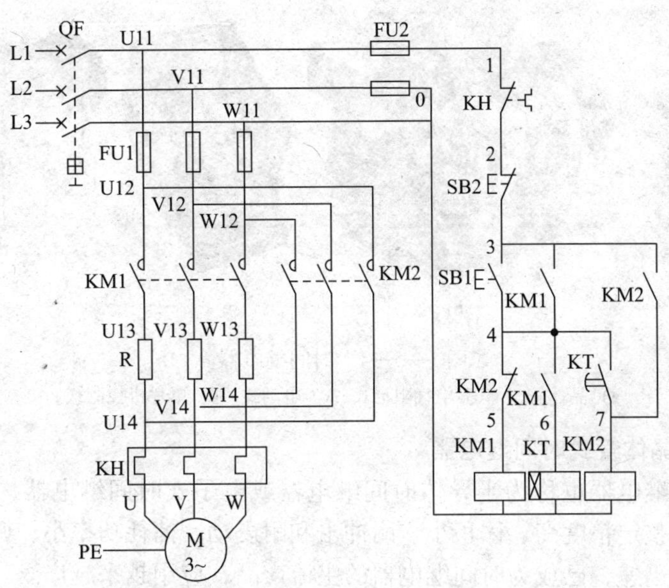

图 1—5—3　时间继电器自动控制定子绕组串接电阻降压启动电路图

这个线路中用接触器 KM2 的主触头代替图 1—5—2 线路中的开关 QS2 来短接电阻 R，用时间继电器 KT 来控制电动机从降压启动到全压运行的时间，从而实现了自动控制。

本次任务将完成时间继电器自动控制的定子绕组串接电阻降压启动控制电路的安装与检修。

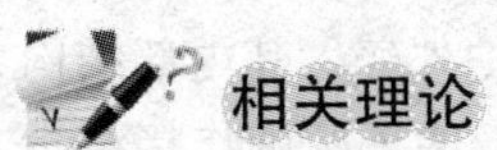

相关理论

一、时间继电器

在得到动作信号后，能按照一定的时间要求控制触头动作的继电器，称为时间继电器。

时间继电器的种类很多，常用的主要有电磁式、电动式、空气阻尼式、晶体管式、单片机控制式等类型。其中，电磁式时间继电器的结构简单，价格低廉，但体积和重量大，延时时间较短，且只能用于直流断电延时；电动式时间继电器是利用同步微电机与特殊的电磁传动机械来产生延时的，延时精度高，延时可调范围大，但结构复杂，价格贵；空气阻尼式时间继电器延时精度不高，体积大，已逐步被晶体管式取代；单片机控制式时间继电器，是为了适应工业自动化控制水平越来越高而生产的，如 DHC6 多制式时间继电器，采用单片机控制，LCD 显示，具有 9 种工作制式、正计时、倒计时任意设定、8 种延时时段，延时范围从 0. 01 s ~ 999. 9 h 任意设定，键盘设定时，设定完成之后可以锁定键盘，防止误操作。可以按要求任意选择控制模式，使控制线路最简单可靠。目前在电力拖动控制线路中，应用较多的是晶体管式时间继电器，图 1—5—4 所示的是几款时间继电器的外形图。

a)　　b)　　c)　　d)

图 1—5—4　时间继电器

a）晶体管式　b）空气阻尼式　c）电动式　d）单片机控制式

1. JS20 系列晶体管式时间继电器

晶体管式时间继电器也称为半导体时间继电器或电子式时间继电器，具有机械结构简单、延时范围宽、整定精度高、体积小、耐冲击和耐震动、消耗功率小、调整方便及寿命长等优点，所以发展迅速，已成为时间继电器的主流产品，应用越来越广。

晶体管式时间继电器按结构分为阻容式和数字式两类；按延时方式分为通电延时型、断电延时型及带瞬动触点的通电延时型。

JS20 系列晶体管时间继电器是全国推广的统一设计产品，适用于交流 50 Hz、电压 380 V 及以下或直流电压 220 V 及以下的控制电路中作延时元件，按预定的时间接通或分断电路。它具有体积小、重量轻、精度高、寿命长、通用性强等优点。

（1）结构

JS20 系列晶体管时间继电器的外形如图 1—5—4a 所示，它具有保护外壳，其内部结构采用印制电路组件。安装和接线采用专用的插接座，并配有带插脚标记的下标牌作接线指示，上标盘上还带有发光二极管作为动作指示。结构形式有外接式、装置式和面板式三种。外接式的整定电位器可通过插座用导线接到所需的控制板上；装置式具有带接线端子的胶木底座；面板式采用通用八大脚插座，可直接安装在控制台的面板上，另外还带有延时刻度和延时旋钮供整定延时时间用。JS20 系列通电延时型时间继电器的接线图如图 1—5—5a 所示。

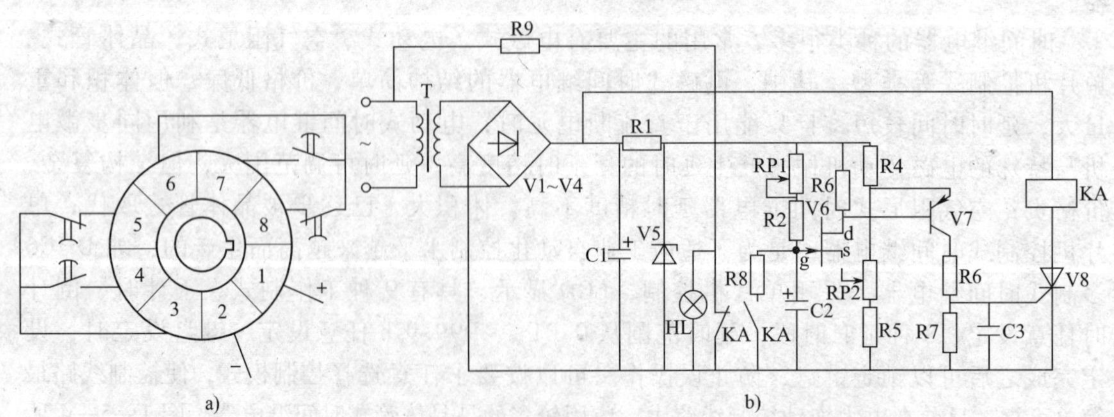

a)　　b)

图 1—5—5　JS20 系列通电延时型时间继电器的接线示意图和电路图

a）接线示意图　b）电路图

（2）工作原理

JS20 系列通电延时型时间继电器的电路图如图 1—5—5b 所示。它由电源、电容充放电电路、电压鉴别电路、输出和指示电路五部分组成。电源接通后，经整流滤波和稳压后的直流电，经过 RP1 和 R2 向电容 C2 充电。当场效应管 V6 的栅源电压 U_{gs}低于夹断电压 U_p时，V6 截止，因而 V7、V8 也处于截止状态。随着充电的不断进行，电容 C2 的电位按指数规律上升，当满足 U_{gs}高于 U_p时，V6 导通，V7、V8 也导通，继电器 KA 吸合，输出延时信号。同时电容 C2 通过 R8 和 KA 的常开触头放电，为下次动作做好准备。当切断电源时，继电器 KA 释放，电路恢复原始状态，等待下次动作。调节 RP1 和 RP2 即可调整延时时间。

（3）型号含义及技术数据

JS20 系列晶体管时间继电器的型号含义如下：

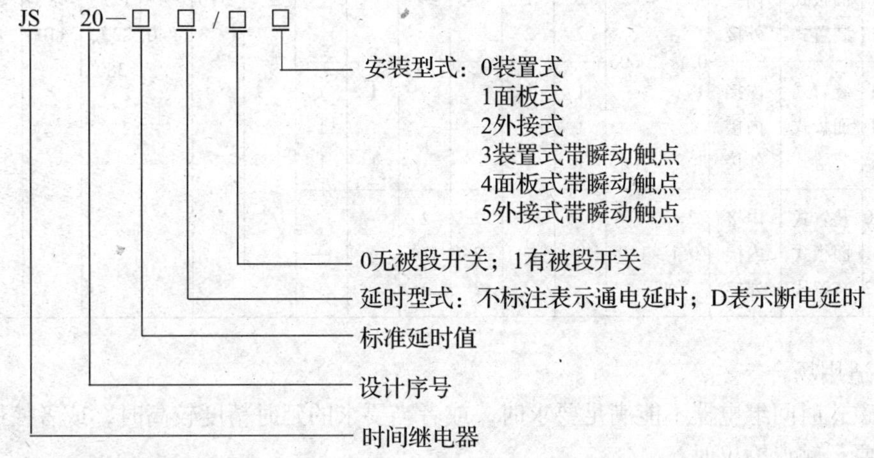

（4）时间继电器在电路图中的符号

时间继电器在电路图中的符号如图 1—5—6 所示。

JS20 系列晶体管时间继电器的主要技术参数见表 1—5—1。

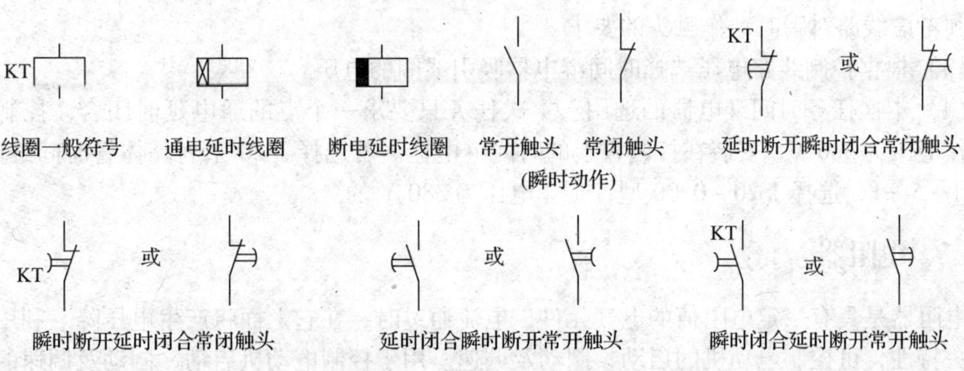

图 1—5—6　时间继电器的符号

表 1—5—1　　**JS20 系列晶体管时间继电器的主要技术参数**

型号	结构形式	延时整定元件位置	延时范围（s）	延时触头对数				不延时触头对数		误差（%）		环境温度（℃）	工作电压（V）		功率消耗（W）	机械寿命（万次）
				通电延时		断电延时										
				常开	常闭	常开	常闭	常开	常闭	重复	综合		交流	直流		
JS20—□/00	装置式	内接	0. 1 ~ 300	2	2					±3	±10	－10 ~ ＋40	36、110、127、220、380	24、48、110	≤5	1 000
JS20—□/01	面板式	内接		2	2	—	—	—	—							
JS20—□/02	装置式	外接		2	2											
JS20—□/03	装置式	内接		1	1			1	1							
JS20—□/04	面板式	内接		1	1	—	—	1	1							
JS20—□/05	装置式	外接		1	1			1	1							
JS20—□/10	装置式	内接	0. 1 ~ 3 600	2	2											
JS20—□/11	面板式	内接		2	2	—	—	—	—							
JS20—□/12	装置式	外接		2	2											
JS20—□/13	装置式	内接		1	1			1	1							
JS20—□/14	面板式	内接		1	1	—	—	1	1							
JS20—□/15	装置式	外接		1	1			1	1							
JS20—□D/00	装置式	内接	0. 1 ~ 180			2	2									
JS20—□D/01	面板式	内接		—	—	2	2	—	—							
JS20—□D/02	装置式	外接				2	2									

（5）适用场合

当电磁式时间继电器不能满足要求时，或者当要求的延时精度较高时，或者控制回路相互协调需要无触点输出时。

2．时间继电器的选用

（1）根据系统的延时范围和精度选择时间继电器的类型和系列。目前电力拖动控制线路中，一般选用晶体管式时间继电器。

（2）根据控制线路的要求选择时间继电器的延时方式（通电延时或断电延时）。同时，还必须考虑线路对瞬时动作触头的要求。

（3）根据控制线路电压选择时间继电器吸引线圈的电压。

（4）本次任务时间继电器的选用。本次任务只要求一个点的通电延时闭合，控制线路的工作电压为 380 V，安装在控制板上的时间继电器。若选择 JS20 系列晶体管时间继电器，查表 1—5—1，选择 JS20 - 0/00 型，工作电压为 380 V 的。

二、电阻器

电阻器是具有一定电阻值的电气元件，电流通过时，在它上面将产生电压降。利用电阻器这一特性，可控制电动机的启动、制动及调速。用于控制电动机启动、制动及调速的电阻器与电子产品中的电阻器在用途上有较大的区别，电子产品中用到的电阻器功率较小，发热量较低，一般不需要专门的散热设计；而用于控制电动机启动、制动及调速的电阻器的功率较大，一般为千瓦（kW）级，工作时发热量较大，需要有良好的散热性能，因此在外形结构上与电子产品中常用的电阻器有较大的差异。常用于控制电动机启动、制动及调速的电阻器有铸铁电阻器、板形（框架式）电阻器、铁铬合金电阻器和管形电阻器，外形如图 1—5—7 所示。

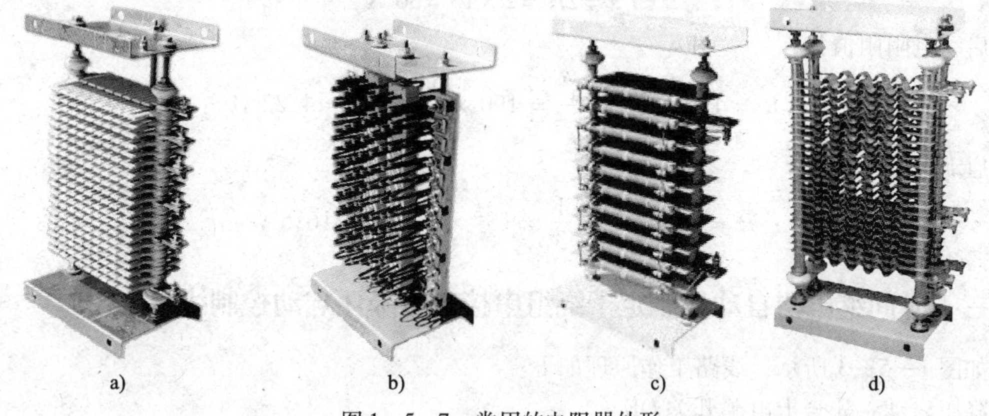

图 1—5—7　常用的电阻器外形

a）ZX1 铸铁电阻器　b）ZX12 铁铬合金电阻器　c）ZX2 康铜电阻器　d）ZX9 铁铬铝合金电阻器

表 1—5—2　　电阻器的用途与分类

类型	型号	结构及特点	适用场合	备注
铸铁电阻器	ZX1	由自浇铸或冲压成形的电阻片选装而成，取材方便，价格低廉，有良好的耐腐蚀性和较大的发热时间常数，但性脆易断，电阻值较小，温度系数较大，体积大而笨重	在交直流低压电路中，供电动机启动、调速、制动及放电等用	
板形电阻器	ZX2	在板形瓷质绝缘件上绕制的线状（ZX—2 型）或带状（ZX2—1 型）康铜电阻元件，其特点是耐震动，具有较高的机械强度	同上，但较适用于要求耐震的场合	
铁铬铝合金电阻器	ZX9	由铁、铬、铝合金电阻带轧成波浪形式，电阻为敞开式，计算容量约为 4. 6 kW	适用于大、中容量电动机的启动、制动和调速	技术数据与 ZX1 基本相同，因而可取而代之
	ZX15	由铁、铬、铝合金带制成螺旋式管状电阻元件（ZY 型）装配而成，容量约为 4. 6 kW		
管形电阻器	ZG11	在陶瓷管上绕单层镍铜或镍铬合金电阻丝，表面经高温处理涂珐琅质保护层，电阻丝两端用电焊法连接多股绞合软铜线或连接紫铜导片作为引出端头。 可调式在珐琅表面开有使电阻丝裸露的窄槽，并装有供移动调节夹	适用于电压不超过 500V 的低压电气设备的电路中，供降低电压、电流用	

启动电阻 R 一般采用 ZX1、ZX2 系列铸铁电阻。铸铁电阻能够通过较大电流，功率大。启动电阻 R 可按下列近似公式确定：

$$R = 190 \times \frac{I_{st} - I_{st}}{I_{st} I'_{st}}$$

电阻功率可用公式 $P = I^2 R$ 计算。由于启动电阻 R 仅在启动过程中接入，且启动时间很短，所以实际选用的电阻功率可比计算值减小 3 ~4 倍。

本次任务电动机的参数为：Y132M－4，7. 5 kW、15 A，380 V、△形接法，应选择启动电阻值为：

$$I_{st} = 6I_N = 6 \times 15 = 90\ \text{A}$$

选取

$$I_{st}' = 2I_N = 2 \times 15 = 30\ \text{A}$$

启动电阻阻值为：

$$R = 190 \times \frac{I_{st} - I_{st}'}{I_{st}I_{st}'} = 190 \times \frac{90 - 30}{90 \times 30} \approx 4.22\ \Omega$$

启动电阻功率为：

$$P = \frac{1}{3}I_N{}^2R = \frac{1}{3} \times 15^2 \times 4.22 = 316.5\ \text{W}$$

三、时间继电器自动控制定子绕组串接电阻降压启动控制线路工作原理

如图 1—5—3 所示，线路工作原理如下。

降压启动：先合上电源开关 QF。

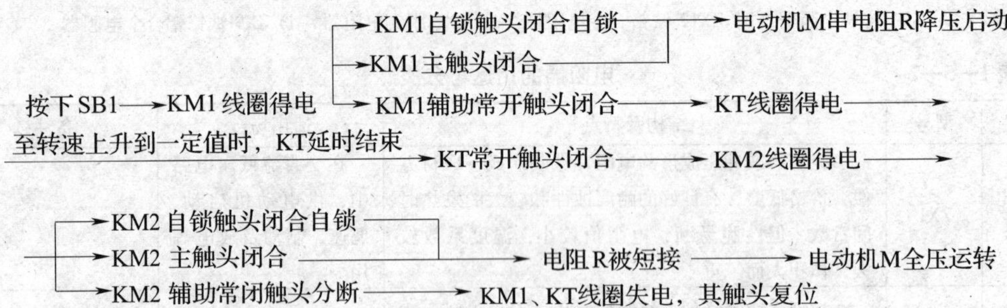

停止时，按下 SB2 即可实现。

由以上分析可见，只要调整好时间继电器 KT 触头的动作时间，电动机由启动过程切换成运行过程就能准确可靠地自动完成。

串电阻降压启动的缺点是减小了电动机的启动转矩，同时启动时在电阻上功率消耗也较大。如果启动频繁，则电阻的温度很高，对于精密的机床会产生一定的影响，故目前这种降压启动的方法，在生产实际中的应用正在逐步减少。

任务实施

线路安装与调试

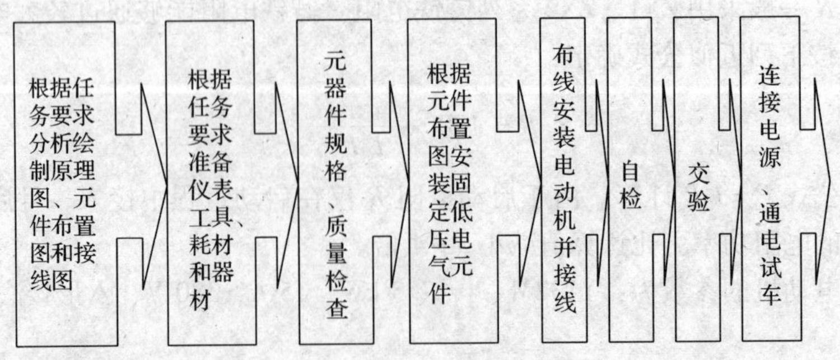

一、分析绘制元件布置图和接线图

元件布置图和接线图由读者自行绘制。

二、仪表、工具、耗材和器材准备

根据接触器联锁正反转控制电路图，选用工具、仪表、耗材及器材，见表1—5—3。

表1—5—3　　工具、仪表、耗材及器材的选用

序号	名称	型号与规格	单位	数量	备注
1	三相四线电源	AC3×380/220 V、20 A	处	1	
2	三相电动机	Y132S－4，5.5 kW，380 V，11.6 A，△形接法，1440 r/min	台	1	
3	配线板	500 mm×600 mm×20 mm	块	1	
4	断路器 QF	DZ5－20/330	个	1	
5	熔断器 FU1	RL1－60/25，380 V，60A，熔体配25A	套	3	
6	熔断器 FU2	RL1－15/2，380V，15A，熔体配2A	套	2	
7	接触器 KM1，KM2	CJ10－20，线圈电压380V，20 A	只	2	
8	热继电器 KH	JR16B－20/3，三极、20 A、整定电流8.8 A	只	1	
9	按钮	LA10－3H，保护式、按钮数3	只	2	
10	电阻器 R	ZX2－2/0，7/3，22，3 A，7 Ω，每片电阻0.7 Ω	片	1	
11	时间继电器 KT	JS20或JS7－2A	只	1	
12	木螺钉	ϕ3 mm×20 mm；ϕ3 mm×15 mm	个	30	
13	平垫圈	ϕ4 mm	个	30	
14	圆珠笔	自定	支	1	
15	主电路导线	BVR－1.5，1.5 mm^2（7×0.52 mm）（黑色）	m	若干	
16	控制电路导线	BVR－1.0，1.0 mm^2（7×0.43 mm）	m	若干	
17	按钮线	BVR－0.75，0.75 mm^2	m	若干	
18	接地线	BVR－1.5，1.5 mm^2（黄绿双色）	m	若干	
19	行线槽	18 mm×25 mm	m	若干	
20	编码套管	自定	m	若干	
21	电工通用工具	验电笔、钢丝钳、螺钉旋具（一字形和十字形）、电工刀、尖嘴钳、活扳手、剥线钳等	套	1	
22	万用表	自定	块	1	
23	兆欧表	型号自定，或500 V、0～200 MΩ	台	1	
24	钳形电流表	0～50 A	块	1	
25	劳保用品	绝缘鞋、工作服等	套	1	

三、元器件规格、质量检查

（1）根据仪表、工具、耗材和器材表，检查其各元器件、耗材与表中的型号与规格是否一致。

（2）检查各元器件的外观是否完整无损，附件、备件是否齐全。

（3）用仪表检查各元器件和电动机的有关技术数据是否符合要求。

四、根据元件布置图安装固定低压电气元件

按布置图在控制板上安装电气元件，并贴上醒目的文字符号。

时间继电器的安装与使用要求如下。

（1）时间继电器应按说明书规定的方向安装。无论是通电延时型还是断电延时型，都必须使继电器在断电后释放时衔铁的运动方向垂直向下，其倾斜度不得超过5°。

（2）时间继电器的整定值，应预先在不通电时整定好，并在试车时校正。

（3）时间继电器金属底板上的接地螺钉必须与接地线可靠连接。

（4）通电延时型和断电延时型可在整定时间内自行调换。

（5）使用时，应经常清除灰尘及油污，否则延时误差将增大。

时间继电器的外形结构如图1—5—8所示。

a)

b)

c)

图1—5—8　时间继电器

a）插接座　b）时间调节旋钮　c）插接柱

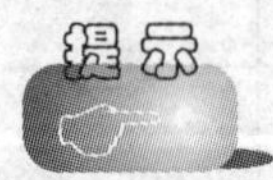

1. 电阻器要安装在箱体内，并且要考虑其产生的热量对其他电器的影响。若将电阻器置于箱外，必须采取遮护或隔离措施，以防止发生触电事故。

2. 若无启动变阻器，也可用灯箱来进行模拟试验，但三相灯泡的规格必须相同并符合要求。

五、布线

接线的顺序、要求与接触器联锁线路基本相同，但应注意以下几个问题。

（1）主线路

要注意短接电阻器的接触器 KM2 在主电路的接线不能接错，否则，会由于相序接反而造成电动机反转。

（2）控制线路

晶体管式时间继电器接线时，要注意时间继电器的插接座是有方向的，不要接反。时间继电器插接座的接线如图 1—5—9 所示。

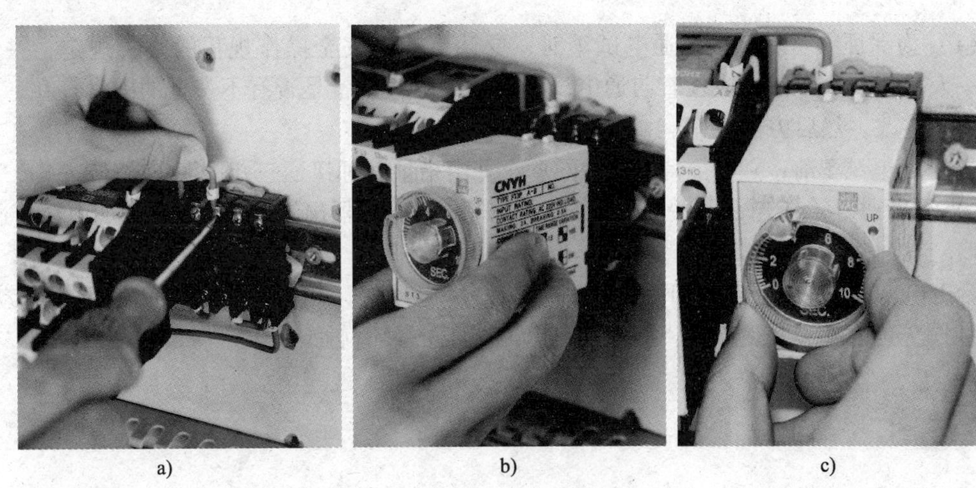

a)　　b)　　c)

图 1—5—9　时间继电器的安装

a）固定插接座并连接导线　b）插入时间继电器　c）整定好时间参数

六、自检

1. 按电路图或接线图逐段检查

从电源端开始，逐段核对接线及接线端子处线号是否正确，有无漏接、错接之处。检查导线接点是否符合要求，压接是否牢固。同时注意接点接触应良好，以避免带负载运转时产生闪弧现象。

2. 用万用表检查线路的通断情况

万用表选用倍率适当的电阻挡（R×1），并进行校零。

断开 QF，摘下接触器灭弧罩。

（1）主线路检测

将万用表笔跨接在 QF 下端子 U11 和 U14 处，应测得断路，按下 KM1 的触头架，应测得 R 的电阻值；放开 KM1 的触头架，再按下 KM2 的触头架，万用表显示通路。在 V11、V14 和 W11、W14 上重复进行。

（2）控制线路的检测

断开主线路，将万用表笔跨接在 QF 下端子 U11 和 V11 处，应测得断路，按下 SB1 不放，应测得 KM1 线圈的电阻值。同时按下 SB2，应测出辅助电路由通而断。放开 SB1、SB2

后，再按下 KM2 的触头架，应测得 KM2 线圈的电阻值。按下 KM1 的触头架，轻按 KM2 的触头架，应测得 KT 线圈的电阻值（若是晶体管式时间继电阻很大，可用导线将 0、6 之间短接，应为通路）。

3. 用兆欧表检查线路

绝缘电阻的阻值应不得小于 1 MΩ。

七、交验

学生提出申请，经教师检查同意后方可进行下道工序。

八、连接电源及通电试车

（1）为保证人身安全，在通电试车时，要认真执行安全操作规程的有关规定，一人监护，一人操作。试车前，应检查与通电试车有关的电气设备是否有不安全的因素存在，若查出应立即整改，然后方能试车。

（2）通电试车前，必须征得教师的同意，并由指导教师接通三相电源 L1、L2、L3，同时在现场监护。学生合上电源开关 QF 后，用测电笔检查熔断器出线端，氖管亮说明电源接通。

1）空操作试验

合上电源开关 QF，按下 SB1，使 KM1 线圈得电动作，几秒钟后，KM2 线圈得电动作，KM1 线圈失电触头复位。按下 SB2，控制线路失电，KM2 触头复位。

时间继电器的控制时间不要设置得太长，一般为 5 ~ 10 s。

2）带负荷试车

①断开 QF，接好电动机接线，断开时间继电器。合上刀开关 QF，做好立即停车的准备。

按下 SB1，电动机运行后，用万用表检查 U14、V14、W14 之间的电压是否小于 380V。若用灯箱来进行模拟试验，看灯箱是否正常发光。按下 SB2，主线路失电，电动机停转或灯箱停止发光。正常后再进行下一步。

②断开 QF，接好电动机接线，连接好时间继电器，设定好动作时间。合上刀开关 QF，做好立即停车的准备。按下 SB1，KM1 线圈得电动作，电动机启动；几秒钟后，KM2 线圈得电动作，电动机正常运转。当电动机运转平稳后，用钳形电流表测量三相电流是否平衡。按下 SB2，电动机停转。

反复操作几次，观察线路动作的可靠性。

（3）出现故障后，若需带电检查，必须在教师现场监护的情况下进行。检修完毕后，如需要再次试车，也应该有教师在现场监护，并做好时间记录。

（4）试车成功后，记录下完成时间及通电试车次数。

（5）通电试车完毕，停转，切断电源。先拆除三相电源线，再拆除电动机线。

故障检修

在完成试车的基础上，教师或同组学生按照表 1—5—4 中故障原因分析的元器件或路径，人为地设定一两个故障点进行排故练习。

故障设定时一定要在断开电源的情况下进行，一般设定元器件故障和线路的断路故障，而不将正确的线路改错。如果需要通电观察故障现象，必须在教师在场的情况下进行。

表 1—5—4　　线路故障的现象、原因及检查方法

故障现象	原因分析	检查方法
电动机不能启动	（1）从主电路分析 可能存在的故障点有，熔断器 FU1 断路、接触器 KM1 主触点接触不良、降压启动电阻断路、热继电器 HK 主通路有断点、电动机 M 绕组有故障。 （2）从控制电路分析 可能存在的故障点有：1 号线至 2 号线热继电器 KH 常闭触点接触不良、2 导线至 3 导线按钮 SB2 常闭触点接触不良、SB1 按钮损坏、4 号线和 5 号线间的 KM2 常闭触头接触不好、KM1 线圈损坏等	故障检查的步骤及方法： （1）按下电动机 M 启动按钮 SB1，观察接触器 KM1 是否闭合。若接触器 KM1 闭合，则为主电路的问题，重点检查熔断器 FU1、接触器 KM1 主触点、启动电阻器、热继电器、电动机 M 绕组等。 （2）接触器 KM1 不闭合，则重点检查熔断器 FU2、1 号线至 2 号线间热继电器 KH 的常闭触点、2 号线至 3 号线间按钮 SB2 常闭触点、4 号线和 5 号线间的 KM2 常闭触点及接触器 KM1 线圈
电动机能启动，但不能转换成全压运转	电动机能启动，主电路中除 KM2 不能确定外，其余说明正常。控制线路中，可能存在的故障点有：4 号线和 6 号线间的 KM1 常开触头接触不好、KT 线圈损坏、4 号线和 7 号线间的 KT 延时闭合触头不能闭合、KM2 线圈损坏，见图中虚线所框部分 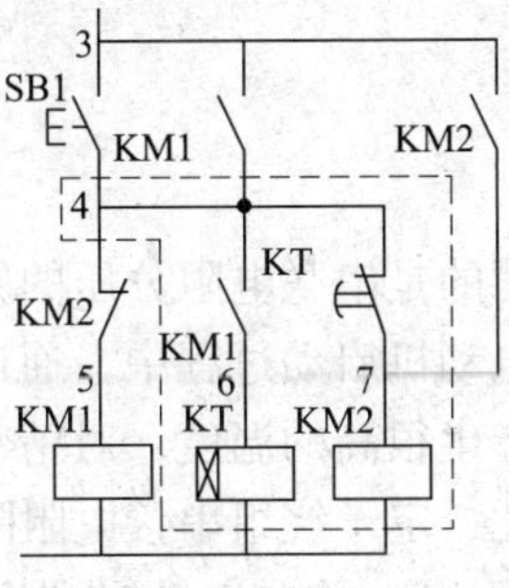	故障检查的步骤及方法： 电动机启动后，观察时间继电器是否动作。没有动作，检查 4 号线和 6 号线间的 KM1 常开触头和时间继电器的好坏。时间继电器有动作，检查 4 号线和 7 号线间的 KT 延时闭合触头和 KM2 线圈
电动机启动后，很快自动停转	（1）从主电路分析 可能存在的故障点有，接触器 KM2 主触点接触不良。 （2）从控制电路分析 可能存在的故障点有，3 号线和 7 号线间的 KM2 常开触头接触不好，见图中虚线所框部分	故障检查的步骤及方法： （1）接触器 KM2 主触点的检查参见前面的描述； （2）断开电源，用电阻法检查 3 号线和 7 号线及其间的 KM2 常开触头的接触是否良好

续表

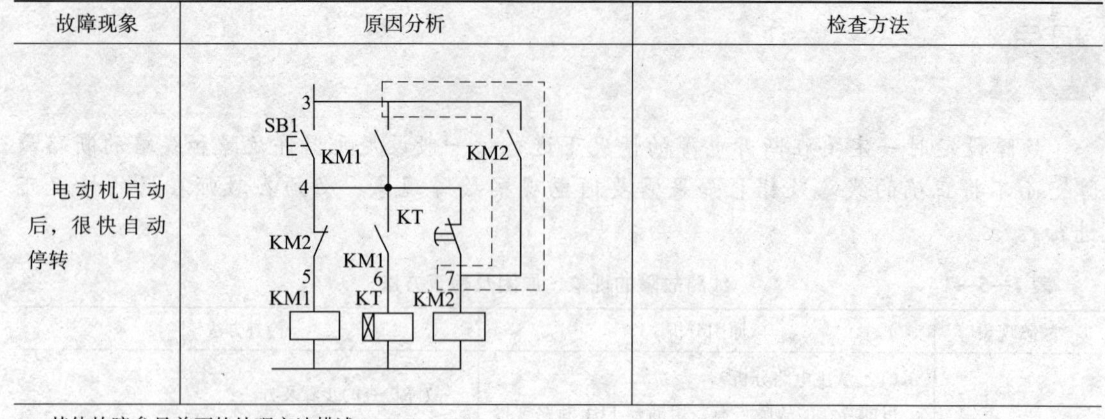

故障现象	原因分析	检查方法
电动机启动后，很快自动停转	3 SB1 KM1 KM2 4 KT KM2 KM1 5 6 7 KM1 KT KM2	
其他故障参见前面的处理方法描述		

任务 2　自耦变压器（补偿器）降压启动控制电路的安装与检修

学习目标

1. 正确理解三相异步电动机自耦变压器（补偿器）降压启动的工作原理。
2. 能正确识读自耦变压器（补偿器）降压启动控制电路的原理图、接线图和布置图。
3. 会按照工艺要求正确安装三相异步电动机自耦变压器（补偿器）降压启动控制电路。
4. 初步了解自耦变压器（补偿器）的结构与使用方法。
5. 能根据故障现象，检修三相异步电动机自耦变压器（补偿器）降压启动控制电路。

工作任务

任务 1 中定子绕组串接电阻降压启动，应用的是串联电阻分压的原理，来降低电动机定子绕组上的电压。这种方法将使大量的电能在电动机启动过程中，通过电阻器转化为热能白白地消耗掉。如果启动频繁，不仅在电阻器上产生很高的温度，对精密机床的加工精度产生影响，而且，这种能量消耗也不利于环保。因此，定子绕组串接电阻降压启动方式在生产中正在被逐步的淘汰。自耦变压器（补偿器）降压启动是在启动时利用自耦变压器降低定子绕组上的启动电压，达到限制启动电流的目的。完成启动后，再将自耦变压器切换掉，电动机直接与电源连接全压运行。目前对于自耦减压启动已有系列产品应用。常见的有 QJD3、QJ10 系列手动自耦减压启动器和 XJ01 系列自动自耦减压启动箱。本教材将作简单的介绍。由于 XJ01 系列自耦减压启动箱是定型产品，安装较为简单，因此，本次任务是要完成与 XJ01 相接近的如图 1—5—10 所示时间继电器自动控制自耦变压器（补偿器）降压启动线路的安装与检修。

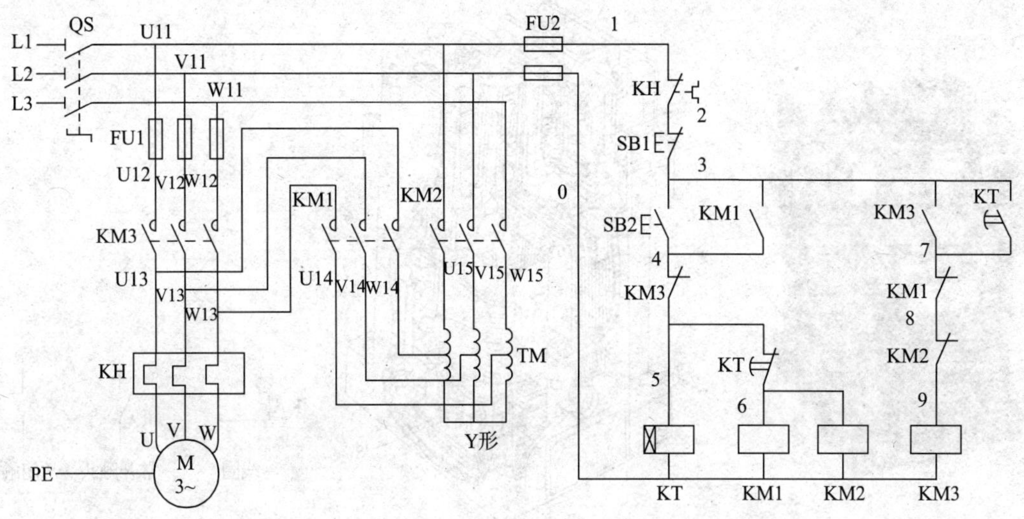

图 1—5—10　时间继电器自动控制补偿器降压启动线路

一、中间继电器

1. 功能

中间继电器是用来增加控制电路中的信号数量或将信号放大的继电器。其输入信号是线圈的通电和断电，输出信号是触头的动作。由于触头的数量较多，所以当其他电器的触头数或触点容量不够时，可借助中间继电器作中间转换用，来控制多个元件或回路。

2. 结构原理、符号及型号含义

中间继电器的结构及工作原理与接触器基本相同，因而中间继电器又称接触器式继电器。但中间继电器的触头对数多，且没有主、辅触头之分，各对触头允许通过的电流大小相同，多数为 5 A。因此，对于工作电流小于 5 A 的电气控制线路，可用中间继电器代替接触器来控制。

如图 1—5—11a、图 1—5—11b 所示为 JZ7 系列交流中间继电器的外形和结构，电路图中的符号如图 1—5—11c 所示。

JZ14 系列中间继电器有交流操作和直流操作两种，采用螺管式电磁系统和双断点式桥式触头，其基本结构为交直流通用，只是交流铁心为平顶形，直流铁心与衔铁为圆锥形接触面，触头采用直列式分布，对数达 8 对，可按 6 常开、2 常闭，4 常开、4 常闭或 2 常开、6 常闭组合。该系列继电器带有透明外罩，可防止尘埃进入内部而影响工作的可靠性。常见中间继电器其外形如图 1—5—12 所示。

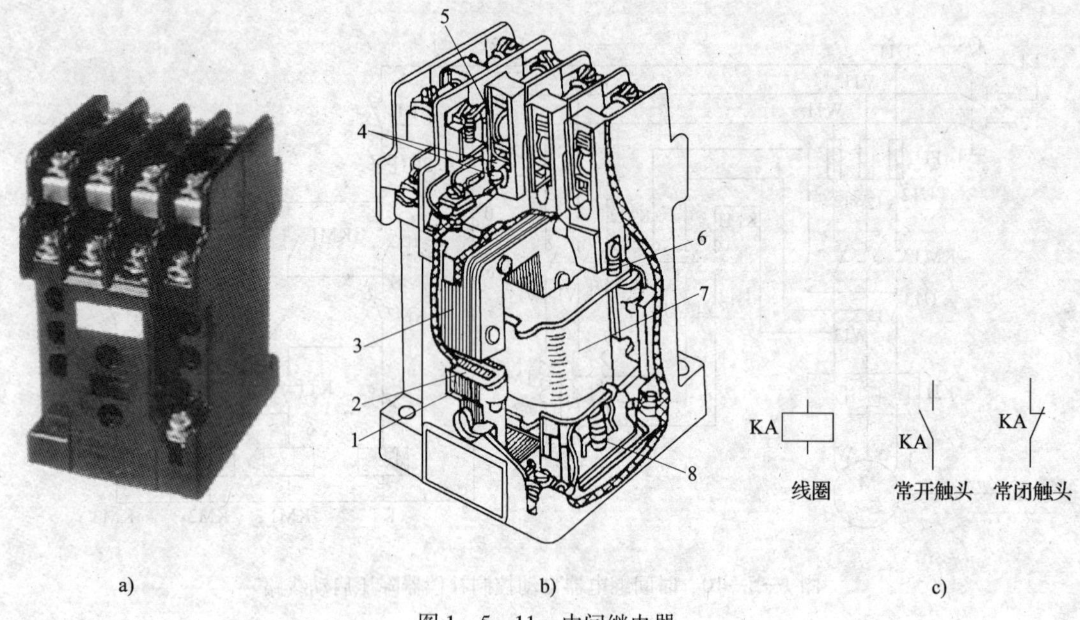

图 1—5—11　中间继电器

a）JZ7 系列中间继电器外形　b）JZ7 系列中间继电器结构　c）中间继电器符号

1—静铁心　2—短路环　3—衔铁　4—常开触头　5—常闭触头　6—反作用弹簧　7—线圈　8—缓冲弹簧

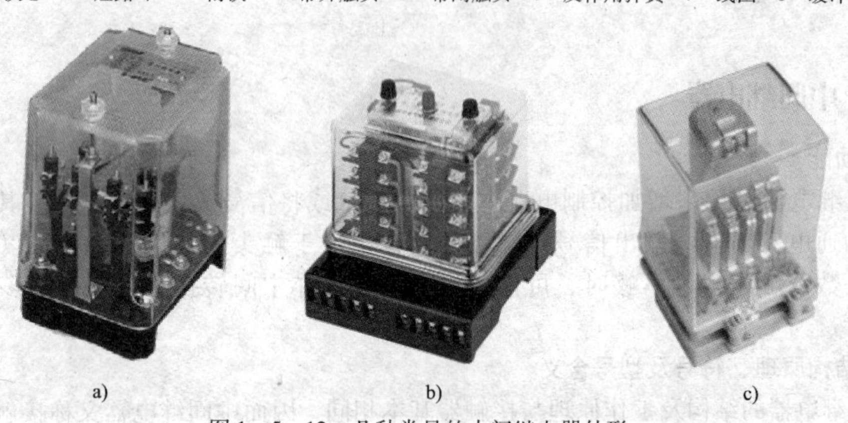

图 1—5—12　几种常见的中间继电器外形

a）DZ－15　b）JZ14 系列　c）ZJ6E 系列

型号含义：

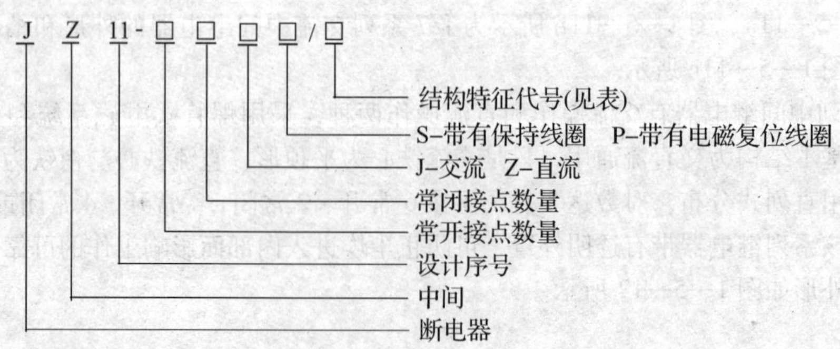

3. 选用

中间继电器主要依据被控制电路的电压等级、所需触头的数量、种类、容量等要求来选择。常用中间继电器的技术数据见表1—5—5。中间继电器的安装、使用、常见故障及处理方法与接触器类似，可参看项目一的有关内容。

表1—5—5　　　　中间继电器的技术数据

型号	电压种类	触头电压（V）	触头额定电流（A）	触头组合		通电持续率（%）	吸引线圈电压（V）	吸引线圈消耗功率	额定操作频率（次/h）
				常开	常闭				
JZ7－44 JZ7－62 JZ7－80	交流	380	5	4 6 8	4 2 0	40	12、24、36、48、110、127、380、420、440、500	12V·A	1 200
JZ14－□□J/□	交流	380	5	6 4 2	2 4 6	40	110、127、220、380	10 V·A	2 000
JZ14－□□Z/□	直流	220					24、48、110、220	7 W	
JZ15－□□J/□	交流	380	10	6 4 2	2 4 6	40	36、127、220、380	11 V·A	1 200
JZ15－□□Z/□	直流	220					24、48、110、220	11 W	

二、手动自耦减压启动器

图1—5—13是QJD3系列手动自耦减压启动器的外形图、结构图和电路图。一般常用的手动自耦减压启动器有QJ3系列油浸式和QJ10系列空气式两种。

1. QJD3系列油浸式手动自耦减压启动器

其外形如图1—5—13a所示，主要由薄钢板制成的防护式外壳、自耦变压器、接触系统（触头浸在油中）、操作机构及保护系统等五个部分组成，具有过载和失压保护功能。

适用于一般工业用交流50 Hz或60 Hz、电压380 V、功率为10～75 kW三相笼型异步电动机作不频繁降压启动和停止用。型号及其含义如下：

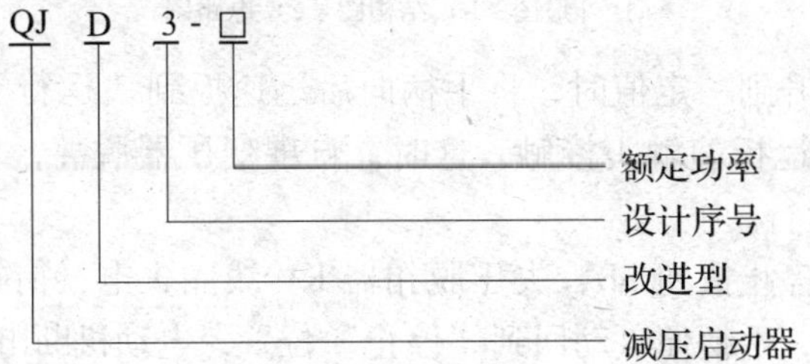

QJD3系列手动自耦减压启动器的电路图如图1—5—13c所示，其动作原理如下：

当手柄扳到“停止”位置时，装在主轴上的动触头与上、下两排静触头都不接触，电动机处于断电停止状态。

当手柄向前推到“启动”位置时，装在主轴上的动触头与上面一排启动静触头接触，三相电源L1、L2、L3通过右边三个动、静触头接入自耦变压器，又经自耦变压器的三个65%（或80%）抽头接入电动机进行降压启动；左边两个动、静触头接触则把自耦变压器接成了Y形。

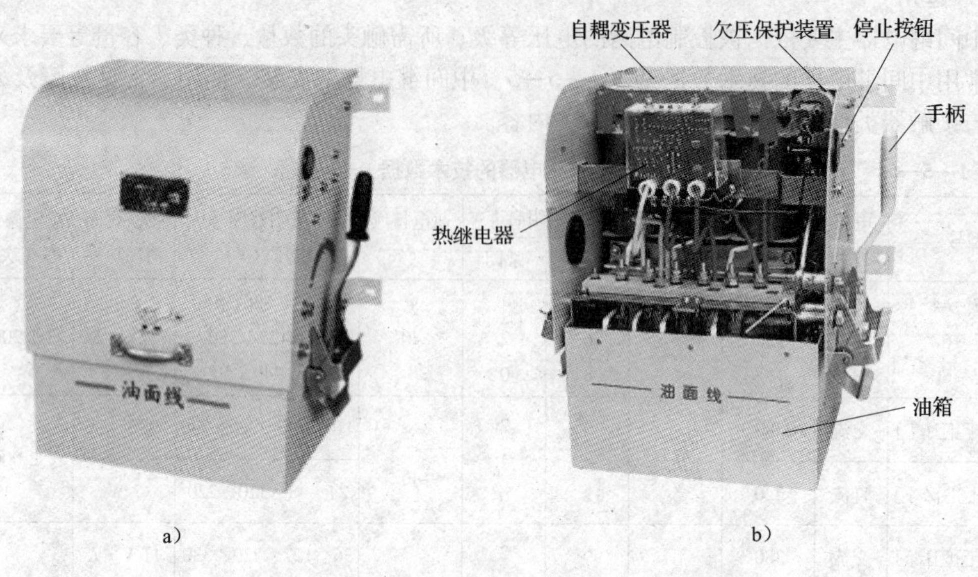

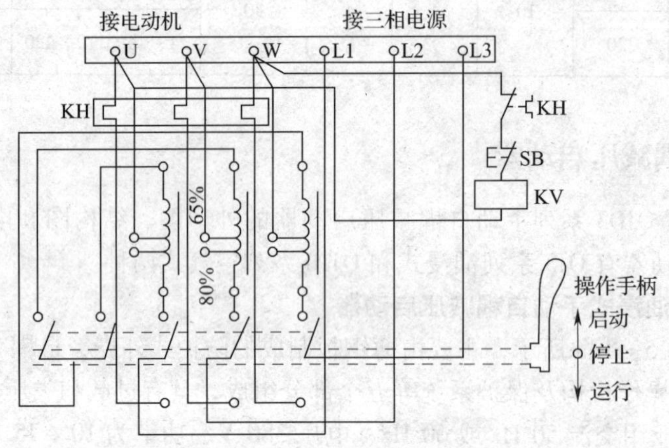

图 1—5—13　QJD3 系列手动自耦减压启动器

a）外形图　b）结构图　c）电路图

当电动机的转速上升到一定值时，将手柄向后迅速扳到“运行”位置，使右边三个动触头与下面一排的三个运行静触头接触，这时，自耦变压器脱离，电动机与三相电源 L1、L2、L3 直接相接全压运行。

停止时，只要按下停止按钮 SB，失压脱扣器 KV 线圈失电，衔铁下落释放，通过机械操作机构使启动器掉闸，手柄便自动回到“停止”位置，电动机断电停转。

由于热继电器 KH 的常闭触头、停止按钮 SB、失压脱扣器线圈 KV 串接在 U、W 两相电源上，所以当出现电源电压不足、突然停电、电动机过载和停车时都能使启动器掉闸，电动机断电停转。

启动器根据额定电压和额定功率，以选定其触头额定电流及启动用自耦变压器等结合而分类，其数据见表 1—5—6（对表中额定工作电流和热保护整定电流另有要求者除外）。

表 1—5—6　　　　QJD3 系列手动自耦减压启动器数据

<table>
<tr><th>型号</th><th>额定工作电压
（V）</th><th>控制的电动机功率
（kW）</th><th>额定工作电流
（A）</th><th>热保护额定电流
（A）</th><th>最大启动时间
（s）</th></tr>
<tr><td>QJD3－10</td><td rowspan="11">380</td><td>10</td><td>19</td><td>22</td><td rowspan="2">30</td></tr>
<tr><td>QJD3－14</td><td>14</td><td>26</td><td>32</td></tr>
<tr><td>QJD3－17</td><td>17</td><td>33</td><td>45</td><td rowspan="5">40</td></tr>
<tr><td>QJD3－20</td><td>20</td><td>37</td><td>45</td></tr>
<tr><td>QJD3－22</td><td>22</td><td>42</td><td>45</td></tr>
<tr><td>QJD3－28</td><td>28</td><td>51</td><td>63</td></tr>
<tr><td>QJD3－30</td><td>30</td><td>56</td><td>63</td></tr>
<tr><td>QJD3－40</td><td>40</td><td>74</td><td>85</td><td rowspan="4">60</td></tr>
<tr><td>QJD3－45</td><td>45</td><td>86</td><td>120</td></tr>
<tr><td>QJD3－55</td><td>55</td><td>104</td><td>160</td></tr>
<tr><td>QJD3－75</td><td>75</td><td>125</td><td>160</td></tr>
</table>

2. QJ10 系列空气式手动自耦降压启动器

该系列启动器适用于交流 50 Hz、电压 380 V 及以下、容量 75 kW 及以下的三相笼型异步电动机，作不频繁降压启动和停止用。

在结构上，QJ10 系列启动器也是由箱体、自耦变压器、保护装置、触头系统和手柄操作机构五部分组成。它的触头系统有一组启动触头、一组中性触头和一组运行触头，其电路图如图 1—5—14 所示。动作原理如下：

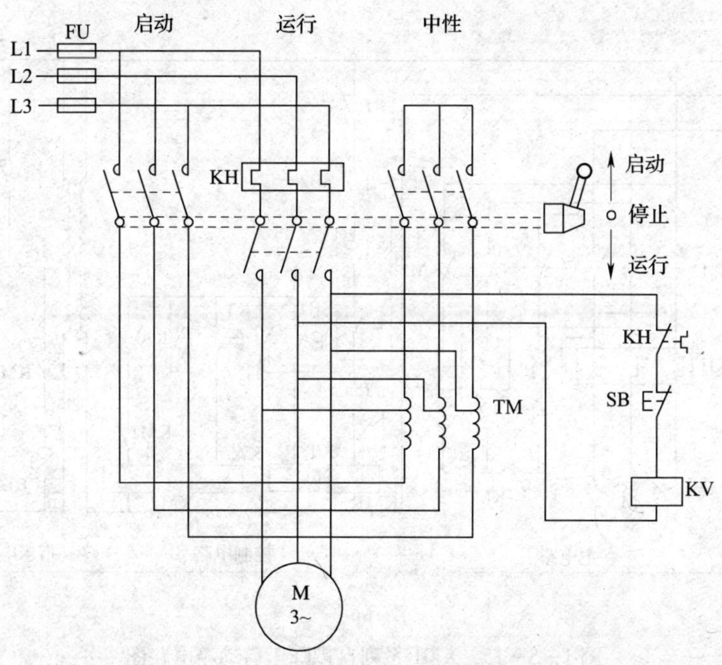

图 1—5—14　QJ10 系列空气式手动自耦减压启动器电路图

当手柄扳到“停止”位置时，所有的动、静触头均断开，电动机处于断电停止状态；当手柄向前推到“启动”位置时，启动触头和中性触头同时闭合，三相电源经启动触头接入自耦变压器 TM，又经自耦变压器的三个抽头接入电动机进行降压启动，中间触头则把自耦变压器接成了 Y 形；当电动机的转速上升到一定值后，将手柄迅速扳到“运行”位置，启动触头和中性触头先同时断开，运行触头随后闭合，这时自耦变压器脱离，电动机与三相电源 L1、L2、L3 直接相接全压运行。停止时，按下 SB 即可。

3. XJ01 系列自耦减压启动箱

XJ01 系列自耦降压启动箱是我国生产的自耦变压器降压启动自动控制设备，广泛用于交流为 50 Hz、电压为 380 V、功率为 14 ~ 300 kW 的三相笼型异步电动机的降压启动。XJ01 系列自耦降压启动箱的外形及内部结构如图 1—5—15a 所示。

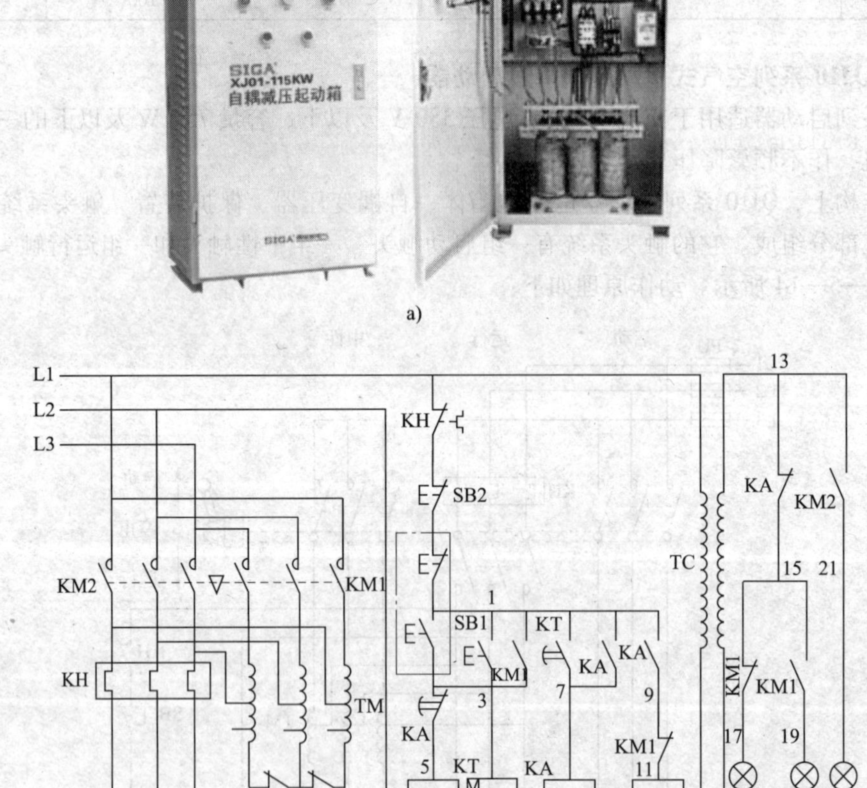

a)

b)

图 1—5—15　XJ01 系列自耦降压启动箱电路图

a）外形及内部结构　b）电路图

XJ01 系列自耦降压启动箱降压启动的电路图如图 1—5—15b 所示。虚线框内的按钮是异地控制按钮。整个控制线路分为三部分：主电路、控制电路和指示电路。

线路工作原理：

（1）降低启动

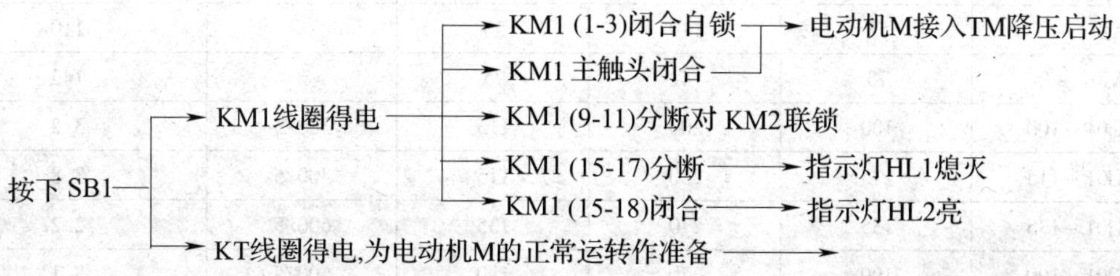

（2）全压运转

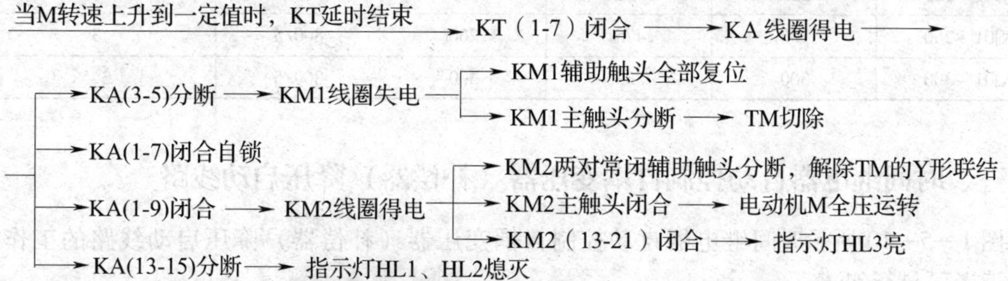

由以上分析可见，指示灯 HL1 亮，表示电源有电，电动机处于停止状态；指示灯 HL2 亮，表示电动机处于降压启动状态；指示灯 HL3 亮，表示电动机处于全压运行状态。停止时，按下停止按钮 SB2，控制电路失电，电动机停转。

自耦变压器降压启动除自动式外还有手动式，常见的有 QJ3 系列油浸式和 QJ10 系列空气式。QJ3 系列油浸式属应淘汰产品。

自耦变压器降压启动的优点是：启动转矩和启动电流可以调节。缺点是设备庞大，成本较高。因此，这种降压启动方法适用于额定电压为 220/380 V、接法为△/Y 形、容量较大的三相异步电动机的降压启动。

对于 14 ~ 75 kW 的产品，采用自动控制方式；对于 100 ~ 300 kW 的产品，具有手动和自动两种控制方式，由转换开关进行切换。时间继电器为可调式，在 5 ~ 120 s 内可以自由调节控制启动时间。自耦变压器备有额定电压 60% 和 80% 两挡抽头。补偿器具有过载和失压保护，最大启动时间为 2 min（包括一次或连续数次启动时间的总和），若启动时间超过 2 min，则启动后的冷却时间应不少于 4 h 才能再次启动。由于是定型产品，安装相对容易。

XJ01 系列自耦降压启动箱的主要技术数据，见表 1—5—7。

表 1—5—7　　XJ01 系列自耦降压启动箱的主要技术数据

型号	控制电动机功率（kW）	最大工作电流（A）	自耦变压器功率（kW）	电流互感器电流比	热继电器整定电流参考值（A）
XJ01 - 14	14	28	14		28
XJ01 - 20	20	40	20		40
XJ01 - 28	28	56	28		56

续表

型号	控制电动机功率（kW）	最大工作电流（A）	自耦变压器功率（kW）	电流互感器电流比	热继电器整定电流参考值（A）
XJ01－40	40	80	40		80
XJ01－55	55	110	55		110
XJ01－75	75	142	75		142
XJ01－100	100	200	115	300/5	3.2
XJ01－115	115	230	115	300/5	3.8
XJ01－135	135	270	135	600/5	2.2
XJ01－190	190	370	190	600/5	3.1
XJ01－225	225	410	225	800/5	2.5
XJ01－260	260	475	260	800/5	3
XJ01－300	300	535	300	800/5	3.5

三、时间继电器自动控制自耦变压器（补偿器）降压启动线路

图1—5—10所示时间继电器自动控制自耦变压器（补偿器）降压启动线路的工作原理，读者可自行叙述。

线路安装与调试

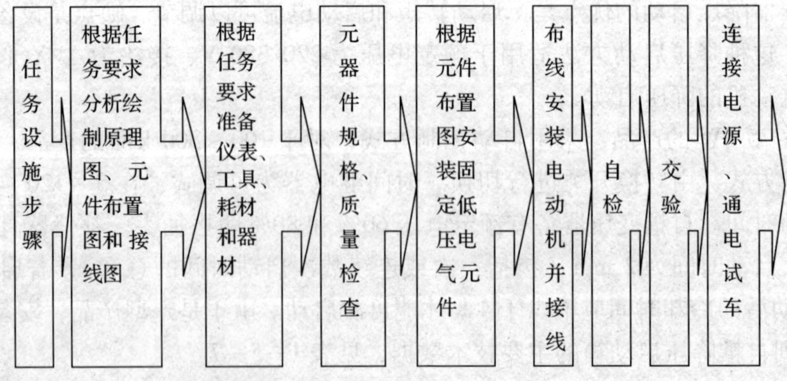

一、分析绘制元件布置图和接线图

读者自行绘制元件布置图和接线图。

二、仪表、工具、耗材和器材准备

根据接触器联锁正反转控制电路图，选用工具、仪表、耗材及器材，见表1—5—8。

表 1—5—8　　工具、仪表、耗材及器材选用表

序号	名称	型号与规格	单位	数量	备注
1	三相四线电源	AC3×380/220 V、20 A	处	1	
2	单相交流电源	AC220 V 和 36 V，5 A	处	1	
3	三相电动机	Y112M－4，7.5 kW、380 V、△形接法；或自定	台	1	
4	配线板	500 mm×600 mm×20 mm	块	1	
5	断路器 QF	DZ5－20/330	个	1	
6	交流接触器	CJ10－10，线圈电压 380 V CJ10－20，线圈电压 380 V	只	3	
7	热继电器	JR16－20/3，整定电流 10～16 A	只	1	
8	时间继电器	JS7－4A，线圈电压 380 V	只	1	
9	熔断器及熔芯配套	RL1－60/20	套	3	
10	熔断器及熔芯配套	RL1－15/4	套	2	
11	三联按钮	LA10－3H 或 LA4－3H	个	2	
12	接线端子排	JX2－1015，500 V、10 A、15 节或配套自定	条	1	
13	木螺钉	ϕ3 mm×20 mm；ϕ3 mm×15 mm	个	30	
14	平垫圈	ϕ4 mm	个	30	
15	圆珠笔	自定	支	1	
16	塑料软铜线	BVR－2.5 mm^2，颜色自定	m	20	
17	塑料软铜线	BVR－1.5 mm^2，颜色自定	m	20	
18	塑料软铜线	BVR－0.75 mm^2，颜色自定	m	5	
19	别径压端子	UT2.5－4，UT1－4	个	20	
20	行线槽	TC3025，长 34 cm，两边打 ϕ3.5 mm 孔	条	5	
21	异型塑料管	ϕ3 mm	m	0.2	
22	自耦变压器	GTZ	台	1	定制抽头电压 65% U_N
23	电工通用工具	验电笔、钢丝钳、螺钉旋具（一字形和十字形）、电工刀、尖嘴钳、活扳手、剥线钳等	套	1	
24	万用表	自定	块	1	
25	兆欧表	型号自定，或 500 V、0～200 MΩ	台	1	
26	钳形电流表	0～50 A	块	1	
27	劳保用品	绝缘鞋、工作服等	套	1	

三、元器件规格、质量检查

（1）根据仪表、工具、耗材和器材表，检查其各元器件、耗材与表中的型号与规格是

否一致。

（2）检查各元器件的外观是否完整无损，附件、备件是否齐全。

（3）用仪表检查各元器件和电动机的有关技术数据是否符合要求。

四、根据元件布置图安装固定低压电气元件

按布置图在控制板上安装电气元件，并贴上醒目的文字符号。

1. 自耦变压器要安装在箱体内，否则，应采取遮护或隔离措施，并在进、出线的端子上进行绝缘处理，以防止发生触电事故。

2. 若无自耦变压器，可采用两组灯箱来分别代替电动机和自耦变压器进行模拟试验，但三相规格必须相同，如图 1—5—16 所示。

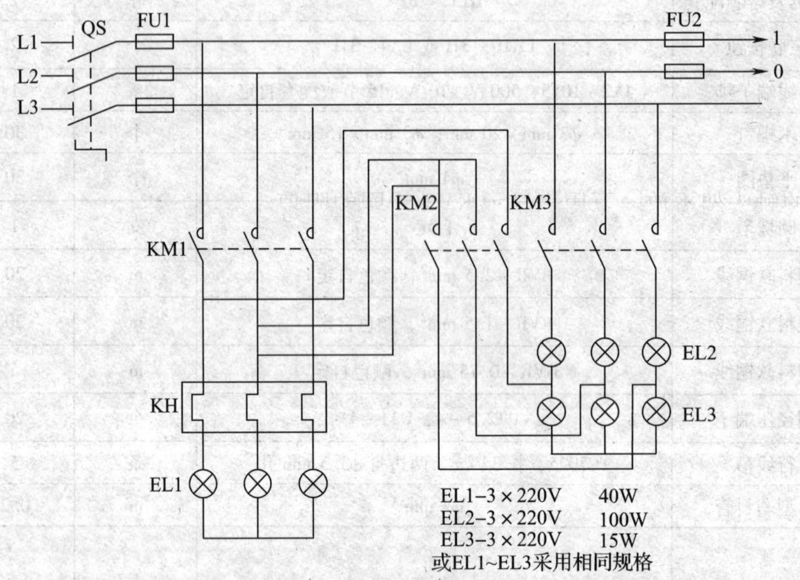

图 1—5—16　用灯箱进行模拟试验电路图

五、布线

采用板前线槽布线。布线工艺要求在前面已有介绍。

1. 布线时要注意电路中 KM2 与 KM3 的相序不能接错，否则，会使电动机的旋转方向在工作时与启动时相反。

2. 耦变压器的金属外壳及时间继电器的金属底板必须可靠接地，并应将接地线接到它们指定的接地螺钉上。

六、自检

1. 从电源端开始核对接线

按电路图或接线图从电源端开始，逐段核对接线及接线端子处线号是否正确，有无漏接、错接之处。检查导线接点是否符合要求，压接是否牢固。同时注意接点接触应良好，以避免带负载运转时产生闪弧现象。

2. 用万用表检查线路的通断情况

万用表选用倍率适当的电阻挡（R×1），并进行校零。

断开 QF，摘下接触器灭弧罩。

（1）主线路检测

将万用表笔跨接在 QF 下端子 U11 和端子排 U 处，应测得断路，按下 KM3 的触头架，万用表显示通路，放开 KM3 的触头架，同时按下 KM1、KM2 的触头架，万用表显示通路。用相同的方法检查 V 和 V11，W 和 W11。

（2）控制线路的检测

断开主线路，将万用表笔跨接在 FU2 的下端头 1 和 2 处，按下 SB2 不放，若采用晶体管时间继电器，万用表显示 KM1 和 KM2 线圈的并联阻值（若 KM1 和 KM2 相同，则显示 KM1 线圈阻值的一半），按下 SB1，万用表显示由通路转变为断路；轻按 KM3 的触头架，万用表显示断路。放开 SB2，按下 KM1 的触头架，万用表显示 KM1 和 KM2 线圈的并联阻值。按下 KM3 的触头架不放，万用表显示 KM3 线圈的阻值；按下 SB1，万用表显示再断路；按下 KM1 或 KM2 的触头架，万用表显示断路。

3. 用兆欧表检查线路的绝缘电阻的阻值

应不小于 1 MΩ。

七、交验

学生提出申请，经教师检查同意后方可进行下道工序。

八、连接电源及通电试车

（1）为保证人身安全，在通电试车时，要认真执行安全操作规程的有关规定，一人监护、一人操作。试车前，应检查与通电试车有关的电气设备是否有不安全的因素存在，若查出应立即整改，然后方能试车。

（2）通电试车前，必须征得教师的同意，并由指导教师接通三相电源 L1、L2、L3，同时在现场监护。学生合上电源开关 QF 后，用测电笔检查熔断器出线端，氖管亮说明电源接通。

1）空载操作试验

合上电源开关 QF，按下 SB2，KM1、KM2 线圈得电动作，几秒后，KM1、KM2 线圈失电，触头复位；同时 KM3 得电动作。按下 SB1，控制线路失电，KM3 触头复位。反复操作几次，观察线路的动作的可靠性。

时间继电器的时间设定，一般为 3～5 s。

2）带负荷试车

断开 QF，接好电动机接线，连接好时间继电器，设定好动作时间。合上刀开关 QF，作好立即停车的准备。

按下 SB1，电动机启动后，用万用表检查 U13、V13、W13 之间的电压是否小于 380 V。若用灯箱来进行模拟试验，看灯箱是否正常发光。几秒后，KT 动作，同时 KM3 得电，电动机正常运行。按下 SB2，主线路失电，电动机停转或灯箱停止发光。正常后再进行下一步。若用灯箱来进行模拟试验，看灯箱 EL2、EL3 是否熄灭。反复操作几次，观察线路的动作的可靠性。

（3）出现故障后，若需带电检查时，必须在教师现场监护的情况下进行。检修完毕后，如需要再次试车，也应该有教师在现场监护，并做好时间记录。

（4）试车成功后，记录下完成时间及通电试车次数。

（5）通电试车完毕，停转，切断电源。先拆除三相电源线，再拆除电动机线。

故障检修

在完成试车的基础上，教师或同组学生按照表 1—5—9 中故障原因分析的元器件或路径，人为的设定一两个故障点进行排故练习。

故障设定时一定要在断开电源的情况下进行，一般设定元器件故障和线路的断路故障，而不将正确的线路改错。如果需要通电观察故障现象，必须在教师在场的情况下进行。

故障分析：以 XJ01 型自动启动补偿器控制电路为例（见表 1—5—9）。

表 1—5—9　　线路故障的现象、原因及检查方法

故障现象	原因分析	检查方法
电动机不能起启动	（1）从主电路分析 可能存在的故障点有： 1）电源无电压或熔断器熔断； 2）接触器 KM1 本身有故障； 3）电动机故障； 4）变压器电压抽头选的过低 （2）从控制电路分析 可能存在的故障点有，热继电器触点 KH、SB1、SB2、KA 等触点接触不良	按下启动按钮，观察接触器 KM1 是否吸合，根据 KM1 的动作情况，按以下两种现象分析故障原因： （1）接触器 KM1 不吸合：①看电源指示灯亮不亮，不亮说明电源无电压或熔断器熔断。②看时间继电器是否吸合，不吸合且指示灯 1 亮，可能是热继电器触点 KH、SB1、SB2 等触点接触不良，③是接触器 KM1 本身有故障。 （2）如果 KM1 动作，电动机不转但发出“嗡嗡”声：①电动机负载过大，机械部分故障，造成反转矩过大等。②传动带过紧或电压过低。③是接触器 KM1 的主触点一相接触不良。④是变压器电压抽头选的过低，或电动机本身故障

续表

故障现象	原因分析	检查方法
电动机不能启动	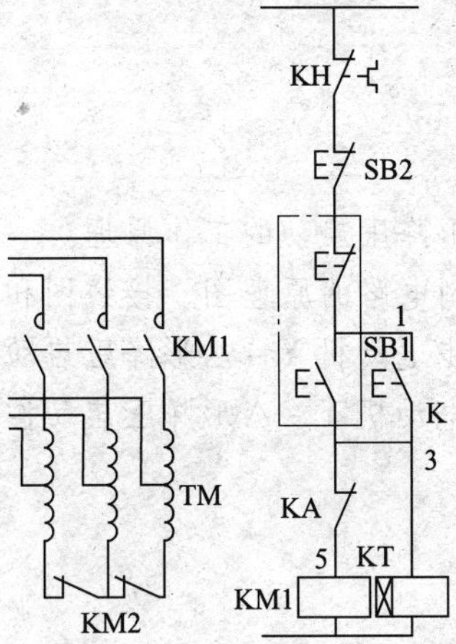	
自耦变压器发出“嗡嗡”声	变压器铁心松动、过载等；变压器线圈接地；电动机短路或其他原因使启动电流过大	断电后检查变压器铁心的压紧螺钉是否松动；用兆欧表检查变压器线圈接地电阻；检查电动机
自耦变压器过热	（1）自耦变压器短路、接地； （2）启动时间过长或电路不能切换成全压运行 ①时间继电器延时时间过长、线圈短路、机械受阻等原因造成不能吸合； ②时间继电器 KT 的延时闭合常开触点不能闭合或接触不良； ③中间继电器 KA 本身故障不能吸合； ④启动次数过于频繁	当发现这种故障时，应立即停车，不然会将自耦变压器烧毁（因电动机启动时间很短，自耦变压器也是按短时通电设计的，只允许连续启动两次）。 （1）断电后用兆欧表检查变压器线圈接地电阻、匝间电阻； （2）切断主电路，通电检查时间继电器延时时间是否过长，触头是否动作和中间继电器 KA 是否动作
接触器 KM1 释放后电动机停转	可能故障点是： （1）KM1 常闭触点接触不良，使接触器 KM2 无法通电； （2）中间继电器 KA 在 KM2 电路上的常开触点接触不良； （3）接触器 KM2 本身有故障不能吸合； （4）切换时间太快：其原因是 KT 整定时间太短，造成电动机启动状态还没结束，便转为工作状态； （5）较长时间的大电流通过热继电器的感温元件；热继电器辅助触点跳开，电动机停转 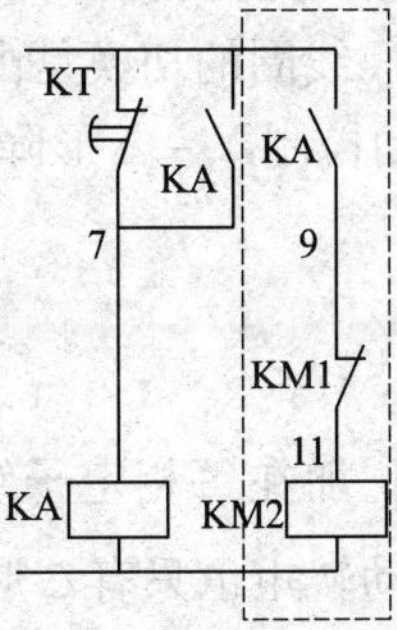	断电后检查： 由于控制电路中使用了变压器，因此，在使用电阻法或校验灯法时，应注意变压器回路的影响。 （1）使用电阻法或校验灯法检查中间继电器 KA 在 KM2 电路上的常开触点时，在按下 KA 的触头架时应同时按下 KM1 的触头架； （2）使用电阻法或校验灯法检查虚线框中的其他元件时，按下 SB2 可以防止变压器回路的影响
其他故障参见前文中的处理方法描述		

任务3　Y－△形降压启动控制电路的安装与检修

学习目标

1. 正确理解三相异步电动机Y－△形降压启动的工作原理。
2. 能正确识读Y－△形降压启动控制电路的原理图、接线图和布置图。
3. 会按照工艺要求正确安装三相异步电动机Y－△形降压启动控制电路。
4. 能根据故障现象，检修三相异步电动机Y－△形降压启动控制电路。

工作任务

任务2中自耦变压器（补偿器）降压启动是在启动时利用自耦变压器降低定子绕组上的启动电压，达到限制启动电流的目的。但这种方法缺点是设备庞大，成本较高。

在生产实际中，如M7475B型平面磨床上的砂轮电动机，由于容量较大，采用的是Y－△形降压启动；T610型镗床的主轴电动机也是采用的Y－△形降压启动。

Y－△形降压启动是指电动机启动时，把定子绕组接成Y形，以降低启动电压，限制启动电流。待电动机启动后，再将定子绕组改成△形联结，使电动机全压运行。

能完成Y－△形降压启动的控制线路，常见的主要有三种，一是利用手动Y－△形启动器启动控制线路；二是按钮、接触器控制Y－△形降压启动线路；三是时间继电器自动控制Y－△形降压启动。由于手动Y－△形启动器启动控制线路和按钮、接触器控制Y－△形降压启动线路的Y－△形转换是要通过人工操作来完成的，目前的生产机械中使用的较少，因此只做一般介绍。图1—5—17所示是时间继电器自动控制Y－△形降压启动控制线路。

在主电路中，通过KM_Y和$KM_\triangle$主触头的变换闭合，电动机的定子绕组由星形联结变化为三角形联结。控制线路中，KM_Y和$KM_\triangle$线圈的切换是由时间继电器自动完成的。

本次任务就是要完成时间继电器自动控制Y－△形降压启动控制线路的安装与检修。

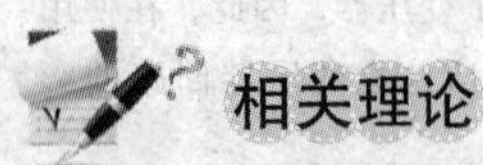

相关理论

电动机启动时，定子绕组接成Y形，加在每相定子绕组上的启动电压只有△形联结的$1/\sqrt{3}$，启动电流为△形联结的1/3，启动转矩也只有△形联结的1/3。所以这种降压启动方法，只适用于轻载或空载下启动。凡是在正常运行时定子绕组作△形联结的异步电动机，均可采用这种降压启动方法。

一、手动控制Y－△形降压启动线路

手动控制Y－△形降压启动控制线路中的关键低压电器是手动Y－△形启动器。手动Y－△形启动器有QX1和QX2系列，按控制电动机的容量分为13 kW和30 kW两种，启动器

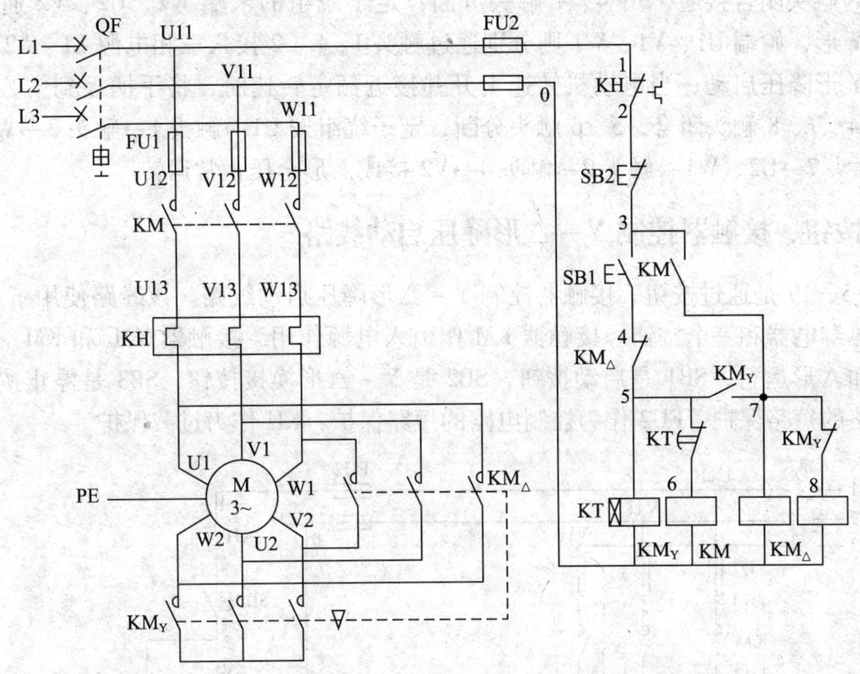

图 1—5—17　时间继电器自动控制 Y－△形降压启动控制线路

的正常操作频率为 30 次/h。其外形、接线图和触头分合图如图 1—5—18 所示。

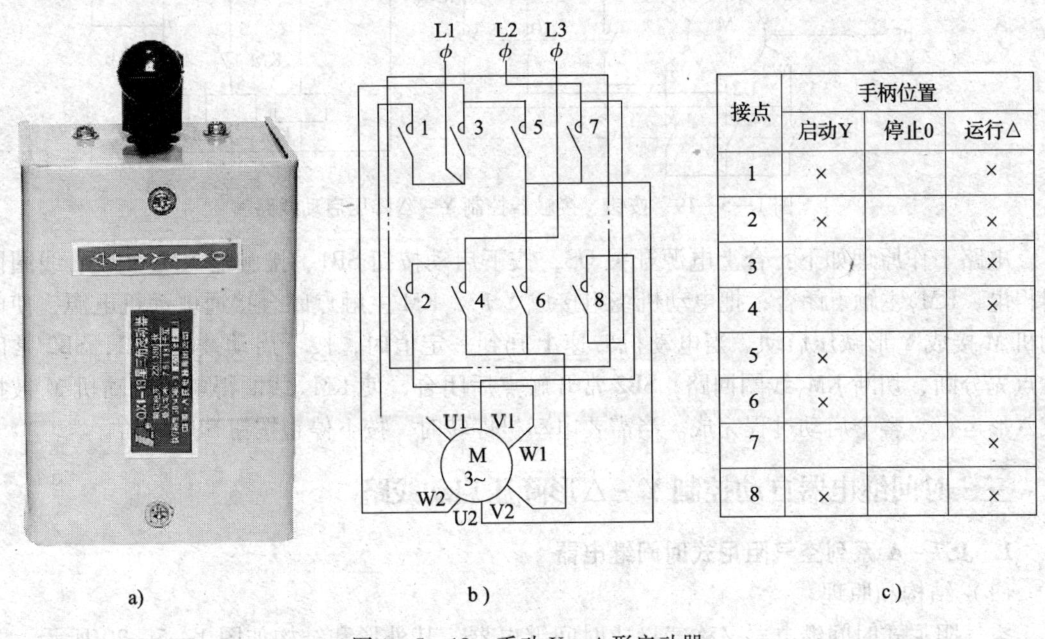

接点	手柄位置		
	启动Y	停止0	运行△
1	×		×
2	×		×
3			×
4			×
5	×		
6	×		
7			×
8	×		×

a)　　b)　　c)

图 1—5—18　手动 Y－△形启动器

a）外形　b）接线图　c）触头分合图

如图 1—5—18 所示，启动器有启动（Y）、停止（0）和运行（△）三个位置，当手柄扳到“0”位置时，八对触头都分断，电动机脱离电源停转；当手柄扳到“Y”位置时，1、

2、5、6、8 触头闭合接通，3、4、7 触头分断，定子绕组的末端 W2、U2、V2 通过触头 5 和 6 接成 Y 形，始端 U1、V1、W1 则分别通过触头 1、8、2 接入三相电源 L1、L2、L3，电动机进行 Y 形降压启动；当电动机转速上升并接近额定转速时，将手柄扳到“△”位置，1、2、3、4、7、8 触头闭合，5、6 触头分断，定子绕组按 U1→触头 1→触头 3→W2、V1→触头 8→触头 7→U2、W1→触头 2→触头 4→V2 接成△形全压正常运转。

二、按钮、接触器控制 Y－△形降压启动线路

图 1—5—19 是通过按钮、接触器控制 Y－△形降压启动线路。该线路使用了三个接触器、一个热继电器和三个按钮。接触器 KM 作引入电源作用，接触器 KM_Y 和 $KM_△$ 分别用作 Y 形启动和△形运行，SB1 是启动按钮，SB2 是 Y－△形换接按钮，SB3 是停止按钮，FU1 作为主电路的短路保护，FU2 作为控制电路的短路保护，KH 作为过载保护。

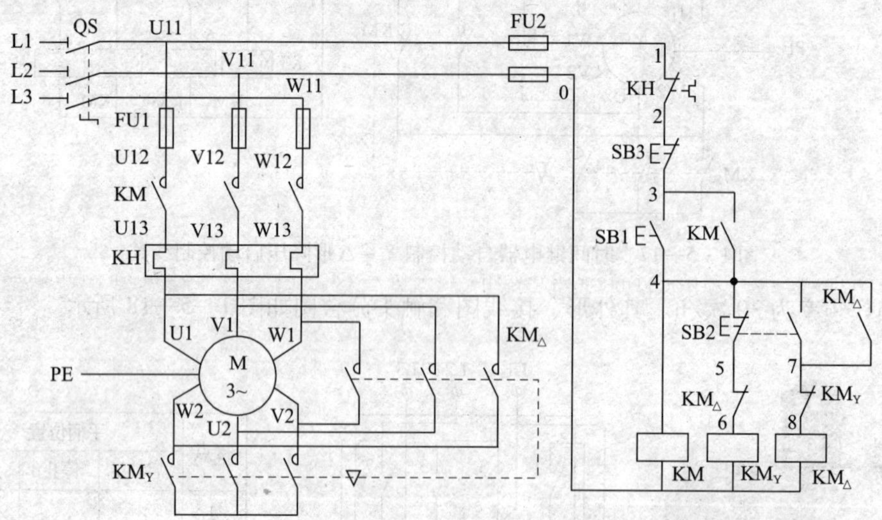

图 1—5—19　按钮、接触器控制 Y－△降压启动线路

电路工作原理如下：合上电源开关 QS，按下启动按钮 SB1，接触器 KM 和 KM_Y 线圈同时得电，KM_Y 主触点闭合，把电动机绕组接成 Y 形，KM 主触点闭合接通电动机电源，使电动机 M 接成 Y 形减压启动。当电动机转速上升到一定值时，按下启动按钮 SB2，SB2 常闭触点先分断，切断 KM_Y 线圈回路，SB2 常开触点后闭合，使 $KM_△$ 线圈得电，电动机 M 被接成△形运行，整个启动过程完成。当需要电动机停转时，按下停止按钮 SB3 即可。

三、时间继电器自动控制 Y－△形降压启动线路

1. JS7－A 系列空气阻尼式时间继电器

（1）结构和原理

空气阻尼式时间继电器又称气囊式时间继电器，其外形和结构如图 1—5—20 所示，主要由电磁系统、延时机构和触头系统三部分组成，电磁系统为直动式双 E 形电磁铁，延时机构采用气囊式阻尼器，触头系统是借用 LX5 型微动开关，包括两对瞬时触头（1 常开 1 常闭）和两对延时触头（1 常开 1 常闭）。根据触头延时的特点，可分为通电延时动作型和断电延时复位型两种。

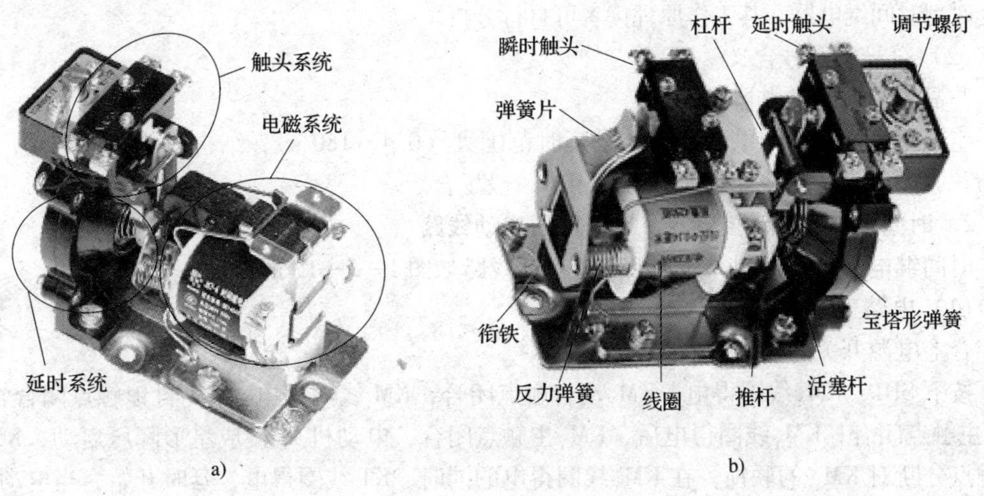

图 1—5—20 JS7 - A 系列空气阻尼式时间继电器

a）外形 b）结构

JS7 - A 系列空气阻尼式时间继电器是利用气囊中的空气通过小孔节流的原理来获得延时动作的，其结构原理示意图如图 1—5—21 所示。图 1—5—21a 是通电延时型时间继电器，当电磁系统的线圈通电时，微动开关 SQ2 的触头瞬时动作，而 SQ1 的触头由于气囊中空气阻尼的作用延时动作，其延时时间的长短取决于进气的快慢，可通过旋动调节螺钉 13 进行调节，延时范围有 0.4 ~ 60 s 和 0.4 ~ 180 s 两种。当线圈断电时，微动开关 SQ1 和 SQ2 的触头均瞬时复位。

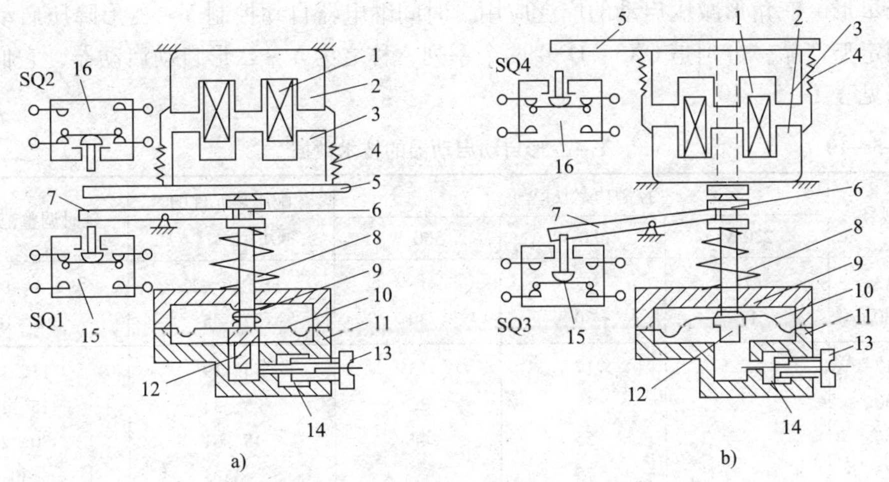

图 1—5—21 JS7 - A 型时间继电器的结构原理

a）通电延时型 b）断电延时型

1—线圈 2—铁心 3—衔铁 4—反力弹簧 5—推板 6—活塞杆 7—杠杆 8—塔形弹簧 9—弱弹簧 10—橡胶膜 11—空气室 12—活塞 13—调节螺钉 14—进气孔 15、16—微动开关

JS7 - A 系列断电延时型和通电延时型时间继电器的组成元件是通用的。若将图 1—5—21a 中通电延时型时间继电器的电磁机构旋出固定螺钉后反转 180°安装，即为图 1—5—21b 所示断

电延时型时间继电器。其工作原理读者可自行分析。

（2）符号及型号含义

与晶体管时间继电器一致。

空气阻尼式时间继电器的特点是延时范围大（0.4～180 s），结构简单，价格低，使用寿命长，但整定精度往往较差，只适用于一般场合。

2. 时间继电器自动控制 Y－△形降压启动线路

时间继电器自动控制 Y－△形降压启动线路如图 1—5—17 所示。

（1）电路工作原理如下

合上电源开关 QS。

按下 SB1，KM_Y线圈得电，KM_Y动合触点闭合，KM 线圈得电，KM 自锁触点闭合自锁、KM 主触点闭合；KM_Y线圈得电后，KM_Y主触点闭合；电动机 M 接成星形降压启动；KM_Y联锁触点分断对 $KM_{\triangle}$的联锁；在 KM_Y线圈得电的同时，KT 线圈得电，延时开始，当电动机 M 的转速上升到一定值时，KT 延时结束，KT 动触点分断，KM_Y线圈失电，KM_Y动触点分断；KM_Y主触点分断，解除星形联结；KM_Y联锁触点闭合，$KM_{\triangle}$线圈得电，$KM_{\triangle}$联锁触点分断对 KM_Y的联锁；同时 KT 线圈失电，KT 动断触点瞬时闭合，$KM_{\triangle}$主触点闭合，电动机 M 接成三角形全压运行。

停止时，按下 SB2 即可。

（2）特点

简便经济，容易控制，使用比较普遍，只要是正常运行，定子绕组三角形联结的电动机就都可以进行星形－三角形减压启动。

（3）星形－三角形减压启动器

由于星形－三角形减压启动的广泛应用，时间继电器自动控制 Y－△形降压启动线路有两个系列定型产品，分别是 QX3、QX4 两个系列，称之为 Y－△形自动启动器，它们的主要技术数据见表 1—5—10。

表 1—5—10　　Y－△形自动启动器的技术数据

启动器型号	控制功率（kW）			配用热元件的额定电流（A）	延时调整范围（s）
	220 V	380 V	500 V		
QX3－13	7	13	13	11、16、22	4～16
QX3－30	17	30	30	32、45	4～16
QX4－17		17	13	15、19	11、13
QX4－30		30	22	25、34	15、17
QX4－55		55	44	45、61	20、24
QX4－75		75		85	30
QX4－125		125		100～160	14～60

QX3 型 Y－△形自动启动器外形、结构和电路如图 1—5—22 所示。这种启动器主要由三个接触器 KM、KM_Y、$KM_{\triangle}$、一个热继电器 KH、一个通电延时型时间继电器 KT 和两个按钮组成。工作原理读者可自行分析。

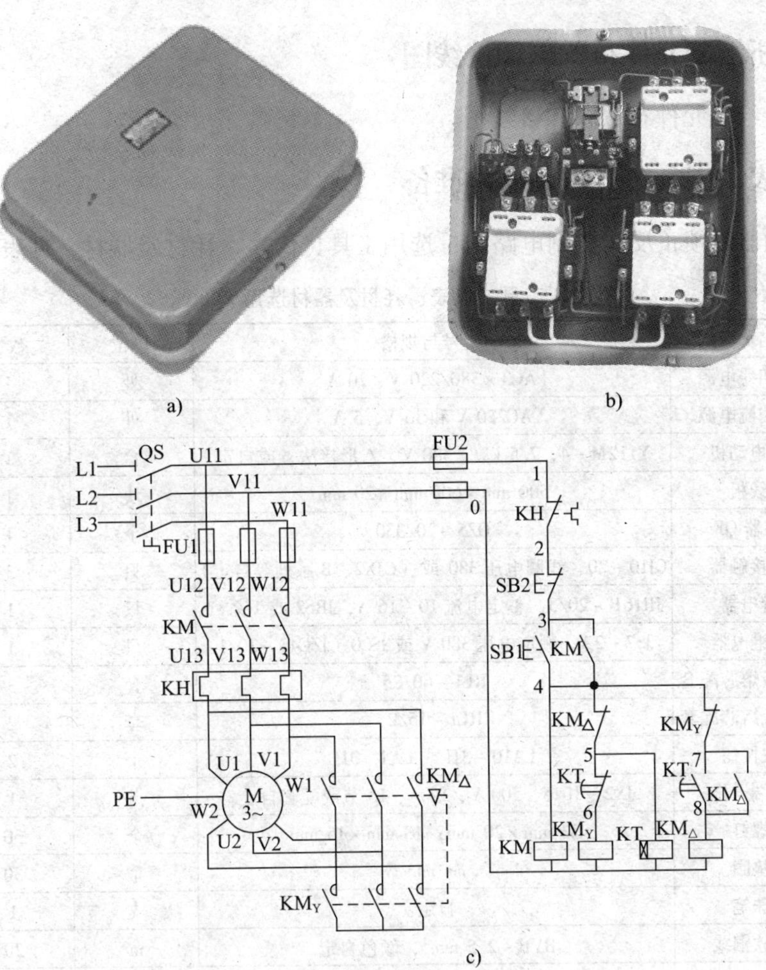

图 1—5—22 QX3 星形－三角形启动器

a）QX3 星形－三角形启动器外形 b）QX3 结构 c）电路图

任务实施

线路安装与调试

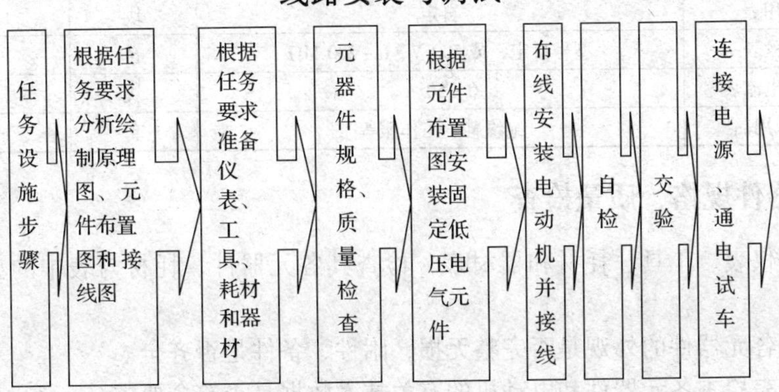

一、分析绘制元件布置图和接线图

读者自行绘制元件布置图和接线图。

二、仪表、工具、耗材和器材准备

根据接触器联锁正反转控制电路图，选用工具、仪表、耗材及器材，见表1—5—11。

表1—5—11 工具、仪表、耗材及器材选用表

序号	名称	型号与规格	单位	数量	备注
1	三相四线电源	AC3×380/220 V、20 A	处	1	
2	单相交流电源	AC220 V和36 V，5 A	处	1	
3	三相电动机	Y112M－4，7.5 kW、380 V、△形接法；或自定	台	1	
4	配线板	500 mm×600 mm×20 mm	块	1	
5	断路器QF	DZ5－20/330	个	1	
6	交流接触器	CJ10－20，线圈电压380或（CJX2、B系列等自定）	只	3	
7	热继电器	JR16B－20/3，整定电流10～16 A，JRS2或T系列	只	1	
8	时间继电器	JS7－2A，额定电压380 V或JS20、JZC45－30/1	只	1	
9	熔断器及熔芯配套	RL1－60/25	套	3	
10	熔断器及熔芯配套	RL1－15/2	套	2	
11	三联按钮	LA10－3H或LA4－3H	个	2	
12	接线端子排	JX2－1015，500 V、10 A、15节或配套自定	条	1	
13	木螺钉	ϕ3 mm×20 mm；ϕ3 mm×15 mm	个	30	
14	平垫圈	ϕ4 mm	个	30	
15	圆珠笔	自定	支	1	
16	塑料软铜线	BVR－2.5 mm^2，颜色自定	m	20	
17	塑料软铜线	BVR－1.5 mm^2，颜色自定	m	20	
18	塑料软铜线	BVR－0.75 mm^2，颜色自定	m	5	
19	别径压端子	UT2.5－4，UT1－4	个	20	
20	行线槽	TC3025，长34 cm，两边打ϕ3.5 mm孔	条	5	
21	异型塑料管	ϕ3 mm	m	0.2	
22	电工通用工具	验电笔、钢丝钳、螺钉旋具（一字形和十字形）、电工刀、尖嘴钳、活扳手、剥线钳等	套	1	
23	万用表	自定	块	1	
24	兆欧表	型号自定，或500 V、0～200 MΩ	台	1	
25	钳形电流表	0～50 A	块	1	
26	劳保用品	绝缘鞋、工作服等	套	1	

三、元器件规格、质量检查

（1）根据仪表、工具、耗材和器材表，检查其各元器件、耗材与表中的型号与规格是否一致。

（2）检查各元器件的外观是否完整无损，附件、备件是否齐全。

（3）用仪表检查各元器件和电动机的有关技术数据是否符合要求。

四、根据元件布置图安装固定低压电气元件

按布置图在控制板上安装电气元件，并贴上醒目的文字符号。

JS7－A 系列空气阻尼式时间继电器延时时间的整定，如图 1—5—23 所示。

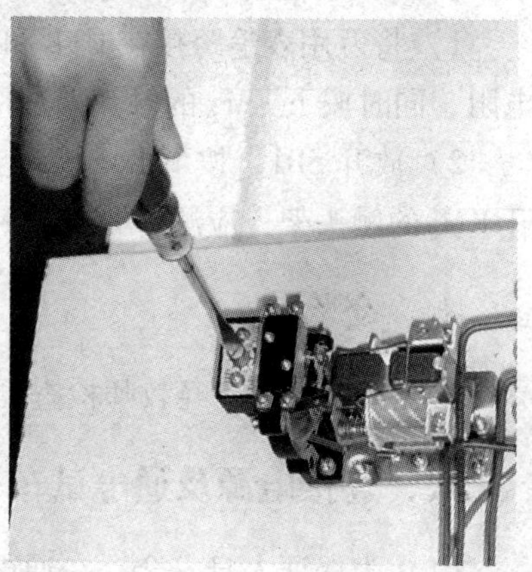

图 1—5—23　JS7 时间继电器的整定

安装 JS7 时间继电器时，依据电路图的要求首先检查时间继电器状态，如果发现是断电延时时间继电器，应将线圈部分转动 180°，改为通电延时时间继电器。无论是通电延时型还是断电延时型，都必须是时间继电器在断电之后，释放时衔铁的运动垂直向下，其倾斜度不得超过 5°。时间继电器整定时间旋钮的刻度值应正对安装人员，以便安装人员看清，容易调整。

五、布线和连接电动机

采用板前线槽布线。布线工艺要求在前面已有叙述。

1. 用 Y－△形降压启动控制的电动机，必须有 6 个出线端子且定子绕组在△形接法时的额定电压等于三相电源线电压。

2. 接线时要保证电动机△形接法的正确性，即接触器 KM_Y 主触闭合时，应保证定子绕组的 U1 与 W2、V1 与 U2、W1 与 V2 相连接。

3. 接触器 KM_Y 的进线必须从三相定子绕组的末端引入，若误将其端引入，则在吸合时，会产生三相电源短路事故。

六、自检

1. 从电源端开始核对接线

按电路图或接线图从电源端开始，逐段核对接线及接线端子处线号是否正确，有无漏接、错接之处。检查导线接点是否符合要求，压接是否牢固。同时注意接点接触应良好，以避免带负载运转时产生闪络现象。

2. 用万用表检查线路的通断情况

万用表选用倍率适当的电阻挡（R ×1），并进行校零。

断开 QF，摘下接触器灭弧罩。

（1）主电路检测

1）将万用表笔跨接在 QF 下端子 U11 和端子排 U1 处，应测得断路，按下 KM 的触头架，万用表显示通路，重复 V11－V1 和 W11－W2 之间的检测。

2）将万用表笔跨接在 QF 下端子 U1 和端子排 W2 处，应测得断路，按下 $KM_△$ 的触头架，万用表显示通路，重复 V1－U2 和 W1－V2 之间的检测。

3）将万用表笔跨接在端子排 W2 和 U2 之间，应测得断路，按下 KM_Y的触头架，万用表显示通路，重复，以上步骤进行 W2－V2 和 U2－V2 之间的检测。

（2）控制电路检测（按使用晶体管时间继电器为例）

1）将万用表笔跨接在 U11 和 V11 之间，应测得断路，按下 SB1 不放，应测得 KM_Y线圈电阻，同时按下 $KM_{\triangle}$的触头架，应测得断路，放开 $KM_{\triangle}$的触头架，按下 SB2，应测得断路。

2）放开 SB1，按下 KM 的触头架，同时轻按 KM_Y的触头架，应测得 KM 线圈电阻；放开 KM_Y的触头架，应测得 KM 和 $KM_{\triangle}$线圈电阻的并联值，按下 SB2，应测得断路。

七、交验

学生提出申请，经教师检查同意后方可进行下道工序。

八、连接电源及通电试车

（1）为保证人身安全，在通电试车时，要认真执行安全操作规程的有关规定，一人监护、一人操作。试车前，应检查与通电试车有关的电气设备是否有不安全的因素存在，若查出应立即整改，然后方能试车。

（2）通电试车前，必须征得教师的同意，并由指导教师接通三相电源 L1、L2、L3，同时在现场监护。学生合上电源开关 QF 后，用测电笔检查熔断器出线端，氖管亮说明电源接通。上述检查一切正常后，做好准备工作，在指导老师监护下试车。

1）空操作试验

拆下电动机连线，调整好时间继电器的延时动作时间（一般为 5～10 s），合上 QF，按下 SB1，KM 和 KM_Y吸合动作，5～10 s 后，KM_Y失电断开，$KM_{\triangle}$得电吸合动作；按下 SB2，接触器失电断开。

2）带负荷试车

断开 QF，连接好电动机接线，合上 QF，做好随时切断电源的准备。按下 SB1，观察电动机的启动情况，5～10s 后，KM_Y失电断开，$KM_{\triangle}$得电吸合动作；电动机全压运行。

（3）出现故障后，若需带电检查，必须在教师现场监护的情况下进行。检修完毕后，如需要再次试车，也应该在教师现场监护下进行，并做好时间记录。

（4）试车成功后，记录下完成时间及通电试车次数。

（5）通电试车完毕，停转，切断电源。先拆除三相电源线，再拆除电动机线。

故 障 检 修

在完成试车的基础上，教师或同组学生按照表 1—5—12、表 1—5—13 中故障原因分析的元器件或路径，人为的设定一两个故障点进行排故练习。

故障设定时一定要在断开电源的情况下进行，一般设定元器件故障和线路的断路故障，而不将正确的线路改错。如果需要通电观察故障现象，必须在教师在场的情况下进行。

1. 空气阻尼时间继电器常见故障检修

见表 1—5—12。

表 1—5—12　　　　线路故障的现象、原因及检修方法

常见故障	原因及检修方法
延时触头不动作	(1) 电磁铁线圈断线，万用表检测，更换线圈 (2) 电源电压大大低于线圈额定电压，调高电流电压或更换线圈 (3) 连接触头不牢，重新连接
延时时间缩短	(1) 空气阻尼式时间继电器气室装配不严、漏气，调换气室 (2) 空气阻尼式时间继电器气室内橡胶薄膜损坏，更换橡胶膜
延时时间变长	空气阻尼式时间继电器气室有灰尘，使气道阻塞清洁或更换气室

2. 时间继电器自动控制 Y－△形降压启动控制线路的故障检修

见表 1—5—13。

表 1—5—13　　　　线路故障的现象、原因及检修方法

故障现象	原因分析	检查方法
电动机不能启动	这意味着电动机 M 不能接成 Y 形启动 (1) 从主电路来分析 熔断器 FU1 断路、接触器 KM、KM_Y 主触点接触不良、热继电器 KH 主通路有断点、电动机 M 绕组有故障。 (2) 从控制电路来分析 1) 1 号导线至 2 号导线热继电器 KH 常闭触点接触不良； 2) 2 号导线至 3 号导线间的按钮 SB2 常闭触点接触不良； 3) 4 号导线至 5 号导线接触器 $KM_\triangle$ 的常闭触点接触不良； 4) 5 号导线至 6 号导线间的时间继电器 KT 延时断开瞬时闭合触点接触不良； 5) 接触器 KM 及接触器 KM_Y 线圈损坏等	故障检查的步骤及方法： 按下电动机 M 启动按钮 SB1，观察接触器 KM、KM_Y 是否闭合。 (1) 若接触器 KM、KM_Y 都闭合，则为主电路的问题，重点检查熔断器 FU1、接触器 KM 及 KM_Y 主触点、电动机 M 绕组等； (2) 如果接触器 KM、KM_Y 均不闭合，则重点检查熔断器 FU2、1 号导线至 2 号导线间热继电器 KH 的常闭触点、2 号导线至 3 号导线间按钮 SB2 常闭触点、5 号导线至 6 号导线间的时间继电器 KT 延时断开瞬时闭合常闭触点等； (3) 如接触器 KM_Y 闭合，KM 未闭合，则重点检查 5 号导线至 7 号导线间的接触器 KM_Y 常开触点及接触器 KM 线圈
电动机能 Y 形启动但不能转换为△形运行	(1) 从主电路分析有接触器 $KM_\triangle$ 主触点闭合接触不良； (2) 从控制电路来分析有 4 号导线至 5 号导线间接触器 $KM_\triangle$ 常闭触点接触不好、时间继电器 KT 线圈损坏、7 号导线至 8 号导线间接触器 KM_Y 常闭触点接触不良、接触器 $KM_\triangle$ 线圈损坏等	检查步骤为： 按下启动按钮 SB1，电动机 M 在 Y 形启动后，观察时间继电器 KT 是否闭合。 (1) 若时间继电器 KT 未闭合，重点检查时间继电器 KT 的线圈； (2) 如果 KT 闭合，经过一定时间后，观察接触器 KM_Y 是否释放，$KM_\triangle$ 是否闭合 1) 如 KM_Y 未释放，则检查 5 号导线与 6 号导线间 KT 瞬时闭合延时断开触点（不能延时断开）； 2) 如 KM_Y 释放，观察 $KM_\triangle$ 是否吸合。如 $KM_\triangle$ 未闭合，则检查 7 号导线至 8 号导线接触器 KM_Y 常闭触点。若 $KM_\triangle$ 闭合，则检查 $KM_\triangle$ 主触点
其他故障参见前面的处理方法描述		

* 任务 4 延边△形降压启动控制线路的检修

学习目标

1. 了解三相异步电动机延边△形降压启动的工作原理。
2. 能正确识读延边△形降压启动控制电路的原理图、接线图和布置图。
3. 能根据故障现象，检修三相异步电动机延边△形降压启动控制电路。

工作任务

任务 3 中的 Y－△形降压启动控制电路启动时，可以在不增加专用启动设备的条件下实现降压启动，但是其启动转矩较低，仅适用于空载或轻载状态下的启动。生产实际中，往往需要电动机启动时有较大的启动转矩，而延边三角形降压启动就是一种既不用增加专用启动设备，又能得到较高启动转矩的降压启动方法，但它需要专门的延边三角形电动机。图 1—5—24 所示为延边△形降压启动控制线路。

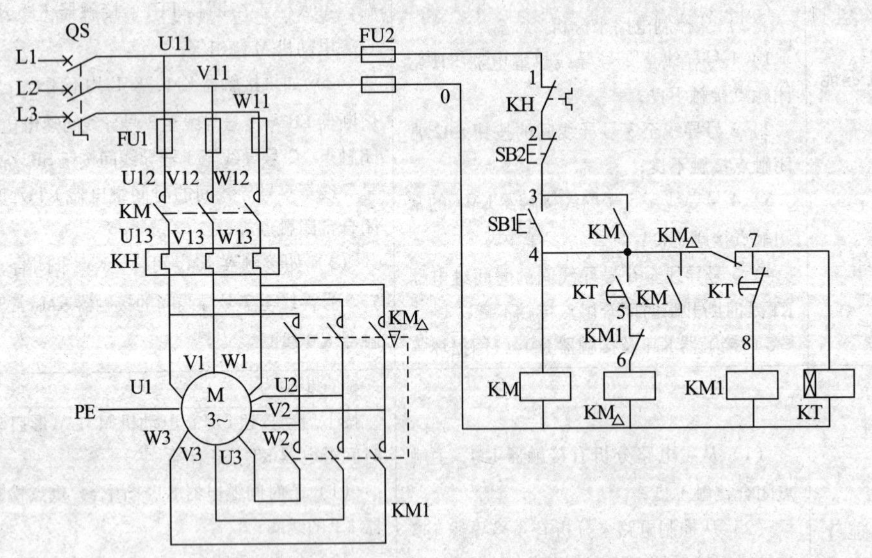

图 1—5—24 延边△形降压启动控制线路

从图中可以看出，它只适用于定子绕组有九个出线头的 JO_3 系列异步电动机。由于拖动控制技术和设备的不断进步，特别是电动机软启动器的大量使用，采用延边三角形进行降压启动的控制线路已越来越少。

本次任务主要是完成对延边△形降压启动控制 XJ1 系列减压启动控制箱的故障检修。

相关理论

一、电动机定子绕组延边三角形联结降压原理

图 1—5—25 所示为有九个出线头的电动机的定子绕组抽头连接方式。改变延边三角形联结时定子绕组间抽头比（即 Z_1 与 Z_2 之比），就能改变相电压的大小，从而改变启动转矩的大小。

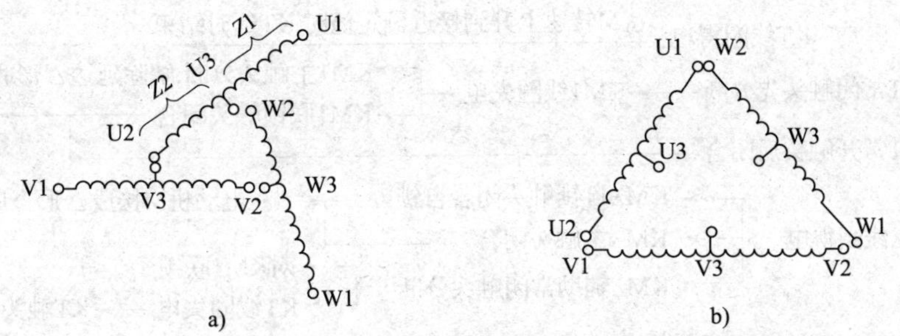

图 1—5—25　延边△形降压启动电动机定子绕组的连接方式

a）延边△形接法　b）△形接法

启动时将定子绕组的一部分接成△形，另一部分接成 Y 形，整个绕组接成如图 1—5—25a 所示的延边三角形，并将三相电源分别接入三个绕组的首端 U1、V1、W1，此时，每相绕组的相电压比三角形接法时有所降低，启动电流也可减小；待电动机转速升高后，再接成如图 1—5—25b 所示△形，电动机正常运行。延边△形降压启动是在 Y－△形降压启动的基础上加以改进而形成的一种启动方式，它把 Y 形和△形两种接法结合起来，使电动机每相定子绕组承受的电压小于△形接法时的相电压，而大于 Y 形接法时的相电压，并且每相绕组电压的大小可随电动机绕组抽头（U3、V3、W3）位置的改变而调节，从而克服了 Y－△形降压启动时启动电压偏低、启动转矩偏小的缺点。

电动机接成延边△形时，每相绕组各种抽头比的启动特性见表 1—5—14。

表 1—5—14　　延边△形电动机定子绕组不同抽头比的启动特性

定子绕组抽头比 $K=Z_1:Z_2$	相似于自耦变压器的抽头百分比	启动电流为额定电流的倍数 I_{st}/I_N	延边三角形启动时每相绕组的电压（V）	启动转矩为全压启动时的百分比
1:1	71%	3～3.5	270	50%
1:2	78%	3.6～4.2	296	60%
2:1	66%	2.6～3.1	250	42%
当 Z_2 绕组为 0 时即为 Y 形联结	58%	2～2.3	220	33.3%

由图 1—5—25a 和表 1—5—14 可以看出，采用延边△形启动的电动机需要有 9 个出线端，这样不用自耦变压器，通过调节定子绕组的抽头比 K，就可以得到不同数值的启动电流和启动转矩，从而满足了不同的使用要求。

二、延边△形降压启动控制线路工作原理

1. 延边△形降压启动工作原理分析

延边△形降压启动的电路图如图 1—5—26 所示。其工作原理如下：合上电源开关 QS。

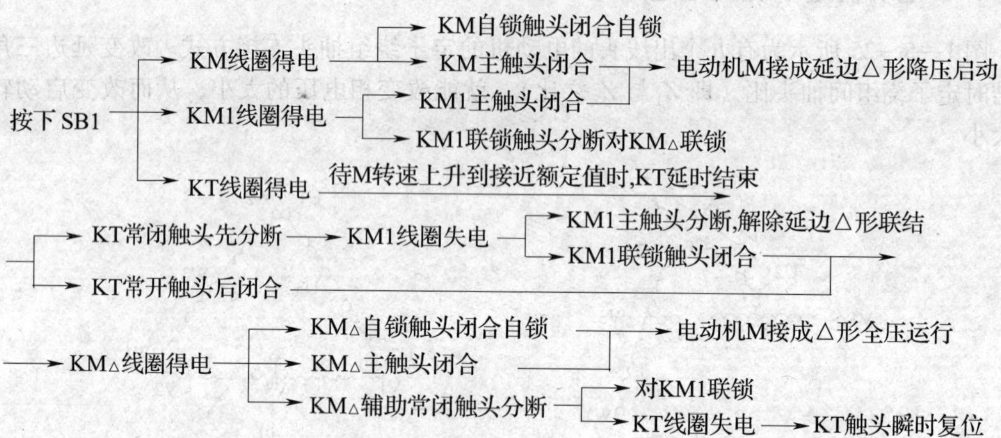

停止时按下 SB2 即可。

2. XJ1 系列减压启动控制箱的控制线路

与 Y－△形降压启动有定型产品的启动器一样，延边△形降压启动也有定型产品。XJ1 系列减压启动控制箱就是应用延边△形降压启动方法而制成的一种启动设备，箱内无降压自耦变压器，可允许频繁操作，并可作 Y－△形降压启动。

XJ1 系列减压启动控制箱的电路如图 1—5—26 所示。线路的工作原理读者可自己分析。

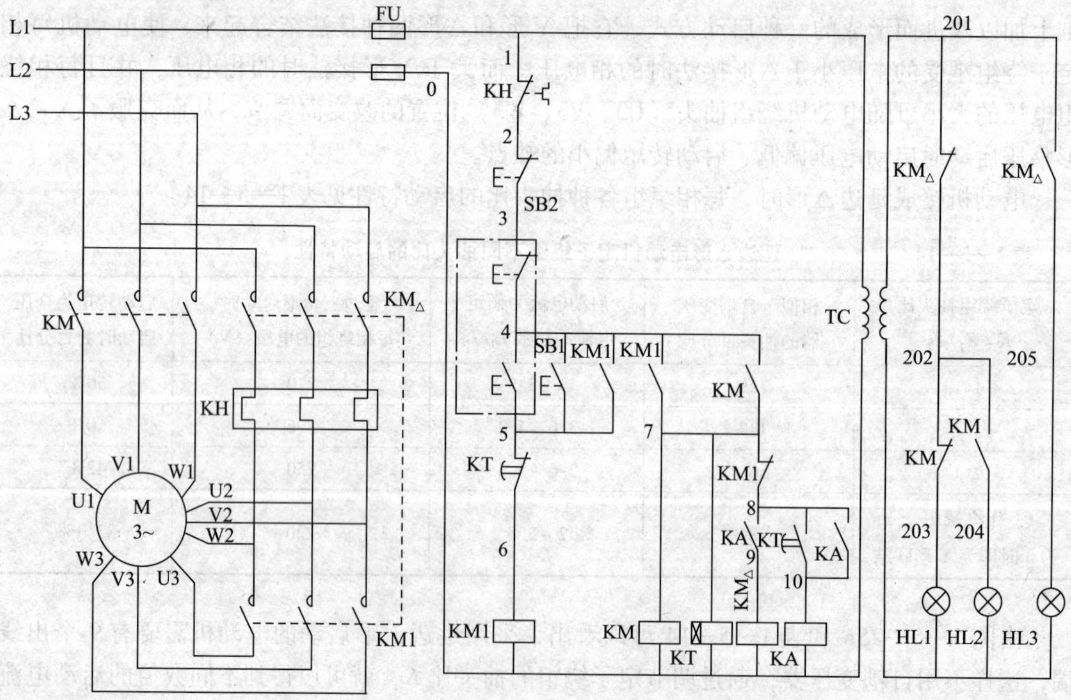

图 1—5—26 XJ1 系列减压启动控制箱的电路图

一、仪表、工具、耗材和器材准备

见表1—5—15。

表1—5—15　　仪表、工具、耗材和器材选用表

序号	名称	型号与规格	单位	数量	备注
1	三相四线电源	AC3×380/220 V、20 A	处	1	
2	单相交流电源	AC220 V和36 V，5 A	处	1	
3	三相电动机	Y112M-4，7.5 kW、380 V、△形接法；或自定	台	1	
4	XJ1系列减压启动控制箱		台	1	
5	电工通用工具	验电笔、钢丝钳、螺钉旋具（一字形和十字形）、电工刀、尖嘴钳、活扳手、剥线钳等	套	1	
6	万用表	自定	块	1	
7	兆欧表	型号自定，或500 V、0~200 MΩ	台	1	
8	钳形电流表	0~50 A	块	1	
9	劳保用品	绝缘鞋、工作服等	套	1	

二、故障检修

由教师或同组学生按照表1—5—16中故障原因分析的元器件或路径，人为的在XJ1系列减压启动控制箱内设定一两个故障点进行排故练习。

故障设定时一定要在断开电源的情况下进行，一般设定元器件故障和线路的断路故障，而不将正确的线路改错。如果需要通电观察故障现象，必须在有教师在场的情况下进行。

表1—5—16　　线路故障的现象、原因及检查方法

故障现象	原因分析	检查方法
电动机不能启动	（1）从主电路来分析有：电源故障、接触器KM、KM1主触点接触不良、热继电器KH主通路有断点、电动机M绕组有故障； （2）从控制电路来分析有：熔断器FU断路、1号导线至2号导线热继电器KH常闭触点接触不良、2号导线至3号导线按钮SB2常闭触点接触不良、7号导线至0号线接触器KM线圈损坏、4号导线至7号导线间的$KM1_{\triangle}$常开触点接触不良、接触器KM1线圈损坏，5号导线至6号导线间的KT延时触头接触不良等	故障检查的步骤及方法： （1）合上电源开关后，首先检查HL1是否亮，若不亮，重点检查电源电路和熔断器FU； （2）HL1亮，则按下SB1，检查KM1、KM接触器是否有动作，如有动作，则重点检查主电路； （3）按下SB1后，KM1、KM接触器都不动作，HL2不亮，重点检查1号导线至2号导线热继电器KH常闭触点、2号导线至3号导线按钮SB2常闭触点和SB1的常开触点，以及其连接导线； （4）按下SB1后，KM1动作，KM不动作，重点检查4号导线至7号导线间的$KM1_{\triangle}$常开触点和7号导线至0号导线接触器KM线圈，以及其连接导线

续表

故障现象	原因分析	检查方法
电动机 M 不能转换成△形运行	（1）从主电路来分析，$KM_{\triangle}$ 主触点接触不良； （2）从控制电路来分析有：时间继电器损坏，7 号导线至 8 号导线间的 KM1 常闭触点接触不良，4 号导线至 5 号导线间的 KT 不能延时闭合	检查步骤为： （1）首先检查 HL3 是否亮，若不亮，重点检查时间继电器、电流继电器 KA 线圈及两个常开触头； （2）HL3 亮，重点检查 $KM_{\triangle}$ 主触点
其他故障参见前面的处理方法描述		

项目六

三相笼型异步电动机制动控制电路的安装与检修

任务1 机械制动—电磁抱闸制动器断电(通电)制动控制线路的安装与检修

学习目标

1. 正确理解三相异步电动机电磁抱闸制动器断电（通电）制动控制线路的工作原理。
2. 能正确识读电磁抱闸制动器断电（通电）制动控制线路的原理图。
3. 会按照工艺要求正确安装三相异步电动机电磁抱闸制动器断电（通电）制动控制线路。
4. 能根据故障现象，检修电磁抱闸制动器断电（通电）制动控制线路。

工作任务

生产机械在电动机的拖动下运转，在电动机失电后，由于惯性作用电动机不可能立即停下来，而会继续转动一段时间才会完全停下来。这种现象一是会使生产机械的工作效率变低，二是对于某些生产机械也是不适宜的。为了能使电动机迅速停转，就需要对电动机进行制动。

所谓制动，就是给电动机一个与转动方向相反的转矩使它迅速停转（或限制其转速）。制动的方法一般有两类：机械制动和电力制动。

电动机断开电源后，利用机械装置产生的反作用力矩使其迅速停转的方法叫机械制动。机械制动常用的方法有电磁抱闸制动器制动和电磁离合器制动。如 X62W 万能铣床的主轴电动机就是采用电磁离合器制动以实现准确停车。而在 20/5 t 桥式起重机上，主钩、副钩、大车、小车全部采用电磁抱闸制动以保证电动机失电后的迅速停车。如图 1—6—1 所示就是 20/5 t 桥式起重机副钩上采用的电磁抱闸断电制动控制线路。

本次工作任务就是要完成电磁抱闸制动器断电制动控制电路的安装与检修。

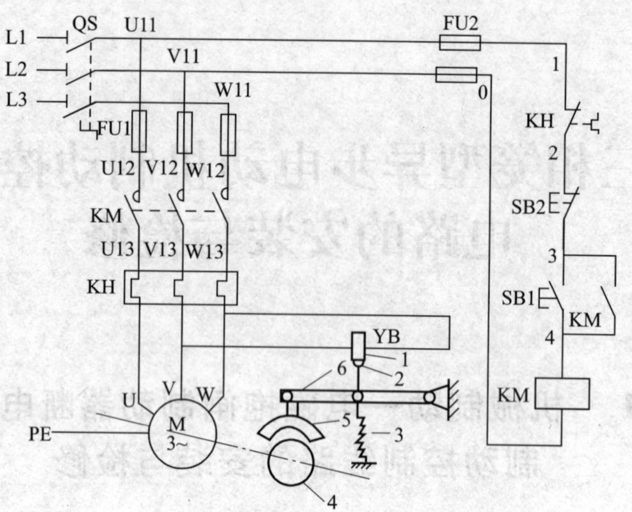

图 1—6—1　电磁抱闸制动器断电制动控制电路图

1—线圈　2—衔铁　3—弹簧　4—闸轮　5—闸瓦　6—杠杆

相关理论

一、电磁抱闸制动器

如图 1—6—2 所示为常用的 MZD1 系列交流制动电磁铁与 TJ2 系列闸瓦制动器的外形，它们配合使用共同组成电磁抱闸制动器，其结构如图 1—6—3a 所示，符号如图 1—6—3b 所示。TJ2 系列闸瓦制动器与 MZD1 系列交流制动电磁铁的配用见表 1—6—1。

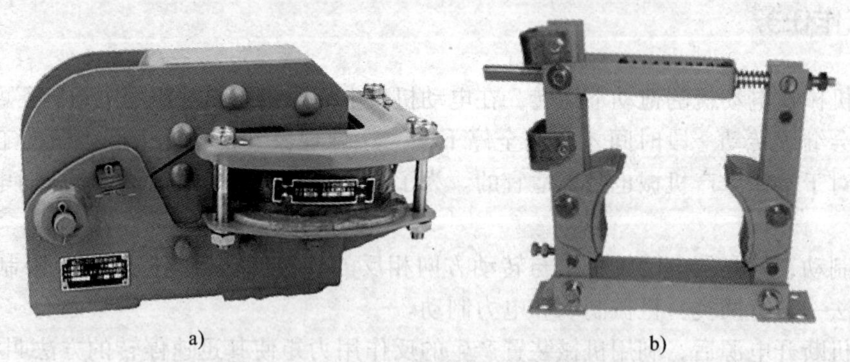

a)　　b)

图 1—6—2　制动电磁铁与闸瓦制动器

a）MZD1 系列交流单相制动电磁铁　b）TJ2 系列闸瓦制动器

电磁铁和制动器的型号及其含义如下：

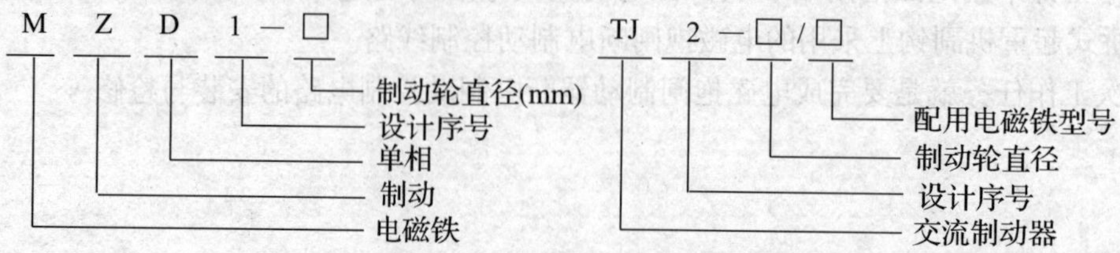

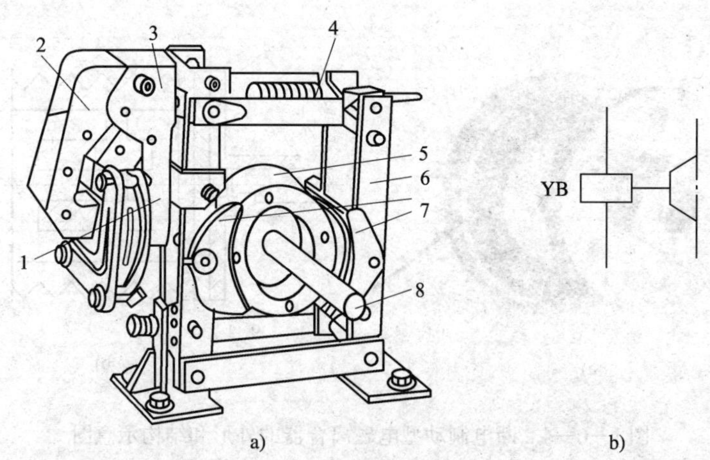

图1—6—3　电磁抱闸制动器

a）结构　b）符号

1—线圈　2—衔铁　3—铁心　4—弹簧　5—闸轮　6—杠杆　7—闸瓦　8—轴

表1—6—1　TJ2系列闸瓦制动器与MZD1系列交流制动电磁铁的配用表

制动器型号	制动力矩（N·m）		闸瓦退距（mm）正常/最大	调整杆行程（mm）开始/最大	电磁铁型号	电磁铁转矩（N·m）	
	通电持续率为25%或40%	通电持续率为100%				通电持续率为25%或40%	通电持续率为100%
TJ2－100	20	10	0.4/0.6	2/3	MZD1－100	5.5	3
TJ2－200/100	40	20	0.4/0.6	2/3	MZD1－200	5.5	3
TJ2－200	160	80	0.5/0.8	2.5/3.8	MZD1－200	40	20
TJ2－300/200	240	120	0.5/0.8	2.5/3.8	MZD1－200	40	20
TJ2－300	500	200	0.7/1	3/4.4	MZD1－300	100	40

制动电磁铁由铁心、衔铁和线圈三部分组成。闸瓦制动器包括闸轮、闸瓦、杠杆和弹簧等部分。电磁抱闸制动器分为断电制动型和通电制动型两种。

断电制动型的工作原理：当制动电磁铁的线圈得电时，制动器的闸瓦与闸轮分开，无制动作用；当线圈失电时，制动器的闸瓦紧紧抱住闸轮制动。

通电制动型的工作原理：当制动电磁铁的线圈得电时，闸瓦紧紧抱住闸轮制动；当线圈失电时，制动器的闸瓦与闸轮分开，无制动作用。

二、电磁离合器制动器

电磁离合器制动的原理和电磁抱闸制动器的制动原理相似，所不同的是：电磁离合器是利用动、静摩擦片之间产生足够大的摩擦力，使电动机断电后立即制动。

（1）结构示意图

电磁离合器的结构如图1—6—4所示。

（2）电路图

电磁离合器的制动控制线路与电磁抱闸断电控制线路基本相同。

（3）制动原理

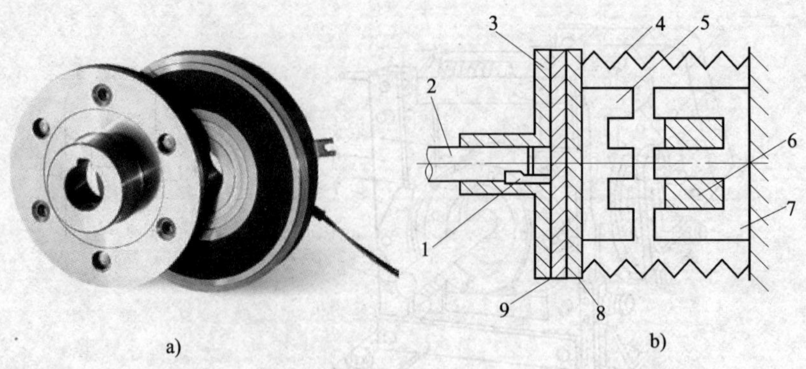

图 1—6—4　断电制动型电磁离合器的外形和结构示意图

a）外形图　b）结构示意图

1—键　2—绳轮轴　3—法兰　4—制动弹簧　5—动铁心　6—励磁线圈　7—静铁心　8—静摩擦片　9—动摩擦片

电磁离合器制动的原理为：电动机断电时，线圈失电，制动弹簧将静摩擦片紧紧地压在动摩擦片上，此时电动机通过绳轮轴被制动。当电动机通电运转时，线圈也同时得电，电磁铁的动铁心被静铁心吸合，使静摩擦片分开，于是动摩擦片连同绳轮轴在电动机的带动下正常启动运转。当电动机切断电源时，线圈也同时失电，制动弹簧立即将静摩擦片连同铁心推向转着的动摩擦片，强大的弹簧张力迫使动、静摩擦片之间产生足够大的摩擦力，使电动机断电后立即受制动停转。

三、电磁抱闸制动器断电制动控制电路工作原理

图 1—6—1 所示线路工作原理如下：

1．启动运转

先合上电源开关 QS。按下启动按钮 SB1，接触器 KM 线圈得电，其自锁触头和主触头闭合，电动机 M 接通电源，同时电磁抱闸制动器 YB 线圈得电，衔铁与铁心吸合，衔铁克服弹簧拉力，迫使制动杠杆向上移动，从而使制动器的闸瓦与闸轮分开，电动机正常运转。

2．制动停转

按下停止按钮 SB2，接触器 KM 线圈失电，其自锁触头和主触头分断，电动机 M 失电，同时电磁抱闸制动器 YB 线圈也失电，衔铁与铁心分开，在弹簧拉力的作用下，制动器的闸瓦紧紧抱住闸轮，使电动机被迅速制动而停转。

电磁抱闸制动器断电制动在起重机械上被广泛采用。其优点是能够准确定位，同时可防止电动机突然断电时，重物自行坠落。缺点是不经济。因为电磁抱闸制动器线圈耗电时间与电动机一样长。另外，由于电磁抱闸制动器在切断电源后的制动作用，使手动调整工件很困难，因此，对要求电动机制动后能调整工件位置的机床设备，可采用通电制动控制线路。

四、电磁抱闸制动器通电制动控制电路工作原理

电磁抱闸制动器通电制动控制线路如图 1—6—5 所示。这种通电制动与上述断电制动方

法稍有不同。当电动机得电运转时，电磁抱闸制动器线圈断电，闸瓦与闸轮分开，无制动作用；当电动机失电需停转时，电磁抱闸制动器的线圈得电，使闸瓦紧紧抱住闸轮制动；当电动机处于停转常态时，线圈也无电，闸瓦与闸轮分开，这样操作人员可以用手扳动主轴调整工件、对刀等。

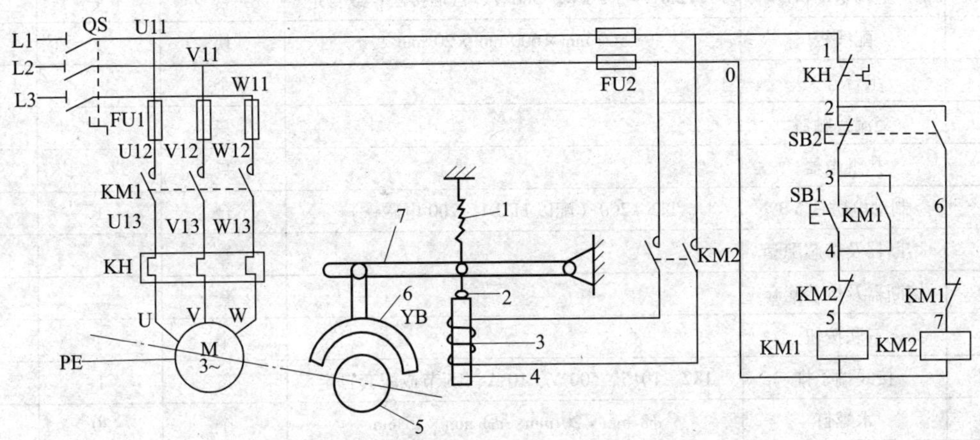

图 1—6—5　电磁抱闸制动器通电制动控制电路图

1—弹簧　2—衔铁　3—线圈　4—铁心　5—闸轮　6—闸瓦　7—杠杆

线路安装与调试

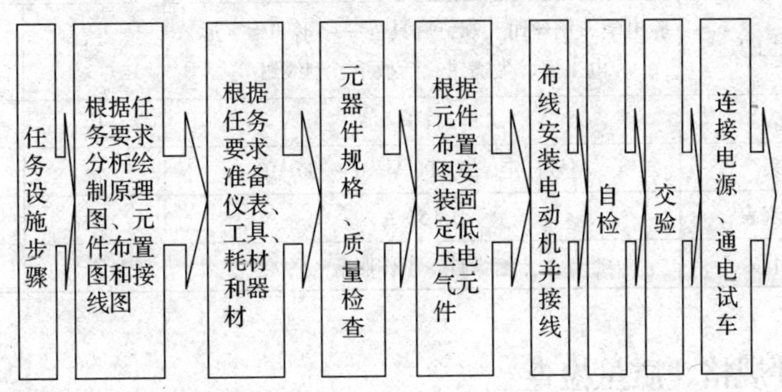

一、分析绘制元件布置图

读者自行绘制元件布置图。

二、仪表、工具、耗材和器材准备

根据电磁抱闸制动器断电制动控制电路的工作需要，选用表 1—6—2 中的工具、仪表、耗材及器材。

表 1—6—2　　工具、仪表、耗材及器材选用表

序号	名称	型号与规格	单位	数量	备注
1	三相四线电源	AC3 × 380/220 V、20 A	处	1	
2	单相交流电源	AC 220 V 和 36 V，5 A	处	1	
3	三相电动机	Y112M－4，4 kW、380 V、△形接法；或自定	台	1	
4	配线板	500 mm × 600 mm × 20 mm	块	1	
5	组合开关		个		
6	交流接触器		只		
7	热继电器		只		
8	制动电磁铁 YB	TJ2－200（配以 MZD1－200 电磁铁）	台	1	
9	熔断器及熔芯配套		套		
10	熔断器及熔芯配套		套		
11	三联按钮		个		
12	接线端子排	JX2－1015，500 V、10 A、15 节或配套自定	条	1	
13	木螺钉	ϕ3 mm × 20 mm；ϕ3 mm × 15 mm	个	30	
14	平垫圈	ϕ4 mm	个	30	
15	圆珠笔	自定	支	1	
17	塑料软铜线	BVR－	m		
18	塑料软铜线	BVR－	m		
19	塑料软铜线	BVR－	m		
20	别径压端子	UT2.5－4，UT1－4	个	20	
21	行线槽	TC3025，长 34 cm，两边打 ϕ3.5 mm 孔	条	5	
22	异型塑料管	ϕ3 mm	m	0.2	
23	电工通用工具	验电笔、钢丝钳、螺钉旋具（一字形和十字形）、电工刀、尖嘴钳、活扳手、剥线钳等	套	1	
24	万用表	自定	块	1	
25	兆欧表	型号自定，或 500 V、0～200 MΩ	台	1	
26	钳形电流表	0～50 A	块	1	
27	劳保用品	绝缘鞋、工作服等	套	1	

三、元器件规格、质量检查

（1）根据仪表、工具、耗材和器材表，检查其各元器件、耗材与表中的型号与规格是否一致。

（2）检查各元器件的外观是否完整无损，附件、备件是否齐全。

（3）用仪表检查各元器件和电动机的有关技术数据是否符合要求。

四、根据元件布置图安装固定低压电气元件

按布置图在控制板上安装电气元件，并贴上醒目的文字符号。

五、布线

采用板前线槽布线。布线工艺要求在前文已有叙述。

六、电磁抱闸制动器的安装与调整

（1）必须与电动机一起安装在固定的底座或座墩上，其地脚螺栓必须拧紧，且有防松措施，电动机轴伸出端上的制动闸轮必须与闸瓦制动器的抱闸机构在同一平面上，且轴心要一致。

（2）电磁抱闸制动器安装后，必须在切断电源的情况下先进行粗调，然后在通电试车时再进行微调。粗调时以断电状态下用外力转不动电动机转轴，而用外力将制动电磁铁吸合后，电动机转轴能自由转动为合格。

七、自检

1. 从电源端开始逐段核对接线

按电路图或接线图从电源端开始，逐段核对接线及接线端子处线号是否正确，有无漏接、错接之处。检查导线接点是否符合要求，压接是否牢固。同时注意接点接触应良好，以避免带负载运转时产生闪弧现象。

2. 用万用表检查线路的通断情况

万用表选用倍率适当的电阻挡（R ×1），并进行校零。

控制电路的检查与接触器自锁控制线路的检查方法一致。

主电路的检查与接触器自锁控制线路的检查方法基本一致，不同点是在热继电器的下端头 V 和 W 之间连接有电磁抱闸制动线圈，重点检查线圈的通断情况。

八、交验

学生提出申请，经教师检查同意后方可进行下道工序。

九、连接电源及通电试车

（1）为保证人身安全，在通电试车时，要认真执行安全操作规程的有关规定，一人监护，一人操作。试车前，应检查与通电试车有关的电气设备是否有不安全的因素存在，若查出应立即整改，然后方能试车。

（2）通电试车前，必须征得教师的同意，并由指导教师接通三相电源 L1、L2、L3，同时在现场监护。学生合上电源开关 QF 后，用测电笔检查熔断器出线端，氖管亮说明电源接通。

电路的通电试车方法、步骤与接触器自锁控制线路基本相同，不同处在于对电磁抱闸制动器的微调，微调时以在通电带负载运行状态下，电动机转动自如，闸瓦与闸轮不摩擦、不过热，断电时又能立即制动为合格。此操作必须在有教师在现场监护的情况下进行。

（3）出现故障后，若需带电检查，也必须有教师在现场监护。检修完毕后，如需要再次试车，也应该有教师在现场监护，并做好时间记录。

（4）试车成功后，记录下完成时间及通电试车次数。

（5）通电试车完毕，停转，切断电源。先拆除三相电源线，再拆除电动机线。

故 障 检 修

在完成试车的基础上，教师或同组学生按照表 1—6—3 中故障原因分析的元器件或路径，人为的设定一两个故障点进行排故练习。

故障设定时一定要在断开电源的情况下进行，一般设定元器件故障和线路的断路故障，而不将正确的线路改错。如果需要通电观察故障现象，必须教师在场的情况下进行。

表 1—6—3　　线路故障的现象、原因及检查方法

故障现象	原因分析	检查方法
电动机启动后，电磁抱闸制动器闸瓦与闸轮过热	可能原因： 闸瓦与闸轮的间距没有调整好，间距太小，造成闸瓦与闸轮有摩擦	检查闸瓦与闸轮的间距，调整间距后启动电动机一段时间后，停车再检查闸瓦与闸轮过热是否消失
电动机断电后不能立即制动	可能原因： 闸瓦与闸轮的间距过大	检查、调小闸瓦与闸轮的间距，调整间距后启动电动机，停车检查制动情况
电动机堵转	可能原因： 如图虚线框中，电磁抱闸制动器的线圈损坏或线圈连接线路断路，造成抱闸装置在通电的情况下没有放开 （图中标注：YB、1、2、3、4、5、6）	断开电源，拆下电动机的连接线；用电阻法或校验灯法检查故障点
其他故障参见接触器自锁控制线路的故障检测		

任务 2　电力制动—反接制动控制线路的安装与检修

学习目标

1. 正确理解三相异步电动机反接制动控制线路的工作原理。
2. 能正确识读反接制动控制线路的原理图、接线图和布置图。

3. 会按照工艺要求正确安装三相异步电动机反接制动控制电路。

4. 能根据故障现象，检修三相异步电动机反接制动控制电路。

工作任务

任务 1 中的电磁抱闸制动器断电制动在起重机械上被广泛采用。其优点是能够准确定位，同时可防止电动机突然断电时重物的自行坠落。当重物起吊到一定高度时，按下停止按钮，电动机和电磁抱闸制动器的线圈同时断电，闸瓦立即抱住闸轮，电动机立即制动停转，重物随之被准确定位。如果电动机在工作时，线路发生故障而突然断电时，电磁抱闸制动器同样会使电动机迅速制动停转，从而避免重物自行坠落。这种制动方法的缺点是不经济，因为电磁抱闸制动器线圈的耗电时间与电动机一样长。另外，对要求电动机断电制动后能调整工件位置的设备不能采用。

T68 卧式镗床主轴电动机制动控制采用的是反接制动。反接制动属于电力制动。如图 1—6—6 所示是单向启动反接制动控制电路。

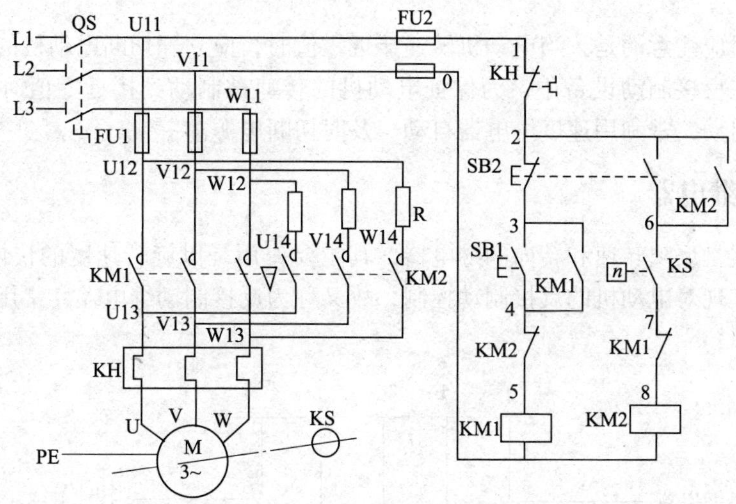

图 1—6—6　单向启动反接制动控制电路

本次工作的任务就是要完成单向启动反接制动控制电路的安装与检修。

相关理论

一、反接制动

所谓电力制动是指使电动机在切断定子电源停转的过程中，产生一个和电动机实际旋转方向相反的电磁力矩（制动力矩），迫使电动机迅速制动停转的方法。电力制动常用的方法有：反接制动、能耗制动、电容制动和再生发电制动等。

以下详细介绍反接制动。

依靠改变电动机定子绕组的电源相序来产生制动力矩，迫使电动机迅速停转的方法称为反接制动。反接制动原理图如图 1—6—7 所示。当电动机为正常运行时，电动机定子绕组的电源相序为 L1—L2—L3，电动机将沿旋转磁场方向以 $n<n_1$ 的速度正常运转。当电动机需要停转时，可拉开开关 QS，使电动机先脱离电源（此时转子仍按原方向旋转），当将开关迅速向下按合时，使电动机三相电源的相序发生改变，旋转磁场反转，此时转子将以 n_1+n 的相对速度沿原转动方向切割旋转磁场，在转子绕组中产生感应电流，其方向可由左手定则判断出来，可见此转矩方向与电动机的转动方向相反，而使电动机受制动迅速停转。

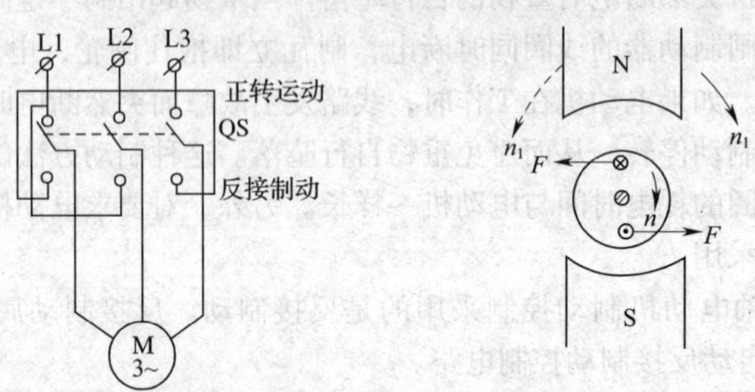

图 1—6—7　反接制动原理图

反接制动时应注意的是：当电动机转速接近零值时，应立即切断电动机的电源，否则电动机将反转。在反接制动设备中，为保证电动机的转速被制动到接近零值时能迅速切断电源，防止反向启动，常利用速度继电器自动、及时切断电源。

二、速度继电器

速度继电器是反映转速和转向的继电器，其主要作用是以旋转速度的快慢为指令信号，与接触器配合实现对电动机的反接制动控制，故又称为反接制动继电器。常用速度继电器的型号及含义如下：

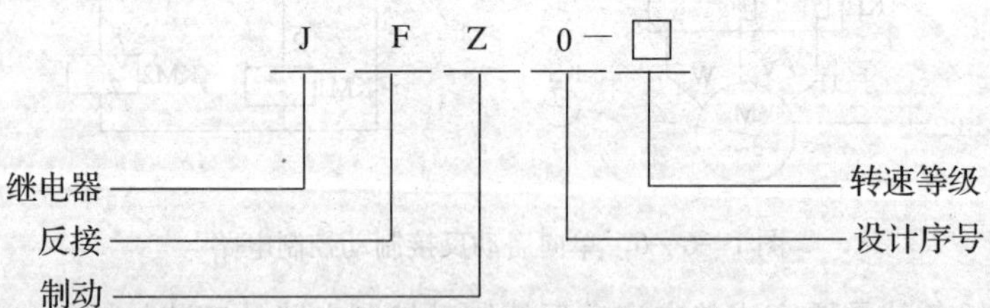

JY1 型速度继电器结构和工作原理如图 1—6—8 所示，由定子、转子、可动支架、触头系统及端盖等部分组成。转子由永久磁铁制成，固定在转轴上；定子由硅钢片叠成并装有笼型短路绕组，能作小范围偏转；触头系统由两组转换触头组成，一组在转子正转时动作，另一组在转子反转时动作。

当电动机旋转时，带动与电动机同轴相连的速度继电器的转子旋转，相当于在空间中产生旋转磁场；从而在定子笼型短路绕组中产生感应电流，感应电流与永久磁铁的旋转磁场相互作用，产生电磁转矩，使定子随永久磁铁转动的方向偏转，与定子相连的胶木摆杆也随之偏转。当定子偏转到一定角度，胶木摆杆推动簧片，使继电器的触头动作。

a)

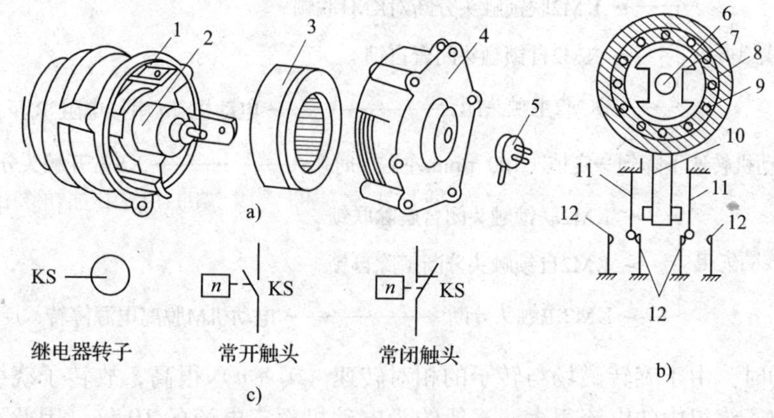

图 1—6—8　JY1 型速度继电器的结构和工作原理

a）外形　b）结构　c）符号

1—可动支架　2—转子　3—定子　4—端盖　5—连接头　6—电动机轴　7—转子（永久磁铁）
8—定子　9—定子绕组　10—胶木摆杆　11—簧片（动触头）　12—静触头

当转子转速减小到零时，由于定子的电磁转矩减小，胶木摆杆恢复原状态，触头随即复位。

速度继电器的动作转速一般不低于 100 ~ 300 r/min，复位速度约在 100 r/min 以下。常用的速度继电器中，JY1 型能在 3 000 r/min 以下可靠的工作，JFZ0 型的两组触头改用两个微动开关，使其触头的动作速度不受定子偏转速度的影响。额定工作转速有 300 ~ 1 000 r/min（JFZ0—1 型）和 1 000 ~ 3 600 r/min（JFZ0—2 型）两种。

三、单向启动反接制动控制线路工作原理

如图 1—6—6 所示线路的主电路和正反转控制线路的主电路相同，只是在反接制动时增加了三个限流电阻 R。线路中 KM1 为正转运行接触器，KM2 为反接制动接触器，KS 为速度继电器，其轴与电动机轴相连（图 1—6—6 中用虚线表示）。

线路的工作原理如下：先合上电源开关 QS。

单向启动：

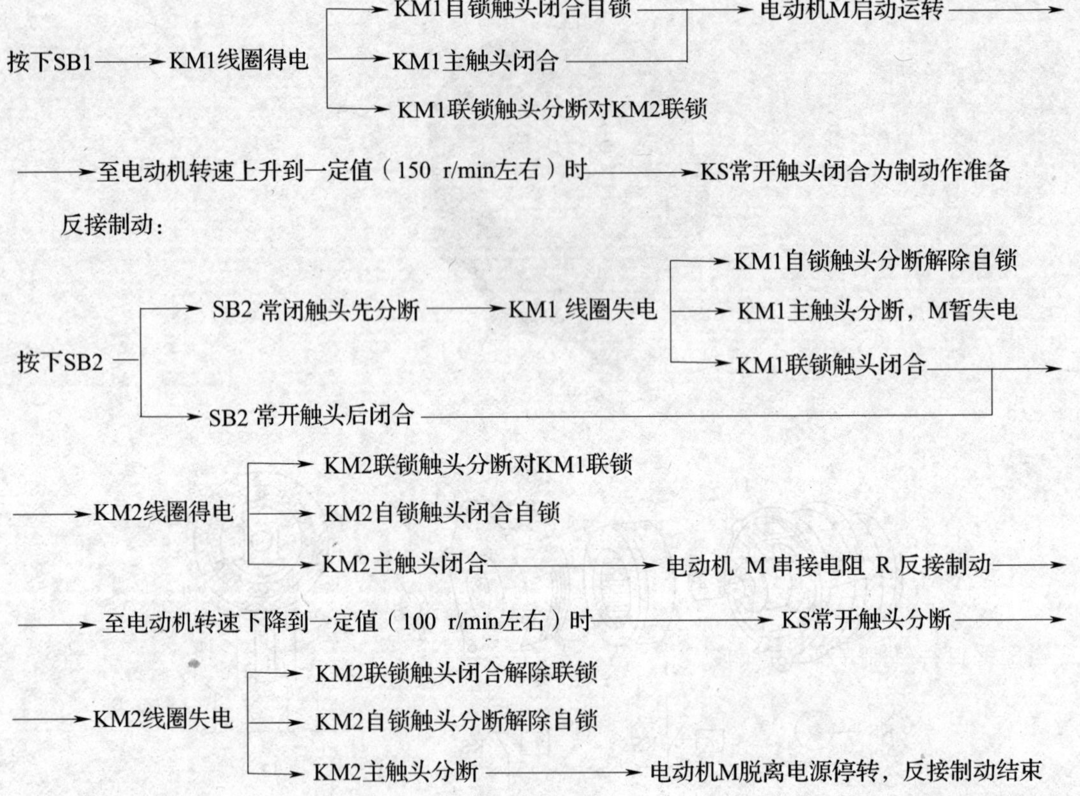

反接制动时，由于旋转磁场与转子的相对转速（n_1+n）很高，故转子绕组中感应电流很大，致使定子绕组中的电流很大，一般约为电动机额定电流的 10 倍。因此，反接制动适用于 10 kW 以下小容量电动机的制动，并且对 4.5 kW 以上的电动机进行反接制动时，需在定子绕组回路中串入限流电阻 R，以限制反接制动电流。限流电阻 R 的大小可参考下述经验计算公式进行估算。

在电源电压 380 V 时，若要使反接制动电流等于电动机直接启动时启动电流 1/2，即 $1/2I_{st}$则三相电路每相应串入的电阻 R（Ω）值可取为：

$$R\approx 1.5\times\frac{220}{I_{st}}$$

若要使反接制动电流等于启动电流 I_{st}，则每相应串入的电阻 R'（Ω）值可取为：

$$R'\approx 1.3\times\frac{220}{I_{st}}$$

如果反接制动时，只在电源两相中串接电阻，则电阻值应加大，分别取上述电阻值的 1.5 倍。

本次工作任务中所用的电动机功率小于 4.5 kW，所以反接制动时不需要串电阻。

反接制动的优点是制动力强，制动迅速。缺点是制动准确性差，制动过程中冲击强烈，易损坏传动零件，制动能量消耗大，不宜经常制动。因此，反接制动一般适用于制动要求迅速、系统惯性较大、不经常启动与制动的场合，如铣床、镗床、中型车床等主轴的制动控制。

线路安装与调试

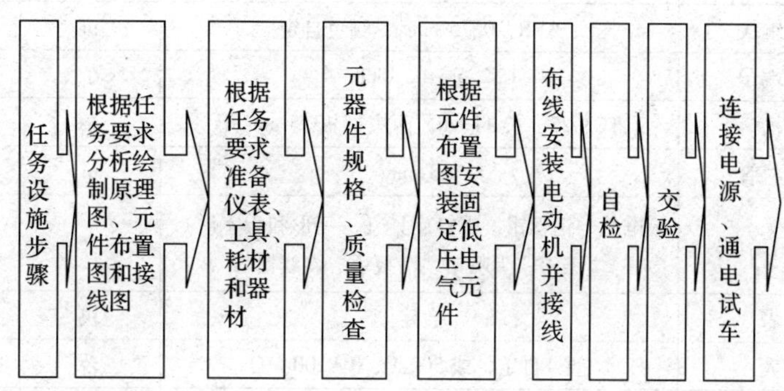

一、分析绘制元件布置图

读者自行绘制元件布置图。

二、仪表、工具、耗材和器材准备

根据任务单向启动反接制动控制电路图的需要，选用表1—6—4中的工具、仪表、耗材及器材。

表1—6—4　　工具、仪表、耗材及器材选用表

序号	名称	型号与规格	单位	数量	备注
1	三相四线电源	AC3×380/220 V、20 A	处	1	
2	单相交流电源	AC220 V和36 V，5 A	处	1	
3	三相电动机	Y112M－4，4 kW、380 V、△形接法；或自定	台	1	
4	配线板	500 mm×600 mm×20 mm	块	1	
5	组合开关	HZ10－25/3	个	1	
6	交流接触器	CJ10－20，线圈电压380 V	只	1	
7	热继电器	JR16－20/3，整定电流10～16 A	只	1	
8	速度继电器	JY1	只	1	
9	熔断器及熔芯配套	RL1－60/20	套	3	
10	熔断器及熔芯配套	RL1－15/4	套	2	
11	三联按钮	LA10－3H或LA4－3H	个	2	
12	接线端子排	JX2－1015，500 V、10 A、15节或配套自定	条	1	
13	木螺钉	ϕ3 mm×20 mm；ϕ3 mm×15 mm	个	30	
14	平垫圈	ϕ4 mm	个	30	

续表

序号	名称	型号与规格	单位	数量	备注
15	圆珠笔	自定	支	1	
17	塑料软铜线	BVR－2.5 mm^2，颜色自定	m	20	
18	塑料软铜线	BVR－1.5 mm^2，颜色自定	m	20	
19	塑料软铜线	BVR－0.75 mm^2，颜色自定	m	5	
20	别径压端子	UT2.5－4，UT1－4	个	20	
21	行线槽	TC3025，长 34 cm，两边打 ϕ3.5 mm 孔	条	5	
22	异型塑料管	ϕ3 mm	m	0.2	
23	电工通用工具	验电笔、钢丝钳、螺钉旋具（一字形和十字形）、电工刀、尖嘴钳、活扳手、剥线钳等	套	1	
24	万用表	自定	块	1	
25	兆欧表	型号自定，或 500 V、0～200 MΩ	台	1	
26	钳形电流表	0～50 A	块	1	
27	劳保用品	绝缘鞋、工作服等	套	1	

三、元器件规格、质量检查

（1）根据仪表、工具、耗材和器材表，检查其各元器件、耗材与表中的型号与规格是否一致。

（2）检查各元器件的外观是否完整无损，附件、备件是否齐全。

（3）用仪表检查各元器件和电动机的有关技术数据是否符合要求。

四、根据元件布置图安装固定低压电气元件

按布置图在控制板上安装电气元件，并贴上醒目的文字符号。

五、布线

采用板前线槽布线。布线工艺要求在前文中已有叙述。

六、自检

1. 从电源端开始核对接线

按电路图或接线图从电源端开始，逐段核对接线及接线端子处线号是否正确，有无漏接、错接之处。检查导线接点是否符合要求，压接是否牢固。同时注意接点接触应良好，以避免带负载运转时产生闪弧现象。

2. 用万用表检查线路的通断情况

万用表选用倍率适当的电阻挡（R×1），并进行校零。

（1）检查主电路

断开 FU2 切除辅助电路，按照接触器联正反转控制线路的要求检查主电路。

（2）检查控制电路

拆下电动机接线，接通 FU2。万用表表笔接 QS 下端的 U11、V11 端子，作以下几项检查。

1）检查启动和停车控制。按下 SB1，应测得 KM1 的线圈电阻值；在操作 SB1 的同时按下 SB2，万用表应显示电路由通而断。

2）检查自锁线路。按下 KM1 的触头架，应测得 KM1 的线圈电阻值；如操作的同时按下 SB2，万用表应显示电路由通而断。如果测量时发现异常，则重点检查接触器自锁触点上下端子的连线。容易接错处是：将 KM1 的自锁线错接到 KM2 的自锁触点上；将常闭触点用作自锁触点等，应根据异常现象分析、检查。

3）检查制动线路。按下 SB2，电路不通。打开速度继电器的端盖，拨动摆杆，使 KS 闭合；按下 SB2，各应测得 KM2 的线圈电阻值，同时按下 KM1 的触头架，万用表应显示电路由通而断；放开 SB2 按下 KM2 的触头架，应测得 KM2 的线圈电阻值。

七、交验

学生提出申请，经教师检查同意后方可进行下道工序。

八、连接电源及通电试车

（1）为保证人身安全，在通电试车时，要认真执行安全操作规程的有关规定，一人监护、一人操作。试车前，应检查与通电试车有关的电气设备是否有不安全的因素存在，若查出应立即整改，然后方能试车。

（2）通电试车前，必须征得教师的同意，并由指导教师接通三相电源 L1、L2、L3，同时在现场监护。学生合上电源开关 QF 后，用测电笔检查熔断器出线端，氖管亮说明电源接通。

1）按下 SB1 启动后，轻按 SB2，电动机应该缓慢的停止转动。

2）按下 SB1 启动后，将 SB2 按下，电动机应该立即停止转动。

（3）出现故障后，若需带电检查时，必须有教师在现场监护的情况下进行。检修完毕后，如需要再次试车，也应该有教师在现场监护，并做好时间记录。

（4）试车成功后，记录下完成时间及通电试车次数。

（5）通电试车完毕，停转，切断电源。先拆除三相电源线，再拆除电动机线。

故 障 检 修

在完成试车的基础上，教师或同组学生按照表 1—6—5、表 1—6—6 中故障原因分析的元器件或路径，人为的设定一两个故障点进行排故练习。

故障设定时一定要在断开电源的情况下进行，一般设定元器件故障和线路的断路故障，而不将正确的线路改错。如果需要通电观察故障现象，必须在有教师在场的情况下进行。

1．速度继电器故障检修

见表1—6—5。

表1—6—5　　线路故障的现象、原因及处理方法

故障现象	可能的原因	处理方法
反接制动时速度继电器失效，电动机不制动	（1）胶木摆杆断裂 （2）触头接触不良 （3）弹性动触片断裂或失去弹性 （4）笼型绕组开路	（1）更换胶木摆杆 （2）清洗触头表面油污 （3）更换弹性动触片 （4）更换笼型绕组
电动机不能正常制动	速度继电器的弹性动触片调整不当	重新调节调整螺钉： （1）将调整螺钉向下旋，弹性动触片弹性增大，速度较高时继电器才动作 （2）将调整螺钉向上旋，弹性动触片弹性减少，速度较低时继电器即动作

2．反接制动控制线路的故障检修

见表1—6—6。

表1—6—6　　线路故障的现象、原因及处理方法

故障现象	原因分析	检查方法
按停止按钮SB2，KM1释放，但没有制动	可能故障是： （1）按钮SB2常开触头接触不良或连接线断路 （2）接触器KM1常闭辅助触头接触不良 （3）接触器KM2线圈断线 （4）速度继电器KS动合触点接触不良 （5）速度继电器与电动机之间连接不好 见下图虚线框： 2 SB2 6 n KS 7 KM1 8 KM2	（1）按下SB2，速度继电器KS动合触点前，可用测电笔法检查故障点 （2）速度继电器KS动合触点后的故障点，可在断开电源后用电阻法判断故障点

续表

故障现象	原因分析	检查方法
制动效果不显著	可能故障是： （1）速度继电器的整定转速过高 （2）速度继电器永磁转子磁性减退 （3）限流电阻 R 阻值太大	首先调松速度继电器的整定弹簧，观察制动效果是否有明显改善。如若制动效果不明显改善，则减小限流电阻 *R* 阻值，调整后再观察其变化，若仍然制动效果不明显，则更换速度继电器
制动后电动机反转	可能故障是： 由于制动太强，速度继电器的整定速度太低电动机反转	（1）调紧调节螺钉 （2）增加弹簧弹力
制动时电动机振动过大	由于制动太强，限流电阻 R 阻值太小，造成制动时电动机振动过大	适当减小限流电阻
其他故障参见接触器联锁正反转控制线路的故障检修方法		

任务 3　电力制动—能耗制动控制线路的安装与检修

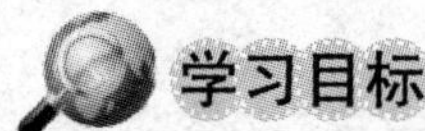

1. 正确理解三相异步电动机能耗制动的工作原理。
2. 能正确识读能耗制动控制电路的原理图和布置图。
3. 会按照工艺要求正确安装三相异步电动机能耗制动控制电路。
4. 能根据故障现象，检修三相异步电动机能耗制动控制电路。

任务 2 中的反接制动优点是设备简单，调整方便，制动迅速，价格低。缺点是制动冲击大，制动能量损耗大，不宜频繁制动，且制动准确度不高，故适用于制动要求迅速，系统惯性较大、制动不频繁的场合。而对于要求频繁制动的则采用能耗制动控制。如 C5225 车床工作台主拖动电动机的制动，采用的就是能耗制动控制线路。能耗制动控制线路用于 10 kW 以下的电动机时，常采用无变压器单相半波整流能耗制动自动控制线路，如图 1—6—9 所示。对于 10 kW 以上的电动机，常采用有变压器单相桥式整流单向启动能耗制动自动控制线路。

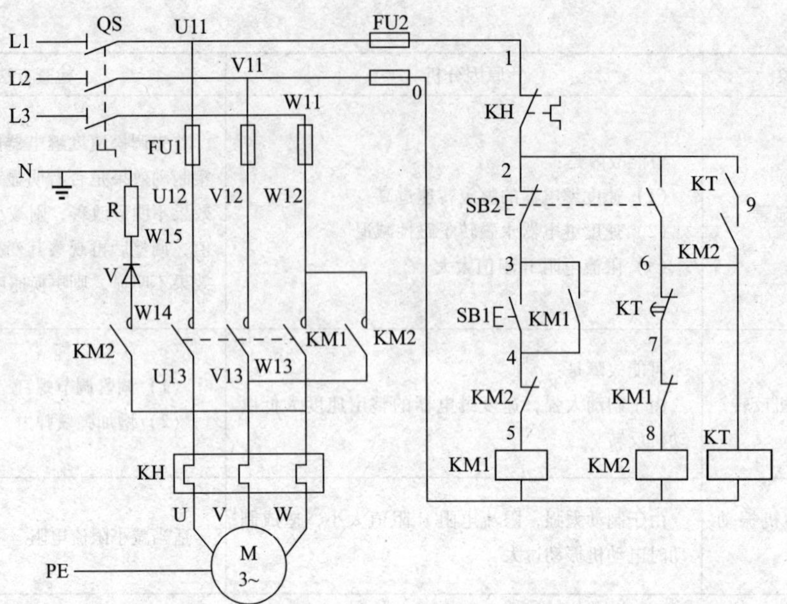

图 1—6—9　无变压器单相半波整流能耗制动自动控制线路

本次工作任务就是要完成无变压器单相半波整流能耗制动自动控制线路的安装与检修。

一、能耗制动

当电动机切断交流电源后，立即在定子绕组中通入直流电，迫使电动机停转的方法称为能耗制动。其制动原理如图 1—6—10 所示。先断开电源开关 QS1，切断电动机的交流电源，这时转子仍沿原方向惯性运转；随后立即合上开关 QS2，并将 QS1 向下合闸，电动机 V、W 两相定子绕组通入直流电，使定子中产生一个恒定的静止磁场，这样做惯性运转的转子因切割磁力线而在转子绕组中产生感应电流，其方向可用右手定则判断出来，上面标“×”，下面标“·”。绕组中一旦产生了感应电流，又立即受到静止磁场的作用，产生电磁转矩，用

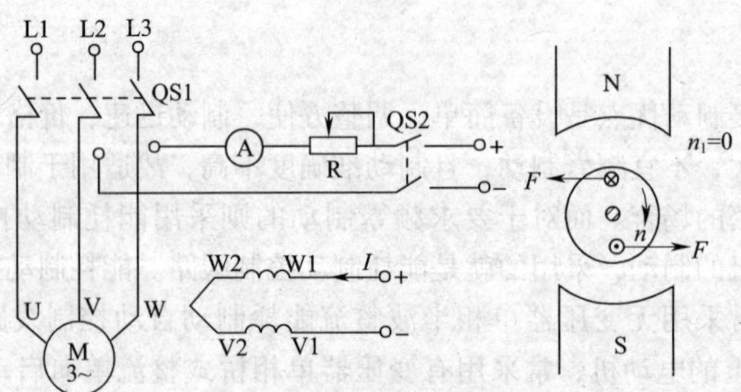

图 1—6—10　能耗制动原理图

左手定则判断，可知转矩的方向正好与电动机的转向相反，使电动机受制动迅速停转。由于这种制动方法是通过在定子绕组中通入直流电以消耗转子惯性运转的动能来进行制动的，所以称为能耗制动，又称动能制动。

二、无变压器单相半波整流能耗制动自动控制线路

如图 1—6—9 所示，线路采用单相半波整流器作为直流电源，所用附加设备较少，线路简单，成本低。

线路的工作原理如下：先合上电源开关 QS。

单向启动运转：

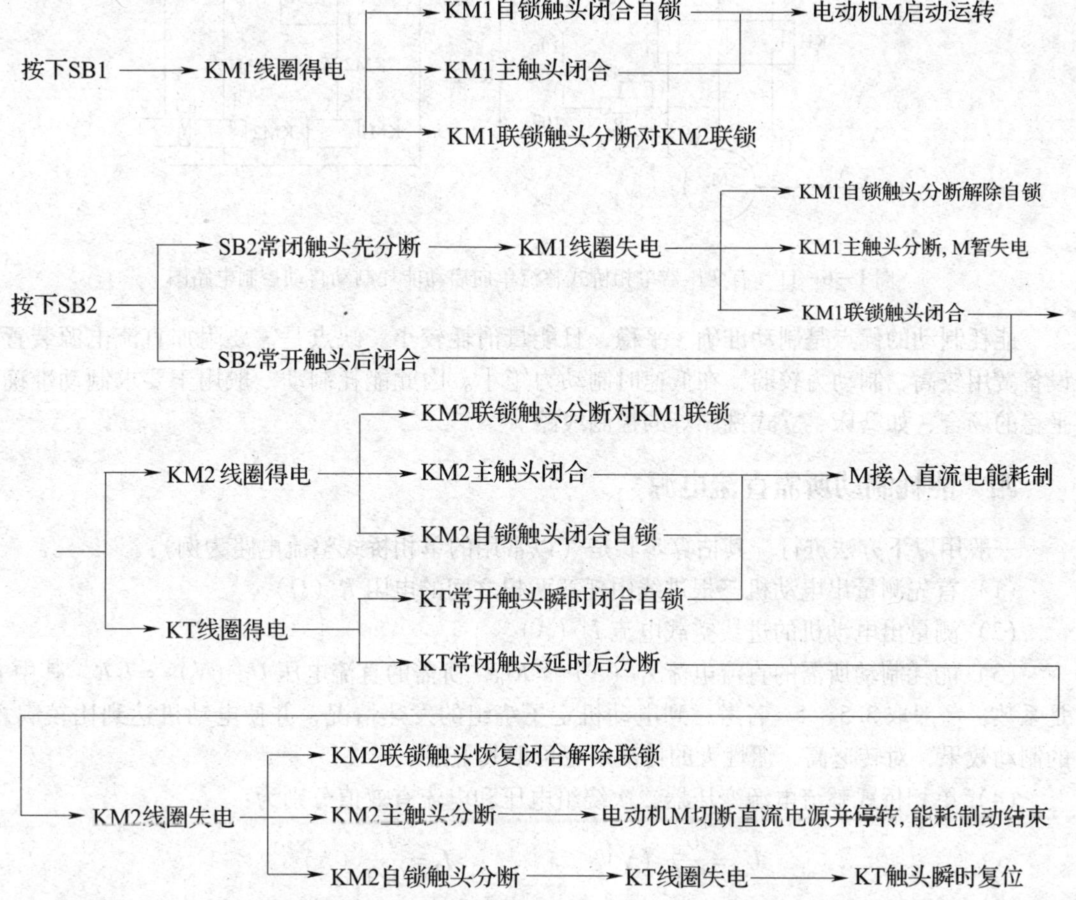

图 1—6—9 中 KT 瞬时闭合常开触头的作用是：当 KT 出现线圈断线或机械卡住等故障时，按下 SB2 后能使电动机制动后脱离直流电源。

三、有变压器单相桥式整流单向启动能耗制动自动控制线路

有变压器单相桥式整流单向启动能耗制动自动控制线路，如图 1—6—11 所示。其中直流电源由单相桥式整流器 VC 供给，TC 是整流变压器，电阻 R 用来调节直流电流，从而调节制动强度，整流变压器一次侧与整流器的直流侧同时进行切换，有利于提高触头的使用寿命。

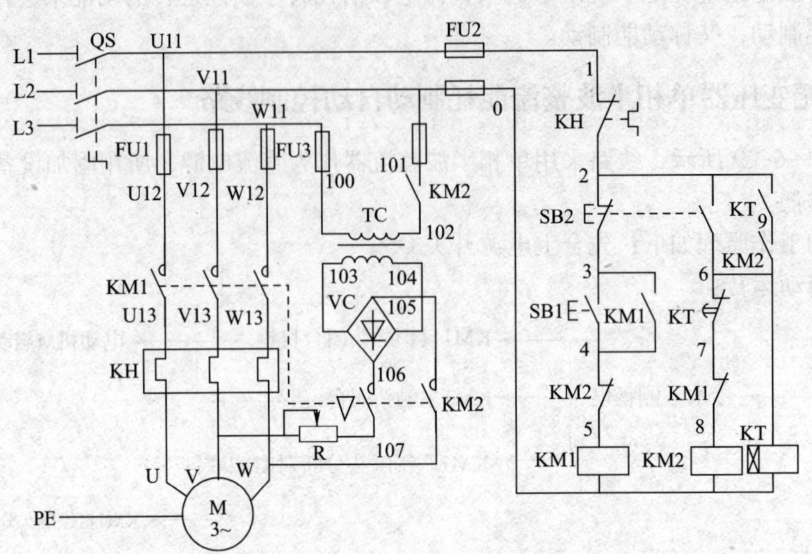

图 1—6—11　有变压器单相桥式整流单向启动能耗制动自动控制电路图

能耗制动的优点是制动准确、平稳，且能量消耗较小。缺点是需要附加直流电源装置，设备费用较高，制动力较弱，在低速时制动力矩小。因此能耗制动一般用于要求制动准确、平稳的场合，如磨床、立式铣床等的控制线路。

四、能耗制动所需直流电源

一般用以下方法进行，其估算步骤是（以常用的单相桥式整流电路为例）：

（1）首先测量出电动机三根进线中任意两根之间的电阻 R（Ω）。

（2）测量出电动机的进线空载电流 I_0（A）。

（3）能耗制动所需的直流电流 I_L（A）$=KI_0$，所需的直流电压 U_L（V）$=I_LR$。其中 K 是系数，一般取 3.5～4。若考虑到电动机定子绕组的发热情况，并使电动机达到比较满意的制动效果，对转速高、惯性大的传动装置可取其上限。

（4）单相桥式整流电源变压器二次绕组电压和电流有效值分别为：

$$U_2=\frac{U_L}{0.9}\ (\mathrm{V}) \qquad I_2=\frac{I_L}{0.9}\ (\mathrm{A})$$

变压器计算容量为：

$$S=U_2I_2 \quad (\mathrm{V\cdot A})$$

如果制动不频繁，可取变压器实际容量为：

$$S'=(1/3\sim1/4)\ S \quad (\mathrm{V\cdot A})$$

（5）可调电阻 $R\approx2\Omega$，电阻功率 P_R（W）$=I_L^2R$，实际选用时，电阻功率也可小些。

线路安装与调试

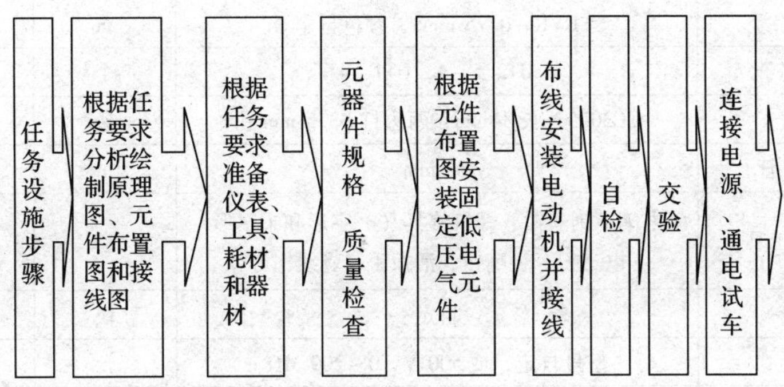

一、分析绘制元件布置图

读者自行绘制元件布置图。

二、仪表、工具、耗材和器材准备

根据工作任务无变压器单相半波整流能耗制动自动控制线路的需要，选用表 1—6—7 中的工具、仪表、耗材及器材。

表 1—6—7　　工具、仪表、耗材及器材选用表

序号	名称	型号与规格	单位	数量	备注
1	三相四线电源	AC3×380/220 V、20 A	处	1	
2	单相交流电源	AC 220 V 和 36 V，5 A	处	1	
3	三相电动机	Y112M－4，4 kW、380 V、△形接法；或自定	台	1	
4	配线板	500 mm×600 mm×20 mm	块	1	
5	组合开关	HZ10－25/3	个	1	
6	交流接触器	CJ10－20，线圈电压 380 或自定	只	1	
7	热继电器	JR16B－20/3，整定电流 10～16 A 或自定	只	1	
8	时间继电器	JS7－2A 或自定	只	1	
9	熔断器及熔芯配套	RL1－60/20	套	3	
10	熔断器及熔芯配套	RL1－15/4	套	2	
11	三联按钮	LA10－3H 或 LA4－3H	个	2	
12	整流二极管	2CZ30，30 A，600 V	只	1	
13	制动电阻	0.5 Ω，50 W（外接）	只	1	
14	接线端子排	JX2－1015，500 V、10 A、15 节或配套自定	条	1	
15	木螺钉	ϕ3 mm×20 mm；ϕ3 mm×15 mm	个	30	
16	平垫圈	ϕ4 mm	个	30	

续表

序号	名称	型号与规格	单位	数量	备注
17	圆珠笔	自定	支	1	
18	塑料软铜线	BVR－2.5 mm^2，颜色自定	m	20	
19	塑料软铜线	BVR－1.5 mm^2，颜色自定	m	20	
20	塑料软铜线	BVR－0.75 mm^2，颜色自定	m	5	
21	别径压端子	UT2.5－4，UT1－4	个	20	
22	行线槽	TC3025，长 34 cm，两边打 ϕ3.5 mm 孔	条	5	
23	异型塑料管	ϕ3 mm	m	0.2	
24	电工通用工具	验电笔、钢丝钳、螺钉旋具（一字形和十字形）、电工刀、尖嘴钳、活扳手、剥线钳等	套	1	
25	万用表	自定	块	1	
26	兆欧表	型号自定，或 500 V、0～200 MΩ	台	1	
27	钳形电流表	0～50 A	块	1	
28	劳保用品	绝缘鞋、工作服等	套	1	

三、元器件规格、质量检查

（1）根据仪表、工具、耗材和器材表，检查其各元器件、耗材与表中的型号与规格是否一致。

（2）检查各元器件的外观是否完整无损，附件、备件是否齐全。

（3）用仪表检查各元器件和电动机的有关技术数据是否符合要求。

四、根据元件布置图安装固定低压电气元件

按布置图在控制板上安装电气元件，并贴上醒目的文字符号。

五、布线

采用板前线槽布线。布线工艺要求在前文中已有叙述。

六、自检

1. 从电源端开始核对接线

按电路图或接线图从电源端开始，逐段核对接线及接线端子处线号是否正确，有无漏接、错接之处。检查导线接点是否符合要求，压接是否牢固。同时注意接点接触应良好，以避免带负载运转时产生闪弧现象。

2. 用万用表检查线路的通断情况

万用表选用倍率适当的电阻挡（R×1），并进行校零。

（1）检查主电路

断开 FU2 切除辅助电路，万用表笔接 QS 下端的 V11、W11 端子。

1）按下 KM1 的触头架，万用表显示由断到通。

2）按下 KM2 的触头架，万用表显示由断到通，要注意万用表的正负极性。

（2）检查控制电路

拆下电动机接线，接通 FU2。万用表笔接 QS 下端的 U11、V11 端子，作以下几项检查。

1）按下 SB1，应测得 KM1 的线圈电阻值；在操作 SB1 的同时轻轻按下 SB2，万用表应显示电路由通而断。

2）按下 KM1 的触头架，再按下 KM2 的触头架，万用表显示由通到断。

3）按下 SB2，再轻轻按下 KM1 的触头架，万用表显示由通到断。

4）按下 SB2，拔掉晶体管时间继电器或按动气囊，使 KT 延时触头断开，万用表显示由通到断。

七、交验

学生提出申请，经教师检查同意后方可进行下道工序。

八、连接电源及通电试车

（1）为保证人身安全，在通电试车时，要认真执行安全操作规程的有关规定，一人监护、一人操作。试车前，应检查与通电试车有关的电气设备是否有不安全的因素存在，若查出应立即整改，然后方能试车。

（2）通电试车前，必须征得教师的同意，并由指导教师接通三相电源 L1、L2、L3，同时在现场监护。学生合上电源开关 QS 后，用测电笔检查熔断器出线端，氖管亮说明电源接通。

1）空操作试验。拆下电动机连线，调整好时间继电器的延时动作时间（一般为 3 ~ 5 s），合上 QF，按下 SB1，KM1 吸合动作，按下 SB2，KM1 失电断开，KM2 得电吸合动作，3 ~ 5 s 后，KM2 失电断开。

2）带负荷试车。断开 QS，连接好电动机接线，合上 QS，做好随时切断电源的准备。按下 SB1，观察电动机的启动情况，按下 SB2，KM1 断开，KM2 闭合，电动机迅速停转，停转后，KM2 分断。

（3）出现故障后，若需带电检查时，必须在有教师现场监护的情况下进行。检修完毕后，如需要再次试车，也应该有教师在现场监护，并做好时间记录。

（4）试车成功后，记录下完成时间及通电试车次数。

（5）通电试车完毕，停转，切断电源。先拆除三相电源线，再拆除电动机线。

故 障 检 修

在完成试车的基础上，教师或同组学生按照表 1—6—8 中故障原因分析的元器件或路径，人为的设定一两个故障点进行排故练习。

故障设定时一定要在断开电源的情况下进行，一般设定元器件故障和线路的断路故障，而不将正确的线路改错。如果需要通电观察故障现象，必须在教师在场的情况下进行。

表 1—6—8　　　　　　　线路故障的现象、原因及处理方法

故障现象	原因分析	检查方法
按下停止按钮接触器 KM2 不吸合，电动机不能制动	可能故障点如下图虚线框中部分。 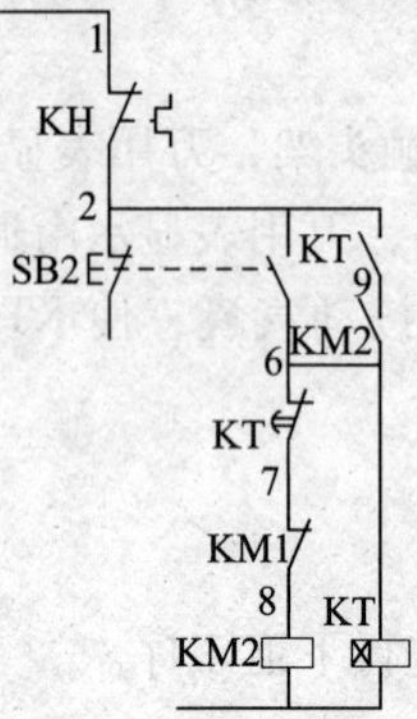 可能是接触器 KM1 的常闭触点接触不良；SB2 的常开触点接触不良；时间继电器延时分断触头 KT 接触不良；接触器 KM2 本身有故障不能吸合	（1）将 SB2 按下停留一段时间（大于时间继电器的动作时间），看时间继电器是否动作； （2）时间继电器没有动作，用测电笔先测量 SB2 上端头是否有电，如没有电，则是 2 号导线断路。如有电，则是 SB2 常开接触不良； （3）时间继电器有动作，故障在 6、7、8 号导线和 KT 延时断开触头、KM1 常闭触头、KM2 线圈。检查方法，断开电源，万用表位于电阻挡，一表笔固定在 SB2 常开的下端头，另一表笔逐点测量，电阻明显变大的为故障点
按下停止按钮接触器 KM2 吸合，电动机不能制动	可能故障点如下图虚线框中部分。 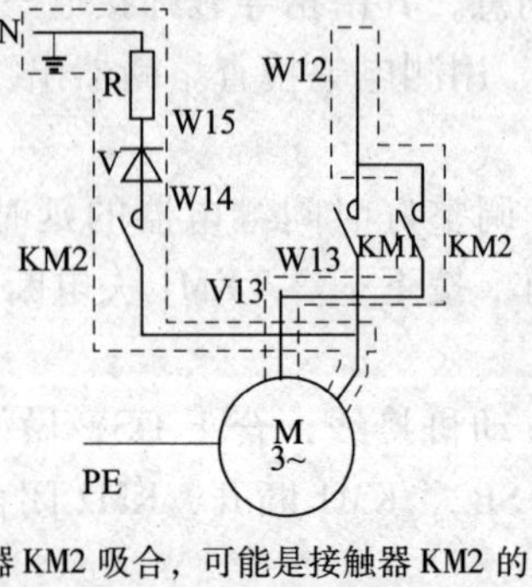 接触器 KM2 吸合，可能是接触器 KM2 的主触点中某一触点接触不良，整流电路断路。整流元件部分烧毁等	用测电笔先测量 KM2 主触头的上端头是否有电；如没有电，则是 KM2 主触头上端头连接导线断路；如有电，则断开电源，用万用表的电阻挡，黑表笔固定在 KM2 主触头的上端头，按下 KM2 的触头架，用红表笔逐点测量通断情况，故障点在通断两点之间
按下停止按钮接触器 KM2 吸合，松开停止按钮接触器 KM2 复位，电动机制动为点动控制	可能故障点如下图虚线框中部分。 （1）时间继电器瞬时闭合触头 KT 接触不良； （2）时间继电器线圈损坏； （3）KM2 常开辅助触头接触不良； （4）2、6、9 号连接导线断路 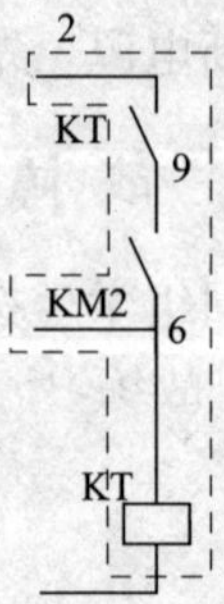 	用测电笔先测量 KT 通电瞬时闭合触头的上端头是否有电，若没有电，则为 2 号导线断路；如有电，断开电源，用万用表的电阻挡，检查 9、6 号导线和 KM2 的常开触头的通断情况，若正常，则是时间继电器故障
其他故障参见接触器自锁控制线路的故障检测		

项目七

多速异步电动机控制电路的安装与检修

1. 正确理解和掌握双速异步电动机控制电路的工作原理。
2. 了解三速异步电动机控制电路的工作原理。
3. 能正确识读双速异步电动机控制电路的原理图、接线图和布置图。
4. 会按照工艺要求正确安装双速异步电动机控制电路。
5. 能根据故障现象，检修双速异步电动机控制电路。

在实际的机械加工生产中，许多生产机械为了适应各种工件加工工艺的要求，需要电动机有较大的调速范围。

由三相异步电动机的转速公式 $n=(1—s)\dfrac{60f_1}{p}$可知，改变异步电动机转速可通过三种方法来实现：一是改变电源频率 f_1；二是改变转差率 s；三是改变磁极对数 p。

改变异步电动机磁极对数的调速称为变极调速。变极调速是通过改变定子绕组的连接方式来实现的，它是有级调速，且只适用于笼型异步电动机。凡磁极对数可改变的电动机称为多速电动机。常见的多速电动机有双速、三速、四速等几种类型。随着变频技术的发展和变频设备价格的下降，三速、四速电动机等在设备中的使用越来越少。但双速电动机仍然有大量的运用，如 T68 镗床的主轴电动机就是采用“△－YY”双速电动机。如图 1—7—1 所示为时间继电器控制双速电动机电路图。

本次任务就是要完成时间继电器控制双速电动机电路的线路安装和检修。

一、双速异步电动机定子绕组的连接

双速异步电动机定子绕组的△/YY连接图如图 1—7—2 所示。图中，三相定子绕组接成△形，由三个连接点接出三个出线端 U1、V1、W1，从每相绕组的中点各接出一个出线端 U2、V2、W2，这样定子绕组共有 6 个出线端。通过改变这 6 个出线端与电源的连接方式，就可以得到两种不同的转速。

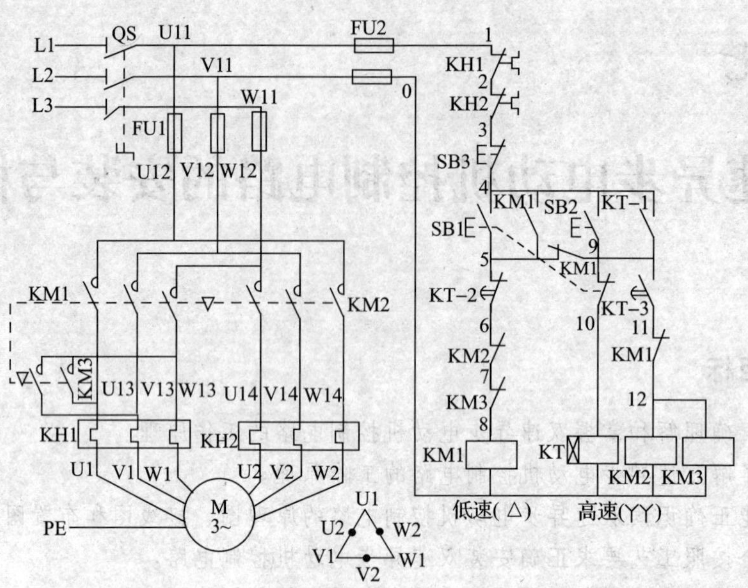

图 1—7—1　时间继电器控制双速电动机电路图

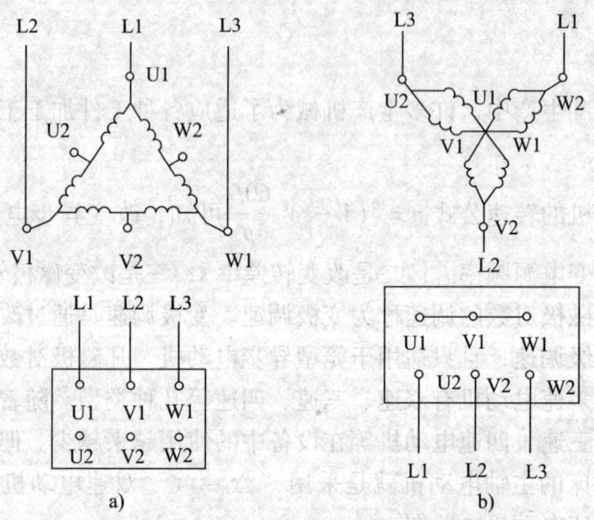

图 1—7—2　双速电动机三相定子绕组△/YY接线图

电动机低速工作时，就把三相电源分别接在出线端 U1、V1、W1 上，另外三个出线端 U2、V2、W2 空着不接，如图 1—7—2a 所示，此时电动机定子绕组接成△形，磁极为 4 极，同步转速为 1 500 r/min。

电动机高速工作时，要把三个出线端 U1、V1、W1 并接在一起，三相电源分别接到另外三个出线端 U2、V2、W2 上，如图 1—7—2b 所示，这时电动机定子绕组接成YY形，磁极为 2 极，同步转速为 3 000 r/min。可见，双速电动机高速运转时的转速是低速运转转速的两倍。

值得注意的是，双速电动机定子绕组从一种接法改变为另一种接法时，必须把电源相序反接，以保证电动机的旋转方向不变。

二、时间继电器控制双速电动机的控制线路工作原理

用时间继电器控制双速电动机低速启动高速运转的电路图如图 1—7—1 所示。时间继电器 KT 控制电动机△形启动时间和△—YY的自动换接运转。

线路的工作原理如下：先合上电源开关 QS。

△形低速启动运转：

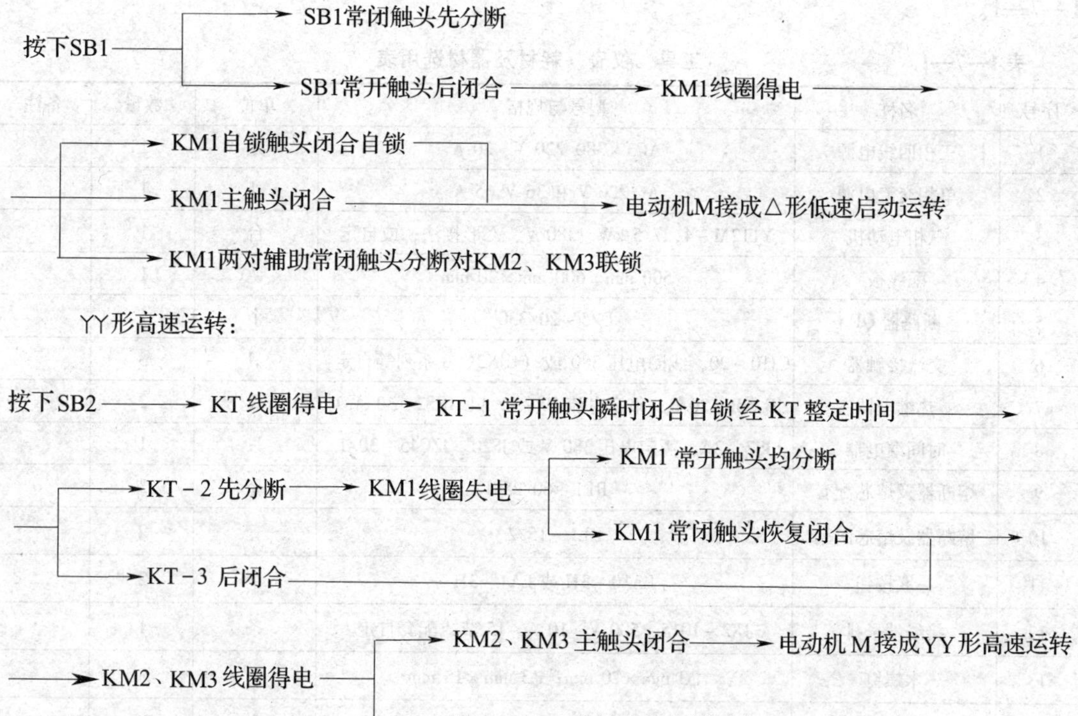

停止时，按下 SB3 即可。若电动机只需高速运转时，可直接按下 SB2，则电动机△形低速启动后，YY形高速运转。

任务实施

线路安装与调试

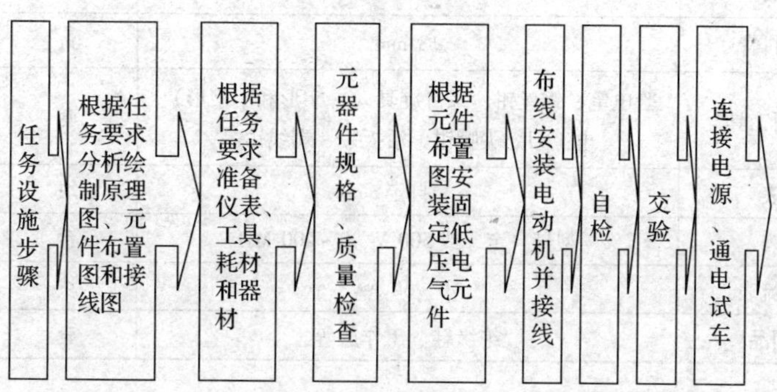

一、分析绘制元件布置图和接线图

读者自行绘制元件布置图和接线图。

二、仪表、工具、耗材和器材准备

根据时间继电器控制双速电动机控制电路图，选用工具、仪表、耗材及器材，见表1—7—1。

表1—7—1　　工具、仪表、耗材及器材选用表

序号	名称	型号与规格	单位	数量	备注
1	三相四线电源	AC3×380/220 V、20 A	处	1	
2	单相交流电源	AC 220 V 和 36 V，5 A	处	1	
3	三相电动机	Y112M－4，7.5 kW、380 V、△形接法；或自定	台	1	
4	配线板	500 mm×600 mm×20 mm	块	1	
5	断路器 QF	DZ5－20/330	个	1	
6	交流接触器	CJ10－20，线圈电压 380 或（CJX2、B 系列等自定）	只	3	
7	热继电器	JR16B－20/3，整定电流 10～16 A，JRS2 或 T 系列	只	2	
8	时间继电器	JS7－2A，额定电压 380 V 或 JS20、JZC45－30/1	只	1	
9	熔断器及熔芯配套	RL1－60/25	套	3	
10	熔断器及熔芯配套	RL1－15/2	套	2	
11	三联按钮	LA10－3H 或 LA4－3H	个	2	
12	接线端子排	JX2－1015，500 V、10 A、15 节或配套自定	条	1	
13	木螺钉	ϕ3 mm×20 mm；ϕ3 mm×15 mm	个	30	
14	平垫圈	ϕ4 mm	个	30	
15	圆珠笔	自定	支	1	
16	塑料软铜线	BVR－2.5 mm^2，颜色自定	m	20	
17	塑料软铜线	BVR－1.5 mm^2，颜色自定	m	20	
18	塑料软铜线	BVR－0.75 mm^2，颜色自定	m	5	
19	别径压端子	UT2.5－4，UT1－4	个	20	
20	行线槽	TC3025，长 34 cm，两边打 ϕ3.5 mm 孔	条	5	
21	异型塑料管	ϕ3 mm	m	0.2	
22	电工通用工具	验电笔、钢丝钳、螺钉旋具（一字形和十字形）、电工刀、尖嘴钳、活扳手、剥线钳等	套	1	
23	万用表	自定	块	1	
24	兆欧表	型号自定，或 500 V、0～200 MΩ	台	1	
25	钳形电流表	0～50 A	块	1	
26	劳保用品	绝缘鞋、工作服等	套	1	

三、元器件规格、质量检查

（1）根据仪表、工具、耗材和器材表，检查其各元器件、耗材与表中的型号与规格是否一致。

（2）检查各元器件的外观是否完整无损，附件、备件是否齐全。

（3）用仪表检查各元器件和电动机的有关技术数据是否符合要求。

四、根据元件布置图安装固定低压电气元件

按布置图在控制板上安装电气元件，并贴上醒目的文字符号。

五、布线

安装布线时注意事项如下：

（1）接线时，注意主电路中接触器 KM1、KM2 在两种转速下电源相序的改变，不能接错，否则，两种转速下电动机的转向相反，换向时将产生很大的冲击电流。

（2）控制双速电动机△形接法的接触器 KM1 和YY形接法的 KM2 的主触头不能对换接线，否则不但无法实现双速控制要求，而且会在YY形运转时造成电源短路事故。

（3）热继电器 KH1、KH2 的整定电流及其在主电路中的接线不要搞错。

六、自检

1. 从电源端开始逐段核对接线

按电路图或接线图从电源端开始，逐段核对接线及接线端子处线号是否正确，有无漏接、错接之处。检查导线接点是否符合要求，压接是否牢固。同时注意接点接触应良好，以避免带负载运转时产生闪弧现象。

2. 用万用表检查线路的通断情况

万用表选用倍率适当的电阻挡，并进行校零。

（1）检查主电路

断开 FU2 切除辅助电路。

1）检查各相通路。两支表笔分别接 U11—V11、V11—W11 和 W11—U11 端子，测量相间电阻值，未操作前测得断路；分别按下 KM1、KM2 的触头架，均应测得电动机一相绕组的直流电阻值。

2）检查△—YY转换通路。两支表笔分别接 U11 端子和接线端子板上的 U 端子，按下 KM1 的触头架时应测得 R 趋近于 0。松开 KM1 按下 KM2 触头架时，应测得电动机一相绕组的电阻值。用同样的方法测量 V11—V、W1l—W 之间通路。

（2）检查辅助电路

拆下电动机接线，接通 FU2，将万用表笔接于 QF 下端 U11、V11 端子作以下几项检查。

1）检查△形低速启动运转及停车。操作按钮前应测得断路；按下 SB1 时，应测得 KM1 的线圈电阻值；如同时再按下 SB3，万用表应显示线路由通而断。

2）检查YY形高速运转。按下 SB2 和 KM1 触头架，应测得 KT 的线圈电阻值。轻按 SB1，断路。轻按 SB1 和 KT 触头架，应测得 KM1 和 KM2 的线圈电阻并联值。

3. 检查安装质量，并进行绝缘电阻测量

用兆欧表检查线路绝缘电阻的阻值，应不小于 1 MΩ。

七、交验

学生提出申请，经教师检查同意后方可进行下道工序。

八、连接电源、通电试车

（1）为保证人身安全，在通电试车时，要认真执行安全操作规程的有关规定，一人监护，一人操作。试车前，应检查与通电试车有关的电气设备是否有不安全的因素存在，若查出应立即整改，然后方能试车。

（2）通电试车前，必须征得教师的同意，并由指导教师接通三相电源 L1、L2、L3，同时在现场监护。学生合上电源开关 QF 后，用测电笔检查熔断器出线端，氖管亮说明电源接通。上述检查一切正常后，做好准备工作，在指导老师监护下试车。

1）空操作试验。合上 QF，做以下几项试验：

①△形低速启动运转及停车。按下 SB1，KM1 应立即动作并能保持吸合状态；按下 SB3 使 KM1 释放。

②YY形高速运转及停车　按下 SB2，KT 吸合动作，KM1 应立即动作吸合，几秒后 KM1 释放，KM2、KM3 同时吸合。按下 SB3，KM2、KM3 同时释放。

2）带负荷试车。切断电源后，连接好电动机接线，装好接触器灭弧罩，合上 QF 试车。

①试验△形低速启动运转后转YY形高速运转及停车。按下 SB1，使电动机△形低速启动运转，再按下 SB2，使电动机YY形高速运转，最后按下 SB3 停车。

②试验电动机YY形高速运转。按下 SB2，电动机△形低速启动后，自动转入YY形高速运转。

试车时要注意观察电动机启动时的转向和运行声音，电动机运转过程中用转速表测量电动机的转速。如有异常则立即停车检查。

（3）出现故障后，学生应独立进行检修。若需带电检查，教师必须在现场监护。检修完毕后，如需要再次试车，教师也应该在现场监护，并做好时间记录。

（4）试车成功后记录下完成时间及通电试车次数。

（5）通电试车完毕，停转，切断电源。先拆除三相电源线，再拆除电动机线。

故 障 检 修

在完成试车的基础上，教师或同组学生按照表 1—7—2 中故障原因分析的元器件或路径，人为的设定一两个故障点进行排故练习。

故障设定时一定要在断开电源的情况下进行，一般设定元器件故障和线路的断路故障，而不将正确的线路改错。如果需要通电观察故障现象，必须有教师在场的情况下进行。

表 1—7—2　　线路故障的现象、原因及处理方法

故障现象	原因分析	检查方法
电动机低速、高速都不启动	（1）按 SB1 或 SB2 后 KM1、KM2、KT 不动作，可能的故障点在电源电路及 FU2、KH1、KH2、SB3 和 1、2、3、4 号导线； （2）按 SB1 或 SB2 后 KM1、KM2、KT 动作，可能的故障点在 FU1 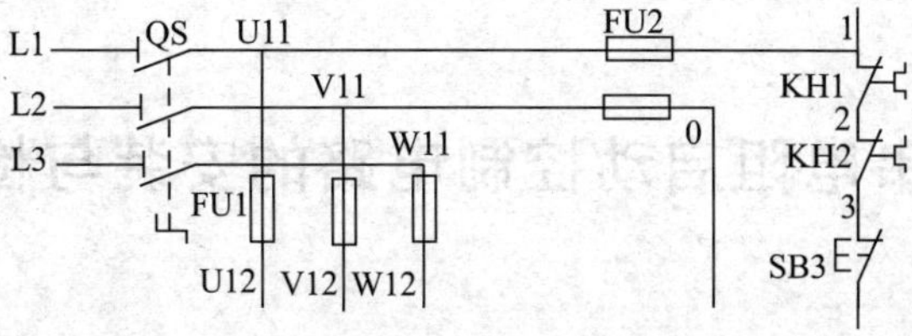	（1）用测电笔检查电源电路中 QS 的上下端头是否有电。没有电故障在电源； （2）用测电笔检查 FU2、KH1、KH2 常闭触头和 SB3 常闭的上下端头是否有电，故障点在有电与无电之间； （3）用测电笔检查 FU1 的上下端头是否有电
电动机低速启动正常、高速不启动	（1）电动机低速启动后，按 SB2 后电动机继续低速运转，KT 不动作。 可能故障点在：SB2 接触不良，SB1 的常闭接触不良，KT 线圈损坏，4、9、10、0 号导线断路。如图 1 所示。 （2）电动机低速启动后，按 SB2 后 KT 动作，但电动机仍然继续低速运转 可能故障点在： 1）时间继电器延时时间过长； 2）KT－2 不能分断。 （3）电动机低速启动后，按 SB2 后 KT 动作后，电动机停转。 可能故障点在： KT－3 或 KM1 接触不良，9、11 号线断路，如图 2 所示 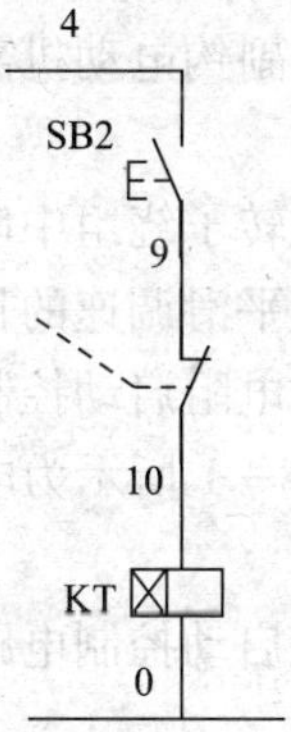 图 1 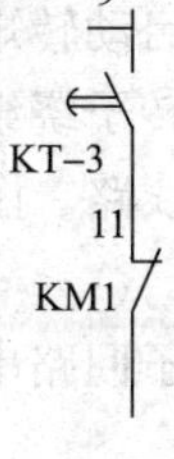 图 2	（1）用测电笔检查 SB2 是否有电，如无电，则为 4 号导线断路，有电，断开电源，按下 SB2，用万用表的电阻挡，一表笔固定 FU2 的下端头，另一表笔按图 2 逐点测量，电阻为零的正常，电阻较大的是故障点； （2）首先检查时间继电器延时时间，如时间正常，断开电源，按下 KT 的触头架，用万用表的电阻挡测量 KT－2 的电阻，应较大，若电阻为零说明没有分断； （3）用测电笔检查 KT－3 的上端头是否有电，如无电，则为 9 号导线断路，如有电，应用万用表的电压挡检查 KT－3 和 KM1 两端的电压，电压为电源电压的是故障点
其他故障参见前面的处理方法描述		

项目八

三相绕线转子异步电动机控制电路的安装与检修

任务1　转子回路串电阻启动控制电路的安装与检修

1. 正确理解三相绕线转子异步电动机转子回路串电阻启动的工作原理。
2. 能正确识读三相绕线转子异步电动机转子回路串电阻启动控制电路的原理图和布置图。
3. 会按照工艺要求正确安装三相绕线转子异步电动机转子回路串电阻启动控制电路。
4. 能根据故障现象，检修三相绕线转子异步电动机转子回路串电阻启动控制电路。

工作任务

项目五中完成的降压启动控制线路，由于启动转矩大为降低，降压启动需要在空载或轻载下启动。在实际的生产中，如20/5 t桥式起重机的主、副钩电动机需要大转矩启动。在这种场合一般采用三相绕线转子异步电动机。

三相绕线转子异步电动机的优点是，可以通过滑环在转子绕组中串接电阻来改善电动机的机械特性，从而达到减小启动电流、增大启动转矩以及平滑调速的目的。

绕线转子异步电动机常用的控制线路有转子绕组串接电阻启动控制线路、转子绕组串接频敏变阻器启动控制线路和凸轮控制器控制线路。图1—8—1所示为电流继电器自动控制转子回路串电阻启动控制电路。

本次任务将完成电流继电器自动控制转子回路串电阻启动控制电路的安装与检修。

一、转子串接三相电阻启动原理

启动时，在转子回路串入作Y形联结、分级切换的三相启动电阻器，以减小启动电流、增加启动转矩。随着电动机转速的升高，逐级减小可变电阻。启动完毕后，切除可变电阻器，转子绕组被直接短接，电动机便在额定状态下运行。

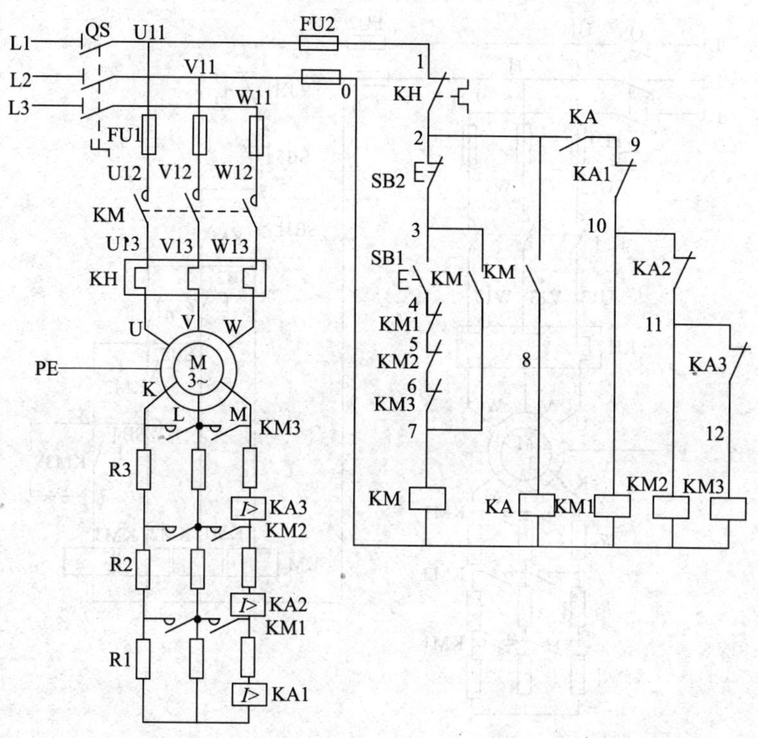

图 1—8—1　电流继电器自动控制转子回路串电阻启动控制电路

电动机转子绕组中串接的外加电阻在每段切除前和切除后，三相电阻始终是对称的，称为三相对称电阻器，如图 1—8—2a 所示。启动过程依次切除 R1、R2、R3，最后全部电阻被切除。

若启动时串入的全部三相电阻是不对称的，且每段切除后三相仍不对称，则称为三相不对称电阻器，如图 1—8—2b 所示。启动过程依次切除 R1、R2、R3、R4，最后全部电阻被切除。

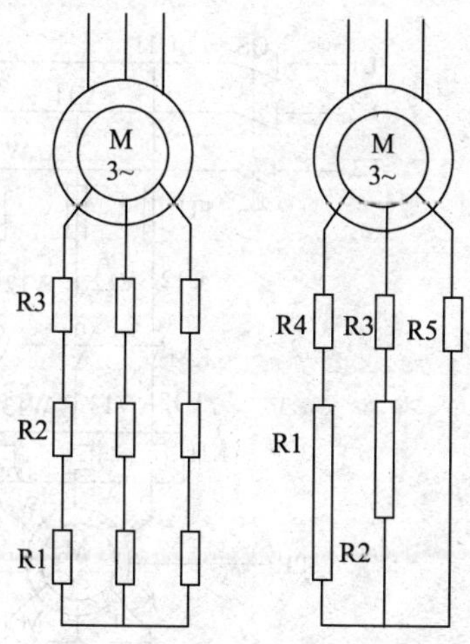

图 1—8—2　转子串接三相电阻
a）转子串接三相对称电阻器
b）转子串接三相不对称电阻器

二、按钮操作控制线路

按钮操作转子绕组串接电阻启动控制线路如图 1—8—3 所示。线路的工作原理较简单，读者可自行分析。该线路的缺点是操作不便，工作的安全性和可靠性较差，所以在生产实际中常采用时间继电器自动控制的线路。

三、时间继电器自动控制线路

时间继电器自动控制短接启动电阻的控制线路如图 1—8—4 所示。该线路利用三个时间继电器 KT1、KT2、KT3 和三个接触器 KM1、KM2、KM3 的相互配合来依次自动切除转子绕组中的三级电阻。

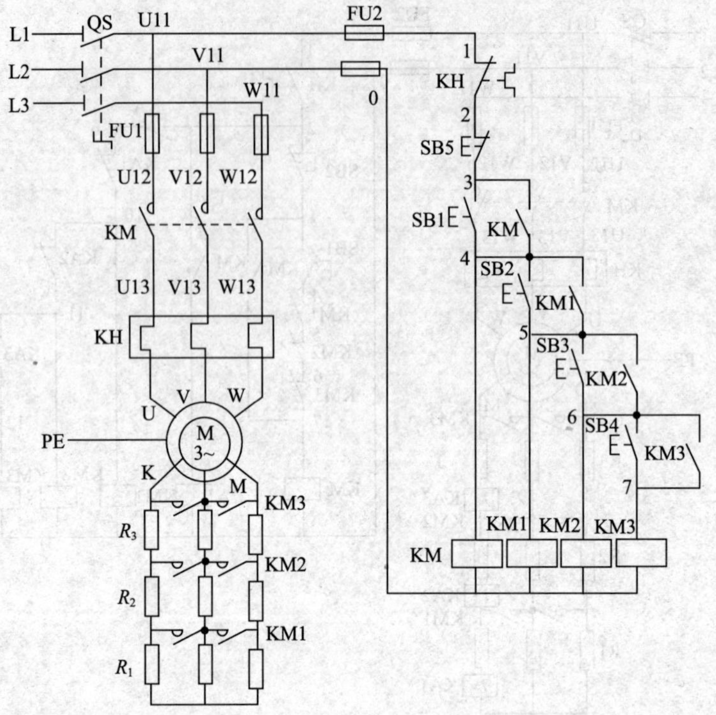

图 1—8—3　按钮操作串电阻启动的电路图

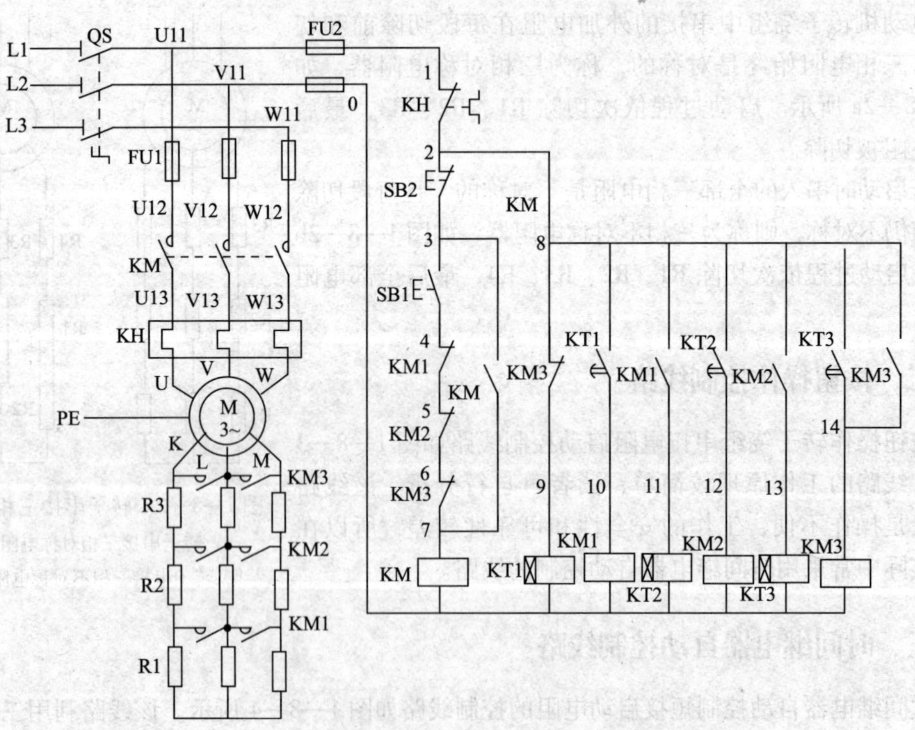

图 1—8—4　时间继电器自动控制短接启动电阻的控制线路

线路的工作原理如下：合上电源开关 QS。

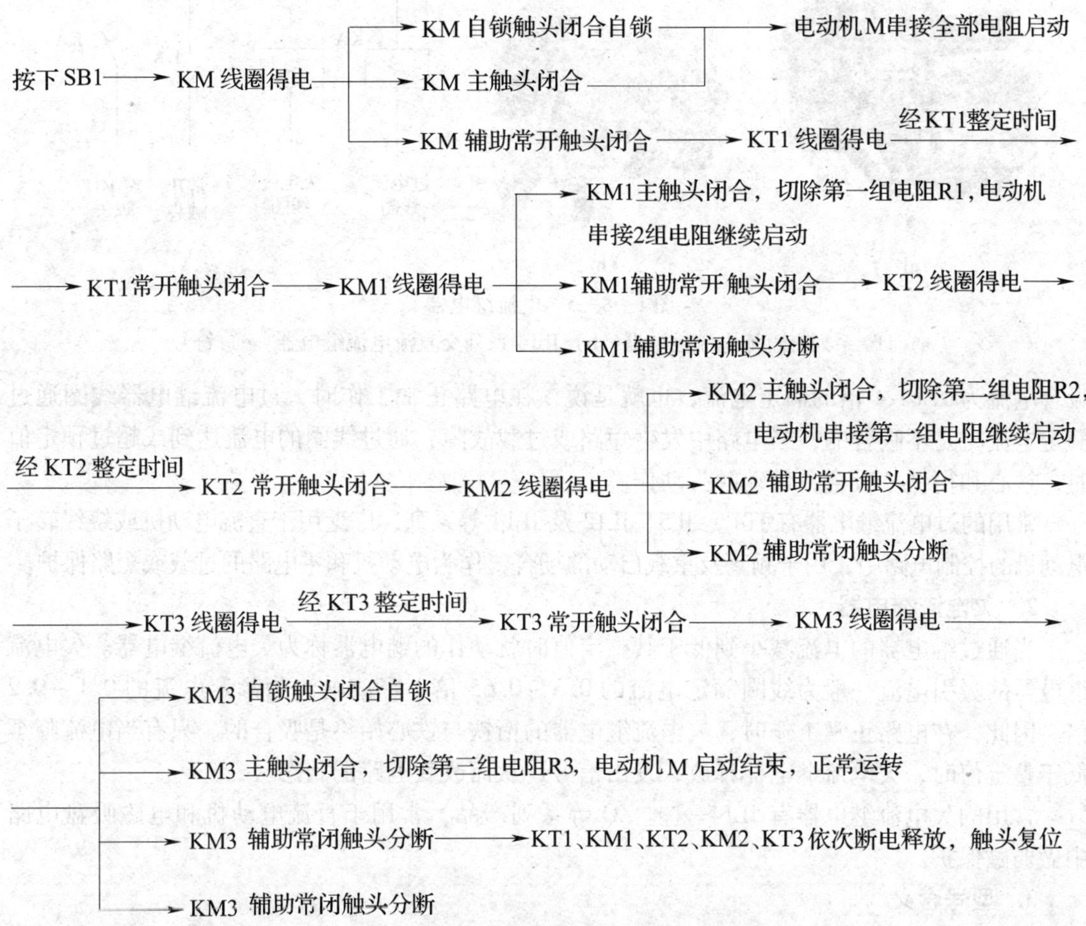

为保证电动机只有在转子绕组串入全部外加电阻的条件下才能启动，将接触器 KM1、KM2、KM3 的辅助常闭触头与启动按钮 SB1 串接，这样，在接触器 KM1、KM2、KM3 中的任何一个因触头熔焊或机械故障而不能正常释放时，即使按下启动按钮 SB1，控制电路也不会得电，电动机不会接通电源启动运转。

停止时，按下 SB2 即可。

四、电流继电器

反映输入量为电流的继电器叫做电流继电器。如图 1—8—5a、图 1—8—5b 所示是常见的 JT4 系列和 JL14 系列电流继电器。使用时，电流继电器的线圈串联在被测电路中，当通过线圈的电流达到预定值时，其触头动作。为了降低串入电流继电器线圈后对原电路工作状态的影响，电流继电器线圈的匝数少，导线粗，阻抗小。

电流继电器分为过电流继电器和欠电流继电器两种。电流继电器在电路图中的符号如图 1—8—5c 所示。

1. 过电流继电器

当通过继电器的电流超过预定值时就动作的继电器称为过电流继电器。过电流继电器的

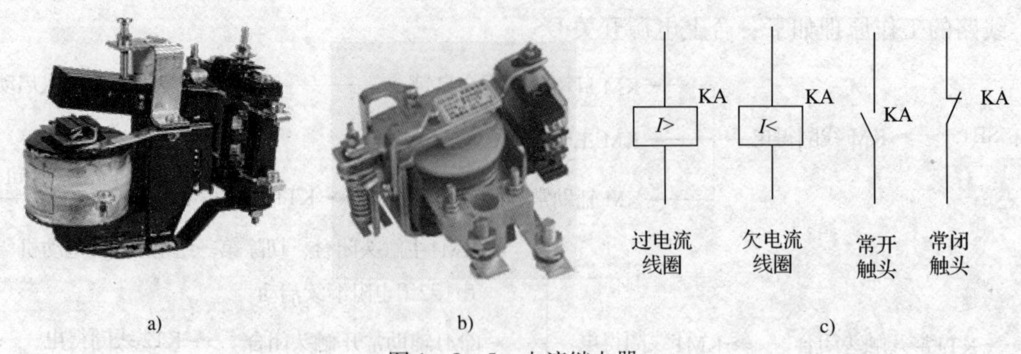

a) b) c)

图 1—8—5 电流继电器

a）JT4 系列交直流电流继电器 b）JL14 系列交直流电流继电器 c）符号

吸合电流为 1.1～4 倍的额定电流，也就是说，在电路正常工作时，过电流继电器线圈通过额定电流时是不吸合的；当电路中发生短路或过载故障，通过线圈的电流达到或超过预定值时，铁心和衔铁才吸合，带动触头动作。

常用的过电流继电器有 JT4 、JL5、JL12 及 JL14 等系列，广泛用于直流电动机或绕线转子电动机的控制电路中，用于频繁及重载启动的场合，作为电动机和主电路的过载或短路保护。

2. 欠电流继电器

当通过继电器的电流减小到低于其整定值时就动作的继电器称为欠电流继电器。欠电流继电器的吸引电流一般为线圈额定电流的 0.3～0.65 倍，释放电流为额定电流的 0.1～0.2 倍。因此，在电路正常工作时，欠电流继电器的衔铁与铁心始终是吸合的。只有当电流降至低于整定值时，欠电流继电器释放，发出信号，从而改变电路的状态。

常用的欠电流继电器有 JL14—□□ZQ 等系列产品，常用于直流电动机和电磁吸盘电路中做弱磁保护。

3. 型号含义

常用 JT4 系列交流通用继电器和 JL14 系列交直流通用电流继电器的型号及含义如下：

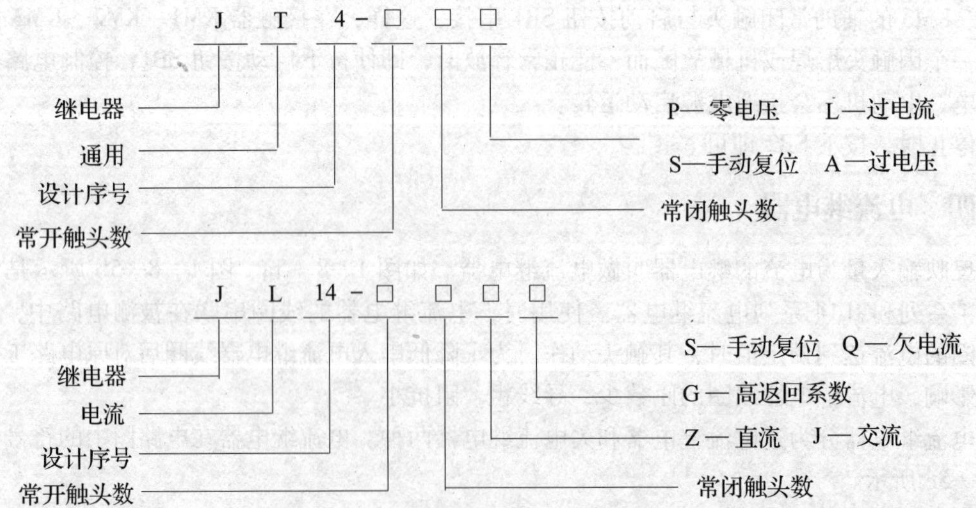

JT4 系列为交流通用继电器，在这种继电器的磁系统上装设不同的线圈，便可制成过电流、欠电流、过电压或欠电压等继电器。JT4 系列交流通用继电器的技术数据见表 1—8—1。

表 1—8—1　　**JT4 系列交流通用继电器的技术数据**

<table>
<tr><th rowspan="2">型号</th><th rowspan="2">可调参数调整范围</th><th rowspan="2">标称误差</th><th rowspan="2">返回系数</th><th rowspan="2">接点数量</th><th colspan="2">吸引线圈</th><th rowspan="2">复位方式</th><th rowspan="2">机械寿命（万次）</th><th rowspan="2">电寿命（万次）</th><th rowspan="2">质量（kg）</th></tr>
<tr><th>额定电压（或电流）</th><th>消耗功率</th></tr>
<tr><td>JL4—□□A 过电压继电器</td><td>吸合电压（1.05～1.20）U_N</td><td rowspan="4">±10%</td><td>0.1～0.3</td><td>1 常开 1 常闭</td><td>110、220、380 V</td><td rowspan="2">75 W</td><td rowspan="3">自动</td><td>1.5</td><td>1.5</td><td>2.1</td></tr>
<tr><td>JL4—□□P 零电压（或中间继电器）</td><td>吸合电压（0.60～0.85）U_N 或释放电压（0.10～0.35）U_N</td><td>0.2～0.4</td><td rowspan="3">1 常开、1 常闭或 2 常开或 2 常闭</td><td>110、127、220、380 V</td><td>100</td><td>10</td><td>1.8</td></tr>
<tr><td>JL4—□□L 过电流继电器</td><td rowspan="2">吸合电流（1.10～3.50）I_N</td><td rowspan="2">0.1～0.3</td><td rowspan="2">5、10、15、20、40、80、150、300、600 A</td><td rowspan="2">5 W</td><td rowspan="2">1.5</td><td rowspan="2">1.5</td><td rowspan="2">1.7</td></tr>
<tr><td>JL4—□□S 手动过电流继电器</td><td>手动</td></tr>
</table>

JL14 系列交直流通用电流继电器，可取代 JT4－L 和 JT4－S 系列，其技术数据见表 1—8—2。

表 1—8—2　　**JT14 系列电流继电器技术数据**

<table>
<tr><th rowspan="2">电流种类</th><th rowspan="2">型号</th><th rowspan="2">吸引线圈额定电流（I_N）（A）</th><th rowspan="2">吸合电流调整范围</th><th colspan="2">触头组合形式</th><th rowspan="2">备注</th></tr>
<tr><th>常开</th><th>常闭</th></tr>
<tr><td rowspan="3">直流</td><td>JT14－□□Z</td><td rowspan="6">1、1.5、2.5、10、15、25、40、60、100、150、300、500、1 200、1500</td><td>（0.70～3.00）I_N</td><td>3</td><td>3</td><td></td></tr>
<tr><td>JT14－□□ZS</td><td rowspan="2">（0.30～0.65）I_N 或释放电流在（0.10～0.20）I_N 范围调整</td><td>2</td><td>1</td><td>手动复位</td></tr>
<tr><td>JT14－□□ZQ</td><td>1</td><td>2</td><td>欠电流</td></tr>
<tr><td rowspan="3">交流</td><td>JT14－□□J</td><td rowspan="3">（1.10～4.00）I_N</td><td>1</td><td>1</td><td></td></tr>
<tr><td>JT14－□□JS</td><td>2</td><td>2</td><td>手动复位</td></tr>
<tr><td>JT14－□□JG</td><td>1</td><td>1</td><td>返回系数大于 0.65</td></tr>
</table>

4. 选用

（1）电流继电器的额定电流一般可按电动机长期工作的额定电流来选择。对于频繁启动的电动机，额定电流可选大一个等级。

（2）电流继电器的触头种类、数量、额定电流及复位方式应满足控制线路的要求。

（3）过电流继电器的整定电流一般取电动机额定电流的 1.7～2 倍，频繁启动的场合可取电动机额定电流的 2.25～2.5 倍。欠电流继电器的整定电流一般取额定电流的 0.10～0.20 倍。

5. 安装与使用

（1）安装前应检查继电器的额定电流和整定电流值是否符合实际使用要求；继电器的动作部分是否动作灵活、可靠。外罩及壳体是否有损坏或缺件等情况。

（2）安装后应在触头不通电的情况下，使吸引线圈通电操作几次，看继电器动作是否可靠。

（3）定期检查继电器各零部件是否有松动及损坏现象，并保持触头的清洁。

五、电流继电器自动控制线路

绕线转子异步电动机刚启动时转子电流较大，随着电动机转速的增大，转子电流逐渐减小，根据这一特性，可以利用电流继电器自动控制接触器来逐级切除转子回路的电阻。

电流继电器自动控制线路如图 1—8—1 所示。三个过电流继电器 KA1、KA2 和 KA3 的线圈串接在转子回路中，它们的吸合电流都一样，但释放电流不同，KA1 最大，KA2 次之，KA3 最小，从而能根据转子电流的变化，控制接触器 KM1、KM2、KM3 依次动作，逐级切除启动电阻。

线路的工作原理如下：合上电源开关 QS。

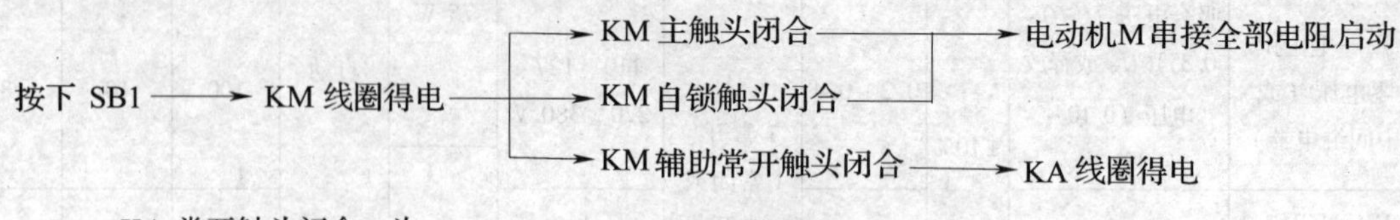

——→ KA 常开触头闭合，为 KM1 、KM2 、KM3 得电作准备。

由于电动机 M 启动时转子电流较大，三个过电流继电器 KA1、KA2 和 KA3 均吸合，它们接在控制电路中的常闭触头均断开，使接触器 KM1、KM2、KM3 的线圈都不能得电，接在转子电路中的常开触头都处于断开状态，启动电阻被全部串接在转子绕组中。随着电动机转速的升高，转子电流逐渐减小，当减小至 KA1 的释放电流时，KA1 首先释放，KA1 的常闭触头恢复闭合，接触器 KM1 得电，主触头闭合，切除第一组电阻 R1。当 R1 被切除后，转子电流重新增大，但随着电动机转速的继续升高，转子电流又会减小，待减小至 KA2 的释放电流时，KA2 释放，接触器 KM2 动作，切除第二组电阻 R2，如此继续下去，直至全部电阻被切除，电动机启动完毕，进入正常运转状态。

中间继电器 KA 的作用是保证电动机在转子电路中接入全部电阻的情况下开始启动。因为电动机开始启动时，转子电流从零增大到最大值需要一定的时间，这样有可能出现电流继电器 KA1、KA2 和 KA3 还未动作，接触器 KM1、KM2、KM3 就已经吸合，而把电阻 R1、R2、R3 短接，造成电动机直接启动。接入 KA 后，启动时由 KA 的常开触头断开 KM1、KM2、KM3 线圈的通电回路，保证了启动时转子回路串入全部电阻。

任务实施

线路安装与调试

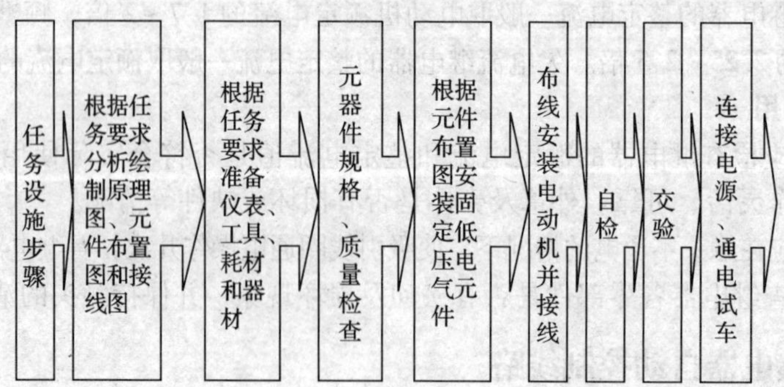

一、分析绘制元件布置图

读者自行绘制元件布置图和接线图。

二、仪表、工具、耗材和器材准备

根据电流继电器自动控制转子回路串电阻启动控制电路图，选用工具、仪表、耗材及器材，见表1—8—3。

表1—8—3　　工具、仪表、耗材及器材选用表

序号	名称	型号与规格	单位	数量	备注
1	三相四线电源	AC3×380/220 V、20 A	处	1	
2	单相交流电源	AC 220 V和36 V，5 A	处	1	
3	绕线转子异步电动机	YZR－132MA－6、2.2 kW、380 V、6 A/11.2 A、980 r/min	台	1	
4	配线板	500 mm×600 mm×20 mm	块	1	
5	组合开关	HZ10－25/3	个	1	
6	交流接触器	CJ10－20，线圈电压380 V	只	3	
7	热继电器	JR16－20/3	只	3	
8	过电流继电器	JL14－11 J，线圈额定电流10 A、电压380 V	只	3	
9	熔断器及熔芯配套	RL1－60/20	套	3	
10	熔断器及熔芯配套	RL1－15/4	套	2	
11	三联按钮	LA10－3H或LA4－3H	个	3	
12	接线端子排	JX2－1015，500 V、10 A、15节或配套自定	条	1	
13	启动电阻器	2K1－12－6/1	个	3	
14	平垫圈	ϕ4 mm	个	30	
15	圆珠笔	自定	支	1	
17	塑料软铜线	BVR－2.5 mm^2，颜色自定	m	20	
18	塑料软铜线	BVR－1.5 mm^2，颜色自定	m	20	
19	塑料软铜线	BVR－0.75 mm^2，颜色自定	m	5	
20	别径压端子	UT2.5－4，UT1－4	个	20	
21	行线槽	TC3025，长34 cm，两边打ϕ3.5 mm孔	条	5	
22	异型塑料管	ϕ3 mm	m	0.2	
23	电工通用工具	验电笔、钢丝钳、螺钉旋具（一字形和十字形）、电工刀、尖嘴钳、活扳手、剥线钳等	套	1	
24	万用表	自定	块	1	
25	兆欧表	型号自定，或500 V、0～200 MΩ	台	1	
26	钳形电流表	0～50 A	块	1	
27	转速表	自定	块	1	
27	劳保用品	绝缘鞋、工作服等	套	1	

三、元器件规格、质量检查

（1）根据仪表、工具、耗材和器材表，检查其各元器件、耗材与表中的型号与规格是否一致。

（2）检查各元器件的外观是否完整无损，附件、备件是否齐全。

（3）用仪表检查各元器件和电动机的有关技术数据是否符合要求。

四、根据元件布置图安装固定低压电气元件

按布置图在控制板上安装电气元件，并贴上醒目的文字符号。在控制板外安装电动机、启动电阻等电气元件。

五、布线

采用板前线槽布线。布线工艺要求在前文中已有叙述。

六、连接电动机和启动电阻器

可靠连接电动机、启动电阻等控制板外部的导线和保护接地线。

七、自检

1. 从电源端开始逐段核对接线

按电路图或接线图从电源端开始，逐段核对接线及接线端子处线号是否正确，有无漏接、错接之处。检查导线接点是否符合要求，压接是否牢固。同时注意接点接触应良好，以避免带负载运转时产生闪弧现象。

2. 用万用表检查线路的通断情况

万用表选用倍率适当的电阻挡（R×1），并进行校零。

（1）主电路检测

1）将万用表笔跨接在 QF 下端子 U11 和端子排 U1 处，应测得断路，按下 KM 的触头架，万用表显示通路，按上述步骤进行 V11－V1 和 W11－W1 之间的检测。

2）将万用表表笔跨接在 QF 下端子 U11 和端子排 V11 处，应测得断路，按下 KM 的触头架，万用表显示通路；将万用表笔跨接转子换相器的任意两相上，再逐一按下 KA1、KA2 和 KA3 的触头架，万用表显示的阻值逐渐减少。重复另外两相之间的检测。

（2）控制电路的检测

1）将万用表笔跨接在 U11 和 V11 之间，应测得断路；按下 SB1 不放，应测得 KM 的线圈电阻。

2）将万用表笔跨接在 U11 和 V11 之间，应测得断路；按下 SB2 不放，同时按下 KM 的触头架，应测得 KA 的线圈电阻。

3）将万用表笔跨接在 U11 和 V11 之间，应测得断路；按下 KA 的触头架，应测得 KM1、KM2 和 KM3 的线圈电阻并联值。依次再按下 KA1 的触头架，应测得断路；按下 KA2 的触头架，应测得 KM1 线圈电阻；按下 KA3 的触头架，应测得 KM1 和 KM2 的线圈电阻并联值。

3. 查安装质量，并进行绝缘电阻测量

用兆欧表检查线路绝缘电阻的阻值，应不小于 1 MΩ。

八、交验

学生提出申请，经教师检查同意后方可进行下道工序。

九、连接电源、通电试车

（1）为保证人身安全，在通电试车时，要认真执行安全操作规程的有关规定，一人监护、一人操作。试车前，应检查与通电试车有关的电气设备是否有不安全的因素存在，若查出应立即整改，然后方能试车。

（2）通电试车前，必须征得教师的同意，并由指导教师接通三相电源 L1、L2、L3，同时在现场监护。学生合上电源开关 QF 后，用测电笔检查熔断器出线端，氖管亮说明电源接通。

1）空操作试验。拆下电动机连线，合上 QF，按下 SB1，由于没有接主电路，KA1、KA2 和 KA3 中没有电流，所以有 KM、KA、KM1、KM2 和 KM3 一起吸合，用绝缘棒依次按下 KA3、KA2 和 KA1 的触头架，有 KM3 失电，KM3 和 KM2 一起失电，KM1、KM2、KM3 一起失电。按下 SB2、控制线路失电，所有都复位。

2）带负荷试车。断开 QF，连接好电动机接线，合上 QF，做好随时切断电源的准备。按下 SB1，用钳形电流表观察电动机的启动电流变化情况，同时观察电流继电器 KA1、KA2 和 KA3 的工作情况，以及 KM1、KM2 和 KM3 逐步吸合的工作情况，直至电动机正常运行。

（3）出现故障后，若需带电检查，必须有教师在现场监护的情况下进行。检修完毕后，如需要再次试车，也应该有教师在现场监护，并做好时间记录。

（4）试车成功后，记录下完成时间及通电试车次数。

（5）通电试车完毕，停转，切断电源。先拆除三相电源线，再拆除电动机线。

故 障 检 修

在完成试车的基础上，教师或同组学生按照表 1—8—4 中故障原因分析的元器件或路径，人为的设定一两个故障点进行排故练习。

故障设定时一定要在断开电源的情况下进行，一般设定元器件故障和线路的断路故障，而不将正确的线路改错。如果需要通电观察故障现象，必须在有教师在场的情况下进行。

表 1—8—4　　　　　　　　　　　　线路故障的现象、原因及检查方法

故障现象	原因分析	检查方法
电动机不能启动	除电源、电源开关因素外，还有以下四种因素： （1）辅助电路的故障 可能故障点： 1）熔断器 FU2 熔断； 2）热继电器常闭触点跳开或接触不良； 3）停止按钮 SB2、启动按钮 SB1 触点接触不良； 4）接触器 KM1、KM2、KM3 的常闭触点中某一触点接触不良； 5）KM 损坏或 1 ~7 号导线中有线断路。见图 1 （2）控制定子绕组主电路的故障 可能故障点： 1）熔断器有一相熔断； 2）接触器 KM 的主触点有一相接触不良； 3）热继电器的感温元件烧断或主电路连接导线断路，见图 2 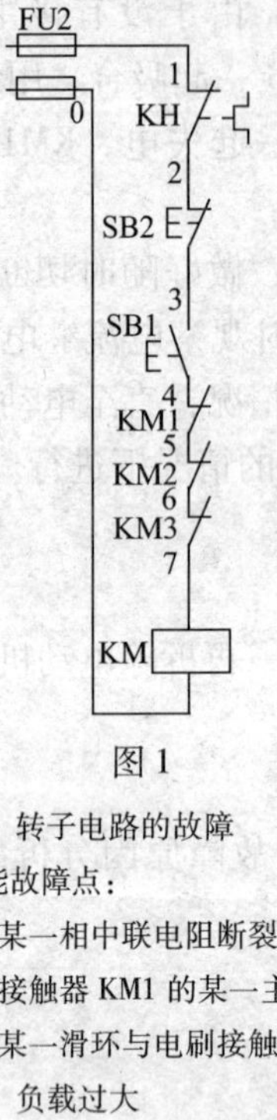 图 1 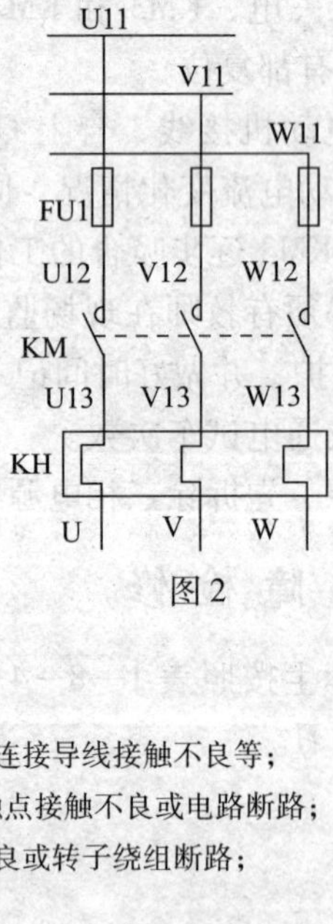　　图 2 （3）转子电路的故障 可能故障点： 1）某一相中联电阻断裂，连接导线接触不良等； 2）接触器 KM1 的某一主触点接触不良或电路断路； 3）某一滑环与电刷接触不良或转子绕组断路； （4）负载过大	（1）按下 SB1 后，接触器 KM 没有吸合，一般判断为辅助电路的故障；可用电阻法、电压法、校灯法检查故障点； （2）接触器 KM 吸合后，测量定子电流，如电流不平衡，可判为定子电路故障。检查方法参见前文； （3）测量转子绕组电流，如三相不平衡或某相没有电流，可判断为转子电路故障； （4）当测量转子、定子电流平衡且比正常值大时，说明过载
启动电阻过热	（1）全部电阻过热（说明启动过程中电阻不能被切除） 可能故障点： 1）KA 故障或 KM 的常开触点接触不良； 2）KA1 故障或 KA1 的常闭触点故障； 3）KM3 的常开触点接触不良； 4）电流继电器 KA1、KA2 或 KA3 故障	（1）全部电阻过热的检查方法 1）按下 SB1 后，观察 KA 是否动作，若 KA 没有动作，则 KA 线圈故障或 KM 常开触头故障，若 KA 有动作，则用验电笔检查 KA 的常开触头的下端头是否有电，有电正常，无电则 KA 的常开触头故障； 2）KA1 动作后，用验电笔检查 KA1 的常开触头的下端头是否有电，有电正常，无电则 KA1 的常开触头故障；

续表

故障现象	原因分析	检查方法
启动电阻过热	(2) 电阻 R1 或 R2 过热 1) KA1 或 KA2 的整定值不对，造成 KM1 或 KM2 不动作，R1 或 R2 不能被切掉； 2) KM1 或 KM2 的主触头故障； 3) 电阻与接线或电阻片间松动，接触电阻过大而发热	3) 断开电源，按下 KM3 的触头架，用电阻法检查 KM3 的常开触点接触是否良好； 4) 启动过程中观察电流继电器 KA1、KA2 或 KA3 是否动作 (2) 电阻 R1 或 R2 过热的检查方法 1) 检查 KA1 或 KA2 的整定值； 2) 检查 KM1 或 KM2 的主触头； 3) 检查 R1 或 R2 电阻与接线或电阻片间的连接情况
电动机启动时只有瞬间转动就停车	可能故障： (1) 接触器 KM 的自锁触点接触不良； (2) 热继电器电流整定得过小，经受不了启动电流的冲击而将其本身的常闭触点跳开； (3) 启动时电压波动过大，使接触器欠压而释放。这种现象多出现在电源线很长或桥式起重机上，由于启动时启动电流较大，本来已使电路压降较大，加之外电网电压波动或太低，很容易出现这种故障	(1) 用验电笔或电压表检查 KM 的自锁触点的接触是否良好； (2) 检查热继电器电流整定值是否符合要求； (3) 用电压表检查启动时的电压波动情况
其他故障参见前文电路故障的处理方法描述		

任务 2　转子回路中串频敏变阻器控制电路的安装与检修

学习目标

1. 正确理解转子回路中串频敏变阻器控制电路的工作原理。
2. 能正确绘制转子回路中串频敏变阻器控制电路接线图和布置图。
3. 会按照工艺要求正确安装转子回路中串频敏变阻器控制电路。
4. 了解串频敏变阻器的结构和工作原理。
5. 能根据故障现象，检修转子回路中串频敏变阻器控制电路。

工作任务

在任务 1 中采用的转子绕组串电阻方法启动，要想获得良好的启动特性，一般需要将启动电阻分为多级，这样所用的电器较多，控制线路复杂，设备投资大，维修不便，并且在逐级切除电阻的过程中，会产生一定的机械冲击。因此，在工矿企业中对于不频繁启动的设备，广泛采用频敏变阻器代替启动电阻来控制绕线转子异步电动机的启动。如图 1—8—6 所示为转子绕组串接频敏变阻器自动启动电路。

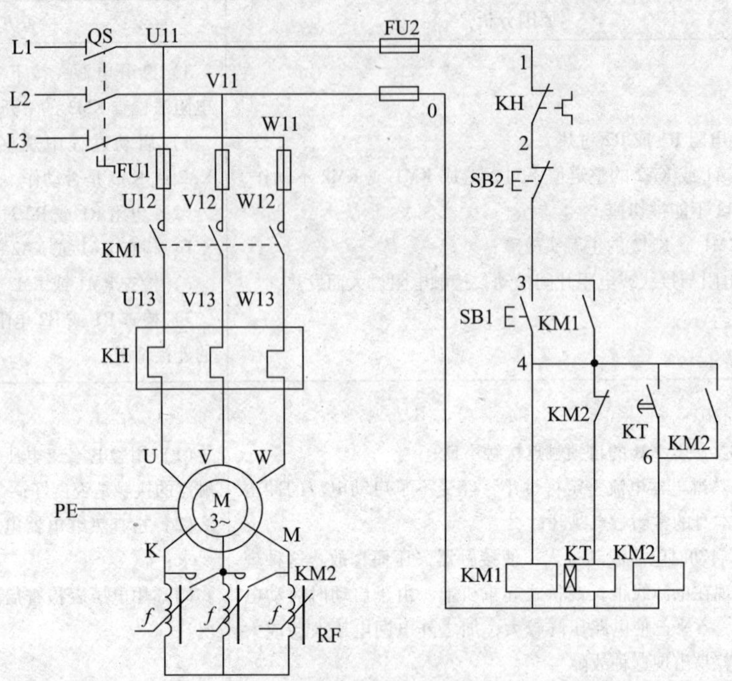

图 1—8—6　转子绕组串接频敏变阻器自动启动电路图

本次任务将完成转子绕组串接频敏变阻器自动启动电路的安装与检修。

相关理论

一、频敏变阻器

频敏变阻器是一种阻抗值随频率明显变化（敏感于频率）、静止的无触点电磁元件。频敏变阻器实质上是一个铁心损耗非常大的三相电抗器，为了增加它的铁心损耗，有意识地采用几块 30 ~ 50 mm 厚的铸铁片或钢板叠加构成铁心。其结构类似于没有二次绕组的三相变压器。频敏变阻器是一种有独特结构的新型无触点元件。其外部结构与三相电抗器相似，即由三个铁心柱和三个绕组组成，三个绕组接成星形，并通过滑环和电刷与绕线式电动机三相转子绕组相接。在电动机启动时，将频敏变阻器串接在转子绕组中，由于频敏变阻器的等效阻抗随转子电流频率的减小而减小，从而达到自动变阻的目的。因此，只需用一级频敏变阻器就可以平稳地把电动机启动起来。启动完毕短接切除频敏变阻器。

用频敏变阻器启动绕线转子异步电动机的优点是：启动性能好，无电流和机械冲击，结构简单，价格低廉，使用维护方便。但功率因数较低，启动转矩较小，一般不宜用于重载启动的场合。

常用的频敏变阻器有 BP1、BP2、BP3、BP4 和 BP6 等系列，如图 1—8—7a 所示是 BP1 系列的外形。频敏变阻器在电路图中的符号如图 1—8—7b 所示。

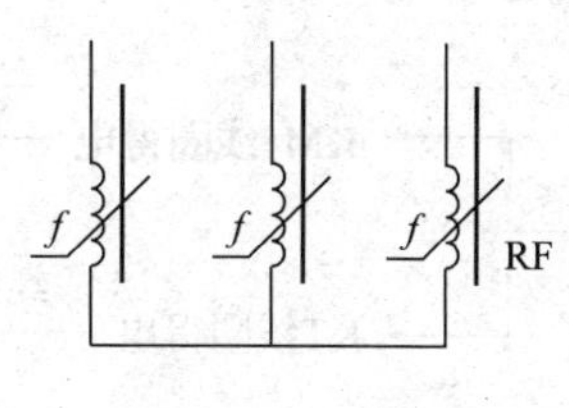

a)　　　　　　b)

图 1—8—7　频敏变阻器

a）BP1 系列外形　b）符号

频敏变阻器主要由铁心和绕组两部分组成。它的上、下铁心用四根拉紧螺栓固定，拧开螺栓上的螺母，可以在上下铁心之间增减非磁性垫片，以调整空气隙长度。出厂时上下铁心间的空气隙为零。

频敏变阻器的绕组备有四个抽头，一个抽头在绕组背面，标号为 N；另外三个抽头在绕组的正面，标号分别为 1、2、3。抽头 1－N 之间为 100% 匝数，2－N 之间为 85% 匝数，3－N之间为 71% 匝数。出厂时三组线圈均接在 85% 匝数抽头处，并接成 Y 形。

频敏变阻器的选用：

（1）根据电动机所拖动的生产机械的启动负载特性和操作频繁程度来选择其系列，频敏变阻器基本适用场合见表 1—8—5。

表 1—8—5　　频敏变阻器基本适用场合

负载特性			轻载	重载
适用频敏变阻器系列	频繁程度	偶尔	BP1、BP2、BP4	BP 4G、BP6
		频繁	BP1、BP2 、BP3	

（2）按电动机功率选择频敏变阻器的规格

在确定频敏变阻器的系列后，根据电动机的功率查有关技术手册，即可确定配用的频敏变阻器规格。

二、转子绕组串接频敏变阻器启动控制线路工作原理

1. 频敏变阻器工作原理

在电动机启动过程中，随着转子频率的改变，涡流集肤效应大小也在改变，频率高，流截面小，电阻增大；频率降低时，涡流截面自动加大，电阻减小。同时，频率变化电阻也自动变化。理论分析和实验证明，频敏变阻器铁心等值电阻和电抗均近似地与转差率的平方成正比。由电磁感应间生成的等效电抗和由铁心损耗构成的等效电阻较大，限制了电动机的启动电流，增大启动转矩。随着电动机转速的升高，转子电流的频率降低，等效电抗和等效电

阻自动减小，从而达到自动变阻的目的，实现平滑无级启动。

2．转子绕组串接频敏变阻器启动控制线路的工作原理

转子绕组串接频敏变阻器启动控制线路如图 1—8—6 所示，线路的工作原理如下：

先合上电源开关 QS。

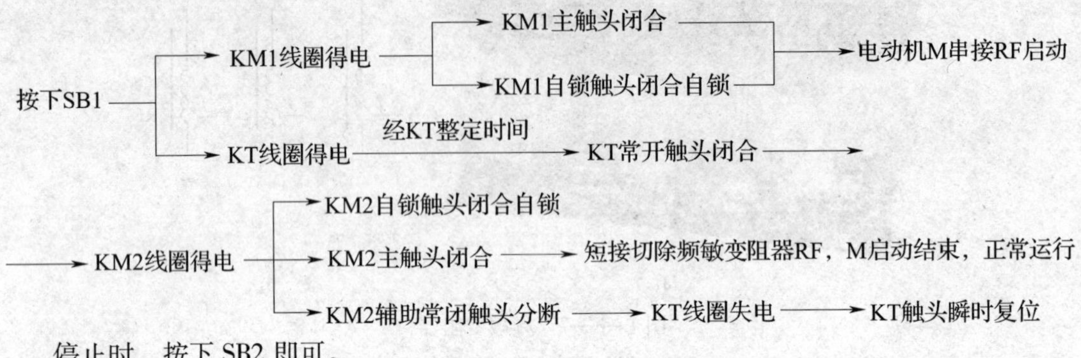

停止时，按下 SB2 即可。

任务实施

线路安装与调试

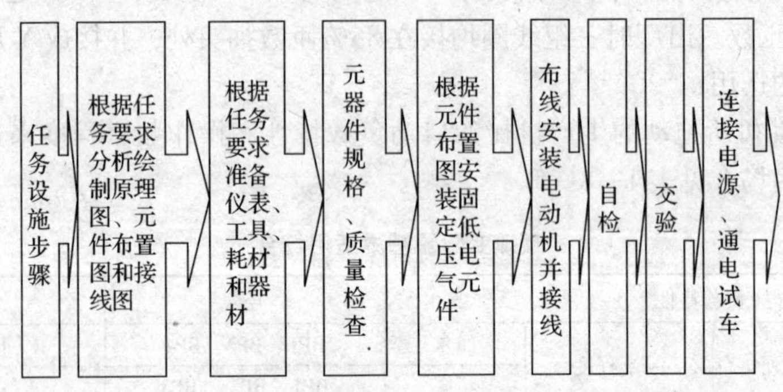

一、分析绘制元件布置图和接线图

读者自行绘制元件布置图和接线图。

二、仪表、工具、耗材和器材准备

根据接触器联锁正反转控制电路图，选用工具、仪表、耗材及器材，见表 1—8—6。

表 1—8—6　　工具、仪表、耗材及器材选用表

序号	名称	型号与规格	单位	数量	备注
1	三相四线电源	AC3 × 380/220 V、20 A	处	1	
2	单相交流电源	AC220 V 和 36 V，5 A	处	1	

续表

序号	名称	型号与规格	单位	数量	备注
3	绕线转子异步电动机	YZR－132MA－6、2.2 kW、380 V、6 A/11.2 A、980 r/min	台	1	
4	配线板	500 mm×600 mm×20 mm	块	1	
5	组合开关	HZ10－25/3	个	1	
6	交流接触器	CJ10－20，线圈电压 380 V	只	2	
7	热继电器	JR16－20/3	只	1	
8	时间继电器	Js7－2A，线圈额定电压 380 V	只	1	
9	熔断器及熔芯配套	RL1－60/20	套	3	
10	熔断器及熔芯配套	RL1－15/4	套	2	
11	三联按钮	LA10－3H 或 LA4－3H	个	3	
12	接线端子排	JX2－1015，500 V、10 A、15 节或配套自定	条	1	
13	频敏变阻器	BP1－004/10003	个	1	
14	平垫圈	ϕ4 mm	个	30	
15	圆珠笔	自定	支	1	
17	塑料软铜线	BVR－2.5 mm^2，颜色自定	m	20	
18	塑料软铜线	BVR－1.5 mm^2，颜色自定	m	20	
19	塑料软铜线	BVR－0.75 mm^2，颜色自定	m	5	
20	别径压端子	UT2.5－4，UT1－4	个	20	
21	行线槽	TC3025，长 34 cm，两边打 ϕ3.5 mm 孔	条	5	
22	异型塑料管	ϕ3 mm	m	0.2	
23	电工通用工具	验电笔、钢丝钳、螺钉旋具（一字形和十字形）、电工刀、尖嘴钳、活扳手、剥线钳等	套	1	
24	万用表	自定	块	1	
25	兆欧表	型号自定，或 500 V、0～200 MΩ	台	1	
26	钳形电流表	0～50 A	块	1	
27	转速表	自定	块	1	
27	劳保用品	绝缘鞋、工作服等	套	1	

三、元器件规格、质量检查

（1）根据仪表、工具、耗材和器材表，检查其各元器件、耗材与表中的型号与规格是否一致。

（2）检查各元器件的外观是否完整无损，附件、备件是否齐全。

（3）用仪表检查各元器件和电动机的有关技术数据是否符合要求。

四、根据元件布置图安装固定低压电气元件

按布置图在控制板上安装电气元件，并贴上醒目的文字符号。

其中，频敏变阻器应安装在箱体内，牢固地固定在基座上，当基座为铁磁物质时应在中

间垫放 10 mm 以上的非磁性垫片，以防影响频敏变阻器的特性。连接线应按电动机转子额定电流选用相应截面的电缆线。同时变阻器还应可靠接地。若置于箱体外时，必须采取遮护或隔离措施，以防止发生触电事故。

五、布线

采用板前线槽布线，布线工艺要求在前文中已有叙述。

六、自检

（1）按电路图或接线图从电源端开始，逐段核对接线及接线端子处线号是否正确，有无漏接、错接之处。检查导线接点是否符合要求，压接是否牢固。同时注意接点接触应良好，以避免带负载运转时产生闪弧现象。

（2）频敏变阻器在使用前，应先测量频敏变阻器对地绝缘电阻，其值应不小于 1 MΩ，否则须先进行烘干处理后方可使用。

（3）用万用表检查线路的通断情况。

万用表选用倍率适当的电阻挡（R×1），并进行校零。

1）主电路的检查

主电路的检查方法与转子回路串电阻启动控制电路的方法基本一致。

2）控制电路的检查

断开主线路，将万用表笔跨接在 QF 下端子 U11 和 V11 处，应测得断路，按下 SB1 不放，同时轻按 KM2 的触头架，应测得 KM1 线圈的电阻值；将 KM2 的触头架按到底，应测得 KM1 和 KM2 线圈电阻的并联值。同时按下 SB2，应测出辅助电路由通而断。

（4）查安装质量，并进行绝缘电阻测量

用兆欧表检查线路绝缘电阻的阻值，应不小于 1 MΩ。

七、交验

学生提出申请，经教师检查同意后方可进行下道工序。

八、通电试车

（1）为保证人身安全，在通电试车时，要认真执行安全操作规程的有关规定，一人监护、一人操作。试车前，应检查与通电试车有关的电气设备是否有不安全的因素存在，若查出应立即整改，然后方能试车。

（2）通电试车前，必须征得教师的同意，并由指导教师接通三相电源 L1、L2、L3，同时在现场监护。学生合上电源开关 QF 后，用测电笔检查熔断器出线端，氖管亮说明电源接通。

1）空操作试验

拆下电动机连线，合上 QF，按下 SB1，KM1 得电吸合动作，几秒后，KT 延时闭合触头闭合，KM2 吸合；按下 SB2 控制电路失电。

2）带负荷试车

断开 QF，连接好电动机和频敏变阻器接线，合上 QF，做好随时切断电源的准备。按下 SB1，用钳形电流表观察电动机启动电流的变化情况，同时注意观察时间继电器 KT 和接触器 KM2 的工作情况，直至电动机正常运行。

试车时，若发现启动转矩或启动电流过大或过小，应按下述方法调整频敏变阻器的匝数和气隙。

①启动电流过大、启动过快时，应换接抽头，使匝数增加。增加匝数可使启动电流和启动转矩减小。

②启动电流和启动转矩过小、启动太慢时，应换接抽头，使匝数减少。匝数减少将使启动电流和启动转矩同时增大。

③如果刚启动时，启动转矩偏大，有机械冲击现象，而启动完毕后，稳定转速又偏低，这时可在上下铁心间增加气隙。可拧开变阻器两面上的四个拉紧螺栓的螺母，在上、下铁心之间增加非磁性垫片。增加气隙将使启动电流略微增加，启动转矩稍有减小，但启动完毕时的转矩稍有增大，使稳定转速得以提高。

时间继电器和热继电器的整定值应在通电前整定。

（3）出现故障后，若需带电检查，必须在有教师在现场监护的情况下进行。检修完毕后，如需要再次试车，也应该有教师在现场监护，并做好时间记录。

（4）试车成功后，记录下完成时间及通电试车次数。

（5）通电试车完毕，停转，切断电源。先拆除三相电源线，再拆除电动机线。

故障检修

在完成试车的基础上，教师或同组学生按照表 1—8—7 中故障原因分析的元器件或路径，人为的设定一两个故障点进行排故练习。

故障设定时一定要在断开电源的情况下进行，一般设定元器件故障和线路的断路故障，而不将正确的线路改错。如果需要通电观察故障现象，必须在有教师在场的情况下进行。

表 1—8—7　　线路故障的现象、原因及检查方法

故障现象	原因分析	检查方法
电动机不能启动	（1）按下 SB1 后 KM1 没有动作 可能故障点： 1）线路中没有电或 FU2 熔断； 2）KH 常闭触头接触不良，SB1、SB2 接触不良，KM1 线圈断路或 1、2、3、4 号导线断路 （2）按下 SB1 后 KM1 有动作 可能故障点： 1）主电路缺相； 2）频敏变阻器线圈断路	（1）按下 SB1 后 KM1 没有动作的检查方法：可用电压法或验电笔法检查 （2）按下 SB1 后 KM1 有动作的检查方法 1）可用电压法或验电笔法检查主电路是否缺相； 2）断开电源后，用电阻法检查频敏变阻器线圈是否断路

续表

故障现象	原因分析	检查方法
频敏变阻器温度过高	（1）电动机启动后，频敏变阻器没有被切掉或时间继电器延时时间太长； （2）频敏变阻器线圈绝缘损坏或受机械损伤，匝间绝缘电阻和对地绝缘电阻变小	（1）检查时间继电器的延时时间及是否动作，若动作，则检查 KM2 是否动作；KM2 动作，则检查 KM2 常开触头的接触是否良好； （2）用兆欧表检查频敏变阻器线圈对地绝缘电阻和匝间绝缘电阻，其值应不小于 1 MΩ
其他故障参见前文电路故障的处理方法描述		

任务3　凸轮控制器控制转子回路串电阻启动电路的安装与检修

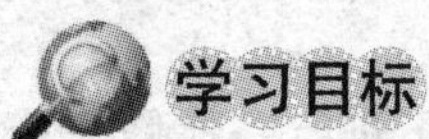

1. 正确理解凸轮控制器控制三相绕线转子异步电动机转子回路串电阻启动电路的工作原理。
2. 能正确绘制凸轮控制器控制三相绕线转子异步电动机转子回路串电阻启动电路接线图和布置图。
3. 会按照工艺要求正确安装凸轮控制器控制三相绕线转子异步电动机转子回路串电阻启动电路。
4. 了解凸轮控制器的结构，掌握凸轮控制器的安装与使用要求。
5. 能根据故障现象，检修凸轮控制器控制三相绕线转子异步电动机转子回路串电阻启动电路。

工作任务

在 20/5 t 桥式起重机中，其大车、小车和副钩电动机容量较小，一般都采用凸轮控制器控制来简化操作，如图 1—8—8 所示。

本次任务是完成绕线转子异步电动机凸轮控制器控制线路的安装与检修。

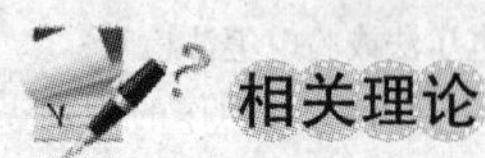

一、凸轮控制器

1. 凸轮控制器的功能

凸轮控制器是利用凸轮来操作动触头动作的控制器，主要用于控制容量不大于 30 kW 的

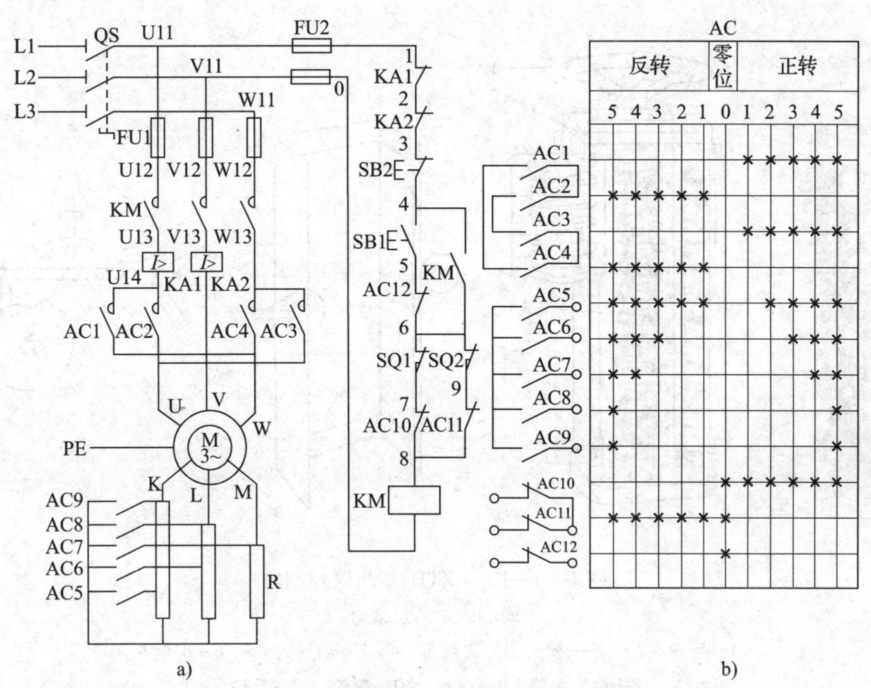

图 1—8—8　绕线转子异步电动机凸轮控制器控制线路

a）电路图　b）触头分合表

中小型绕线转子异步电动机的启动、调速和换向。常用的凸轮控制器有 KTJ1、KTJ15、KT10、KT14 及 KT15 等系列，如图 1—8—9 所示是 KT10、KT14 及 KT15 系列的外形图。

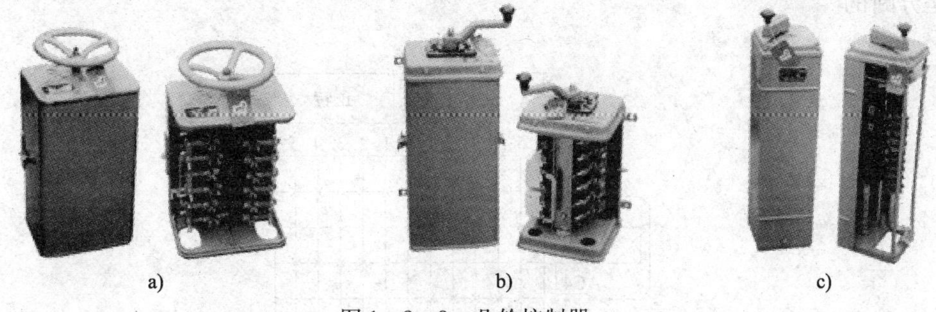

a)　b)　c)

图 1—8—9　凸轮控制器

a）KT10 系列　b）KT14 系列　c）KT15 系列

2. 凸轮控制器的结构原理、符号及型号含义

KTJ1 系列凸轮控制器的结构如图 1—8—10 所示。它主要由手轮（或手柄）、触头系统、转轴、凸轮和外壳等部分组成。其触头系统共有 12 对触头，9 对常开，3 对常闭。其中，4 对常开触头接在主电路中，用于控制电动机的正反转，配有石棉水泥制成的灭弧罩。其余 8 对触头用于控制电路中，不带灭弧罩。

凸轮控制器的动触头 7 与凸轮 12 固定在转轴 11 上，每个凸轮控制一个触头。当转动手轮 1 时，凸轮 12 随轴 11 转动，当凸轮的凸起部分顶住滚轮 10 时，动触头 7、静触头 6 分开；当凸轮的凹处与滚轮相碰时，动触头受到触头弹簧 8 的作用压在静触头上，动、静触头闭合。在方轴上叠装形状不同的凸轮片，可使各个触头按预定的顺序闭合或断开，从而实现不同的控制目的。

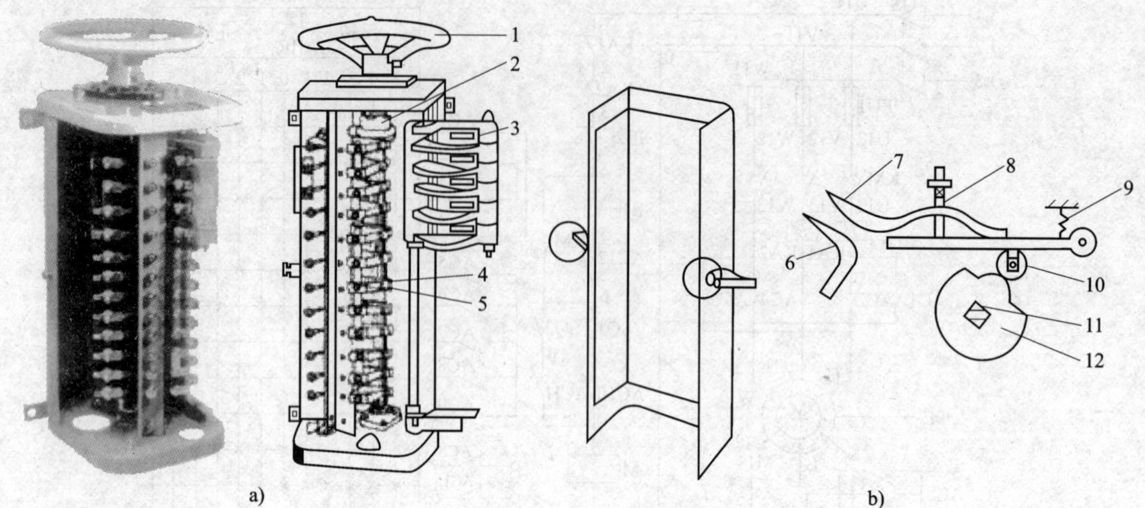

图 1—8—10　KTJ1 型凸轮控制器

a）外形　b）结构

1—手轮　2、11—转轴　3—灭弧罩　4、7—动触头　5、6—静触头

8—触头弹簧　9—弹簧　10—滚轮　12—凸轮

凸轮控制器的触头分合情况，通常用触头分合表来表示。KTJ1－50/1 型凸轮控制器的触头分合表如图1—8—11 所示。图的上面两行表示手轮的 11 个位置，左侧表示凸轮控制器的 12 对触头。各触头在手轮处于某一位置时的接通状态用符号“×”标记，无此符号表示触头是分断的。

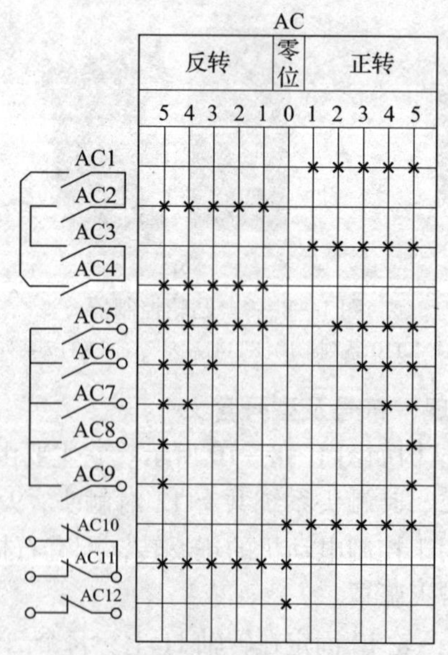

图 1—8—11　KTJ1－50/1 型凸轮控制器的触头分合表

凸轮控制器的型号及含义如下：

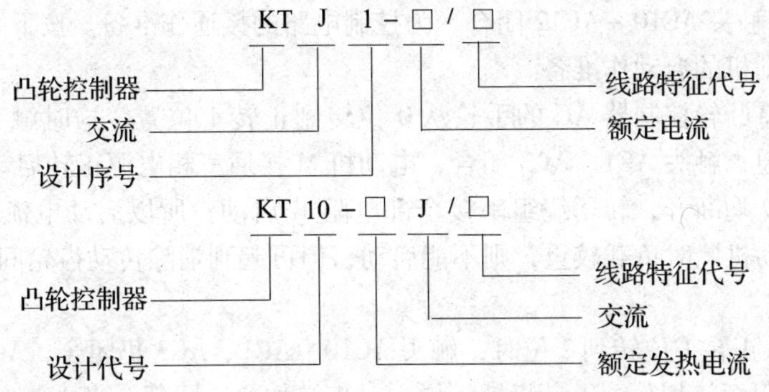

3. 凸轮控制器的选用

凸轮控制器主要根据所控制电动机的容量、额定电压、额定电流、工作制和控制位置数目等来选择。

KTJ1 系列凸轮控制器的技术数据见表 1—8—8。

表 1—8—8　　**KTJ1 系列凸轮控制器的技术数据**

型号	位置数		额定电流（A）		额定控制功率（kW）		每小时操作次数不高于	质量（kg）
	向前（上升）	向后（下降）	长期工作制	通电持续率在 40% 以下的工作制	220 V	380 V		
KTJ1－50/1	5	5	50	75	16	16	600	28
KTJ1－50/2	5	5	50	75	*	*		26
KTJ1－50/3	1	1	50	75	11	11		28
KTJ1－50/4	5	5	50	75	11	11		23
KTJ1－50/5	5	5	50	75	2×11	2×11		28
KTJ1－50/6	5	5	50	75	11	11		32
KTJ1－80/1	6	6	80	120	22	30		38
KTJ1－80/3	6	6	80	120	22	30		38
KTJ1－150/1	7	7	150	225	60	100		—

注：* 无定子电路触头，其最大功率由定子电路中的接触器容量决定。

二、绕线转子异步电动机凸轮控制器控制电路分析

绕线转子异步电动机凸轮控制器控制电路如图 1—8—8a 所示。图中组合开关 QS 作为电源引入开关；熔断器 FU1、FU2 分别作为主电路和控制电路的短路保护；接触器 KM 控制电动机电源的通断，同时起欠压和失压保护作用；行程开关 SQ1、SQ2 分别作电动机正反转时工作机构的限位保护；过电流继电器 KA1、KA2 作电动机的过载保护；R 是电阻器；凸轮控制器 AC 有 12 对触头，其分合状态如图 1—8—8b 所示。其中最上面 4 对配有灭弧罩的常开触头 AC1～AC4 接在主电路中，用于控制电动机正反转；中间 5 对常开触头 AC5～AC9 与转子电阻 R 相接，用来逐级切换电阻以控制电动机的启动和调速；最下面的 3 对常闭触头 AC10～AC12 用作零位保护。

线路的工作原理如下：将凸轮控制器 AC 的手轮置于 0 位后，合上电源开关 QS，这时

AC 最下面的 3 对触头 AC10 ~ AC12 闭合，为控制电路的接通作准备。按下 SB1，接触器 KM 得电自锁，为电动机的启动作准备。

正转控制：将凸轮控制器 AC 的手轮从 0 位转到正转 1 位置，这时触头 AC10 仍闭合，保持控制电路接通；触头 AC1、AC3 闭合，电动机 M 接通三相电源正转启动，此时由于 AC 的触头 AC5 ~ AC9 均断开，转子绕组串接全部电阻 R 启动，所以启动电流较小，启动转矩也较小。如果电动机此时负载较重，则不能启动，但可起到消除传动齿轮间隙和拉紧钢丝绳的作用。

当 AC 手轮从正转 1 位转到 2 位时，触头 AC10、AC1、AC3 仍闭合，AC5 闭合，把电阻器 R 上的一级电阻短接切除，电动机转矩增加，正转加速。同理，当 AC 手轮依次转到正转 3 和 4 位置时，触头 AC10、AC1、AC3、AC5 仍闭合，AC6、AC7 先后闭合，把电阻器 R 上的两级电阻相继短接，电动机 M 继续加速正转。当手轮转到 5 位置时，AC5 ~ AC9 五对触头全部闭合，转子回路电阻被全部切除，电动机启动完毕进入正常运转。

停止时，将 AC 手轮扳回零位即可。

反转控制：当将 AC 手轮扳到反转 1 ~ 5 位置时，触头 AC2、AC4 闭合，接入电动机的三相电源相序改变，电动机将反转。反转的控制过程与正转相似，读者可自行分析。

凸轮控制器最下面的三对触头 AC10 ~ AC12 只有当手轮置于零位时才全部闭合，而手轮在其余各挡位置时都只有一对触头闭合（AC10 或 AC11），而其余两对断开。从而保证了只有手轮置于 0 位时，按下启动按钮 SB1 才能使接触器 KM 线圈得电动作，然后通过凸轮控制器 AC 使电动机进行逐级启动，从而避免了电动机在转子回路不串启动电阻的情况下直接启动，同时也防止了由于误按 SB1 而使电动机突然快速运转产生的意外事故。

任务实施

线路安装与调试

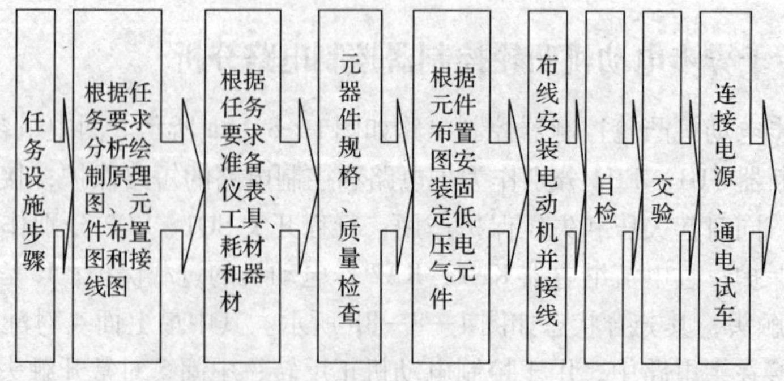

一、分析绘制元件布置图和接线图

读者自行绘制元件布置图和接线图。

二、仪表、工具、耗材和器材准备

根据接触器联锁正反转控制电路图，选用工具、仪表、耗材及器材，见表1—8—9。

表1—8—9　工具、仪表、耗材及器材选用表

序号	名称	型号与规格	单位	数量	备注
1	三相四线电源	AC3×380/220 V、20 A	处	1	
2	单相交流电源	AC 220 V 和 36 V，5 A	处	1	
3	绕线转子异步电动机	YZR－132MA－6、2.2 kW、380 V、6 A/11.2 A、980 r/min	台	1	
4	配线板	500 mm×600 mm×20 mm	块	1	
5	组合开关	HZ10－25/3	个	1	
6	交流接触器	CJ10－20，线圈电压 380 V	只	1	
7	凸轮控制器	KTJ1－50/2，50 A，380 V	只	1	
8	过电流继电器	JL14－11J，线圈额定电流 10 A、电压 380 V	只	3	
9	熔断器及熔芯配套	RL1－60/20	套	3	
10	熔断器及熔芯配套	RL1－15/4	套	2	
11	三联按钮	LA10－3H 或 LA4－3H	个	3	
12	接线端子排	JX2－1015，500 V、10 A、15 节或配套自定	条	1	
13	启动电阻器	2K1－12－6/1	个	1	
14	位置开关	LX19－212，380 V，5 A，内侧双轮	个	2	
15	圆珠笔	自定	支	1	
17	塑料软铜线	BVR－2.5 mm², 颜色自定	米	20	
18	塑料软铜线	BVR－1.5 mm², 颜色自定	米	20	
19	塑料软铜线	BVR－0.75 mm², 颜色自定	米	5	
20	别径压端子	UT2.5－4，UT1－4	个	20	
21	行线槽	TC3025，长 34 cm，两边打 ϕ3.5 mm 孔	条	5	
22	异型塑料管	ϕ3 mm	米	0.2	
23	电工通用工具	验电笔、钢丝钳、螺钉旋具（一字形和十字形）、电工刀、尖嘴钳、活扳手、剥线钳等	套	1	
24	万用表	自定	块	1	
25	兆欧表	型号自定，或 500 V、0～200 MΩ	台	1	
26	钳形电流表	0～50 A	块	1	
27	转速表	自定	块	1	
27	劳保用品	绝缘鞋、工作服等	套	1	

三、元器件规格、质量检查

（1）根据仪表、工具、耗材和器材表，检查其各元器件、耗材与表中的型号与规格是否一致。

（2）检查各元器件的外观是否完整无损，附件、备件是否齐全。

（3）用仪表检查各元器件和电动机的有关技术数据是否符合要求。

四、根据元件布置图安装固定低压电气元件

按布置图在控制板上安装电气元件，并贴上醒目的文字符号。在控制板外安装凸轮控制器、启动电阻器和位置开关。

凸轮控制器的安装应注意：

（1）凸轮控制器在安装前应检查外壳及零件有无损坏，并清除内部灰尘。

（2）安装前应操作控制器手轮不少于5次，检查有无卡轧现象。检查触头的分合顺序是否符合规定的分合表要求，每一对触头是否动作可靠。

（3）凸轮控制器必须牢固可靠地用安装螺钉固定在墙壁或支架上，其金属外壳上的接地螺钉必须与接地线可靠连接。

五、布线

采用板前线槽布线。布线工艺要求在前文中已有叙述。

六、自检

（1）按电路图或接线图从电源端开始，逐段核对接线及接线端子处线号是否正确，有无漏接、错接之处。检查导线接点是否符合要求，压接是否牢固。同时注意接点接触应良好，以避免带负载运转时产生闪弧现象。

（2）用万用表检查线路的通断情况。万用表选用倍率适当的电阻挡（R×1），并进行校零。

（3）凸轮控制器是否按照触头分合表或电路图的要求接线，经复查确认无误后才能通电。

（4）查安装质量，并进行绝缘电阻测量。用兆欧表检查线路绝缘电阻的阻值，应不小于1 MΩ。

七、交验

学生提出申请，经教师检查同意后方可进行下道工序。

八、通电试车

1．为保证人身安全，在通电试车时，要认真执行安全操作规程的有关规定，一人监护、一人操作。试车前，应检查与通电试车有关的电气设备是否有不安全的因素存在，若查出应立即整改，然后方能试车。

2．通电试车前，必须征得教师的同意，并由指导教师接通三相电源L1、L2、L3，同时在现场监护。

操作顺序是：

（1）将凸轮控制器AC手轮置于0位。

（2）合上电源开关QS。

（3）按下启动按钮SB1。

（4）将凸轮控制器手轮依次转到1~5挡的位置，并分别测量电动机的转速。

（5）将手轮从正转5档位置逐渐恢复到0位后，再依次转到反转1~5挡的位置，并分别测量电动机的转速。

(6) 将手轮从反转5挡位置逐渐恢复到0位后，按下停止按钮SB2，切断电源开关QS。

(1) 凸轮控制器安装结束后，应进行空载试验。启动时，若手轮转到2位置后电动机仍未转动，则应停止启动、检查线路。

(2) 启动操作时，手轮不能转动太快，应逐级启动，防止电动机的启动电流过大。停止使用时，应将手轮准确地停在零位。

(3) 出现故障后，若需带电检查，必须有教师在现场监护。检修完毕后，如需要再次试车，也应该有教师在现场监护，并做好时间记录。

(4) 试车成功后，记录下完成时间及通电试车次数。

(5) 通电试车完毕，停转，切断电源。先拆除三相电源线，再拆除电动机线。

故障检修

在完成试车的基础上，教师或同组学生按照表1—8—10中故障原因分析的元器件或路径，人为的设定一两个故障点进行排故练习。

故障设定时一定要在断开电源的情况下进行，一般设定元器件故障和线路的断路故障，而不将正确的线路改错。如果需要通电观察故障现象，必须在教师在场的情况下进行。

表1—8—10　　线路故障的现象、原因及检查方法

故障现象	原因分析	检查方法
电动机不能启动	(1) 按下SB1后KM没有动作 1) 线路中没有电； 2) 凸轮控制器手轮没有在0位； 3) 凸轮控制器的动静片接触不良； 4) FU2熔断、KA1、KA2的常闭触头接触不良、SB1、SB2接触不良、KM线圈损坏 (2) 按下SB1后KM有动作，电动机不能启动 1) 主电路缺相； 2) 电刷与滑线接触不良或断线； 3) 转子开路	(1) 按下SB1后KM没有动作的检查方法 1) 用验电笔检查电源端头是否有电； 2) 检查凸轮控制器手轮位置； 3) 断开电源，用万用表的电阻挡检查凸轮控制器的动静触头的接触情况； 4) 可用电压法、电阻法、校验灯法检查 (2) 按下SB1后KM有动作的检查方法 1) 可用验电笔法或电压法检查是否缺相； 2) 断开电源，调整电刷与滑线的接触； 3) 断开电源，用电阻法检查转子是否有断线或电刷接触不良
其他故障参见前文电路故障的处理方法描述		

要注意当接触器KM线圈通电吸合后，由于主电路中三相只采用了凸轮控制器的两对触头，因此电动机定子绕组处于带电状态。

*模块二　直流电动机基本控制线路的安装与检修

项 目 一

并励直流电动机基本控制电路的安装与检修

任务1　手动启动与调速控制电路的安装与检修

1. 正确理解并励直流电动机启动控制电路的工作原理。
2. 能正确识读启动控制电路的原理图、接线图和布置图。
3. 会按照工艺要求正确安装并励直流电动机手动启动控制电路。
4. 能根据故障现象，检修并励直流电动机启动控制电路。

工作任务

与交流电动机相比，由于直流电动机具有过载能力强、启动转矩大、制动转矩大、调速范围广、调速精度高、损耗小、能够实现无级平滑调速以及适宜频繁快速启动等一系列优点，对于需要能够在大范围内实现无级调速或需要大启动转矩的生产机械，常用直流电动机来拖动。直流电动机根据励磁方式的不同可分为他励、并励、串励和复励等四种，通常并励直流电动机适用于在负载变化时要求转速比较稳定的场合，如金属切削机床、造纸机等。

为了减小启动电流及防止启动时对机械负载冲击过大，并励直流电动机的启动通常采用降压的方式来完成。直流电动机降压启动的方法有两种：一是电枢回路串联电阻启动；二是降低电源电压启动。这两种方法的原理实质都是降低电压。对于并励直流电动机通常采用的是电枢回路串联电阻启动。

如图2—1—1所示为并励直流电动机手动启动控制电路图。

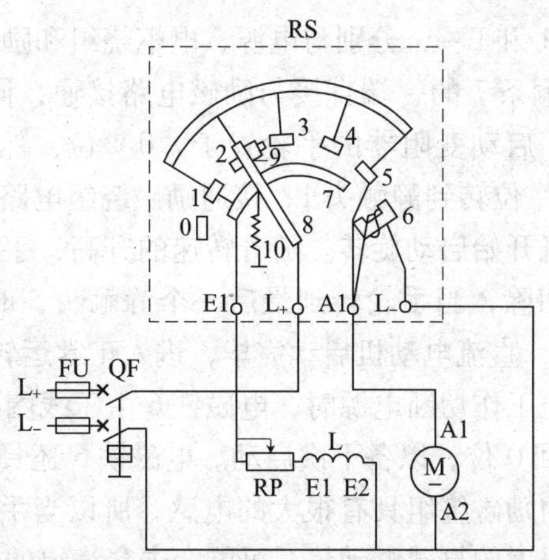

图 2—1—1　并励直流电动机手动启动控制电路

图中 RS 是 BQ3 型直流电动机启动变阻器，1 ~ 5 是分断触头，6 是电磁铁，7 是弧形铜条，8 是手轮，9 是衔铁，10 是恢复弹簧，通过转动手轮来改变启动电阻，实现电动机降压启动。

本次工作任务是要完成用 BQ3 型直流电动机启动变阻器实现对并励直流电动机手动启动控制线路的安装与检测。

相关理论

一、并励直流电动机手动启动控制线路

1. BQ3 型直流电动机启动变阻器

10 kW 以下的小容量并励直流电动机手动启动时配有手动启动变阻器。常用 BQ3 型直流电动机启动变阻器，其外形如图 2—1—2 所示。该变阻器主要由电阻元件、调节转换装置和外壳三大部分组成。电阻元件由转换装置、螺旋形元件组成，根据功率大小均置于旋转式变阻器的定型箱壳中，元件采用康铜电阻材料制成。变阻器具有失压保护联锁装置，联锁装置依靠旋轴中心的扭力弹簧自动复位切断电路。若在电动机转子线路内接入启动变阻器，则在启动过程中可得到所需的启动力矩。使之平衡启动以消除启动电流的过分波动。当变阻器启动时，以手操作动静触头，此时所有的电阻均接入电动机转子电路中，按顺时针方向转动，逐级切除电阻，直至电阻为零，电动机正常运转。

图 2—1—2　BQ3 型直流电动机启动变阻器外形

变阻器安装在有剧烈振动或强烈颠簸以及垂直方向倾斜 50°以上的地方时，可能引起失压保护的误动作。

2. 并励直流电动机手动启动控制线路启动原理分析

图 2—1—1 所示线路中，BQ3 型直流电动机启动变阻器 RS

有四个接线端 E1、L+、A1 和 L-，分别与电源、电枢绕组和励磁绕组相连。手轮 8 附有衔铁 9 和恢复弹簧 10，弧形铜条 7 的一端直接与励磁电路接通，同时经过全部启动电阻与电枢绕组接通。在启动之前，启动变阻器的手轮置于“0”位，然后合上电源开关 QF，慢慢转动手轮 8，使手轮从“0”位转到静触头 1，接通励磁绕组电路，同时将变阻器 RS 的全部电阻接入电枢电路，电动机开始启动旋转。随着转速的升高，手轮依次转到静触头 2、3、4 等位置，使启动电阻逐级切除，当手轮转到最后一个静触头 5 时，电磁铁 6 吸住手轮衔铁 9，此时启动电阻全部切除，直流电动机启动完毕，进入正常运转。

当并励直流电动机停止工作切断电源时，电磁铁 6 由于线圈断电吸力消失，在恢复弹簧 10 的作用下，手轮自动返回 0 位，以备下次启动。电磁铁 6 还具有失压和欠压保护作用。

由于并励直流电动机的励磁绕组具有很大的电感，所以当手轮回复到“0”位时，励磁绕组会因突然断电而产生很大的自感电动势，可能会击穿绕组的绝缘，在手轮和铜条间还会产生火花，将动触头烧坏。因此，为了防止发生这些现象，应将弧形铜条 7 与静触头 1 相连，在手轮回到“0”位时励磁绕组、电枢绕组和启动电阻能组成一闭合回路，作为励磁绕组断电时的放电回路。

启动时，为了获得较大的启动转矩，应使励磁电路中的外接电阻 RP 短接，此时励磁电流最大，才能产生较大的启动转矩。电路图中的外接电阻 RP 还起到调速的作用。

二、并励直流电动机自动启动控制线路

除了在直流电动机电枢回路中串联 BQ3 型启动变阻器实现手动启动控制外，还可以采用电枢回路串电阻二级启动，实现并励直流电动机自动启动控制。

自动启动电路如图 2—1—3 所示。

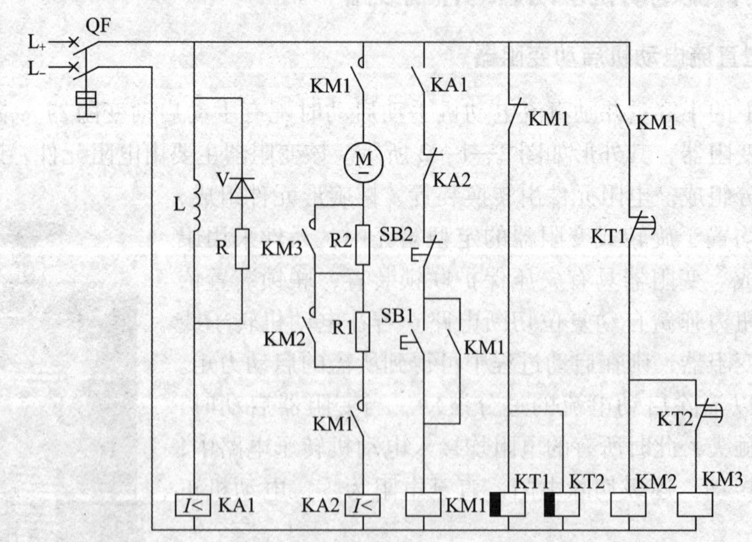

图 2—1—3　并励直流电动机电枢回路串电阻二级启动电路

图中 KA1 是欠电流继电器，作为励磁绕组的失磁保护，只要励磁电流达不到整定值，电枢回路接触器 KM1 就不能得电通车，从而避免励磁绕组因断线或接触不良引起的“飞车”事故。KA2 为过电流继电器，对电动机进行过载和短路保护。电阻 R 是电动机停转时

励磁绕组的放电电阻。V 是续流二极管，保证励磁绕组正常工作时电阻 R 回路处于阻断状态没有电流。

其电路原理如下：合上低压断路器 QF，励磁绕组 L 得电，同时断电延时时间继电器 KT1，KT2 线圈断电并带动其动断触点瞬时断开接触器 KM2，KM3 的线圈回路，确保电阻 R1，R2 全部串入电枢回路，为电动机启动做好准备。

启动时：按下 SB1，接触器 KM1 吸合，电动机开始串电阻启动，同时 KT1、KT2 的线圈断电开始延时，KT1 延时时间结束，其延时触点恢复闭合，接触器 KM2 吸合短接电阻 R1，电动机 M 串接 R2 继续运行，当 KT2 延时时间结束延时触点恢复闭合，接触器 KM3 吸合短接 R2，电动机 M 启动结束，进入正常运转。

停止时：按下 SB2 即可。

线路安装与调试

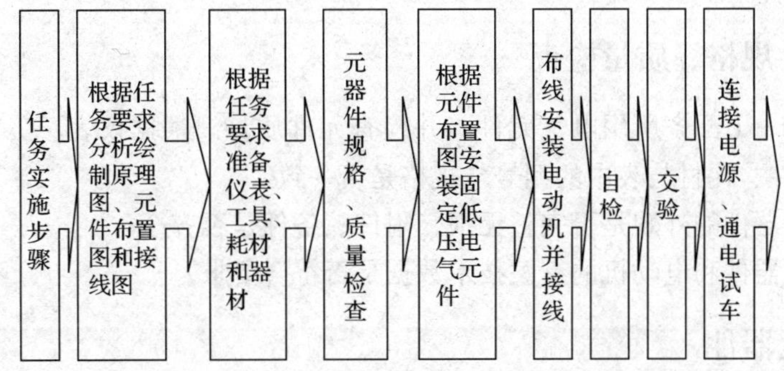

一、分析绘制元件布置图和接线图

读者自行绘制元件布置图和接线图。

二、选用元器件及导线

仪器仪表及元器件见器材表 2—1—1。

表 2—1 —1　　器材表

序号	名称	型号与规格	单位	数量	备注
1	直流电动机	Z4—100 - 1 并励式，160 V，1.5 kW，995 r/min	台	1	
2	配线板	500 mm × 600 mm × 20 mm	块	1	
3	断路器	DZ5—20/230，220 V，20 A，整定电流 13.4 A	个	1	
4	启动变阻器	BQ3，2/26 A 、0/10 Ω 、2.2 kW	只	1	
5	熔断器及熔芯配套	RC1A - 60/30，60 A，配熔体 30 A	套	2	
6	接线端子排	JX2 - 1015，500 V、10 A、15 节或配套自定	条	1	

续表

序号	名称	型号与规格	单位	数量	备注
7	木螺钉	ϕ3 mm×20 mm；ϕ3 mm×15 mm	个	30	
8	平垫圈	ϕ4 mm	个	30	
9	圆珠笔	自定	支	1	
10	塑料铜线	BV-2.5 mm^2，颜色自定	m	20	
11	塑料铜线	BV-1.5 mm^2，颜色自定	m	20	
12	塑料软铜线	BVR-0.75 mm^2，颜色自定	m	5	
13	编码套管	自定	m	若干	
14	电工通用工具	验电笔、钢丝钳、螺钉旋具（一字形和十字形）、电工刀、尖嘴钳、活扳手、剥线钳等	套	1	
15	万用表	自定	块	1	
16	兆欧表	型号自定，或500 V、0~200 MΩ	台	1	
17	钳形电流表	0~50 A	块	1	
18	劳保用品	绝缘鞋、工作服等	套	1	
19	可变电阻器 RP	BC1-300	个	1	

三、元器件规格、质量检查

1. 按表2—1—1配齐所用电气元件，并检查元件质量。根据仪表、工具、耗材和器材表，检查各元器件、耗材与表中的型号与规格是否一致。

2. 检查各元器件的外观是否完整无损，附件、备件是否齐全。

3. 检查各元器件和电动机的有关技术数据是否符合要求。

四、固定元器件

根据布置图牢固安装除电动机及启动变阻器以外各电气元件。

五、布线

按照电路图进行板前明线布线和套编码套管。

启动变阻器的安装位置要接近电动机和被拖动的机械，以便在控制时能看到电动机和被拖动机械的运行情况。

六、自检

1. 按电路图或接线图从电源端开始，逐段核对接线及接线端子处线号是否正确，有无漏接、错接之处。检查导线接点是否符合要求，压接是否牢固。同时注意接点接触应良好，以避免带负载运转时产生闪弧现象。

2. 用万用表检查线路的通断情况，万用表选用倍率适当的电阻挡，并进行校零。

3．查安装质量，并进行绝缘电阻测量，用兆欧表检查线路的绝缘电阻的阻值应不得小于1 MΩ。

七、交验

学生提出申请，经教师检查同意后方可进行下道工序。

八、连接电源、通电试车

1．为保证人身安全，在通电试车时，要认真执行安全操作规程的有关规定，一人监护，一人操作。试车前，应检查与通电试车有关的电气设备是否有不安全的因素存在，若查出应立即整改，然后方能试车。

2．通电试车前，必须征得教师的同意，并由指导教师接通电源L+、L-，同时在现场监护。学生合上电源开关QF后，用测电笔检查熔断器出线端，氖管亮说明电源接通。

（1）空操作试验的操作顺序

1）合上电源QF之前，先检查启动变阻器RS的手轮是否置于最左端的“0”位；调速变阻器RP的阻值调到零。

2）合上电源QF。

3）慢慢转动启动变阻器RS的手轮8，使手轮从0位逐步转至5位，逐级切除启动电阻。在每切除一级启动电阻后要停留数秒钟，用钳形电流表测量电枢电流以观察电流的变化情况。

4）停转时，切断电源开关QF，将调速变阻器RP的阻值调到零，并检查启动变阻器RS是否自动返回起始位置。

1）通电试车前，要认真检查励磁回路的接线，必须保证连接可靠，以防止电动机运行时出现因励磁回路断路失磁引起“飞车”事故。

2）启动时，应使调速变阻器RP短接，使电动机在满磁情况下启动，启动变阻器RS要逐级切换，不可越级切换或一扳到底。

3）直流电源若采用单相桥式整流供电时，必须外接13 mH的电抗器。

4）通电试车时，必须有指导教师在现场监护，同时做到安全文明生产。如遇异常情况，应立即断开电源开关QF。

（2）带负荷试车

断开QF，接好电动机接线，上好接触器的灭弧罩。合上刀开关QF，作好立即停车的准备，作下述几项试验。

1）检查电动机转向，检查励磁回路的接线，观察直流电动机能否启动。

2）检查BQ3型直流电动机启动变阻器的控制作用，慢慢转动启动变阻器RS的手轮8，使手轮从0位逐步转至5位，逐级切除启动电阻。在每切除一级启动电阻后要停留数秒钟，用钳形电流表测量电枢电流以观察电流的变化情况。同时观察电动机的转速变化。

3）反复操作几次，观察线路中启动变阻器对启动控制的可靠性。

当电动机运转平稳后，用钳形电流表测量电枢电流。

3. 出现故障后，若需带电检查时，必须在教师现场监护的情况下进行。检修完毕后，如需要再次试车，也应该在教师现场监护下，并做好时间记录。

4. 试车成功后，记录下完成时间及通电试车次数。

5. 通电试车完毕，停转，切断电源。先拆除电源线，再拆除电动机线。

故 障 检 修

在完成试车的基础上，教师或同组学生按照表 2—1—2 中故障原因分析的元器件或路径，人为地设定一两个故障点进行排故练习。

故障设定时一定要在断开电源的情况下进行，一般设定元器件故障和线路的断路故障，而不将正确的线路改错。如果需要通电观察故障现象，必须在有教师在场的情况下进行。

表 2—1—2　　线路故障现象、原因及检查方法

故障现象	原因分析	检查方法
转动手柄电动机不能启动	除电动机本身的故障外，还应检查电枢电路励磁电路产生的故障： （1）电枢电路的故障 1）电源无电压； 2）两接线柱 L +、A1 与连接导线接触不良； 3）动触点与静触点上有油垢，压力太小，接触不良； 4）静触点 1 与启动电阻连接断路 （2）励磁电路的故障 1）接线柱 E1 与连接线松动； 2）磁极绕组断路或调节电阻断路； 3）弧形铜条与手柄的静触点接触不良	电枢电路的检查顺序： （1）检查电源电压； （2）用欧姆表检查两接线柱 L +、A1 与连接导线的连接情况； （3）检查启动变阻器动触点与静触点的接触情况，主要检查动触点的压力是否适中； （4）用欧姆表检查静触点 1 与启动电阻连接情况 励磁电路的检查顺序： （1）检查接线柱 E1 与连接线的连接情况； （2）用欧姆表检查磁极绕组和调节电阻是否断路； （3）用欧姆表检查弧形铜条与手柄的静触点接触情况
手柄移至启动电阻某点时电动机停转	可能原因是： 某一静触点与动触点接触面有间隙，电阻与静触点脱焊，电阻丝断路等，造成电枢回路断电	用欧姆表检查该静触点与动触点接触情况和两点间的电阻阻值
励磁绕组击穿	可能原因是： 启动电阻、电枢形成泄放电路中两点间的连线断路，就容易产生击穿故障。	首先检查泄放电路的连线
其他故障参见前文电路故障的处理方法		

任务 2　正反转控制电路的安装与检修

学习目标

1. 正确理解并励直流电动机正反转控制电路的工作原理。
2. 能正确识读正反转电路的原理图、接线图和布置图。
3. 会按照工艺要求正确安装并励直流电动机电枢反接法控制电路。
4. 了解励磁绕组反接法控制电路。
5. 能根据故障现象，检修并励直流电动机启动控制电路。

工作任务

在生产实际中，常常要求电动机既能正转又能反转。交流电动机通常采用倒顺开关和接触器联锁及按钮、接触器双重联锁来实现正反转控制，而并励直流电动机实现正反转控制的方法有两种：一是电枢反接法，即改变电枢电流方向，保持励磁电流方向不变；二是励磁绕组反接法，即改变励磁电流方向，保持电枢电流方向不变。

在实际应用中，并励直流电动机的反转常采用电枢反接法来实现。这是因为并励直流电动机励磁绕组的匝数多，电感大，当从电源上断开励磁绕组时，会产生较大的自感电动势，不但在开关的刀刃上或接触器的主触头上产生电弧烧坏触头，而且也容易把励磁绕组的绝缘击穿。同时励磁绕组在断开时，由于失磁造成很大电枢电流，易引起飞车事故（如直流电动机拖动龙门刨床的工作台往返运动；矿井卷扬机的上下运动等）。如图 2—1—4 所示为并励直流电动机的电枢反接法正反转控制线路。

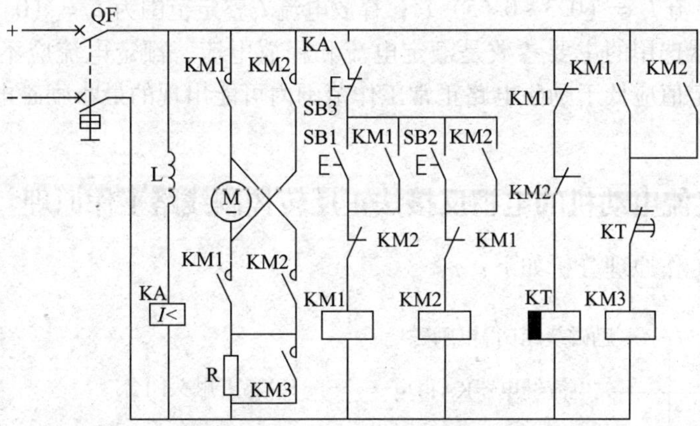

图 2—1— 4　并励直流电动机的电枢反接法正反转控制线路

图中 KA 是欠电流继电器，L 是励磁绕组，R 为启动电阻，为了实现直流电动机的正反转，在线路中的 SB1、SB2 分别是控制正、反转启动的按钮，KM1、KM2 分别是控制正、反转的接触器。

本次工作任务就是要利用接触器 KM1、KM2 来改变并励直流电动机的电枢接法，从而实现对并励直流电动机的正反转控制线路的安装与检测。

相关理论

一、电磁式直流电流继电器 KA

电流继电器 KA 的外形如图 2—1—5 所示。

电流继电器电气图形及文字符号如图 2—1—6 所示。

图 2—1—5　电流继电器外形

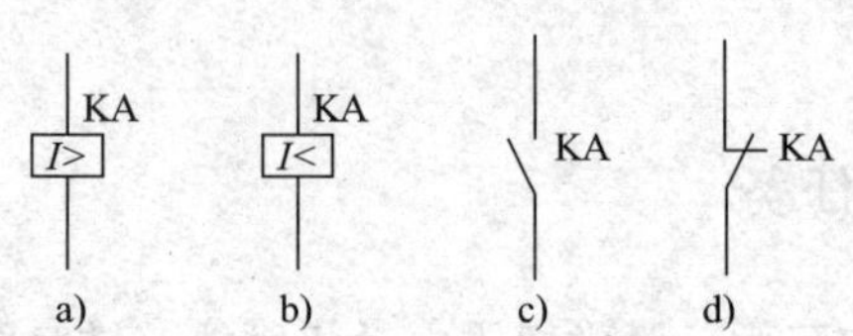

图 2—1—6　电流继电器图形及文字符号

a）过电流继电器　b）欠电流继电器

c）常开触点　d）常闭触点

在电流继电器电气图形中，线圈方框中用 $I>$ 表示过电流，$I<$ 表示欠电流。

触头是否动作与线圈中电流大小相关的继电器称为电流继电器。电流继电器在电气控制线路中起电流保护和控制作用，其线圈是电流线圈，与负载串联，常按吸合电流大小分为过电流继电器与欠电流继电器。

当通过继电器的电流减小到低于其整定值时就动作的继电器称为欠电流继电器。欠电流继电器正常工作时衔铁处于吸合状态，当电路的负载电流降低至释放电流时，衔铁释放。直流欠电流继电器吸合电流 $I_x=(0.3\sim0.65)\ I_N$；释放电流 I_F 整定范围为 $I_F=(0.1\sim0.2)\ I_N$。

欠电流继电器选用的主要参数是额定电流和释放电流，额定电流应不低于额定励磁电流，释放电流整定值应低于励磁电路正常工作范围内可能出现的最小励磁电流，一般取最小励磁电流的 85%。

二、并励直流电动机的电枢反接法正反转控制线路工作原理

控制线路的工作原理分析如下：

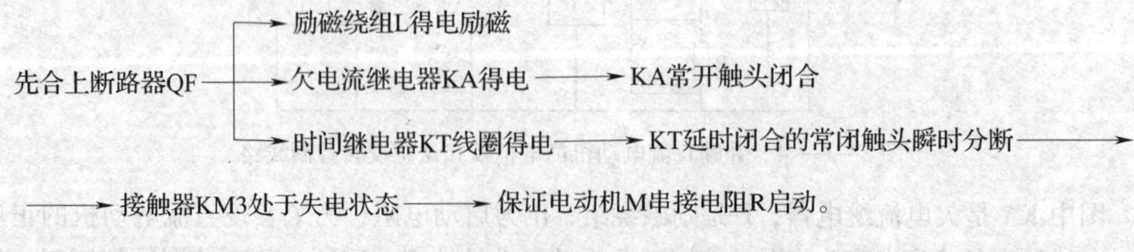

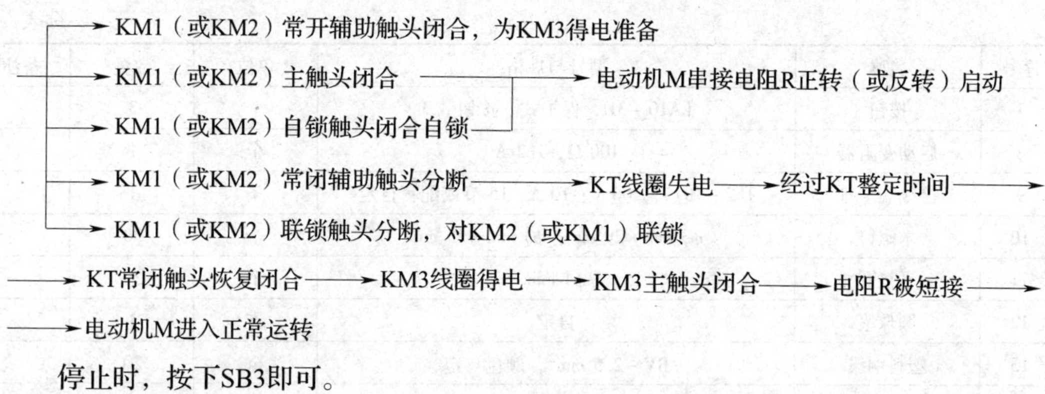

停止时，按下SB3即可。

线路安装与调试

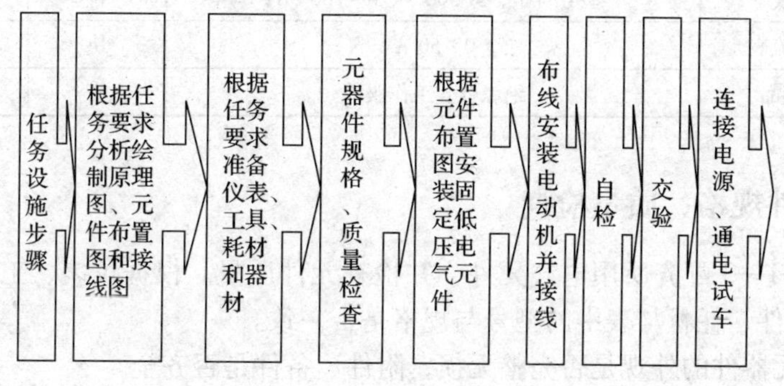

一、分析绘制元件布置图和接线图

读者自行绘制元件布置图和接线图。

二、选用元器件及导线

电气元件可根据直流电动机的容量进行选配，见表2—1—3。

表2—1—3　　器材表

序号	名称	型号与规格	单位	数量	备注
1	直流电动机	Z4－100－1，并励式、160 V，1.5 kW，995 r/min	台	1	
2	配线板	500 mm×600 mm×20 mm	块	1	
3	直流断路器	DZ5－20/330	个	1	
4	直流接触器	CZO－40/20	只	3	
5	时间继电器	JS7－2A	套	1	
6	欠电流继电器	JZ－3型0.75～1.7 W	只	1	

续表

序号	名称	型号与规格	单位	数量	备注
7	按钮	LA10－3H，保护式、按钮数 3	个	3	
8	启动变阻器	100 Ω，1.2 A	个	1	
9	接线端子排	JX2－1015，500 V、10 A、15 节或配套自定	条	1	
10	木螺钉	ϕ3 mm×20 mm；ϕ3 mm×15 mm	个	30	
11	平垫圈	ϕ4 mm	个	30	
12	圆珠笔	自定	支	1	
13	塑料铜线	BV－2.5 mm^2，颜色自定	m	20	
14	塑料铜线	BV－1.5 mm^2，颜色自定	m	20	
15	塑料软铜线	BVR－0.75 mm^2，颜色自定	m	5	
16	编码套管	自定	m	若干	
17	电工通用工具	验电笔、钢丝钳、螺钉旋具（一字形和十字形）、电工刀、尖嘴钳、活扳手、剥线钳等	套	1	
18	万用表	自定	块	1	
19	兆欧表	型号自定，或 500 V、0～200 MΩ	台	1	
20	钳形电流表	0～50 A	块	1	
21	劳保用品	绝缘鞋、工作服等	套	1	

三、元器件规格、质量检查

1．按表 2—1—3 配齐所用电气元件，并检查元件质量。根据仪表、工具、耗材和器材表，检查各元器件、耗材与表中的型号与规格是否一致。

2．检查各元器件的外观是否完整无损，附件、备件是否齐全。

3．检查各元器件和电动机的有关技术数据是否符合要求。

四、根据布置图固定元器件

根据布置图牢固安装除电动机及启动变阻器以外的各电气元件，并贴上醒目的文字符号。

五、布线

按照电路图进行板前明线布线和套编码套管。

启动变阻器的安装位置要接近电动机和被拖动的机械，以便在控制时能看到电动机和被拖动机械的运行情况。

六、自检

1．按电路图或接线图从电源端开始，逐段核对接线及接线端子处线号是否正确，有无漏接、错接之处。检查导线接点是否符合要求，压接是否牢固。同时注意接点接触应良好，以避免带负载运转时产生闪弧现象。

2. 用万用表检查线路的通断情况，万用表选用倍率适当的电阻挡，并进行校零。

3. 查安装质量，并进行绝缘电阻测量。用兆欧表检查线路的绝缘电阻的阻值应不得小于1 MΩ。

七、交验

学生提出申请，经教师检查同意后方可进行下道工序。

八、连接电源、通电试车

1. 为保证人身安全，在通电试车时，要认真执行安全操作规程的有关规定，一人监护，一人操作。试车前，应检查与通电试车有关的电气设备是否有不安全的因素存在，若查出应立即整改，然后方能试车。

2. 通电试车前，必须征得教师的同意，并由指导教师接通电源 L+、L-，同时在现场监护。学生合上电源开关 QF 后，用测电笔检查熔断器出线端，氖管亮说明电源接通。

操作试验的操作顺序是：

断开 QF，接好电动机接线，上好接触器的灭弧罩。合上刀开关 QF，作好立即停车的准备，作下述几项试验。

（1）将启动变阻器的阻值调到最大位置，合上电源开关 QF，按下正转启动按钮 SB1，用钳形表测量电枢绕组和励磁绕组的电流，观察其大小的变化；同时观察并记下电动机的转向，待转速稳定后，用转速表测其转速。然后按下 SB3 停车，并记下无制动停车所用的时间 t_1。

（2）按下反转启动按钮 SB2，用钳形表测量电枢绕组和励磁绕组的电流，观察其大小的变化；同时观察并记下电动机的转向，与（1）比较看是否两者相反。否则，应切断电源并检查接触器 KM1、KM2 主触头的接线正确与否，改正后重新通电试车。

电动机从一种转向变为另一种转向时，必须先按下停止按钮 SB3，使电动机停转后，再按相应的启动按钮。

3. 出现故障后，若需带电检查，必须在教师现场监护的情况下进行。检修完毕后，如需要再次试车，也应该在教师现场监护下，并做好时间记录。

4. 试车成功后，记录下完成时间及通电试车次数。

5. 通电试车完毕，停转，切断电源。先拆除三相电源线，再拆除电动机线。

故 障 检 修

在完成试车的基础上，教师或同组学生按照表 2—1—4 中故障原因分析的元器件或路径，人为的设定一两个故障点进行排故练习。

故障设定时一定要在断开电源的情况下进行，一般设定元器件故障和线路的断路故障，而不将正确的线路改错。如果需要通电观察故障现象，必须在有教师在场的情况下进行。

表 2—1—4　　线路故障现象、原因及检查方法

故障现象	原因分析	检查方法
正转正常，按下 SB3 后，再按 SB2 不能反转	（1）控制电路的可能原因是： 1）SB2 接触不良； 2）KM1 常闭点接触不良 （2）主电路的可能原因是： KM2 主触头接触不良和连接导线断路	（1）控制电路的检查，断开电源后： 1）按下 SB2，用欧姆表检查其通断情况； 2）用欧姆表检查 KM1 常闭点的通断情况 （2）主电路的检查： 用欧姆表检查 KM2 主触头的通断和连接导线的通断
正转时启动电阻正常，反转时启动电阻过热	可能原因是，反转时 KM3 没有将 R 短接	（1）检查时间继电器回路中的 KM2 常闭触头能否正常分断； （2）检查 KM3 线圈回路中的 KM2 常开触头能否正常闭合； （3）检查时间继电器延时闭合触头能否正常闭合
其他故障参见前文电路故障的处理方法描述		

任务 3　制动控制电路的安装与检修

学习目标

1. 正确理解并励直流电动机的能耗、反接电路的工作原理。
2. 了解再生发电制动。
3. 能正确识读制动控制电路的原理图、接线图和布置图。
4. 会按照工艺要求正确安装并励直流电动机的能耗制动控制电路。
5. 能根据故障现象，检修并励直流电动机的能耗制动控制电路。

工作任务

并励直流电动机的制动与三相异步电动机的制动相似，其制动方法也有机械制动和电气制动。机械制动常用的方法是电磁抱闸制动器制动；电力制动常用的方法是能耗制动、反接制动和再生发电制动三种。由于电力制动具有制动力矩大、操作方便、无噪声等优点，所以

在直流拖动中应用广泛。能耗制动特点是维持直流电动机的励磁电源不变，切断正在运转的直流电动机电枢的电源，再接入一个外加制动电阻，组成回路，将惯性运转的机械动能变为热能消耗在电枢和制动电阻上，迫使电动机迅速停转。并励直流电动机能耗制动控制线路如图 2—1—7 所示。

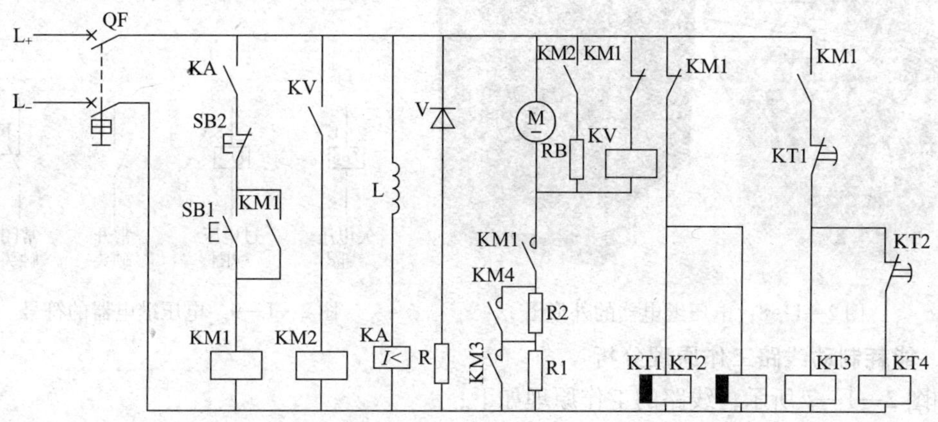

图 2—1—7　并励直流电动机能耗制动控制电路图

图中 KV 是欠电压继电器；KM1 ~ KM4 是四个直流接触器；V 是续流二极管、R 是电动机能耗制动时的放电电阻，并联在励磁绕组两端；RB 是制动电阻，当它被接入电枢回路时，起到能耗制动的作用。

本次工作任务就是在电动机制动时通过直流接触器 KM2 在电枢回路中接入制动电阻 RB，从而实现并励直流电动机的能耗制动控制。

一、并励直流电动机能耗制动控制线路

1. 电压继电器 KV

反映输入量为电压的继电器称为电压继电器。使用时电压继电器的线圈并联在被测量的电路中，根据线圈两端电压的大小接通或断开电路。因此这种继电器线圈的导线细、匝数多、阻抗大。

电压继电器可分为过电压继电器、欠电压继电器和零电压继电器。过电压继电器是当电压大于其整定值时动作的电压继电器，主要用于对电路或设备作过电压保护。常用的过电压继电器为 JT4—A 系列，其动作电压可在 105% ~120% 额定电压范围内调整。欠电压继电器是当电压降至某一规定范围内动作的电压继电器。零电压继电器是欠电压继电器的一种特殊形式，是当继电器的端电压降至或接近消失时才动作的电压继电器。可见欠电压继电器和零电压继电器在线路正常工作时，铁心与衔铁是吸合的，当电压降至低于整定值时，衔铁释放，带动触头动作，对电路实现欠电压或零电压保护。常用的欠电压继电器和零电压继电器为 JT4—P 系列。欠电压继电器的释放电压可在 40% ~70% 额定电压范围内整定，零电压继电器的释放电压可在 10% ~35% 额定电压范围内调节。

电压继电器的结构、工作原理及安装使用等，与电流继电器类似。电压继电器的外形和图形符号如图 2—1—8、图 2—1—9 所示。

图 2—1—8　电压继电器的外形图

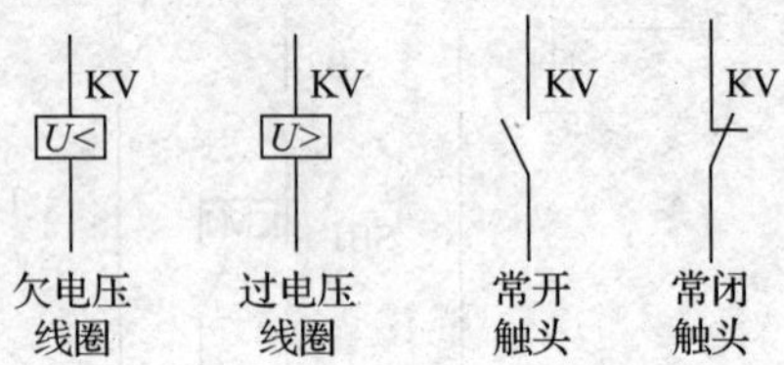

图 2—1—9　电压继电器的符号

2．能耗制动线路工作原理分析

如图 2—1—7 所示，线路的工作原理如下：

串电阻启动运转：合上电源开关 QF，按下启动按钮 SB1，直流电动机 M 接通电源进行串电阻二级启动运转。

直流电动机 M 接通电源进行串电阻二级启动运转的工作原理，可参照并励直流电动机电枢回路串电阻二级启动线路的工作原理自行分析。

能耗制动停转：

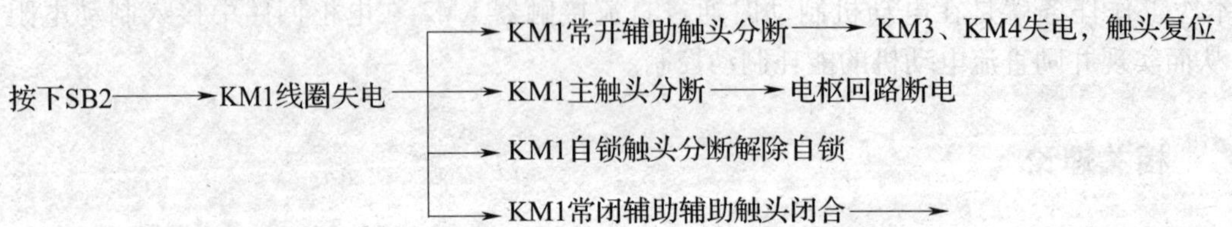

→KM1、KM2线圈得电→KT1、KT2延时闭合的常闭触头瞬时分断

→由于惯性运转的电枢切割磁力线而在电枢绕组中产生感应电动势→使并接在电枢两端的欠电压继电器KV的线圈得电→KV常开触头闭合→KM2线圈得电→KM2常开触头闭合→制动电阻RB接入电枢回路进行能耗制动→当电动机转速减小到一定值时，电枢绕组的感应电动势也随之减小到很小→使欠电压继电器KV释放→KV触头复位→KM2断电释放，断开制动回路，能耗制动完毕

二、并励直流电动机反接制动控制线路

并励直流电动机的电力制动除了能耗制动外还有反接制动。反接制动是通过改变电枢两端电压极性或改变励磁电流的方向，来改变电磁转矩方向，形成制动力矩，迫使电动机迅速停转。并励直流电动机的反接制动是通过把正在运行的电动机的电枢绕组突然反接来实现的。采用反接制动时应注意以下两点：

（1）在电枢绕组突然反接的瞬间，会在电枢绕组中产生很大的反向电流（$I_0 = \frac{-U-E_a}{R_a}$），易使换向器和电刷产生强烈火花而损伤。故必须在电枢回路中串接附加电阻以限制电枢电流，附加电阻的大小可取近似等于电枢的电阻值。

（2）当电动机的转速等于零时，应及时准确可靠地断开电枢回路的电源，以防止电动机反转。

并励直流电动机双向启动反接制动控制电路如图 2—1—10 所示。其中，KV 是欠电压继电器；KA 是欠电流继电器；R1 和 R2 是二级启动电阻；RB 是制动电阻；R 是励磁绕组的放电电阻。

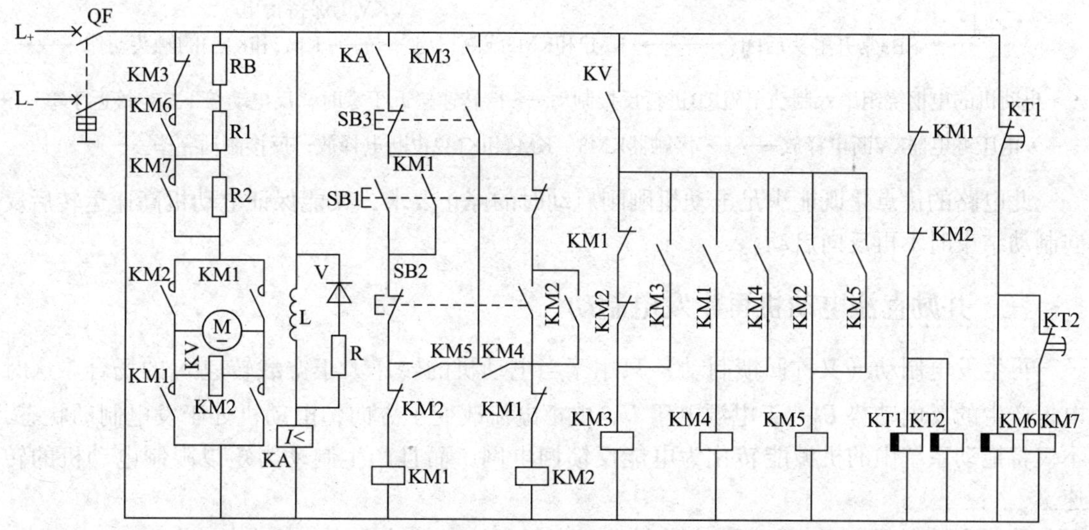

图 2—1—10　并励直流电动机双向启动反接制动控制电路

线路工作原理如下：

正向启动运转：

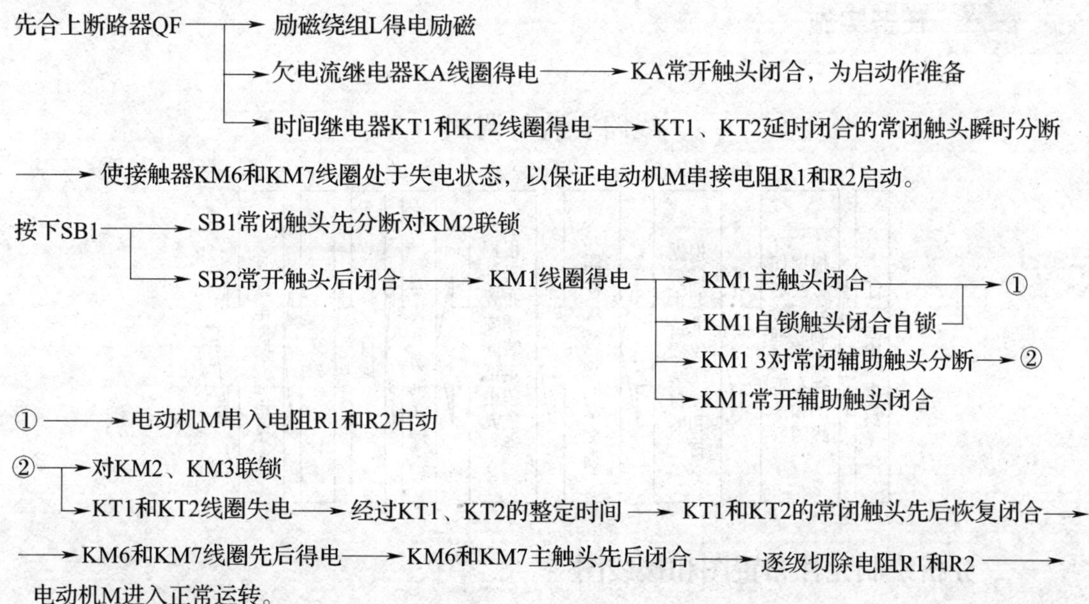

在电动机刚启动时，由于电枢中的反电动势 E_a 为零，电压继电器 KV 不动作，接触器

KM3、KM4、KM5 均处于失电状态；随着电动机转速升高，反电动势 E_a 建立后，欠电压继电器 KV 得电动作，其常开触头闭合，接触器 KM4 得电，KM4 常开触头均闭合，为反接制动做好了准备。

反接制动：

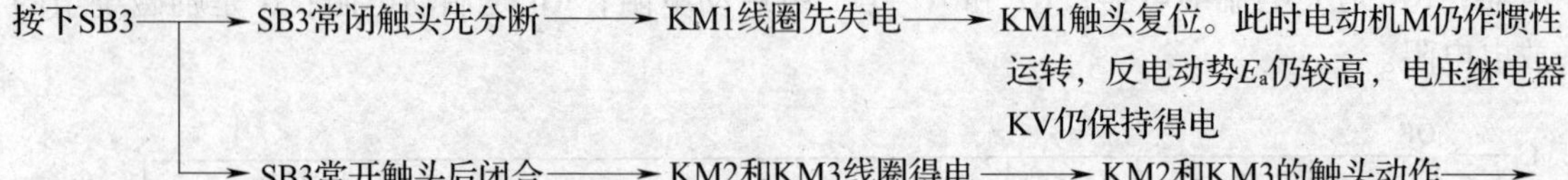

→电动机的电枢绕组串入制动电阻RB进行反接制动→待转速接近于零时，反电动势下E_a也接近于零→

→电压继电器KV断电释放→接触器KM3、KM4和KM2也断电释放，反接制动完毕。

此电路的优点是既能满足电动机刚刚启动时的停止要求，又能保证电动机高速运转后反向制动结束时不再反向启动。

三、并励直流电动机再生发电制动

再生发电制动（又称回馈制动）只用于当电动机的转速大于空载转速 n_0 的场合。这时电枢产生的反电动势 E_0 大于电源电压 U，电枢电流改变了方向，电动机处于发电制动状态，不仅将拖动系统中的机械能转化为电能反馈回电网，而且产生制动力矩以限制电动机的转速。

由于串励电动机不存在理想空载转速或者说理想空载转速趋于无穷大，所以不可能实现再生发电制动运转。但如果把串励改成他励，以保证电动机磁通不随 I_a 的变化而变化，这时的串励直流电动机可采用再生发电制动。

任务实施

线路安装与调试

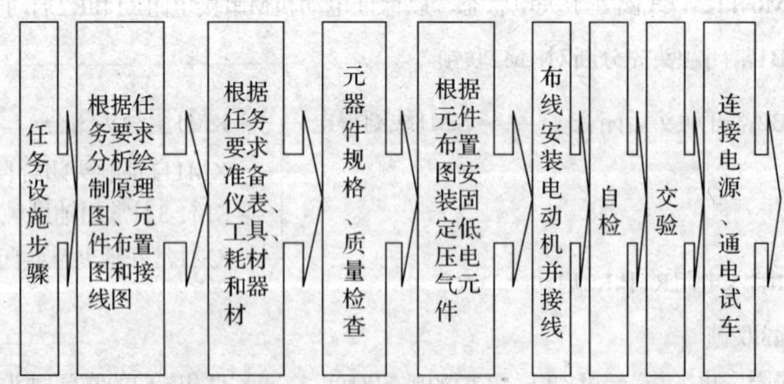

一、分析绘制元件布置图和接线图

读者自行绘制元件布置图和接线图。

二、选用元器件及导线

电气元件可根据直流电动机的容量进行选配，并填入器材表 2—1—5 中。

表 2—1—5 器材表

序号	名称	型号与规格	单位	数量	备注
1	直流电动机	Z4－100－1，并励式、160 V，1.5 kW，995 r/min	台	1	
2	配线板	500 mm×600 mm×20 mm	块	1	
3	组合开关	HZ10－25/3	个	1	
4	直流接触器	CZO－40/20	只	4	
5	欠电流继电器	JZ－3 型 0.75～1.7 W	只	1	
6	时间继电器	JS7－2A	套	2	
7	按钮	LA10－3H，保护式、按钮数 3	只	2	
8	欠电压继电器	JT4—A	只	1	
9	接线端子排	JX2－1015，500 V、10 A、15 节或配套自定	条	1	
10	木螺钉	ϕ3 mm×20 mm；ϕ3 mm×15 mm	个	30	
11	平垫圈	ϕ4 mm	个	30	
12	圆珠笔	自定	支	1	
13	塑料铜线	BV－2.5 mm^2，颜色自定	m	20	
14	塑料铜线	BV－1.5 mm^2，颜色自定	m	20	
15	塑料软铜线	BVR－0.75 mm^2，颜色自定	m	5	
16	编码套管	自定	m	若干	
17	电工通用工具	验电笔、钢丝钳、螺钉旋具（一字形和十字形）、电工刀、尖嘴钳、活扳手、剥线钳等	套	1	
18	万用表	自定	块	1	
19	兆欧表	型号自定，或 500 V、0～200 MΩ	台	1	
20	钳形电流表	0～50 A	块	1	
21	劳保用品	绝缘鞋、工作服等	套	1	

三、元器件规格、质量检查

1. 按表 2—1—5 配齐所用电气元件，并检查元件质量。根据仪表、工具、耗材和器材表，检查其各元器件、耗材与表中的型号与规格是否一致。

2. 检查各元器件的外观是否完整无损，附件、备件是否齐全。

3. 检查各元器件和电动机的有关技术数据是否符合要求。

四、固定元器件

根据布置图牢固安装除电动机及启动变阻器、制动电阻器以外的各电气元件。并贴上醒目的文字符号。

五、布线

按照电路图进行板前明线布线和套编码套管。

启动变阻器的安装位置要接近电动机和被拖动的机械，以便在控制时能看到电动机和被拖动机械的运行情况。

六、自检

1．按电路图或接线图从电源端开始，逐段核对接线及接线端子处线号是否正确，有无漏接、错接之处。检查导线接点是否符合要求，压接是否牢固。同时注意接点接触应良好，以避免带负载运转时产生闪弧现象。

2．用万用表检查线路的通断情况。万用表选用倍率适当的电阻挡，并进行校零。

3．查安装质量，并进行绝缘电阻测量。用兆欧表检查线路的绝缘电阻的阻值应不得小于1 MΩ。

七、交验

学生提出申请，经教师检查同意后方可进行下道工序。

八、连接电源、通电试车

1．为保证人身安全，在通电试车时，要认真执行安全操作规程的有关规定，一人监护，一人操作。试车前，应检查与通电试车有关的电气设备是否有不安全的因素存在，若查出应立即整改，然后方能试车。

2．通电试车前，必须征得教师的同意，并由指导教师接通电源L+、L-，同时在现场监护。学生合上电源开关QF后，用测电笔检查熔断器出线端，氖管亮说明电源接通。

试验的操作顺序是：

（1）合上电源开关QF，按下启动按钮SB1，启动直流电动机，待电动机转速稳定后，用转速表测其转速。

（2）按下SB2，电动机进行能耗制动，记下能耗制动所用时间t_2，并与无制动所用时间t_1进行比较，求出时间差$\Delta t = t_1 - t_2$。

（3）反复操作几次，观察线路中能耗控制的可靠性。

1）通电试车前要认真检查接线是否正确、牢靠，特别是励磁绕组的接线；各电器动作是否正常，有无卡阻现象；欠电压继电器、时间继电器的整定值是否满足要求。

2）对电动机无制动停车时间t_1和能耗制动停车时间t_2进行比较，保证电动机的转速在两种情况下基本相同时开始计时。

3）制动电阻R_B的值，可按下式估算：

$$R_B = \frac{E_a}{I_N} - R_a \approx \frac{U_N}{I_N} - R_a$$

3. 出现故障后，若需带电检查，必须在教师现场监护的情况下进行。检修完毕后，如需要再次试车，也应该在教师现场监护下，并做好时间记录。

4. 试车成功后，记录下完成时间及通电试车次数。

5. 通电试车完毕，停转，切断电源。先拆除三相电源线，再拆除电动机线。

故 障 检 修

在完成试车的基础上，教师或同组学生按照表 2—1—6 中故障原因分析的元器件或路径，人为的设定一两个故障点进行排故练习。

故障设定时一定要在断开电源的情况下进行，一般设定元器件故障和线路的断路故障，而不将正确的线路改错。如果需要通电观察故障现象，必须在有教师在场的情况下进行。

表 2—1—6　　线路故障现象、原因及检查方法

故障现象	原因分析	检查方法
按下停止按钮电动机不制动	（1）辅助电路可能原因有： 1）接触器 KM1 本身故障不能释放； 2）欠电压继电器 KV 常开触头接触不良； 3）接触器 KM2 本身故障或电路断路 （2）主电路中可能原因有： 1）欠电压继电器 KV 故障； 2）接触器 KM1 常闭点接触不良； 3）接触器 KM2 常开点接触不良； 4）制动电阻断路	（1）检查辅助电路，观察接触器是否吸合，如不吸合，故障在辅助电路。检查顺序是： 1）检查接触器 KM1 能否在断电后复位； 2）断电后，按压 KV 触头架，用欧姆表检查常开触头接触是否良好； 3）检查 KM2 线圈和连接导线 （2）主电路的检查 1）检查欠电压继电器是否动作； 2）断电后，用欧姆表检查 KM1 常闭点； 3）断电后，按压 KM2 触头架，检查常开点接触情况； 4）检查制动电阻阻值
制动过强	制动过强的原因主要是制动电阻短路或电阻选择的阻值太小	检查制动电阻阻值
其他故障参见前文电路故障的处理方法描述		

任务 4　G－M 调速控制线路的安装

1. 正确理解并励直流电动机调速电路的工作原理。
2. 了解改变主磁通调速和改变电枢电压调速。
3. 能正确识读调速控制电路的原理图、接线图和布置图。
4. 会按照工艺要求正确安装并励直流电动机电枢回路串电阻调速控制电路。

工作任务

直流电动机的调速性能与三相异步电动机相比，其调速范围广，能够实现无级调速，且便于实现自动控制。在调试要求高的生产机械上，较多地采用直流电动机作为拖动电动机。电动机的调速是指在电动机的机械负载不变的条件下改变电动机的转速。调速方式有机械调速、电气调速以及机械电气配合调速几种。机械调速是通过改变机械传动装置的传动比，从而改变生产机械的运行速度。机械调速是有级的，在变换齿轮时必须停车，否则容易将齿轮打坏。小型机床一般采用机械调速方式进行调速。电气调速是通过改变电动机的机械特性来改变电动机的转速。电气调速可使机械传动机构简化，提高传动效率，还可实现无级调速，调速无须停车，操作简便，便于实现调速的自动控制。因此，电气调速在生产机械的调速中获得了广泛应用，如大型机床、精密机床等都采用电气调速。

并励直流电动机的电气调速是通过改变电动机的机械特性来改变电动机的转速的。它可用三种方法来实现：一是电枢回路串电阻调速；二是改变主磁通调速；三是改变电枢电压调速。由于在电枢电路中串接调速变阻器调速方法简单方便，因此对于短期工作、功率不太大且机械特性硬度要求不高的场合，如蓄电池搬运车、无轨电车、电池铲车及吊车等生产机械上仍广泛采用电枢回路串电阻调速方法。而改变电枢电压调速的 G—M 系统，调速范围广、调速平滑性好，可实现无级调速，具有较好的启动、调速、正反转、制动控制性能，因此曾被广泛用于龙门刨床、重型镗床、轧钢机、矿井提升设备等生产机械上。但由于 G—M 系统存在设备费用大，机组多，占地面积大，效率较低，过渡过程的时间较长等不足，所以，随着晶闸管技术的不断发展，目前正日趋广泛地使用晶闸管整流装置作为直流电动机的可调电源，组成晶闸管—直流电动机调速系统。

此次工作任务主要是通过改变电枢电压（又称 G - M 系统）来实现并励直流电动机调速控制。

相关理论

一、电枢回路串电阻（RP）调速

1. 工作原理分析

如 2—1—11 所示，电枢回路串电阻调速是通过在电枢电路中串接调速变阻器来实现的。

当电枢电路串接电阻 RP 后，电动机的转速为：

$$n = \frac{U - I_a (R_a + R_p)}{C_e \Phi}$$

当电源电压 U 及主磁通 ϕ 保持不变时，调速电阻 R_P 增大，则电阻压降 $I_a (R_a + R_p)$ 增加，电动机转速 n 下降；反之，转速上升。

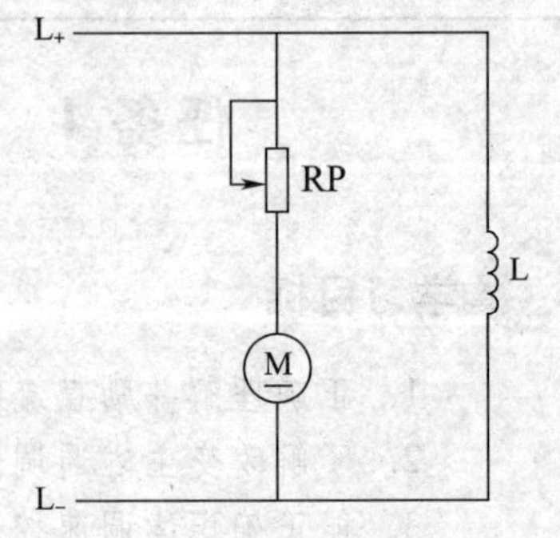

图 2—1—11　电枢回路串电阻调速电路图

2. 电路特点

（1）设备简单，投资少，只需增加电阻和切换开关，操作方便。

（2）属于恒转矩调速方式，转速只能由额定转速往下调。

（3）只能分别调速，调速平滑性差。低速时，机械特性很软，转速受负载影响变化大，电能损耗大，经济性能较差。

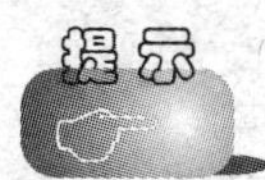

启动电阻器不能作为调速电阻用，因为启动变阻器只能用于短时间的工作，调速变阻器可以作为启动变阻器用。

二、改变主磁通调速

1. 工作原理分析

如图 2—1—12 所示：改变主磁通调速是通过改变励磁电流的大小来实现的。

在励磁回路中串入可调节的电阻 RP，改变 RP，励磁电流（$I_f=\dfrac{U}{R_f+P_p}$）也随之改变，进而改变主磁通，使直流电动机的转速得到改变。这种调速方法又称为弱磁调速。

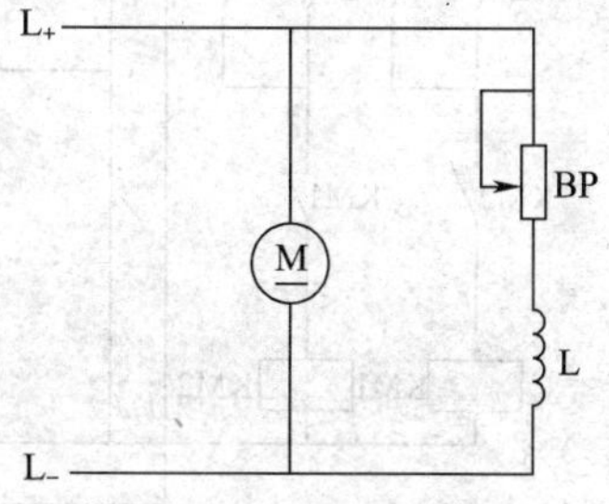

图 2—1—12　并励电动机改变主磁通调速

2. 电路特点

（1）由于调速是在励磁回路中进行，功率较小，故能量损失小，控制方便。

（2）速度变化比较平滑，但转速只能往上调，不能在额定转速以下调节，故往往只能与前两种调速方法结合使用，作为辅助调速。

（3）调速范围窄，在磁通减少太多时，由于电枢磁场对主磁场的影响加大，会使电动机火花增大，换向困难，最高转速控制在 1.2 倍额定转速范围以内。

（4）在减少励磁调速时，如果负载转矩不变，电枢电流必然增大，要防止电流太大带来的问题。

三、改变电枢电压调速

由于电网电压一般是不变的，所以这种调速方法适用于他励直流电动机的调速控制，但必须配置专用的直流调压设备。在工业生产中，通常采用他励直流发电机作为他励直流电动机电枢的电源，组成直流发电机——电动机拖动系统，简称 G—M 系统。

传统的直流发电机—电动机调速系统（G—M 系统）的调速范围广，可实现无级调速，具有较好的性能，但 G—M 系统的设备费用大，成本高；随着晶闸管变流技术的飞速发展，可控调压调速正在得到广泛的应用。

G—M 调速系统的电路如图 2—1—13 所示，其中 M1 是他励直流电动机，用来拖动生产机械；G1 是他励直流发电机，为他励直流电动机 M1 提供电枢电压；G2 是并励直流发电机，为他励直流电动机 M1 和他励直流发电机 G1 提供励磁电压，同时为控制电路提供直流电源；M2 是三相笼型异步电动机，用来拖动同轴连接的他励直流发动机 G1 和并励直流发电机 G2；L1、L2 和 L 分别是 G1、G2 和 M1 的励磁绕组；R1、R2 和 RP 是调节变阻器，分别用来调节 G1、G2 和 M1 的励磁电流，KA 是过电流继电器，用于电动机 M1 的过载和短路保护；SB1、KM1 组成正转控制电路，SB2、KM2 组成反转控制电路。

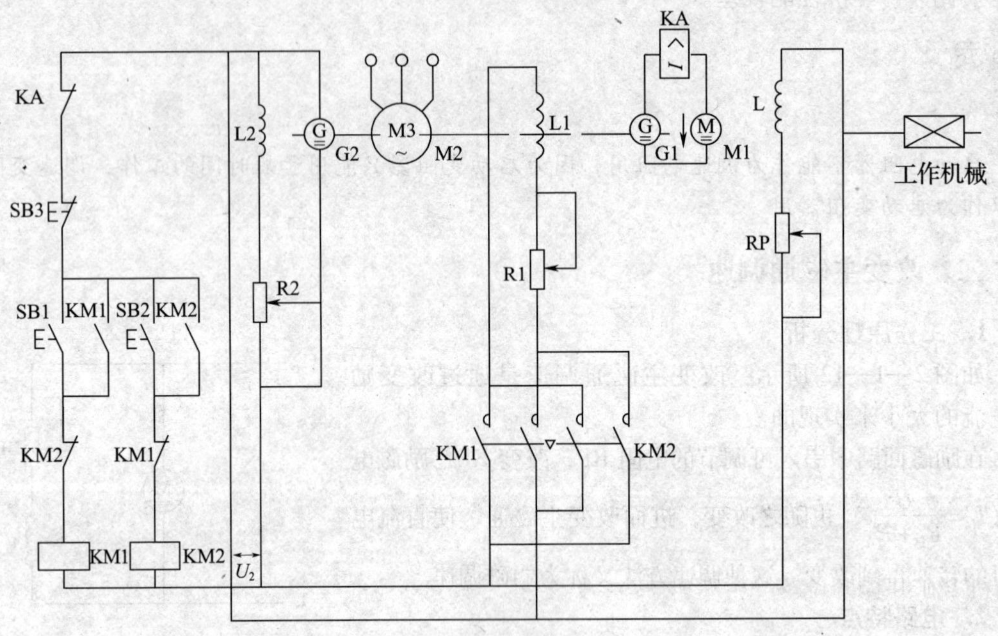

图 2—1—13　G—M 调速系统的电路

1. G—M 调速系统的控制原理如下：

（1）励磁

首先启动三相笼型异步电动机 M2，拖动他励直流发电机 G1 和并励直流发电机 G2 同速旋转，励磁发电机 G2 切割磁力线产生感应电动势，输出直流电压 U_2，除提供本身励磁电压外还供给 G—M 机组励磁电压和控制电路电压。

（2）启动

按下启动按钮 SB1（或 SB2），接触器 KM1（或 KM2）线圈得电，其常开触头闭合，发电机 G1 的励磁绕组 L1 接入电压 U_2开始励磁。因发电机 G1 的励磁绕组 L1 的电感较大，所以励磁电流逐渐增大，使 G1 产生的感应电动势和输出电压从零逐渐增大，这样就避免了直流电动机 M1 在启动时有较大的电流冲击。因此，在电动机启动时，不需要在电枢电路中串入启动电阻就可以很平滑地进行启动。

（3）调速

启动前，应将调节变阻器 RP 调到零，R1 调到最大，目的是使直流电压 U 逐渐上升，直流电动机 M1 则从最低速逐渐上升到额定转速。

当直流电动机 M1 运转后需调速时，可先将 R1 的阻值调小，使直流发电机 G1 的励磁电流增大，于是 G1 的输出电压即直流电动机的电枢电压 U 增大，电动机转速升高。可见，调节 R1 的阻值能升降直流发电机的输出电压 U，即可达到调节直流电动机转速的目的。不过加在直流电动机电枢上的电压 U 不能超过其额定电压值。所以在一般情况下，调节电阻 R1 只能使电动机在低于额定转速情况下进行平滑调速。

当需要电动机在额定转速以上进行调速时，则应先调节 R1，使电动机电枢电压 U 保持在额定值不变，然后将电阻 RP 的阻值调大，使直流电动机 M1 的励磁电流减小，其主磁通 Φ 也减小，电动机 M1 的转速升高。

（4）制动

若要电动机停转时，可按下停止按钮 SB3，接触器 KM1（或 KM2）线圈失电，其触头复位，使直流发电机 G1 的励磁绕组 L1 失电，G1 的输出电压即直流电动机 M1 的电枢电压 U 下降为零。但此时电动机 M1 仍沿原方向惯性运转，由于切割磁力线（因 L 仍有励磁），在电枢绕组中产生与原电流方向相反的感应电流，从而产生制动力矩，迫使电动机迅速停转。

2. 改变电枢电压调速的特点

（1）改变电枢调速时，机械特性的斜率不变，所以调速的稳定性好。

（2）电压可作连续变化，调速的平滑性好，调速范围广。

（3）属于恒转矩调速，电动机电压不允许超过额定值，只能由额定值向下降低电压调速。

（4）电源设备投资较大，但电能损耗小，效率高。还可用于降压启动。

通过以上分析可以看出，G－M 系统的调速范围广，调速平滑性好，可实现无级调速，具有较好的启动、调速、正反转、制动控制性能，因此曾被广泛用于龙门刨床、重型镗床、轧钢机、矿井提升设备等生产机械上。但由于 G－M 系统的设备费用大，机组多，占地面积大，效率较低，过渡过程的时间较长等不足，所以，随着晶闸管技术的不断发展，目前正日趋广泛地使用晶闸管整流装置作为直流电动机的可调电源，组成晶闸管－直流电动机调速系统，其详细内容将在后面章节中介绍。

线路安装与调试

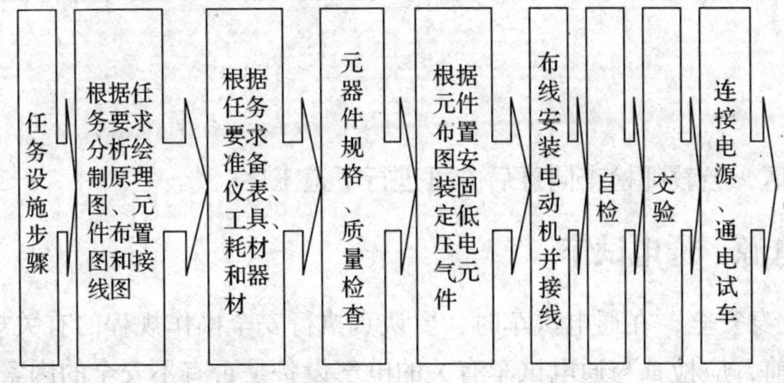

一、分析绘制元件布置图和接线图

读者自行绘制元件布置图和接线图。

二、选用元器件及导线

读者根据 2—1—13 所示电路图配齐主要设备、元器件、材料、仪器、工具等。

三、元器件规格、质量检查

1. 配齐所用电气元件，并检查元件质量。根据仪表、工具、耗材和器材表，检查其各元器件、耗材与表中的型号与规格是否一致。

2. 检查各元器件的外观是否完整无损，附件、备件是否齐全。

3. 检查各元器件和电动机的有关技术数据是否符合要求。

四、固定元器件

根据布置图牢固安装除电动机及启动变阻器以外各电气元件。

五、布线

按照电路图进行板前明线布线和套编码套管。

启动变阻器的安装位置要接近电动机和被拖动的机械，以便在控制时能看到电动机和被拖动机械的运行情况。

六、自检

1. 按电路图或接线图从电源端开始，逐段核对接线及接线端子处线号是否正确，有无漏接、错接之处。检查导线接点是否符合要求，压接是否牢固。同时注意接点接触应良好，以避免带负载运转时产生闪弧现象。

2. 用万用表检查线路的通断情况。万用表选用倍率适当的电阻挡，并进行调零。

3. 查安装质量，并进行绝缘电阻测量。用兆欧表检查线路的绝缘电阻的阻值应不得小于 1 MΩ。

七、交验

学生提出申请，经教师检查同意后方可进行下道工序。

八、连接电源、通电试车

1. 为保证人身安全，在通电试车时，要认真执行安全操作规程的有关规定，一人监护，一人操作。试车前，应检查与通电试车有关的电气设备是否有不安全的因素存在，若查出应立即整改，然后方能试车。

2. 通电试车前，必须征得教师的同意，并由指导教师接通电源 L＋、L－，同时在现场监护。学生合上电源开关 QF 后，用测电笔检查熔断器出线端，氖管亮说明电源接通。

操作顺序是：

（1）启动

按下启动按钮 SB1（或 SB2），接触器 KM1（或 KM2）线圈得电，其常开触头闭合，发电机 G1 的励磁绕组 L1 接入电压 U_2开始励磁、启动。

（2）调速

当直流电动机 M1 运转后需调速时，可先将 R1 的阻值调小，使直流发电机 G1 的励磁电流增大，于是 G1 的输出电压即直流电动机的电枢电压 U 增大，电动机转速升高。可见，调节电阻 R1 只能使电动机在低于额定转速情况下进行平滑调速。

（3）制动

按下停止按钮 SB3，接触器 KM1（或 KM2）线圈失电，其触头复位，使直流发电机 G1 的励磁绕组 L1 失电，G1 的输出电压即直流电动机 M1 的电枢电压 U 下降为零，电动机迅速停转。

1）通电试车前，要认真检查励磁回路的接线，必须保证连接可靠，以防止电动机运行时出现因励磁回路断路失磁引起“飞车”事故。

2）启动前，应将调节变阻器 RP 调到零，R1 调到最大，目的是使直流电压 U 逐渐上升，直流电动机 M1 则从最低速逐渐上升到额定转速。启动时，应使调速变阻器 RP 短接，使电动机在满磁情况下启动，启动变阻器 R1 要逐级切换，不可越级切换或一扳到底。

3）通电试车时，必须有指导教师在现场监护，同时做到安全文明生产。如遇异常情况，应立即断开电源开关 QF。

3．出现故障后，若需带电检查，必须在教师现场监护的情况下进行。检修完毕后，如需要再次试车，也应该在教师现场监护下，并做好时间记录。

4．试车成功后，记录下完成时间及通电试车次数。

5．通电试车完毕，停转，切断电源。先拆除三相电源线，再拆除电动机线。

项目二

串励直流电动机基本控制电路的安装与检修

任务1　启动控制电路的安装与检修

学习目标

1. 正确理解串励直流电动机启动控制电路的工作原理。
2. 能正确识读启动控制电路的原理图、接线图和布置图。
3. 会按照工艺要求正确安装串励直流电动机手动启动控制电路。
4. 能根据故障现象，检修串励直流电动机启动控制电路。

工作任务

串励直流电动机与并励直流电动机相比较，主要有以下特点：一是具有较大的启动转矩，启动性能好。二是过载能力强。因此在要求有大的启动转矩、负载变化时转速允许变化的恒功率负载的场合，如起重机、吊车、电力机车等，宜选用串励直流电动机。串励直流电动机的启动与并励直流电动机一样，常采用电枢回路串联启动电阻的方法进行启动，以限制启动电流。手动启动控制线路如图2—2—1所示。

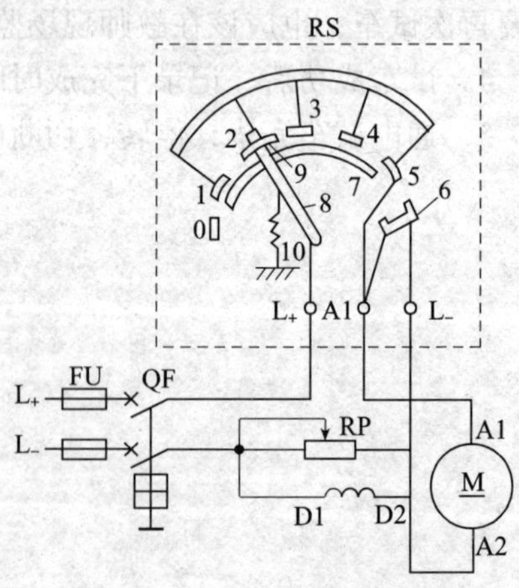

图2—2—1　串励直流电动机的手动启动控制线路

图中采用BQ3型启动变阻器启动，合上低压断路器QF，改变启动变阻器的手轮位置逐级切除电阻，即可启动。

本次工作任务就是要学会，采用BQ3型启动变阻器实现串励直流电动机的启动基本控制线路的安装与检修。

相关理论

一、串励直流电动机手动启动控制线路启动原理分析

图2—2—1线路中，BQ3型直流电动机启动变阻器RS有三个接线端L+、A1和L-，分别与电源、电枢绕组和励磁绕组相连。手轮8附有衔铁9和恢复弹簧10，弧形铜条7的一端直接与励磁电路接通，同时经过全部启动电阻与电枢绕组接通。在启动之前，启动变阻器的手轮置于“0”位，然后合上电源开关QF，慢慢转动手轮8，使手轮从“0”位转到静触头1，接通励磁绕组电路，同时将变阻器RS的全部电阻接入电枢电路，电动机开始启动旋转。随着转速的升高，手轮依次转到静触头2、3、4等位置，使启动电阻逐级切除，当手轮转到最后一个静触头5时，电磁铁6吸住手轮衔铁9，此时启动电阻全部切除，直流电动机启动完毕，进入正常运转。

二、串励直流电动机自动启动控制线路

如图2—2—2所示为串励直流电动机自动启动控制线路。

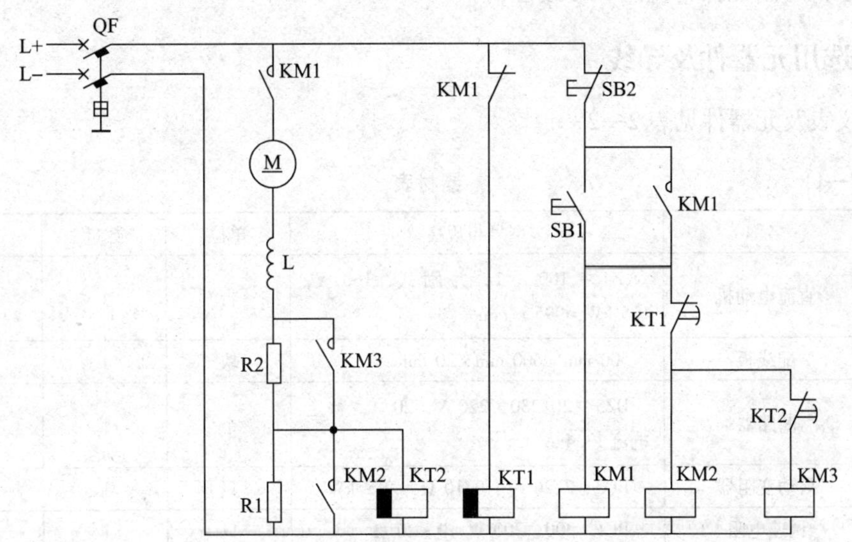

图2—2—2　串励直流电动机自动启动控制线路

线路工作原理：先合上低压断路器QF，时间继电器KT1得电动作，断开KM2、KM3线圈，保证电动机启动时全部串入电阻R1、R2。

启动时，按下按钮SB1，KM1得电动作，电动机开始串二级电阻启动；同时分断KT1线圈，KT1开始延时，而并联在电阻R1两端的KT2也得电动作断开KM3；KT1延时时间到，接通KM2线圈，使其触点短接电阻R1和KT2线圈，电动机继续串电阻R2启动，KT2线圈失电开始延时；KT2延时时间到，接通KM3线圈，使其触点短接R2，电动机进入正常运转状态。

停止时，按下按钮 SB2 即可。

线路安装与调试

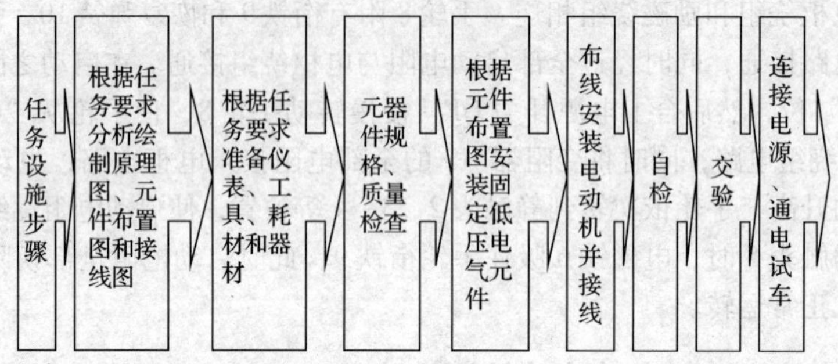

一、分析绘制元件布置图和接线图

读者自行绘制元件布置图和接线图。

二、选用元器件及导线

仪器仪表及元器件见表 2—2—1。

表 2—2—1　　器材表

序号	名称	型号与规格	单位	数量	备注
1	直流电动机	Z4 - 100 - 1，并励式、160 V，1.5 kW，995 r/min	台	1	
2	配线板	500 mm×600 mm×20 mm	块	1	
3	断路器	DZ5 - 20/230，220 V，20 A，整定电流 13.4 A	个	1	
4	启动变阻器	BQ3，2/26 A 、0/10 Ω 、2.2 kW	只	1	
5	调速电阻	BC1 - 300，300 W，0～20 Ω	只	1	
6	熔断器及熔芯配套	RC1 A - 60/30，60 A，配熔体 30 A	套	2	
7	接线端子排	JX2 - 1015，500 V、10 A、15 节或配套自定	条	1	
8	木螺钉	ϕ3 mm×20 mm；ϕ3 mm×15 mm	个	30	
9	平垫圈	ϕ4 mm	个	30	
10	圆珠笔	自定	支	1	
11	塑料铜线	BV - 2.5 mm^2，颜色自定	m	20	
12	塑料铜线	BV - 1.5 mm^2，颜色自定	m	20	
13	塑料软铜线	BVR - 0.75 mm^2，颜色自定	m	5	

续表

序号	名称	型号与规格	单位	数量	备注
14	编码套管	自定	m	若干	
15	电工通用工具	验电笔、钢丝钳、螺钉旋具（一字形和十字形）、电工刀、尖嘴钳、活扳手、剥线钳等	套	1	
16	万用表	自定	块	1	
17	兆欧表	型号自定，或 500 V、0 ~ 200 MΩ	台	1	
18	钳形电流表	0 ~ 50 A	块	1	
19	劳保用品	绝缘鞋、工作服等	套	1	

三、元器件规格、质量检查

1. 按表 2—2—1 配齐所用电气元件，并检查元件质量。根据仪表、工具、耗材和器材表，检查各元器件、耗材与表中的型号与规格是否一致。

2. 检查各元器件的外观是否完整无损，附件、备件是否齐全。

3. 检查各元器件和电动机的有关技术数据是否符合要求。

四、固定元器件

根据布置图牢固安装除电动机及启动变阻器以外各电气元件。

五、布线

按照电路图进行板前明线布线和套编码套管。

启动变阻器的安装位置要接近电动机和被拖动的机械，以便在控制时能看到电动机和被拖动机械的运行情况。

六、自检

1. 按电路图或接线图从电源端开始，逐段核对接线及接线端子处线号是否正确，有无漏接、错接之处。检查导线接点是否符合要求，压接是否牢固。同时注意接点接触应良好，以避免带负载运转时产生闪弧现象。

2. 用万用表检查线路的通断情况。万用表选用倍率适当的电阻挡，并进行校零。

3. 检查安装质量，并进行绝缘电阻测量。用兆欧表检查线路的绝缘电阻的阻值应不得小于 1 MΩ。

七、交验

学生提出申请，经教师检查同意后方可进行下道工序。

八、连接电源、通电试车

1. 为保证人身安全，在通电试车时，要认真执行安全操作规程的有关规定，一人监护，一人操作。试车前，应检查与通电试车有关的电气设备是否有不安全的因素存在，若查出应立即整改，然后方能试车。

2. 通电试车前，必须征得教师的同意，并由指导教师接通电源 L+、L-，同时在现场监护。学生合上电源开关 QF 后，用测电笔检查熔断器出线端，氖管亮说明电源接通。

带负荷试车操作顺序是：

（1）合上电源 QF 之前，接好电动机接线，上好接触器的灭弧罩。先检查启动变阻器 RS 的手轮是否置于最左端的“0”位；调速变阻器 RP 的阻值调到零。

（2）合上电源 QF。

（3）慢慢转动启动变阻器 RS 的手轮 8，使手轮从 0 位逐步转至 5 位，逐级切除启动电阻。在每切除一级启动电阻后要停留数秒钟，用钳形电流表测量电枢电流以观察电流的变化情况。

（4）停转时，切断电源开关 QF，将调速变阻器 RP 的阻值调到零，并检查启动变阻器 R1 是否自动返回起始位置。

1）串励直流电动机试车时，必须带 20%～30% 的额定负载，严禁空载或轻载启动运行，而且串励电动机和拖动生产机械之间直接耦合，禁止使用带传动，以防止传动带断裂或滑脱引起电动机“飞车”事故。

2）调速变阻器 RP 要和励磁绕组并联。启动前，应把 RP 的阻值调到最大。调速时，RP 的阻值逐渐调小，使电动机的转速逐渐升高，但其最高转速不得超过 2 000 r/min。

3）通电试车时，必须有指导教师在现场监护，同时做到安全文明生产。如遇异常情况，应立即断开电源开关 QF。

3. 出现故障后，若需带电检查，必须在教师现场监护的情况下进行。检修完毕后，如需要再次试车，也应该在教师现场监护下，并做好时间记录。

4. 试车成功后，记录下完成时间及通电试车次数。

5. 通电试车完毕，停转，切断电源。先拆除电源线，再拆除电动机线。

故 障 检 修

参照并励直流电动机手动启动控制电路的检修。

在完成试车的基础上，教师或同组学生人为的设定一两个故障点进行排故练习。

故障设定时一定要在断开电源的情况下进行，一般设定元器件故障和线路的断路故

障，而不将正确的线路改错。如果需要通电观察故障现象，必须在有教师在场的情况下进行。

任务2　正反转控制电路的安装与检修

学习目标

1. 正确理解串励直流电动机正反转控制电路的工作原理。
2. 能正确识读正反转控制电路的原理图、接线图和布置图。
3. 按照工艺要求正确安装串励直流电动机正反转控制线路。
4. 能根据故障现象，检修串励直流电动机励磁绕组反接法控制电路。

工作任务

串励直流电动机与并励直流电动机相比，由于串励直流电动机电枢绕组两端的电压很高，而励磁绕组两端的电压很低，反接较容易，因此串励直流电动机的反转常采用励磁绕组反接法来实现，如内燃机车和电力机车的反转均用此法。

串励直流电动机的正反转控制电路如图2—2—3所示。

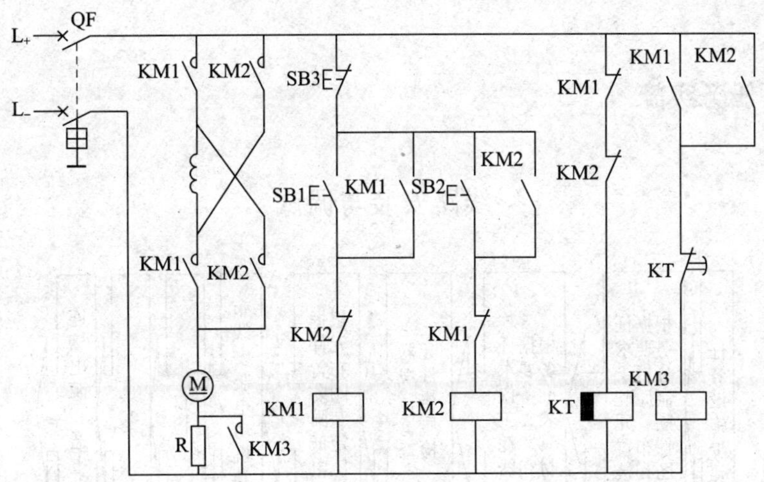

图2—2—3　串励直流电动机的励磁绕组反接法正反转控制电路

图中为了实现直流电动机的正反转，在线路中的SB1、SB2分别是控制正、反转启动的按钮，KM1、KM2分别是控制正、反转的接触器，通过按钮SB1、SB2分别接通KM1、KM2实现对励磁绕组的正反接。

本次工作任务就是要利用接触器KM1、KM2来改变串励直流电动机励磁绕组的接法，从而实现对串励直流电动机的正反转控制。

线路工作原理分析

合上电源开关QF→KT线圈得电→KT延时闭合的常闭触头瞬时分断→KM3处于断电状态→保证电动机M串接电阻R启动。

然后按下SB1（或SB2）→KM1（或KM2）线圈得电→

→KM1(或KM2)自锁触头闭合自锁 → 电动机M串接R启动正转(或反转)

→KM1(或KM2)主触头闭合

→KM1(或KM2)常开辅助触头闭合,为KM3得电作准备

→KM1(或KM2)联锁触头分断对KM2(或KM1)联锁

→KM1(或KM2)常开辅助触头分断→时间继电器KT线圈失电→经KT整定时间→

→KT延时闭合的常闭触头恢复闭合→KM3线圈得电→KM3主触头闭合短接电阻R→

→电动机M进入正常运转

停止时,按下停止按钮SB3即可。

线路安装与调试

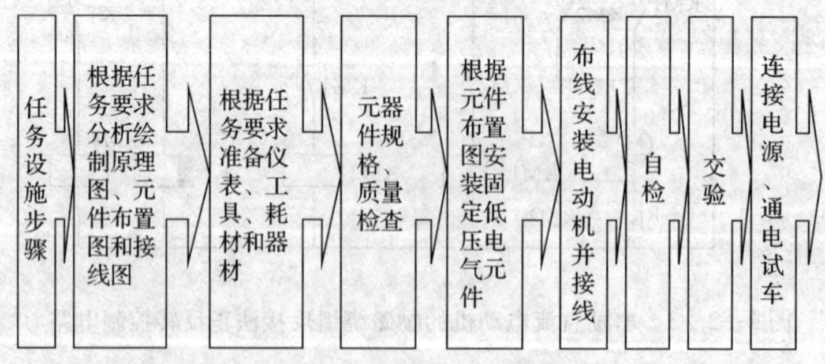

一、分析绘制元件布置图和接线图

读者自行绘制元件布置图和接线图。

二、选用元器件及导线

表 2—2—2　　　　　　　　　　　　　　**器材表**

序号	名称	型号与规格	单位	数量	备注
1	直流电动机	Z4－100－1，串励式、160 V，1.5 kW，995 r/min	台	1	
2	配线板	500 mm×600 mm×20 mm	块	1	
3	断路器	DZ5－20/230，220 V，20 A，整定电流 13.4 A	个	1	
4	启动变阻器	BQ3，2/26 A、0/10 Ω、2.2 KW	只	1	
5	调速变阻器	BC1－300	只	1	
6	熔断器及熔芯配套	RC1 A－60/30，60 A，配熔体 30 A	套	2	
7	接线端子排	JX2－1015，500 V、10 A、15 节或配套自定	条	1	
8	直流接触器	CZO－40/20	只	3	
9	时间继电器	JS7－2A	只	1	
10	木螺钉	ϕ3 mm×20 mm；ϕ3 mm×15 mm	个	30	
11	平垫圈	ϕ4 mm	个	30	
12	圆珠笔	自定	支	1	
13	塑料铜线	BV－2.5 mm^2，颜色自定	m	20	
14	塑料铜线	BV－1.5 mm^2，颜色自定	m	20	
15	塑料软铜线	BVR－0.75 mm^2，颜色自定	m	5	
16	编码套管	自定	m	若干	
17	电工通用工具	验电笔、钢丝钳、螺钉旋具（一字形和十字形）、电工刀、尖嘴钳、活扳手、剥线钳等	套	1	
18	万用表	自定	块	1	
19	兆欧表	型号自定，或 500 V、0～200 MΩ	台	1	
20	钳形电流表	0～50 A	块	1	
21	劳保用品	绝缘鞋、工作服等	套	1	

三、元器件规格、质量检查

1. 按表 2—2—2 配齐所用电气元件，并检查元件质量。根据仪表、工具、耗材和器材表，检查其各元器件、耗材与表中的型号与规格是否一致。

2. 查各元器件的外观是否完整无损，附件、备件是否齐全。

3. 查各元器件和电动机的有关技术数据是否符合要求。

四、固定元器件

根据布置图牢固安装除电动机及启动变阻器以外各电气元件。

五、布线

按照电路图进行板前明线布线和套编码套管。

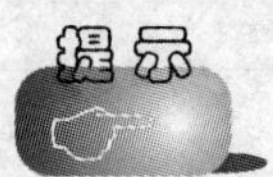

启动变阻器的安装位置要接近电动机和被拖动的机械，以便在控制时能看到电动机和被拖动机械的运行情况。

六、自检

1. 按电路图或接线图从电源端开始，逐段核对接线及接线端子处线号是否正确，有无漏接、错接之处。检查导线接点是否符合要求，压接是否牢固。同时注意接点接触应良好，以避免带负载运转时产生闪弧现象。

2. 用万用表检查线路的通断情况。万用表选用倍率适当的电阻挡，并进行校零。

3. 检查安装质量，并进行绝缘电阻测量。用兆欧表检查线路的绝缘电阻的阻值应不得小于 1 MΩ。

七、交验

学生提出申请，经教师检查同意后方可进行下道工序。

八、连接电源、通电试车

1. 为保证人身安全，在通电试车时，要认真执行安全操作规程的有关规定，一人监护，一人操作。试车前，应检查与通电试车有关的电气设备是否有不安全的因素存在，若查出应立即整改，然后方能试车。

2. 通电试车前，必须征得教师的同意，并由指导教师接通电源 L+、L-，同时在现场监护。学生合上电源开关 QF 后，用测电笔检查熔断器出线端，氖管亮说明电源接通。

操作试验的操作顺序是：

断开 QF，接好电动机接线，上好接触器的灭弧罩。合上刀开关 QF，作好立即停车的准备。

1）将启动变阻器的阻值调到最大位置，合上电源开关 QF，按下正转启动按钮 SB1，用钳形表测量电枢绕组和励磁绕组的电流，观察其大小的变化；同时观察并记下电动机的转向，待转速稳定后，用转速表测其转速。

2）然后按下 SB3 停车，并记下无制动停车所用的时间 t_1。

3）按下反转启动按钮 SB2，用钳形表测量电枢绕组和励磁绕组的电流，观察其大小的变化；同时观察并记下电动机的转向，与 1）比较看是否两者相反。否则，应切断电源并检查接触器 KM1、KM2 主触头的接线正确与否，改正后重新通电试车。

(1) 串励直流电动机启动时，严禁空载或轻载启动运行，防止出现“飞车”。

(2) 时间继电器的整定要符合控制要求。

(3) 通电试车时，必须有指导教师在现场监护，同时做到安全文明生产。如遇异常情况，应立即断开电源开关 QF。

3．出现故障后，若需带电检查，必须在教师现场监护的情况下进行。检修完毕后，如需要再次试车，也应该在教师现场监护下，并做好时间记录。

4．试车成功后，记录下完成时间及通电试车次数。

5．通电试车完毕，停转，切断电源。先拆除电源线，再拆除电动机线。

故障检修

参照并励直流电动机的正反转控制电路的检修。

在完成试车的基础上，教师或同组学生可人为的设定一两个故障点进行排故练习。

故障设定一定要在断开电源的情况下进行，一般设定元器件故障和线路的断路故障，而不将正确的线路改错。如果需要通电观察故障现象，必须在有教师在场的情况下进行。

任务 3　能耗制动控制电路的安装

1．正确理解串励直流电动机能耗制动控制电路的工作原理。

2．能正确识读能耗制动控制电路的原理图、接线图和布置图。

3．会按照工艺要求正确安装串励电动机自励式能耗制动控制电路。

串励直流电动机与并励直流电动机相比较，由于串励电动机的理想空载转速趋于无穷大，所以运行中不可能满足再生发电制动的条件，因此，串励电动机电力制动方法只有能耗制动和反接制动两种。串励直流电动机的能耗制动分为自励式和他励式两种。自励式能耗制动设备简单，在高速时制动力矩大，制动效果好。

串励电动机自励式能耗制动控制电路如图 2—2—4 所示。

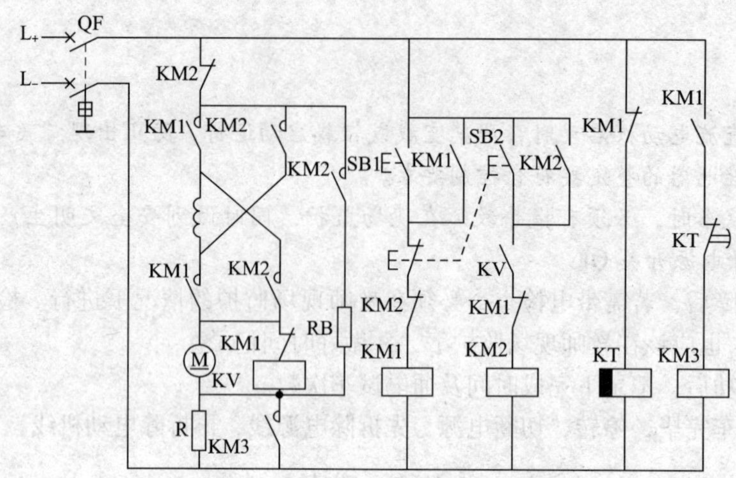

图 2—2—4　串励电动机自励式能耗制动控制电路

图中 KV 是欠电压继电器；KM1 ~ KM3 是三个直流接触器；RB 是制动电阻，SB1 是启动按钮，SB2 是停止按钮。当电动机断开电源后，将励磁绕组反接并与电枢绕组和制动电阻 RB 串联构成闭合回路，使惯性运转的电枢处于自励发电状态，产生与原方向相反的电磁转矩，迫使电动机迅速停转。

本次工作任务就是通过直流接触器 KM2 使励磁绕组反接并在电枢回路中接入制动电阻 RB，从而实现串励直流电动机的能耗制动控制。

串励直流电动机的能耗制动

1. 自励式能耗制动电路原理的分析

如图 2—2—4 所示，串电阻启动运转：

合上电源开关 QF，时间继电器 KT 线圈得电，KT 延时闭合的常闭触头瞬时分断。按下启动按钮 SB1，接触器 KM1 线圈得电，KM1 触头动作，使电动机 M 串电阻 R 启动后并自动转入正常运转。

能耗制动停转:

按下停止按钮SB2 → SB2常闭触头先分断 → KM1线圈失电 → KM1触头复位

→ SB2常开触头后闭合

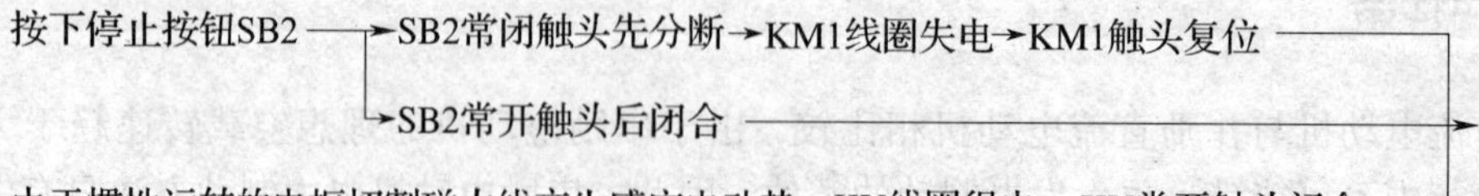

由于惯性运转的电枢切割磁力线产生感应电动势 → KV线圈得电 → KV常开触头闭合

→ KM2线圈得电 → KM2常闭辅助触头分断,切断电动机电源

→ KM2主触头闭合 → 这时励磁绕组反接后与电枢绕组和制动电阻构成闭合回路 → 使电动机M受制动迅速停转 → KV断电释放 → KV常开触头分断 → KM2线圈失电 → KM2触头复位,制动结束。

串励电动机自励式能耗制动设备简单，在高速时制动力矩大，制动效果好。但随着转速的降低制动力矩急剧减小，制动效果变差，实质上这时电动机已形成自由停车状态。因此，自励能耗制动适用于断电事故状态进行安全制动。

2. 他励式能耗制动原理

如图 2—2—5 所示。

制动时，切断电动机电源，将电枢绕组与放电电阻 R1 接通，将励磁绕组与电枢绕组断开后串入分压电阻 R2，再接入外加直流电源励磁。若与电枢供电电源共用时，则需要在串励回路中串入较大的降压电阻（因串励绕组电阻很小）。这种制动方法不仅需要外加的直流电源设备，而且励磁电路消耗的功率较大，所以经济性较差。

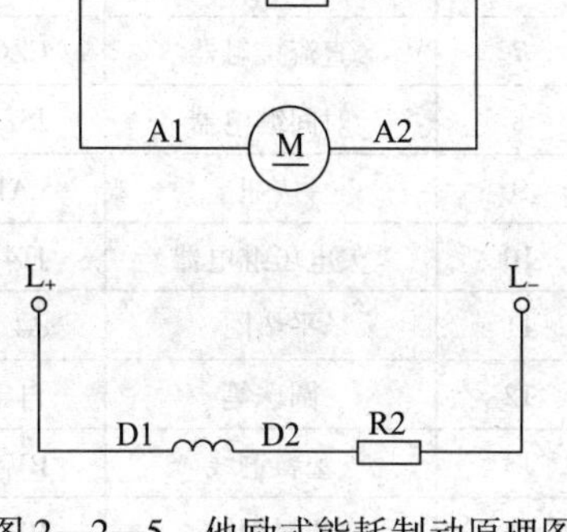

图 2—2—5　他励式能耗制动原理图

线路安装与调试

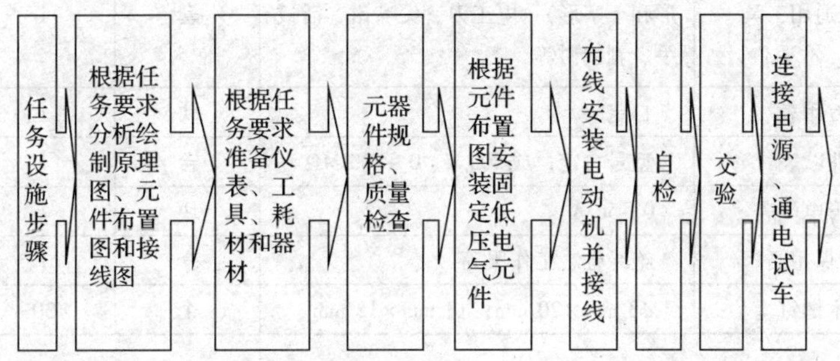

一、分析绘制元件布置图和接线图

读者自行绘制元件布置图和接线图。

二、选用元器件及导线

仪器仪表及元器件见表 2—2—3。

表 2—2—3　　**器材表**

序号	名称	型号与规格	单位	数量	备注
1	直流电动机	Z4－100－1，串励式、160V，1.5 kW，995 r/min	台	1	
2	配线板	500 mm×600 mm×20 mm	块	1	
3	断路器	Z5－20/230，220 V，20 A，整定电流 13.4 A	个	1	

续表

序号	名称	型号与规格	单位	数量	备注
4	启动电阻器	100 Ω，1.2 A	只	2	
5	熔断器及熔芯配套	RC1 A－60/30，60 A，配熔体 30A	套	2	
6	接线端子排	JX2－1015，500 V、10 A、15 节或配套自定	条	1	
7	直流接触器	CZO－40/20	只	3	
8	时间继电器	JS7－2A	只	1	
9	按钮	LA10－3H，保护式、按钮数 3	只	2	
10	欠电压继电器	JT4—A	只	1	
11	平垫圈	ϕ4 mm	个	30	
12	圆珠笔	自定	支	1	
13	塑料铜线	BV－2.5 mm^2，颜色自定	m	20	
14	塑料铜线	BV－1.5 mm^2，颜色自定	m	30	
15	塑料软铜线	BVR－0.75 mm^2，颜色自定	m	5	
16	编码套管	自定	m	若干	
17	行线槽	18 mm×25 mm	m	若干	
18	电工通用工具	验电笔、钢丝钳、螺钉旋具（一字形和十字形）、电工刀、尖嘴钳、活扳手、剥线钳等	套	1	
19	万用表	自定	块	1	
20	兆欧表	型号自定，或 500 V、0～200 MΩ	台	1	
21	钳形电流表	0～50 A	块	1	
22	劳保用品	绝缘鞋、工作服等	套	1	
23	木螺钉	ϕ3 mm×20 mm；ϕ3 mm×15 mm	个	30	

三、元器件规格、质量检查

1. 按表 2—2—3 配齐所用电气元件，并检查元件质量。根据仪表、工具、耗材和器材表，检查其各元器件、耗材与表中的型号与规格是否一致。

2. 查各元器件的外观是否完整无损，附件、备件是否齐全。

3. 查各元器件和电动机的有关技术数据是否符合要求。

四、固定元器件

根据布置图牢固安装除电动机及启动变阻器以外各电气元件。

五、布线

按照电路图进行板前明线布线和套编码套管。

启动变阻器的安装位置要接近电动机和被拖动的机械，以便在控制时能看到电动机和被拖动机械的运行情况。

六、自检

1．按电路图或接线图从电源端开始，逐段核对接线及接线端子处线号是否正确，有无漏接、错接之处。检查导线接点是否符合要求，压接是否牢固。同时注意接点接触应良好，以避免带负载运转时产生闪弧现象。

2．用万用表检查线路的通断情况。万用表选用倍率适当的电阻挡，并进行调零。

3．检查安装质量，并进行绝缘电阻测量。用兆欧表检查线路的绝缘电阻的阻值应不得小于1 MΩ。

七、交验

学生提出申请，经教师检查同意后方可进行下道工序。

八、连接电源、通电试车

1．为保证人身安全，在通电试车时，要认真执行安全操作规程的有关规定，一人监护，一人操作。试车前，应检查与通电试车有关的电气设备是否有不安全的因素存在，若查出应立即整改，然后方能试车。

2．通电试车前，必须征得教师的同意，并由指导教师接通电源L+、L-，同时在现场监护。学生合上电源开关QF后，用测电笔检查熔断器出线端，氖管亮说明电源接通。

带负荷试车操作顺序是：

（1）合上电源开关QF，按下启动按钮SB1，直流电动机串电阻开始启动，延时一段时间待电动机转速稳定后，用转速表测其转速。

（2）按下复合按钮SB2，电动机进行能耗制动，记下能耗制动所用时间 t_2，并与无制动所用时间 t_1 进行比较，求出时间差 $\Delta t = t_1 - t_2$。

（3）反复操作几次，观察线路中能耗控制的可靠性。

（1）串励直流电动机试车时，必须带20%～30%的额定负载，严禁空载或轻载启动运行。

（2）通电试车前要认真检查接线是否正确、牢靠，特别是励磁绕组的接线；各电器动作是否正常，有无卡阻现象。

（3）调整欠压继电器、时间继电器的整定值使其符合动作要求。

（4）通电试车时，必须有指导教师在现场监护，同时做到安全文明生产。如遇异常情况，应立即断开电源开关QF。

3．出现故障后，若需带电检查，必须在教师现场监护的情况下进行。检修完毕后，如需要再次试车，也应该在教师现场监护下，并做好时间记录。

4. 试车成功后，记录下完成时间及通电试车次数。

5. 通电试车完毕，停转，切断电源。先拆除电源线，再拆除电动机线。

任务4　反接制动控制电路的安装

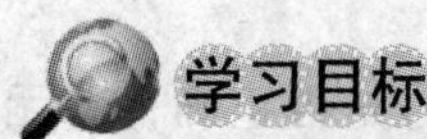

学习目标

1. 正确理解串励直流电动机反接制动控制电路的工作原理。
2. 能正确识读反接制动控制电路的原理图、接线图和布置图。
3. 会按照工艺要求正确安装串励直流电动机电枢直接反接制动控制电路。
4. 能检修主令控制器的常见故障。

工作任务

串励电动机自励式能耗制动虽然设备简单，在高速时制动力矩大，制动效果好。但随着转速的降低制动力矩急剧减小，制动效果变差。而反接制动与能耗制动相比较，反接制动既能满足电动机刚刚启动时的停止要求，又能保证电动机高速运转后反向制动结束时不再反向启动。

串励直流电动机的反接制动可通过以下两种方式来实现：一是位能负载时转速反向法；二是电枢直接反接法。

串励电动机电枢直接反接制动控制电路如图2—2—6所示。

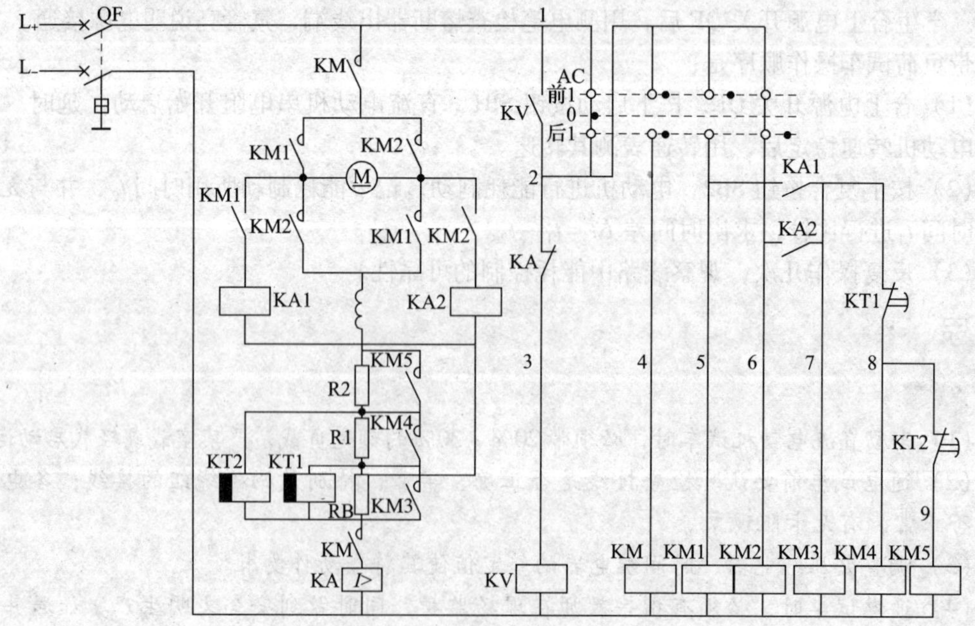

图2—2—6　串励电动机电枢直接反接制动自动控制电路

电路原理分析：图中的 AC 是主令控制器，用来控制电动机的正反转；KM 是线路接触器；KM1 是正转接触器；KM2 是反转接触器；KA 是过电流继电器，用来对电动机进行过载和短路保护；KV 是零电压保护继电器；KA1，KA2 是中间继电器；R1，R2 是二级启动电阻；RB 是制动电阻。反接制动是切断电动机的电源后，将电枢绕组串入制动电阻 RB 后反接，并保持其励磁电流方向不变的一种制动方法。

本次工作任务就是通过主令控制器 AC 使励磁绕组反接，并在电枢回路中接入制动电阻 RB，从而实现串励直流电动机的反接制动控制。

相关理论

一、主令控制器

1. 主令控制器的功能

主令控制器是按照预定程序换接控制电路接线的主令电器，主要用于电力拖动系统中，按照预定的程序分合触头，向控制系统发出指令，通过接触器以达到控制电动机的启动、制动、调速及反转的目的，同时也可实现控制线路的联锁作用。

目前生产中常用的主令控制器有 LK1、LK4、LK5 和 LK16 等系列，其外形如图 2—2—7 所示。下面以 LK1 系列主令控制器为例进行介绍。

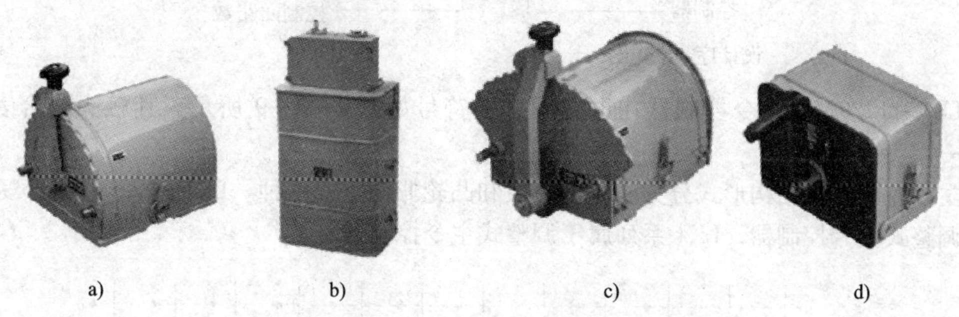

a)　b)　c)　d)

图 2—2—7　主令控制器

a）LK1 系列　b）LK4 系列　c）LK5 系列　d）LK16 系列

2. 主令控制器的结构原理、符号及型号含义

LK1 系列主令控制器主要由基座、转轴、动触头、静触头、凸轮鼓、操作手柄、面板支架及外护罩组成。其外形及结构如图 2—2—8 所示。

主令控制器所有的静触头都安装在绝缘板 5 上，动触头则固定在能绕轴 9 转动的支架 6 上；凸轮鼓是由多个凸轮块 7 嵌装而成，凸轮块根据触头系统的开闭顺序制成不同角度的凸出轮缘，每个凸轮块控制两副触头。当转动手柄时，方形转轴带动凸轮块转动，凸轮块的凸出部分压动小轮 8，使动触头 2 离开静触头 3，分断电路；当转动手柄使小轮 8 位于凸轮块 7 的凹处时，在复位弹簧的作用下使动触头和静触头闭合，接通电路。可见触头的闭合和分断顺序是由凸轮块的形状决定的。

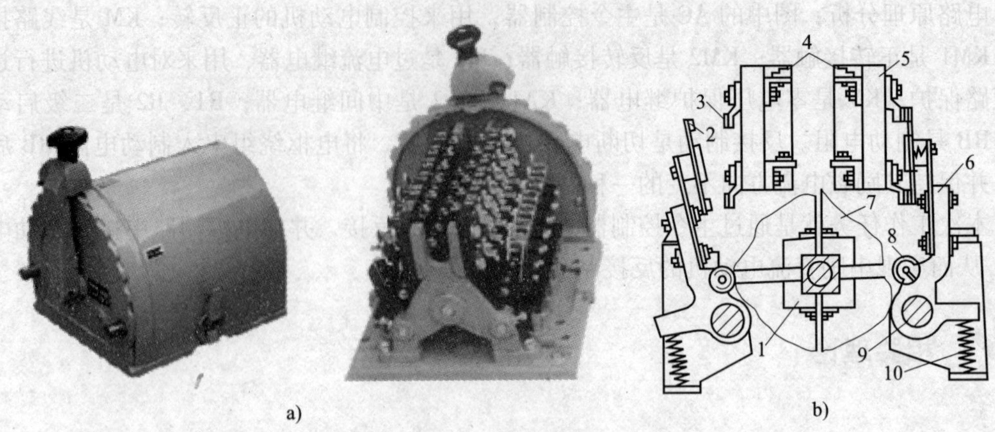

图 2—2—8　LK1 系列主令控制器

a）外形　b）结构

1—方形转轴　2—动触头　3—静触头　4—接线柱　5—绝缘板　6—支架

7—凸轮块　8—小轮　9—转动轴　10—复位弹簧

主令控制器的型号及含义如下：

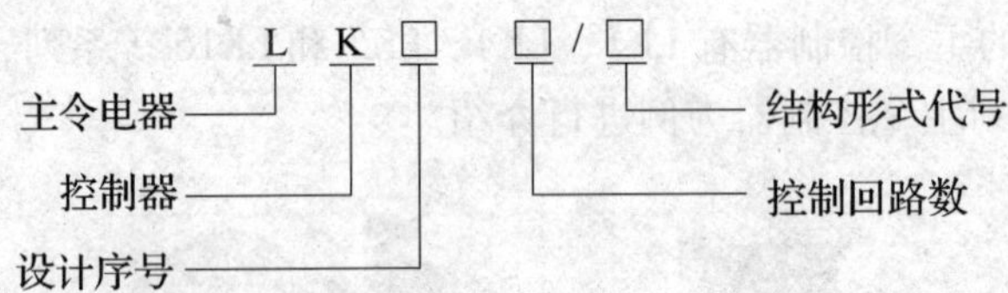

LK1－12/90 型主令控制器在电路图中的符号如图 2—2—9 所示。其触头分合表见表 2—2—4。

主令控制器按结构形式分为凸轮调整式和凸轮非调整式两种。LK1、LK5、LK16 系列属于非调整式主令控制器，LK4 系列属于调整式主令控制器。

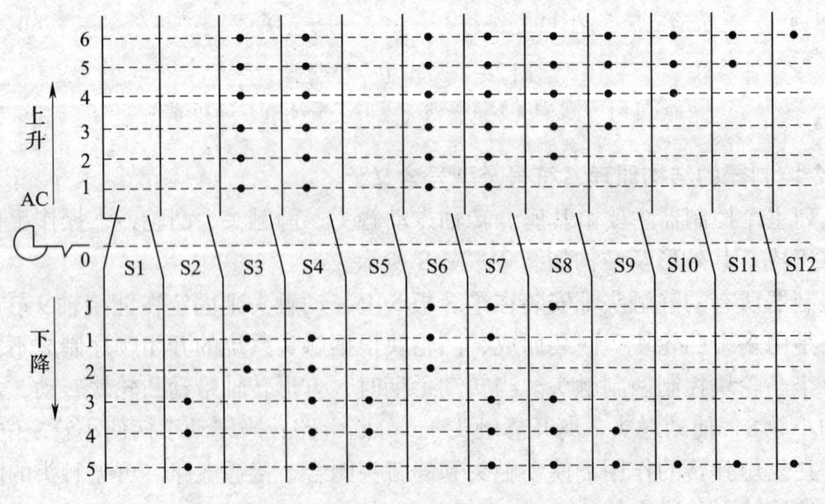

图 2—2—9　LK1－12/90 型主令控制器符号

表 2—2—4　　　　　　　　**LK1—12/90 型主令控制器触头分合表**

触头	下降						零位	上升					
	5	4	3	2	1	J	0	1	2	3	4	5	6
S1							×						
S2	×	×	×										
S3				×	×	×		×	×	×	×	×	×
S4	×	×	×	×	×			×	×	×	×	×	×
S5	×	×	×										
S6				×	×	×		×	×		×	×	×
S7	×	×	×		×	×		×	×	×	×	×	×
S8	×	×	×			×			×	×	×	×	×
S9	×	×								×	×	×	×
S10	×										×	×	×
S11	×											×	×
S12	×												×

所谓非调整式主令控制器，是指其触头系统的分合顺序只能按指定的触头分合表要求进行，在使用中用户不能自行调整，若需调整必须更换凸轮片。

调整式主令控制器是指其触头系统的分合程序可随时按控制系统的要求进行编制及调整，调整时不必更换凸轮片。

3. 主令控制器的选用

主令控制器主要根据使用环境、所需控制的回路数、触头闭合顺序等进行选择。常用的 LK1 和 LK14 系列主令控制器的主要技术参数见表 2—2—5。

表 2—2—5　　　　　　　　**LK1 和 LK14 系列主令控制器的主要技术数据**

型号	额定电压（V）	额定电流（A）	控制电路数	接通与分断能力（A）	
				接通	分断
LK1－12/90 LK1－12/96 LK1－12/97	380	15	12	100	15
LK14－12/90 LK14－12/96 LK14－12/97	380	15	12	100	15

二、电枢直接反接法

如图 2—2—10 所示，线路工作原理如下：

准备启动时，将主令控制器 AC 手柄放在“0”位，合上电源开关 QF，零压继电器 KV 得电，KV 常开触头闭合自锁。

电动机正转时，将控制器 AC 手柄向前扳向“1”位置，AC 的主触头（2—4），（2—5）

闭合，线路接触器 KM 和正转接触器 KM1 线圈得电，它们的主触头闭合，电动机 M 串入二级启动电阻 R1 和 R2 以及反接制动电阻 RB 启动；同时，时间继电器 KT1，KT2 线圈得电，它们的常闭触头瞬时分断，接触器 KM4，KM5 处于断电状态；KM1 的常开辅助触头闭合，使中间继电器 KA1 线圈得电，KA1 常开触头闭合，使接触器 KM3，KM4，KM5 依次得电动作，它们的常开触头依次闭合短接电阻 RB，R1，R2，电动机启动完毕进入正常运转。

若需要电动机反转时，将主令控制器 AC 手柄由正转位置向后扳向反转位置，这时，接触器 KM1 和中间继电器 KA1 失电，其触头复位，电动机在惯性作用下仍沿正转方向转动。但电枢电源则由于接触器 KM，KM2 的接通而反向，使电动机运行在反接制动状态，而中间继电器 KA2 线圈上的电压变得很小并未吸合，KA2 常闭触头分断，接触器 KM3 线圈失电，KM3 常开触头分断，制动电阻 RB 接入电枢电路，电动机进行反接制动，其转速迅速下降。当转速降到接近于零时，KA2 线圈上的电压升到吸合电压，此时，KA2 线圈得电，KA2 常开触头闭合，使 KM3 得电动作，RB 被短接，电动机进入反转启动运转。

若要电动机停转，把主令控制手柄扳向“0”位即可。

采用电枢反接制动时，不能直接将电源极性反接，否则，由于电枢电流和励磁电流同时反向，起不到制动作用。

三、位能负载时转速反向法

位能负载时转速反向法就是在电磁转矩小于位能转矩时，位能转矩强迫电动机的转速反向，使电动机的转速方向与电磁转矩的方向相反，以实现制动。如提升机下放重物时，电动机在重物（位能负载）的作用下，转速 n 与电磁转矩 T 反向，使电动机处于制动状态，如图 2—2—10 所示。

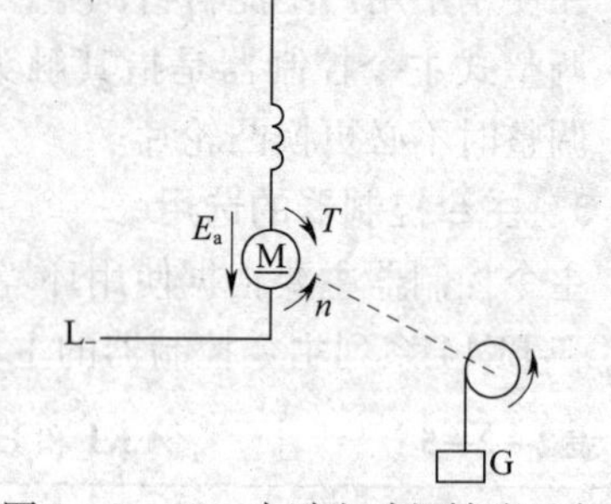

图 2—2—10　串励电动机转速反向法制动原理图

任务实施

线路安装与调试

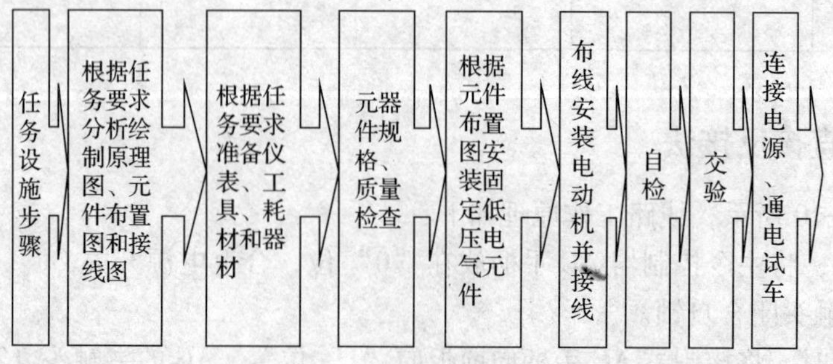

一、分析绘制元件布置图和接线图

读者自行绘制元件布置图和接线图。

二、选用元器件及导线

仪器仪表及元器件见表 2—2—6。

表 2—2—6 **器材表**

序号	名称	型号与规格	单位	数量	备注
1	直流电动机	Z4 －100 －1，串励式、160 V，1.5 kW，995 r/min	台	1	
2	配线板	500 mm×600 mm×20 mm	块	1	
3	断路器	DZ5 －20/230，220 V，20 A，整定电流 13.4 A	个	1	
4	主令控制器	LK1 －12/90	台	1	
5	启动电阻器	100Ω，1.2 A	只	2	
6	制动电阻	100Ω，1.2 A	只	1	
7	熔断器及熔芯配套	RC1A －60/30，60 A，配熔体 30 A	套	2	
8	接线端子排	JX2 －1015，500 V、10 A、15 节或配套自定	条	1	
9	直流接触器	CZO －40/20	只	5	
10	时间继电器	JS7 －2 A	只	2	
11	中间继电器	JZ14	只	2	
12	过流继电器	JL14	只	1	
13	零压继电器	JT4 －P	只	1	
14	木螺钉	ϕ3 mm×20 mm；ϕ3 mm×15 mm	个	30	
15	平垫圈	ϕ4 mm	个	30	
16	圆珠笔	自定	支	1	
17	塑料铜线	BV －2.5 mm^2，颜色自定	m	20	
18	塑料铜线	BV －1.5 mm^2，颜色自定	m	20	
19	塑料软铜线	BVR －0.75 mm^2，颜色自定	m	5	
20	编码套管	自定	m	若干	
21	行线槽	18 mm×25 mm	m	若干	
22	电工通用工具	验电笔、钢丝钳、螺钉旋具（一字形和十字形）、电工刀、尖嘴钳、活扳手、剥线钳等	套	1	
23	万用表	自定	块	1	
24	兆欧表	型号自定，或 500 V、0 ~200 MΩ	台	1	
25	钳形电流表	0 ~50 A	块	1	
26	劳保用品	绝缘鞋、工作服等	套	1	

三、元器件规格、质量检查

1. 按表2—2—6配齐所用电气元件，并检查元件质量。根据仪表、工具、耗材和器材表，检查其各元器件、耗材与表中的型号与规格是否一致。

2. 检查各元器件的外观是否完整无损，附件、备件是否齐全。

3. 检查各元器件和电动机的有关技术数据是否符合要求。

四、固定元器件

根据2—2—6所示电路图牢固安装除电动机及启动变阻器以外各电气元件。

主令控制器的安装与使用。

(1) 安装前应操作手柄不少于5次，检查动、静触头接触是否良好，有无卡轧现象，触头的分合顺序是否符合分合表的要求。

(2) 主令控制器投入运行前，应使用500～1 000 V的兆欧表测量其绝缘电阻，绝缘电阻一般应大于0.5 MΩ，同时根据接线图检查接线是否正确。

(3) 主令控制器外壳上的接地螺栓应与接地网可靠地连接。

(4) 应注意定期清除控制器内的灰尘，所有活动部分应定期加润滑油。

(5) 主令控制器不使用时，手柄应停在零位。

五、布线

按照电路图进行板前明线布线和套编码套管。

启动变阻器的安装位置要接近电动机和被拖动的机械，以便在控制时能看到电动机和被拖动机械的运行情况。

六、自检

1. 按电路图或接线图从电源端开始，逐段核对接线及接线端子处线号是否正确，有无漏接、错接之处。检查导线接点是否符合要求，压接是否牢固。同时注意接点接触应良好，以避免带负载运转时产生闪弧现象。

2. 用万用表检查线路的通断情况。万用表选用倍率适当的电阻挡，并进行调零。

3. 检查安装质量，并进行绝缘电阻测量。用兆欧表检查线路的绝缘电阻的阻值应不小于1 MΩ。

七、交验

学生提出申请，经教师检查同意后方可进行下道工序。

八、连接电源、通电试车

1. 为保证人身安全，在通电试车时，要认真执行安全操作规程的有关规定，一人监护，一人操作。试车前，应检查与通电试车有关的电气设备是否有不安全的因素存在，若查出应立即整改，然后方能试车。

2. 具体操作顺序是：

（1）启动前准备：将主令控制器 AC 手柄放在“0”位。

（2）合上电源 QF。

（3）将主令控制器 AC 手柄向前扳向“1”的正转位置，电动机串入电阻 R1、R2 和 RB 正转启动，延时一段时间待电动机转速稳定后，用转速表测其转速。

（4）将主令控制器 AC 手柄向后扳向“1”的反转位置，制动电阻 RB 接入电枢电路，电动机进入反接制动状态，电动机虽然在惯性作用下仍沿正转方向转动，但其转速迅速下降。

（5）再把主令控制手柄扳向“0”位，电动机停转。记下反接制动所用时间 t_2，并与无反接制动所用时间 t_1 进行比较，求出时间差 $\Delta t = t_1 - t_2$。

（6）反复操作几次，观察线路中反接制动控制的可靠性。

1）主令控制器的安装与使用

①安装前应操作手柄不少于 5 次，检查动静触头接触是否良好，有无卡轧现象，触头的分合顺序是否符合分合表的要求。

②主令控制器投入运行前，应使用 500 ~ 1 000 V 的兆欧表测量其绝缘电阻，绝缘电阻一般应大于 0.5 MΩ，同时根据接线图检查接线是否正确。

③主令控制器外壳上的接地螺栓应与接地网可靠连接。

④使用前手柄应在零位。

2）串励直流电动机试车时，必须带 29% ~ 30% 的额定负载，严禁空载或轻载启动运行，而且串励电动机和拖动生产机械之间不要用带传动，以防止传动带断裂或滑脱引起电动机“飞车”事故。

3）启动前，应把所有电阻串入启动电路。

4）调整过流继电器的整定值使其符合动作要求。

5）时间继电器的整定时间调整要适当。

6）通电试车时，必须有指导教师在现场监护，同时做到安全文明生产。如遇异常情况，应立即断开电源开关 QF。

3. 出现故障后，若需带电检查时，必须在教师现场监护的情况下进行。检修完毕后，如需要再次试车，也应该在教师现场监护下，并做好时间记录。

4. 试车成功后，记录下完成时间及通电试车次数。

5. 通电试车完毕，停转，切断电源。先拆除电源线，再拆除电动机线。

故障检修

主令控制器的故障检修：

寻找故障现象时，不要漏检主令控制器。

主令控制器的常见故障和处理方法见表2—2—7。

表2—2—7　　主令控制器的常见故障和处理方法

故障现象	可能的原因	处理方法
操作不灵活或有噪声	（1）滚动轴承损坏或卡死 （2）凸轮鼓或触头嵌入异物	（1）更换或修理轴承 （2）取出异物，修复或更换产品
触头过热或烧毁	（1）控制器容量太小 （2）触头压力过小 （3）修理或清洗触头	（1）选用较大容量的主令控制器 （2）调整或更换触头弹簧
定位不准或分合顺序不对	凸轮片碎裂脱落或凸轮角度磨损变化	更换凸轮片

故障设定时一定要在断开电源的情况下进行，一般设定元器件故障和线路的断路故障，而不将正确的线路改错。如果需要通电观察故障现象，必须在有教师在场的情况下进行。

模块三　常用生产机械电气控制线路的识读及故障检修

项目一

CA6140 型车床电气控制线路

任务1　认识 CA6140 型车床

1. 了解 CA6140 型普通车床的功能、主要结构和运动形式。
2. 熟悉 CA6140 型普通车床电器位置、型号规格。
3. 学会维护保养 CA6140 型普通车床的电气设备。
4. 掌握 CA6140 型普通车床的控制线路原理及基本操作方法。

CA6140 型普通车床功能多、用途广，是工业生产加工过程中不可缺少的一种金属切削机床，它主要能够车削内圆、外圆、端面、圆锥面、切断、镗孔、拉油槽以及改螺纹等，还可以在尾座上安装钻头或铰刀进行钻孔和铰孔等加工。本节的学习任务是：掌握 CA6140 型车床的主要结构和运动形式；正确识读 CA6140 型车床电气控制线路原理图和接线图以及正确操作、调试 CA6140 型车床。

一、CA6140 型普通车床的功能、主要结构与型号含义

在工业生产机械设备中，车床是一种应用十分广泛的金属切削机床，车床分为立式和卧

式等不同的类型，且它们的型号较多，车床的外形如图 3—1—1 所示。

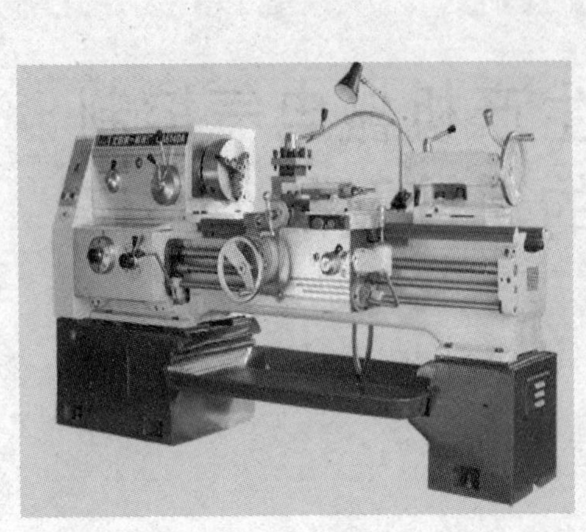

a)

b)

图 3—1—1　两种常见的车床

a）CA6140A 型卧式车床　b）C5116A 型单柱立式车床

CA6140 型卧式车床主要由主轴箱、进给箱、溜板箱、卡盘、方刀架、尾座、挂轮架、光杠、丝杠、床鞍、中滑板、小滑板、床身、左床座和右床座等组成，如图 3—1—2 所示。其主要结构的功能见表 3—1—1 。

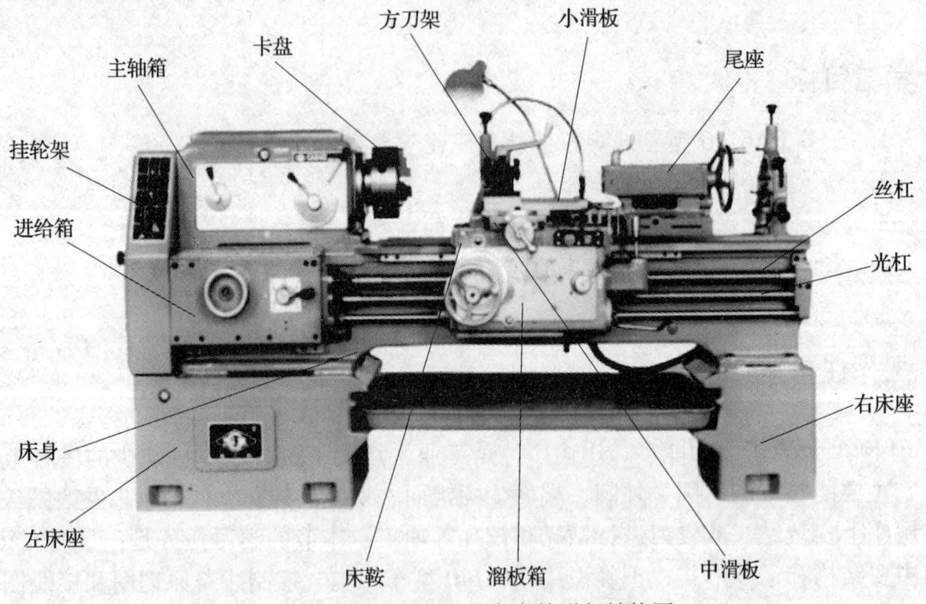

图 3—1—2　CA6140 型车床外形与结构图

表 3—1—1　CA6140 型卧式车床主要结构及功能

结构名称	主 要 功 能
主轴箱	由多个直径不同的齿轮组成，实现主轴变速
进给箱	实现刀具的纵向和横向进给，并可改变进给速度
溜板箱	实现床鞍和中滑板手动或自动进给，并可控制进给量
卡盘	夹持工件，带动工件旋转

续表

结构名称	主 要 功 能
挂轮架	将主轴电动机的动力传递给进给箱
方刀架	安装刀具
床鞍	带动刀架纵向进给
中滑板	带动刀架横向进给
小滑板	通过摇动手轮使刀具纵向进给
尾座	安装顶尖、钻头和铰刀等
光杠	带动溜板箱运动，主要实现内外圆、端面、镗孔等切削加工
丝杠	带动溜板箱运动，主要实现螺纹加工
床身	主要起支撑作用
左床座	内装主轴电动机和冷却泵电动机、电气控制线路
右床座	内装切削液

CA6140 型车床的型号含义如下：

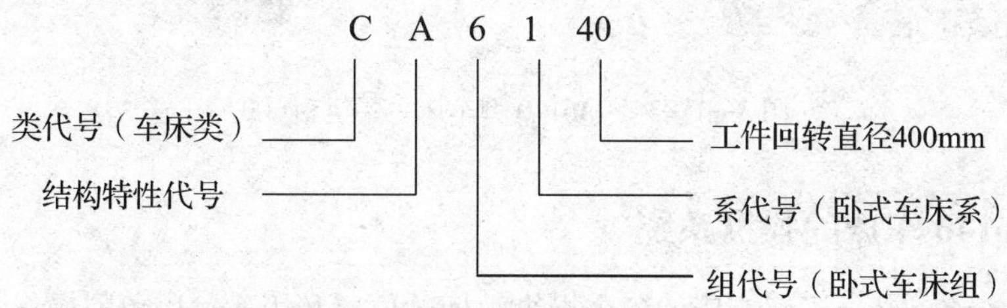

二、CA6140 型车床的主要运动形式及控制要求

CA6140 型车床的主要运动形式及控制要求见表 3—1—2 和图 3—1—3 所示。

表 3—1—2　　CA6140 型车床的主要运动形式及控制要求

运动种类	运动形式	控 制 要 求
主运动	主轴通过卡盘带动工件的旋转运动	1. 主轴电动机选用三相笼型异步电动机，主轴采用齿轮进行机械有级调速 2. 车削螺纹时要求主轴能正反转，一般通过机械方法实现，主轴电动机只作单方向旋转 3. 主轴电动机容量不大，一般可采用直接启动
进给运动	方刀架带动刀具的直线进给运动	由主轴电动机拖动，其动力通过挂轮架传递给进给箱，从而实现刀具的纵向和横向进给。加工螺纹时，要求刀具的移动和主轴的转动有固定的比例关系
辅助运动	刀架的快速移动	由刀架快速移动电动机拖动，此电动机采用直接启动，不需要正反转和调速
	尾座的纵向移动	由手动操作控制
	工件及刀具的夹紧与放松	由手动操作控制
	工件加工过程的冷却	主轴电动机启动后冷却泵电动机才能启动，冷却泵电动机也不需要正反转和调速

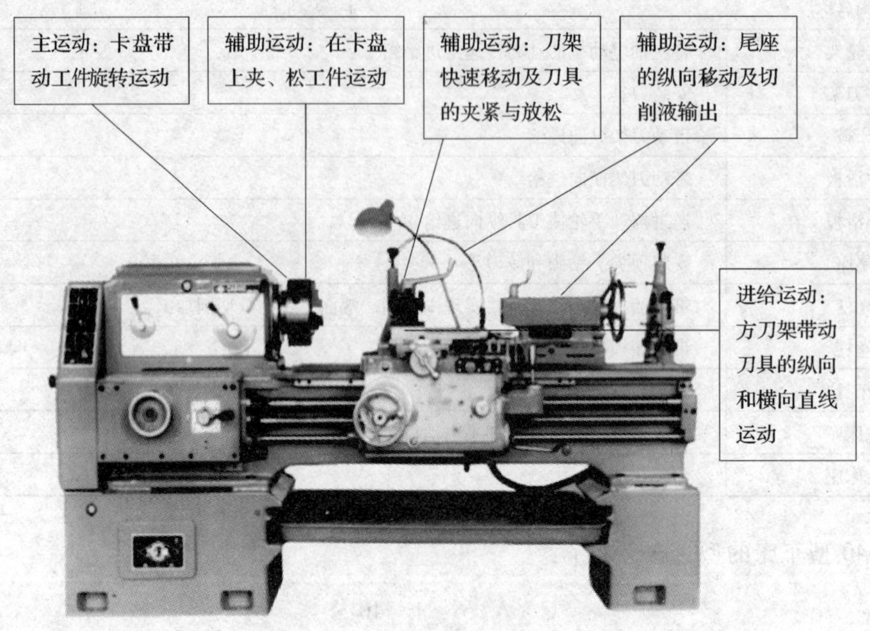

图 3—1—3　CA6140 型车床主要运动形式

三、CA6140 车床的操纵系统

在使用车床前，必须了解车床的各个操纵手柄的位置和用途，以免因操作不当而损坏机床，车床的操纵手柄及功能如图 3—1—4 及表 3—1—3 所示。

图 3—1—4　车床的操纵系统图

表 3—1—3　　　　　　　　　　　　　车床操纵手柄功能表

图上编号	名称及用途	图上编号	名称及用途
1	主轴高、中、低挡手柄	14	尾座顶尖套筒固定手柄
2	主轴变速手柄	15	尾座紧固手柄
3	纵向正、反走刀手柄	16	尾座顶尖套筒移动手轮
4、5、6	螺距及进给量调整手柄、丝杠光杠变换手柄	17	刀架纵向、横向进给控制手柄
7、8	主轴正、反转操纵手柄	18	急停按钮
9	开合螺母操纵手柄	19	主轴电机启动按钮
10	床鞍纵向移动手轮	20	电源总开关
11	中滑板横向移动手柄	21	切削液开关
12	方刀架转位、固定手柄	22	电源信号灯
13	小滑板纵向移动手柄	23	照明灯开关

四、CA6140 型车床控制线路工作原理分析

CA6140 型卧式车床电路原理图如图 3—1—5 所示。

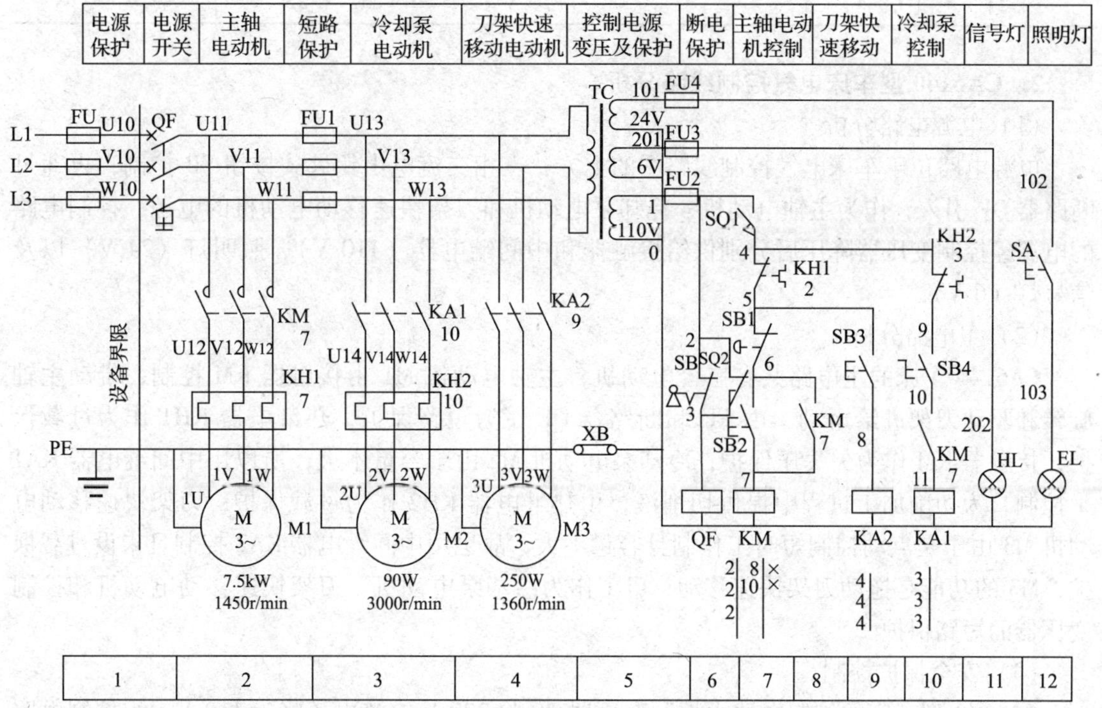

图 3—1—5　CA6140 型卧式车床电路原理图

1. 绘制、识读机床电路图的基本知识

一般机床电气控制线路所包含的电气元件和电气设备比较多，因此其电路图的符号也较多，为了便于识读分析机床电路图，除掌握模块一电动机基本控制线路的一般原则之外，还

应明确以下几点：

（1）为了便于分析电路的工作原理，一般采取化整为零的分析方法。即将电路图按电路功能划分成若干个单元，并用文字将其功能标注在电路图上方的功能栏内。例如图 3—1—5 所示电路图按功能分为电源保护、电源开关、主轴电动机、短路保护等 13 个功能单元。

（2）为了能迅速查找电器的线圈、触头等，在电路图下方划分若干个图区，并从左向右依次用阿拉伯数字编号标注在图区栏内。通常是一条回路或一条支路划为一个图区，如图 3—1—5 所示电路图共划分了 12 个图区。

（3）在电路图中把每个接触器线圈下方画出两条竖直线，分成左、中、右三栏，把受其线圈控制而动作的触头所处的图区号填入相应的栏内，对备而未用的触头，在相应的栏内用“×”记号标出或不标出任何符号，左、中、右三栏分别表示主触头、常开辅助触头和常闭辅助触头在电路图中的位置。见表 3—1—4。

表 3—1—4　　接触器的触头在电路图中的位置

栏目	左栏	中栏	右栏
触头类型	主触头所处图区号	常开触头所处图区号	常闭触头所处图区号
KM 2 │ 8 │ × 2 │ 10 │ × 2 │ │	表示三对主触头都在 2 区	表示一对常开辅助触头在 8 区，另一对常开辅助触头在 10 区	表示两对常闭辅助触头都未用

2. CA6140 型车床电气控制线路分析

（1）电源电路分析

电源电路位于车床电气控制线路图的上方，三相交流电由钥匙式按钮 SB 控制，再通过断路器 QF 引入，作为主轴电动机、冷却泵电动机和刀架快速移动电动机的电源；控制电路的电源经控制变压器降压后分别供给接触器和中间继电器（110 V）、照明灯（24 V）以及信号灯（6 V）。

（2）主电路分析

CA6140 车床的主电路共有三台电动机，主轴电动机 M1 由接触器 KM 控制，带动主轴旋转和驱动刀架进给运动，由 FU 和断路器 QF 作为短路保护，热继电器 KH1 作为过载保护，接触器 KM 作为欠失压保护；冷却泵电动机 M2 由于容量不大，所以用中间继电器 KA1 来控制，为切削加工过程中提供切削液，由热继电器 KH2 作为过载保护；刀架快速移动电动机 M3 由于是点动控制短时工作制且容量不大，故也用中间继电器 KA2 控制且未设过载保护，M3 的功能是拖动刀架快速移动；FU1 作为冷却泵电动机、刀架快速移动电动机和控制变压器的短路保护。

（3）安全保护控制

CA6140 型车床的控制电路由控制变压器 TC 将 380 V 交流电压降为 110 V，为控制电路供电，由熔断器 FU2 作短路保护。在正常工作时，行程开关 SQ1 的常开触头闭合，当打开床头皮带罩后，SQ1 的常开触头断开，切断控制电路电源，以确保人身安全。钥匙式开关 SB 和行程开关 SQ2 在车床正常工作时是断开的，断路器 QF 的线圈不通电，QF 能合闸。当打开电气控制箱壁龛门时，行程开关 SQ2 闭合，QF 线圈获电，断路器 QF 自动断开，切断车床的电源，以保证设备和人身安全。

（4）主轴电动机 M1 的控制

主轴电动机 M1 的控制电路如图 3—1—5 中的第 7、8 区所示。

M1启动：

按下SB2 ——→ KM线圈得电 ——→ KM自锁触头闭合；KM主触头闭合 ——→ 主轴电动机M1启动运转；KM辅助常开触头闭合，为KA1得电做好准备

M1停车：

按下停止按钮SB1 ——→ KM线圈失电 ——→ KM各触头恢复初始状态 ——→ 主轴电动机M1失电停转

（5）冷却泵电动机 M2 的控制

由于主轴电动机 M1 和冷却泵电动机 M2 在控制电路中采用了顺序控制，因此只有当主轴电动机 M1 启动后（即 KM 的常开辅助触头闭合），再合上转换开关 SB4，中间继电器 KA1 才能吸合，冷却泵电动机 M2 才能启动。当 M1 停止运行或断开转换开关 SB4 时，M2 随即停止运行。

（6）刀架快速移动电动机 M3 的控制

刀架快速移动电动机 M3 的启动是由按钮 SB3 控制的，它与中间继电器 KA2 组成点动控制电路。先将进给操作手柄扳到所需的移动方向，然后按下 SB3，KA2 得电吸合，电动机 M3 启动运转，刀架沿指定的方向快速接近或离开工件加工部位。刀架快速移动电动机 M3 是短时工作制，故未设过载保护。

（7）照明电路与信号灯电路工作原理分析

控制变压器 TC 的二次侧还输出 24 V 和 6 V 交流电压，分别作为车床低压照明灯和电源指示信号灯的电源。EL 为车床的低压照明灯，由转换开关 SA 控制，合上转换开关 SA，照明灯 EL 点亮，断开转换开关 SA，照明灯 EL 熄灭，FU4 作短路保护。

HL 为电源指示信号灯，合上电源总开关 QF，信号灯 HL 发光，拉下电源开关 QF，信号灯 HL 熄灭，FU3 作短路保护。

五、机床电气设备的日常维护和保养

电气设备在运行过程中出现的故障，有些可能是由于操作使用不当、安装不合理或维修不正确等人为因素造成的，称为人为故障。而有些故障则可能是由于电气设备在运行时过载、机械震动、电弧的烧损、长期动作的自然磨损、周围环境温度和湿度的影响、金属屑和油污等有害介质的侵蚀以及电气元件的自身质量问题或使用寿命等原因而产生的，称为自然故障。显然，如果加强对电气设备的日常检查、维护和保养，及时发现一些非正常因素，并给予及时的修复或更换处理，就可以将故障消灭在萌芽状态，防患于未然，使电气设备少出甚至不出故障，以保证工业机械的正常运行。

1. 电动机的日常维护及保养

（1）保持电动机表面清洁，进、出风口必须保持畅通无阻，不允许水滴、油污或金属屑等异物掉入电动机的内部。

（2）检查运行中的电动机负载电流是否正常，用钳形电流表查看三相电流是否平衡，

三相电流中的任何一相与其三相平均值相差不允许超过10%。

（3）对工作在正常环境条件下的电动机，定期用兆欧表检查其绝缘电阻，对工作在潮湿、多尘及含有腐蚀性气体等环境条件下的电动机，更应定期用兆欧表检查其绝缘电阻。三相380 V的电动机及各种低压电动机，其绝缘电阻至少为0.5 MΩ方可使用，高压电动机定子绕组绝缘电阻为1 MΩ/kV，转子绝缘电阻至少为0.5 MΩ，方可使用。若发现电动机的绝缘电阻达不到规定要求时，应采取相应绝缘措施处理后，使其符合规定要求，方可继续使用。

（4）检查电动机的接地装置，使之保持牢固可靠，接地良好。

（5）检查电源电压是否与铭牌相符，三相电压是否对称。

（6）检查电动机的温升是否正常。

交流三相异步电动机各部位温度的最高允许值见表3—1—5。

表3—1—5　三相异步电动机各部位的最高允许温度（用温度计测量法，环境温度+40℃）

绝缘等级		A	E	B	F	H
最高允许温度（℃）	定子和绕线转子绕组	95	105	110	125	145
	定子铁心	100	115	120	140	165
	滑环	100	110	120	130	140

注：对于滑动和滚动轴承的最高允许温度分别为80℃和95℃。

（7）检查电动机的震动、噪声是否正常，有无异常气味、冒烟、启动困难等现象，一旦发现，应立即停车检修。

（8）检查电动机轴承是否有过热、润滑脂不足或磨损等现象，轴承的震动和轴向位移不得超过规定值。轴承应定期清洗检查，定期补充或更换轴承润滑脂（一般一年左右）。

电动机的常用润滑脂特性见表3—1—6。

表3—1—6　各种电动机润滑脂特性

名称	钙基润滑脂	钠基润滑脂	钙钠基润滑脂	铝基润滑脂
最高工作温度（℃）	70～85	120～140	115～125	200
最低工作温度（℃）	≥－10	≥－10	≥－10	—
外观	黄色软膏	暗褐色软膏	淡黄色、深棕色软膏	黄褐色软膏
适用电动机	封闭式、低速轻载的电动机	开启式、高速重载的电动机	开启式及封闭式高速重载的电动机	开启式及封闭式高速电动机

（9）检查机械传动装置是否正常，联轴器、带轮或传动齿轮是否跳动。

（10）检查电动机的引出线是否绝缘良好、连接牢固可靠。

2. 控制设备的日常维护保养

（1）电气柜（配电箱）的门、盖、锁及门框周边的耐油密封垫均应良好。门、盖应关闭严密，柜内应保持清洁，不得有水滴、油污和金属物等进入电气柜内，以免造成电器漏电、短路而发生事故。

（2）控制台上的所有操纵按钮、主令电器的手柄、信号灯及仪表护罩都应保持清洁完好。

（3）检查接触器、继电器等的电磁系统吸合是否良好，有无噪声、卡阻或迟滞现象，触头接触面有无烧蚀、毛刺或凹坑；电磁线圈是否过热；各弹簧的弹力是否适当；灭弧装置是否完好无损等。

（4）检查各电器的操作机构是否灵活可靠，有关整定值是否符合要求。

（5）检查各线路接头与端子板的接头是否牢靠，各部件之间的连接导线、电缆或保护导线的软管，不得被切削液、油污等腐蚀，管接头处不得产生脱落或散头等现象。

（6）检查安全门控开关能否起安全保护作用。

（7）检查电气柜（配电箱）及导线通道的散热情况是否良好。

（8）检查各类指示信号装置和照明装置是否完好。

（9）检查电气设备和生产机械上所有裸露导体件是否接到保护接地专用端子上，是否达到了保护电路连续性要求。

3. 电气设备的维护保养周期

对设置在电气柜（配电箱）内的电气元件，一般不经常进行开门监护，主要是靠定期的维护保养，来实现电气设备较长时间的安全稳定运行。其维护保养周期，应根据电气设备的构造、使用情况及环境条件等来确定。一般可配合生产机械的一、二级保养同时进行其电气设备的维护保养工作。

保养的周期及内容见表3—1—7。

表3—1—7　　电气设备的维护保养周期及内容

保养级别	保养周期	机床维修保养作业时间	电气设备保养内容
一级保养	一季度左右	6 ~ 12 h	（1）清扫配电箱内的灰尘异物 （2）整理内部接线，使之整齐美观 （3）紧固熔断器的可动部分，使之接触良好 （4）紧固接线端子和电气元件上的压线螺钉，使所有压接线头牢固可靠，以减小接触电阻 （5）修复或更换即将损坏的电气元件 （6）对电动机进行小修和中修检查 （7）通电试车，使电气元件的动作程序正确可靠
二级保养	一年左右	3 ~ 6 d	（1）机床一级保养时，对机床电器所进行的各项维护保养工作 （2）检修动作频繁且电流较大的接触器、继电器触头 （3）检修有明显噪声的接触器和继电器 （4）校验热继电器，看其是否能正常工作。校验结果应符合热继电器的动作特性 （5）校验时间继电器，看其延时时间是否符合要求

任务实施

一、工具、仪表及设备的准备

1. 工具

扳手、钢丝钳、尖嘴钳、螺钉旋具、电工刀、验电器等。

2. 仪表

万用表、钳形电流表、兆欧表等。

3. 设备

CA6140 型车床。

二、学生对照车床结构图（见图 3—1—2）和操纵系统图（见图 3—1—4），在老师指导下，熟悉 CA6140 型车床的主要结构和运动形式。

三、根据车床电器位置图（见图 3—1—6）及电气元件明细表（见表 3—1—8），在老师指导下，熟悉各电器的用途、位置和型号。

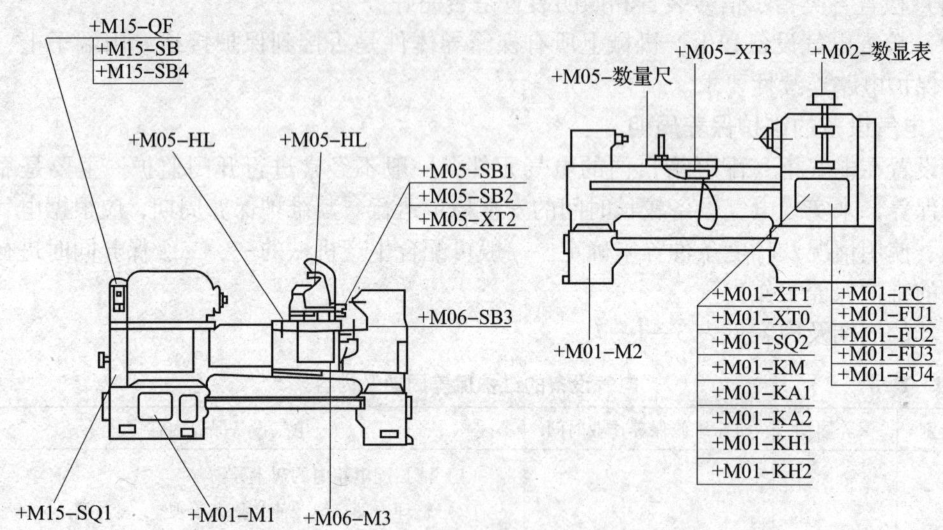

图 3—1—6 CA6140 型车床电器位置图

位置代号索引

序号	部件名称	代号	安装的元件
1	床身底座	+M01	-M1、-M2、-XT0、-XT1、-SQ2、-KM、-KA1、-KA2 -KH1、-KH2、-TC、-FU1、-FU2、-FU3、-FU4
2	床鞍	+M05	-HL、-EL、-SB1、-SB2、-XT2、-XT3、数显尺
3	溜板	+M06	-M3、-SB3
4	传动带罩	+M15	-QF、-SB、-SB4、-SQ1
5	床头	+M02	数显表

位置代号的识读方法是：代号表示在车床上的部位。例如，+M01 表示在车床的床身底座部位，+M01-M1 表示主轴电动机 M1 安装在车床的床身底座内；+M05-SB1 表示急停按钮 SB1 安装在车床的床鞍上。

表 3—1—8　CA6140 型车床电气元件明细表

代号	名称	型号	规格	数量	用途
M1	主轴电动机	Y112M-4B3	4 kW、1 450r/min	1	主轴及进给传动
M2	冷却泵电动机	AYB-25	90 W、3 000 r/min	1	供切削液
M3	快速移动电动机	AOS5634	250 W、1 360 r/min	1	刀架快速移动
KH1	热继电器	JR36-20/3	9.4 A	1	M1 过载保护

续表

代号	名称	型号	规格	数量	用途
KH2	热继电器	JR36 - 20/3	0.32 A	1	M2 过载保护
KM	交流接触器	CJ10 - 20	线圈电压 110 V	1	控制 M1
KA1	中间继电器	JZ7 - 44	线圈电压 110 V	1	控制 M2
KA2	中间继电器	JZ7 - 44	线圈电压 110 V	1	控制 M3
SB1	急停按钮	LAY3 - 01ZS/1		1	停止 M1
SB2	启动按钮	LAY3 - 10/3.11		1	启动 M1
SB3	启动按钮	LA9		1	启动 M3
SB4	旋钮开关	LAY3 - 10X/20		1	控制 M2
SB	钥匙按钮	LAY3 - 01Y/2		1	电源开关锁
SQ1	行程开关	JWM6 - 11		1	安全保护
SQ2	行程开关	JWM6 - 11		1	安全保护
FU1	熔断器	BZ001	熔体 6 A	3	M2、M3 短路保护
FU2	熔断器	BZ001	熔体 1 A	1	控制电路短路保护
FU3	熔断器	BZ001	熔体 1 A	1	信号灯短路保护
FU4	熔断器	BZ001	熔体 2 A	1	照明电路短路保护
HL	信号灯	ZSD - 0	6 V	1	电源指示
EL	照明灯	JC11	24 V	1	工作照明
QF	低压断路器	AM2 - 40	20 A	1	电源开关
TC	控制变压器	JBK2 - 100	380 V/110 V/24 V/6 V	1	控制电路电源
XT0	接线端子板	JX2 - 1010	380 V、10 A、10 节	1	
XT1	接线端子板	JX2 - 1015	380 V、10 A、15 节	1	
XT2	接线端子板	JX2 - 1010	380 V、10 A、10 节	1	
XT3	接线端子板	JX2 - 1010	380 V、10 A、10 节	1	

四、电气设备的保养和维护方法

1. 电动机的日常维护和保养

（1）打开车床的左床座柜门，用干净的抹布清除主轴电动机表面灰尘和油污，检查其进出风口是否通畅。

（2）检查电动机的接地装置是否牢固，若松动可用旋具加以紧固。

（3）用兆欧表检测电动机三相绕组之间以及绕组与外壳之间的绝缘电阻，其阻值不得小于 1 MΩ。

（4）启动主轴电动机，检查电动机的震动、噪声和温升是否正常，一旦发现异常，要立即停车，检查是否为安装螺钉松动、轴承缺油、过载等原因所致，并排除故障。

（5）用万用表测量电动机的三相电源电压是否对称，是否和铭牌一致。

（6）用钳形电流表测量电动机的各相电流是否对称，是否超过额定电流值，若超过额定电流则应立即停机，检查是否为过载、缺相、绕组匝间短路等原因所致，并予以排除。

（7）检查电动机轴承是否有过热、润滑脂不足或磨损等现象，轴承应定期清洗检查，定期补充或更换轴承润滑脂（一般一年左右）。

（8）检查机械传动装置是否正常，联轴器、带轮或传动齿轮是否跳动。

（9）检查电动机的引出线是否绝缘良好、连接可靠。

◆ 在清扫电动机表面灰尘油污和检测电动机绝缘电阻时，必须断电进行。

◆ 当需要通电检查电动机性能指标时，必须有教师在场监护。

2. CA6140 型车床的电气设备常规保养和维护

（1）检查配电柜的门、锁及门框周边的耐油密封垫均应良好。门应关闭严密，柜内应保持清洁。

（2）检查各按钮、开关、操纵手柄，信号灯，都应保持清洁完好。

（3）检查接触器的触头系统闭合时接触是否良好，电磁线圈是否过热，灭弧装置是否完好无损，以及运行时是否发出较大的振动和噪声等。

（4）检查热继电器的热元件和触头是否良好，其电流整定值是否符合要求。

（5）检查传动带轮、传动齿轮及液压系统等机械传动装置是否正常。

（6）试验传动带护罩安全开关、门开关能否起保护作用。

（7）检查电源电压是否正常，熔断器是否熔断，三相电压是否对称。

五、根据 CA6140 型车床操纵系统图，观察教师对车床基本操作方法的示范：

1. 开车前的检查

打开电气柜门，检查各电气元件安装是否牢固，各电器开关是否合上，接线端子上的电线是否有松动的现象，把各电器开关合上，各接线端子与连接导线紧固后，关好电气柜门。

2. 开机操作

合上电气柜侧面的总电源开关 QF，此时机床电气部分已通电。

3. 主轴电动机的启动操作

按下启动按钮 SB2，交流接触器 KM 得电吸合并自锁，主轴电动机 M1 得电启动连续旋转。然后向上抬起机械操纵手柄，主轴立即正转（同时通过卡盘带动工件正向旋转），若向下压下机械操纵手柄，则主轴立即变为反转。主轴启动操作如图 3—1—7 所示。

图 3—1—7　车床主轴启动操作

4. 冷却泵电动机的启动操作

搬动 SB4 旋转开关至 I 位置，冷却泵启动，将 SB4 旋至 0 位置时，冷却泵停止。

5. 主轴电动机的停止操作

按下 SB1 紧急停止按钮时，主轴电动机和冷却泵同时停止，机床处于急停状态。按照按钮上箭头方向（顺时针）旋转急停按钮 SB1，急停按钮将复位。

6. 刀架快速移动电动机 M2 的启动操作

按下点动按钮 SB3，刀架快速移动电动机得电运转，带动刀架快速移动，实现迅速对刀。手指松开启动按钮 SB3，刀架快速移动电动机失电停转，刀架立即停止移动。

7. 溜板的进给操作

首先根据加工需求，扳动丝杠、光杠变换手柄，然后再扳动进给操作手柄，实现床鞍的纵向进给或中滑板的横向进给。也可摇动进给手轮，实现各溜板的手动进给。

8. 关机操作

如果机床停止使用，为了确保人身和设备安全，一定要关断电源开关 QF。

六、在教师的指导监护下，按照上述操作方法，完成对车床的操作训练。

1. 必须在熟悉车床结构和操纵系统的前提下，才能动手操作训练。
2. 学生操作时必须有教师在场监护指导。
3. 不得违规操作，防止发生人身和设备安全事故。
4. 分组操作，操作过程中不得围观人数太多。
5. 实训场所严禁打闹。

七、安全文明生产

在任务实施过程中要严格遵守安全用电操作规程，节约材料，爱护工具和设备，自觉将所用工具、仪表、器材及设备进行保养和归位，做好实训工位和场地的卫生工作。

任务 2　CA6140 型车床主电路常见电气故障的检修

1. 了解机床检修的一般方法和步骤。
2. 掌握 CA6140 型车床主电路结构组成、工作原理及实际走线路径。
3. 能熟练检修 CA6140 型车床主电路的常见电气故障。

工作任务

车床在使用一段时间后，由于振动、线路老化、机械磨损、电气磨损或操作不当等原因而导致车床电气设备发生触头接触不良、绝缘老化、短路、断路以及烧毁等故障，从而使机床不能正常工作，影响生产加工。为了快速准确地排除故障，使机床恢复正常运行，因此，本节的主要工作任务就是：学习 CA6140 型车床主电路常见电气故障检修方法。

相关理论

一、CA6140 型车床主电路分析

CA6140 型车床的主电路如图 3—1—8 所示。

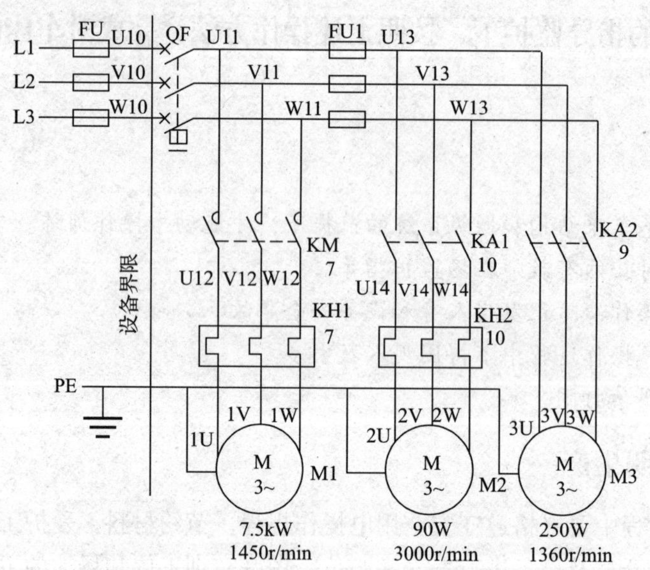

图 3—1—8　CA6140 型车床主电路原理图

CA6140 型车床主电路中各电机控制功能如表 3—1—9 所示。

表 3—1—9　CA6140 型车床各电动机的控制功能

电动机名称	控制电器	短路保护	过载保护	用途
主轴电动机 M1	KM	FU	KH1	带动主轴旋转和驱动刀架进给运动
冷却泵电动机 M2	KA1	FU1	KH2	切削加工过程中提供切削液
刀架快速移动电动机 M3	KA2	FU1	—	拖动刀架快速移动

二、工业机械电气设备维修的一般要求

1. 必须采取正确的维修步骤和方法，且步骤和方法切实可行。

2. 不可扩大电气故障及损坏完好的电器元件。

3. 不可随意更换电器元件及连接导线的型号规格。

4. 不可擅自改动线路。

5. 损坏的电气装置应尽量修复使用，但不能降低其固有的性能。

6. 电气设备的各种保护性能必须满足使用要求。

7. 绝缘电阻合格，通电试车能满足电路的各种功能，控制环节的动作程序符合要求。

8. 修理后的电器装置必须满足其质量标准要求。电器装置的检修质量标准是：

（1）外观整洁，无破损和炭化现象。

（2）所有的触头均应完整、光洁、接触良好。

（3）压力弹簧和反作用力弹簧应具备足够的弹力。

（4）操纵、复位机构都必须灵活可靠。

（5）各种衔铁运动灵活，无卡阻现象。

（6）灭弧罩完整、清洁，安装牢固。

（7）电器整定动作值应符合电路使用要求。

（8）指示装置应能正常发出信号。

三、机床电气故障判断、检测的几种常用方法

1. 直观法（外观检查法）

通过直接观察电气设备是否有明显的外观灼伤痕迹；熔断器是否熔断；保护电器是否脱扣动作；接线有无脱落；触头是否烧蚀或熔焊；线圈是否过热烧毁等现象来判断故障点。

2. 通电试验法

利用通电试车来观察故障现象，再根据原理分析的方法来判断故障范围。例如，按下启动按钮后，电动机不运行，判断故障范围的方法是：首先利用通电试车的方法观察接触器是否动作，再分析判断，若接触器能动作则说明故障在主电路中，接触器不能动作则说明故障在控制线路或电源电路中。

3. 逻辑分析法（原理分析法）

根据故障现象利用原理分析的方法来判断故障范围。例如，本应自锁控制的电动机出现了点动控制现象，分析控制线路工作原理可知，故障范围应在接触器自锁回路中。

4. 电压测量法

电压测量法分为电压分段测量法和电压分阶测量法，电路如图 3—1—9 所示。在正常的电路中，电源电压总是降落在耗能元件（负载）上，而导线和触头上的电压为零，若电路中出现了断点，则电压全部降落到断点两端。电压测量方法是：首先将万用表的转换开关旋至交流电压 500 V 的挡位上，然后按表 3—1—10 的方法测量。

5. 电阻测量法

利用电阻法测量时，首先必须切断被测电路的电源，然后将万用表的转换开关旋至欧姆 R × 100 挡，若测得电路阻值为零则电路导通，阻值为无穷大则电路不通。具体测量方法和结论见表 3—1—11，故障电路如图 3—1—10 所示。

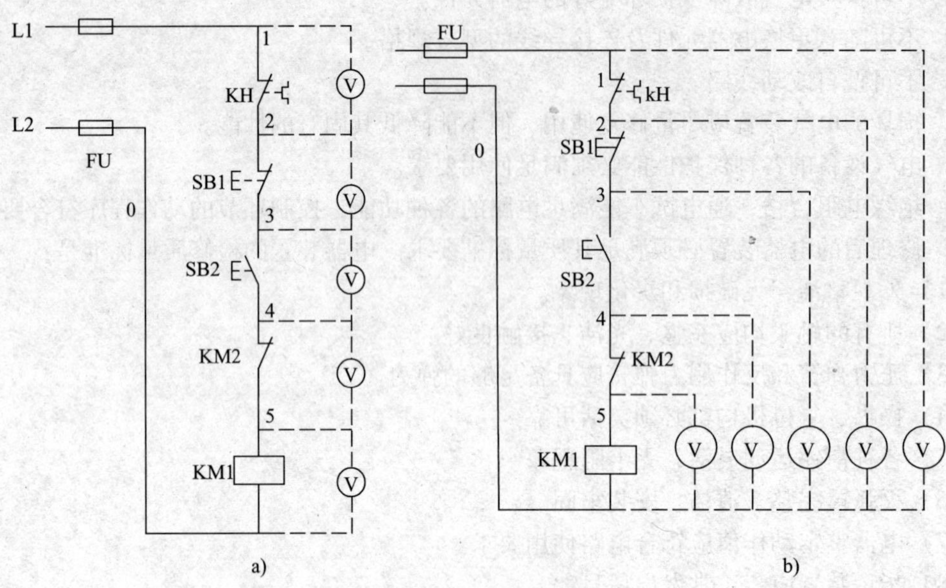

图 3—1—9　电压测量法

a）电压分段测量法　b）电压分阶测量法

表 3—1—10　　　　电压测量法查找故障点

故障现象	测试状态	测量点标号	电压值	故障点
按下 SB2 KM1 不吸合	按住 SB2 不放（分段测量法）	1－2	380 V	KH 常闭触头接触不良
		2－3	380 V	SB1 常闭触头接触不良
		3－4	380 V	SB2 常开触头接触不良
		4－5	380 V	KM2 常闭触头接触不良
		5－0	380 V	KM1 线圈断路
	按住 SB2 不放（分阶测量法）	0—1	0 V	FU 熔断
		0—2	0 V	KH 常闭触头接触不良
		0—3	0 V	SB1 常闭触头接触不良
		0—4	0 V	SB2 常开触头接触不良
		0—5	0 V	KM2 常闭触头接触不良

表 3—1—11　　　　电阻测量法查找故障点

故障现象	测试状态	测量点标号	电阻值	故障点
按下 SB2 KM1 不吸合	按住 SB2 不放	1－2	∞	KH 常闭触头接触不良
		2－3	∞	SB1 常闭触头接触不良
		3－4	∞	SB2 常开触头接触不良
		4－5	∞	KM2 常闭触头接触不良
		5－0	∞	KM1 线圈断路

电阻测量法必须在断电情况下进行，否则会烧毁万用表。

6. 短接法

短接法是用一根绝缘良好的导线，把所怀疑断路的部位短接，如短接过程中电路被接通，就说明该处断路。这种方法是检查线路断路故障的一种简便可靠的方法。

测试电路如图 3—1—11 所示，短接法查找故障点的方法见表 3—1—12。

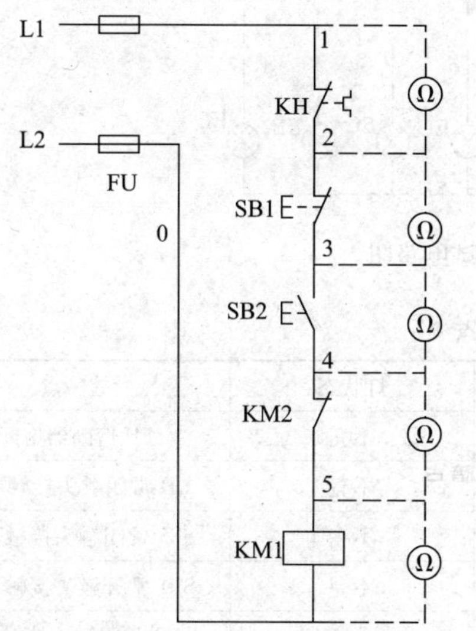

图 3—1—10　电阻测量法

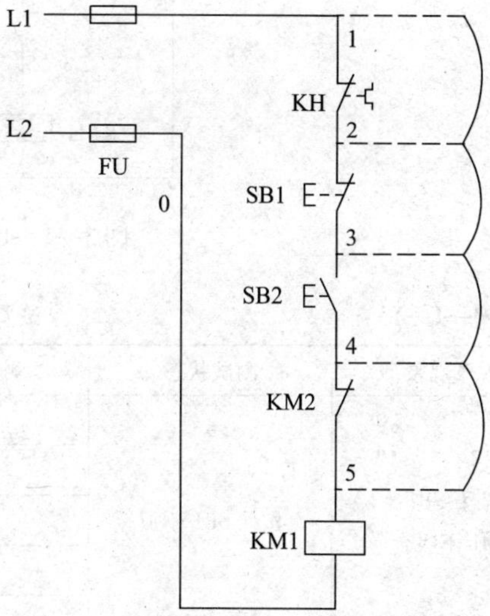

图 3—1—11　局部短接法

表 3—1—12　　　短接法查找故障点

故障现象	测试状态	短接点标号	KM1 状态	故障点
按下 SB2 KM1 不吸合	按住 SB2 不放	1－2	吸合	KH 常闭触头接触不良
		2－3	吸合	SB1 常闭触头接触不良
		3－4	吸合	SB2 常开触头接触不良
		4－5	吸合	KM2 常闭触头接触不良

◆ 短接法是在带电情况下操作的，因此一定要注意安全，手必须拿着导线的绝缘部位，不能触及带电的线芯，防止触电，有条件的应戴绝缘手套。

◆ 短接法一般只适用于检查小电流控制电路，不能在大容量主电路中使用，且绝不能短接负载或压降较大的电器，否则将会发生短路事故。

7. 试灯法

就是将指示灯接在被测电路的相应点中，通过观察指示灯是否正常发光来判断故障点的一种方法。测试电路如图 3—1—12 所示，试灯法查找故障点的方法见表 3—1—13。

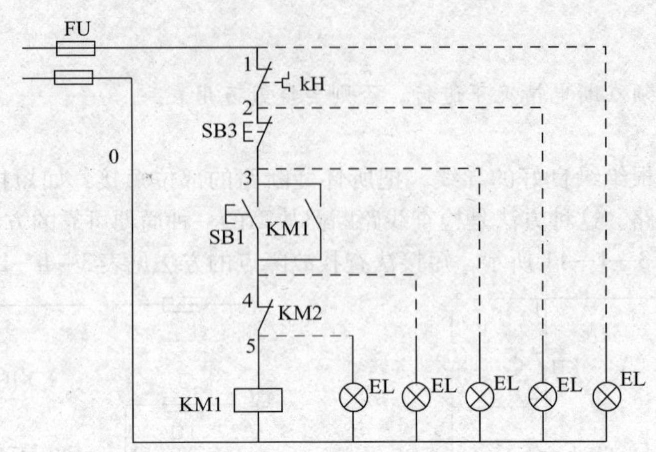

图 3—1—12　试灯法测试电路图

表 3—1—13　　试灯法查找故障点

故障现象	测试状态	测试点标号	灯状态	故障点
按下 SB1 KM1 不吸合	按住 SB1 不放	1－0	不亮	FU 熔断器熔断
		2－0	不亮	KH 常闭触头接触不良
		3－0	不亮	SB3 常闭触头接触不良
		4－0	不亮	SB1 常开触头接触不良
		5－0	不亮	KM2 常闭触头接触不良

四、电气故障检修的一般步骤和方法

1. 检修前的故障调查

电气设备发生故障后，切忌盲目动手检修。在检修前，一般通过问、看、听、摸、闻来了解故障前后的操作情况和故障发生后出现的故障现象，以便能根据故障现象快速判断出故障发生的部位，进而准确地排除故障。

问：询问操作者故障前后电路的操作、运行状况及故障发生后的异常现象，如设备是否有异常的响声、冒烟、火花等。故障发生前有无违规、错误操作和频繁地启动、停止、制动等情况；有无经过保养检修或更改线路等。

看：观察故障发生后是否有明显的外观灼伤痕迹；熔断器是否熔断；保护电器是否脱扣动作；接线有无脱落；触头是否烧蚀或熔焊；线圈是否过热烧毁等。

听：在不扩大线路故障范围，不损坏电器、设备的前提下可以通电试车，细听电动机、接触器和继电器等电器声音是否正常；观察各电器动作顺序是否正确。

摸：在刚切断电源后，尽快触摸检查电动机、变压器、电磁线圈及熔断器等，看是否有过热现象。

闻：在故障发生后可以闻一闻电动机、接触器和继电器线圈绝缘漆，以及导线的橡胶塑料层是否因过载或短路等故障而发出烧焦味。

2. 分析故障范围

根据电气设备的工作原理和故障现象，采用逻辑分析法，结合外观检查法、通电试验法等来缩小故障可能发生的范围。

在通电观察故障时，必须注意人身安全，防止触电，通电试验的时间要尽量短，同时要随时做好切断电源的准备，防止发生异常情况而扩大故障，损坏电气设备。另外要遵守安全操作规程，熟悉操作步骤，不得随意触及带电体。如需电动机运转，则应使电动机在空载下运行，以免机械设备的运动部件发生误动作和碰撞。要暂时切断有故障的主电路，防止故障扩大，并预先充分估计到通电线路动作后可能发生的不良后果。

3. 选择合适的检测方法确定故障点

常用的检测方法有：直观法、电压测量法、电阻测量法、短接法等。查找故障必须在确定的故障范围内，顺着检修思路逐点检查，直到找出故障点。

4. 故障点修复

针对不同故障情况和部位应采取合适的方法修复故障。对于不能修复的，在更换新的电气元件时要注意尽量使用相同的规格、型号，并进行性能检测，确认性能完好后方可替换，在故障排除中还要注意周围的元件、导线等，不可再扩大故障。

在修复故障时，一定要分析查明导致该故障的原因，并排除产生这一故障的隐患，以防机械设备通电运行后故障再次发生。

5. 通电试车

故障修复后，还应重新通电试车，检查生产机械的各项操作是否符合技术要求。

任务实施

一、工具、仪表及设备

1. 工具

扳手、钢丝钳、剥线钳、尖嘴钳、螺钉旋具、电工刀、验电器、校验灯等。

2. 仪表

万用表、钳形电流表、兆欧表等。

3. 设备

CA6140 型车床。

二、在教师的指导下，根据电气接线图（见图 3—1—13）和电器位置图（见图3—1—6），在车床上通过测量等方法找出主轴电动机 M1 主电路的实际走线路径。

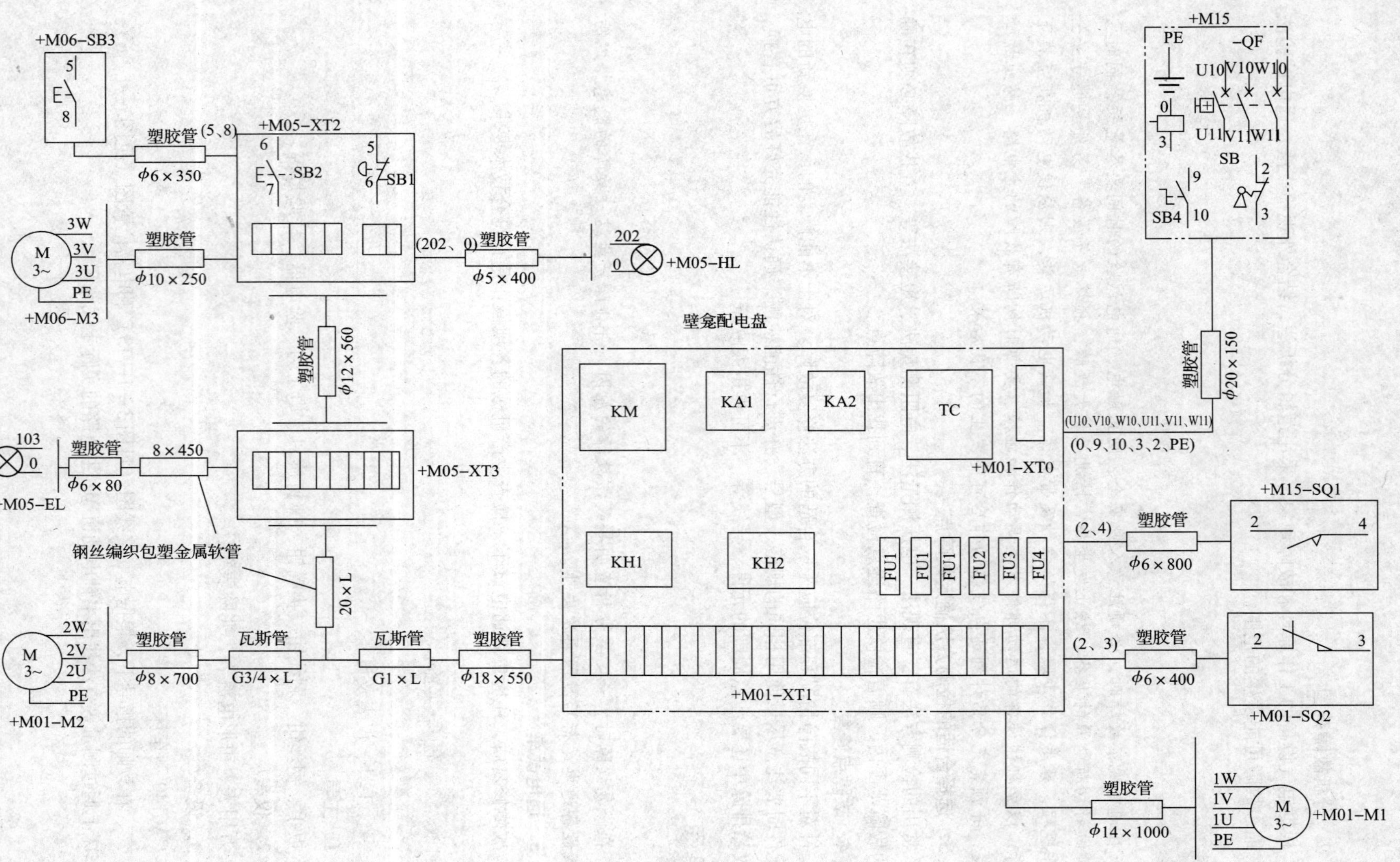

图 3—1—13　CA6140 型车床电气接线图

测量线路实际走线路径的方法是：首先根据电器位置图确定主轴电动机主电路中各电气元件的位置，然后再根据接线图中的电器接点号（实际电气设备上就是编码套管号）找出走线路径。主轴电动机 M1 主电路的实际走线路径如下：

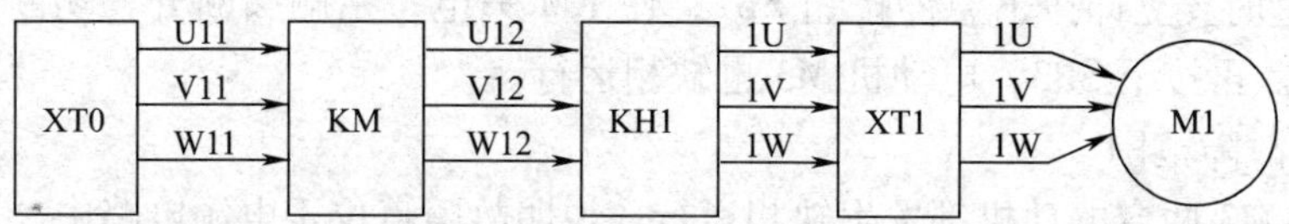

三、CA6140 型车床主电路常见故障分析与检修举例

首先由教师在 CA6140 型车床上人为设置自然故障点，观察教师示范检修过程，然后自行完成故障点的检修实训任务。

机床电气故障检修的一般方法步骤为：

第一步：操作机床观察故障现象。

第二步：根据控制线路原理图分析故障范围。

第三步：在机床上查找故障点。

第四步：修理排除故障。

第五步：通电试车。

1．故障一

主轴电动机 M1 转速很慢并发出“嗡嗡”声，且刀架快速移动电动机 M3 也不能启动，并发出“嗡嗡”声。

该故障是典型的电动机缺相运行，其检修流程图如图 3—1—14 所示。

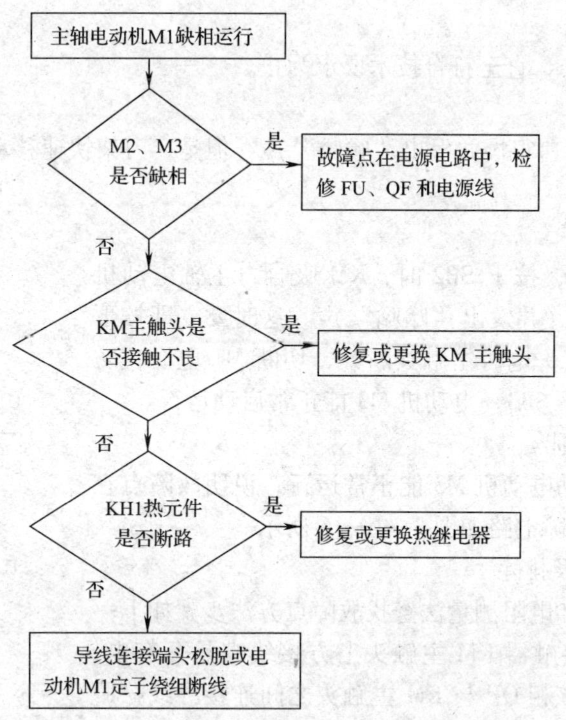

图 3—1—14　主轴电动机 M1 缺相运行检修流程图

主轴电动机 M1 缺相运行故障检修方法步骤如下：

（1）观察故障现象

合上电源开关 QF，按下 SB2 时，KM 吸合，主轴电动机 M1 转速很慢甚至不转，并发出“嗡嗡”声。这时要立即按下急停按钮 SB1，使 KM 失电，主触头断开，切断 M1 电源，防止烧毁电动机。再按下 SB3，电动机 M3 也缺相运行。

（2）分析故障范围

由于 M1、M3 两台电动机都发生缺相运行，说明故障点位于电源电路中。又因为接触器 KM 能动作，即变压器 TC 二次侧能输出 110 V 电压，所以 L1、L2 两相电源电路正常，故障点一定位于 L3 相电源电路中。故障电路如图 3—1—15 所示。

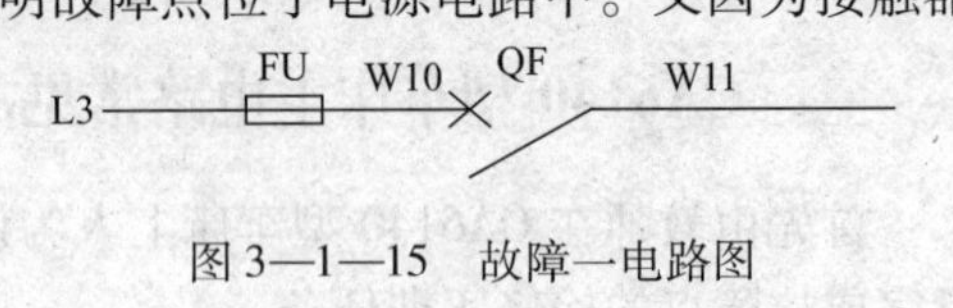

图 3—1—15　故障一电路图

（3）故障点查找及排除

采用电笔测量法查找故障点方法如下：

从 L3 相电源进线端依次测量熔断器 FU、断路器 QF 的接线端子是否有电，从而可以判断故障点。

1）用电笔测量 FU（W10）端时，电笔不亮，则说明 L3 相电源中的熔断器熔芯接触不良或熔断，旋紧或更换同规格熔断器即可。

2）测量 QF 进线端（W10）时，电笔不亮，则说明 L3 相电源中的 FU 与 QF 之间连接导线线头松脱或断线，用旋具紧固导线或更换同规格导线即可。

3）测量 QF 出线端（W11）时，电笔不亮，则说明 QF 触头接触不良，维修 QF 触头或更换 QF 即可。

（4）通电试车

检查车床各项操作，直至符合技术要求为止。

2. 故障二

主轴电动机 M1 转速很慢并发出“嗡嗡”声，但是，刀架快速移动电动机 M3 却能正常启动运行。

（1）观察故障现象

合上电源开关 QF，按下 SB2 时，KM 吸合，主轴电动机 M1 转速很慢甚至不转，并发出“嗡嗡”声。这时要立即按下急停按钮 SB1，使 KM 失电，主触头断开，切断 M1 电源，防止烧毁电动机。再按下 SB3，电动机 M3 能正常启动运行。

（2）分析故障范围

因为刀架快速移动电动机 M3 能正常运行，说明故障点在 M1 自身主回路中，故障电路如图 3—1—16 所示。

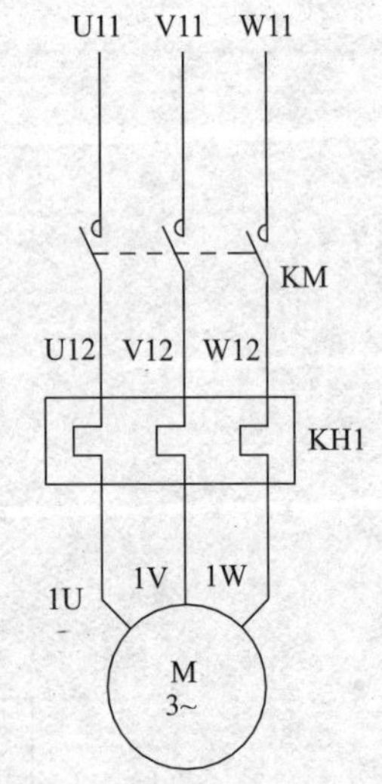

图 3—1—16　故障二、三电路图

（3）故障点查找及排除

采用电笔测量法和电阻测量法查找故障点方法步骤如下：

1）用电笔测量接触器 KM 主触头上方接线端是否有电，若电笔不亮，则说明该相 QF 与 KM 主触头之间连接导线松脱或断线，根据情况修复。

2）若接触器 KM 主触头上方接线端都有电，则说明故障点在电笔测试点下方。这时采用电阻测量法判断故障点。方法步骤如下：

①断开电源开关 QF，拆下变压器 TC 一次侧绕组某一端头（防止通过变压器和电动机绕组构成回路，影响测量阻值），并做好绝缘处理，再将万用表的转换开关调至欧姆挡（R×100），按下接触器 KM 动作试验按钮，检测接触器 KM 主触头接触是否良好，若测得电阻值比较大或无穷大，则说明该触点接触不良，若电阻值为零，则说明无故障可进入下一步检修。检测方法如图 3—1—17 所示。

②检测接触器 KM 主触头与热继电器 KH1 之间连接导线 U12、V12 和 W12 的通断，根据情况修复。

③检测热继电器 KH1 的热元件是否断路，根据情况修复。

④检测热继电器 KH1 与电动机 M1 之间连接导线 1 U、1 V 和 1 W 的通断情况，根据情况修复。

⑤检测电动机 M1 定子绕组是否断线，接线端头是否松动，根据情况修复。

⑥恢复变压器 TC 一次侧接线。

（4）通电试车

检查车床各项操作，直至符合技术要求为止。

图 3—1—17　检测 KM 主触头接触情况

◆ 这一现象是典型的电动机缺相故障，当电动机缺相运行时，其定子绕组电流将超过额定值，很容易烧毁电动机；因此，应立即按下急停按钮 SB1，接触器 KM 线圈失电，KM 主触头分断，切断 M1 电源，避免 M1 长时间通电而烧毁电动机。

◆ 对于电动机缺相运行这一故障，由于电动机不能长时间通电，故对于接触器 KM 主触头下方的故障点一般只能采用电阻测量法。

◆ 遇到故障现象时，不要盲目的急于进行控制线路的检修，应进行合理的试机，通过试机认真观察故障现象，缩小故障范围，然后采用合理的检修方法，查找并排除故障。

3. 故障三

主轴电动机 M1 不能启动。

（1）观察故障现象

先合上电源开关 QF，然后按下启动按钮 SB2，主轴电动机 M1 不能启动运行，但接触器 KM 能够吸合，再按下 SB3 和 SB4，发现电动机 M2 和 M3 都能启动。

（2）分析故障范围

因为按下启动按钮 SB2，接触器 KM 能吸合，又因为电动机 M2 和 M3 都能启动，所以故障一般为 M1 主电路中存在断点且至少缺少两相电源。

故障电路如图 3—1—16 所示。

（3）故障点查找

采用试灯法查找故障点方法步骤如下：

1）选一只额定电压为380V的小灯泡（或信号指示灯），将其一端（假设为灯的1脚）引线接在断路器QF的出线端U11上保持不变，另一端（假设为灯的2脚）引线依次接KM（V11）接点、KM（V12）接点、KH1（V12）接点、KH1（1 V）和电动机M1定子绕组（1 V）接点，根据灯是否发光可找出故障点。

例如，若灯接KM（V11）接点时不亮或较暗，则说明电动机M1的V相KM主触头与QF之间连接导线（V11）松动或断线；若灯接KM（V12）接点时不亮或较暗，则说明V相的KM触头接触不良。

2）保持灯的1脚不变，2脚再依次接M1的W相主电路中的各点，根据灯的发光情况可找出电动机M1的W相主电路中的故障点。

3）将灯的1脚改接到断路器QF的出线端V11上，2脚再依次接电动机M1的U相主电路中的各点，根据灯发光情况可找出电动机M1的U相主电路中的故障点。

4）排除故障

根据故障点具体情况，采用恰当的方法排除故障。

5）通电试车

检查车床各项操作，直至符合技术要求为止。

4. 故障四

按下停止按钮SB1，主轴电动机M1不能停止。

（1）故障分析

主轴电动机M1不能停止的主要原因是KM主触头熔焊、活动部件被卡阻或KM铁心端面被油垢粘住不能脱开；停止按钮SB1被击穿短路、触头熔焊或线路中5、6两点连接导线短路。

（2）故障检修方法

断开QF，若KM释放，说明故障是停止按钮SB1被击穿、触头熔焊或导线短路；若KM过一段时间释放，则故障为铁心端面被油垢粘住；若KM不释放，则故障为KM主触头熔焊或活动部件被卡阻。可根据情况采取相应的措施修复。

在故障修复过程中，应根据具体故障情况采用合适的方法修复故障点。例如，对于接线端松动现象，可用旋具加以紧固；对于导线断线情况，应更换同规格导线；对于触头接触不良的故障，根据具体情况可采取清洗灰尘油污、轻轻打磨毛刺或氧化层、调整触头压力弹簧以及更换触头等方法加以修复。

5. 故障五

冷却泵电动机M2缺相运行。

冷却泵电动机M2缺相运行的检修方法步骤如下：

（1）观察故障现象

主轴电动机M1正常启动后，合上转换开关SB4，冷却泵电动机M2缺相运行，这时要立即断开SB4，使中间继电器KA1失电，切断冷却泵电动机M2的电源，防止烧毁M2。然后再按下SB3，刀架快速移动电动机M3能正常运行。

（2）分析故障范围

因为电动机 M1 和 M3 都能正常启动，所以，故障一般位于 KA1 触头的下方，这时可采用电阻测量法判断故障点。故障电路如图 3—1—18 所示。

（3）故障点查找及排除

1）拉下电源开关 QF，拆下 TC 一次侧绕组某一接线端，并做好绝缘处理，再将万用表转换开关调至欧姆挡（R × 100），人为按下中间继电器 KA1 动作试验按钮，测得 KA1 触头阻值为零，说明接触良好，若测得阻值较大甚至为无穷大，则说明 KA1 触头接触不良，根据情况修复或更换 KA1 触头。

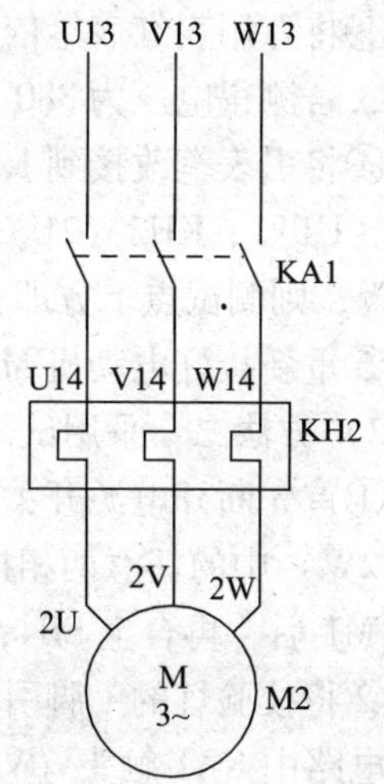

图 3—1—18 故障五、六电路图

2）测量 KA1 触头与 KH2 热元件之间导线通断，根据具体情况修复故障点。

3）测量 KH2 热元件通断，根据情况修复。

4）测量 KH2 热元件与电动机 M2 之间连接导线通断，根据情况修复之。

5）测量电动机 M2 定子绕组是否断线，根据情况修复。

6）恢复变压器 TC 一次侧绕组接线。

（4）通电试车

通电检查车床各项操作，直至符合技术要求为止。

6. 故障六

冷却泵电动机 M2 不能启动运行。

（1）观察故障现象

合上电源开关 QF，按下 SB2，主轴电动机 M1 正常启动运行，然后合上 SB4，中间继电器 KA1 吸合，但冷却泵电动机 M2 不能启动运行，再按下 SB3，刀架快速移动电动机 M3 能正常运行。

（2）判断故障范围

根据逻辑分析法可知，故障点应位于冷却泵电动机 M2 自身的主电路中，且 M2 至少缺两相电源。故障电路如图 3—1—18 所示。

（3）检修故障点

1）方法一：采用电压测量法检修故障点方法步骤如下。

①首先断开电源开关 QF，拆下电动机 M2 安装在接线端子板上的三相定子绕组（2U、2 V、2W）中的任意两相接线端头，并做好绝缘处理，然后再合上电源开关 QF，启动主轴电动机 M1 后，再合上 SB4，使中间继电器 KA1 吸合。

②将万用表转换开关调至交流电压 500 V 量程挡，黑表笔接在中间继电器 KA1 触头的 U13 接点上不变，红表笔依次接在 KA1（V14）、KH2（V14）、KH2（2 V）和 XT1（2 V）接点上，若测得电压为 380 V 则正常，若测得电压为 0 V，则测试点上方即为故障点。

例如，若红表笔接在 KA1（V14）接点时，测得电压为 0 V，则说明 V 相中的 KA1 触头接触不良；若红表笔接在 KH2（V14）接点时，测得电压为 0 V，则说明 V 相中的 KA1 触头与 KH2 之间连接导线松脱或断线。

③将万用表红表笔依次接在 KA1（W14）、KH2（W14）、KH2（2W）和 XT1（2W）接点上，若测得电压为 380 V 则正常，若测得电压为 0 V，则测试点上方即为故障点。

④将黑表笔改接到 KA1 触头的 V13 接点上，再将万用表红表笔依次接在 KA1（U14）、KH2（U14）、KH2（2U）和 XT1（2U）接点上，若测得电压为 380 V 则正常，若测得电压为 0 V，则测试点上方即为故障点。

⑤重新接好电动机 M2 拆下的两相定子绕组的接线端头。

2）方法二：采用试灯法检修故障点方法步骤如下。

①首先断开电源开关 QF，拆下电动机 M2 安装在接线端子板上的三相定子绕组（2U、2V、2W）中的任意两相接线端头，并做好绝缘处理，然后合上电源开关 QF，启动主轴电动机 M1 后，再合上 SB4，使中间继电器 KA1 吸合。

②将校验灯的 1 脚引线接在 KA1（U13）触头接线柱上不变，灯的 2 脚引线接在 M2 的 V 相电路中 KA1 触头（V14）接线柱上，若灯不亮，则说明故障为 V 相主电路中的 KA1 触头接触不良，修复或更换 KA1 触头。

③将灯的 2 脚接在 KH2（V14）接点上，若灯不亮，则说明 KA1（V14）与 KH2（V14）之间连接导线松脱或断线，紧固或更换同规格导线。

④将灯的 2 脚接在 KH2（2 V）接点上，若灯不亮，则说明 KH2 热元件烧断。修复或更换热继电器 KH2。

⑤将灯的 2 脚接在电动机 M2 的 V 相定子绕组的接线端子 XT1（2 V）上，若灯不亮，则说明 KH2（2 V）与电动机 M2 的 V 相绕组之间的连接导线松动或断线，紧固或更换同规格导线即可。

⑥用同样方式将灯的 2 脚依次接在 KA1（W14）、KH2（W14）、KH2（2W）、电动机 M2 定子绕组的接线端子 XT1（2W）上，根据灯的发光情况来判断 W 相电路中的故障点，并修复故障点。

⑦将灯的 1 脚引线改接到 KA1（V13）触头接线柱上不动，2 脚依次接在 KA1（U14）、KH2（U14）、KH2（2U）、电动机 M2 定子绕组的接线端子 XT1（2U）上，根据灯的发光情况来判断 U 相电路中的故障点，并修复故障点。

⑧如果灯的 2 脚接在电动机 M2 三相定子绕组的接线端子 XT1 上都发光正常，则说明电动机 M2 的主电路无故障，而 M2 至少有两相定子绕组断路，这时可断开电源开关 QF，利用电阻测量法来检查出断路的定子绕组，然后进行检修或更换同型号电动机。

⑨重新接好电动机 M2 拆下的两相定子绕组的接线端头。

（4）通电试车

检查车床各项操作，直至符合技术要求为止。

刀架快速移动电动机 M3 主电路常见故障检修方法与冷却泵电动机 M2 主电路常见故障检修方法类似。

1. 检修前要认真识读分析电路图、电器布置图和接线图，熟练掌握各个控制环节的作用及原理，掌握电器的实际位置和走线路径。

2. 认真观摩教师的示范检修，掌握车床电气故障检修的一般方法和步骤。

3. 检修过程中要注意人身安全，所使用的工具和仪表应符合使用要求。

4. 检修时，严禁扩大故障范围或产生新的故障点。

5. 停电要验电，带电检修时，必须有指导教师在现场监护，以确保操作安全，同时要做好检修记录。

任务 3　CA6140 型车床控制电路常见电气故障检修

学习目标

1. 掌握 CA6140 型车床电气控制线路工作原理分析。
2. 了解 CA6140 型车床电气控制线路实际走线路径。
3. 掌握 CA6140 型车床控制电路常见电气故障分析与检修。

工作任务

CA6140 型车床在使用过程中，由于电气设备老化或操作不当等原因，不可避免地会导致电气控制电路出现故障，从而使机床不能正常工作，影响生产加工。本节任务就是学习 CA6140 型车床控制电路常见电气故障检修方法。

相关理论

CA6140 型车床控制电路如图 3—1—19 所示。

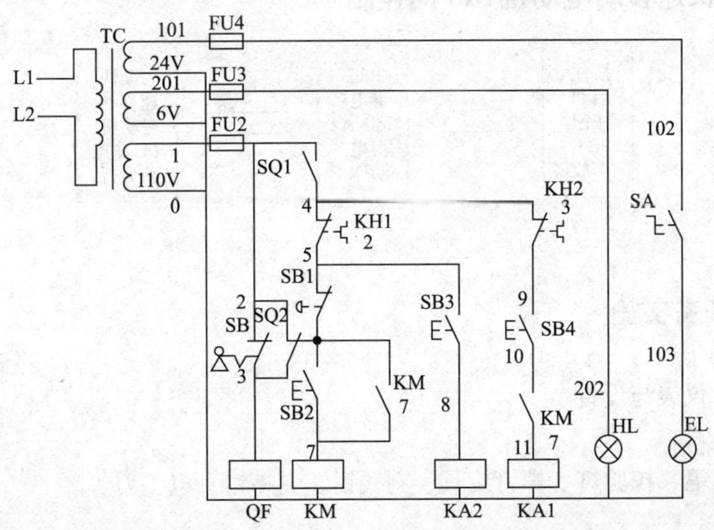

图 3—1—19　CA6140 型车床控制电路原理图

一、主轴电动机 M1 的控制

M1 启动：

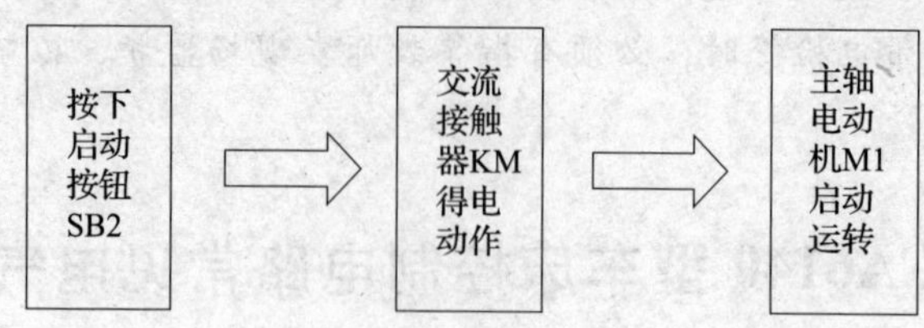

M1 停车：

CA6140 型车床控制电路的电源由变压器 TC 提供 110 V 交流电压，FU2 作为短路保护。

二、冷却泵电动机 M2 的控制

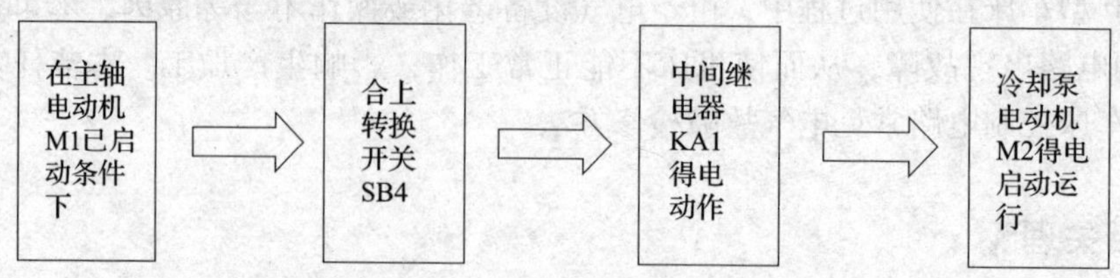

三、刀架快速移动电动机 M3 的控制

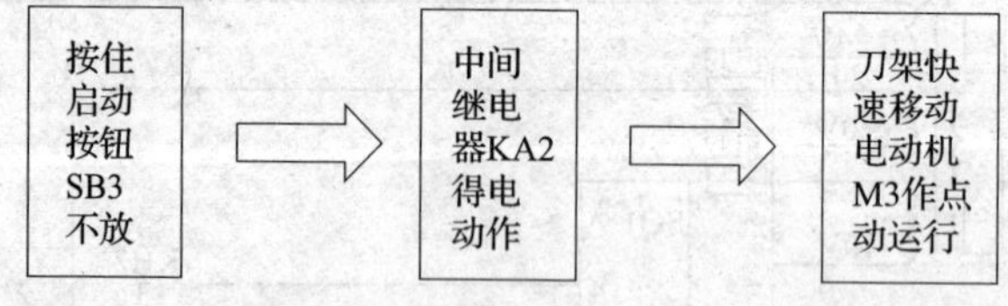

任务实施

一、工具、仪表与设备

1. 工具

扳手、测电笔、校验灯、螺钉旋具、剥线钳、尖嘴钳、电工刀等。

2. 仪表

万用表、兆欧表和钳形电流表。

3. 设备

CA6140 型车床。

二、在教师的指导下，根据 CA6140 型车床的电气接线图和电器位置图，在车床上找出电气控制线路实际走线路径。

例如：主轴电动机 M1 控制线路的实际走线路径如下：

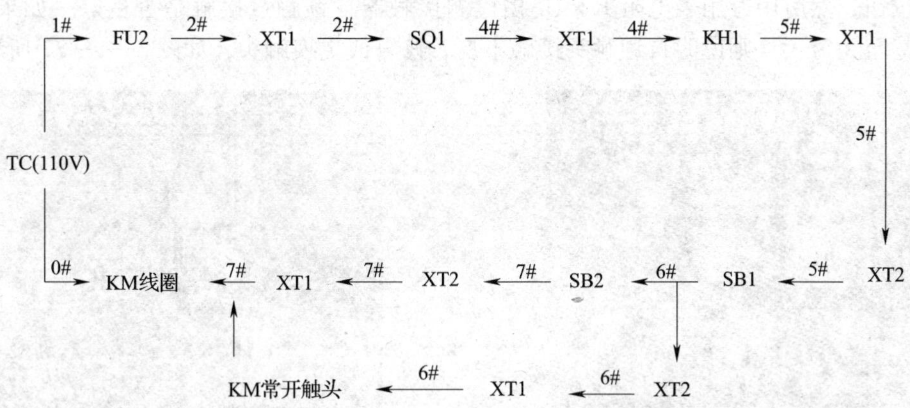

三、CA6140 型车床电气控制电路常见故障分析与检修举例

首先由教师在 CA6140 型车床上人为设置自然故障点，观察教师示范检修过程，然后自行完成故障点的检修实训任务。

1. 故障一

主轴电动机 M1 能启动但不能连续运行。

（1）故障现象

按下启动按钮 SB2，主轴电动机 M1 运转，松开 SB2 后，主轴电动机 M1 随即停转。

（2）故障分析

分析线路工作原理可知，造成这种故障的主要原因是接触器 KM 的自锁触头接触不良或导线松脱，使电路不能自锁。故障电路如图 3—1—20 中虚线所示。

（3）故障检修

主轴电动机 M1 不能连续运行检修方法步骤如下：

1）方法一：电笔测试法。

①合上电源开关 QF，在启动按钮 SB2 处于断开状态时，用电笔测试接触器 KM 自锁触头的 6#接点，若电笔不亮则紧固 6#导线的接线端，然后重新测试，若电笔仍不亮，则为按钮 SB2 与 KM 自锁触头之间的 6#连接导线断线，更换同规格导线即可。

②用电笔测试接触器 KM 自锁触头的 7#接点，若电笔不亮则紧固 7#导线的接线端，然后重新测试，若电笔仍不亮，则为接触器 KM 线圈与自锁触头之间的 7#连接导线断线，更换同规格导线即可。

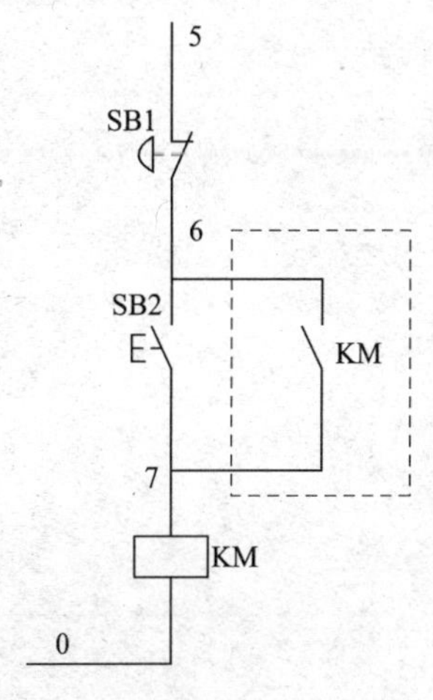

图 3—1—20　故障一电路图

③若用电笔测试接触器 KM 自锁触头的 6#、7#接点时，电

笔都能正常发光，则说明故障为 KM 自锁触头接触不良，维修或更换 KM 自锁触头即可。

2）方法二：电阻测量法。

①断开电源开关 QF，打开电气控制箱壁龛和按钮盒，检查并紧固按钮和接触器上的6#、7#导线的接线端，如图 3—1—21 所示。如果紧固后仍然不能连续运转，则进行下一步检修。

②断开电源开关 QF，拆下接触器 KM 自锁触点上的 6#或 7#线，人为按下接触器 KM 动作试验按钮，然后用万用表电阻 R×10 挡检测接触器自锁触点接触是否良好。如果测得阻值较大甚至无穷大，则说明自锁触头接触不良，修复或更换触头，如图 3—1—22 所示。

图 3—1—21　紧固自锁线

图 3—1—22　检测自锁触头接触情况

③如果接触器自锁触点接触良好，则说明是从按钮到接触器之间的自锁线 6#或接触器自身的 7#线断线，并用万用表电阻挡检测判断，然后换上同规格的导线即可。

（4）通电试车

通电检查车床各项操作，应符合各项技术要求。

该故障的检修流程如图 3—1—23 所示。

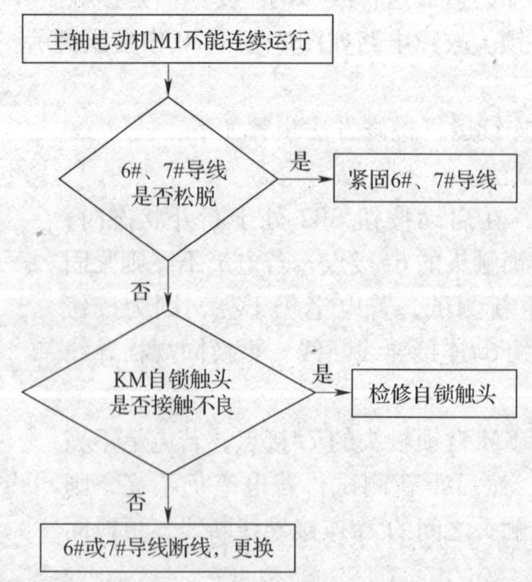

图 3—1—23　主轴电动机不能连续运行检修流程图

2. 故障二

按下 SB2 接触器 KM 不吸合。

（1）观察故障现象

合上电源开关 QF，按下 SB2 接触器 KM 不吸合，但按下 SB3 时，KA2 能吸合。

（2）分析故障范围

根据 CA6140 型车床控制线路原理图可知，0、1、2、4 和 5 号线为 KM 和 KA2 的公共路径，因此没有故障；故障应存在于 SB1、SB2、KM 线圈以及它们的连接导线上。

（3）故障点检修

1）方法一：用电压测量法判断故障点的方法见表 3—1—14。

表 3—1—14　　用电压测量法判断电路故障点

故障现象	测量线路及状态	5－6	6－7	7－0	故障点	修复方法
按下 SB2，KM 不吸合，按下 SB3 时，KA2 吸合	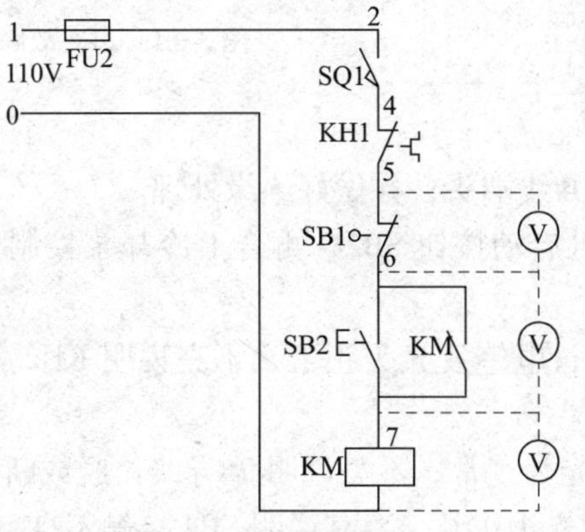 按下 SB2 不放	110 V	0	0	SB1 接触不良或线头脱落	修复或更换 SB1 或将脱落线头接好
		0	110 V	0	SB2 接触不良或接线脱落	修复或更换 SB2 或将脱落线头接好
		0	0	110 V	KM 线圈开路或接线脱落	更换线圈或将脱落线头接好

2）方法二：试灯法检修故障点

先将校验灯（额定电压为 110 V）一端引线接在变压器 TC 二次侧（110 V）0#接点上保持不变，然后合上 QF，按住 SB2 不放，再将校验灯另一端引线依次接下列各点：

①接 SB1 的 6#接点，若校验灯不亮，则故障为急停按钮 SB1 接触不良，检修或更换 SB1 按钮。

②接启动按钮 SB2 的 6#接点，若校验灯不亮，则故障为 SB1 与 SB2 之间的 6#连接导线松脱或断线，紧固或更换同规格导线。

③接启动按钮 SB2 的 7#接点，若校验灯不亮，则故障为启动按钮 SB2 接触不良，检修或更换 SB2 按钮。

④接 KM 线圈的 7#接点，若校验灯不亮，则故障为 KM 线圈与 SB2 之间的 7#连接导线松脱或断线，紧固或更换同规格导线。

⑤接 KM 线圈的 7#接点，若校验灯能正常亮，则故障为 KM 线圈断路或线头松动，紧固或维修 KM 线圈即可。

（4）通电试车

通电检查车床各项操作，应符合各项技术要求。

3．故障三

冷却泵电动机 M2 不能启动运转。

（1）观察故障现象

合上电源开关 QF，按下 SB2，主轴电动机 M1 启动运转后，再按下 SB4，中间继电器 KA1 不吸合，冷却泵电动机 M2 不启动。

（2）判断故障范围

故障电路如图 3—1—24 所示。

根据故障现象利用逻辑分析法判断故障范围为：

KH2 常闭触头$\xrightarrow{9^{\#}}$XT0$\xrightarrow{9^{\#}}$SB4$\xrightarrow{10^{\#}}$XT0$\xrightarrow{10^{\#}}$KM 常开触头$\xrightarrow{11^{\#}}$KA1 线圈$\xrightarrow{0^{\#}}$KA2 线圈$\xrightarrow{0^{\#}}$KM 线圈$\xrightarrow{0^{\#}}$TC（110 V）

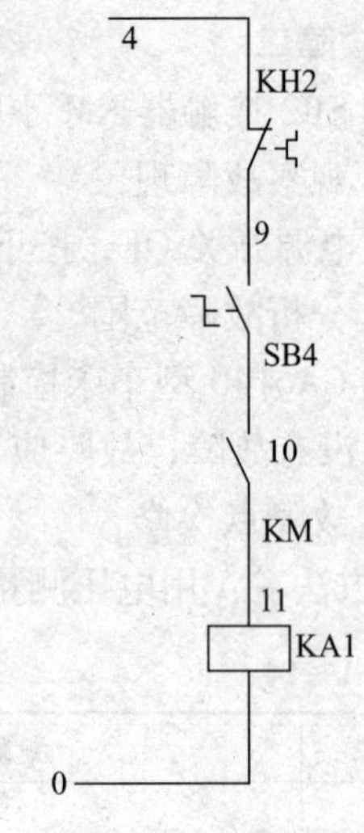

图 3—1—24　故障三电路图

（3）查找故障点

1）方法一：电笔测量法查找故障点。

①断开电源开关 QF，拆下 KA1 线圈 0#线端头，并做好绝缘处理。

②合上电源开关 QF，按下主轴电动机启动按钮 SB2，再合上冷却泵控制开关 SB4，然后用电笔依次测量下列各点：

a．用电笔测 KH2 常闭触头的 9#接点，电笔发光为正常，不亮说明 KH2 常闭触头接触不良。

b．用电笔测 SB4 的 9#接点，电笔发光为正常，不亮说明 9#导线松脱或断线。

c．用电笔测 SB4 的 10#接点，电笔发光为正常，不亮说明 SB4 接触不良。

d．用电笔测 KM 常开辅助触头（10 区）的 10#接点，若电笔发光为正常，不亮说明10#导线松脱或断线。

e．用电笔测 KM 常开辅助触头（10 区）的 11#接点，电笔发光为正常，不亮说明 KM 常开辅助触头（10 区）接触不良。

f．用电笔测 KA1 线圈的 11#接点，电笔发光为正常，不亮说明 11#导线松脱或断线。

g．用电笔测 KA1 线圈的 0#接点，电笔发光说明 0#导线松脱或断线；电笔不亮，说明 KA1 线圈断路。

h．故障排除后，恢复中间继电器 KA1 线圈 0#接线。

2）方法二：采用电压分阶测量法查找故障点。

①将万用表的选择开关拨至交流电压 250 V 挡。

②将黑表棒接至选择的参考点 TC（0#线）上。

③合上电源开关 QF，按下 SB2，主轴电动机 M1 启动运转后，合上转换开关 SB4，红表棒从 KH2 常闭触头（4# ）起，依次测量下列各点。

a．KH2 常闭触头（4#），测得电压值 110 V 为正常。

b．接线端子 XT0（9#），测得电压值 110 V 为正常。

c．冷却泵启动开关 SB4（10#），测得电压值 110 V 为正常。

d. 接线端子 XT0（10 #），测得电压值 110 V 为正常。

e. KM 常开触头（11 #），测得电压值 110 V 为正常。

f. KA1 线圈（0 #），测得电压值 110 V 为不正常。

g. KA2 线圈（0 #），测得电压值 0 V 为正常，说明故障为 KA1 线圈与 KA2 线圈之间的连接导线 0#断线或线头松动。

（4）排除故障

断开电源开关 QF，根据故障点的具体情况采用合适的方法进行修复。

（5）通电试车

通电检查车床各项操作，应符合各项技术要求。

冷却泵电动机 M2 不能启动运行的故障检修流程如图 3—1—25 所示。

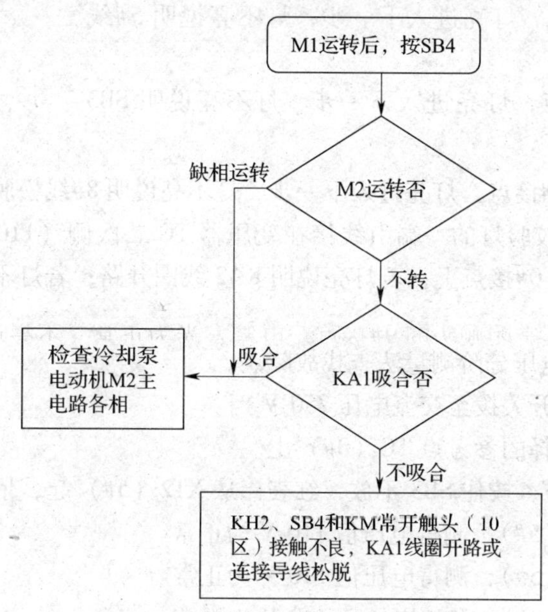

图 3—1—25　冷却泵电动机检修流程图

根据机床的电路图和接线图，运用逻辑分析法判断故障范围，可避免盲目性，缩短检修时间。选用适当的检修方法，根据实际走线路径，依次在故障范围内逐点查找故障点，并排除故障。

4. 故障四

刀架不能实现快速移动。

（1）观察故障现象

合上电源开关 QF，按下点动按钮 SB3，中间继电器 KA2 不吸合，刀架快速移动电动机 M3 不能点动，再按下 SB2 和 SB4，主轴电动机 M1 和冷却泵电动机 M2 都能正常运行。

（2）判断故障范围

故障电路如图 3—1—26 所示。

根据故障现象分析控制线路工作原理可知故障范围为：

XT2 $\xrightarrow{5\#}$ SB3 $\xrightarrow{8\#}$ XT2 $\xrightarrow{8\#}$ KA2 的线圈 $\xrightarrow{0\#}$ KM 线圈 $\xrightarrow{0\#}$ TC（110 V）

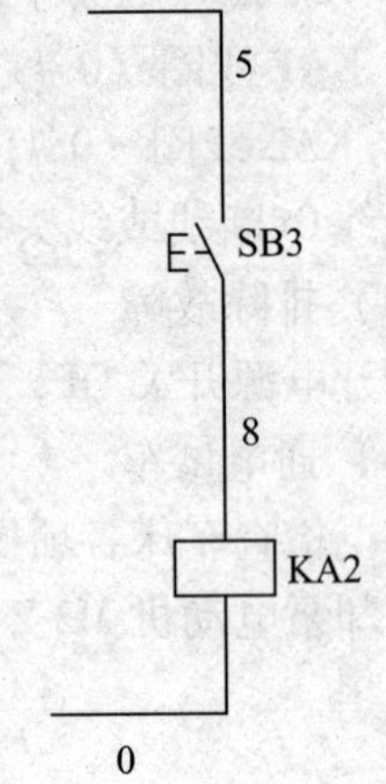

图 3—1—26 故障四电路图

（3）查找故障点

1）方法一：采用试灯法查找故障点。

将校验灯（额定电压为 110 V）的一端引线接在变压器 TC 二次侧（110 V）0#接点上并保持不变，合上 QF，再按住 SB3 不放，然后将校验灯的另一端引线依次接下列各点。

①接 SB3 的 5#接点，灯亮进入下一步，灯不亮说明 5#线松脱或断线。

②接 SB3 的 8#接点，灯亮进入下一步，灯不亮说明 SB3 触点接触不良。

③接 KA2 线圈的 8#接点，灯亮进入下一步，灯不亮说明 8#线松脱或断线。

④手松开 SB3，将校验灯的一端引线接在变压器 TC 二次侧（110 V）1#接点上，另一端引线接在 KA2 线圈的 0#接点上，若灯亮说明 KA2 线圈开路；若灯不亮则说明 0#导线松脱或断线。

2）方法二：采用电压分阶测量法查找故障点。

①将万用表的选择开关拨至交流电压 250 V 挡。

②将黑表棒接至选择的参考点 TC（0#）上。

③合上电源开关 QF，按住 SB3 不放，红表棒从 XT2（5#）起，依次测量各点：

a. 接线端子 XT2（5#），测得电压值 110 V 为正常。

b. 启动按钮 SB3（5#），测得电压值 110 V 为正常。

c. 启动按钮 SB3（8#），测得电压值 110 V 为正常。

d. 接线端子 XT2（8#），测得电压值 110 V 为正常。

e. 中间继电器 KA2 的线圈（8#），测得电压值为 0 V 不正常，故障点就在此处，说明 XT2 与 KA2 之间的 8#连接导线断线或松脱。

（4）排除故障

断开电源开关 QF，根据故障点的具体情况进行修复。

（5）通电试车

通电检查车床各项操作，应符合技术要求。

（1）机床通电查找故障点时，一定要遵守安全用电操作规程，并要有人在旁监护，以防触电事故发生。

（2）在故障维修时一定要切断机床电源，而且停电要验电，以确保操作安全，同时要做好检修记录。

(3) 检修过程中一定要使用绝缘性能合格的工具和仪表。

(4) 在实际故障检修过程中，不一定严格按照逐点排查，也可根据实际情况进行隔点排查，以提高检修速度。

项目二

M7130 型平面磨床电气控制线路

任务 1　认识 M7130 型平面磨床

学习目标

1. 了解 M7130 型平面磨床的功能、主要结构和运动形式。
2. 熟悉 M7130 型平面磨床电器的位置、型号及功能。
3. 掌握 M7130 型平面磨床的控制电路原理及基本操作、调试方法。

工作任务

磨床是工业生产加工过程中应用十分广泛的一种高精度磨削加工机床。为了能够正确掌握 M7130 型平面磨床的结构、操作以及为故障检修打下基础，本节的学习任务就是：掌握 M7130 型平面磨床的主要结构和运动形式；正确识读 M7130 型平面磨床电气控制线路原理图和接线图以及正确操作、调试 M7130 型平面磨床。

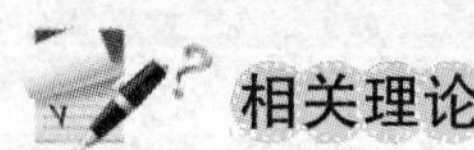

相关理论

磨床是用砂轮的周边或端面对工件的表面进行磨削加工的一种精密机床。磨床的种类很多，根据用途不同可分为平面磨床、内圆磨床、外圆磨床、无心磨床等，常见磨床如图 3—2—1 所示。

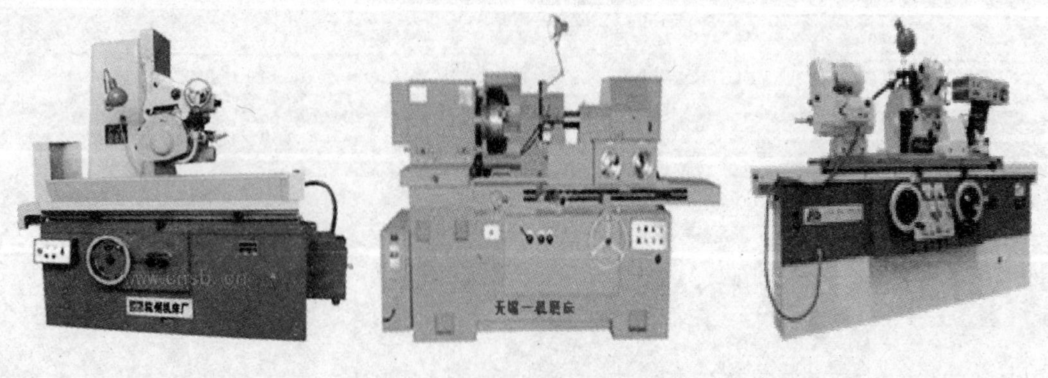

a)　b)　c)

图 3—2—1　几种常见的磨床

a）M7130 平面磨床　b）M2120A 内圆磨床　c）MG1320E 外圆磨床

一、M7130 型平面磨床的主要结构及其型号含义

M7130 型平面磨床是卧轴矩形工作台式，主要由床身、工作台、电磁吸盘、砂轮架（又称磨头）、滑座和立柱等部分组成。其结构如图 3—2—2 所示。

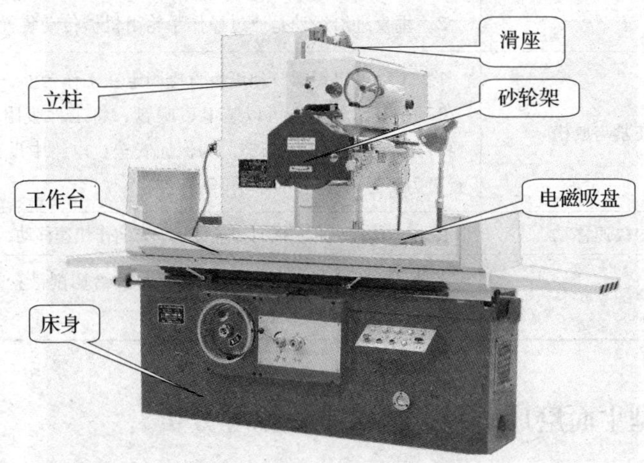

图 3—2—2　M7130 型平面磨床外形与结构

M7130 型平面磨床的型号含义如下：

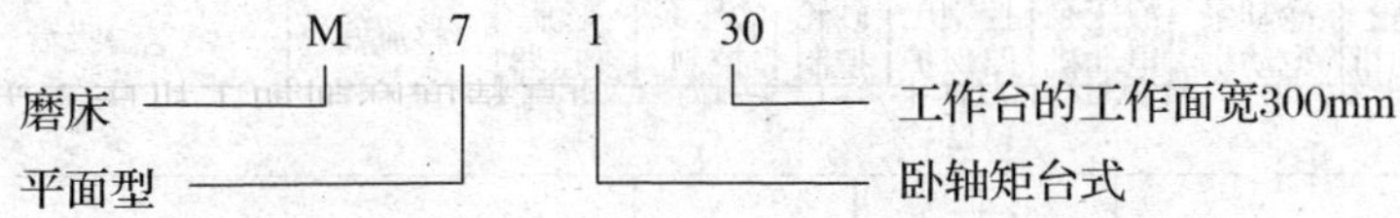

二、M7130 型平面磨床的主要运动形式和控制要求

M7130 型平面磨床的主要运动形式与控制要求见表 3—2—1。

表 3—2—1　M7130 型平面磨床的主要运动形式与控制要求

运动类型	运动形式	控制要求
主运动	砂轮的旋转运动	1. 为保证磨削加工质量，要求砂轮有较高的转速，通常采用两极笼型异步电动机 2. 为提高主轴的刚度，简化机械结构，一般采用装入式电动机，将砂轮直接装到电动机轴上 3. 砂轮电动机只要求单方向旋转，可采用直接启动，无需调速和制动要求
进给运动	工作台的纵向往复运动	1. 因为液压传动换向平稳，易于实现无级调速。所以液压泵电动机 M3 拖动液压泵使工作台在液压作用下作纵向往返运动 2. 由装在工作台前侧的换向挡铁碰撞床身上的液压换向开关控制工作台进给方向
	砂轮架的横向进给运动	1. 在磨削的过程中，工作台每换向一次，砂轮架就横向进给一次 2. 在修正砂轮或调整砂轮的前后位置时，可连续横向移动 3. 砂轮架的横向进给运动既可由液压传动，也可由手轮来操作

续表

运动类型	运动形式	控制要求
进给运动	砂轮架的升降运动	1. 滑座沿立柱导轨垂直升降运动，以调整砂轮架的上下位置，或改变砂轮磨削工件时的磨削量 2. 垂直进给运动是通过操作手轮由机械传动装置实现的
辅助运动	工件的夹紧与放松	1. 工件可以用螺钉和压板直接固定在工作台上 2. 在工作台上也可以装电磁吸盘，将工件吸附在电磁吸盘上。因此，要有充磁和退磁控制环节。为保证安全，电路中设有弱磁保护，当电磁吸盘吸力不足时，三台电动机随即停止
	工作台的快速移动	工作台能在纵向、横向和垂直三个方向作快速移动，均由液压传动机构实现
	工件的冷却	冷却泵电动机 M2 拖动冷却泵旋转供给切削液；要求砂轮电动机 M1 和冷却泵电动机要实现顺序控制

三、M7130 型平面磨床的控制线路工作原理分析

M7130 型平面磨床电气控制线路图如图 3—2—3 所示。该线路由电源电路、主电路、控制电路、电磁吸盘电路和照明电路五部分组成。

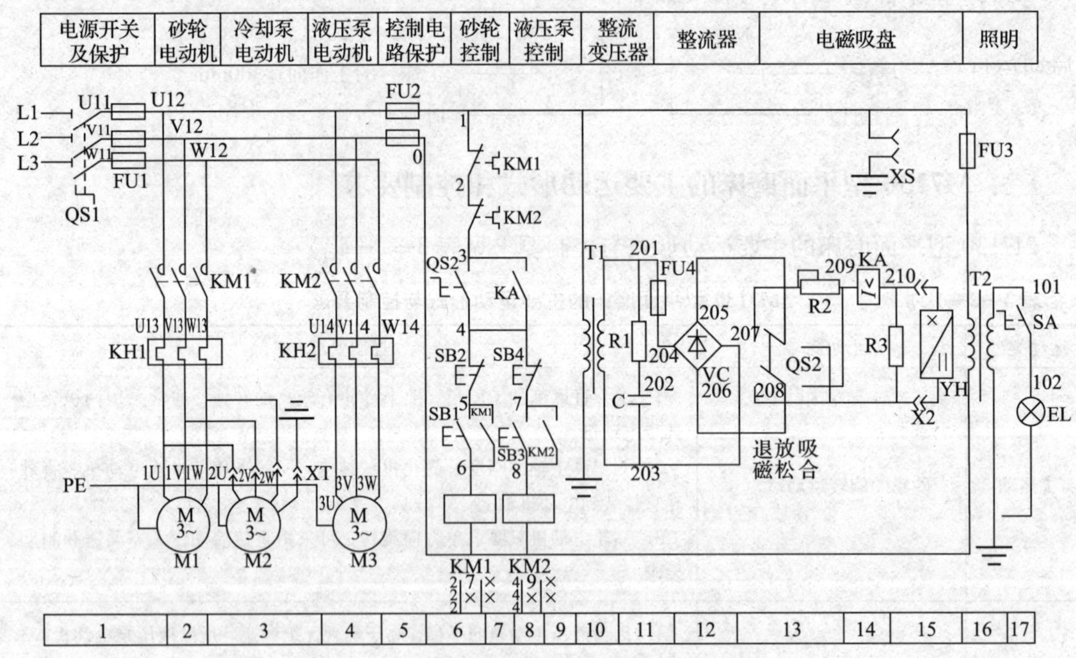

图 3—2—3　M7130 平面磨床电气控制线路图

1. 电源电路识读

三相交流电由电源开关 QS1 引入为主电路的三台电动机供电，同时为控制电路的交流接触器 KM1、KM2 线圈提供 380 V 电压，变压器 T1 将 220 V 电压转变为 145 V，作为电磁吸盘 YH 的桥式整流输入电源，变压器 T2 将 380 V 交流电转变成 24 V 安全电压，为照明灯提供电源。

2. 主电路识读

主电路中有三台电动机，M1 为砂轮电动机，由接触器 KM1 控制，当 KM1 线圈得电时，KM1 主触头闭合，电动机 M1 得电运转，拖动砂轮高速旋转，实现对工件磨削加工，熔断器 FU1 作为短路保护，热继电器 KH1 作为过载保护；M2 为冷却泵电动机，由接触器 KM1 和接插器 X1 控制，M1 启动后 M2 才能启动，M2 带动冷却泵为磨削加工过程供应切削液，从而达到降低工件和砂轮温度的目的，同样也是由 FU1 和 KH1 分别作为 M2 的短路和过载保护；M3 为液压泵电动机，由交流接触器 KM2 控制，为液压系统提供动力，带动工作台往返运动以及砂轮架进给运动，M3 的短路保护由熔断器 FU1 实现，过载保护由热继电器 KH2 实现。

3. 控制电路识读

控制电路采用交流 380 V 电压供电，由熔断器 FU2 作为短路保护。

（1）砂轮电动机 M1 的控制

砂轮电动机 M1 的控制电路如图 3—2—3（6 ~ 8 区）所示。当转换开关 QS2 的常开触头（6 区）闭合，或电磁吸盘得电工作，欠电流继电器 KA 线圈得电吸合，其常开触头（8 区）闭合时，按下启动按钮 SB1，接触器 KM1 线圈得电并自锁，KM1 主触头闭合，砂轮电动机 M1 得电启动连续运转，按下停止按钮 SB2，KM1 失电，各触头立即恢复初始状态，M1 失电停止运转。

（2）冷却泵电动机 M2 的控制

按下启动按钮 SB1，砂轮电动机 M1 启动后，插上接插器 X1 后，冷却泵电动机 M2 随即启动运行。

（3）液压泵电动机 M3 的控制

液压泵电动机 M3 的控制电路如图 3—2—3（8 区、9 区）所示。按下启动按钮 SB3，接触器 KM2 线圈得电并自锁，KM2 主触头闭合，液压泵电动机 M3 得电启动连续运转，通过液压机构带动工作台纵向进给和砂轮架横向进给以及垂直进给；按下停止按钮 SB4，KM2 线圈失电，KM2 各触头立即恢复初始状态，M3 失电停止运转。

（4）电磁吸盘的控制电路分析

电磁吸盘控制电路如图 3—2—3（10 ~ 15 区）所示。电磁吸盘是装夹在工作台上用来固定加工工件的一种夹具。它与机械夹具相比，具有夹紧迅速、操作简便、不损伤工件、一次能吸牢多个小工件，以及磨削中工件发热可自由伸缩、不会变形等优点。不足之处是只能吸住铁磁材料的工件，不能吸牢非磁性材料（如铝、铜、银等）的工件，而且被加工件具有微小剩磁。电磁吸盘 YH 的外形如图 3—2—4 所示。

电磁吸盘电路由整流电路、控制电路和保护电路三部分组成。

1）整流电路

整流变压器 T1 将 220 V 的交流电压降为 145 V，然后再经过桥式整流器 VC 整流后输出约 110 V 的直流电压，作为电磁吸盘线圈的电源。

2）电磁吸盘控制电路

转换开关 QS2 控制着电磁吸盘的工作方式，分为吸合（激磁）、放松、退磁三种工作状态。

图 3—2—4　电磁吸盘

①吸合控制：将 QS2 扳至右侧“吸合”位置时，

QS2 触头（205 - 208）和（206 - 209）闭合，110 V 直流电压接入电磁吸盘 YH，工件被牢牢吸住。此时，欠电流继电器 KA 线圈得电吸合，KA 的常开触头（8 区）闭合，为砂轮电动机和液压泵电动机的控制电路得电做好准备。

②放松控制：当工件加工完毕时，应将转换开关 QS2 扳到“放松”位置，这时 QS2 的触头（205 - 208）和（206 - 209）恢复断开，切断了电磁吸盘 YH 的直流电源。由于工件被直流磁场所磁化，具有剩磁而不能取下，因此，必须进行退磁。

③退磁控制：将 QS2 扳至左侧“退磁”位置时，QS2 触头（205 - 207）和（206 - 208）闭合，由于退磁回路中串入了退磁电阻 R2，而且通过调节 R2 的阻值可以改变退磁电流大小，因此，电磁吸盘 YH 就通入了较小的反向直流电流进行退磁。退磁结束，将 QS2 扳回到“放松”位置，即可将工件取下。

如果有些工件不易退磁时，可将附件退磁器的插头插入插座 XS，使工件在交变磁场的作用下进行退磁。退磁器外形如图 3—2—5 所示。

如果将工件直接夹在工作台上，而不需要电磁吸盘时，则应将电磁吸盘 YH 的插头 X2 从插座上拔下，同时将转换开关 QS2 扳到“退磁”位置，这时，接在控制电路中 QS2 的常开触头（6 区的 3—4）闭合，接通电动机的控制电路。

图 3—2—5　退磁器

3）电磁吸盘保护电路

电磁吸盘的保护电路由放电电阻 R3 和欠电流继电器 KA 组成。欠电流继电器 KA 的作用是防止在磨削加工过程中，当电磁吸盘突然发生断电或欠压故障时，由于电磁吸盘的吸力消失或减小而导致工件飞出发生事故。其保护原理是：当电磁吸盘突然发生断电或欠压故障时，通过欠电流继电器 KA 的电流因小于其整定值而释放，这时欠电流继电器 KA 的常开触头（8 区）恢复分断，控制线路中的 KM1、KM2 线圈失电，KM1 和 KM2 的主触头分断，砂轮电动机 M1 和液压泵电动机 M3 立即停转，从而避免工件因切削力飞出发生事故。因为电磁吸盘的线圈电感量较大，当电磁吸盘从通电（吸合状态）突然转变为失电（放松状态）的一瞬间，线圈两端将产生很高的自感电动势，易使线圈或其他电器由于过电压而损坏。电阻 R3 的作用就是在电磁吸盘断电瞬间给线圈产生的自感电动势提供一个放电回路，从而吸收线圈释放的磁场能量。

电阻 R1 与电容器 C 的作用是防止电磁吸盘回路交流侧的过电压而击穿整流器件。熔断器 FU4 作为电磁吸盘的短路保护。

4. 照明电路识读

照明灯由变压器 T2 供电，合上总电源开关 QS1，再闭合转换开关 SA，照明灯 EL 点亮，断开转换开关 SA，照明灯 EL 熄灭。

任务实施

一、工具、仪表及设备

1. 工具

扳手、螺钉旋具、尖嘴钳、剥线钳、电工刀、验电器等。

2. 仪表

万用表、兆欧表、钳形电流表等。

3. 设备

M7130 型平面磨床。

二、认识 M7130 型平面磨床的主要结构和操纵部件

对照图 3—2—2，在教师指导下，认识 M7130 型平面磨床的主要结构和操纵部件。

三、熟悉 M7130 型平面磨床的电气设备及型号

根据 M7130 型平面磨床电气元件明细表（见表 3—2—2）和电器位置图（见图 3—2—6），在教师指导下，熟悉 M7130 型平面磨床的电气设备位置及型号。

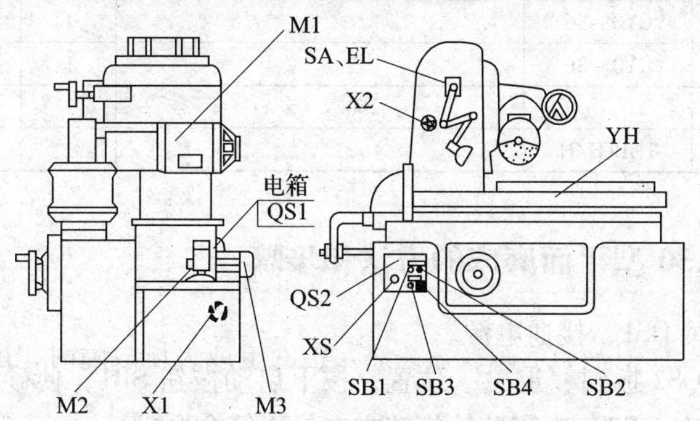

图 3—2—6　M7130 型平面磨床电器位置图

表 3—2—2　　M7130 型平面磨床电气元件明细表

代号	元件名称	型号	规格	数量	用途
M1	砂轮电动机	W451－4	4.5 kW 220/380 V 1 440 r/min	1	驱动砂轮
M2	冷却泵电动机	JCB－22	125 W 220/380 V 2 790 r/min	1	驱动冷却泵
M3	液压泵电动机	JO42－4	2.8 kW 220/380 V 1 450 r/min	1	驱动液压泵
QS1	电源开关	HZ1－25/3	25 A 380 V	1	引入电源
QS2	转换开关	HZ1－10P/3	10 A 110 V	1	控制电磁吸盘
SA	照明灯开关		2 A 24 V	1	控制照明灯
FU1	熔断器	RL1－60/30	60 A 熔体 30 A	3	电源保护
FU2	熔断器	RL1－15	15 A 熔体 5 A	2	控制电路短路保护
FU3	熔断器	BLX－1	1 A	1	照明电路短路保护
FU4	熔断器	RL1－15	15 A 熔体 2 A	1	保护电磁吸盘
KM1	接触器	CJ10－20	线圈电压 380 V	1	控制 M1
KM2	接触器	CJ10－10	线圈电压 380 V	1	控制 M3
KH1	热继电器	JR10－10	整定电流 9.5 A	1	M1 过载保护
KH2	热继电器	JR10－10	整定电流 6.1 A	1	M3 过载保护
T1	整流变压器	BK－400	400 V·A 220/145 V	1	降压
T2	照明变压器	BK－50	50 V·A 380/24 V	1	降压
VC	硅整流器	1N4007	1 A 200 V	1	输出直流电压
YH	电磁吸盘		1.5 A 110 V	1	工件夹具

续表

代号	元件名称	型号	规格	数量	用途
KA	欠电流继电器	JT3－11L	1.5 A	1	保护用
SB1	按钮	LA2	绿色	1	启动 M1
SB2	按钮	LA2	红色	1	停止 M1
SB3	按钮	LA2	绿色	1	启动 M3
SB4	按钮	LA2	红色	1	停止 M3
R1	电阻器	GF	6 W 125 Ω	1	放电保护电阻
R2	电阻器	GF	50 W 1 000 Ω	1	去磁电阻
R3	电阻器	GF	50 W 500 Ω	1	放电保护电阻
C	电容器		600 V 5 μF	1	保护用电容
EL	照明灯	JD3	24 V 40 W	1	工作照明
X1	接插器	CY0－36		1	M2 用
X2	接插器	CY0－36		1	电磁吸盘用
XS	插座		250 V 5 A	1	退磁器用
附件	退磁器	TC1TH/H		1	工件退磁用

四、调试 M7130 型平面磨床的方法和步骤

1. 合上电源开关 QS1，接通电源。

2. 将转换开关 QS2 扳到“退磁”位置，按下启动按钮 SB1，使砂轮电动机 M1 转动一下，立即按下停止按钮 SB2，观察砂轮旋转方向是否符合要求。

3. 按下启动按钮 SB3，观察液压泵电动机 M3 带动工作台运行情况，正常后，按下停止按钮 SB4。

4. 根据电动机的功率分别调整热继电器 KH1、KH2 的整定电流值。

5. 欠电流继电器 KA 吸合电流的调整。将万用表调到直流电流挡（5 A），并串入 KA 线圈回路中，合上电源开关 QS1，再将转换开关 QS2 扳到“吸合”位置，调节电流继电器的调节螺母，使其吸合电流值约为 1.5 A 即可。

6. 合上电源开关 QS1，再将转换开关 QS2 扳到“吸合”位置，检查电磁吸盘对工件的夹持是否牢固可靠。

7. 将转换开关 QS2 扳到“退磁”位置，调节限流电阻 R2，使退磁电压值约为 10 V。

五、完成对磨床的操作训练

在教师的监控指导下，按照上述操作方法，完成对磨床的操作训练。

1. 操作调试过程中，一定要正确使用合格的工具和仪表，做好安全保护措施，如有异常情况必须立即切断电源。

2. 调试必须在教师的监护指导下进行，不得违规操作。

3. 操作要有计划、有秩序地分组进行，实训场所不得打闹和围观。

任务 2　M7130 型平面磨床主电路常见故障的检修

学习目标

1. 掌握 M7130 型平面磨床主电路结构组成及工作原理。
2. 了解 M7130 型平面磨床主电路的实际走线路径。
3. 熟练掌握 M7130 型平面磨床主电路常见电气故障的检修方法。

工作任务

M7130 型平面磨床在使用一段时间后，由于线路老化、机械磨损、电气磨损或操作不当等原因会不可避免地导致磨床电气设备发生故障，从而影响机床正常工作。本节的工作任务就是：学习 M7130 型平面磨床主电路常见电气故障检修方法步骤。能快速准确地排除故障，使机床恢复正常运行。

相关理论

M7130 型平面磨床主电路如图 3—2—7 所示。

M7130 型平面磨床主电路中各电动机控制功能见表 3—2—3。

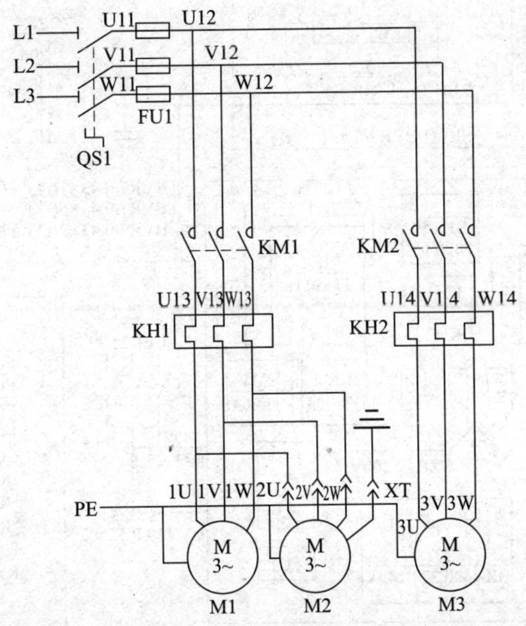

图 3—2—7　M7130 型平面磨床主电路原理图

表 3—2—3 **M7130 平面磨床各电动机的控制功能**

电动机名称	控制电器	短路保护	过载保护	用　　途
砂轮电动机 M1	KM1	FU1	KH1	拖动砂轮高速旋转
冷却泵电动机 M2	KM1、X1	FU1	KH1	磨削加工过程中提供冷却液
液压泵电动机 M3	KM2	FU1	KH2	带动工作台往返运动以及砂轮架进给运动

任务实施

一、工具、仪表与设备

1. 工具

螺钉旋具、尖嘴钳、剥线钳、测电笔、电工刀、活络扳手等。

2. 仪表

MF47 型万用表、500 V 兆欧表、钳形电流表等。

3. 设备

M7130 型平面磨床。

二、在教师的指导下，参照 M7130 型平面磨床的接线图（见图 3—2—8）和电器位置图（见图 3—2—6），在磨床上通过测量等方法找出 M7130 型平面磨床主电路实际走线路径。

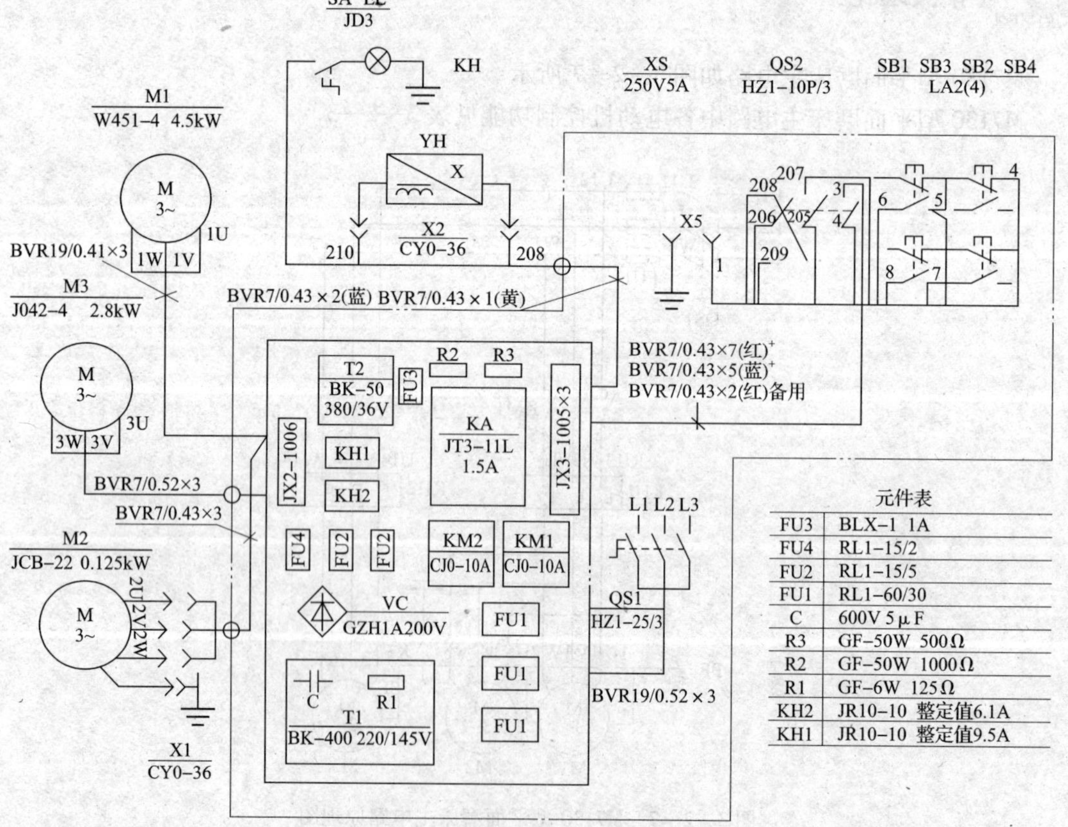

图 3—2—8　M7130 型平面磨床接线图

例如，砂轮电动机 M1 的主电路实际走线路径如下：

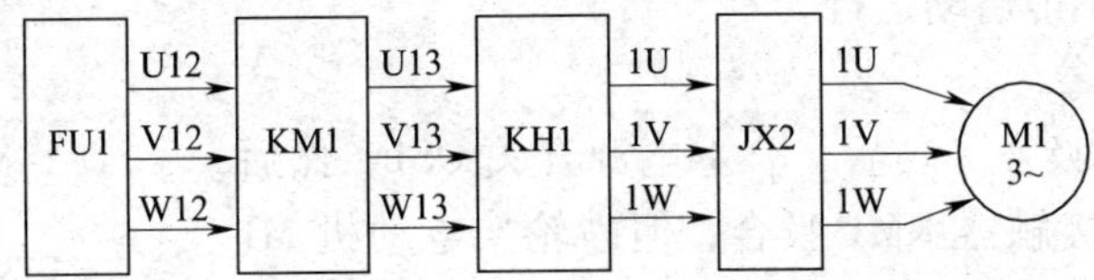

三、M7130 型平面磨床主电路常见电气故障分析与检修举例

首先由教师在 M7130 型平面磨床上人为设置故障点，观察教师示范检修过程，然后自行完成故障点的检修实训任务。

1．故障一

砂轮电动机和液压泵电动机都不能启动。

（1）观察故障现象

先将 QS2 扳至“吸合”位置，合上电源开关 QS1。然后按下启动按钮 SB1，接触器 KM1 不吸合，砂轮架电动机 M1 不启动。按下 SB3 启动按钮，接触器 KM2 也不吸合，液压泵电动机也不能启动。再按下照明开关，照明灯也不亮。

（2）判断故障范围

M1、M3 电动机都不能启动，其主要原因是接触器 KM1、KM2 都没有吸合，由于照明灯也不能正常工作，说明控制电路的电源电压不正常，因此，故障电路如图 3—2—9 中虚线框所示。

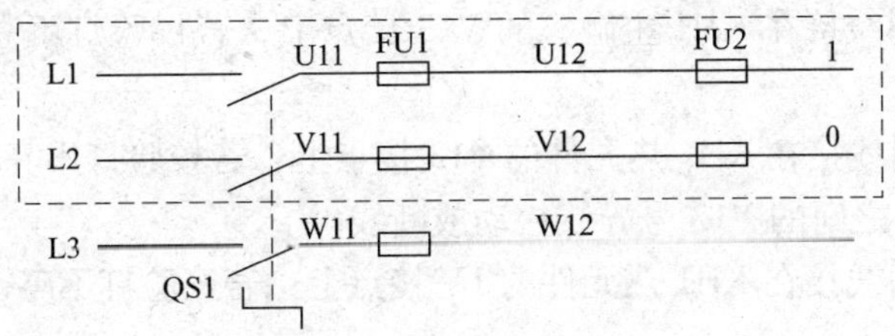

图 3—2—9　故障一电路图

（3）查找故障点

采用电笔测量法判断故障点的方法步骤如下：

1）断开电源开关 QS1，取下熔断器 FU3 的熔芯，重新合上 QS1。

2）用电笔依次测量 L1 相电源电路中的各点，若电笔不能正常发光，则说明故障点就在测试点前级。

例如，用电笔测量 FU1 的 U12 接点时，电笔不亮，则说明故障为 FU1 熔断；测量 FU2 的 U12 接点时，电笔不亮，则说明故障为连接 FU1 和 FU2 之间的导线松脱或断线。

3）用同样的测量方法可以判断 L2 和 L3 相电源电路中的故障点。

（4）故障排除

根据故障情况，采用合适的方法维修故障点。

（5）通电试车

通电检查磨床各项操作，应符合技术要求。

2. 故障二

砂轮电动机 M1 不能启动运行。

(1) 观察故障现象

先将 QS2 扳至“吸合”位置，合上电源开关 QS1，然后按下启动按钮 SB1，接触器 KM1 吸合，但砂轮架电动机 M1 不启动，按下 SB3 启动按钮，接触器 KM2 吸合，液压泵电动机 M3 能正常启动运行。

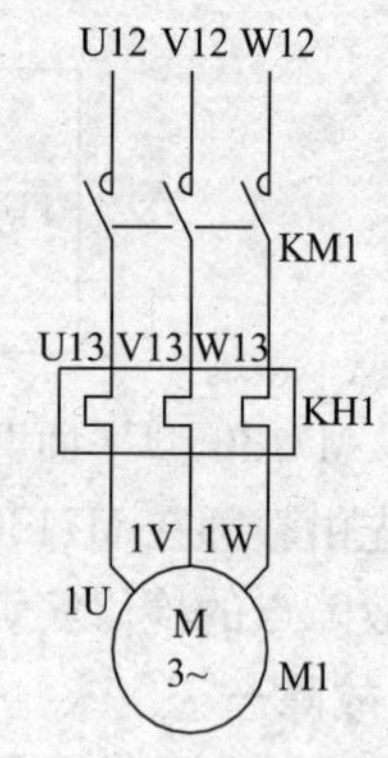

图 3—2—10 故障二电路图

(2) 判断故障范围

虽然砂轮电动机 M1 不能启动，但接触器 KM1 能正常吸合，且液压泵电动机 M3 也能正常启动运行，所以，故障应位于 M1 自身的主电路中，故障电路如图 3—2—10 所示。

(3) 查找故障点

采用试灯法判断故障点的方法步骤如下：

1) 断开电源开关 QS1，拔下接插器 X1，拆下砂轮电动机 M1 三相定子绕组中的任意两相接线端，并做好绝缘处理。

2) 合上开关 QS1，按下启动按钮 SB1，KM1 线圈得电动作，KM1 主触头闭合，将校验灯（380 V）的一端（假设为 1 脚）引线接在熔断器 FU1 的 U12 接点上并保持不变，灯的另一端（假设为 2 脚）引线接 KM1 主触头的 V12 接点，若校验灯不亮，则故障为连接 FU1 与 KM1 主触头之间的 V12 号导线松动或断线。

3) 将灯的 2 脚引线接在 KM1 主触头的 V13 接点上，若校验灯不亮，则故障为 KM1 主触头接触不良。

4) 将灯的 2 脚引线接在 KH1 热元件的 V13 接点上，若校验灯不亮，则故障为连接 KH1 热元件与 KM1 主触头之间的 V13 号导线松动或断线。

5) 将灯的 2 脚引线接在 KH1 热元件的 1V 接点上，若校验灯不亮，则故障为 KH1 热元件断路。

6) 将灯的 2 脚引线接在砂轮电动机 M1 的 1V 相定子绕组的接线端子上，若校验灯不亮，则说明故障为连接 KH1 热元件与 M1 的 1V 相绕组之间的导线松动或断线。

7) 采用上述同样的方法查找电动机 M1 的 W 相电路中的故障点。

8) 将校验灯的 1 脚接在 FU1 的 V12 接点上并保持不变，灯的 2 脚依次测试电动机 M1 的 U 相电路中各点，根据灯的发光情况可以判断出故障点。

(4) 故障排除

根据故障具体情况，采用恰当的方法排除故障点，然后恢复 M1 定子绕组接线。

(5) 通电试车

通电检查磨床各项操作是否符合技术要求。

3. 故障三

冷却泵电动机不能启动，并发出嗡嗡声。

(1) 故障现象

先将 QS2 扳至“吸合”位置，合上电源开关 QS1，然后按下启动按钮 SB1，砂轮架电动机 M1 立即启动运转，插上接插器 X1 后，冷却泵电动机不能启动，并发出嗡嗡声。

(2) 判断故障范围

由于砂轮架电动机 M1 工作正常，所以故障出现在冷却泵电动机 M2 的主电路中，且为缺相运行。故障电路如图 3—2—11 中虚线框所示。

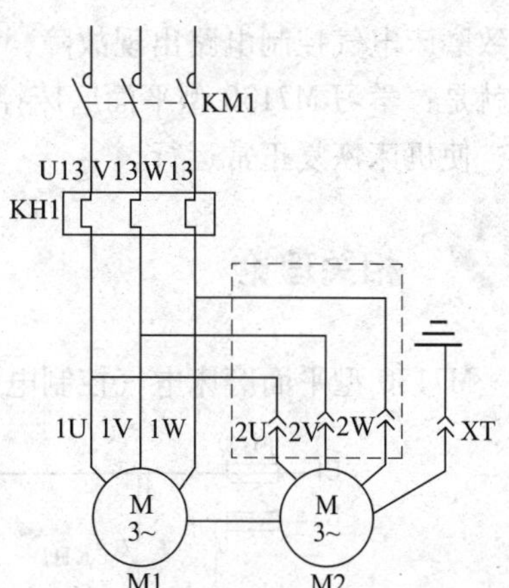

图 3—2—11　故障三电路图

(3) 查找故障点

采用电阻测量法查找故障点。断开电源开关 QS1，将万用表转换开关调至欧姆 R×100 挡，分别测量 1U—2U、1V—2V、1W—2W 之间电阻值，若阻值为零则正常，若阻值比较大则不正常（该阻值为 M1 和 M2 定子绕组的直流电阻）。如实际测得 1V—2V 之间阻值比较大，则说明接插器 V 相接触不良。

(4) 故障排除

根据情况调整接插器静触头距离，或更换接插器 X1。

(5) 通电试车

通电检查磨床各项操作，应符合技术要求。

4. 故障四

液压泵电动机 M3 主电路常见故障检修。一般可采用电笔测量法、校验灯法和电压测量法等方法来检修故障点，方法步骤同前述相似。

1. 检修前要认真阅读电路图，熟练掌握各个控制环节的原理及作用。
2. 熟悉 M7130 型平面磨床电器布局及走线通道，掌握各操作手柄、开关及电器的功能。
3. 学生在检修前要认真观摩教师的示范检修过程。
4. 停电要验电。带电检修时，必须有指导教师在现场监护，以确保用电安全，同时要做好训练记录。

任务 3　M7130 型平面磨床电气控制线路常见故障检修

1. 掌握 M7130 型平面磨床电气控制线路工作原理。
2. 了解 M7130 型平面磨床电气控制线路的实际走线路径。
3. 熟练掌握 M7130 型平面磨床控制线路常见电气故障的检修方法。

M7130 型平面磨床在使用过程中，由于电气设备老化或操作不当等原因，不可避免地会

导致磨床电气控制电路出现故障，从而使机床不能正常工作，影响生产加工。本节的工作任务就是：学习 M7130 型平面磨床控制电路常见电气故障检修方法步骤。快速准确地排除故障，使机床恢复正常运行。

相关理论

M7130 型平面磨床电气控制电路如图 3—2—12 所示。

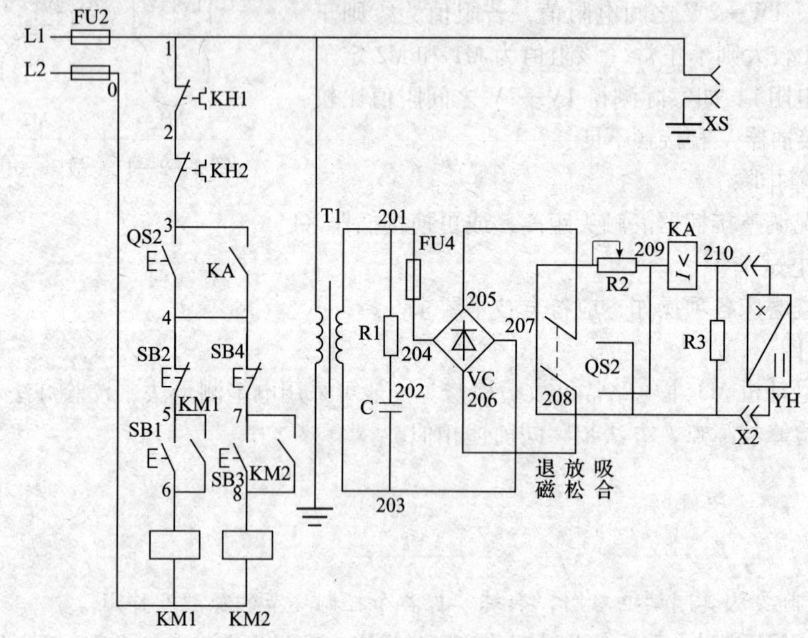

图 3—2—12　M7130 型平面磨床电气控制电路原理图

一、砂轮电动机 M1 的控制

M1 启动：

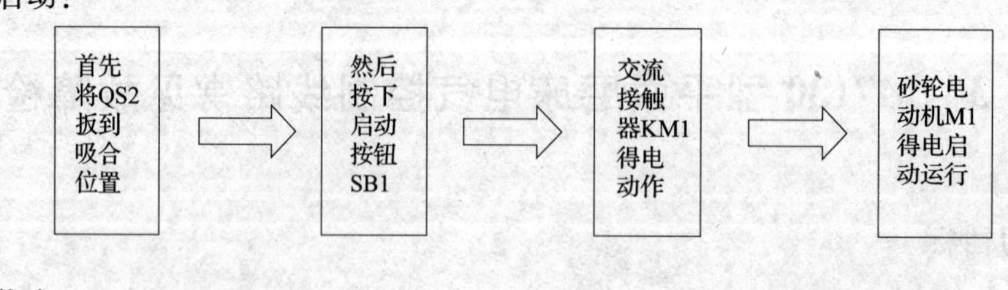

M1 停车：

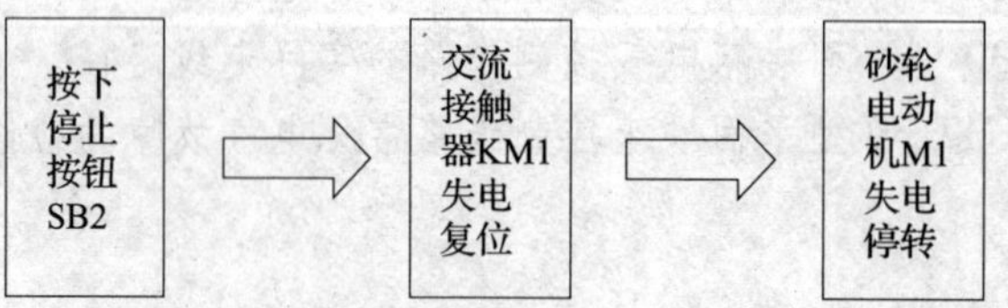

二、冷却泵电动机 M2 的控制

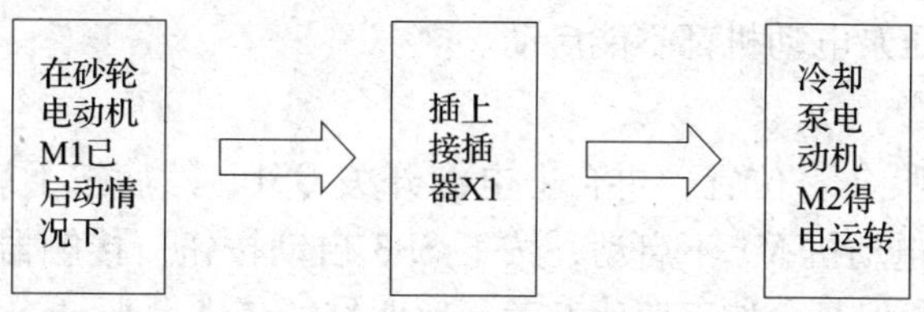

三、液压泵电动机 M3 的控制

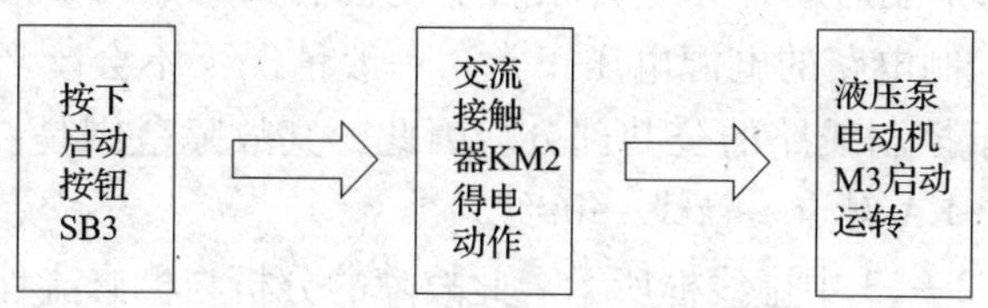

四、电磁吸盘的控制电路分析

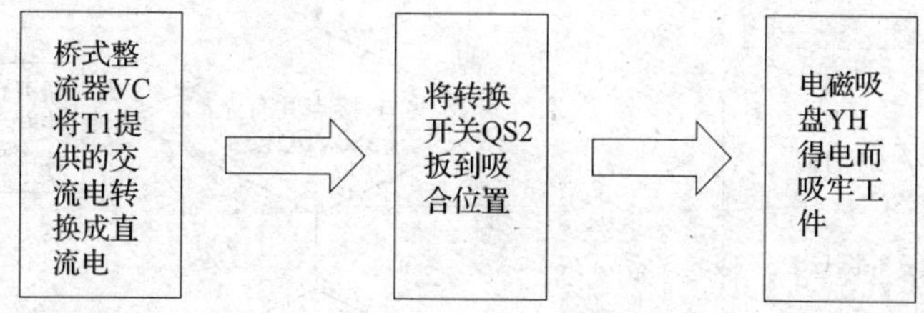

一、工具、仪表与设备

1. 工具

螺钉旋具、尖嘴钳、剥线钳、测电笔、校验灯、电工刀、活络扳手等。

2. 仪表

MF47 型万用表、500 V 兆欧表、钳形电流表等。

3. 设备

M7130 型平面磨床。

二、找出控制电路走线路径

在教师的指导下，参照 M7130 型平面磨床的电器位置图（见任务 1 中图 3—2—6）和接线图（见任务 2 中图 3—2—8），在磨床上通过测量等方法找出控制电路实际走线路径。

三、M7130 型平面磨床控制电路常见电气故障分析与检修举例

首先由教师在 M7130 型平面磨床上人为设置故障点，观察教师示范检修过程，然后自

行完成故障点的检修实训任务。

1. 故障一

砂轮电动机和液压泵电动机都不能启动。

（1）观察故障现象

先将 QS2 扳至“吸合”位置，再合上电源开关 QS1，然后按下启动按钮 SB1，接触器 KM1 不吸合，砂轮架电动机 M1 不启动，按下 SB3 启动按钮，接触器 KM2 也不吸合，液压泵电动机也不能启动。但是，按下照明开关，照明灯能正常发光。

（2）判断故障范围

M1、M3 电动机都不能启动，其主要原因是接触器 KM1、KM2 都没有吸合，由于照明灯能正常工作，说明控制电路的电源电压正常，一般情况下不会凑巧 SB1 和 SB3 同时接触不良，故障大多数位于控制线路的公共部分。因此，其故障范围是：1#线—KH1 触点—2#线—KH2 触点—3#线—KA 触点—4#线 —0#线。

故障电路如图 3—2—13 中虚线框所示。此故障的分析与检修流程如图 3—2—14 所示。

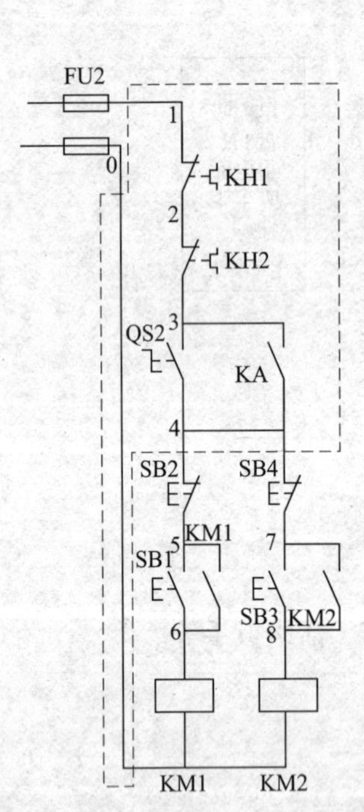

图 3—2—13　故障一电路图

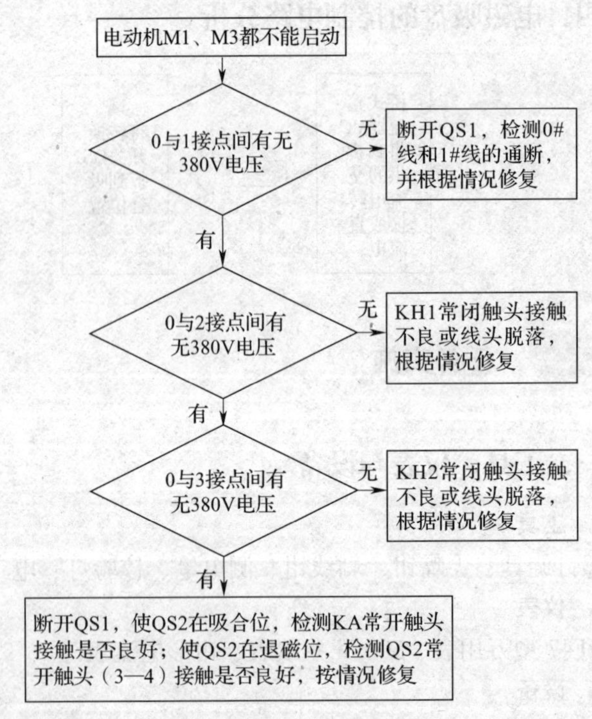

图 3—2—14　电动机都不能启动的检修流程图

（3）查找故障点

1）方法一：采用电压测量法查找故障点。

将万用表转换开关调至交流 500 V 挡，黑表笔接熔断器 FU2（0#）接点，红表笔依次测量下列各点：

①热继电器 KH1（1#），测得电压 380 V 为正常。

②热继电器 KH1（2#），测得电压 380 V 为正常。

③热继电器 KH2（2#），测得电压 380 V 为正常。

④热继电器 KH2（3#），测得电压 0 V 为不正常，说明 KH2 常闭触头接触不良。

2）方法二：采用试灯法查找故障点。

将校验灯（额定电压 380 V）的一脚引线接在 FU2（0#）接点上，另一脚引线依次接到下列各点：

①热继电器 KH1（1#），若灯能发光为正常。

②热继电器 KH1（2#），若灯能发光为正常。

③热继电器 KH2（2#），若灯能发光为正常。

④热继电器 KH2（3#），若灯不亮，则说明故障为 KH2 常闭触头接触不良。

（4）故障排除

断开电源开关 QS1，修复或更换 KH2 触头。

（5）通电试车

通电检查磨床各项操作，应符合各项技术要求。

2. 故障二

砂轮电动机 M1 启动后不能连续运转。

（1）观察故障现象

先将 QS2 扳至“吸合”位置，合上电源开关 QS1，然后按下启动按钮 SB1，砂轮电动机 M1 立即启动运转，但手松开 SB1 后，砂轮电动机 M1 随即停止。

（2）判断故障范围

这一故障现象为砂轮电动机 M1 不能连续运转，出现了点动控制，显然故障为交流接触器 KM1 的自锁触头接触不良或连接导线松脱。

故障电路如图 3—2—15 中虚线框所示。

（3）查找故障点

采用电阻测量法查找故障点。将万用表转换开关调至欧姆 R×100挡，断开电源开关 QS1，再将 QS2 扳至“放松”位置，人为按下交流接触器 KM1 的动作试验按钮，依次测量下列各点之间的电阻值：

1）测得停止按钮 SB2（5#）和交流接触器 KM1（5#）之间电阻值为零则正常。

2）测得交流接触器 KM1 自锁触头的 5#和 6#接点之间电阻值为零则正常。

3）测得交流接触器 KM1 自锁触头（6#）和交流接触器 KM1 线圈（6#）之间电阻值为无穷大则不正常。

（4）故障排除

断开电源开关 QS1 的情况下，用旋具紧固交流接触器 KM1 自锁触头和交流接触器 KM1 线圈之间的 6 号线端头，若故障依旧，则更换同规格的 6 号线即可。

（5）通电试车

通电检查磨床各项操作，应符合技术要求。

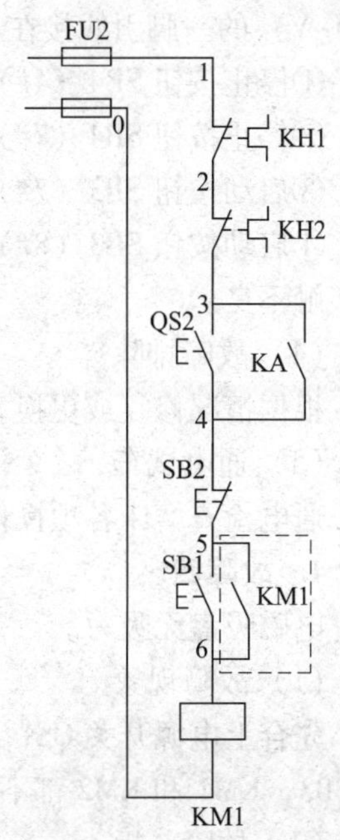

图 3—2—15　故障二电路图

3. 故障三

液压泵电动机 M3 不能启动。

（1）故障现象

先将 QS2 扳至“吸合”位置，合上电源开关 QS1，然后按下启动按钮 SB1，砂轮架电动机 M1 立即启动运转，再按下 SB3 启动按钮，液压泵电动机不能启动。

（2）判断故障范围

按下 SB3 启动按钮，进一步观察交流接触器 KM2 是否吸合，如果 KM2 不吸合则故障发生在控制线路部分。又由于 KM1 能正常吸合，所以故障范围为：

4#—SB4—7#—SB3—8#—XT3—8#—KM2 线圈—0#。故障电路如图 3—2—16 所示。

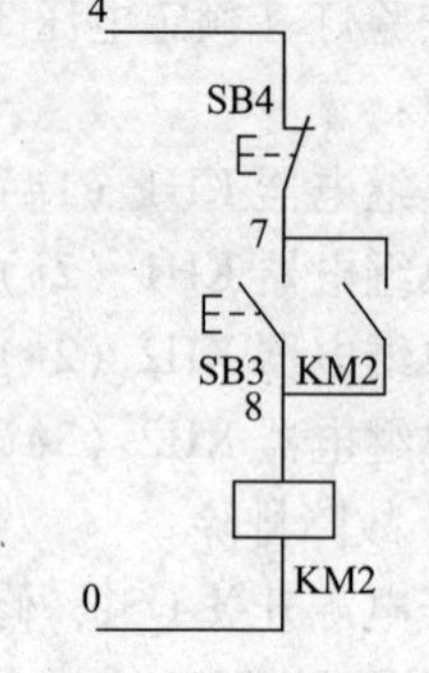

图 3—2—16　故障三电路图

（3）查找故障点

1）方法一：采用电压测量法查找故障点。

将万用表转换开关调至交流电压 500 V 挡，黑表笔接 FU2（0#），将 QS2 扳至“吸合”位置，合上电源开关 QS1，按住启动按钮 SB3 不放，红表笔依次测量下列各点。

①测得 SB4（4#）电压为 380 V 正常。

②测得 SB4（7#）电压为 380 V 正常。

③测得 SB3（7#）电压为 380 V 正常。

④测得 SB3（8#）电压为 0 V 不正常，说明启动按钮 SB3 触头闭合时接触不良。

2）方法二：采用试灯法查找故障点。

将 QS2 扳至“吸合”位置，合上电源开关 QS1，按住启动按钮 SB3 不放，再将校验灯（380 V）的一脚引线接在 FU2（0#）上不动，另一脚引线依次接到下列各点：

①停止按钮 SB4（4#）接点上，若灯能发光为正常。

②停止按钮 SB4（7#）接点上，若灯能发光为正常。

③启动按钮 SB3（7#）接点上，若灯能发光为正常。

④启动按钮 SB3（8#）接点上，若灯不能发光，则说明故障为启动按钮 SB3 触头闭合时接触不良。

（4）故障排除

根据情况修复或更换 SB3 触头即可。

（5）通电试车

通电检查磨床各项操作，应符合技术要求。

4. 故障四

电磁吸盘无吸力。

（1）故障现象

先合上电源开关 QS1，再将 QS2 扳到“吸合”位置，发现电磁吸盘无吸力。再按下 SB1 和 SB3，KM1 和 KM2 都不吸合（欠电流继电器 KA 没吸合），但是，照明灯能正常工作。

（2）故障分析

电磁吸盘无吸力说明没有电流通过电磁吸盘线圈，因此，应该先检测电磁吸盘两端有无电压，然后逐级向变压器 T1 检测。

检修流程如图 3—2—17 所示。故障电路如图 3—2—18 所示。

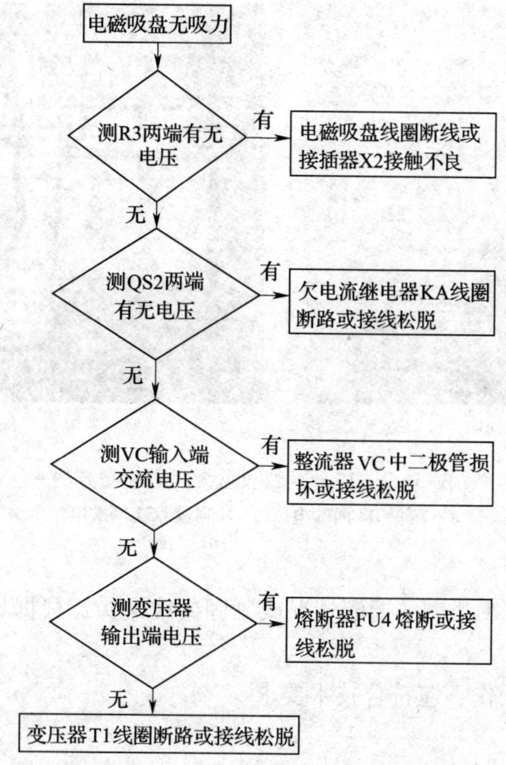

图 3—2—17　电磁吸盘无吸力检修流程图

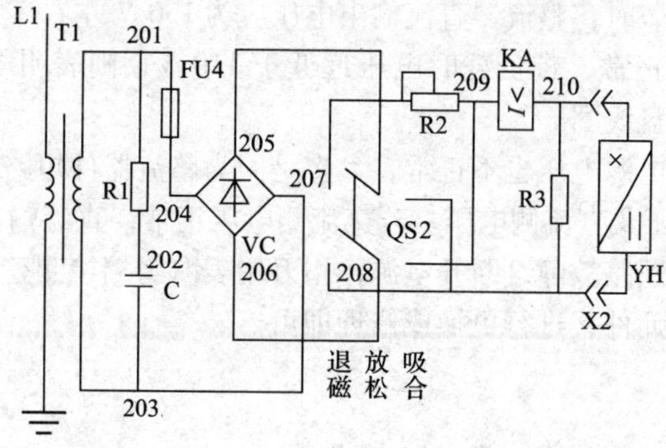

图 3—2—18　故障四电路图

（3）故障查找

将万用表转换开关调至直流电压 250 V 挡，依次测量下列各点：

1）红表笔与 R3 的 208#接点相连，黑表笔与 R3 的 210#接点相连，测得实际电压为 0 V 不正常。如图 3—2—19a 所示。

2）红表笔接 QS2 的 208#接点，黑表笔改接 QS2 的 209#接点，测得电压约为 110 V 正常。如图 3—2—19b 所示。因为 QS2（208—209）两端有电压，而 R3 两端无电压，所以故障点为欠电流继电器 KA 线圈断路或接线松脱。

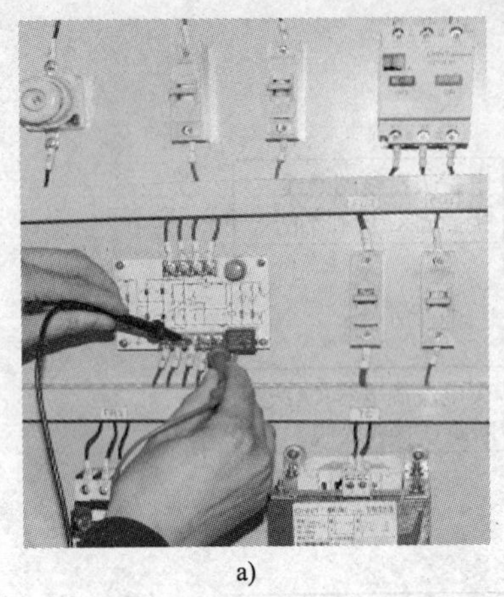
a)

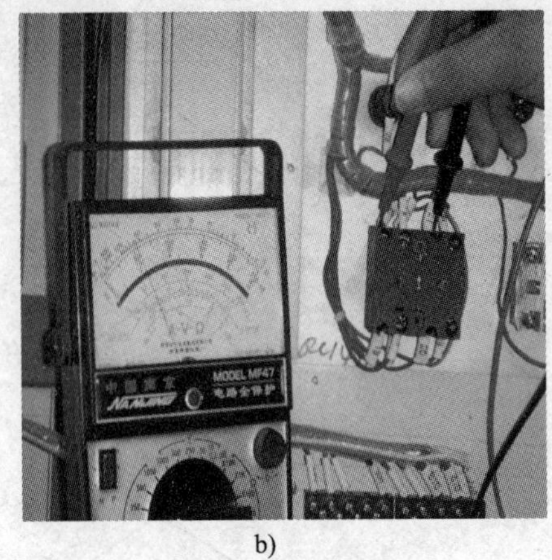

b)

图 3—2—19　电磁吸盘无吸力检测方法

a）测量 R3 两端电压　b）测量 QS2 两端电压

（4）故障修理

检测欠电流继电器 KA 线圈的通断情况或紧固接线端头，根据具体情况修复。

（5）通电试车

通电检查磨床各项操作，应符合技术要求。

5. 故障五

电磁吸盘吸力不足。

引起这种故障的原因，一般是电磁吸盘线圈发生局部短路而使电压降低，或整流器输出电压不正常造成的。空载时，整流器直流输出电压应为 130 V 左右，负载时不应低于 110 V。若整流器空载输出电压正常，带负载时电压远低于 110 V，则表明电磁吸盘线圈已发生短路，一般需更换电磁吸盘线圈。

若空载时电磁吸盘电源电压也不正常，大多是因为整流器件短路或断路造成的。应检查整流器 VC 的交流侧电压及直流侧电压。若交流侧电压正常，直流输出电压不正常，则表明整流器发生元件短路或断路故障，断开电源，用万用表欧姆挡检测整流二极管的好坏，判断出故障部位，查出故障元件，进行更换或修理即可。

1. 检修前要认真阅读电路图，熟练掌握各个控制环节的原理及作用。

2. 检修前应熟悉 M7130 型平面磨床机械结构、电器布局及走线通道，掌握各操作手柄、开关及电器的功能。

3. 停电要验电。带电检修时，必须有指导教师在现场监护，以确保用电安全，同时要做好训练记录。

项目三

Z3040 型摇臂钻床电气控制线路

任务 1　认识 Z3040 型摇臂钻床

1. 掌握 Z3040 型摇臂钻床的用途、主要结构和运动形式。
2. 能正确识读 Z3040 型摇臂钻床电气控制线路原理图和接线图。
3. 掌握构成 Z3040 型摇臂钻床电气控制线路的电器位置、型号及功能。

工作任务

Z3040 型摇臂钻床是工业生产加工过程中应用十分广泛的一种孔加工机床。它主要是用钻头钻削精度要求不太高的孔，另外，还可以用来扩孔、铰孔、镗孔以及攻螺纹等多种形式的加工。本节的学习任务就是：掌握 Z3040 型摇臂钻床的主要结构和运动形式；正确识读 Z3040 型摇臂钻床电气控制线路原理图和接线图以及正确操作、调试 Z3040 型摇臂钻床。

钻床是一种应用十分广泛的孔加工机床。钻床的结构形式较多，有立式钻床、卧式钻床、台式钻床、深孔钻床等，几种常见的钻床如图 3—3—1 所示。Z3040 型摇臂钻床是一种立式钻床。

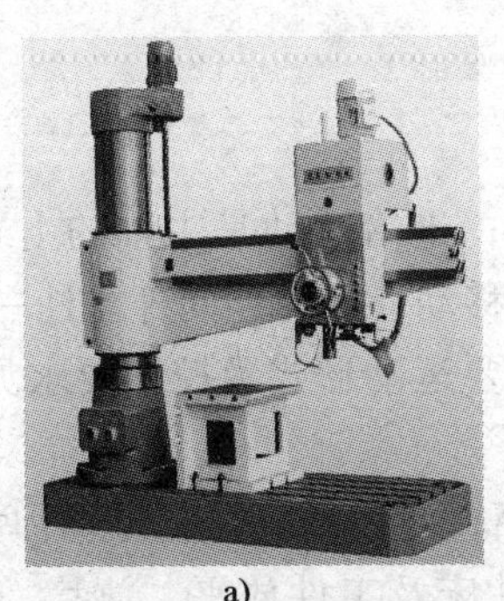

a)

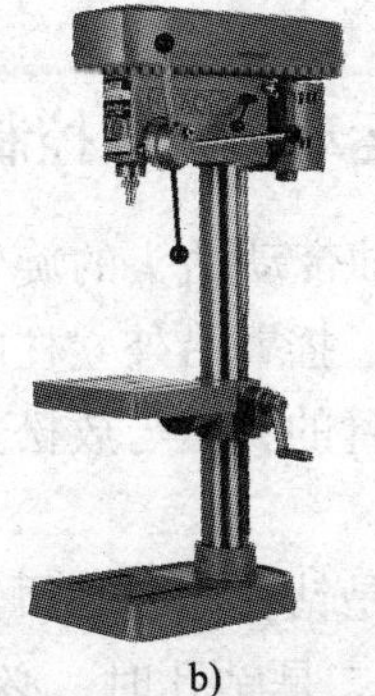

b)

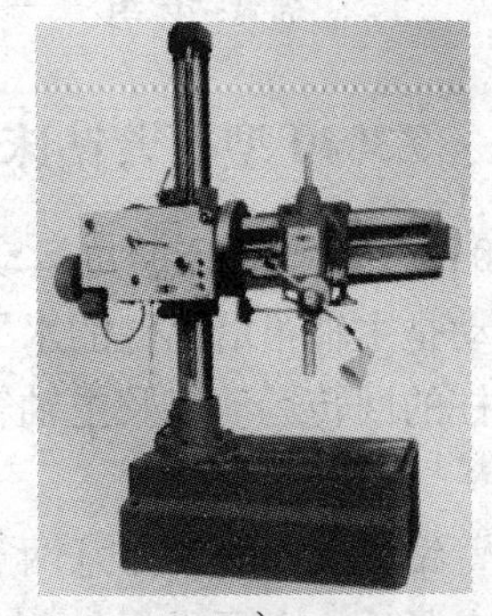

c)

图 3—3—1　几种不同型号的钻床

a）Z3040 型摇臂钻床　b）B135 型台式钻床　c）Z3732 型万向摇臂钻床

一、Z3040 型摇臂钻床主要结构与型号含义

Z3040 型摇臂钻床的外形如图 3—3—2 所示。它主要由底座、内立柱、外立柱、摇臂、升降丝杠、主轴箱、工作台等部分组成。

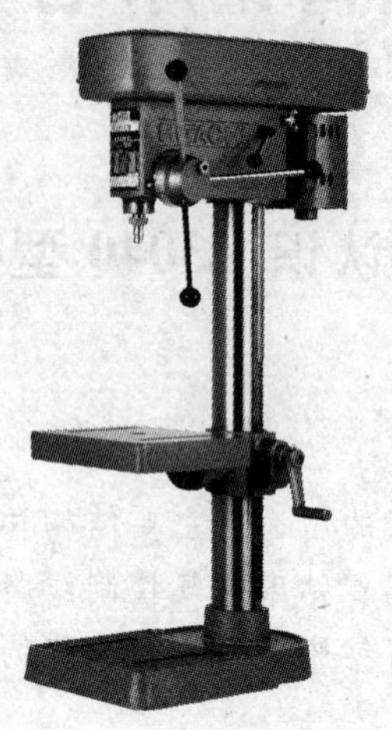

图 3—3—2　Z3040 型摇臂钻床外形结构图

内立柱固定在底座上，外面套着空心的外立柱，外立柱可带动摇臂一起绕着不动的内立柱回转。摇臂一端的套筒部分与外立柱滑动配合，在升降丝杠带动下，摇臂可沿外立柱上下移动，但不能与外立柱相对回转，只能通过外立柱相对于内立柱回转。主轴箱安装于摇臂的水平导轨上，可由手轮操纵其沿摇臂作径向移动。

当需要钻削加工时，先将主轴箱固定在摇臂导轨上，摇臂固定在外立柱上，外立柱紧固在内立柱上，工件夹紧在工作台上加工，通过调整摇臂高度、回转角度及主轴箱位置，来完成钻头对工件的校准，启动主轴电动机并转动手轮操控钻头进行钻削加工。

Z3040 型摇臂钻床的型号含义：

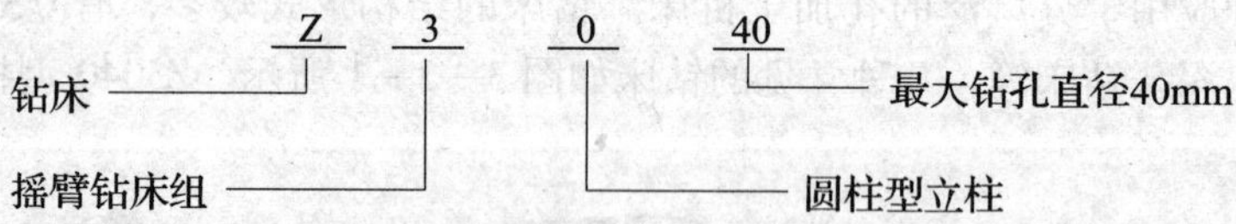

二、Z3040 型摇臂钻床主要运动形式及控制要求

Z3040 型摇臂钻床的主运动是主轴带动钻头的旋转运动；进给运动是主轴的上下运动；辅助运动是主轴箱沿摇臂的水平移动、摇臂沿外立柱的上下移动、摇臂连同外立柱一起相对于内立柱的回转运动以及主轴箱和摇臂的夹紧与放松。其主要运动形式及控制要求见表 3—3—1。

摇臂钻床操作时要注意两点：一是钻孔前，必须先将摇臂及主轴箱放松，然后调到需要位置并夹紧后，方可进行钻削加工；二是钻孔时，必须将钻床及工件放平、放稳、安装牢固。

表 3—3—1　　Z3040 摇臂钻床主要运动形式及控制要求

运动种类	运动形式	控制要求
主运动	主轴带动钻头的旋转运动	1. 主轴电动机 M1 承担钻削和进给任务，只要求单向旋转 2. 主轴的正反转是通过正反转摩擦离合器来实现的 3. 主轴的转速和进给量是通过变速机构来调节的
进给运动	主轴的上下进给运动	主轴进给运动由主轴电动机拖动，其动力通过主轴传给主轴进给变速传动机构，经蜗杆轴和水平轴传给主轴套，使主轴获得进给运动
辅助运动	主轴箱沿摇臂径向移动	无电动机拖动，是通过手轮操作使主轴箱沿着摇臂上的水平导轨作径向移动
	摇臂沿外立柱上下移动	由电动机 M2 拖动，通过升降丝杠带动摇臂沿外立柱上下运动，需要正反转控制，有限位保护
	摇臂的回转运动	依靠人力推动，使摇臂连同外立柱绕内立柱作回旋运动
	工件加工过程的冷却	由电动机 M4 拖动冷却泵输送切削液
	摇臂及主轴箱的夹紧与放松	由电动机 M3 配合液压装置来实现，要求电动机 M3 能实现正反转

三、Z3040 型摇臂钻床控制电路工作原理分析

Z3040 型摇臂钻床控制电路原理图如图 3—3—3 所示。

变压器 T 将 380 V 电压转换成交流 110 V 电压作为控制电路的电源，它由主轴电动机控制部分、摇臂升降电动机控制部分、主轴箱和立柱夹紧与放松控制部分、局部照明部分和工作状态指示部分组成。

1. 主电路识读

Z3040 型摇臂钻床的主电路中共有四台电动机。主轴电动机 M1 由交流接触器 KM1 控制，为主轴的旋转和进给运动提供动力，KH1 作为它的过载保护，熔断器 FU1 作为它的短路保护；M2 为摇臂升降电动机，由交流接触器 KM2、KM3 分别控制其正反转，通过升降丝杠带动摇臂作上下移动，熔断器 FU2 作为它的短路保护，由于是短时工作制，所以未设过载保护；M3 为液压泵电动机，由交流接触器 KM4、KM5 分别控制其正反转，通过液压系统实现立柱及主轴箱的夹紧与放松，KH2 作为它的过载保护，熔断器 FU2 作为它的短路保护；冷却泵电动机 M4 由手动组合开关 SA1 控制，为钻削加工过程中提供切削液。

2. 控制电路识读

（1）主轴电动机 M1 的控制

合上电源开关 QS，按下启动按钮 SB2，接触器 KM1 线圈得电吸合，KM1 的主触头闭

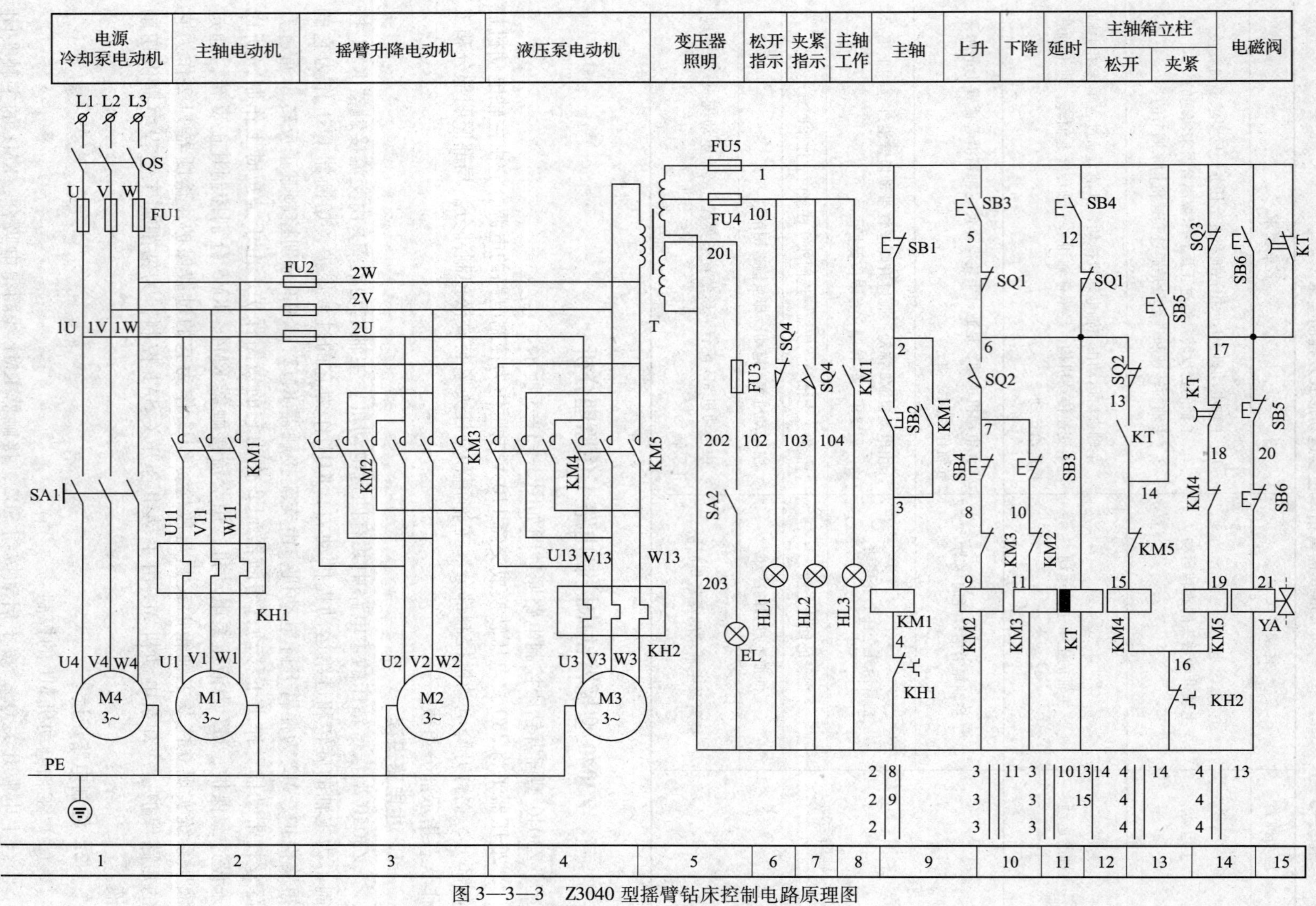

图 3—3—3　Z3040 型摇臂钻床控制电路原理图

合，同时自锁触头也闭合，主轴电动机 M1 得电启动运行，同时指示灯 HL3 亮；按下停止按钮 SB1，接触器 KM1 断电释放，各触头恢复原来状态，主轴电动机 M1 停止运转，同时指示灯 HL3 熄灭。

（2）摇臂升降电动机 M2 的控制

摇臂升降前，必须先让夹紧在立柱上的摇臂松开，然后上升或下降，升降到所需位置时自行夹紧，摇臂在松开或夹紧过程中电磁阀 YA 处于通电状态。

1）摇臂上升启动过程。按住摇臂上升按钮 SB3，SB3 的常闭触头（11 区）先断开，实现对接触器 KM3（11 区）联锁，SB3 的常开触头（10 区）后闭合，使断电延时继电器 KT（12 区）得电吸合，KT 瞬时闭合的常开触头（13 区 13 ~ 14）立即闭合，接触器 KM4 得电吸合，液压泵电动机 M3 正向启动运转，拖动液压泵供给正向压力油。与此同时，KT 的延时闭合常闭触头（14 区 17 ~ 18）立即断开，而 KT 的延时断开的常开触头（15 区 1 ~ 17）立即闭合，使电磁阀 YA 得电，压力油进入摇臂夹紧机构的松开油腔，推动活塞和菱形块将摇臂松开，并使摇臂夹紧位置开关 SQ3 触头（14 区 1 ~ 17）复位闭合（SQ3 在摇臂夹紧时处于被压动断开状态），为摇臂夹紧（即 KM5 得电）做好准备。当摇臂完全松开后，活塞杆通过弹簧片压下位置开关 SQ2，使其常闭触头（13 区 6 ~ 13）断开，KM4 失电，M3 停转，SQ2 常开触头（10 区 6 ~ 7）闭合，接触器 KM2 得电吸合，摇臂升降电动机 M2 正转，拖动摇臂上升。

2）摇臂上升停止过程。当摇臂上升到所需位置时，松开按钮 SB3，则接触器 KM2、时间继电器 KT 同时断电释放，摇臂升降电动机 M2 停止运转，摇臂也停止上升。由于时间继电器 KT 断电释放使瞬时闭合的常开触头（13 区 13 ~ 14）立即复位断开，确保 KM4 不能得电，当 KT 延时时间到，KT 的延时断开的常开触头（15 区 1 ~ 17）复位断开，KT 的延时闭合常闭触头（14 区 17 ~ 18）复位闭合，接触器 KM5 线圈得电吸合，液压泵电动机 M3 反向启动运转，拖动液压泵供给反向压力油，使压力油进入摇臂夹紧机构的夹紧油腔，推动活塞和菱形块使摇臂夹紧。当摇臂夹紧后，活塞杆通过弹簧片压下 SQ3，使其常闭触头断开，同时松开 SQ2，电磁阀 YA、接触器 KM5 都断电，液压泵电动机 M3 停止运转，摇臂夹紧过程结束。

摇臂下降的启动和停止过程请自行分析。

（3）主轴箱和立柱的夹紧与松开控制

主轴箱和立柱的夹紧与松开是同时进行控制的，这时电磁阀 YA 处于失电状态，其控制过程分析如下：

当需要主轴箱和立柱松开（或夹紧）时，按下按钮 SB5（或 SB6），接触器 KM4（或 KM5）得电吸合，液压泵电动机 M3 拖动液压泵正向（或反向）旋转，提供正向（或反向）压力油，进入主轴箱和立柱松开（或夹紧）油腔，推动夹紧机构实现主轴箱和立柱松开（或夹紧）。同时在松开（或夹紧）时复位（或压动）位置开关 SQ4，使放松信号灯 HL1（或夹紧信号灯 HL2）亮。

由于 SB5 和 SB6 的常闭触点串联在电磁阀 YA 线圈回路中，所以 YA 始终不会得电，保证压力油进入主轴箱和立柱的夹紧装置中。

任务实施

一、工具、仪表及设备

1. 工具

扳手、螺钉旋具、尖嘴钳、剥线钳、电工刀、验电器等。

2. 仪表

万用表、兆欧表、钳形电流表等。

3. 设备

Z3040 型摇臂钻床。

二、对照图 3—3—2，在教师指导下，认识 Z3040 型摇臂钻床的主要结构和操纵部件。

三、在教师指导下进行现场观察，并结合电气接线图（见图 3—3—4），熟悉 Z3040 型摇臂钻床的电器设备位置及型号。

四、认真观摩教师示范操作，Z3040 型摇臂钻床操作、调试方法和步骤如下：

1. 操作前的准备

首先检查各操作开关、手柄是否在停止或原位，钻头的位置是否安全，然后合上电源开关 QS，接通电源。

2. 主轴正反转操作

首先将主轴正反转控制手柄扳至“正转”位置，然后按下启动按钮 SB2，观察主轴工作信号灯 HL3 是否亮；再按下停止按钮 SB1，观察主轴旋转方向是否符合要求。

3. 摇臂上升与下降操作

（1）摇臂上升

按下按钮 SB3，摇臂先松开，然后才会向上运动，当摇臂上升到需要位置时，立即松开 SB3，摇臂随即停止上升，检查摇臂是否夹紧。

（2）摇臂下降

按下按钮 SB4，摇臂先松开然后才会向下运动，当摇臂下降到需要位置时，立即松开 SB4，摇臂随即停止下降，检查摇臂是否夹紧。

4. 立柱和主轴箱的松开与夹紧操作

按下按钮 SB5（或 SB6），使主轴箱和立柱松开（或夹紧），如不能松开（或夹紧），查看液压泵电动机 M3 旋转方向是否符合要求，同时观察放松信号灯 HL1（或夹紧信号灯 HL2）是否正常亮，如不亮，调整位置开关 SQ4 与弹簧片之间的距离。

5. 冷却泵操作

扳动组合开关 SA1 至闭合状态，观察切削液是否正常输出。

6. 照明灯操作

闭合组合开关 SA2，观察照明灯 EL 是否工作正常。

五、在教师的监督指导下，按照上述操作方法，完成对 Z3040 型摇臂钻床的操作训练。

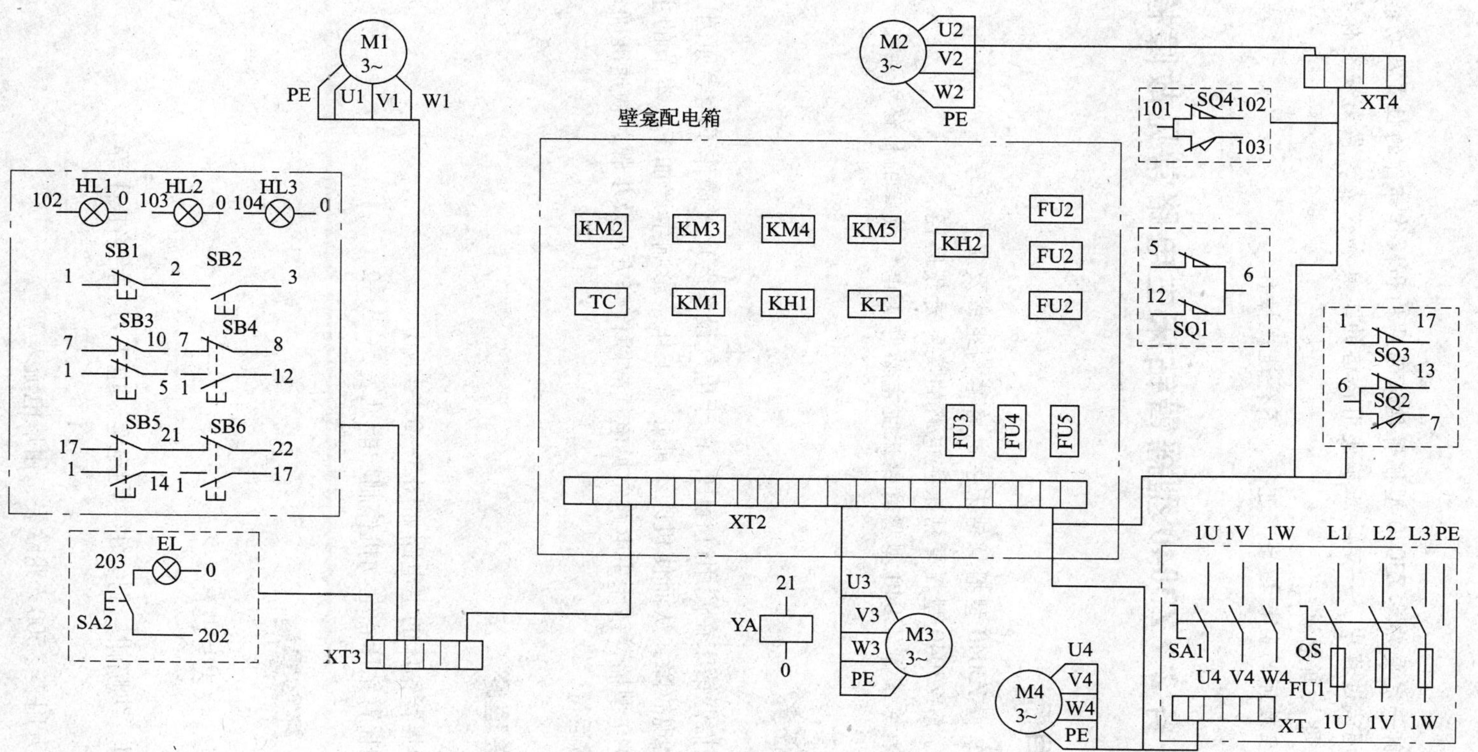

图 3—3—4　Z3040 型摇臂钻床接线图

1. 操作前一定要熟悉 Z3040 型摇臂钻床的结构和操作部件的位置及功能。

2. 操作调试过程中，一定要正确使用合格的工具和仪表，做好安全保护措施，如有异常情况必须立即切断电源。

3. 必须在教师的监护指导下进行，不得违规操作。

任务 2　Z3040 型摇臂钻床主电路常见故障检修

学习目标

1. 掌握 Z3040 型摇臂钻床主电路结构组成及工作原理。
2. 了解 Z3040 型摇臂钻床主电路的实际走线路径。
3. 熟练掌握 Z3040 型摇臂钻床主电路常见电气故障的检修方法。

工作任务

Z3040 型摇臂钻床在使用过程中，由于电气设备老化或操作不当等原因，不可避免地会导致主电路出现故障，从而使机床不能正常工作，影响生产加工。本节的主要工作任务就是：学习 Z3040 型摇臂钻床主电路常见电气故障检修方法及步骤，快速准确地排除故障，使机床恢复正常运行。

相关理论

Z3040 型摇臂钻床的主电路如图 3—3—5 所示。

Z3040 型摇臂钻床各电动机控制功能见表 3—3—2。

任务实施

一、工具、仪表与设备

1. 工具

螺钉旋具、尖嘴钳、剥线钳、测电笔、电工刀、活络扳手等。

2. 仪表

MF47 型万用表、500V 兆欧表、钳形电流表等。

3. 设备

Z3040 型摇臂钻床。

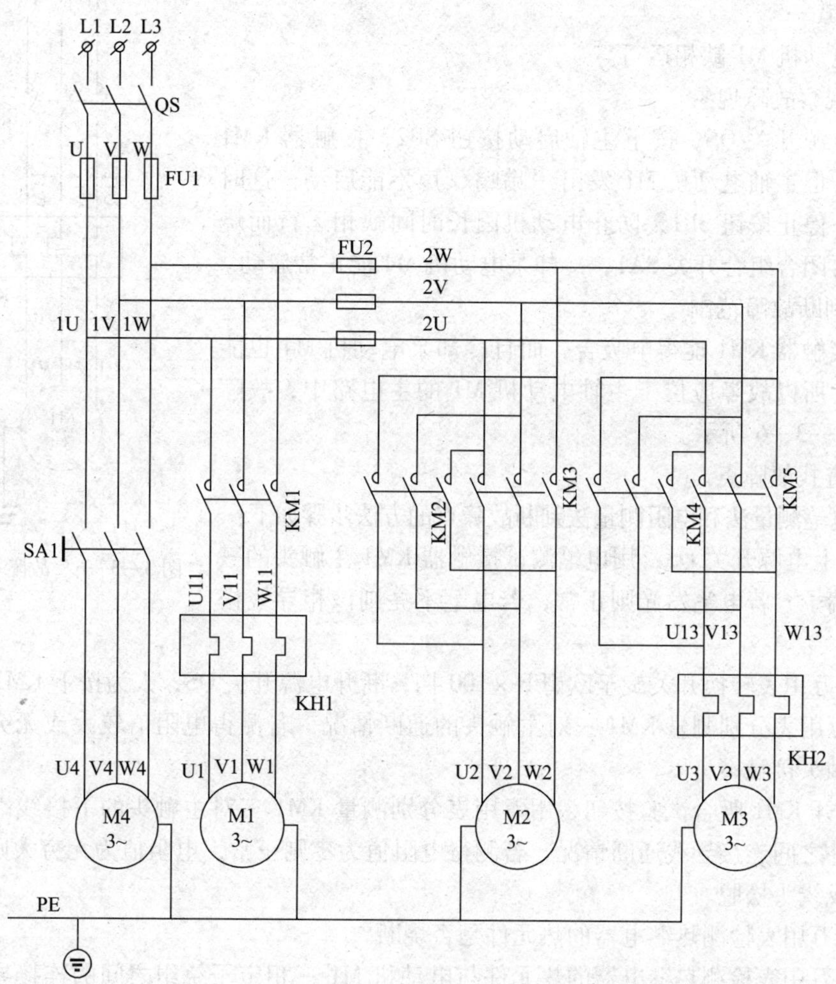

图 3—3—5　Z3040 型摇臂钻床的主电路原理图

表 3—3—2　　Z3040 型摇臂钻床各电动机控制功能

电动机名称	控制电器	短路保护	过载保护	用途
主轴电动机 M1	KM1	FU1	KH1	带动主轴的旋转和进给运动
摇臂升降电动机 M2	KM2、KM3	FU2	—	带动摇臂作上下移动
液压泵电动机 M3	KM4、KM5	FU2	KH2	实现立柱及主轴箱的夹紧与放松
冷却泵电动机 M4	SA1	FU1	—	钻削加工过程中提供切削液

二、在教师的指导下，参照 Z3040 型摇臂钻床的接线图（见图 3—3—4），在钻床上通过测量等方法找出 Z3040 型摇臂钻床主电路实际走线路径。

三、Z3040 型摇臂钻床主电路常见电气故障分析与检修举例

首先由教师在 Z3040 型摇臂钻床上人为设置故障点，观察教师示范检修过程，然后自行完成故障点的检修实训任务。

1. 故障一

主轴电动机 M1 缺相运行。

(1) 观察故障现象

合上电源开关 QS，按下主轴启动按钮 SB2，接触器 KM1 得电吸合，但主轴电动机 M1 发出“嗡嗡”声不能启动，这时要迅速按下停止按钮 SB1，防止电动机因长时间缺相运行而烧毁。然后再闭合组合开关 SA1，冷却泵电动机 M4 能正常启动。

(2) 判断故障范围

因为接触器 KM1 能得电吸合，而且冷却泵电动机 M4 也能正常工作，所以故障应位于主轴电动机 M1 的主电路中，故障电路如图 3—3—6 所示。

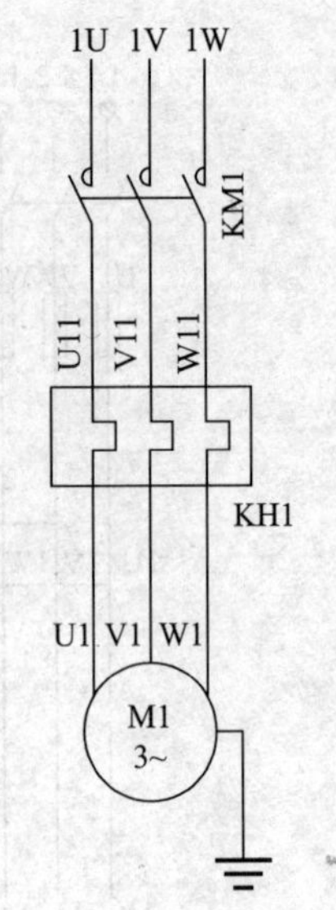

图 3—3—6 故障一电路图

(3) 查找故障点

采用电笔测量法和电阻测量法判断故障点的方法步骤如下：

1) 合上电源开关 QS，用电笔测试接触器 KM1 主触头的三个上接线端子，若电笔发光则正常，若电笔不亮则该相导线松脱或断路。

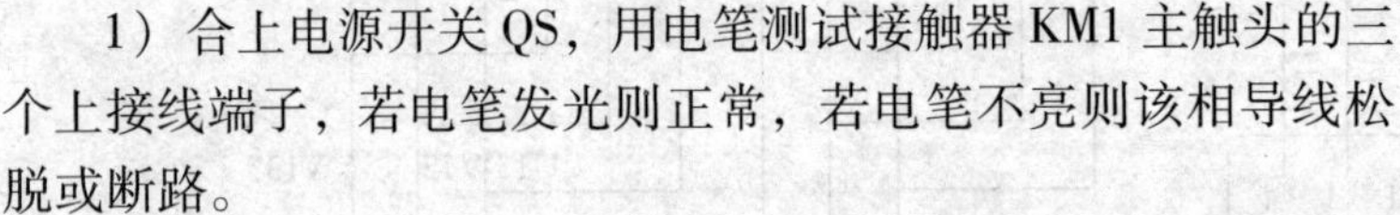

2) 将万用表转换开关旋至欧姆 R×100 挡，断开电源开关 QS，人为按下 KM1 吸合试验按钮，用万用表分别测量 KM1 三对主触头的通断情况，若测得电阻值较大或无穷大，则故障为该相触头接触不良。

3) 松开 KM1 吸合试验按钮，用万用表分别测量 KM1 三对主触头的下接线端子与热继电器热元件之间连接导线通断情况，若测得电阻值为零则正常，电阻值为无穷大则说明该相导线断路或线头松脱。

4) 用万用表检测热继电器的热元件是否烧断。

5) 用万用表检测热继电器的热元件与电动机 M1 三相定子绕组之间的连接导线是否断线或松动。

6) 从连接 M1 三相定子绕组的接线端子处两两测量（U1—V1、U1—W1、V1—W1）其直流电阻值，若三次测量阻值近似相等则为正常，若测得阻值不相等则说明电动机定子绕组有断相或连接导线断路。

7) 打开电动机接线盒，按照步骤 6 再次测量电动机定子绕组电阻值，若三次测量阻值仍近似相等则故障为连接导线断路，反之故障为定子绕组断路。

(4) 故障排除

根据故障情况，采用合适的方法维修故障点。

(5) 通电试车

通电检查钻床各项操作，应符合技术要求。

2. 故障二

摇臂能下降但不能上升。

(1) 观察故障现象

合上电源开关 QS，然后按下启动按钮 SB3，观察接触器 KM2 能得电吸合，但摇臂升降电动机 M2 不启动，摇臂也不上升；再按下 SB4 启动按钮，观察接触器 KM3 得电吸合，电动机 M2 启动运行，摇臂能正常下降。

（2）判断故障范围

因为按下摇臂上升启动按钮 SB3 后，接触器 KM2 能正常吸合，只是摇臂升降电动机 M2 没有启动运转而导致摇臂不能上升，所以故障应位于 M2 主电路中，又因为摇臂能下降（即 KM3 得电吸合后 M2 能启动运行），所以故障范围应为 KM2 主触头接触不良或连接导线松动和断线。故障范围如图 3—3—7 中虚线框所示。

（3）查找故障点

采用电阻测量法查找故障点的方法步骤如下：

1）首先将万用表转换开关旋至欧姆 R×100 挡，然后断开电源开关 QS，用万用表测量接触器 KM2 和 KM3 主触点的上端头之间连接导线通断情况，若测得电阻值为零则正常，若测得电阻值为无穷大则说明故障为这根连接导线断路或线头松脱。

2）再用万用表测量接触器 KM2 和 KM3 主触点的下端头之间连接导线通断情况，若测得电阻值为零则正常，若测得电阻值为无穷大则说明故障为这根连接导线断路或线头松脱。

3）人为按下接触器 KM2 动作试验按钮，用万用表测量 KM2 三对主触点的通断情况，若测得电阻值较大或无穷大，则说明故障为该相主触点接触不良。

（4）故障排除

根据故障具体情况，采用恰当的方法排除故障点。例如，若导线松动或断线时，应采取紧固导线接线端或更换同规格导线的方法即可；若接触器主触点接触不良时，根据具体情况，可采取去除触头灰尘、油污、氧化层、毛刺，调整触头压力弹簧等方法修复触头，若无法修复应更换同规格的触头即可。

（5）通电试车

通电检查钻床各项操作是否符合技术要求。

3. 故障三

主轴箱和立柱不能夹紧。

（1）故障现象

合上电源开关 QS，然后按下主轴箱松开按钮 SB5，接触器 KM4 线圈得电吸合，液压泵电动机 M3 启动运转，主轴箱和立柱能正常松开；再按下主轴箱夹紧按钮 SB6，接触器 KM5 线圈也得电吸合，但液压泵电动机 M3 却不能启动运转，主轴箱和立柱不能夹紧。

（2）判断故障范围

因为按下主轴箱松开按钮 SB5 时，液压泵电动机 M3 能正常启动运转，再按下主轴箱夹紧按钮 SB6 时，接触器 KM5 线圈也得电吸合，但液压泵电动机 M3 却不能启动运转，分析电路工作原理可知，故障范围如图 3—3—8 中虚线框所示。

（3）查找故障点

采用电阻测量法查找故障点。检测方法步骤和故障二相同。

（4）故障排除

根据故障点具体情况采取合适的方法修复之。

（5）通电试车

通电检查钻床各项操作，应符合技术要求。

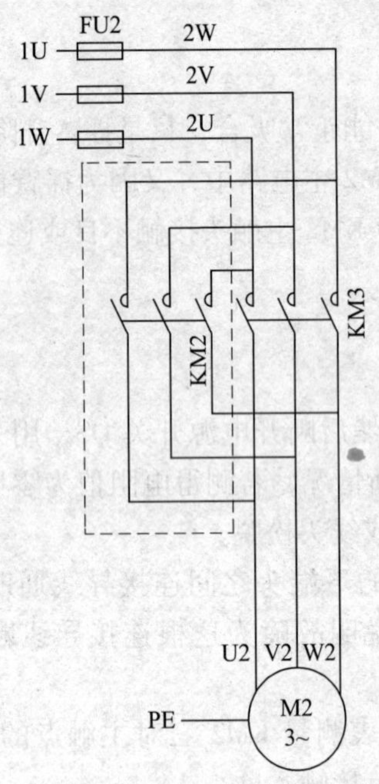

图 3—3—7　故障二电路图

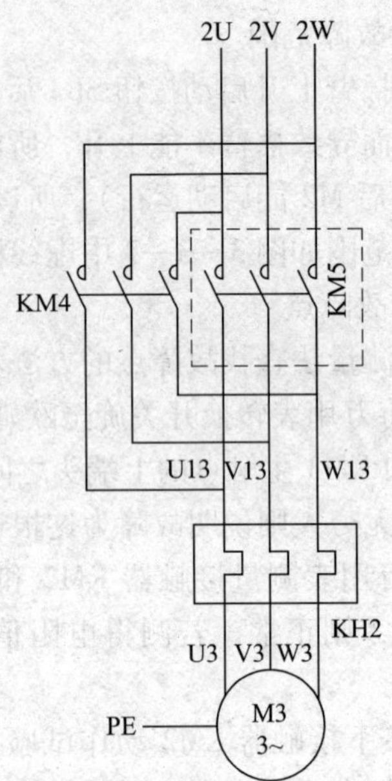

图 3—3—8　故障三电路图

1. 检修前要认真阅读 Z3040 型摇臂钻床电路图和接线图，熟练掌握各个控制环节的原理及作用。

2. 熟悉 Z3040 型摇臂钻床电器布局及走线通道，掌握各操作手柄、开关及电器的功能。

3. 学生在检修前要认真观摩教师的示范检修过程。

4. 停电要验电。带电检修时，必须有指导教师在现场监护，以确保用电安全，同时要做好训练记录。

任务 3　Z3040 型摇臂钻床电气控制线路常见故障检修

学习目标

1. 掌握 Z3040 型摇臂钻床电气控制线路工作原理。

2. 了解 Z3040 型摇臂钻床电气控制线路的实际走线路径。

3. 熟练掌握 Z3040 型摇臂钻床控制线路常见电气故障的检修方法。

工作任务

Z3040 型摇臂钻床在使用过程中，由于电气设备老化或操作不当等原因，不可避免地会导致电气控制电路出现故障，从而使机床不能正常工作，影响生产加工。本节的主要工作任务就是：学习 Z3040 型摇臂钻床控制电路常见电气故障检修方法及步骤，快速准确地排除故障，使机床恢复正常运行。

相关理论

Z3040 型摇臂钻床控制电路如图 3—3—9 所示。

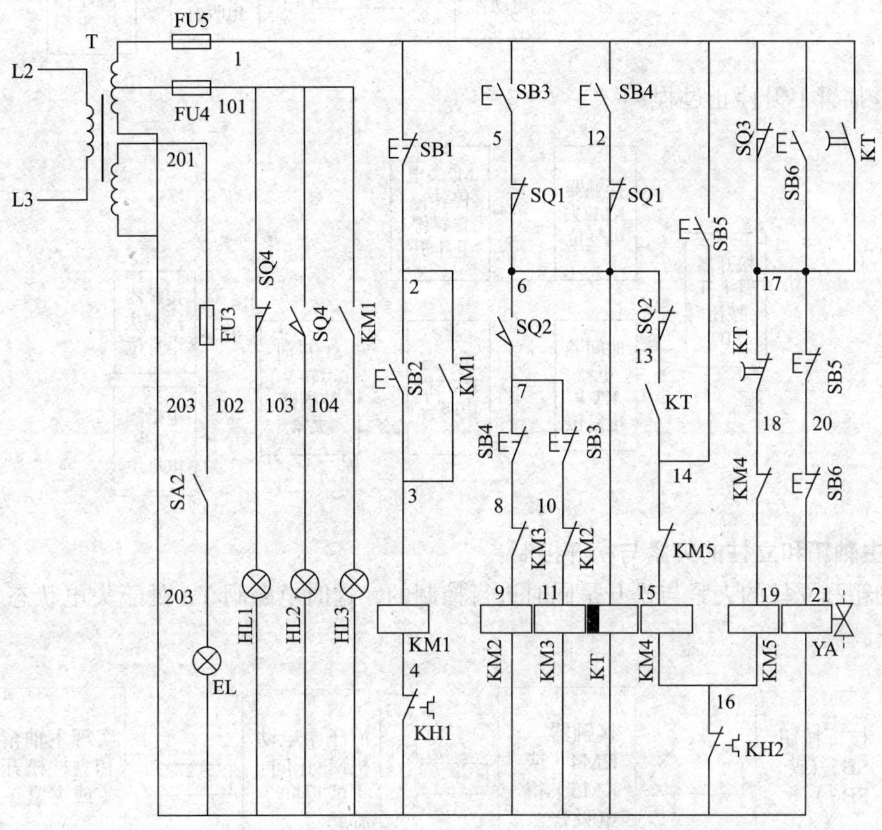

图 3—3—9　Z3040 型摇臂钻床控制电路原理图

1．主轴电动机 M1 的控制

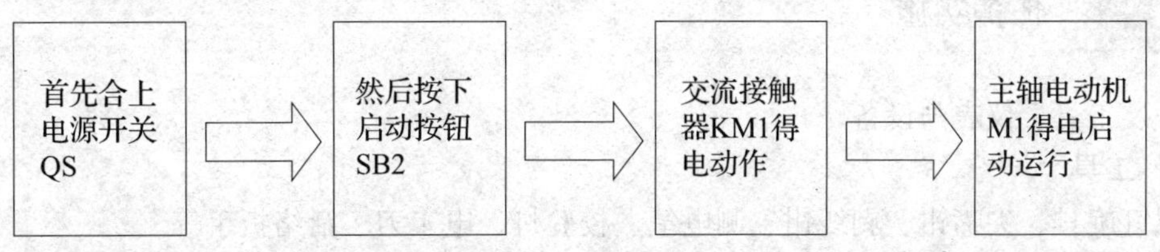

2．摇臂升降电动机 M2 的控制

摇臂升降前，必须先让夹紧在立柱上的摇臂松开，然后上升或下降，升降到所需位置时自行夹紧，摇臂在松开或夹紧过程中电磁阀 YA 处于通电状态。

（1）摇臂上升启动过程

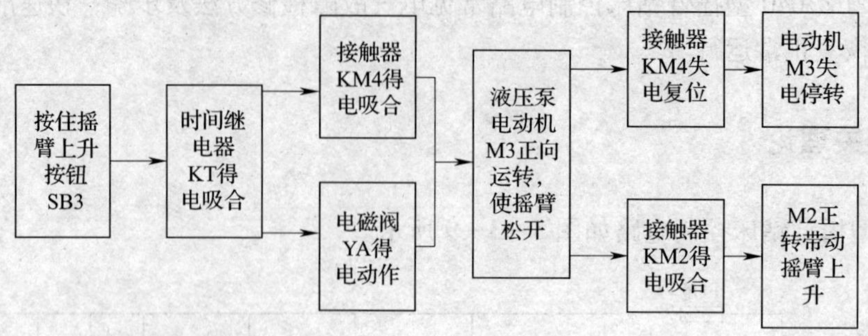

（2）摇臂上升停止过程

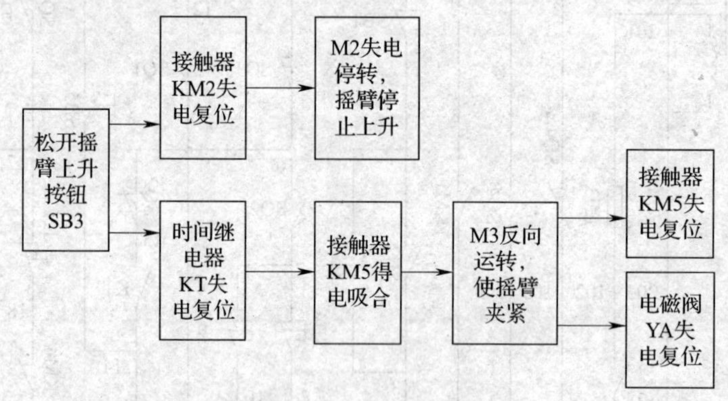

3. 主轴箱和立柱的夹紧与松开控制

主轴箱和立柱的夹紧与松开是同时进行控制的，这时电磁阀 YA 处于失电状态，其控制过程如下：

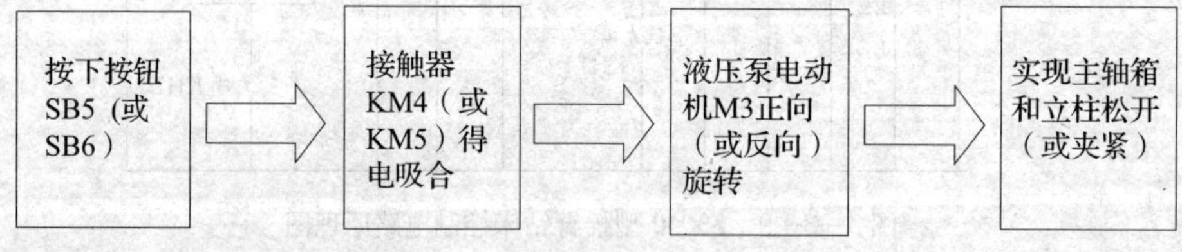

任务实施

一、工具、仪表与设备

1. 工具

螺钉旋具、尖嘴钳、剥线钳、测电笔、校验灯、电工刀、活络扳手等。

2. 仪表

MF47 型万用表、500 V 兆欧表、钳形电流表等。

3. 设备

Z3040 型摇臂钻床。

二、在教师的指导下，参照 Z3040 型摇臂钻床接线图（见任务一中图 3—3—4），在钻床上通过测量等方法找出控制电路实际走线路径。

三、Z3040 型摇臂钻床控制电路常见电气故障分析与检修

首先由教师在 Z3040 型摇臂钻床上人为设置故障点，观察教师示范检修过程，然后自行完成故障点的检修实训任务。

Z3040 型摇臂钻床控制电路常见电气故障检修举例如下：

1．故障一

摇臂不能升降。

（1）观察故障现象

合上电源开关 QS，然后按下摇臂上升启动按钮 SB3，观察到时间继电器 KT 得电动作，接触器 KM4 先得电吸合然后又失电复位，而 KM2 一直不能得电吸合，摇臂也不能上升；再按下摇臂下降启动按钮 SB4，接触器 KM3 也不能得电，摇臂也不能下降。

（2）判断故障范围

摇臂不能升降的主要原因是接触器 KM2、KM3 都没有得电吸合，由于时间继电器 KT 能得电动作，说明控制电路的电源电压正常，一般情况下不会凑巧升降启动按钮 SB3 和 SB4 或接触器 KM2 和 KM3 同时发生故障，故障大多数位于控制线路的公共部分。因此，其故障范围是：6#线—SQ_2常开触点—7#线。

此故障的分析与检修流程如图 3—3—10 所示。故障电路如图 3—3—11 中虚线框所示。

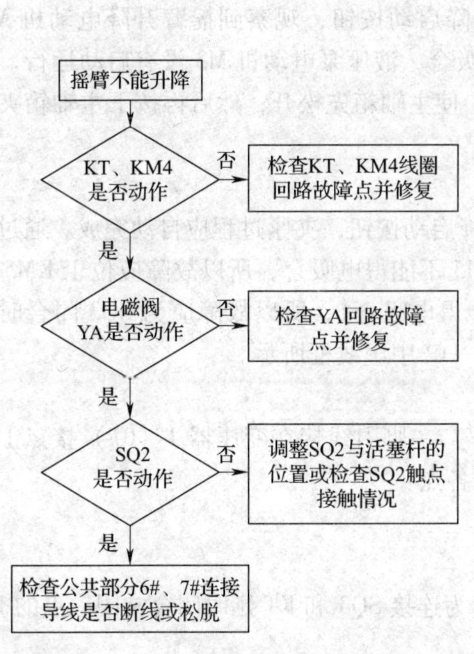

图 3—3—10　摇臂不能升降检修流程图

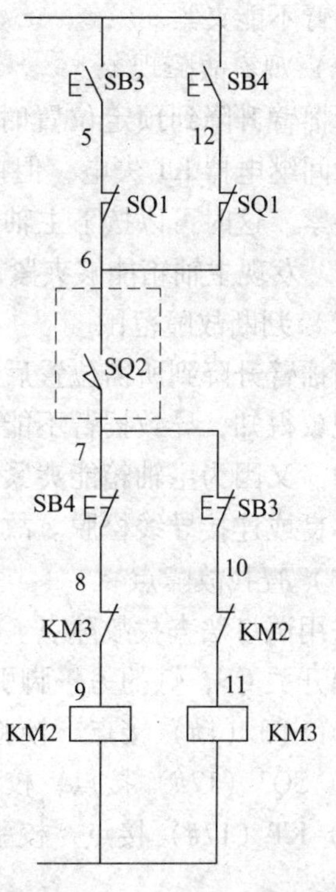

图 3—3—11　故障一电路图

（3）查找故障点

1）方法一：采用电压测量法查找故障点。

将万用表转换开关调至交流 250 V 挡，黑表笔接变压器 T（0#）接点，合上电源开关 QS，按住启动按钮 SB3 不放，红表笔依次测量下列各点：

①位置开关 SQ2（6#），测得电压 110 V 为正常。

②位置开关 SQ2（7#），测得电压 110 V 为正常。

③按钮 SB4 常闭触头（7#），测得电压为 0 V，说明故障就在此处，故障为 7#导线松脱或断线。

2）方法二：采用试灯法查找故障点。

将校验灯（额定电压 110 V）的一脚引线接在变压器 T（0#）接点上，合上电源开关 QS，按住启动按钮 SB3 不放，灯的另一脚引线依次接到下列各点：

①位置开关 SQ2（6#），校验灯能发光为正常。

②位置开关 SQ2（7#），校验灯能发光为正常。

③按钮 SB4 常闭触头（7#），校验灯不亮，说明故障就在此处，故障为 7#导线松脱或断线。

（4）故障排除

断开电源开关 QS，用旋具紧固 7#导线，若故障依旧，则更换同规格导线即可。

（5）通电试车

通电检查钻床各项操作，应符合各项技术要求。

2. 故障二

摇臂不能夹紧。

（1）观察故障现象

当摇臂升降到预定位置时，手松开摇臂升降启动按钮，观察到摇臂升降电动机 M2 停转，时间继电器 KT 失电，但接触器 KM5 没有吸合，液压泵电动机 M3 没有启动运行，摇臂不能夹紧。这时可以按下主轴箱松开按钮 SB5，使主轴箱先松开，然后再按下主轴箱夹紧按钮 SB6，发现主轴箱能够夹紧。

（2）判断故障范围

当摇臂升降到所需位置后，手松开摇臂升降启动按钮，夹紧过程应自动完成。通过观察故障现象得知，导致摇臂不能夹紧的原因是 KM5 不能得电吸合，所以故障应位于 KM5 线圈回路中。又因为主轴箱能夹紧（接触器 KM5 能得电吸合），所以故障应为 SQ3 闭合时触点接触不良或连接导线松脱。故障电路如图 3—3—12 中虚线框所示。

（3）查找故障点

采用试灯法查找故障点。将校验灯（110 V）一脚引线接在变压器 T（0#）接点上，合上电源开关 QS，灯的另一脚引线依次测试下列各点：

1）SQ3（1#）接点，校验灯亮为正常。

2）SQ3（17#）接点，校验灯亮为正常。

3）KT（17#）接点，校验灯不亮，则故障为连接 SQ3 和 KT 延时闭合常闭触点的 17#导线松脱。

（4）故障排除

断开电源开关 QS 的情况下，用旋具紧固 17 号线端头即可。

（5）通电试车

通电检查钻床各项操作，应符合技术要求。

3. 故障三

合上电源开关 QS，液压泵电动机 M3 就自行启动运转。

（1）观察故障现象

合上电源开关 QS，经观察发现接触器 KM5、电磁阀 YA 处于得电动作状态，液压泵电动机 M3 一直运转，这一现象是实现摇臂夹紧工作过程，但是摇臂已经夹紧。

（2）判断故障范围

当摇臂自动夹紧后，活塞杆通过弹簧片压下位置开关 SQ3，使接触器 KM5、电磁阀 YA 自动失电，从而液压泵电动机 M3 停转，摇臂夹紧过程结束。出现上述故障现象的原因是摇臂夹紧后 SQ3 常闭触点（1—17）没有被即时断开所致。

（3）故障点检修

断开电源开关 QS，检查摇臂在夹紧状态时，位置开关 SQ3 是否处于压动状态，若不是则调整好活塞杆弹簧片与 SQ3 的距离即可；若 SQ3 已被压动，则检查其触点是否熔焊，修复或更换 SQ3 即可。

（4）通电试车

通电检查钻床各项操作，应符合技术要求。

4. 故障四

主轴箱和立柱能放松，但不能夹紧。

（1）观察故障现象

合上电源开关 QS，按下启动按钮 SB5，主轴箱和立柱能正常放松，再按下 SB6，接触器 KM5 不能得电吸合，液压泵电动机 M3 不能运行，故主轴箱和立柱不能夹紧。再通过操作观察摇臂的升降过程，发现一切正常。

（2）故障原因分析

因为按下 SB6，接触器 KM5 不能得电吸合，从而导致了主轴箱和立柱不能夹紧，所以故障应位于 KM5 线圈回路中；又因为摇臂能自动夹紧（即 KM5 能得电吸合），因此可以推断故障为按钮 SB6 常开触点（1—17）闭合时接触不良或导线松脱。

故障电路如图 3—3—13 中虚线框所示。

（3）故障点查找

采用电阻测量法检查故障点。

将万用表转换开关旋至欧姆 R×100 挡，然后断开电源开关 QS，按住 SB6 不放，用万用表测量 SB6 常开触点（1—17）通断情况，测得电阻值较大（阻值为接触器 KM5 线圈和变压器 T 二次侧绕组电阻之和），则说明故障为 SB6 接触不良。

（4）故障排除

根据情况修复或更换 SB6 常开触点。

（5）通电试车

通电检查钻床各项操作，应符合技术要求。

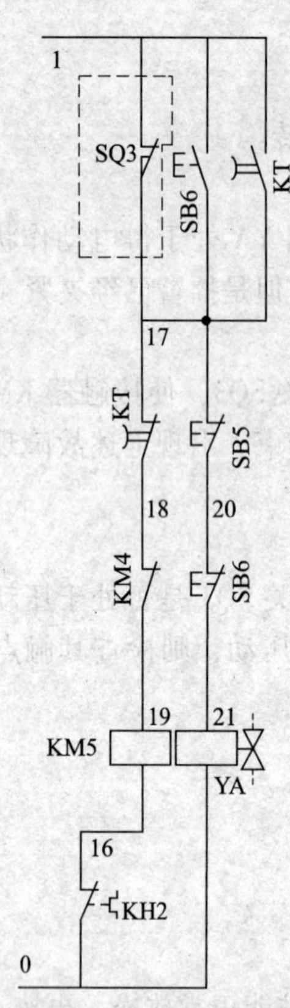

图 3—3—12　故障二电路图

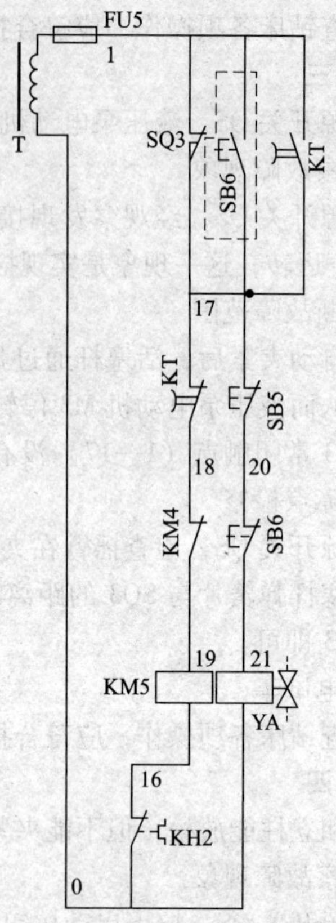

图 3—3—13　故障四电路图

1. 检修前要认真阅读电路图，熟练掌握各个控制环节的原理及作用。

2. 检修前应熟悉 Z3040 摇臂钻床机械结构、液压系统、电器布局及走线通道，掌握各操作手柄、开关及电器的功能。

3. 停电要验电。带电检修时，必须有指导教师在现场监护，以确保用电安全，同时要做好训练记录。

*项目四

X62W 型万能铣床电气控制线路

任务 1　认识 X62W 型万能铣床

学习目标

1. 了解 X62W 型万能铣床的功能、主要结构和运动形式。
2. 熟悉 X62W 型万能铣床的操纵手柄和电器的位置及功能。
3. 掌握 X62W 型万能铣床的控制电路原理及基本操作的方法步骤。

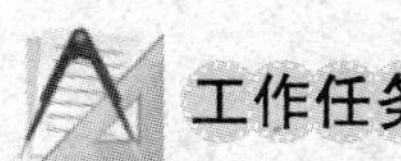

工作任务

X62W 型万能铣床功能多、用途广，是工业生产加工过程中不可缺少的一种金属铣削机床。它可以用圆柱铣刀、圆片铣刀、角度铣刀、成型铣刀及端面铣刀等刀具对各种零件进行平面、斜面、沟槽及成型表面的加工，装上分度盘可以铣削齿轮和螺旋面，装上圆工作台可以铣削凸轮和弧形槽等。本节的学习任务是：掌握 X62W 型万能铣床的主要结构和运动形式；正确识读 X62W 型万能铣床电气控制线路原理图以及正确操作、调试 X62W 型万能铣床。

相关理论

铣床的种类很多，按照结构型式和加工性能的不同，可分为卧式铣床、立式铣床、仿形铣床、龙门铣床、专用铣床和万能铣床等。X62W 型万能铣床是一种多用途卧式铣床，如图 3—4—1 所示。

一、X62W 型万能铣床主要结构与型号含义

X62W 型万能铣床的主要结构如图 3—4—2 所示。它主要由床身、主轴、悬梁、刀杆挂脚、工作台、回转盘、横溜板、纵溜板、升降台和底座等部分组成。

X62W 型万能铣床的型号含义：

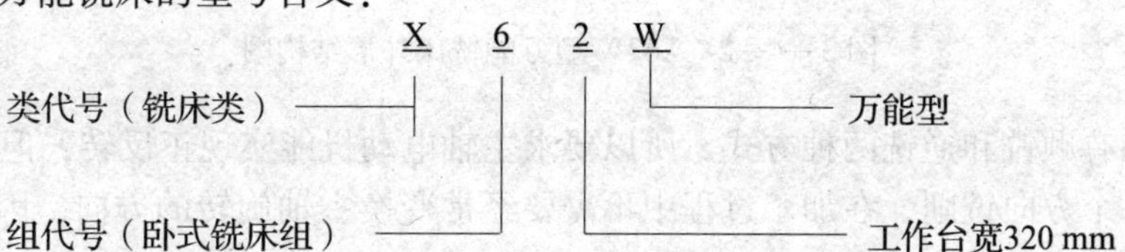

二、X62W 型万能铣床主要运动形式及控制要求

1. 主运动

X62W 万能铣床的主运动是主轴带动铣刀的旋转运动。

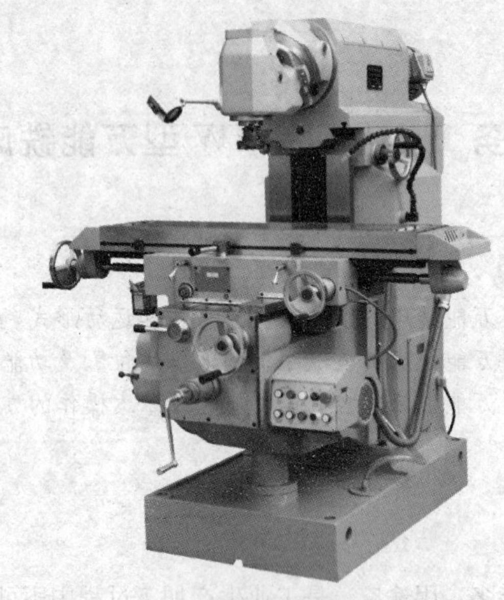

图 3—4—1　X62W 型万能铣床外形图

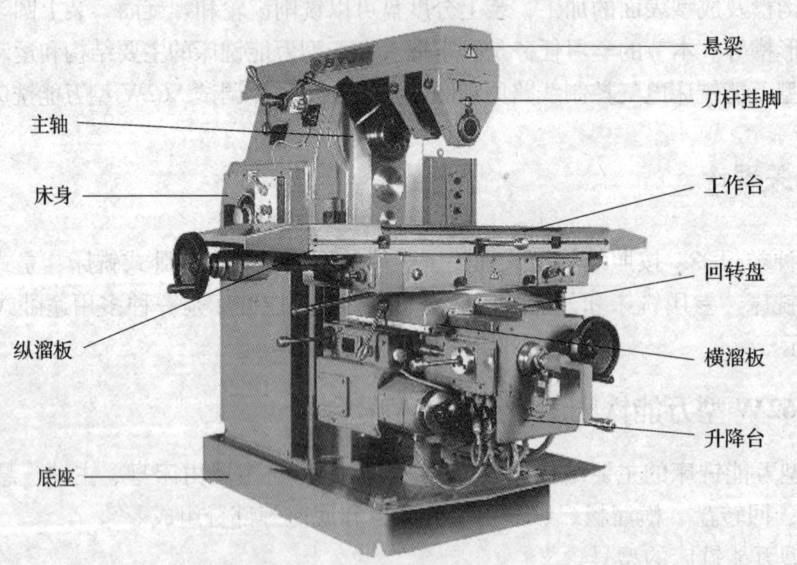

图 3—4—2　X62W 型万能铣床外形结构图

铣削加工有顺铣和逆铣两种方式，所以要求主轴电动机能实现正反转，但考虑到一批工件一般只用一个方向铣削，在加工过程中不需要经常变换主轴旋转的方向，因此，X62W 型万能铣床是用组合开关来改变主轴电动机的电源相序以实现正反转。

铣削加工是一种不连续的切削加工方式，为减小振动，主轴上装有惯性轮，但这样就会造成主轴停车困难。为此，X62W 型万能铣床主轴电动机采用电磁离合器制动以实现准确停车。

X62W 型万能铣床的主轴调速是通过改变主轴箱中的齿轮传动比来实现的，为了保证齿轮良好啮合，故主轴变速时要求主轴电动机有一瞬间变速冲动过程。

2. 进给运动

X62W 型万能铣床的进给运动是指工件随工作台在前后（横向）、左右（纵向）和上下（垂直）六个方向上的运动以及椭圆形工作台的旋转运动。

X62W 型万能铣床的工作台要求有前后、左右和上下六个方向上的进给运动和快速移动，所以要求进给电动机能正反转。为扩大加工能力，在工作台上可加装圆形工作台，圆形工作台的回转运动是由进给电动机经传动机构驱动的。

为保证机床和刀具的安全，在铣削加工时，任何时刻工件都只能有一个方向的进给运动，因此采用了机械操作手柄和行程开关相配合的方式实现六个运动方向的联锁。

为防止刀具和机床的损坏，要求只有主轴启动后才允许有进给运动；同时为了减小加工件的表面粗糙度，要求进给停止后主轴才能停止或同时停止。

进给变速采用机械方式实现，变速时为了齿轮良好啮合，也需要进给电动机有一瞬间变速冲动过程。

3. 辅助运动

X62W 型万能铣床的辅助运动是指工作台的快速运动及主轴和进给的变速冲动。

三、X62W 型铣床控制电路工作原理分析

X62W 型万能铣床电气控制线路图如图 3—4—3 所示。它分为电源电路、主电路、控制电路和照明电路四部分。

1. 电源电路识读

三相交流电的通断由电源总开关 SA1 控制，FU1、FU2 作为短路保护，变压器 TC1 将 380 V 转变成 110 V 作为控制电路的电源；变压器 TC2 将 380 V 转变成 24 V 作为电磁离合器的电源；变压器 TC3 将 380 V 转变成 36 V 为照明灯 EL 提供电源。

2. 主电路识读

主电路中共有主轴电动机 M1、冷却泵电动机 M2 和进给电动机 M3 三台电动机，其功能及控制见表 3—4—1。

3. 控制电路识读

380 V 交流电源经控制变压器 TC 转变为 110 V 电压作为控制电路的电源。

（1）主轴电动机 M1 的控制

为了方便操作，主轴电动机 M1 采用一地启动两地停止的控制方式，一组启动按钮 SB5 和停止按钮 SB1 安装在工作台上，另一只停止按钮 SB2 安装在床身上。铣床的加工有顺铣和逆铣两种工作方式，在开始工作前首先应确定主轴电动机 M1 的转向，而主轴电动机 M1 的正反转的转向是由主轴换向开关 SA2 控制的。主轴换向开关 SA2 的通断状态见表 3—4—2。

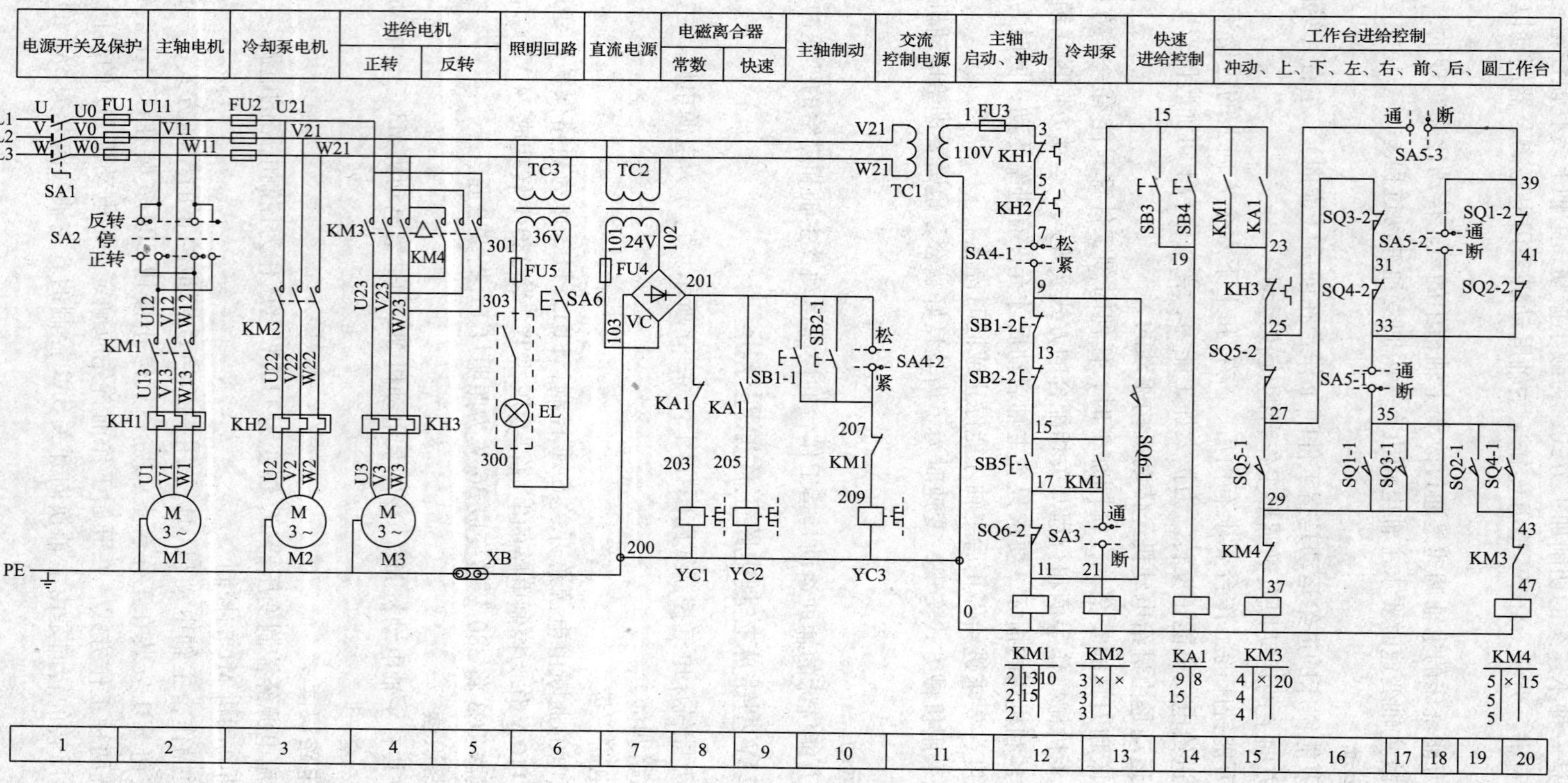

图 3—4—3　X62W 型万能铣床电气控制线路图

表 3—4—1　　三台电动机的功能及控制

电动机名称	功能	控制电器	过载保护	短路保护
主轴电动机 M1	拖动主轴带动铣刀旋转	接触器 KM1 和组合开关 SA2	热继电器 KH1	熔断器 FU1
冷却泵电动机 M2	提供切削液	接触器 KM2	热继电器 KH2	熔断器 FU2
进给电动机 M3	拖动工作台进给运动和快速移动	接触器 KM3 和 KM4	热继电器 KH3	熔断器 FU2

表 3—4—2　　主轴换向开关 SA2 的通断状态

触头	所在图区	操作手柄位置		
		正转	停止	反转
SA2－1	2	—	—	+
SA2－2	2	+	—	—
SA2－3	2	+	—	—
SA2－4	2	—	—	+

备注："＋"表示 SA2 触头闭合，"—"表示 SA2 触头断开。

主轴电动机 M1 的控制包括启动控制、制动控制、换刀控制和变速冲动控制。

1）主轴电动机 M1 的启动控制。启动前，首先选择好主轴的转速，接着将主轴换向开关 SA2 扳到所需要的转向，然后合上铣床电源总开关 SA1。工作原理如下：

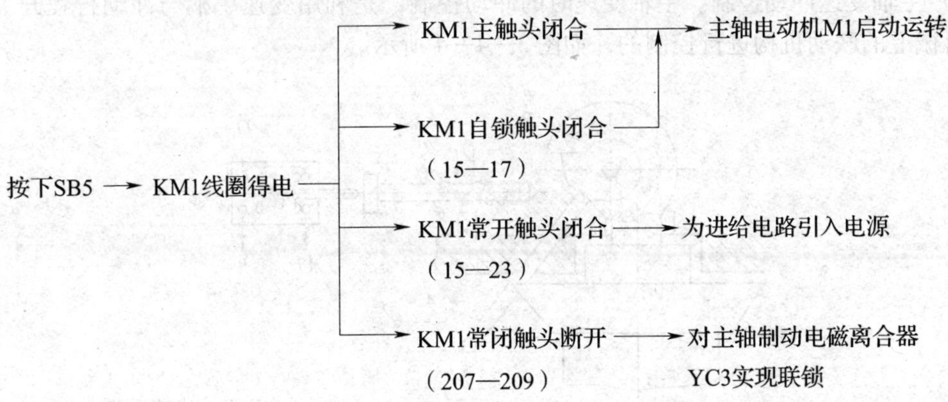

KM1 线圈得电回路为：TC1（1）→3→5→7→9→13→15→17→11→KM1 线圈→TC1（0）。

2）主轴电动机 M1 停车及制动控制。当铣削完毕，需要主轴电动机 M1 停止时，为使主轴能迅速停车，控制电路采用电磁离合器 YC3 对主轴进行停车制动。工作原理如下：

3）主轴换铣刀控制。主轴电动机 M1 停转后并不处于制动状态，主轴仍可自由转动。在主轴更换铣刀时，为避免主轴转动，造成更换困难，应将主轴制动。其方法是将主轴制动换刀开关 SA4 扳向换刀位置（即松紧开关 SA4 置“夹紧”位置），SA4－2 常开触头（201—207）闭合，电磁离合器 YC3 获电，将主轴电动机 M1 制动；同时 SA4－1 常闭触头（7—9）断开，切断了控制电路，机床无法启动运行，从而保证了人身安全。

主轴制动、换刀开关 SA4 的通断状态见表 3—4—3。

表 3—4—3　　开关 SA4 的通断状态

触头	接线端标号	所在图区	操作位置	
			主轴正常工作	主轴换刀制动
SA4－1	7－9	12	+	－
SA4－2	201－207	10	－	+

4）主轴变速冲动控制。主轴变速时的冲动控制，是利用变速手柄与冲动行程开关 SQ6 通过机械上的联动机构进行控制的，如图 3—4—4 所示。

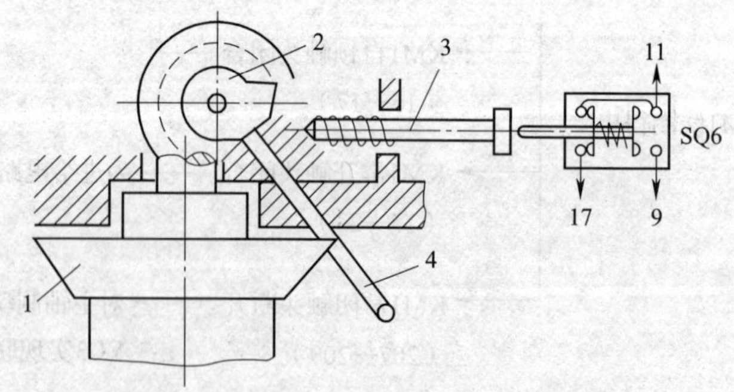

图 3—4—4　主轴变速冲动结构控制示意图

1—变速盘　2—凸轮　3—弹簧杆　4—主轴变速操纵手柄

主轴变速是通过调节变速盘改变齿轮传动比实现的，为了使齿轮能够良好啮合，需要主轴作短时变速冲动。主轴变速时的冲动控制，是利用变速手柄与冲动行程开关 SQ6 通过机械上的联动机构进行控制的，变速时，先将主轴变速操纵手柄 4 下压，使手柄的榫块从定位槽中脱出，然后向外拉动手柄使榫块落入第二道槽内，使齿轮组脱离啮合。转动变速盘 1 选定所需要的转速后，把变速操纵手柄4推回原位，使榫块重新落进槽内，齿轮组重新啮合。变速时为了使齿轮容易啮合，在主轴变速操纵手柄4推进时，手柄上装的凸轮2将弹簧杆3推动一下又返回，这时弹簧杆3推动一下行程开关SQ6，使SQ6的常闭触头SQ6－2（11—17）先分断，常开触头SQ6－1后闭合，接触器KM1瞬间得电动作，主轴电动机M1会产生一个冲动。主轴电动机M1因未制动而惯性旋转，使齿轮系统发生抖动，主轴在抖动时，将变速操纵手柄4先快后慢地推进去，齿轮便顺利地啮合。当瞬间点动过程中齿轮系统没有实现良好啮合时，可以重复上述过程直到啮合为止。变速前应先停车。

（2）进给电动机M3的控制

X62W型万能铣床工作台的进给运动必须在主轴电动机M1启动后才能进行。工作台的进给可在左右、前后和上下六个方向上作直线运动，即工作台在回转盘上的左右运动，工作台与回转盘一起在溜板上随溜板前后运动，升降台在床身的垂直导轨上作上下运动。这些进给运动是通过两个操纵手柄、快速移动按钮、电磁离合器YC1、YC2和机械联动机构控制相应的行程开关使进给电动机M3正转或反转，实现工作台的常速或快速移动，并且六个方向的运动是联锁的，不能同时接通。常速时，电磁离合器YC1线圈得电；快速时电磁离合器YC2线圈得电；热继电器KH3作过载保护。

1）工作台的左右进给运动。工作台的左右进给运动是由纵向操纵手柄和行程开关联合控制。操纵手柄位置及其控制关系见表3—4—4。

表3—4—4　　工作台纵向（左右）进给操纵手柄位置及其控制关系

手柄位置	行程开关动作	接触器动作	电动机M3转向	传动链搭合丝杠	工作台运动方向
向右	SQ1	KM3	正转	左右进给丝杠	向右
居中	—	—	停止	—	停止
向左	SQ2	KM4	反转	左右进给丝杠	向左

启动条件：十字（横向、垂直）操纵手柄置“居中”位置（行程开关SQ3、SQ4不受压）；控制圆工作台的选择转换开关SA5置于“断开”的位置；SQ5置于正常工作位置（不受压）；主轴电动机M1首先启动，即接触器KM1得电吸合并自锁，其辅助常开触头KM1（15－23）闭合，接通进给控制电路电源。

①工作台向左进给运动控制

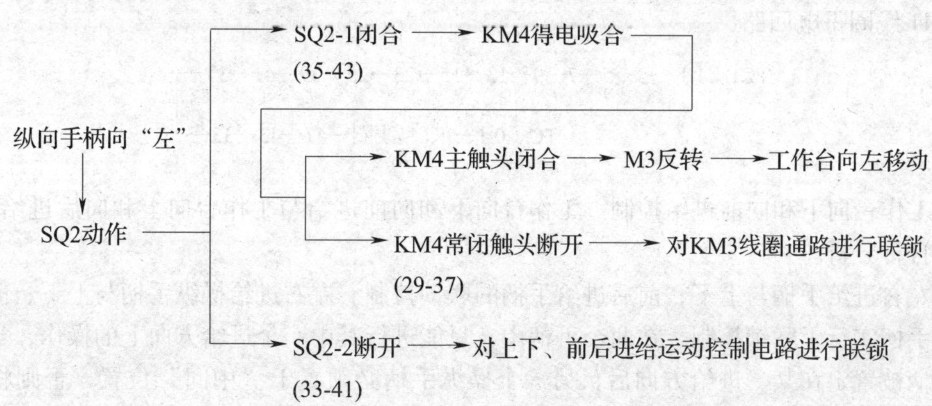

KM4线圈得电回路：TC1（1）→3→5→7→9→13→15→23→25→27→31→33→35→43→47→KM4线圈→TC（0）

②工作台向右进给运动控制。工作台向右进给与工作台向左进给相似，请自行分析。

2）工作台上下和前后进给运动。工作台上下和前后进给运动的选择及联锁是通过十字操纵手柄和行程开关 SQ3、SQ4 联合控制，十字操纵手柄位置及其控制关系见表 3—4—5。

表 3—4—5　　工作台上下和前后进给十字手柄位置及其控制关系

手柄位置	行程开关动作	接触器动作	电动机 M3 转向	传动链搭合丝杠	工作台运动方向
上	SQ4	KM4	反转	上下进给丝杠	向上
下	SQ3	KM3	正转	上下进给丝杠	向下
中	—	—	停止	—	停止
前	SQ3	KM3	正转	前后进给丝杠	向前
后	SQ4	KM4	反转	前后进给丝杠	向后

启动条件：左右（纵向）操纵手柄置“居中”位置（SQ1、SQ2 不受压）；控制圆工作台转换开关 SA5 置于“断开”位置；SQ5 置于正常工作位置（不受压）；主轴电动机 M1 首先启动（即接触器 KM1 得电吸合）。

①工作台向上和向后进给控制。

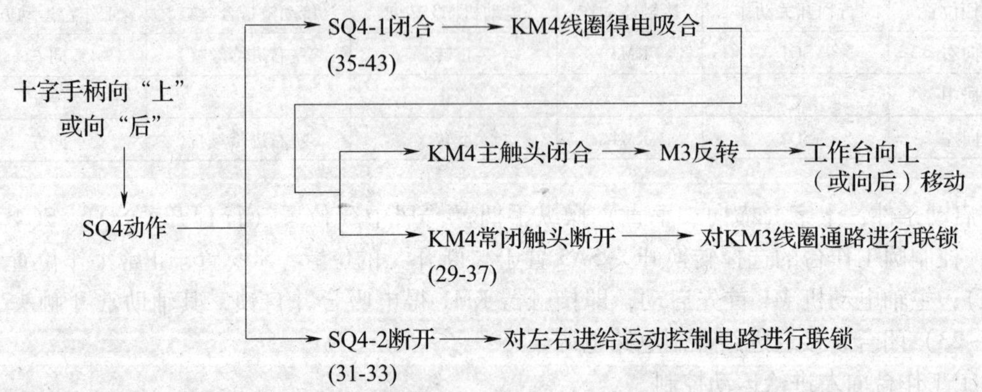

KM4 线圈得电回路

TC1（1）→3→5→7→9→13→15→23→25→39→41→33→35→43→47→KM4线圈→TC（0）

②工作台向下和向前进给控制。工作台向下和向前进给与工作台向上和向后进给相似，请读者自行分析。

③左右进给手柄与上下、前后进给手柄的联锁控制。左右进给操纵手柄与上下、前后进给操纵手柄实行了联锁控制。在两个手柄中，只能进行其中一个进给方向上的操作，当一个操纵手柄被置定在某一进给方向后，另一个操纵手柄必须置于“中间”位置，否则将无法实现进给运动。例如当把左右进给操纵手柄扳向“左”时，同时又将十字进给操纵手柄扳

置向“下”进给方向时，则位置开关 SQ2 和 SQ3 均被压下，常闭触头 SQ2—2 和 SQ3—2 均分断，断开了接触器 KM3 和 KM4 的线圈通路，进给电动机 M3 只能停转，保证了操作安全。

3）工作台进给变速时的瞬时点动（即进给变速冲动）控制。工作台进给变速时的瞬时点动（即进给变速冲动）控制与主轴变速冲动一样，是为了便于变速时齿轮的啮合，进给变速冲动由蘑菇形进给变速手柄配合行程开关 SQ5 来实现。但进给变速时不允许工作台作任何方向的运动。主轴电动机 M1 先已启动，即接触器 KM1 得电吸合并自锁，其辅助常开触头 KM1（15—23）闭合，接通进给控制电路电源。

变速时，先将蘑菇形变速手柄拉出，使齿轮脱离啮合，转动变速盘至所需要的进给速度挡，然后用力将蘑菇形变速手柄向外拉到极限位置，再将蘑菇形变速手柄复位，在将蘑菇形变速手柄复位过程中，压动了行程开关 SQ5。工作原理如下：

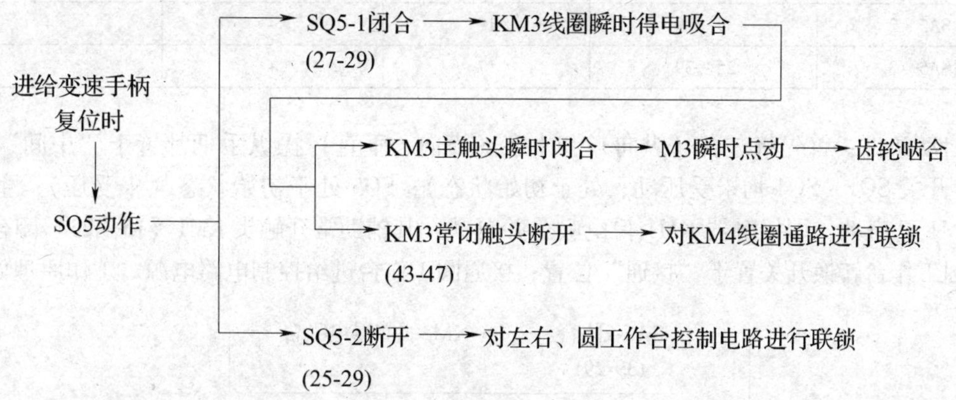

KM3线圈得电回路：TC1（1）→3→5→7→9→13→15→23→25→39→41→33→31→27→29→37→KM3线圈→TC（0）

4）工作台的快速运动。工作台的快速运动，是由各个方向的操纵手柄与快速移动按钮 SB3 或 SB4 配合控制的。如果需要工作台在某个方向快速运动时，应将工作台操纵手柄扳向相应的方向位置，然后按下 SB3 或 SB4。工作原理如下：

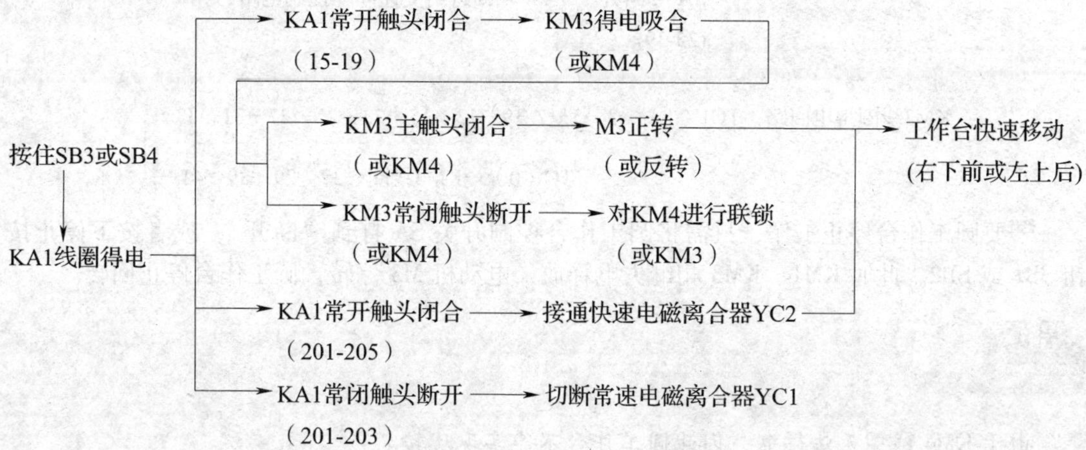

松开快速按钮 SB3 或 SB4，接触器 KM3 或 KM4 失电释放，快速电磁离合器 YC2 失电释放，常速电磁离合器 YC1 得电吸合，工作台快速运动停止，继续以常速在这个方向上运动。

5）圆工作台进给运动。为了扩大铣床的加工范围，可在铣床工作台上安装附件圆形工作台，进行对圆弧或凸轮的铣削加工。

转换开关 SA5 就是用来控制圆形工作台的，其功能见表 3—4—6。

表 3—4—6　圆工作台转换开关 SA5 触头工作状态

触头	接线端标号	所在区号	操作手柄位置	
			断开圆工作台	接通圆工作台
SA5－1	33—35	16	+	－
SA5－2	39—29	18	－	+
SA5－3	25—39	17	+	－

启动条件：首先将左右（纵向）和十字（横向、垂直）操纵手柄都置于“中间”位置（行程开关 SQ1～SQ4 均未受压动，处于初始状态）；SQ5 处于初始状态（未受压）；主轴电动机 M1 已启动，即接触器 KM1 得电吸合并自锁，其辅助常开触头 KM1（15—23）闭合，然后将圆工作台转换开关置于“接通”位置；接通圆工作台进给控制电路电源。工作原理如下：

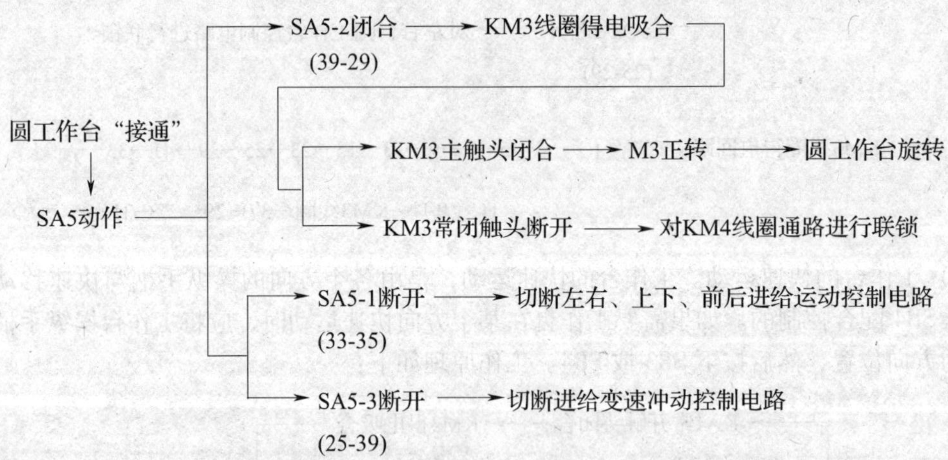

KM3线圈得电回路：TC1（1）→3→5→7→9→13→15→23→25→27→31→33→41→39→29→37→KM3线圈→TC（0）

若要圆工作台停止工作，只需将圆工作台控制开关 SA 打到“断开”，或者按下停止按钮 SB1 或 SB2，此时 KM1、KM3 相继失电释放，电动机 M3 停转，圆工作台停止回转。

由于 KM4 线圈无法得电，因此圆工作台不能实现反转。

（3）冷却泵电动机 M2 的控制

铣床在铣削加工过程中，是通过冷却泵电动机 M2 传送切削液对铣刀和工件进行降温，同时冲去铣削下来的铁屑等。

1）冷却泵电动机 M2 启动。只有当主轴电动机 M1 启动后，KM1 的自锁触头（15—17）闭合后才可启动冷却泵电动机 M2。其工作原理分析如下：

M1 启动后⟶合上 SA3 ⟶KM2 线圈得电⟶KM2 主触头闭合⟶M2 启动运转

2）冷却泵电动机 M2 停止

关闭 SA3 ⟶KM2 线圈失电⟶KM2 主触头恢复断开⟶M2 失电停转

由于 M1 与 M2 之间是顺序控制关系。所以当 M1 停止运行时，M2 也随即停转。

4. 照明电路控制

X62W 型万能铣床照明电路由控制变压器 TC3 的二次侧提供 36 V 交流电压，作为铣床低压照明灯 EL 的电源，熔断器 FU5 对照明灯 EL 起短路保护作用。

先合上铣床电源总开关 SA1，再合上照明灯开关，照明灯 EL“亮”，断开照明灯开关，照明灯 EL“灭”。

任务实施

一、工具、仪表及设备的准备

1. 工具

扳手、螺钉旋具、尖嘴钳、剥线钳、电工刀、验电器等。

2. 仪表

万用表、兆欧表、钳形电流表等。

3. 设备

X62W 型万能铣床。

二、对照图 3—4—2 和图 3—4—5，在 X62W 型万能铣床上认识其主要结构和操纵部件。

三、在教师指导下，根据电器元件明细表 3—4—7 和图 3—4—5 操纵部件位置图熟悉 X62W 型万能铣床的电器设备型号规格、功能及位置。

1. 左门上的电器如图 3—4—6 所示

（1）电源总开关：SA1。

（2）主轴换向开关：SA2。

（3）熔断器：FU1（3 只）、FU2（3 只）。

（4）接线端子排：XT1。

2. 左壁龛内的电器如图 3—4—7 所示

（1）交流接触器：KM1、KM2、KM3、KM4。

（2）热继电器：KH1、KH2、KH3。

（3）接线端子排：XT2。

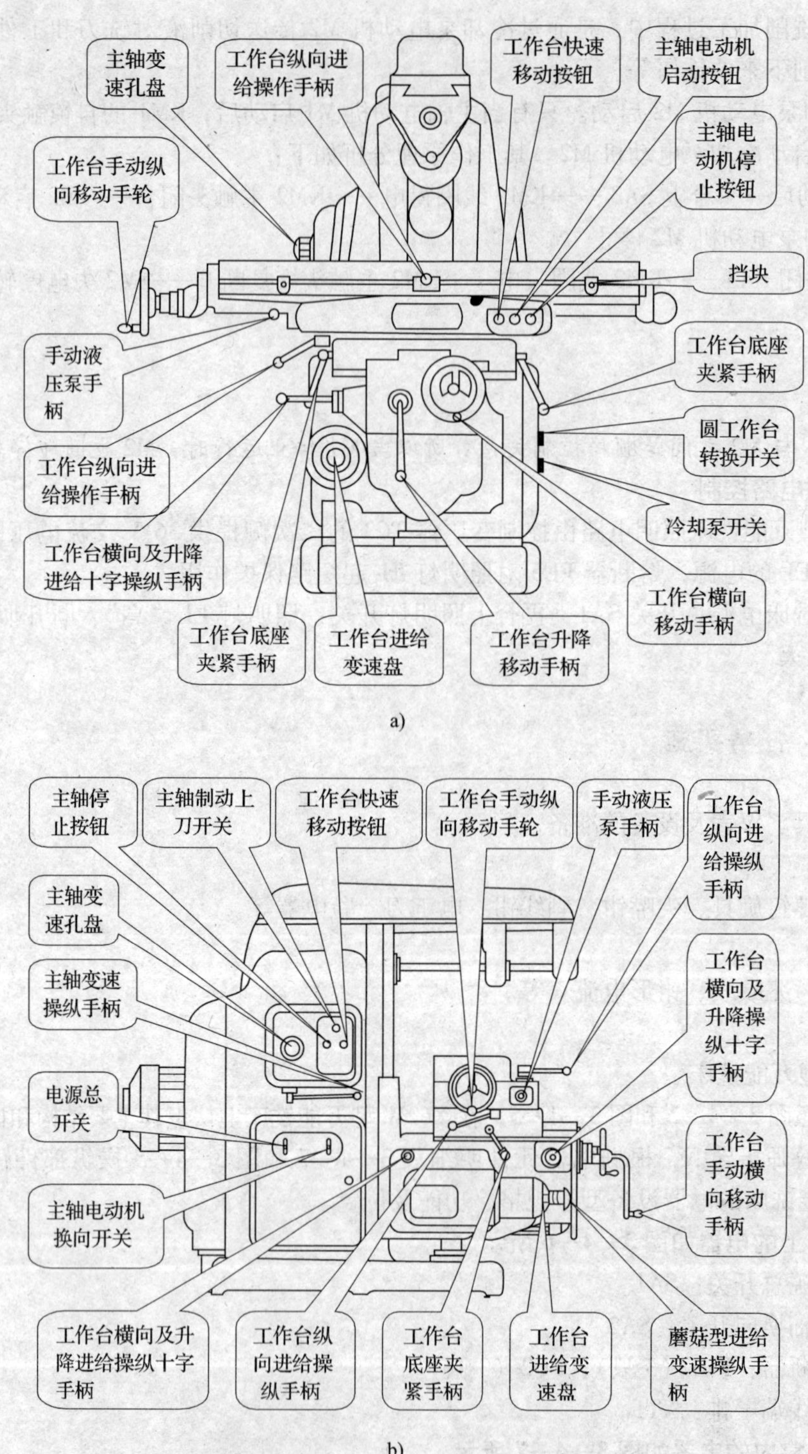

图 3—4—5　X62W 型万能铣床操纵部件位置图

a）X62W 型万能铣床正面操纵部件位置图　b）X62W 型万能铣床左侧面操纵部件位置图

表 3—4—7　　　　X62W 万能铣床电气元件明细表

元件代号	图上区号	元件名称	型号及规格	数量	用途
M1	2	电动机	JO2－51－4、7.5 kW，1 450/min	1	驱动主轴
M3	3	电动机	JO2－22－4、1.5 kW，1 410 r/min	1	驱动进给
M2	4	电动机	JCB－22、0. 125 kW，2 790 r/min	1	驱动冷却泵
SA1	1	开关	HZ1－60/3 J、60 A、500 V	1	总开关
SA3	13	开关	HZ1－10/3 J、10 A、500 V	1	冷却泵开关
SA4	12	开关	HZ1－10/3 J、10 A、500 V	1	换刀开关
SA5	15	开关	HZ1－10/3 J、10 A、500 V	1	圆工作台开关
SA6	6	开关	LAY3－11/2	1	照明灯开关
SA2	3	开关	HZ3－133、60 A、500 V	1	M1 换相开关
FU1	1	熔断器	RL1－60、60 A	3	电源总保险
FU2	3	熔断器	RL1－15、10 A	1	M2、M3 主电路熔断器
FU4	11	熔断器	RL1－15、2 A	1	直流回路熔断器
FU3	7	熔断器	RL1－15、5 A	1	控制回路熔断器
FU5	6	熔断器	RL1－15、1 A	1	照明保险
KH1	2	热继电器	JR0－60/3、16 A	1	M1 过载保护
KH2	3	热继电器	JR0－20/3、0.5 A	1	M2 过载保护
KH3	4	热继电器	JR0－20/3、3.5 A	1	M3 过载保护
TC2	7	变压器	BK－100、380/36 V	1	整流电源
TC1	11	变压器	BK－150、380/110 V	1	控制回路电源
TC3	6	变压器	BK－50、380/24 V	1	照明电源
VC	7	整流器	4X2ZC 5 A、50 V	1	整流器
KM1	12	接触器	CJ0－20、20 A、110 V	1	主轴启动
KM2	13	接触器	CJ0－10、10 A、110 V	1	控制 M2
KM3	14	接触器	CJ0－10、10 A、110 V	1	M3 正转
KM4	20	接触器	CJ0－10、10 A、110 V	1	M3 反转
SB1、SB2	12	按钮	LA2	2	M1 停止
SB3、SB4	14	按钮	LA2	2	快速进给点动
SB5	12	按钮	LA2	2	M1 启动
YC3	8	电磁离合器	B1DL－Ⅲ	1	主轴制动
YC1	9	电磁离合器	B1DL－Ⅱ	1	正常进给
YC2	10	电磁离合器	B1DL－Ⅱ	1	快速进给
SQ1	16	位置开关	LX1－11K	1	向右
SQ2	19	位置开关	LX3－11K	1	向左
SQ3	16	位置开关	LX2－131	1	向后、上
SQ4	16	位置开关	LX2－131	1	向前、下
SQ5	15	位置开关	LX2－11K	1	进给冲动
SQ6	12	位置开关	LX2－11K	1	主轴冲动

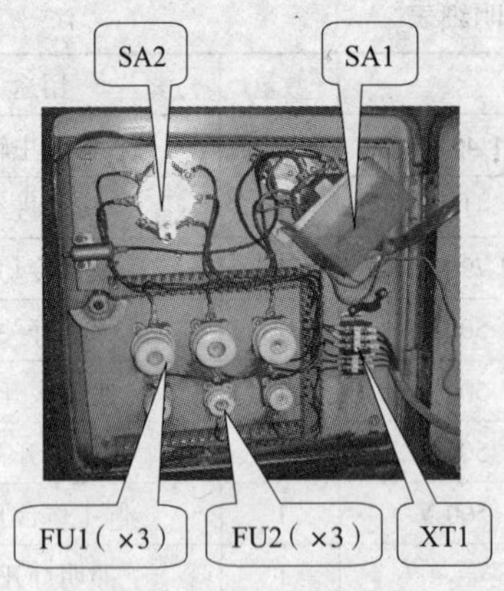

图 3—4—6　左门电器位置图

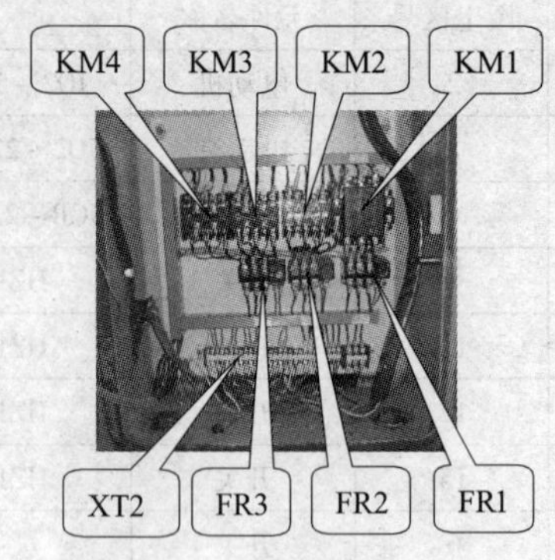

图 3—4—7　左壁龛内电器位置图

3. 右壁龛内的电器如图 3—4—8 所示

（1）中间继电器：KA1。

（2）变压器：TC1、TC2、TC3。

（3）熔断器：FU3、FU4、FU5。

（4）接线端子排：XT3。

4. 右门上的电器如图 3—4—9 所示

（1）圆工作台转换开关：SA5。

（2）冷却泵转换开关：SA3。

（3）桥式整流组件：VC。

（4）接线端子排：XT4。

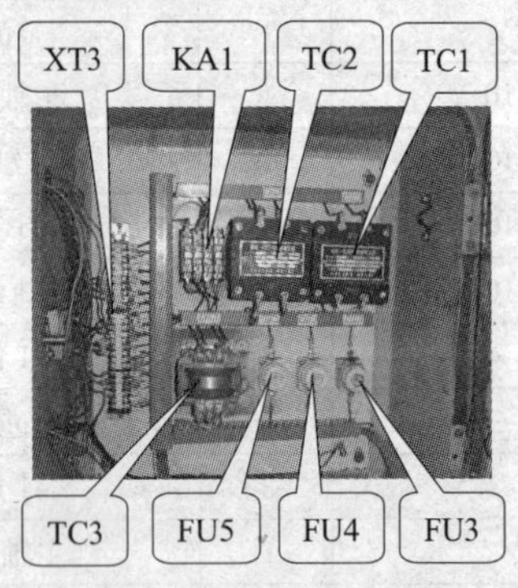

图 3—4—8　右壁龛内电器位置图

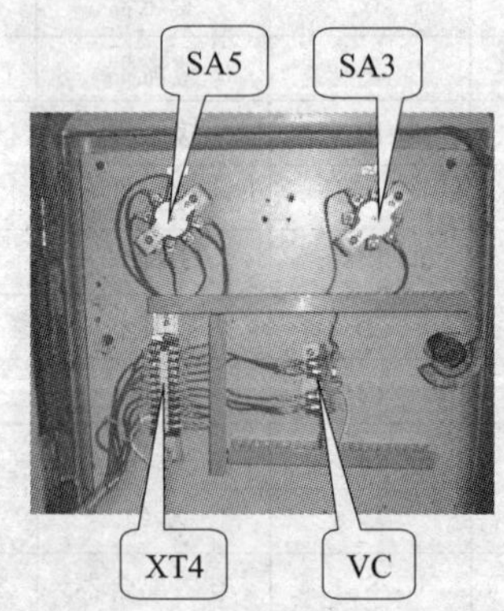

图 3—4—9　右门电器位置图

5. 左按钮板上电器位置如图 3—4—10 所示

（1）主轴制动上刀开关：SA4。

（2）主轴停止按钮：SB1。

（3）工作台快速移动按钮：SB4。

（4）主轴变速冲动行程开关（安装在左按钮板里面）：SQ6。

（5）左按钮板上方：照明灯 EL。

6. 床鞍上的电器位置如图 3—4—11 所示

（1）主轴停止按钮：SB2。

（2）主轴启动按钮：SB5。

（3）工作台快速移动按钮：SB3。

（4）工作台左右（纵向）移动行程开关：SQ1（右）、SQ2（左）。

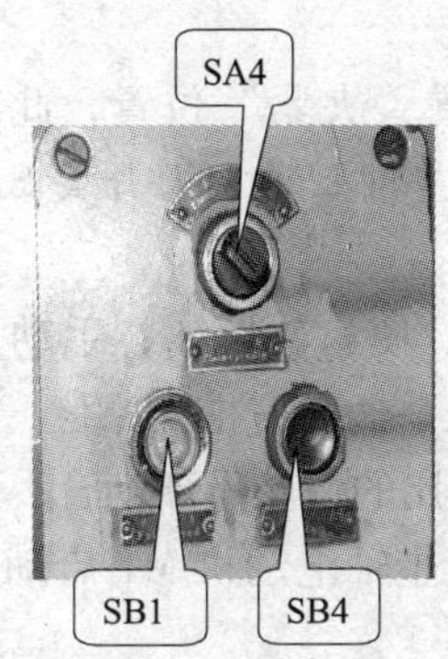

图 3—4—10　左按钮板电器位置图

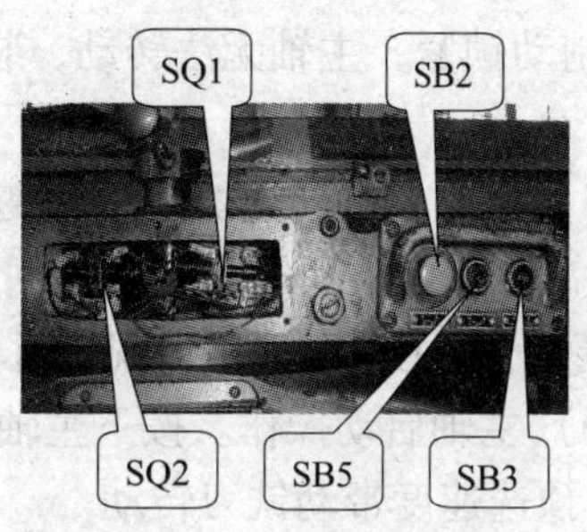

图 3—4—11　床鞍电器位置图

7. 升降台上的电器位置如图 3—4—12 所示

（1）工作台前后（横向）以及升降台上下（垂直）移动行程开关：SQ3（前、下）、SQ4（后、上）。

（2）工作台进给冲动行程开关：SQ5。

（3）接线端子排：XT5。

（4）工作台常速、快速进给电磁离合器：YC1、YC2。

（5）进给电动机：M3。

8. 其他

（1）主轴电动机（后床身）：M1。

（2）冷却泵电动机（后底座）：M2。

（3）主轴制动电磁离合器（右床身）：YC3。

四、观察教师对 X62W 型万能铣床的示范操作方法和步骤，开动 X62W 型万能铣床的基本操作方法步骤如下：

1. 开机前的准备工作。

（1）将主轴制动开关 SA4 置“放松”位置。

（2）将主轴变速操纵手柄向右推进原位。

（3）将工作台纵向进给操纵手柄置“中间”位置。

（4）将工作台横向及升降进给十字操纵手柄置“中间”位置。

图 3—4—12　升降台部分电器位置图

（5）将冷却泵转换开关 SA3 置“断开”位置。

（6）将圆工作台转换开关 SA5 置“断开”位置。

2．开机操作调试方法步骤

（1）合上铣床电源总开关 SA1。

（2）将开关 SA6 打到闭合状态，机床工作照明灯 EL 亮，说明机床已处于带电状态，同时告诫操作者该机床电气部分不能随意用手触摸，防止人身触电事故。

（3）将主轴换向开关 SA2 扳在所需要的旋转方向上（如果主轴需顺时针方向旋转时，将主轴换向开关置“顺”；反之置“倒”；中间为“停”）。

（4）将主轴制动上刀开关 SA4（俗称：松紧开关）置“夹紧”位置，此时主轴电动机 M1 被制动锁紧，主轴无法转动，装上或更换铣刀后再将主轴制动上刀开关 SA4 置“放松”位置。

（5）调整主轴转速。将主轴变速操纵手柄向左拉开，使齿轮脱离；手动旋转变速盘使箭头对准变速盘上所需要的转速刻度，再将主轴变速操纵手柄向右推回原位，同时压动行程开关 SQ6，使主轴电动机出现短时转动，从而使改变传动比的齿轮重新啮合。

（6）主轴启动操作。按下主轴电动机启动按钮 SB5，主轴电动机 M1 启动，主轴按预定方向、预选速度带动铣刀转动。

（7）调整进给转速。将蘑菇形进给变速操纵手柄拉出，使齿轮间脱离，转动工作台进给变速盘至所需要的进给速度挡，然后将蘑菇形进给变速操纵手柄迅速推回原位。蘑菇形进给变速操纵手柄在复位过程中压动瞬时点动行程开关 SQ5，此时进给电动机 M3 作短时转动，从而使齿轮系统产生一次抖动，使齿轮顺利啮合。在进给变速时，工作台纵向进给移动手柄和工作台横向及升降操纵十字手柄均应置中间位置。

（8）工件与主轴对刀操作。预先固定在工作台上的工件，根据需要将工作台纵向进给操纵手柄或横向及升降操纵十字手柄置某一方向，则工作台将按选定方向正常移动；若按下快速移动按钮 SB3 或 SB4，使工作台在所选方向作快速移动，检查工件与主轴所需的相对位置是否到位（这一步也可在主轴不启动的情况下进行）。

（9）将冷却泵转换开关 SA3 置“通”位置，冷却泵电动机 M2 启动，输送切削液。

（10）工作台进给运动。分别操作工作台纵向进给操纵手柄或横向及升降操纵十字手柄，可使固定在工作台上的工件随着工作台作三个坐标六个方向（左、右、前、后、上、下）上的进给运动；需要时，再按下 SB3 或 SB4，工作台快速进给运动。

（11）加装圆工作台时，应将工作台纵向进给操纵手柄和横向及升降操纵十字手柄置“中间”位置，此时可以将圆工作台转换开关 SA5 置“接通”，圆工作台转动。

（12）加工完毕后，按下主轴停止按钮 SB1 或 SB2，主轴随即制动停止。

（13）断开机床工作照明灯 EL 的开关，使铣床工作照明灯 EL 熄灭。

（14）断开铣床电源总开关 SA1。

五、在教师的监控指导下，按照上述操作方法，完成对铣床的操作训练。

1．操作前必须熟悉铣床的结构和操作部件的功能。

2．操作调试过程中，必须做好安全保护措施，如有异常情况必须立即切断电源。

3．必须在教师的监护指导下操作，不得违反安全操作规程。

任务 2 X62W 型万能铣床主电路常见电气故障检修

学习目标

1. 掌握 X62W 型万能铣床主电路结构组成及控制原理。
2. 了解 X62W 型万能铣床主电路的实际走线路径。
3. 掌握 X62W 型万能铣床主电路常见电气故障检修方法。

工作任务

X62W 型万能铣床在使用一段时间后，由于线路老化、机械磨损、电气磨损或操作不当等原因而不可避免地会导致铣床电气设备发生故障，从而影响机床正常工作。为了能快速准确地排除故障，使机床恢复正常运行，因此，本节的工作任务就是：学习 X62W 型万能铣床主电路常见电气故障检修方法和步骤。

相关理论

X62W 型万能铣床主电路如图 3—4—3 中的 2 ~ 4 区所示。

主电路中共有主轴电动机 M1、冷却泵电动机 M2 和进给电动机 M3 三台电动机。

1. 主轴电动机 M1 的主电路识读

主轴电动机 M1 的正反转是由组合开关 SA2 控制的，按下主轴启动按钮，接触器 KM1 得电，其主触头闭合，M1 按 SA2 选择的方向启动运行，FU1 和 KH1 分别作为 M1 的短路和过载保护。

2. 冷却泵电动机 M2 的主电路识读

从电路中可以看出，M1 和 M2 实现了顺序控制。主轴电动机 M1 启动后，扳动组合开关 SA3，接触器 KM2 得电，其主触头闭合，冷却泵电动机 M2 才能启动运行。FU2 和 KH2 分别作为 M2 的短路和过载保护。

3. 进给电动机 M3 的主电路识读

进给电动机 M3 由接触器 KM3 和 KM4 控制，实现正反转，从而拖动工作台在上下、前后、左右六个方向作进给运动。FU2 和 KH3 分别作为 M3 的短路和过载保护。

任务实施

一、工具、仪表与设备的准备

1. 工具

螺钉旋具、尖嘴钳、剥线钳、测电笔、电工刀、活络扳手等。

2. 仪表

MF47 型万用表、500V 兆欧表、钳形电流表等。

3. 设备

X62W 型万能铣床。

二、在教师的指导下，参照 X62W 型万能铣床的电器位置图（任务一中图3—4—6 至图 3—4—12）和接线图（见图 3—4—13），在铣床上通过测量等方法找出主电路实际走线路径。

三、X62W 型万能铣床主电路常见电气故障分析与检修举例

首先由教师在 X62W 型万能铣床上人为设置故障点，观察教师示范检修过程，然后自行完成故障点的检修实训任务。

1. 故障一

主轴电动机 M1 转速很慢并发出“嗡嗡”声。

（1）观察故障现象

合上铣床电源总开关 SA1，然后将转换开关 SA2 扳至“正转”位置，再按下 SB5 时，KM1 吸合，主轴电动机 M1 转速很慢，并发出“嗡嗡”声，这时应立即按下停止按钮，切断 M1 的电源，避免损坏主轴电动机。再将转换开关 SA2 扳至“反转”位置，再按下 SB5 时，KM1 吸合，主轴电动机 M1 仍然转速很慢，并发出“嗡嗡”声（如果电动机 M1 反转正常，则故障为 SA2“正转”位置时触头接触不良）。

（2）判断故障范围

KM1 吸合说明主轴电动机 M1 控制回路部分正常，故障出现在主电路部分（这是典型的电动机缺相故障），故障电路如图 3—4—14 中虚线框所示，主轴电动机 M1 工作回路如图 3—4—15 所示。

（3）查找故障点

采用电笔测量法和电阻测量法判断故障点的方法步骤如下：

1）在电源开关 SA1 闭合以及 KM1 失电的情况下，从 SA2 触点的上端头到 KM1 主触点的上端头，用电笔依次测量各相主电路中的接点，若电笔不能正常发光，则说明故障点就在测试点前级。

例如：用电笔测量 U 相主电路中的 SA2（U11）接点、SA2（U12）接点、XT1（U12）接点、KM1（U12）接点过程中，如果测试 SA2（U12）接点时，电笔不亮，说明故障为 U 相电路中的 SA2 触头接触不良。

2）用同样的方法检测 V 相、W 相主电路中 KM1 主触点以上的故障点。

3）先断开电源总开关 SA1，并将正反转开关 SA2 扳至“停”的位置，再将万用表功能选择开关拨置欧姆 R×10 挡，人为按下 KM1 动作试验按钮，然后分别检测接触器 KM1 主触头、热继电器 KH1 热元件、电动机 M1 绕组等通断情况。看有无电器损坏、接线脱落、触头接触不良等现象。

（4）排除故障

断开铣床电源总开关 SA1，根据故障点情况，更换损坏的元件或导线。

（5）通电试车

排除故障点后，重新开机操作检查，直至符合技术要求为止。

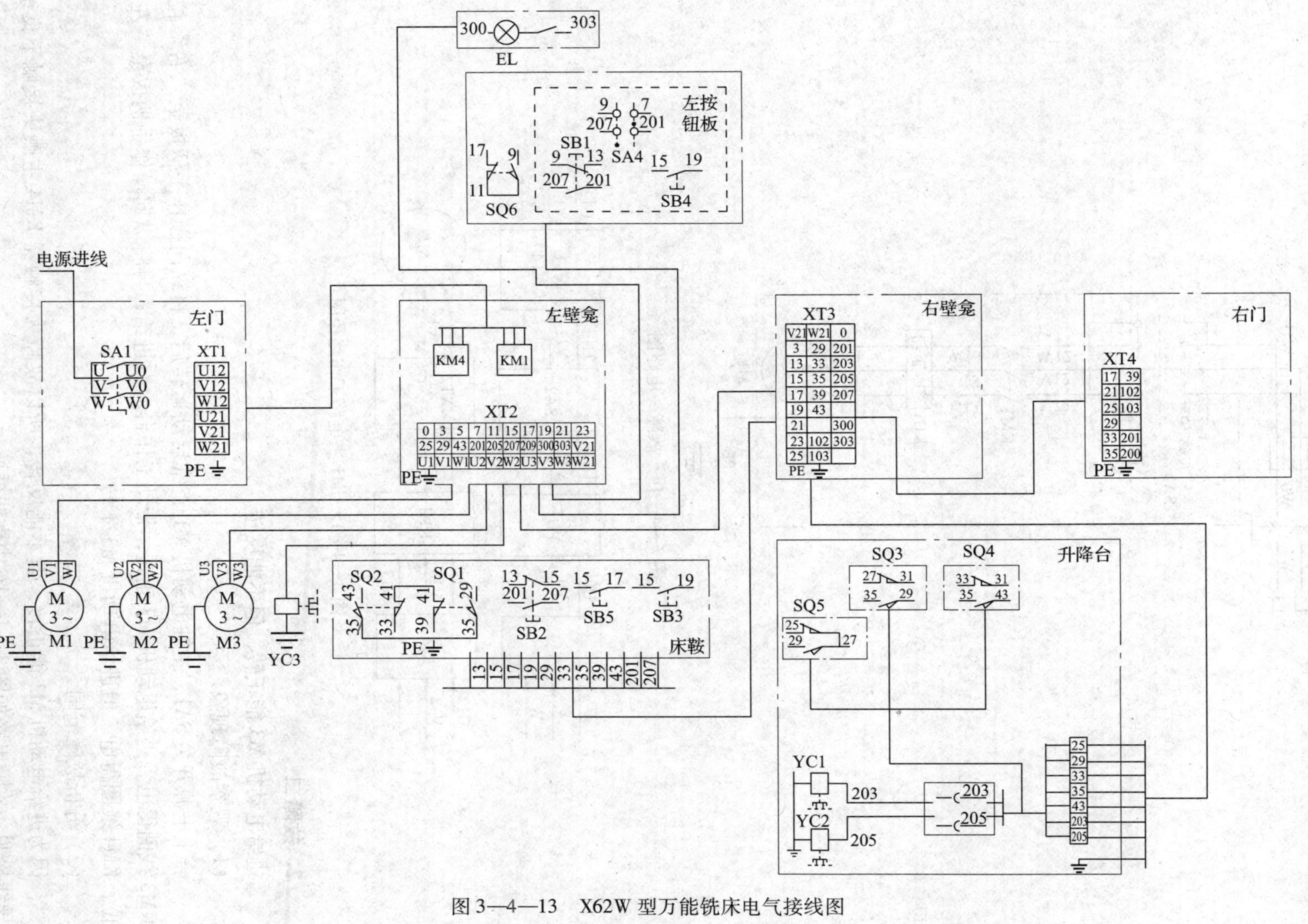

图 3—4—13　X62W 型万能铣床电气接线图

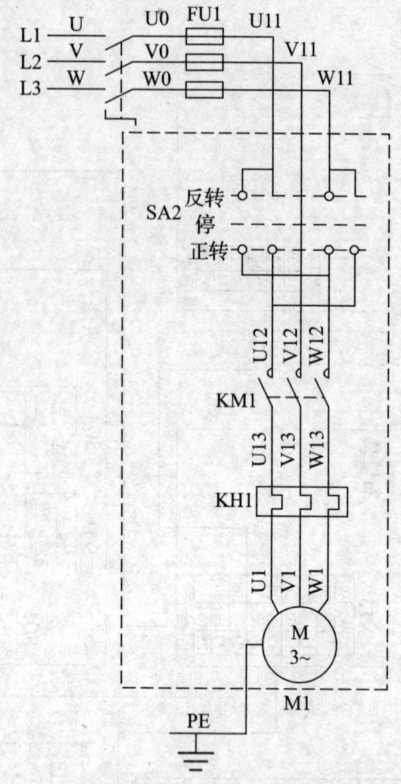

图 3—4—14　故障一电路图

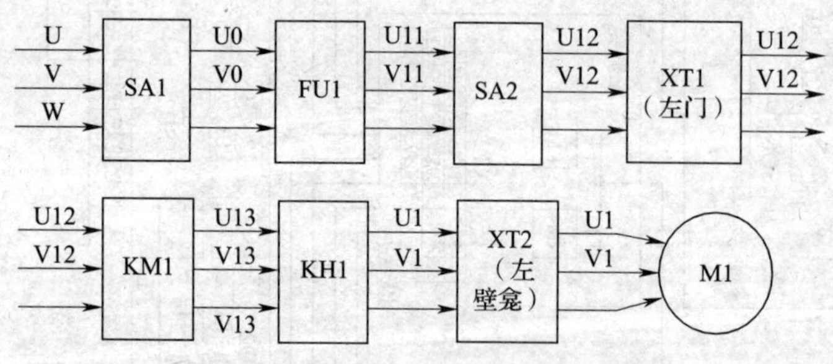

图 3—4—15　M1 主电路工作路径图

2．故障二

进给电动机 M3 能正转，但不能反转。

（1）观察故障现象

合上电源开关 SA1，主轴电动机 M1 正常启动运转后，将纵向操作手柄扳至“右”位，KM3 线圈得电，进给电动机 M3 正转，带动工作台向右进给；再将纵向操作手柄扳至“左”位，KM4 线圈得电，但进给电动机 M3 不转。

（2）分析故障范围

因为进给电动机 M3 能正转，但不能反转，所以故障为接触器 KM4 主触头接触不良或导线松脱。故障电路如图 3—4—16 中虚线框所示。

（3）故障点查找

采用电笔测试法查找故障点的方法步骤如下：

1）合上电源开关 SA1，用电笔分别测试交流接触器 KM4 三对主触头的上接线端，若电笔发光为正常，不发光则说明故障为连接 KM3 和 KM4 主触头上端的导线松脱或断线。

2）将纵向操作手柄扳至“右”位，使 KM3 线圈得电，KM3 主触头闭合，然后用电笔分别测试交流接触器 KM4 三对主触头的下接线端，若电笔发光为正常，不发光则说明故障为连接 KM3 和 KM4 主触头下端的导线松脱或断线。

3）断开电源开关 SA1，拆下进给电动机 M3 任意两相定子绕组接线端，并做好绝缘处理，重新合上 SA1，启动电动机 M1 后，将纵向操作手柄扳至“左”位，使 KM4 线圈得电，KM4 主触头闭合，然后再次用电笔分别测试交流接触器 KM4 三对主触头的下接线端，若电笔发光为正常，不发光则说明故障为 KM4 主触头接触不良。

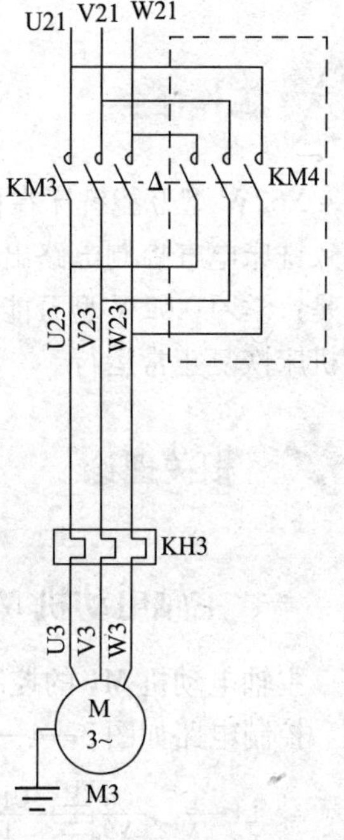

图 3—4—16　故障二电路图

（4）故障排除

根据故障具体情况，采用恰当的方法排除故障，最后恢复电动机 M3 定子绕组接线。

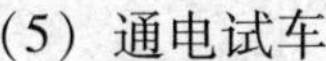

（5）通电试车

通电检查铣床各项操作，应符合各项技术要求。

3．故障三

主轴电动机 M1 不能正常停车。

按下停止按钮 SB1 或 SB2，主轴电动机 M1 仍在运转而不能停止。发生这种故障的原因可能是：接触器 KM1 的主触头发生熔焊，或者停止按钮 SB1 或 SB2 的触头发生熔焊而不能断开所造成。

（1）带电操作检修时，必须有指导教师监护，确保人身安全。

（2）检修所用工具、仪表等必须符合使用要求。

（3）排除故障时，必须修复故障点，严禁扩大故障范围或产生新故障。

任务 3　X62W 型万能铣床控制电路常见电气故障检修

学习目标

1．掌握 X62W 型万能铣床电气控制线路工作原理。

2．了解 X62W 型万能铣床电气控制线路实际走线路径。

3．掌握 X62W 型万能铣床电气控制线路常见电气故障检修。

工作任务

X62W 型万能铣床在使用过程中，由于电气设备老化或操作不当等原因，不可避免地会导致铣床电气控制电路出现故障，从而使机床不能正常工作，影响生产加工。本节的工作任务是：学习 X62W 型万能铣床控制电路常见电气故障检修方法步骤。快速准确地排除故障，使机床恢复正常运行。

一、主轴电动机 M1 的控制

主轴电动机 M1 的控制包括启动控制、制动控制、换刀控制和变速冲动控制。控制电路如图 3—4—17 所示。

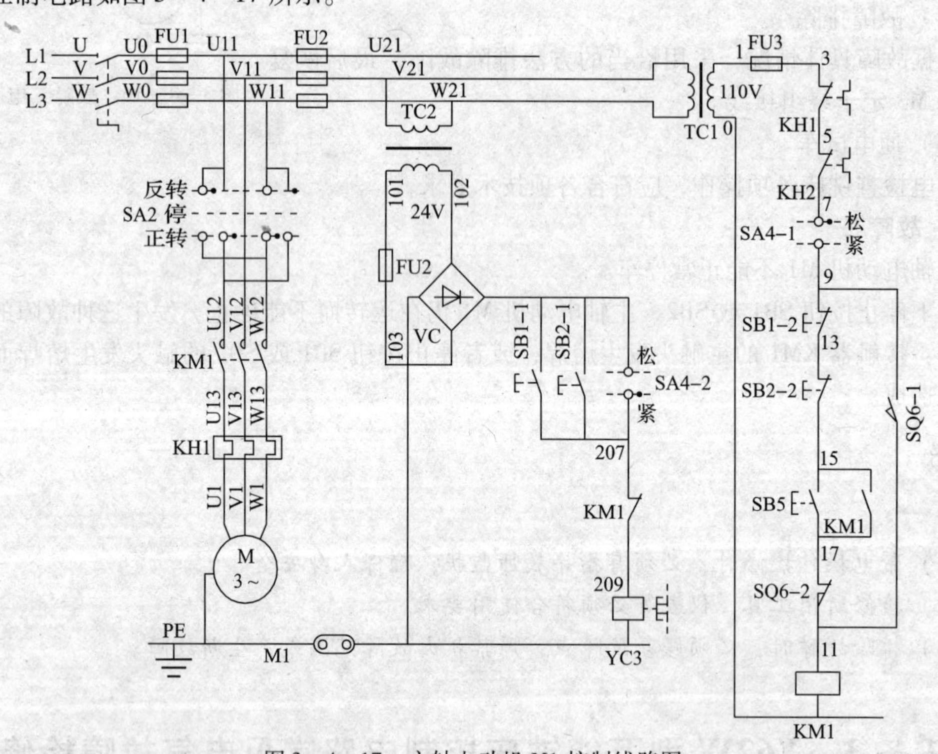

图 3—4—17　主轴电动机 M1 控制线路图

1. 主轴电动机 M1 的启动控制

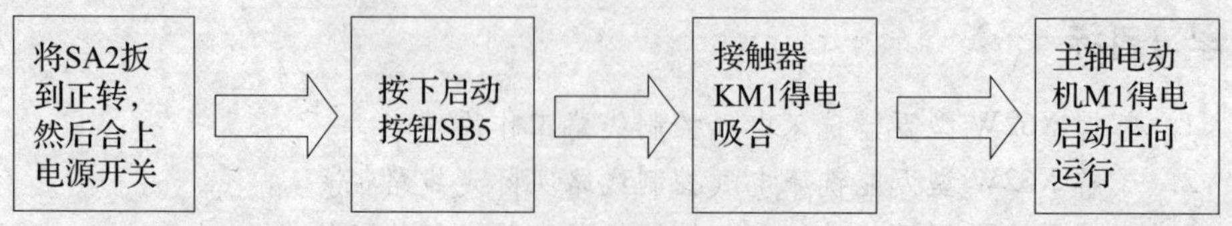

2. 主轴电动机 M1 停车及制动控制

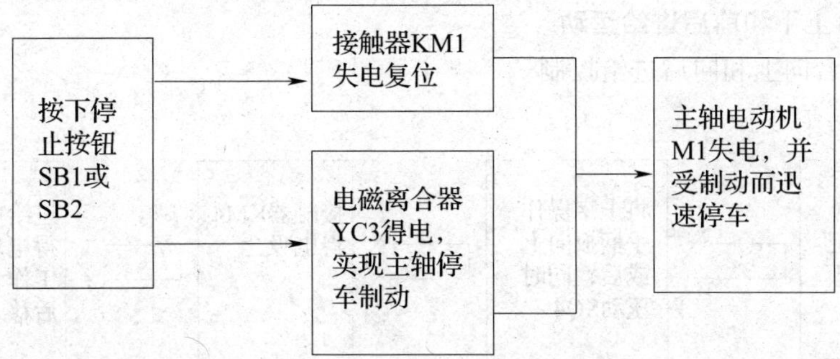

3. 主轴换铣刀控制

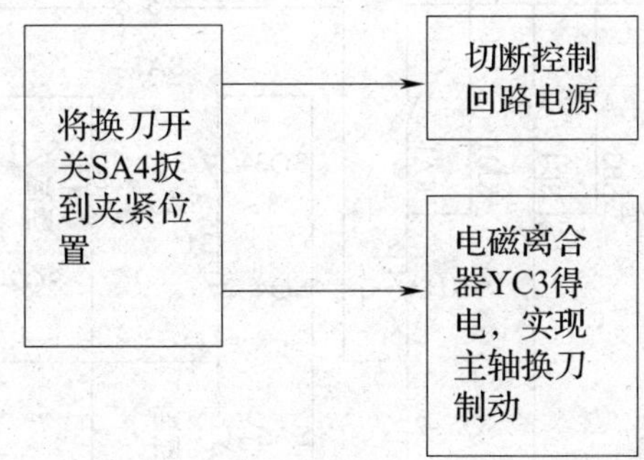

4. 主轴变速冲动控制

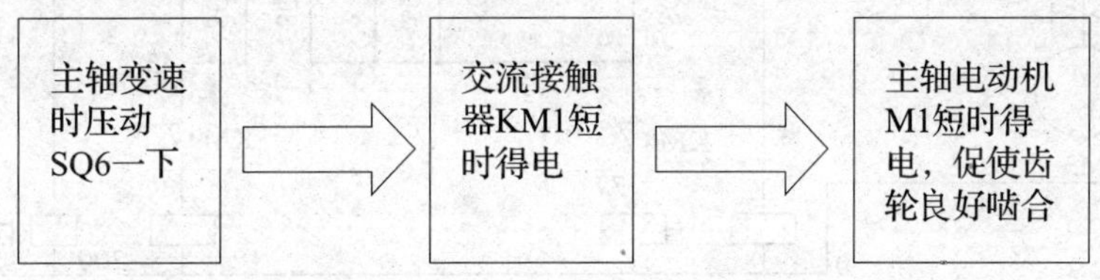

二、进给电动机 M3 的控制

X62W 型万能铣床工作台进给电动机 M3 电气控制线路图如图 3—4—18 所示。

1. 工作台的左右进给运动

（1）工作台向左进给运动控制

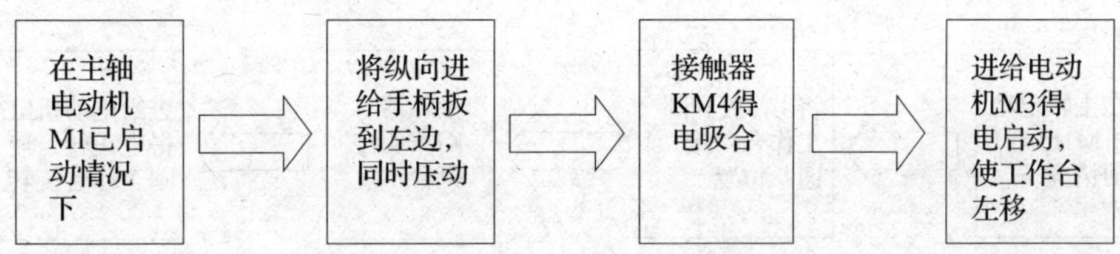

（2）工作台向右进给运动控制

工作台向右进给与工作台向左进给相似，请读者自行分析。

2. 工作台上下和前后进给运动

（1）工作台向上和向后进给控制

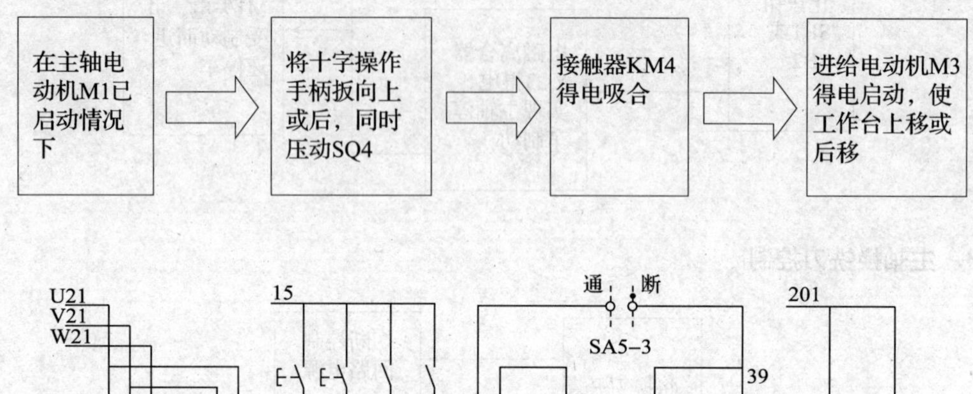

图 3—4—18　工作台进给电动机 M3 控制线路图

（2）工作台向下和向前进给控制

工作台向下和向前进给与工作台向上和向后进给相似，请读者自行分析。

3. 圆工作台进给运动

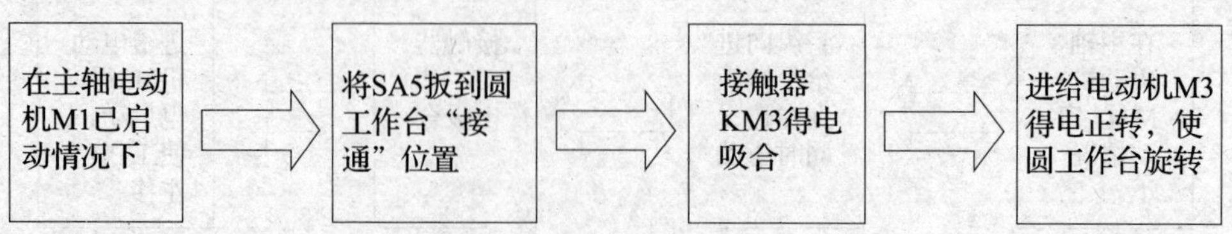

三、冷却泵电动机 M2 的控制

X62W 型万能铣床冷却泵电动机和照明电路电气控制线路如图 3—4—19 所示。

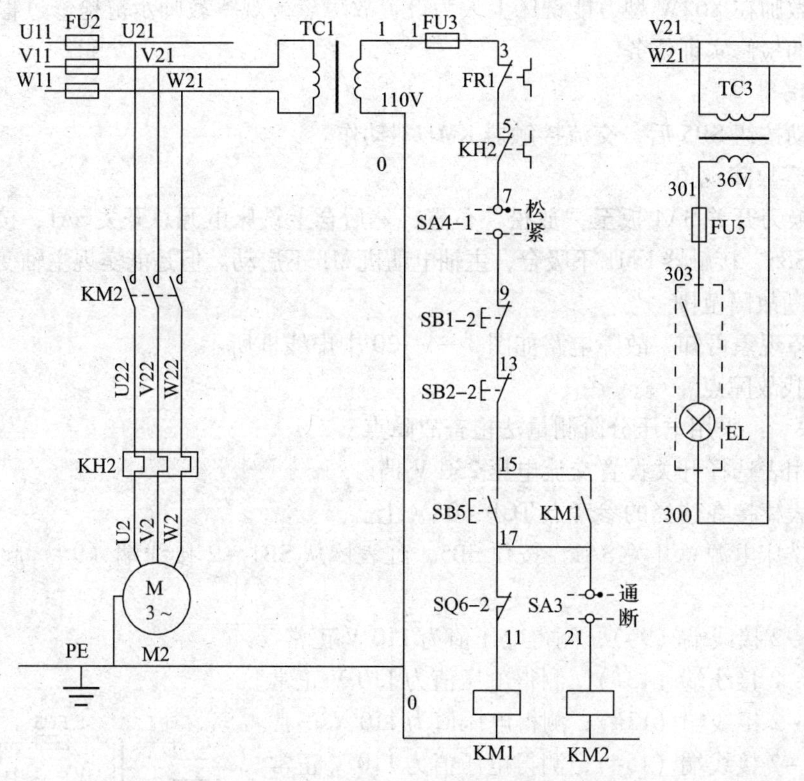

图 3—4—19　冷却泵及照明灯控制线路图

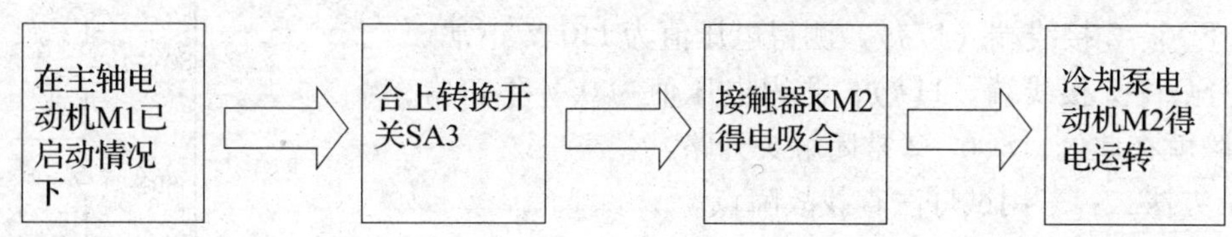

任务实施

一、工具、仪表与设备

（1）工具

螺钉旋具、尖嘴钳、剥线钳、测电笔、校验灯、电工刀、活络扳手等。

（2）仪表

MF47 型万用表、500 V 兆欧表、钳形电流表等。

（3）设备

X62W 型万能铣床。

二、在教师的指导下，参照 X62W 型万能铣床的电器位置图和接线图，在铣床上通过测量等方法找出控制电路实际走线路径。

三、X62W 型万能铣床控制电路常见电气故障分析与检修举例

首先由教师在 X62W 型万能铣床上人为设置故障点，观察教师示范检修过程，然后自行完成故障点的检修实训任务。

1. 故障一

按下启动按钮 SB5 后，交流接触器 KM1 不动作。

（1）观察故障现象

首先将换刀开关 SA4 扳至“放松”位置，然后合上铣床电源总开关 SA1，按下主轴电动机启动按钮 SB5，接触器 KM1 不吸合，主轴电动机 M1 不启动。但是能实现主轴变速冲动。

（2）判断故障范围

根据故障现象可知，故障电路如图 3—4—20 中虚线框所示。

（3）查找故障点

1）方法一：采用电压分阶测量法检查故障点。

①将万用表选择开关拨置交流电压 250 V 挡。

②将黑表棒接在选择的参考点 TC1（0#）上。

③合上铣床电源总开关 SA1，按住 SB5，红表棒从 SB1－2 接线端（9#）起，依次逐点测量：

a. SB1－2 接线端（9#），测得电压值为 110 V 正常。

b. SB1－2 接线端（13#），测得电压值为 110 V 正常。

c. SB2－2 接线端（13#），测得电压值为 110 V 正常。

d. SB2－2 接线端（15#），测得电压值为 110 V 正常。

e. SB5 接线端（15#），测得电压值为 110 V 正常。

f. SB5 接线端（17#），测得电压值为 110 V 正常。

g. SQ6－2 接线端（17#），测得电压值为 110 V 正常。

h. SQ6－2 接线端（11#），测得电压值为 0 V 不正常，说明故障就在此处，SQ6－2 常闭触头开路。

2）方法二：采用试灯法查找故障点。

①将校验灯（额定电压 110 V）的一脚引线接在变压器 TC1（0#）上并保持不变。

②合上铣床电源总开关 SA1，按住 SB5，校验灯另一脚引线从 SB1－2 接线端（9#）起，依次逐点测试下列各点：

a. SB1－2 接线端（9#），若灯亮为正常。

b. SB1－2 接线端（13#），若灯亮为正常。

c. SB2－2 接线端（13#），若灯亮为正常。

d. SB2－2 接线端（15#），若灯亮为正常。

e. SB5 接线端（15#），若灯亮为正常。

f. SB5 接线端（17#），若灯亮为正常。

g. SQ6－2 接线端（17#），若灯亮为正常。

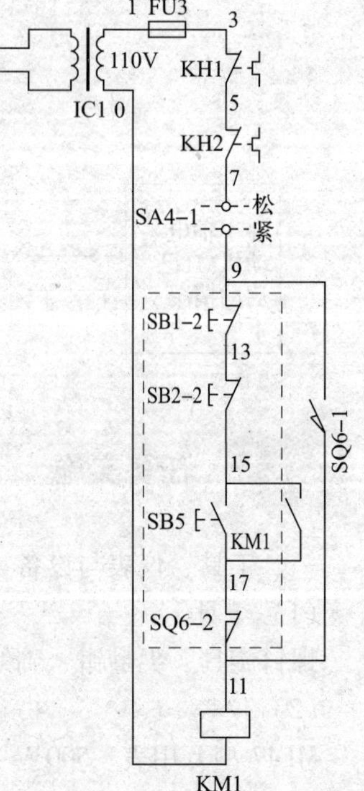

图 3—4—20　故障一电路图

h. SQ6－2 接线端（11#），若灯不亮，则说明故障就在此处，SQ6－2 常闭触头开路。

（4）排除故障

根据故障点情况，断开铣床电源总开关 SA1，修复或更换 SQ6 元件。

（5）通电试车

排除故障点后，重新开机操作检查，直至符合技术要求为止。

2. 故障二

工作台各个方向都不能作进给运动而且也不能进给冲动。

（1）观察故障现象

合上铣床电源总开关 SA1，铣床主轴电动机启动后，操作工作台纵向操纵手柄和十字操纵手柄，工作台各个方向（即上下、前后、左右 6 个方向）都不能进给运动，同时也不能进给冲动。

（2）判断故障范围

根据故障现象，分析控制电路可知，故障电路如图 3—4—21 中虚线框所示。其故障电路路径为：15#—KM1 常开触点—23#—KH3 常闭触点—25#或 0#线。

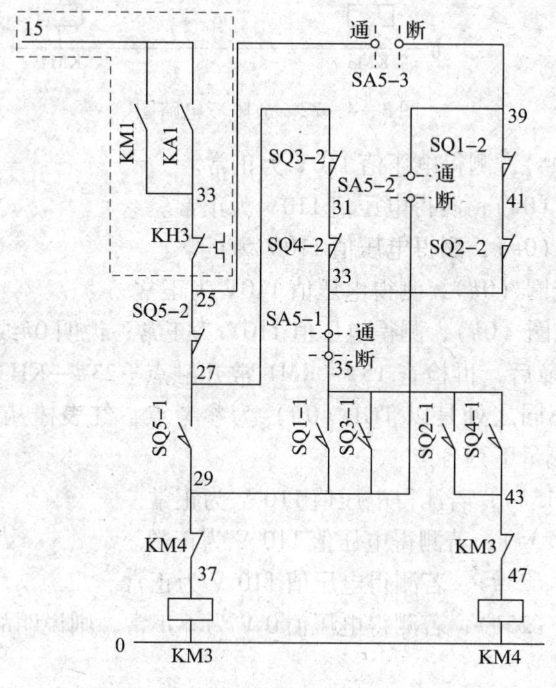

图 3—4—21 故障二电路图

（3）查找故障点

1）方法一：采用电压分阶测量法检查故障点。

①将万用表选择开关拨在交流 250 V 挡。

②将黑表棒接在选择的参考点 TC1（1#）上。

③合上电源开关 SA1，将主轴电动机启动后，红表棒从 TC1（0#）起，依次逐点测量下列各点：

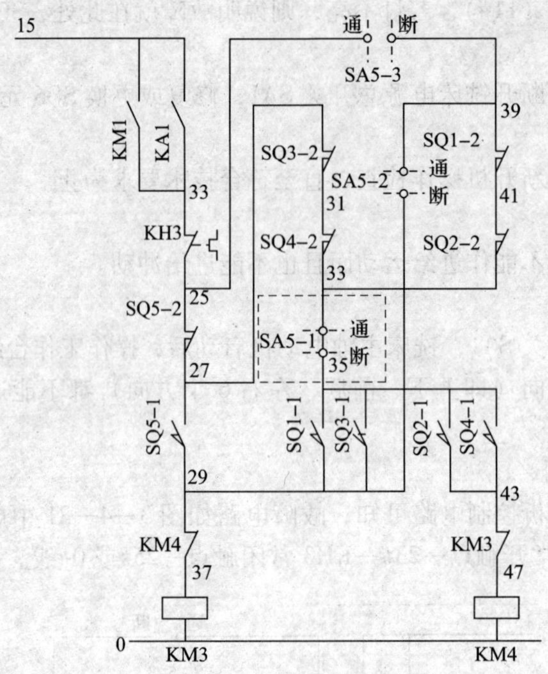

图 3—4—22　故障三电路图

a. 变压器 TC1（0#），测得电压值 110V 为正常。

b. 接线端子 XT3（0#），测得电压值 110V 为正常。

c. 接线端子 XT2（0#），测得电压值 110V 为正常。

d. 接触器 KM4 线圈（0#），测得电压值 110V 为正常。

e. 接触器 KM3 线圈（0#），测得电压值 110V 为正常；说明 0#线无故障。

④检查 0#线无故障后，再检查 15#—KM1 常开触点—23#—KH3 常闭触点—25#范围。检查方法基本同上，不同之处是以 TC1（0#）为参考点，红表棒从接触器 KM1 常开触点（15#）起，依次逐点测量下列各点：

a. 接触器 KM1（15#），若测得电压值 110 V 为正常。

b. 接触器 KM1（23#），若测得电压值 110 V 为正常。

c. 热继电器 KH3（23#），若测得电压值 110 V 为正常。

d. 热继电器 KH3（25#），若测得电压值 0 V 为不正常，则说明故障点为 KH3 常闭触点接触不良。

2）方法二：采用试灯法检查故障点。

检测方法与故障一方法二相似。

（4）排除故障

断开铣床电源总开关 SA1，根据故障点情况，修复或更换接触器 KH3 触头。

（5）通电试车

通电检查铣床各项操作，是否符合技术要求。

工作台各个方向都不能作进给运动的检修流程如图 3—4—23 所示。

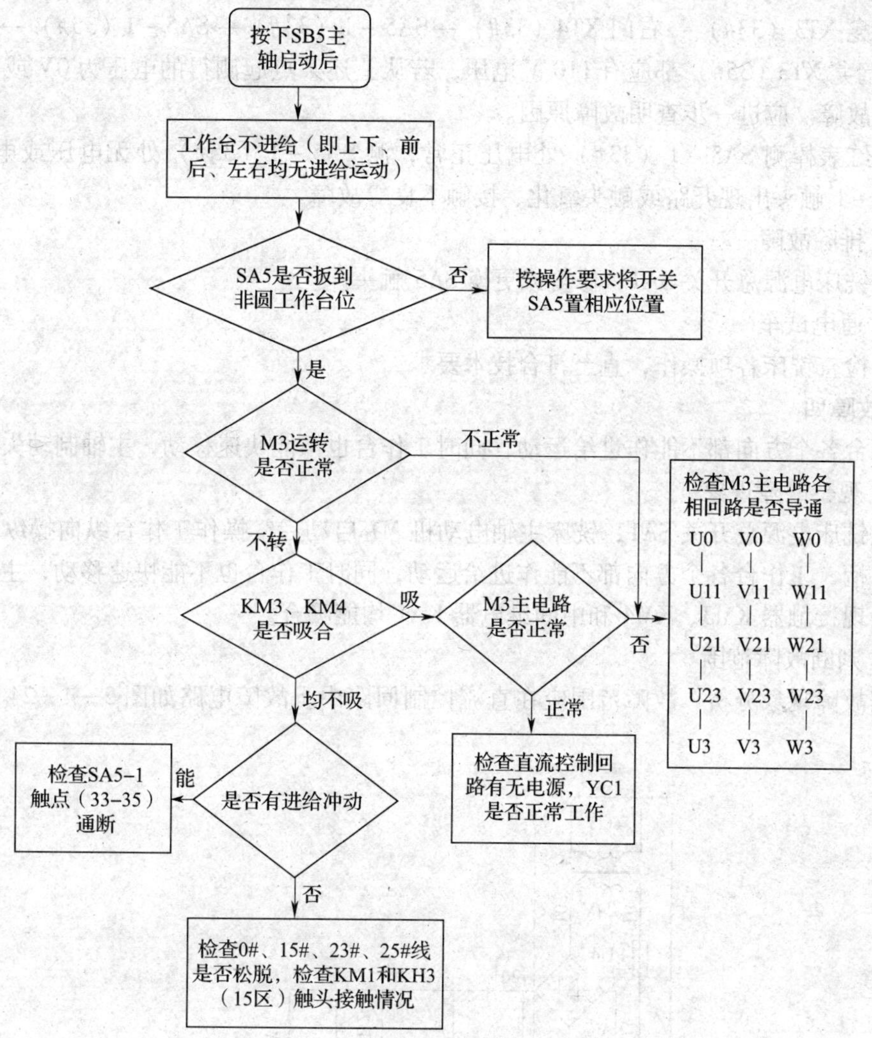

图 3—4—23　工作台不能作进给运动的检修流程图

3. 故障三

工作台各个方向都不能作进给运动，但是操作进给变速冲动正常。

（1）观察故障现象

合上铣床电源总开关 SA1，铣床主轴电动机 M1 启动后，操作工作台纵向操纵手柄和十字操纵手柄，工作台各个方向（上下、前后、左右 6 个方向）都不能进给运动，但操作进给变速冲动正常。

（2）判断故障范围

根据故障现象，分析控制电路可知，故障电路如图 3—4—22 中虚线所示。判断故障范围为：33#—SA5 - 1 触头—35#。

（3）查找故障点

首先合上铣床电源总开关 SA1，将主轴电动机 M1 启动，然后将纵向手柄置“向右”位置，圆工作台转换开关 SA5 置“断”位置；将万用表置交流 250 V 挡，黑表棒夹在 TC1 (0#) 接线端上作为参考点，红表棒依次测量：

右壁龛 XT3（33#）→右门 XT4（33#）→SA5－1（33#）→SA5－1（35#）→XT4（35#）→右壁龛 XT3（35#）都应有 110 V 电压，若从上述某点起测得的电压为 0V 或很小，说明该点有故障。应进一步查明故障原因。

假如红表棒测 SA5－1（33#）处电压正常，测 SA5－1（35#）处无电压或电压很小，说明 SA5－1 触头出现开路或触头氧化、接触不良等故障。

（4）排除故障

断开铣床电源总开关 SA1，修复或更换 SA5 触头。

（5）通电试车

通电检查铣床各项操作，直至符合技术要求。

4．故障四

工作台各个方向都不能作进给运动，同时工作台也不能快速移动，主轴制动失灵。

（1）观察故障现象

合上铣床电源总开关 SA1，铣床主轴电动机 M1 启动后，操作工作台纵向操纵手柄和十字操纵手柄，工作台各个方向都不能作进给运动，同时工作台也不能快速移动，主轴制动失灵，但发现接触器 KM3、KM4 和中间继电器 KA1 均能吸合。

（2）判断故障范围

根据故障现象分析，故障范围应在直流控制回路中。故障电路如图 3—4—24 中虚线框所示。

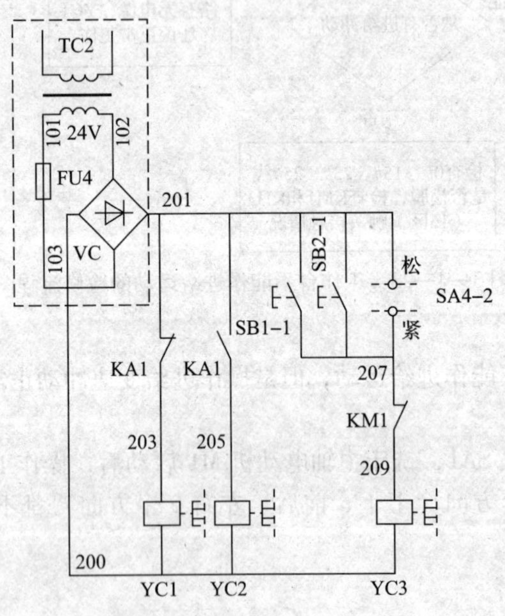

图 3—4—24　故障四电路图

（3）查找故障点

采用电压测量法查找故障点。

1）将万用表选择开关拨至交流 50 V 挡。

2）将黑表棒接在选择的参考点 TC2（102#）上。

3）合上电源开关 SA1，红表棒从 TC2（101#）起，依次逐点测量：

①变压器 TC2（101#），测得电压值 24 V 为正常。

②熔断器 FU4（101#），测得电压值 24 V 为正常。

③熔断器 FU4（103#），测得电压值 24 V 为正常。

④接线端子 XT3（103#），测得电压值 24 V 为正常。

⑤接线端子 XT4（103#），测得电压值 24 V 为正常。

⑥整流组件 VC（103#），测得电压值 24 V 为正常。然后将红表棒接在 VC（103#）上作为参考点，黑表棒接着测量。

⑦接线端子 XT3（102#），测得电压值 24 V 为正常。

⑧接线端子 XT4（102#），测得电压值 24 V 为正常。

⑨整流组件 VC（102#），测得电压值 24 V 为正常。

4）将万用表选择开关拨至直流 50 V 挡。

5）将黑表棒接在选择的参考点整流组件 VC（200#）上。红表笔依次测量：

①红表棒接整流组件 VC（201#），测得直流电压值约为 22 V 为正常。

②测接线端子 XT4（201#），测得直流电压值约为 0 V 为不正常，说明此处有故障，整流组件 VC（201#）至接线端子排 XT4 的 201#导线开路。

（4）排除故障

断开电源开关 SA1，用旋具紧固 201#导线两端头，若故障依旧，则更换同规格的导线。

（5）通电试车

通电检查铣床各项操作，符合技术要求。

5．故障五

工作台只能左右进给，不能前后、上下进给。

（1）观察故障现象

合上电源开关 SA1，铣床主轴电动机启动后，操作工作台能向左右进给，但不能向前后、上下进给，再将 SA5 扳至圆工作台位置，圆工作台也不能工作。

（2）判断故障范围

根据故障现象可以判断，故障电路如图 3—4—25 中虚线框所示。故障范围为：39#—SQ1－2—41#—SQ2－2—33#。

（3）查找故障点

采用电压分阶测量法检查。

1）将万用表选择开关拨在交流电压 250 V 挡。

2）将黑表棒接在选择的参考点 TC1（0#）上。

3）合上电源开关 SA1，将主轴电动机启动后，红表棒从转换开关 SA5－3（39#）起，依次逐点测量下列各点：

①圆工作台转换开关 SA5－3（39#），测得电压值 110 V 为正常。

②接线端子 XT4（39#），测得电压值 110 V 为正常。

③接线端子 XT3（39#），测得电压值 110 V 为正常。

④行程开关 SQ1－2（39#），测得电压值 110 V 为正常。

⑤行程开关 SQ1－2（41#），测得电压值 110 V 为正常。

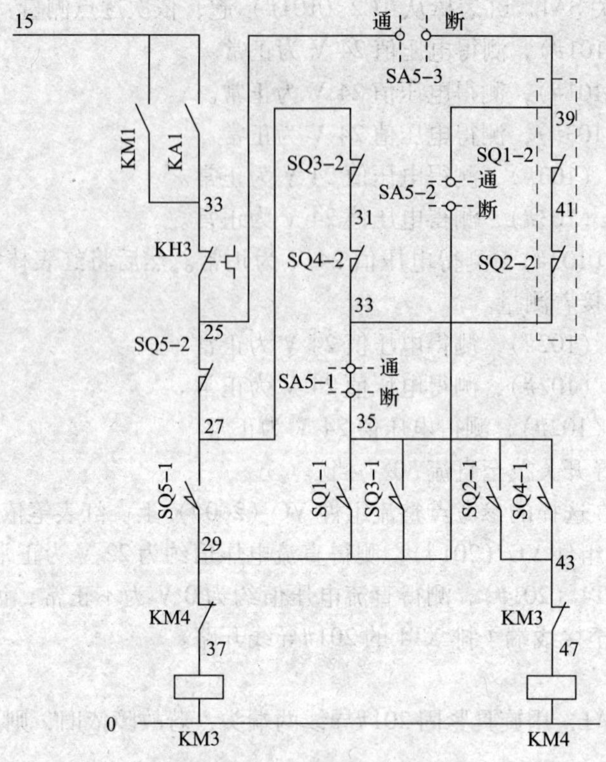

图 3—4—25　故障五电路图

⑥行程开关 SQ2－2（41#），测得电压值 110 V 为正常。

⑦行程开关 SQ2－2（33#），测得电压值 0 V 不正常，说明行程开关 SQ2－2 触头有故障。经进一步检查为 SQ2－2 常闭触头氧化，导致触头接触不良。

（4）排除故障

断开电源开关 SA1，修理或更换 SQ2－2 元件，就可排除故障。

（5）通电试车

通电试车检查铣床各项操作，符合技术要求。

1. 检修前要认真阅读电路图，熟练掌握各个控制环节的原理及作用。

2. 熟悉 X62W 型万能铣床电器布局及走线通道，掌握各操作手柄、开关及电器的功能。

3. 学生在检修前要认真观摩教师的示范检修过程。

4. X62W 型万能铣床的电气控制与机械结构的配合十分密切，因此，在出现故障时应先分析判断是电气故障还是机械故障。

5. 停电要验电。带电检修时，必须有指导教师在现场监护，以确保用电安全，同时要做好训练记录。

* 项 目 五

T68 型卧式镗床电气控制线路

任务 1　认识 T68 型卧式镗床

学习目标

1. 了解 T68 型卧式镗床的功能、主要结构和运动形式。
2. 熟悉 T68 型卧式镗床电器的位置、型号及功能。
3. 掌握 T68 型卧式镗床的控制线路原理及基本操作方法。

工作任务

镗床是工业生产加工过程中应用十分广泛的一种精密加工机床，它不但用来进行钻孔、扩孔、铰孔和镗孔等加工，而且使用一些附件后，还可以车削圆柱端面、内圆、外圆和螺纹，装上铣刀还可进行铣削加工。本节的主要学习任务是：了解 T68 型卧式镗床的主要结构和运动形式；掌握 T68 型卧式镗床的控制线路工作原理以及基本操作方法。

相关理论

T68 型卧式镗床是一种精密加工机床，主要用于加工精度要求较高的孔，以及孔与孔之间距离要求精确的工件。T68 型卧式镗床的外观如图 3—5—1 所示。

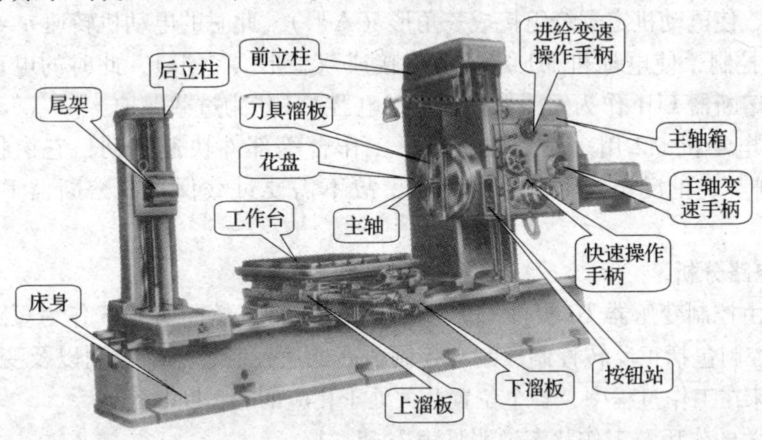

图 3—5—1　T68 型卧式镗床外观图

一、T68 型卧式镗床的主要结构及其型号含义

T68 型卧式镗床主要由床身、上溜板、下溜板、主轴箱、前立柱、后立柱、尾架和工作台等部分组成。T68 型镗床型号的含义：

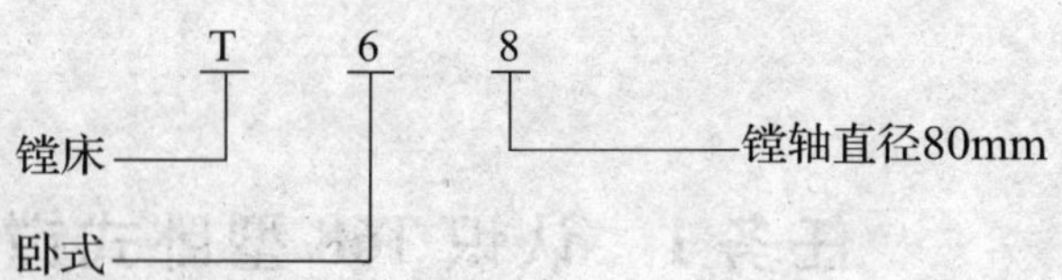

二、T68 型卧式镗床的主要运动形式

1. 主运动

镗床主轴和花盘的旋转运动。

2. 进给运动

镗床主轴的轴向进给，花盘上刀具溜板的径向进给，工作台的横向和纵向进给，主轴箱沿前立柱导轨的升降运动。

3. 辅助运动

镗床工作台的回转，后立柱的轴向水平移动，尾架的升降移动及各部分的快速移动。

镗床的主运动及各种常速进给运动都是由主轴电动机来驱动，但机床各部分的快速进给运动是由快速进给电动机来驱动。

三、T68 型卧式镗床的控制线路原理分析

T68 型卧式镗床控制线路原理图如图 3—5—2 所示。

1. 主电路分析

主轴电动机 M1 是一台双速电动机，用来驱动主轴旋转运动以及进给运动。接触器 KM1、KM2 分别实现正、反转控制，接触器 KM3 实现制动电阻 R 的切换，KM4 实现低速控制和制动控制，使电动机定子绕组接成三角形（△形），此时的电动机转速 n = 1 440 r/min，KM5 实现高速控制，使电动机 M1 定子绕组接成双星形（YY形），此时的电动机转速 n = 2 880 r/min，熔断器 FU1 作为短路保护，热继电器 KH 作为过载保护。

快速进给电动机 M2 用来驱动主轴箱、工作台等部件快速移动，它由接触器 KM6、KM7 分别控制实现正反转，由于短时工作，故不需要过载保护，熔断器 FU2 作为短路保护。

2. 控制电路分析

控制电路由控制变压器 TC 提供 110 V 电压作为电源，熔断器 FU3 作为短路保护。主轴电动机 M1 的控制包括正反转控制、制动控制、高低速控制、点动控制以及变速冲动控制。T68 型卧式镗床在工作过程中，各个位置开关处于相应的通、断状态。

各位置开关的作用及工作状态说明见表 3—5—1。

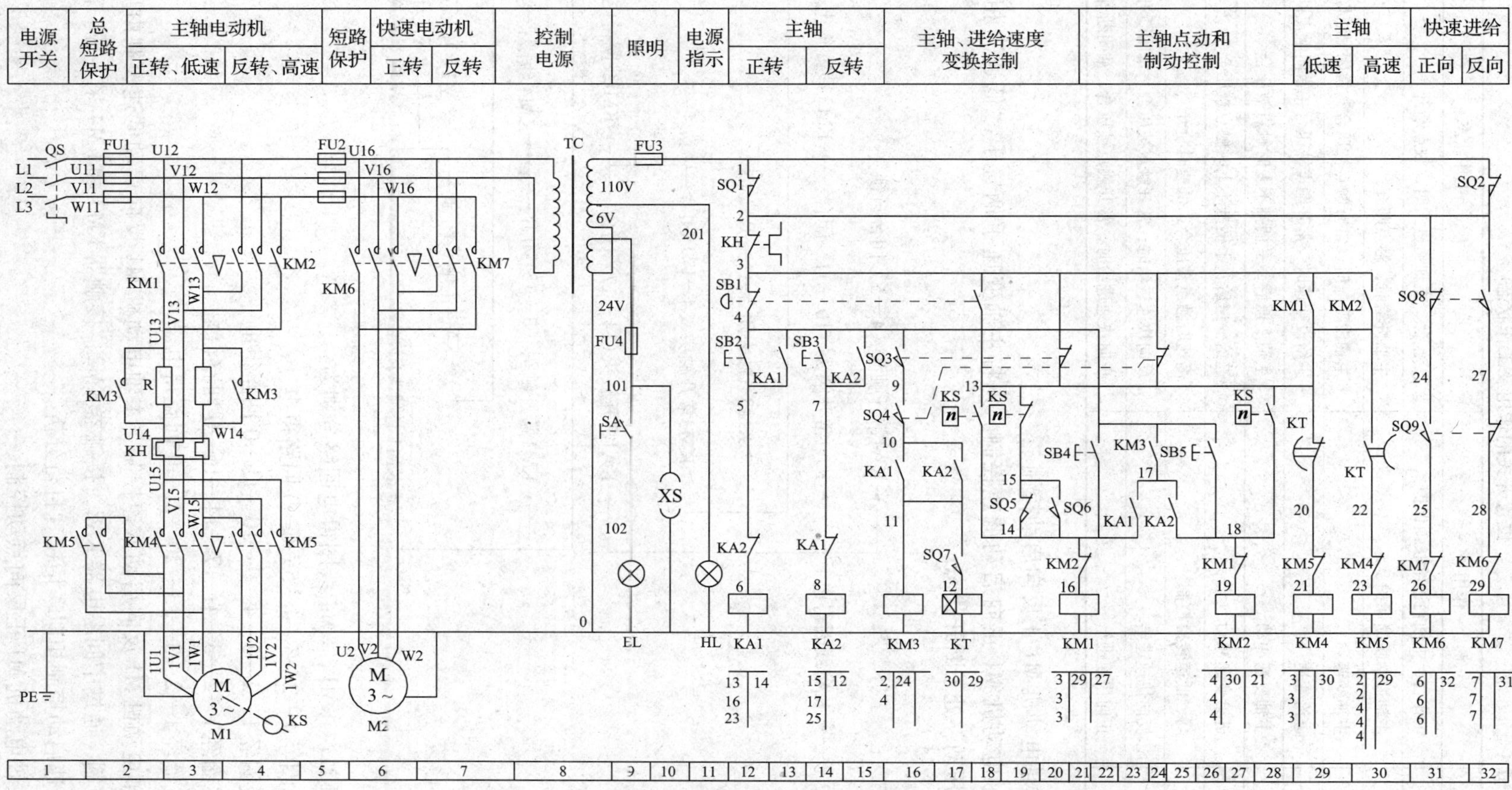

图 3—5—2 T68 型镗床电气控制线路原理图

表 3—5—1 位置开关的作用及工作状态

位置开关	作用	工作状态
SQ1	工作台、主轴箱进给联锁保护	工作台、主轴箱进给时，触点断开
SQ2	主轴进给联锁保护	主轴进给时，触点断开
SQ3	主轴变速	主轴没变速时，常开触点被压合，常闭触点断开
SQ4	进给变速	进给没变速时，常开触点被压合，常闭触点断开
SQ5	主轴变速冲动	主轴变速后，手柄推不上时触点被压合
SQ6	进给变速冲动	进给变速后，手柄推不上时触点被压合
SQ7	高、低速转换控制	高速时触点被压合，低速时断开
SQ8	反向快速进给	反向快速进给时，常开触点被压合，常闭断开
SQ9	正向快速进给	正向快速进给时，常开触点被压合，常闭断开

(1) 主轴电动机 M1 正反向启动控制

1) 主轴电动机 M1 正向启动低速控制。先将主轴变速手柄置于“低速”相应挡位，SQ7 没有被压动，处于断开状态。

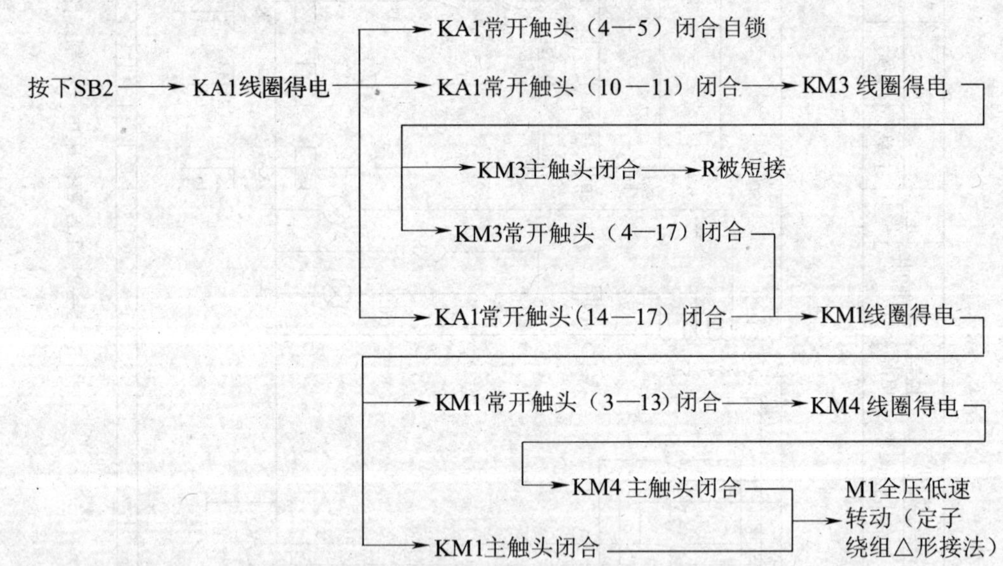

KA1、KM3、KM1、KM4 线圈得电回路分别为：

KA1 线圈经 1—2—3—4—5—6—0 回路得电。

KM3 线圈经 1—2—3—4—9—10—11—0 回路得电。

KM1 线圈经 1—2—3—4—17—14—16—0 回路得电。

KM4 线圈经 1—2—3—13—20—21—0 回路得电。

2) 主轴电动机 M1 反向启动低速控制。主轴电动机 M1 反向启动低速控制由反向启动按钮 SB3 控制，通过中间继电器 KA2，接触器 KM2，接触器 KM3 和 KM4 来实现。其工作原理与正向低速启动控制相似，请读者自行分析。

(2) 主轴电动机 M1 正反向点动控制

1）主轴电动机 M1 正向点动控制。主轴电动机 M1 正向点动控制是由正向点动按钮 SB4，接触器 KM1 和 KM4 控制实现的。此时主轴电动机 M1 接成三角形低速运转。

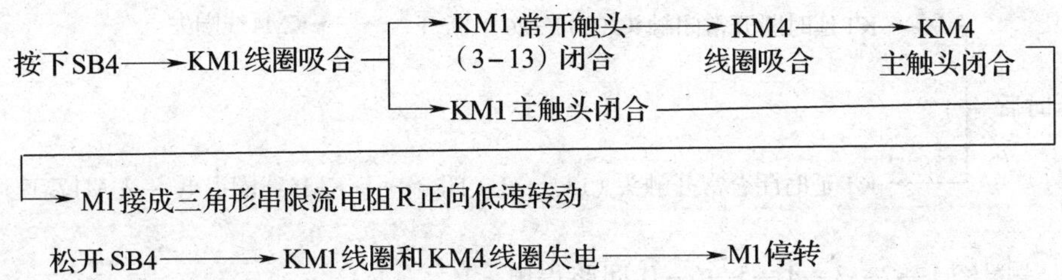

松开 SB4——→KM1线圈和KM4线圈失电——→M1停转

KM1 线圈经 1—2—3—4—14—16—0 回路得电。

KM4 线圈经 1—2—3—13—20—21—0 回路得电。

2）主轴电动机 M1 反向点动控制。按下反向点动按钮 SB5，使 KM2 线圈和 KM4 线圈得电，M1 接成三角形串限流电阻 R 反向低速转动。

KM2 线圈经 1—2—3—4—18—19—0 回路得电。

KM4 线圈经 1—2—3—13—20—21—0 回路得电（此处 3—13 是通过 KM2 触头形成回路）。

（3）主轴电动机 M1 正反转高速控制

为了减小启动电流，主轴电动机先低速全压启动，延时后转为高速运行。低速时，主轴电动机 M1 定子绕组采用△形接法，$n=1\ 440$ r/min，高速时，M1 定子线组采用YY形接法，$n=2\ 880$ r/min。

高速控制时，将变速机构转至“高速”位置，压下位置开关 SQ7，其常开触头 SQ7（11—12）闭合。

1）正转高速控制。由正向启动按钮 SB2 控制，中间继电器 KA1 线圈和接触器 KM3、KM1、KM4 的线圈及时间继电器 KT 相继得电，M1 定子绕组连成三角形（△形）低速启动，延时一定时间后，由 KT 控制，使 KM4 线圈失电，接触器 KM5 得电，M1 定子绕组改接成双星形（YY形）高速运转。其工作原理如下：

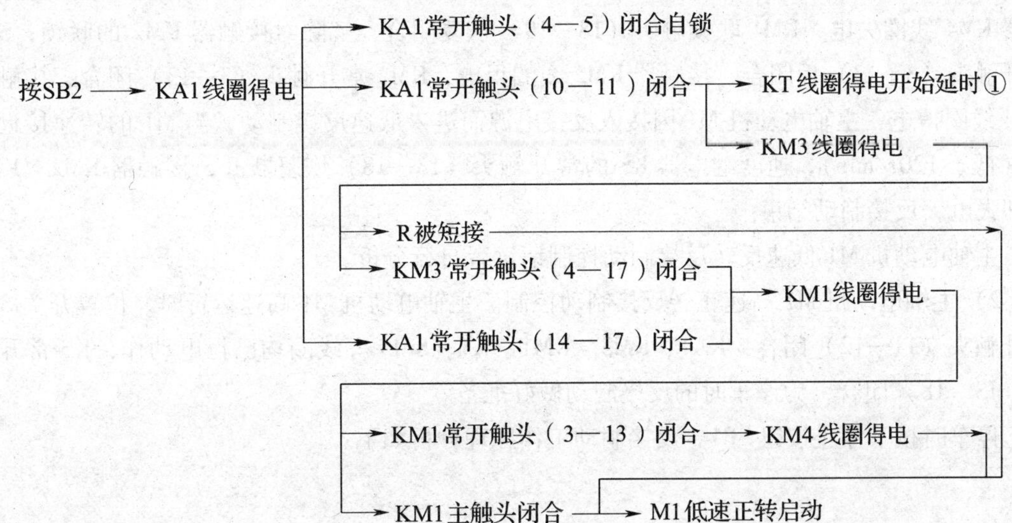

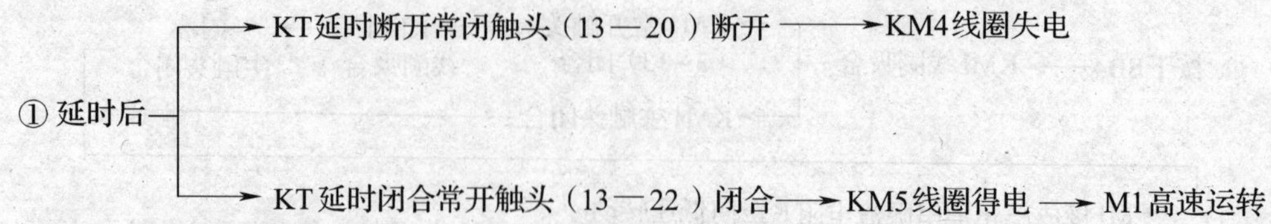

KA1 线圈经 1—2—3—4—5—6—0 回路得电。

KM3 线圈经 1—2—3—4—9—10—11—0 回路得电。

KM1 线圈经 1—2—3—4—17—14—16—0 回路得电。

KM4 线圈经 1—2—3—13—20—21—0 回路得电。

KM5 线圈经 1—2—3—13—22—23—0 回路得电。

KT 线圈经 1—2—3—4—9—10—11—12—0 回路得电。

2）反转高速。由反转按钮 SB3 控制，KA2、KM3、KM2、KM4 和 KT 线圈相继得电，M1 低速启动，延时一定时间后，通过 KT 的延时触头使 KM4 线圈失电，KM5 线圈得电，M1 转为高速运行。其工作原理与正向高速控制相似，请读者自行分析。

（4）主轴电动机 M1 制动控制

T68 型镗床主轴电动机停车制动采用由速度继电器 KS、串电阻的双向低速反接制动，若主轴电动机 M1 为高速运行时，则先转为低速然后再进入反接制动。

1）主轴电动机 M1 低速正转反接制动控制。主轴电动机 M1 低速正转运行时，速度继电器 KS 常开触头（13—18）已经闭合，为主轴停车反接制动做好准备。停车时按下停止按钮 SB1，SB1 常闭触头先分断（3—4），中间继电器 KA1 线圈失电，KA1 常开触头（10—11）恢复断开，接触器 KM3 线圈失电，KM3 主触头分断，主电路串入制动电阻 R，KM3 常开触头（4—17）恢复断开，接触器 KM1 线圈失电，KM1 常开触头（3—13）恢复断开，接触器 KM4 线圈失电，KM1 联锁触头（18—19）恢复闭合，解除对接触器 KM2 的联锁；SB1 常开触头（3—13）后闭合，接触器 KM2 线圈得电，KM2 常开触头（3—13）闭合，接触器 KM4 线圈得电，主轴电动机 M1 因接入反接电源而进入低速反接制动，当 M1 的转速接近零时（低于 120r/min），速度继电器 KS 的常开触头（13—18）恢复断开，接触器 KM2、KM4 随即失电，反接制动结束。

主轴电动机 M1 低速反转反接制动控制请读者自行分析。

2）主轴电动机 M1 高速正转反接制动控制。主轴电动机 M1 高速运行时，位置开关 SQ7 常开触头（11—12）闭合，KA1、KM3、KM1、KT、KM5 等线圈均已得电动作，KS 常开触头（13－18）闭合，为停车时的反接制动做好准备。

停车时按下停止按钮 SB1，反接制动工作原理分析如下：

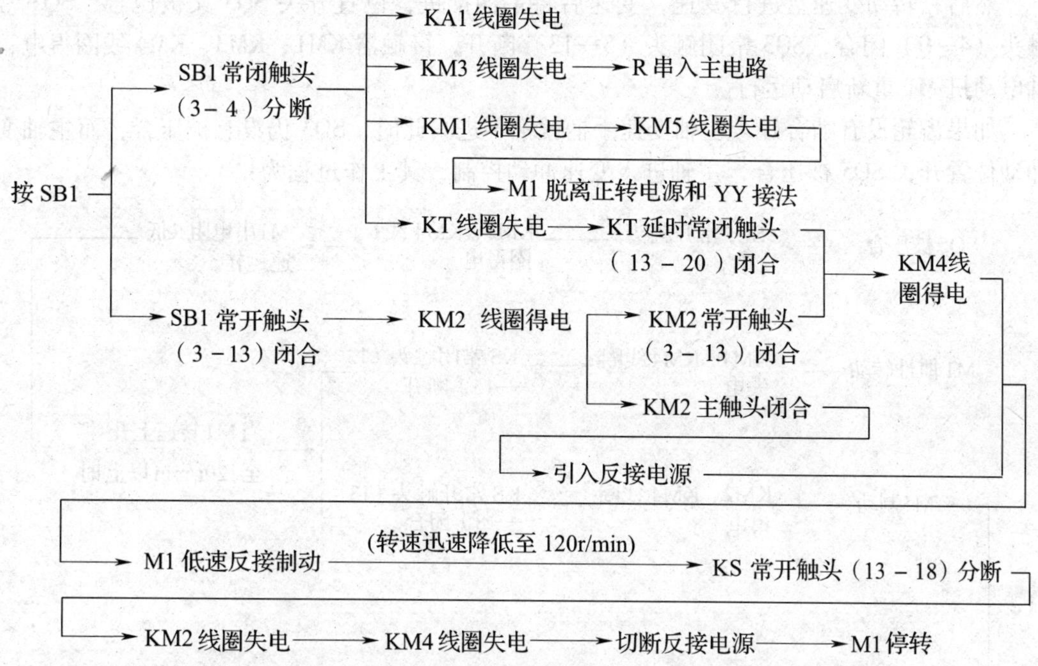

主轴电动机 M1 高速反转反接制动控制线路原理请读者自行分析。

（5）主轴电动机 M1 变速冲动控制

T68 型镗床主轴变速是由变速孔盘机构进行调速。调速既可在主轴电动机 M1 停车时进行，也可在 M1 转动时进行（调速过程为：先自动使 M1 制动停车，然后变速冲动，再自动使 M1 运行）。调速时，使 M1 冲动是为了保证齿轮顺利啮合。主轴电动机 M1 变速冲动控制电路工作原理分析如下：

当主轴在运转过程中，如果要变速，可以不按停止按钮直接进行变速。设主轴在正转低速运行状态，此时速度继电器 KS 的常开触头（13—18）处于闭合状态。将主轴变速操作手柄拉出，受主轴变速操作手柄压合的位置开关 SQ3 复位，SQ3 常开触头（4—9）断开，SQ3 常闭触头（3—13）闭合，主轴电动机 M1 进入停车制动，控制过程为：

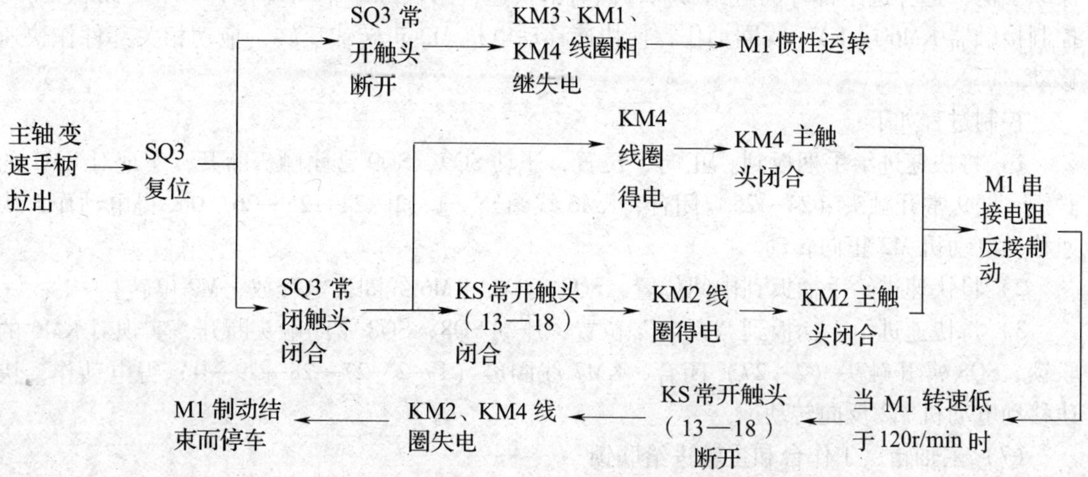

然后，转动变速盘进行变速，变速后将手柄推进，位置开关 SQ3 又被压合，SQ3 常开触头（4—9）闭合，SQ3 常闭触头（3—13）断开，接触器 KM1、KM3、KM4 线圈得电，主轴电动机 M1 重新启动运行。

如果齿轮没有啮合好，主轴变速手柄就推不进。此时，SQ3 仍没有被压合，而主轴变速冲动位置开关 SQ5 被压合，主轴进入变速冲动控制，其工作过程为：

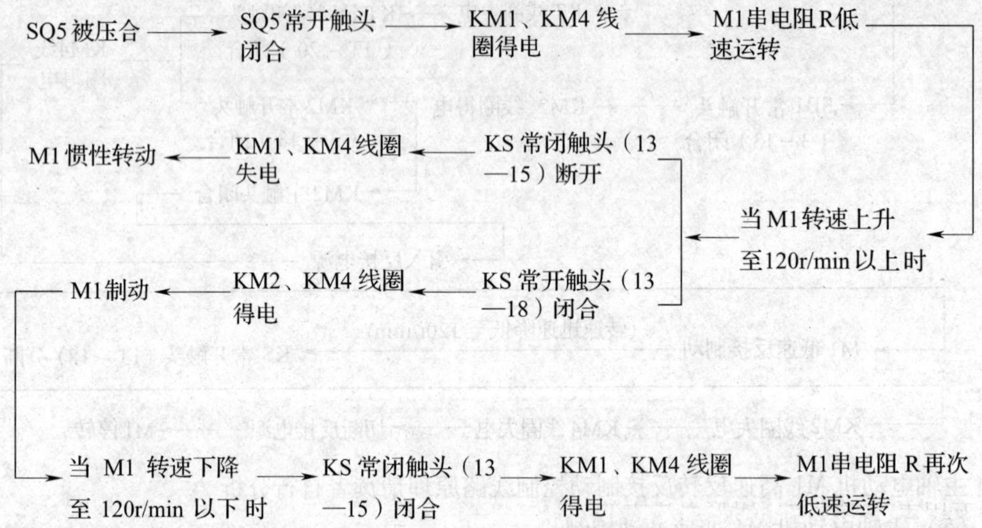

如此循环下去，直到齿轮啮合好，主轴变速手柄推上，SQ5 复位断开，SQ3 被压合，变速冲动才结束。

（6）快速进给电动机 M2 的控制

T68 镗床各部件的快速移动，是由快速移动选择手柄控制，快速移动电动机 M2 拖动，运动部件的运动方向是由快速移动操作手柄操纵。快速操作手柄有“正向”“反向”“停止”三个位置。

首先扳动进给选择手柄，接通相关离合器，挂上相关方向的丝杆，然后再扳动快速进给操纵手柄，选择进给部件的进给方向，同时由快速进给操纵手柄压动位置开关 SQ8 或 SQ9，控制接触器 KM6 或 KM7 线圈动作，使快速移动电机 M2 正转或反转，拖动相关部件作快速移动。

控制过程如下：

1）将快速进给手柄扳到“正向”位置，压动 SQ9，SQ9 常闭触头断开，实现对 KM7 的联锁，SQ9 常开触头（24—25）闭合，KM6 线圈经（1—2—24—25—26—0）得电动作，快速移动电动机 M2 正向转动。

2）将快速进给手柄扳到中间位置，SQ9 复位，KM6 线圈失电释放，M2 停转。

3）将快速进给手柄扳到“反向”位置，压动 SQ8，SQ8 常闭触头断开，实现对 KM6 的联锁，SQ8 常开触头（2—27）闭合，KM7 线圈经（1—2—27—28—29—0）得电动作，快速移动电动机 M2 反向转动。

（7）主轴箱、工作台和主轴进给联锁

为防止工作台、主轴箱与主轴同时进给，损坏镗床或刀具，在电气线路上采取了相互联锁措施。联锁是通过两个并联的限位开关 SQ1 和 SQ2 来实现的。

当工作台或主轴箱的操作手柄扳在机动进给时，压动 SQ1，SQ1 常闭触头（1—2）分断；此时如果将主轴或花盘刀架操作手柄扳在机动进给时，压动 SQ2，SQ2 常闭触头（1—2）分断。两个限位开关的常闭触头都分断，切断了整个控制电路的电源，于是 M1 和 M2 都不能运转。

3. 辅助控制线路（照明、指示电路）工作原理分析

控制变压器 TC 的二次侧分别输出 24V 和 6V 电压，作为镗床照明灯和指示灯的电源。EL 为镗床的低压照明灯，由开关 SA 控制，FU4 作短路保护；HL 为电源指示灯，当镗床电源接通后，指示灯 HL 亮，表示机床可以工作。

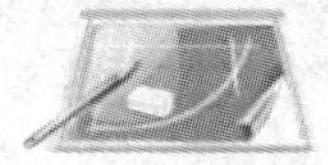

任务实施

一、工具、仪表及设备

1. 工具

扳手、螺钉旋具、尖嘴钳、剥线钳、电工刀、验电器等。

2. 仪表

万用表、兆欧表、钳形电流表等。

3. 设备

T68 型卧式镗床。

二、在教师指导下，对照图 3—5—1，认识 T68 型卧式镗床的主要结构和操纵部件。

三、根据 T68 型卧式镗床电器位置图（见图 3—5—3）和电气元件明细表（见表 3—5—2），熟悉 T68 型卧式镗床的电气设备位置及型号。

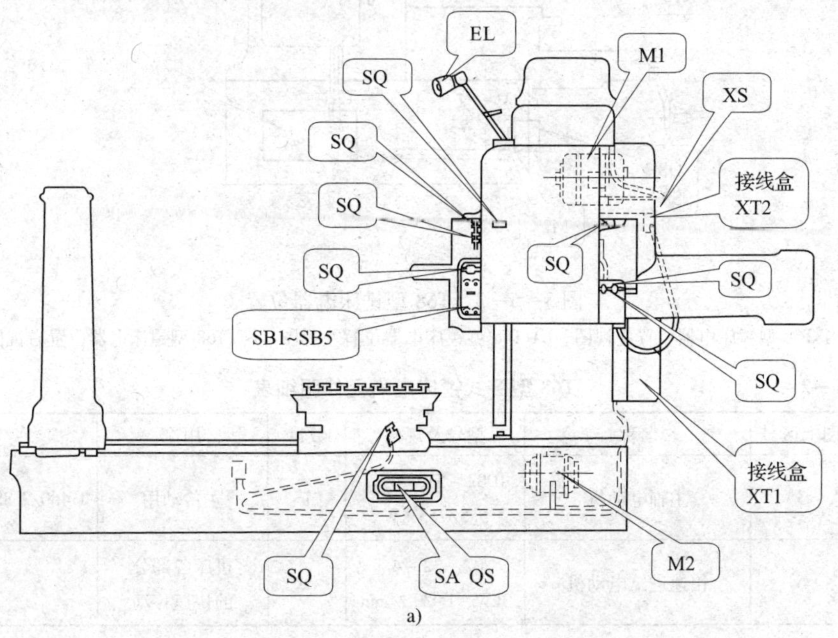

a)

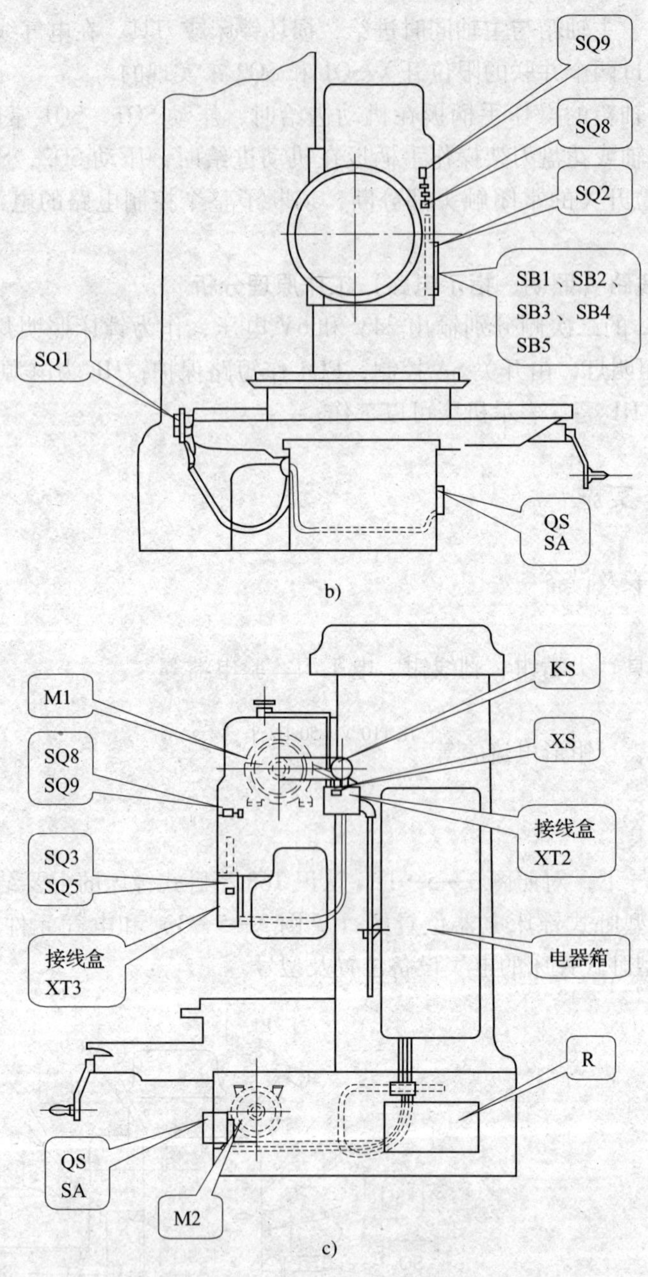

图 3—5—3　T68 型铣床电器位置

a）T68 型镗床电器位置主视图　b）T68 型镗床电器位置左视图　c）T68 型镗床电器位置右视图

表 3—5—2　　T68 型卧式镗床电气元件明细表

元件代号	图上区号	名称	型号及规格	数量	用途	备注
M1	3	主轴电动机	JD02－51－4/2、5.5/7.5 kW	1	主传动用	1 460/2 880 r/min、D2
M2	6	快速进给电动机	J02－32－4、3kW、1 430 r/min	1	机床各部分的快速移动	D2

续表

元件代号	图上区号	名称	型号及规格	数量	用途	备注
QS	1	组合开关	HZ2－60/3、60A、三极	1	电源引入	
SA	9	组合开关	HZ2－10/3、10A、三极	1	照明开关	
FU1	2	熔断器	RL1－60/40	3	总短路保护	配熔体 40A
FU2	5	熔断器	RL1－15/15.4	3	M2 短路保护	配熔体 15A 3 只、4A 2 只
FU3	9	熔断器	RL1－15/15.4	1	110V 控制电路短路保护	
FU4	9	熔断器	RL1－15/15.4	1	照明电路短路保护	
KM1	21	交流接触器	CJ0－40、线圈电压 110 V、50 Hz	1	控制 M1 正转	
KM2	27	交流接触器	CJ0－40、线圈电压 110 V、50 Hz	1	控制 M1 反转	
KM3	16	交流接触器	CJ0－20、线圈电压 110 V、50 Hz	1	控制 M1（短接 R）	
KM4	29	交流接触器	CJ0－40、线圈电压 110 V、50 Hz	1	控制 M1 低速	
KM5	30	交流接触器	CJ0－40、线圈电压 110 V、50 Hz	1	控制 M1 高速	
KM6	31	交流接触器	CJ0－20、线圈电压 110 V、50 Hz	1	控制 M2 正转	
KM7	32	交流接触器	CJ0－20、线圈电压 110 V、50 Hz	1	控制 M2 反转	
KT	17	时间继电器	JS7－2A、线圈电压 110 V、50 Hz	1	控制 M1 高低速	整定时间 5s
KA1	12	中间继电器	JZ7－44、线圈电压 110 V、50 Hz	1	控制 M1 正转	
KA2	14	中间继电器	JZ7－44、线圈电压 110 V、50 Hz	1	控制 M1 反转	
TC	8	控制变压器	BK－300、380 V/110 V、24 V、6 V	1	控制电源	
KH	3	热继电器	JR0－10/3D、整定电流 16 A	1	M1 过载保护	
KS	4	速度继电器	JY－1、500V、2A	1	主轴制动用	
R	3	电阻器	ZB－0.9、0.9Ω	2	限流电阻	

续表

元件代号	图上区号	名称	型号及规格	数量	用途	备注
SB1	12	按钮	LA2、380V5A	1	主轴停止	
SB2	12	按钮	LA2、380V5A	1	主轴正向启动	
SB3	14	按钮	LA2、380V5A	1	主轴反向启动	
SB4	22	按钮	LA2、380V5A	1	主轴正向点动	
SB5	26	按钮	LA2、380V5A	1	主轴反向点动	
SQ1	12	行程开关	LX1－11H	1	主轴联锁保护	
SQ2	32	行程开关	LX3－11K	1	主轴联锁保护	
SQ3	16	行程开关	LX1－11K	1	主轴变速控制	开启式
SQ4	16	行程开关	LX1－11K	1	进给变速控制	开启式
SQ5	19	行程开关	LX1－11K	1	主轴变速控制	开启式
SQ6	20	行程开关	LX1－11K	1	进给变速控制	开启式
SQ7	17	行程开关	LX5－11	1	高速控制	
SQ8	31	行程开关	LX3－11K	1	反向快速进给	开启式
SQ9	31	行程开关	LX3－11K	1	正向快速进给	开启式
XS	10	插座	T型	1		专用插座
EL	9	机床工作灯	K－1螺口	1	工作照明	配24V、40W灯泡
HL	11	指示灯	DX1－0白色	1	电源指示	配6 V、0.15 A灯泡

四、调试T68型卧式镗床的方法步骤

1．先检查各锁紧装置，并置于“松开”的位置。

2．选择好所需要的主轴转速（拉出手柄转动180°，旋转手柄，选定转速后，推回手柄至原位即可）。

3．选择好进给所需要的进给转速（拉出进给手柄转动180°，旋转手柄，选定转速后，推回手柄至原位即可）。

4．合上电源开关，电源指示灯亮，再把照明开关合上，局部工作照明灯亮。

5．调整主轴箱的位置。进给选择手柄置于位置“1”，向外拉快速操作手柄，主轴箱向上运动，向里推快速操作手柄，主轴箱向下运动，松开快速操作手柄，主轴箱停止运动。

6．调整工作台的位置

（1）进给选择手柄从位置“1”顺时针扳到位置“2”，向外拉快速操作手柄，上溜板带动工作台向左运动，向里推快速操作手柄，上溜板带动工作台向右运动，松开快速操作手柄，工作台停止运动。

（2）进给选择手柄从位置“2”顺时针扳到位置“3”，向外拉快速操作手柄，下溜板带动工作台向前运动，向里推快速操作手柄，下溜板带动工作台向后运动，松开快速操作手柄，工作台停止运动。

7．主轴电动机正、反向点动控制

（1）按下正向点动按钮，主轴电动机正向低速转动，松开正向点动按钮，主轴电动机停转。

（2）按下反向点动按钮，主轴电动机反向低速转动，松开反向点动按钮，主轴电动机停转。

8. 主轴电动机正、反向低速转动控制

（1）按下正向启动按钮，主轴电动机正向低速转动，按下停止按钮，主轴电动机反接制动而迅速停车。

（2）按下反向启动按钮，主轴电动机反向低速转动，按停止按钮，主轴电动机反接制动而迅速停车。

9. 主轴电动机正、反向高速转动控制

（1）将主轴变速操作手柄转至“高速”位置，拉出手柄转动180°，旋转手柄，选定转速后，推回手柄至原位即可。

（2）按下正向启动按钮，主轴电动机正向低速启动，主轴电动机经延时，转为高速转动，按下停止按钮，主轴电动机实行反接制动而迅速停车。

（3）按下反向启动按钮，主轴电动机反向低速转动，经延时，主轴电动机转为高速转动，按下停止按钮，主轴电动机实行反接制动而迅速停车。

10. 主轴变速控制。主轴需要变速时可不必按停止按钮，只要将主轴变速机构操作手柄拉出转动180°，旋转手柄，选定转速后，推回手柄至原位即可。

11. 进给变速控制。需要进给变速时可不必按停止按钮，只要将进给变速机构操作手柄拉出转动180°，旋转手柄，选定转速后，推回手柄至原位即可。

12. 关闭电源开关。

五、在教师的监护指导下，按照上述步骤进行镗床操作及调试训练。

1. 操作调试前，一定要熟悉镗床的结构和功能，认真观察教师的操作方法；操作调试中，一定要做好安全保护措施，如有异常情况必须立即切断电源。

2. 操作必须在教师的监护指导下进行，不得违规。

3. 操作要有计划、有秩序地分组进行，实训场所不得打闹和围观。

任务2　T68型卧式镗床主电路电气故障检修

1. 掌握T68型卧式镗床主电路结构组成及工作原理。

2. 了解T68型卧式镗床主电路实际走线路径。

3. 掌握T68型卧式镗床主电路常见电气故障检修方法。

工作任务

在操作使用 T68 型卧式镗床过程中，由于电气设备老化或操作不当等原因，不可避免地会导致主电路出现故障，从而使机床不能正常工作，影响生产加工。本节的主要工作任务是：学习 T68 型卧式镗床主电路常见电气故障检修方法及步骤。快速准确地排除故障，使机床恢复正常运行。

相关理论

T68 型卧式镗床控制线路原理图如任务一中图 3—5—2 所示。

T68 型卧式镗床主电路中各电动机控制功能分析见表 3—5—3。

表 3—5—3　**T68 型卧式镗床各电动机控制功能**

电动机名称	控制电器	短路保护	过载保护	用途
主轴电动机 M1	KM1、KM2、KM3 KM4、KM5、KM6	FU1	FR	驱动主轴旋转运动 以及进给运动
快速进给 电动机 M2	KM6、KM7	FU2	—	驱动主轴箱、工作台等 部件快速移动

任务实施

一、工具、仪表及设备

1. 工具

扳手、螺钉旋具、尖嘴钳、剥线钳、电工刀、验电器等。

2. 仪表

万用表、兆欧表、钳形电流表等。

3. 设备

T68 型卧式镗床。

二、在教师的指导下，参照 T68 型卧式镗床电器位置图（见图 3—5—3）和接线图（见图 3—5—4），在 T68 型卧式镗床上通过测量等方法找出主电路实际走线路径。

三、T68 型卧式镗床主电路常见电气故障分析与检修举例

首先由教师在 T68 型卧式镗床上人为设置自然故障点，观察教师示范检修过程，然后自行完成故障点的检修实训任务。

1. 故障一

主轴电动机 M1 能低速正向启动运行，但低速反向启动时会发出“嗡嗡”声。

（1）观察故障现象

合上电源开关 QS，按下低速正向启动按钮 SB2 时，KA1、KM3、KM1 和 KM4 依次得电，电动机 M1 正向启动运转，然后按下停止按钮 SB1，M1 立即停转；再按下低速反向启

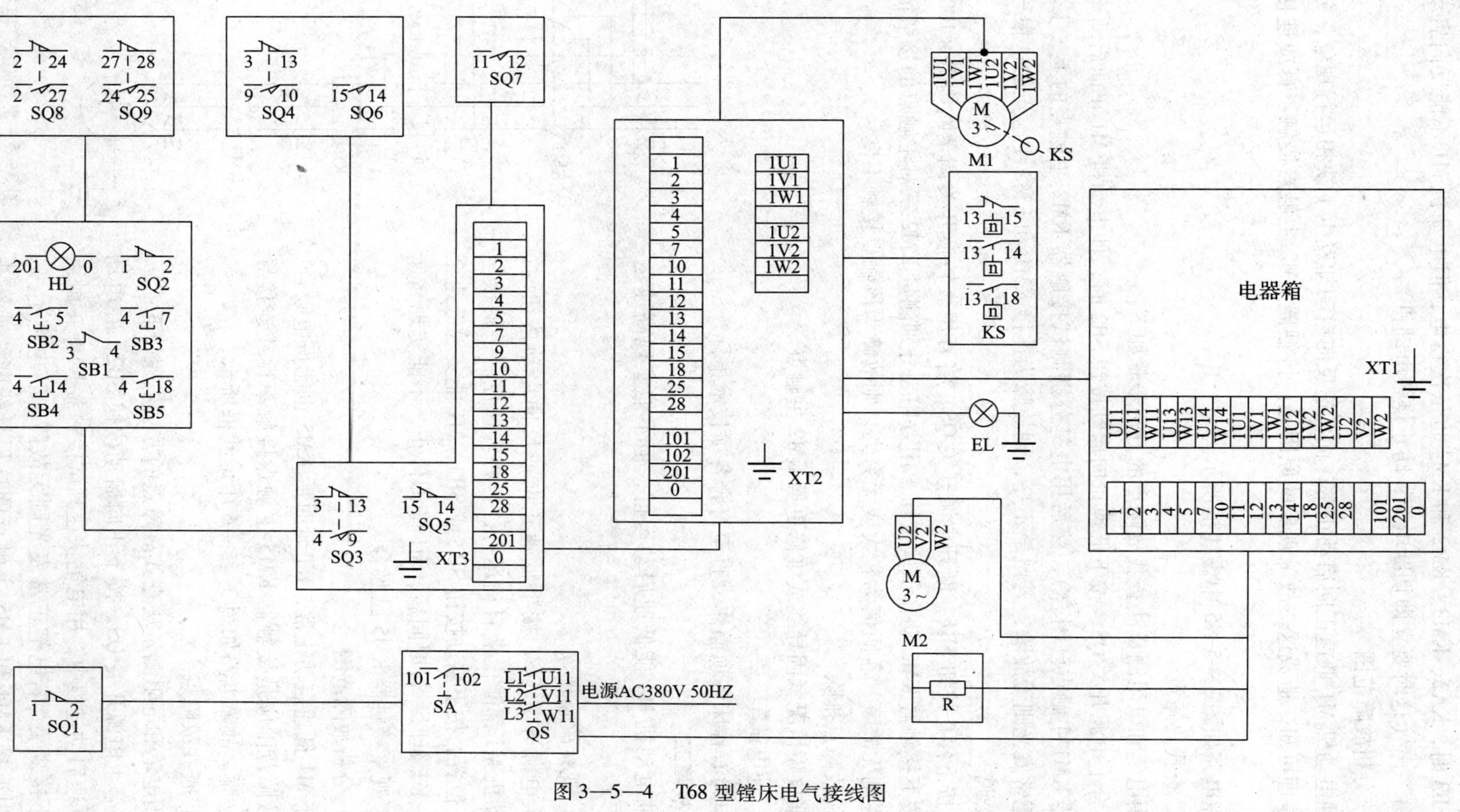

图 3—5—4　T68 型镗床电气接线图

动按钮 SB3 时，KA2、KM3、KM2 和 KM4 也依次得电，但电动机 M1 不能反向启动，并发出“嗡嗡”声（这时要立即切断电源，防止烧毁电动机）。

（2）分析故障范围

主轴电动机 M1 低速正向启动正常，而低速反向启动却发生了缺相运行现象，分析主电路结构原理可知，造成这一故障现象的原因是：接触器 KM2 主触点接触不良或连接导线松脱。

故障电路如图 3—5—5 中虚线框所示。

（3）查找故障点

采用电笔和电阻测量法查找故障点的方法步骤如下：

1）合上电源开关 QS，按下低速正向启动按钮 SB2 时，使电动机 M1 正向启动运转（这时接触器 KM1 主触点已闭合），然后用电笔分别测试接触器 KM2 主触点的上、下接线端，若电笔正常发光则无故障，若电笔不亮，则故障为连接 KM1 和 KM2 主触点的这根导线断线或线头松脱。

2）按下停止按钮 SB1，断开电源开关 QS，将万用表转换开关调至欧姆 R×100 挡，然后人为按下接触器 KM2 动作试验按钮，用万用表分别测量 KM2 三对主触点的接触情况，若阻值为零则无故障，若阻值为较大或无穷大，则故障为该触点接触不良。

（4）故障点排除

根据故障情况紧固导线或维修更换 KM2 主触点。

（5）通电试车

通电检查镗床各项操作，直至符合各项技术指标。

2. 故障二

主轴电动机 M1 能低速启动运行，但不能实现高速运行。

（1）观察故障现象

合上电源开关 QS，按下低速正向或反向启动按钮时，主轴电动机 M1 都能正常启动运行；再将转速控制手柄扳至“高速”位置，按下启动按钮 SB2 或 SB3，M1 能实现低速全压启动，KT 延时一段时间后，M1 随即停止，不能实现高速运行，但观察接触器 KM5 已吸合。

（2）分析故障范围

由于 M1 低速启动正常，KT 延时后 KM5 也能得电吸合，因此，故障范围应是接触器 KM5 主触点接触不良或连接导线线头松脱。故障电路如图 3—5—6 中虚线框所示。

（3）查找故障点

采用电笔和电阻测量法查找故障点的方法步骤如下：

1）合上电源开关 QS，按下正向启动按钮 SB2，在电动机 M1 低速启动过程中，用电笔快速测试接触器 KM5 主触点的上、下接线端，若电笔正常发光则无故障，若电笔不亮，则故障为连接 KM4 和 KM5 主触点的这根导线断线或线头

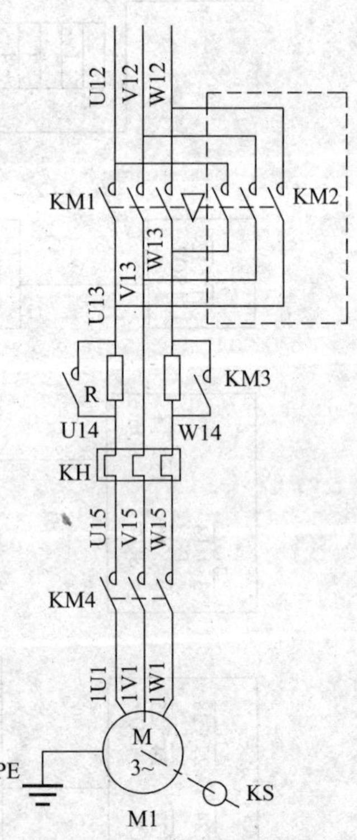

图 3—5—5　故障一电路图

松脱。

2）按下停止按钮 SB1，断开电源开关 QS，将万用表转换开关调至欧姆 R×100 挡，然后人为按下接触器 KM5 动作试验按钮，用万用表分别测量 KM5 主触点的接触情况，若阻值为零则无故障，若阻值为较大或无穷大，则故障为该触点接触不良。

（4）故障点排除

根据故障情况紧固导线或维修更换 KM5 主触点。

（5）通电试车

通电检查镗床各项操作，直至符合各项技术指标。

3. 故障三

扳动工作台快速进给手柄，工作台前后、左右都不能移动，快速进给电动机 M2 正反向都发出“嗡嗡”声。

（1）观察故障现象

推拉工作台快速进给手柄，接触器 KM6 或 KM7 都能得电吸合，但是快速进给电动机 M2 正反向都不能启动，且都发出“嗡嗡”声，工作台始终不能移动。

（2）分析故障范围

因为接触器 KM6、KM7 都能得电吸合，所以故障点应位于 M2 主电路中，故障原因可能是 L3 相电源中的熔断器 FU2 熔断，或者 KM6 和 KM7 各有一对主触头接触不良，或者连接导线松动或断线，或者电动机 M2 定子绕组断相等。故障电路如图 3—5—7 中虚线框所示。

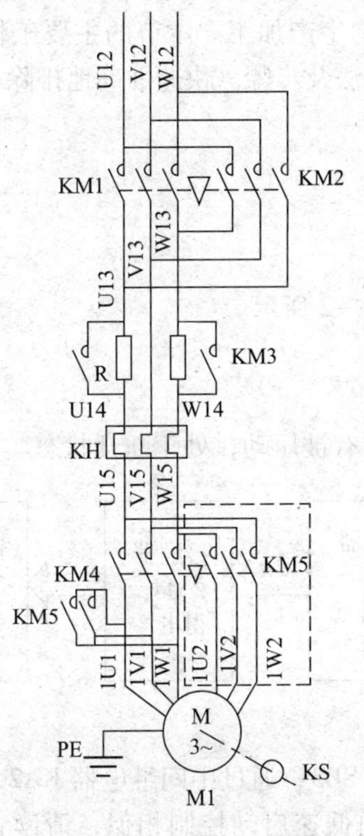

图 3—5—6　故障二电路图

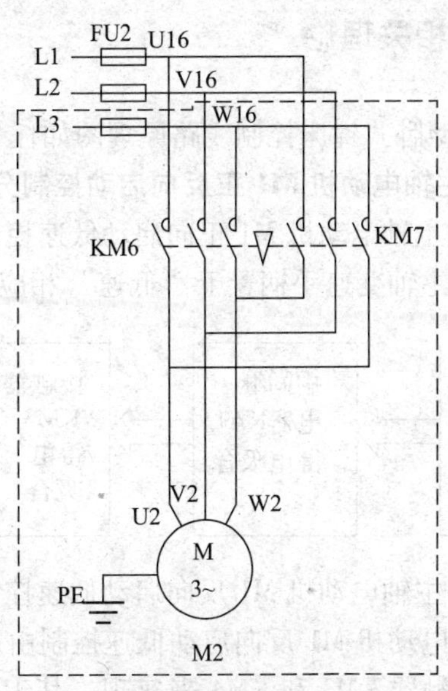

图 3—5—7　故障三电路图

（3）查找故障点

查找故障点的方法同上述故障一、二相似，请读者自行分析。

（4）故障点排除

根据故障具体情况采取恰当的方法维修排除故障。

（5）通电试车

通电检查镗床各项操作，直至符合各项技术指标。

任务 3　T68 型镗床控制电路电气故障检修

学习目标

1. 掌握 T68 型卧式镗床控制电路工作原理。
2. 了解 T68 型卧式镗床控制电路实际走线路径。
3. 掌握 T68 型卧式镗床控制电路常见电气故障检修。

工作任务

在操作使用 T68 型镗床过程中，由于电气设备老化或操作不当等原因，不可避免地会导致控制电路出现故障，从而使机床不能正常工作，影响生产加工。本节的主要工作任务就是：学习 T68 型卧式镗床控制电路常见电气故障检修方法及步骤。快速准确地排除故障，使机床恢复正常运行。

相关理论

T68 型卧式镗床控制线路原理图如任务一中图 3—5—2 所示。

1. 主轴电动机 M1 正反向启动控制分析

（1）主轴电动机 M1 正向启动低速控制

先将主轴变速手柄置于“低速”相应挡位，SQ7 没有被压动，处于断开状态。

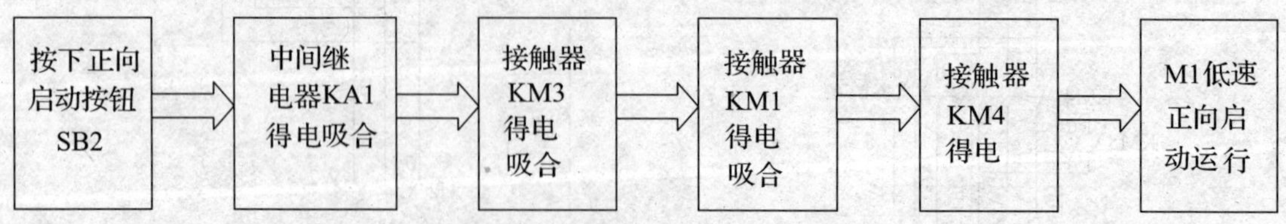

（2）主轴电动机 M1 反向启动低速控制

主轴电动机 M1 反向启动低速控制由反向启动按钮 SB3，通过中间继电器 KA2、接触器 KM2、接触器 KM3 和 KM4 来实现。其工作原理与正向低速启动控制相似，请读者自行分析。

2. 主轴电动机 M1 正反向点动控制

（1）主轴电动机 M1 正向点动控制过程

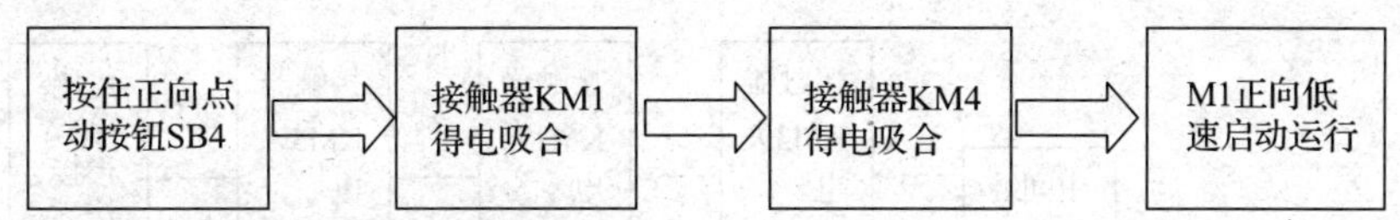

（2）主轴电动机 M1 反向点动控制

按下反向点动按钮 SB5，使 KM2 线圈和 KM4 线圈得电，M1 接成三角形串限流电阻 R 反向低速转动。

3. 主轴电动机 M1 正反转高速控制

（1）正转高速控制过程分析

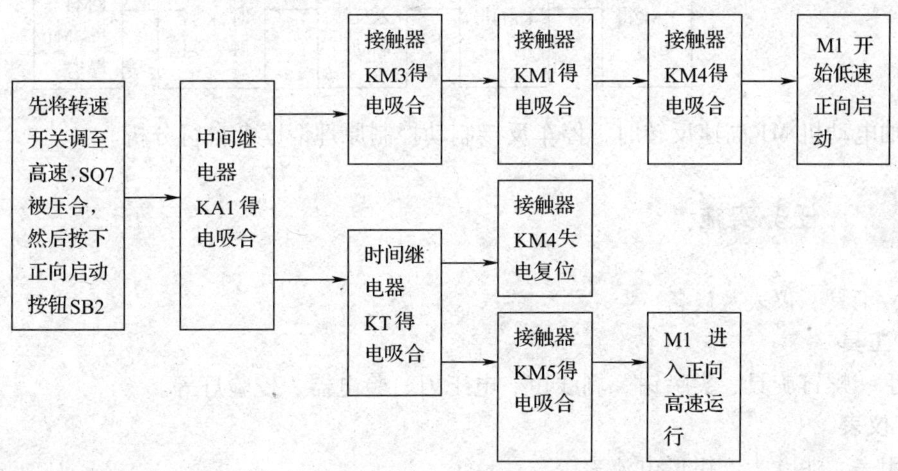

（2）反转高速

由反转按钮 SB3 控制，KA2、KM3、KM2、KM4 和 KT 线圈相继得电，M1 低速启动，延时一定时间后，通过 KT 的延时触头使 KM4 线圈失电，KM5 线圈得电，M1 转为高速运行。其工作原理与正向高速控制相似，请读者自行分析。

4. 主轴电动机 M1 停车制动控制

T68 型镗床主轴电动机停车制动采用由速度继电器 KS、串电阻的双向低速反接制动，若主轴电动机 M1 为高速运行时，则先转为低速然后再进入反接制动。

（1）主轴电动机 M1 低速正转反接制动控制过程分析

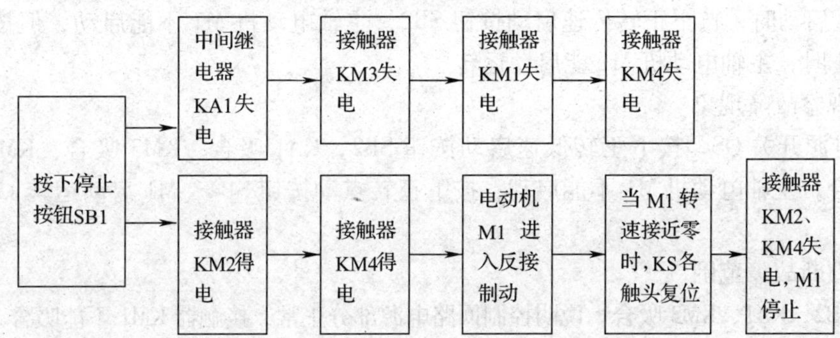

主轴电动机 M1 低速反转反接制动控制请读者自行分析。

(2) 主轴电动机 M1 高速正转反接制动控制

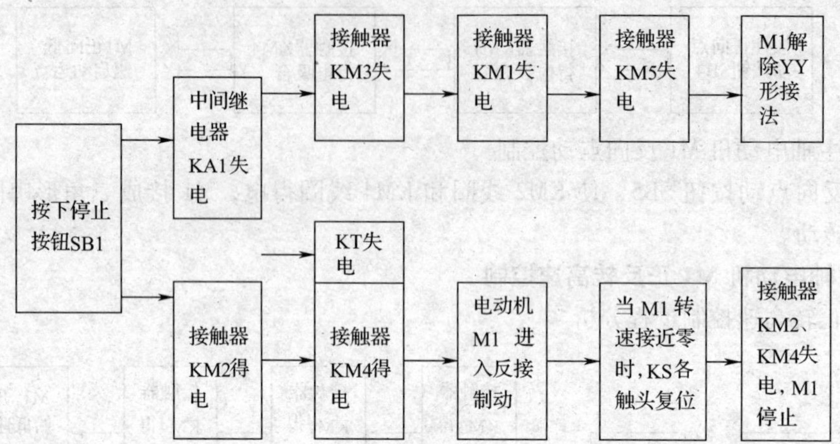

主轴电动机 M1 高速反转时，停车反接制动控制原理请读者自行分析。

任务实施

一、工具、仪表及设备

1. 工具

扳手、螺钉旋具、尖嘴钳、剥线钳、电工刀、验电器、校验灯等。

2. 仪表

万用表、兆欧表、钳形电流表等。

3. 设备

T68 型卧式镗床。

二、在教师的指导下，参照 T68 型卧式镗床电器位置图（见图 3—5—3）和接线图（见图 3—5—4），在 T68 型卧式镗床上通过测量等方法找出控制电路实际走线路径。

三、T68 型卧式镗床控制电路常见电气故障分析与检修举例

首先由教师在 T68 型卧式镗床上人为设置故障点，观察教师示范检修过程，然后自行完成故障点的检修实训任务。

1. 故障一

在低速启动时，按下正转低速启动按钮 SB2，主轴电动机 M1 不能启动，但按下正转点动按钮 SB4 时，主轴电动机 M1 能启动运转。

(1) 观察故障现象

合上电源开关 QS，按下正转低速启动按钮 SB2，KA1 吸合，KM3 吸合，KM1 不吸合，KM4 不吸合，主轴电动机 M1 不能启动；按下正转点动按钮 SB4，M1 启动运转，松开 SB4，M1 停转。

(2) 判断故障范围

按下 SB2，KA1、KM3 吸合，说明控制回路电源部分正常，接触器 KM1 不能吸合，说明 KM1

线圈回路有断点；而按下 SB4，M1 运转正常，说明点动回路 KM1、KM4 线圈正常，因此，故障点应在 KM1 线圈支路中。即：

SB1→4#→XT3→4#→XT2→4#→XT1→4#→KM3 常开触头→17#→KA1 常开触头→14#

故障电路如图 3—5—8 所示。

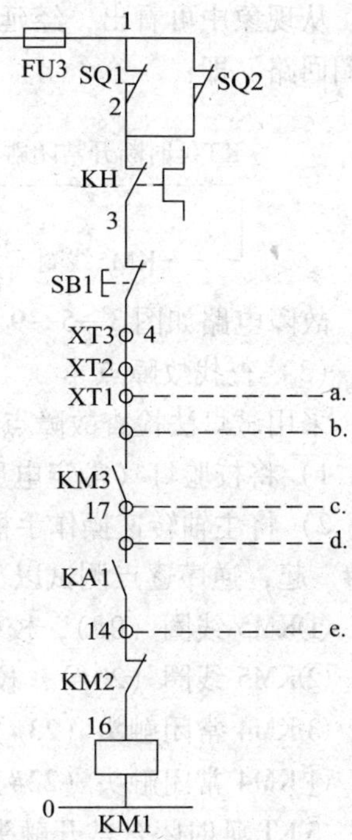

图 3—5—8 故障一电路图

(3) 查找故障点

1) 方法一：采用电压分阶测量法检查。

①将万用表功能选择开关拨至交流 250 V 挡。

②将黑表笔接在选择的参考点 TC（0#线）上。

③合上电源开关 QS，按下 SB2；使 KA1、KM3 线圈吸合，将表笔从接线排 XT1（4#线）起，依次逐点测量：

a. 接线排 XT1（4#），测得电压值 110 V 为正常。

b. KM3 常开触头（4#），测得电压值 110 V 为正常。

c. KM3 常开触头（17#），测得电压值 110 V 为正常。

d. KA1 常开触头（17#），测得电压值 110 V 为正常。

e. KA1 常开触头（14#），测得电压值 0 V 为不正常，说明故障点是 KA1 常开触头（14—17）闭合时接触不良。

2) 方法二：采用试灯法查找故障点。

①将校验灯（额定电压 110 V）的一脚引线接在参考点 TC（0#线）上。

②合上电源开关 QS，按下 SB2，使 KA1、KM3 线圈吸合，另一脚引线从接线排 XT1（4#线）起，依次逐点测试：

a. 接线排 XT1（4#），校验灯亮为正常。

b. KM3 常开触头（4#），校验灯亮为正常。

c. KM3 常开触头（17#），校验灯亮为正常。

d. KA1 常开触头（17#），校验灯亮为正常；

e. KA1 常开触头（14#），校验灯不亮为不正常，说明故障点是 KA1 常开触头（14—17）闭合时接触不良。

(4) 排除故障

断开 QS，修复或更换 KA1 触头。

(5) 通电试车

通电检查镗床各项操作，必须符合技术要求。

2. 故障二

主轴在高速时，按下正转启动按钮 SB2，主轴电动机 M1 开始低速启动，延时一定时间后，M1 自动停车，不能高速运行。

(1) 观察故障现象

将主轴转速操作手柄拨至高速，合上电源开关，按下按钮 SB2，M1 低速正向启动运转，经延时，KM5 没有吸合，M1 停转，无高速运行。

(2) 判断故障范围

从现象中可看出，经延时后，KM4 线圈能失电，说明 KT 线圈回路正常，故障在 KM5 线圈回路。即：

KT延时断开常闭触头 —13#→ KT 延时闭合常开触头 —22#→ KM4 常闭触头 —23#→ KM5线圈 —0#/#→ TC（110V）

故障电路如图 3—5—9 所示。

（3）查找故障点

采用试灯法检查故障点。

1）将校验灯（额定电压 110 V）的一脚引线接在参考点 FU3（1#线）上。

2）将主轴转速操作手柄拨至高速，合上电源开关 QS，校验灯另一脚引线从 KM5 线圈（0#）起，逆序逐点测试以下各点：

①KM5 线圈（0#），校验灯亮为正常。

②KM5 线圈（23#），校验灯亮为正常。

③KM4 常闭触头（23#），校验灯亮为正常。

④KM4 常闭触头（22#），校验灯亮为正常。

⑤KT 延时闭合常开触头（22#），校验灯亮为正常。

⑥KT 延时闭合常开触头（13#），按下 SB2，KT 延时结束后，直到 M1 停转校验灯都没亮，说明故障为 KT 延时闭合常开触头闭合时接触不良。

（4）排除故障

断开 QS，检查修复或更换 KT 常开触头。

（5）通电试车

通电检查镗床各项操作，必须符合技术要求。

3. 故障三

主轴电动机 M1 反向运转时，停车能制动；M1 正向运转时，停车不能制动。

（1）观察故障现象

合上电源开关 QS，按下正转启动按钮 SB2，主轴电动机 M1 正向启动运行，按下停止按钮 SB1，M1 惯性停车无反接制动；按下反转按钮 SB3，M1 反向启动运行，按下停止按钮 SB1，M1 受制动而迅速停车。

（2）判断故障范围

由于 M1 正反转运行正常，排除 KM2，KM4 线圈回路，因此可判断故障范围：

SB1常开触头 —13#→ KS常开触头 —18#→ KM1常闭触头

故障电路如图 3—5—10 所示。

（3）查找故障点

采用电压分阶测量法检查故障点。

1）将万用表功能转换开关拨置交流电压 250 V 挡。

2）将黑表棒接在选择的参考点 TC（0#）上。

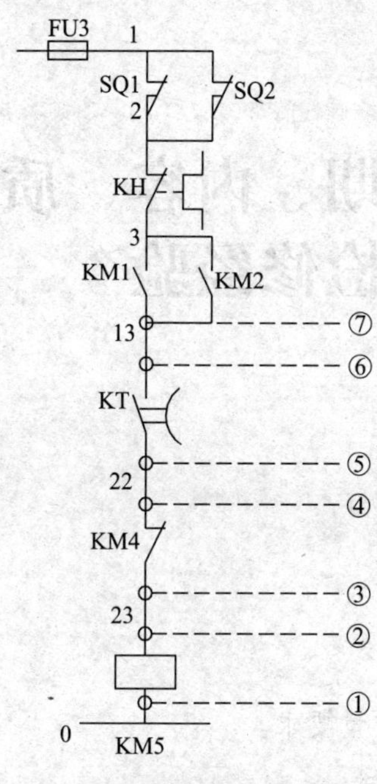

图 3—5—9 故障二电路图

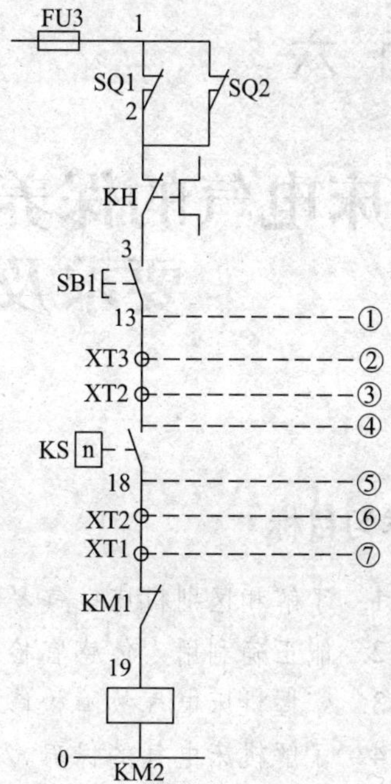

图 3—5—10 故障三电路图

3）合上电源开关 QS，按下 SB2，使 M1 正向启动运行。红表棒依次测量控制电路以下各点：

①按钮 SB1 常开触头（13#），测得电压值 110 V 为正常。

②接线端子 XT3（13#），测得电压值 110 V 为正常。

③接线端子 XT2（13#），测得电压值 110 V 为正常。

④速度继电器 KS 的常开触头（13#），测得电压值 110 V 为正常。

⑤速度继电器 KS 的常开触头（18#），测得电压值 0 V 为不正常，说明故障就在此处，KS 常开触头（13—18）闭合时接触不良。

（4）排除故障

断开 QS，修复或更换 KS 常开触头（13—18）。

（5）通电试车

通电检查镗床各项操作，必须符合技术要求。

1. 带电操作检修时，必须有指导教师监护，确保人身安全。

2. 检修所用工具、仪表等必须符合安全使用要求。

3. 检修前要正确识读 T68 型镗床电气控制原理图和接线图，熟悉镗床的结构和各电器位置。

4. 排除故障时，必须修复故障点，严禁扩大故障范围或产生新故障。

项 目 六

机床电气的保养、大修周期、内容、质量要求及机床电气检修经验

学习目标

1. 了解和区别机床电气易坏部位和不易坏部位。
2. 能正确利用人体感官检查电气故障。
3. 掌握机床电气故障检修的基本方法。
4. 了解机床电气的保养、大修周期、内容、质量要求。

工作任务

本工作任务是要在教师或师傅的指导下，直接参与实习工厂或校企合作企业的机床电气的维修和保养、大修工作。

相关理论

一、机床电气检修经验

1. 区别易坏部位和不易坏部位

要注意总结哪些部位，哪些电气元件、线段、用电设备及网路容易出现故障和容易损坏，这是在机床电器维修中必须掌握的。遇到故障时一般要先检查易坏的部位，而后检查不易坏的部位。易坏部位和不易坏部位见表 3—6—1。

表 3—6—1　　易坏部位和不易坏部位

易坏部位	不易坏部位
常动部位	不常动部位
温度高的地方	温度低的地方
电流大的部位	电流小的部位
潮湿、油垢、粉尘多的地方	干燥、清洁的部位
穿管导线的管口处	管内导线
震动撞击大的部位	震动撞击小的部位

续表

易坏部位	不易坏部位
腐蚀性有害气体浓度高的部位	通风良好的地方
导线的接头部位	导线的中间部位
铜铝接触部位	铜与铜、铝与铝接触部位
电器外部	电器内部
电器上部	电器下部
构造复杂（零部件较多）的电器	构造简单（零部件较少）的电器
启动频繁的电气设备	不频繁启动的电气设备

由表3—6—1中可以看出，不但排除电气故障时要遵照先外后内，先检查易坏部位，后检查不易坏部位，而且平时维护保养，也要注意重点检查这些易坏部位，变易坏部位为不易坏部位。例如，易氧化的接点、触点等处要经常擦拭，潮湿的部位采取防潮措施等，可把故障消灭在萌芽状态。

检查故障要先做外部检查，然后再做内部检查。很多故障都有其外部表现，主要特征之一是电器颜色和光泽的改变。例如，接触器、继电器线圈，正常时最外层绝缘材料有的呈褐色。有的呈棕黄色，烧毁后变成黑色或深褐色。包扎的绝缘材料如果本来是黑色或深褐色，烧毁时就不容易从颜色辨别，可以从外部光泽上来辨别，正常时有一定的光泽（浸漆所致），烧毁后呈乌色，用手轻轻一抠会有粉末脱落。

转换开关、接触器等电器外壳，是用塑料或胶木材料制成的，正常时平滑光亮；烧毁或局部短路后，光泽消失起泡，如用刀刮一刮，有粉末落下。弹簧变形、弹性减退是经常出现的故障。用弹簧秤调整触点压力或调整弹簧压力不太方便，只有在特殊情况下采用。平时的维修工作中，对于弹簧的弹力，如气压、油压、继电器各弹簧的压力等，都应锻炼用手的感觉来调整或测定。但用手的感觉来测出它们的准确值相当困难，要注意锻炼积累经验，经过多次调整试验，一般都能达到电气技术要求所规定的范围。锻炼用手测定压力范围的方法如下：

（1）比较法

如怀疑某电器的弹力减退或修理后弹力过大，可以拿同型号的电器或同一电盘中正常工作的电器，对比按压试验，如有明显差异，说明故障或修理过的电器弹力不正常。

（2）用仪表对照试验法

用仪表测量后，再用手试验，也是锻炼手测压力的好办法。例如，测试直流电动机的电刷压力，先用弹簧秤称一下弹簧压力的大小。再用手来测试几次，感觉一下弹簧力的大小。或估测一下大致数值，然后再用弹簧秤称一下，看自己感觉的误差。这样经过一段时间的锻炼，即可掌握手测方法。

2. 利用人体感官检查电气故障

（1）问

1）问清发生故障时的外部表现：包括故障在什么状态下出现的，有无放炮、冒烟、杂音、振动等特殊情况，发生故障的部位，发生故障后机床的异常现象等。

2）认真交接班：问明上班修理的情况，修理的部位，电器损坏情况，检查方法，更换的电器、导线等。

3）设备平时的情况：要询问设备平时的运行情况，有无短时失灵、出现异常现象等。问明以上情况后，就可以大大缩小故障的范围。

（2）看

1）根据别人提供的和自己分析的部位，看有无明显的故障点。

2）观察有无违章作业的情况，有无将短时或断续工作的电机、电器作连续运转，负载是否超过电气设备的额定值，操作频率是否太高等。

（3）听

1）电机的声音：电机在两相运转和一相匝间短路故障时，都发出一种“嗡嗡”声且转速慢，但两相运转的声音低而沉闷，一相短路的声音高而杂。

直流电动机电刷压力过大时发出一种尖叫声。当电刷下出现环火时，发出强烈的放电声音，同时伴有闪光。

2）电器的声音：一般电器在运行时不应有响声（除吸合断开外），如出现响声可视为故障。但要根据不同的声音分清不同的故障。例如，接触器的噪声较小可判断为电路的故障，声音过大可判断为磁路或机械上的故障。

（4）嗅

嗅就是用鼻子分辨电动机、电器在正常情况下和烧毁时的不同气味。气味主要是电动机和电器在温度过高时产生的，有四种物质的气味最强烈：绝缘漆、塑料、橡胶及油污。维修电工要善于从不同气味中辨别高温时电动机和电器损坏的程度及不同物质。例如，发现一台电动机冒烟，若有强烈的绝缘漆烧毁的焦臭味，且时间较长，可判断为绕组烧毁。若嗅到的是塑料或橡胶烧毁时的气味而无绝缘漆的焦臭味，可判为电动机引线短路，这种气味时间较短。拆开电动机检查后并未发现绕组变色，可更换引线继续使用。若发现电动机冒烟，但只有油污的气味，说明电动机绕组上有油污，在电动机产生高温时蒸发所致，一般拆开电动机，排除引起电动机发热的因素后可继续使用。

另外还有一种情况：电动机冒白烟，其温升不高，又无异常气味。原因是长期存放后开始使用时从电动机内吹出灰尘，可视为电动机无故障。

（5）摸

摸主要是用手来感觉电动机、电器的温度、振动及某些继电器和部件的压接线头是否松动等，从而判断有无故障。

温度过高是电气系统的常见故障，维修时经常使用温度计或其他工具测量，既不方便又费时间。而人手是一个很好的感温计，正常人的体温是基本恒定的，可以用手摸的方法判断温度是否过高。手感不可能准确到 ±1℃的程度，要根据经验定出自己的标准。下面仅以额定温升为 60℃的电动机为例，介绍人体温度与电动机温升的关系。

1）电动机运行时的三个范围：手感很凉或稍有温感电动机是良好状态。手感温度较高，但手放到机壳上烫感不强，一般可以继续使用。当手碰到机壳上烫得立即拿开，并闻到一种绝缘漆在高温下发出的气味时，一般属于电动机故障，不能继续使用。

2）环境温度、电动机湿度、人体温度的关系：不同环境、季节，对电动机的手感温度要能正确识别。例如，一台电动机，在炎热天气（周围温度为 35℃左右）手感温度为 70℃左右，若周围温度在零度也是同样的温度。在寒冷环境中即使电动机温度低，也有可能属于故障温度；而在高温环境中即使电动机温度高，也可能是正常温度。

3）工作时间和电动机温度的关系：有两台同型号、同负载的电动机，一台工作了 3 h，达到了额定温升；一台工作了 30 min，就达到了额定温升，则后者应判断为故障温度。

4）负载和电动机温度的关系：在正常情况下，电动机超载会引起温升过高。如果电动机处于轻载而温度过高，则说明电动机有故障。

为了较快地掌握用手测温的技能，在用水壶烧水时，可用温度计测量几个温度点（35℃、50℃、70℃、90℃等），然后用手感觉，较短时间即可掌握。必须注意，运行 60 min以上的电动机，机壳温度比绕组温度一般低 10℃左右；运行不足 15 min 的电动机，如发现温升增长过快，应立即停车，待温度散发到机壳后再摸，这才是较为真实的温度。

3. 牢记基本电路及机电联锁的关系

基本电路是复杂控制电路的基础，不但要知道这些电路的工作原理、故障分析方式，而且要记熟，这是排除机床电路故障的基本功之一。从机床发展的趋势来看，向机电一体化发展的速度越来越快，在操纵机械的过程中，同时也操纵了电器。机械部分的故障有时反映为电器故障，电器故障也必然影响机械。有些故障很难分辨是机械故障还是电器故障，如果它们之间的连接关系没有充分的认识，很难进行排除。

4. 造成疑难故障的原因

由于维修电工技术理论水平、实践经验与分析和检查方法的差异，在电气维修工作中会遇到难以排除的故障（称为疑难故障）。出现这种情况的原因有以下三种：

（1）故障时，不知如何分析及检查。主要原因是对该机床电气控制电路认识不足。在机床控制电路中使用的电器、电动机种类很多，控制形式也是多种多样的，如果对这些设备不能充分掌握，遇到故障时就不能顺利排除。

（2）有时一些不难排除的故障，总是找不到故障点。其原因是理论不能和实践相结合，思路窄、检查方法单一或对电气设备不够熟悉。

（3）外部现象很奇怪，无法用电气图纸和控制程序进行推测。主要原因可能是系统接地或电路接错等。

二、机床电气设备的日常维护和保养

1. 机床电气设备日常维护保养的必要性

机床电气设备在运行中常常会发生各种故障，轻者使机床停止工作，影响生产，重者还会造成事故。产生故障的原因是多方面的，有的是由于电气设备的自然寿命引起大问题而造成的；还有的则是由于操作人员操作不当，或是维修人员维修时判断失误，修理方法不当而加重了故障，扩大了范围而引起的。所以，为保证机床的正常运行，减少因电气设备故障进行修理的停机时间，减小对生产的影响，必须十分重视对机床电气设备的日常维护和保养工作，消除隐患，防止事故发生。同时，还应根据实际情况，储备必要的电气配件。

2. 机床电气设备日常维护保养工作的主要内容和要求

机床电气设备主要是电动机、电器和线路，其维护保养的主要内容和要求如下：

（1）电动机部分

电动机是机床设备的主要动力源，一旦发生故障将使机床停止工作。而且电动机的修理往往既费事又费时，因此必须注意做好电动机的日常维护保养工作。保养工作的内容主要有：

1）电动机应经常保持清洁，进、出风口必须保持畅通，不允许有任何异物进入电动机内部。

2）在正常运行时，电动机的负载电流不能超过其铭牌规定的额定值。同时，还应检查三相电流是否平衡，三相电流的任何一相与三相的平均值相差不能超过10%。

3）应经常检查电源电压、频率是否与铭牌值相符，并检查电源三相电压是否对称。

4）经常检查电动机的温升有无超过规定值。三相异步电动机是根据其铭牌标注的绝缘等级来确定各部位的最高允许温度的（见表3—6—2）。

表3—6—2　　三相异步电动机的最高允许温度

绝缘等级 / 最高允许温度/℃ / 电动机部位	A	B	C	D	E
定子绕组或转子绕组	95	105	110	125	145
定子铁心	100	115	120	140	165
滑环	100	110	120	130	140

注：用温度计测量法，环境温度+40℃

5）经常检查电动机运行时是否有不正常的振动、噪声、气味，有无冒烟，电动机的启动是否正常，若有不正常的现象，应立即停车检查。

6）经常检查电动机轴承部位的工作情况，是否有过热、漏油现象，有无异常的杂声。轴承的振动和轴向窜动应不超过规定值。还应检查电动机的传动机构的运行是否正常，联轴器、带轮或传动齿轮有无跳动。

7）经常检查电动机的绝缘电阻，特别是对工作环境条件较差（如工作在潮湿、灰尘大或有腐蚀性气体的环境）的电动机，更应加强检查。一般三相380 V的电动机及各种低压电动机的定子绝缘电阻应≥0.5 MΩ，高压电动机其绝缘电阻应≥1 MΩ/kV转子绝缘电阻应≥0.5 MΩ。如果发现电动机的绝缘电阻低于规定标准，应采用烘干、浸漆等方法处理后，再测量其绝缘电阻，达到要求才能使用。

8）检查电动机的引出线是否绝缘良好、连接可靠。检查电动机的接地装置是否可靠和完整。

9）对绕线式异步电动机，应注意检查其电刷与集电环之间的接触压力、磨损情况及有无产生不正常的火花。一般电刷与集电环的接触面不应小于全面积的3/4；电刷压力应为15～27 kPa；刷握与集电环之间应有2～4 mm的距离；电刷与刷握内壁应保持0.1～0.2 mm的游隙。如果发现有不正常的火花时，应清理集电环的表面，可用0号砂布均匀地磨平集电环的表面，并校正电刷压力到不产生火花为止。

10）对直流电动机，则应特别注意其换向器装置的工作情况，检查换向器表面是否光滑圆整，有无机械损伤或火花灼伤。

（2）电器及控制线路部分

1）随时保持机床电器所有外露部件处于良好的状态，例如：

①检查电气柜、壁龛的门、盖、锁及门框周边的耐油密封垫是否保持良好，所有门、盖均应能严密关闭，不能有水、油污和灰尘、金属屑等入内。

②检查各部件之间的连接电缆及保护导线的软管，不得被切削液、油污等腐蚀。

③机床的运行部件（如铣床的升降台、龙门刨床的刀架及悬挂按钮站等）连接电缆的保护软管，在使用一段时间后，容易在其接头处产生脱落或散头的现象，使其中的电线裸露，应注意检查，发现后及时修复，防止电线损坏造成短路事故。

④应经常擦拭电器控制箱、操纵台的外表，保持其清洁，特别是操纵台上一些主令电器的按钮和操纵手柄，如果经常有油污等进入，容易造成元件损坏、运行失灵。

2）对安装在电气柜、壁龛内的电气元件，为了安全和不影响机床的正常工作，不可能经常开门进行检查，但可以通过听电器动作时的声音来判定工作是否正常。如电器工作正常，通电或断电时动作灵敏干脆，其声音清脆，在铁心吸合时应无明显的交流声和杂音；当铁心因各种原因吸合困难时，会产生振动，发出噪声。如发现有可疑的不正常的声音，应立即停机检查。

对电气柜、壁龛内的电气元件，更主要的是做好定期的维护保养工作。维护保养的周期可根据机床电气设备的结构、使用情况及条件等来确定。一般可配合机床的一、二级保养同时进行电气设备的维护保养工作。金属切削机床的一级保养一般 2 ~ 3 个月进行一次，作业时间随机床复杂程度的不同一般在 6 ~ 12 h 不等。这时可对机床电气柜内的电气元件进行保养工作：清扫电气柜内的灰尘和异物，注意有无损坏或将损坏的电气元件；整理内部接线，使之整齐美观，特别是经过应急修理后来不及整理的，应尽量恢复成原来的整齐状态；检查所有的电气元件的固定螺钉，旋紧螺旋式熔断器；拧紧接线板和电气元件上的压线螺钉，保证所有接线头接触可靠，减小接触电阻；通电试车，检查电气元件的动作顺序是否正确、可靠。

金属切削机床的二级保养一般一年左右进行一次，作业时间 3 ~ 6 天不等。这时可对机床电气柜内的电气元件进行保养工作。在机床一级保养时进行的各项保养工作，在二级保养时仍需进行，并着重检查运行频繁且电流较大的接触器、继电器的触点。许多电器的触点采用银或银合金制成，这类触点即使表面被烧毛或凹凸不平，都不会影响触点的接触良好，因此不需要进行修整。但如果是铜质触点则应用油光锉修平。另外，如果触点已严重磨损，则应更新换触点。检查发现动作时有明显噪声的接触器、继电器，如不能修复则应更换。校验热继电器的整定值是否适当；校验时间继电器的延时时间是否适当；检查各位置开关动作是否正常。检查各类信号指示装置和照明装置是否完好。

3）保养时应注意以下各点：

①检查机床电气控制线路的各种保护环节（如过载、短路、过流保护等），维护时不要随意改变其电器（如热继电器、低压断路器）的整定值和更换熔体。若要进行调整或更换，应按要求选配。

②要加强在高温、梅雨、严寒季节对电气设备的维护保养。

③在进行维护保养时，要注意安全，电气设备的接地或接零必须可靠。

二、机床电气控制线路的检修步骤

通过调查研究，向机床操作人员了解故障的详细情况、具体的症状和现象。

1. 根据故障现象，可先从电气控制原理图上分析故障的原因。在不损伤电气和机械设备的前提下，可直接通电试验，或（从控制箱接线端子板上）卸下负载进行试验，以区分故障是在电气部分还是非电气（如机械、液压机构等）部分，如是在电气部分，应进一步区分是在电动机还是在电气控制线路，是在主电路还是在控制电路。

2. 对于较简单的控制线路，根据故障属于哪个部分，可先进行一般性的外观检查。例如属于控制电路部分的故障，可逐一检查各电气元件的外观有无破裂、变色、烧痕，其接头有无脱落等。但是对于较复杂的线路，若按此方法逐级进行检查，不仅费工费时，而且极易遗漏，因此，宜采用逻辑分析方法，通过通电试验仔细观察各电气元件的动作情况，再根据原理图所示的控制原理，逐一排除故障回路中公共支路上的故障，逐步缩小故障范围。

3. 对一般采用外观检查不容易找出的故障点，应采用测量法。但要注意在使用万用表、电笔、校验灯等进行测量时，要防止感应电、回路电及其他并联支路的影响，以防产生误判断。

4. 在找出故障点后，要找到产生故障的真正原因，针对具体情况采取正确的排除方法。不要仅满足于修复或更换损坏的电器而不去查找造成电器损坏的原因，不要轻易地去更换电气元件和增补接线，更不要轻易改动线路或随意更换型号规格不同的电气元件，因为这样不但不能从根本上排除故障，反而可能人为地扩大故障或产生新的故障。

5. 对损坏的电气元件，从经济的观点出发，凡能够修复的应尽量修复。但如果修复需要较多的时间，则从尽快使设备投入运行以减小对生产影响的角度考虑，应先换上新的电气元件，然后再修复拆下的旧电器。无论是修复还是更换，均应达到以下要求：

（1）不得降低电气装置原来的性能标准。

（2）不得损坏原来完好的电气元件。

（3）控制线路应能达到原来的控制要求。

（4）修理后应能满足质量标准要求。

6. 机床电气装置的检修质量标准：

（1）外观整洁，无破损和炭化现象

（2）所有的触点均应完整、光洁，接触良好。

（3）压力弹簧和反作用弹簧均应具有足够的弹力。

（4）操纵、复位机构均应灵活可靠。

（5）各种衔铁无卡阻现象。

（6）灭弧罩完整、清洁、安装牢固。

（7）整定值大小应符合电路实用要求。

（8）指示装置能正常发出信号。

（9）电磁吸盘的吸力能满足要求。

（10）绝缘电阻合格，通电试验能满足电路的要求。

三、机床电气的保养、大修周期、内容、质量要求及完好标准

1. 车床的电气保养、大修周期、内容、质量要求及完好标准

见表3—6—3。

表 3—6—3　　　　车床电气保养、大修周期、内容、质量要求及完好标准

项目	内　　容
车床检修周期	（1）例保：一星期一次 （2）一保：一月一次 （3）二保：电动机封闭式三年一次，电动机开启式二年一次 （4）大修：与机床大修同时进行
车床电气设备的例保	（1）检查电气设备各部分是否运行正常 （2）检查电气设备有没有不安全的因素，如开关箱内及电动机是否有水或油污进入 （3）检查导线及管线有无破裂现象 （4）检查导线及控制变压器、电阻等有否过热现象 （5）向操作工了解设备运行情况
车床电气线路的一保	（1）检查线路有无过热现象，电线的绝缘是否有老化现象及机械损伤。蛇皮管是否脱落成损伤，并修复 （2）检查电线紧固情况、拧紧触点连接处，要求接触良好 （3）必要时更换个别损伤的电气元件的线路（线段） （4）电气箱等吹灰清扫工作
车床其他电器的一保	（1）检查电源线工作状况，并清除灰尘和油污，要求动作灵敏可靠 （2）检查控制变压器和补偿磁放大器等线圈是否过热 （3）检查信号过流装置是否完好，要求熔丝、过流保护符合要求 （4）检查铜鼻子是否有过热和熔化现象 （5）必要时更换不能用的电气部件 （6）检查接地线接触是否良好 （7）测量线路及各电器的绝缘电阻
车床开关箱的一保	（1）检查配电箱的外壳及其密封性是否完好，是否有油污进入 （2）门锁及开门的联锁机构是否能用并进行修理
车床电气二保内容	（1）进行一保的全部项目 （2）消除和更换损坏的配件、电线管、金属软管及塑料管等 （3）重新整定热保护、过流保护及仪表装置，要求动作灵敏可靠 （4）空试线路要求各开关动作灵敏可靠 （5）核对图纸，提出对大修的要求
车床电气大修内容	（1）进行二保的全部项目 （2）全部拆开配电箱（配电板）重装所有的配线 （3）解体旧的各电气开关，清扫各电气元件（包括熔断器、刀开关、接线端子等）的灰尘和油污，除去锈迹，并进行防腐工作，必要时更新 （4）重新排线安装电器，消除缺陷 （5）进行试车，要求各联锁装置，信号装置，仪表装置动作灵敏可靠，电动机电器无异常声响、过热现象，三相电流平衡 （6）油漆开关箱和其他附件 （7）核对图纸，要求图纸编号符合要求

续表

项目	内　容
车床电气完好标准	(1) 各电器开关线路清洁整齐并有编号，无损伤，接触点接触良好 (2) 电气开关箱门密封性能良好 (3) 电气线路及电动机绝缘电阻符合要求 (4) 具有电子及晶闸管线路的信号电压波形及参数应符合要求 (5) 热保护、过流保护、熔丝、信号装置符合要求 (6) 各电器设备动作齐全灵敏可靠，电动机无异常声响，各部温升正常，三相电流平衡 (7) 具有直流电机的设备调整满足要求，电刷火花正常 (8) 零部件齐全符合要求 (9) 图纸资料齐全

2. 钻床电气保养、大修周期、内容、质量要求及完好标准

见表3—6—4。

表3—6—4　　钻床电气保养、大修周期、内容、质量要求及完好标准

项目	内　容
检修周期	(1) 例保：一星期一次 (2) 一保：一月一次 (3) 二保：三年一次 (4) 大修：与机床大修（机械）同时进行
钻床电气的例保内容	(1) 查看表面有没有不安全的因素 (2) 近看电器各方面运行情况，并向操作工了解设备运行状况 (3) 查看开关箱内及电动机是否有水或油污进入 (4) 查看导管线有无破裂现象
钻床电气的一保内容	(1) 检查电线管线有无过热现象和损伤之处 (2) 擦清电器及导线上的油污和灰尘 (3) 拧紧连接处的螺栓要求接触良好 (4) 必要时更换损伤的电器及线段
钻床其他电器的一保	(1) 检查电源线、限位开关、按钮等电器工作状况，并清扫油污，指示灯、触头要求动作灵敏可靠 (2) 检查熔丝、热继电器、安全灯、变压器等是否完好，并进行清扫 (3) 测量各电气设备和线路的绝缘电阻，检查接地线，要求接触良好 (4) 检查开关箱门是否完好，必要时要进行检修
钻床电气二保（二保后达到完好标准）	(1) 进行一保的全部项目 (2) 检查夹紧放松机构的电器，要求接触良好，动作灵敏 (3) 检查总电源接触滑环，要求接触良好，并清扫 (4) 重新整定过流保护装置，要求动作灵敏可靠 (5) 更换个别损伤的元件和老化损伤的电线段 (6) 核对图纸提出对大修的要求

续表

项目	内　容
钻床电气大修内容（大修后达到完好标准）	（1）进行二保的全部项目 （2）拆开配电板进行清扫，更换不能用的电气元件及线段 （3）重装全部管线及电气元件，并进行排线 （4）重新整定过流保护元件 （5）试车：要求开关动作灵敏可靠，电动机声音正常，三相电流平衡 （6）核对图纸，油漆开关箱内外及附件
钻床电气完好标准（技术验收标准）	（1）电气线路整齐清洁，无损伤，电气元件完好 （2）各接触点触头接触良好 （3）各电气线路绝缘良好，床身接地良好 （4）各保护装置齐全，动作符合要求 （5）各开关动作灵敏可靠，电动机无异常声响；三相电流应平衡，无过热现象 （6）零部件完整无损并符合要求 （7）图纸资料齐全

3. 磨床电气保养，大修周期，内容，质量要求及完好标准表

见表3—6—5。

表3—6—5　　磨床电气保养，大修周期，内容，质量要求及完好标准

项目	内　容
磨床检修周期	（1）例保：一星期一次 （2）一保：一月一次 （3）二保：三年一次（使用频繁者电动机轴承油每两年检查一次，利用率全年少于1/2时间者还可延长，但电动机轴承每两年检查一次） （4）大修：与机械大修同时进行
磨床电气例保内容	（1）检查电气设备各部分，并向操作者了解设备运行情况 （2）检查开关箱、电动机是否有水和油污进入等不安全的因素，各部有否异常声响及温升是否正常 （3）检查导线及管线有否破裂现象
磨床电器设备的一保内容	（1）擦清吹净导线和电器上的油污和灰尘 （2）必要时更换损伤的电器和线段 （3）检查信号装置热保护、过流保护装置是否完好 （4）检查电磁吸盘线圈的出线端绝缘和接触情况，并检查电磁吸盘吸力情况 （5）拧紧电气装置上的所有螺钉，要求接触良好 （6）检查退磁机构是否完好 （7）测量电动机、电器及线路的绝缘电阻 （8）检查开关箱及门，要求联锁机构完好

续表

项目	内　容
磨床电气设备的二保（二保后达到完好标准）	(1) 进行一保的全部项目 (2) 更换损伤的电器和触头及损伤的电线段 (3) 重新整定热继电器、过流继电器仪表等保护装置 (4) 对电磁吸盘出线段进行清洁、重包扎等，并调整工作台电磁吸盘的吸力 (5) 核对图纸，提出对大修的要求
磨床电气的大修（大修后达到完好标准）	(1) 进行二保的全部项目 (2) 拆下配电箱、配电板上的元件 (3) 解体旧的各电气开关，清扫各电气元件的灰尘和油污，除去锈迹，并进行防腐工作 (4) 更换损伤的电气元件和线段，重新排线 (5) 组装后的电器要求工作灵敏可靠，触头接触良好 (6) 油漆开关箱及附件
磨床电气完好标准（技术验收标准）	(1) 开关管线整齐，清洁无损伤 (2) 配电箱的门及开门的联锁机构完好 (3) 电气线路、电动机绝缘电阻符合要求 (4) 电磁吸盘吸力正常，退磁机构良好 (5) 熔丝、热继电器、过流继电器的整定值符合要求 (6) 电磁开关、按钮、限位开关计数器等各元件灵敏可靠 (7) 有直流电机调速的，调速范围满足要求，电刷下面的火花正常 (8) 具有电子和可控硅线路的设备各信号电压及波形等应符合要求 (9) 零部件应齐全好用 (10) 图纸资料齐全

4. 铁床电气保养，大修周期，内容，质量要求及完好标准表

见表3—6—6。

表3—6—6　　铣床电气保养，大修周期，内容，质量要求及完好标准

项目	内　容
铣床检修周期	(1) 例保：一星期一次 (2) 一保：一月一次 (3) 二保：三年一次 (4) 大修：与机械大修同时进行
铣床电气的例保	(1) 向操作者了解设备运行情况 (2) 查看电气运行情况，看有没有影响设备不安全的因素 (3) 听开关及电动机有无异常声响 (4) 查看电动机和线段有无过热现象
铣床电气线路一保	(1) 检查电气及线路是否有老化及绝缘损伤的地方 (2) 清扫电气及线路的灰尘和油污 (3) 拧紧各线段接触点的螺钉，要求连接点电气接触良好

续表

项目	内　容
铣床其他电气的一保	（1）擦清限位开关内的油污和灰尘及伤痕，要求接触良好 （2）拧紧螺钉，检查手柄，手柄动作要求灵敏可靠 （3）检查制动装置中的速度继电器、硅整流元件、变压器、电阻等是否完好并清扫，要求主轴电动机制动准确，速度继电器动作灵敏可靠 （4）检查按钮、转换开关、冲动开关的工作应正常，接触良好 （5）检查快速电磁铁，要求工作准确 （6）检查电气动作保护装置是否灵敏可靠
铣床电气的二保（二保后达到完好标准）	（1）进行一保的全部项目 （2）更换老化和损伤的电器、线路及不能用的电气元件 （3）重新整定热继电器的数据，校验仪表 （4）对制动二极管或电阻进行清扫和数据测量 （5）测量接地是否良好，测量绝缘电阻 （6）试车中要求开关动作灵敏可靠 （7）核对图纸，提出对大修的要求
铣床电气大修内容（大修后达到完好标准）	（1）进行二保的全部项目 （2）拆下配电板各元件和管线并进行清扫 （3）拆开旧的电气开关，清扫各电气元件的灰尘和油污 （4）更换损伤的电器和不能用的电器及元件 （5）更换老化和损伤的线段，重新排线 （6）除去电器锈迹，并进行防腐处理 （7）重新整定热继电器过流等保护装置 （8）油漆开关箱，并对所有的附件进行防腐 （9）核对图纸
铣床电气完好标准（技术验收标准）	（1）各电气开关线路整齐清洁无损伤，各保护装置信号完好 （2）各接触点接触良好，床身接地良好，电动机电器绝缘良好 （3）试验中各开关动作灵敏可靠，符合图纸要求 （4）开关和电动机声音正常，无过热现象，交流电动机三相电流平衡，直流电动机调速范围符合要求 （5）零部件完整无损符合要求 （6）图纸资料齐全

5．镗床电气保养、大修周期、内容、质量要求及完好标准表

见表3—6—7。

表3—6—7　　镗床电气保养、大修周期、内容、质量要求及完好标准

项目	内　容
镗床检修周期	（1）例保：一星期二次 （2）一保：一月一次 （3）二保：三年一次 （4）大修：与机床机械大修同时进行

续表

项目	内　容
镗床电气例保内容	（1）查看电气设备各部分，并向操作者了解设备运行情况 （2）检查开关箱、电动机、管线是否有水或油污进入 （3）检查导线及管线有否破裂现象 （4）检查线路和开关的触头及线圈有无烧焦的地方 （5）听电动机和开关有无异常响声，检查各部件有无过热现象
镗床电气一保内容	（1）检查电线管线是否有老化现象及机械损伤 （2）清扫吹尽安装在机床上及配电箱内的电线和电器上的油污和灰尘 （3）检查信号设备是否有破裂，电气设备及线段是否有过热的现象 （4）检查电气元件是否完好，灭弧罩是否完整 （5）必要时更换烧伤的触头 （6）检查热继电器，过流继电器是否灵敏可靠 （7）检查电磁铁心及触头在吸持和释放时是否存在障碍 （8）拧紧电器和电线连接处、触头连接处的螺钉，要求接触良好 （9）检查接地线是否接触良好 （10）必要时更换老化或损伤的电气元件及线段 （11）检查开关箱的外壳及门锁和开门联锁机构是否完好，门的密封性是否完好
镗床电气的二保（二保后达到完好标准）	（1）进行一保的全部项目 （2）重新整定热继电器、过流继电器的数据 （3）消除和更换损伤的元配件、电线、金属软管及塑料管等 （4）测量电动机电器及线路的绝缘电阻是否良好 （5）核对图纸，提出对大修的要求
镗床电气设备的大修内容（大修后达到完好标准）	（1）进行二保的全部项目 （2）拆卸电气开关板，解体旧的各电气开关，清扫各电气元件（包括熔断器、刀开关、接线端子等）的灰尘和油污，除去锈迹，并进行防腐工作 （3）更换损坏的元件和破损的电线段 （4）重新整定热保护、过流保护的数据，并校验各仪表 （5）重新排线，组装电器，要求各电气开关动作灵敏可靠 （6）油漆开关箱及附近区域 （7）核对图纸，要求图纸编号符合要求
镗床电气的完好标准（技术验收标准）	（1）各电器及线路清洁无损伤，开关触头和各接触点接触良好 （2）各电器及线段绝缘电阻符合要求，电器外壳接地良好 （3）各电器及保护装置动作灵敏可靠，各信号装置完好 （4）具有电子及晶闸管线路的各信号电压波形符合要求 （5）具有电子及晶闸管线路的各信号电压波形符合要求 （6）试车中电动机和电器发热正常，交流电机三相电流平衡 （7）各零部件应完整完损 （8）图纸资料齐全

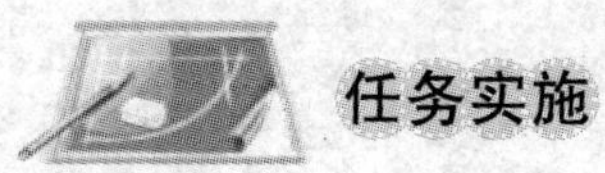

由于学生在校学习和在企业实习期间一般都没有双证，根据国家的相关规定，从事以下所有机床的电气保养、大修工作都不允许单独操作，必须在教师和师傅的监督指导下进行。

一、机床例保操作

在教师或师傅的指导下，针对不同的机床按照要求进行例保，并按要求填写例保文件。例保工作主要以听、看为主，因此要求操作者必须要有良好的工作责任心。

二、机床一保操作

针对不同的机床按照要求准备好工具和仪表，在教师或师傅的指导下进行一保操作，按要求填写机床一保文件，并写机床一保操作心得。

三、机床二保操作

针对不同的机床按照要求准备好工具和仪表，在教师或师傅的指导下进行二保操作，按要求填写机床二保文件，并写机床二保操作心得。

四、机床电气设备的大修操作

针对不同的机床按照要求准备好工具和仪表，在教师或师傅的指导下参与机床电气设备的大修操作，按要求填写机床电气设备的大修文件，并写机床机床电气设备的大修操作心得。